H. v. HELMHOLTZ

HERMANN VON HELMHOLTZ

Philosophische Vorträge und Aufsätze

Eingeleitet und mit erklärenden Anmerkungen
herausgegeben von

HERBERT HÖRZ UND SIEGFRIED WOLLGAST

AKADEMIE-VERLAG · BERLIN
1971

Erschienen im Akademie-Verlag GmbH, 108 Berlin,
Leipziger Straße 3–4

Lizenznummer: 202 · 100/10/71
Herstellung: IV/2/14 VEB Werkdruck, 445 Gräfenhainichen/DDR · 3566
Bestellnummer: 4062 · ES 3 B 2
EDV 751 941 6

Einleitung

Als Hermann von Helmholtz geboren wurde, stand das politische Leben in Deutschland unter dem Zeichen der „Karlsbader Beschlüsse“ von 1819, die die Unterdrückung jeglicher fortschrittlicher und demokratischer Aktionen durch die Vertreter der feudalabsolutistischen Reaktion beinhalteten. Die im „Deutschen Bund“ zusammengefaßten deutschen Einzelstaaten bildeten einen ziemlich lockeren Staatenbund. Es bestand weder ein einheitliches Maß- und Münzsystem, noch gab es ein gemeinsames Postwesen oder ein Bundesgericht und Bundesheer. Auf dem Gebiete der Naturwissenschaft und Technik hatte Deutschland gegenüber England einen gewaltigen Rückstand. Die industrielle Revolution befand sich in den zwanziger Jahren des 19. Jahrhunderts in Deutschland erst in ihren Anfängen. Die deutschen Forscher hatten nicht nur große materielle Schwierigkeiten, sondern auch den Widerstand der fortschrittsfeindlichen Kräfte in Staat und Kirche zu überwinden. Für die Naturwissenschaft wurden an den deutschen Universitäten völlig unzureichende Mittel zur Verfügung gestellt. Auf dem Gebiete der Philosophie dominierte der Einfluß G. W. F. Hegels, der von 1818 bis zu seinem Tode im Jahre 1831 Professor an der Berliner Universität war. Sein objektiv-idealistisches, dialektisches System beeinflußte nicht nur das Denken der Gesellschaftswissenschaftler, sondern auch der Naturwissenschaftler seiner Zeit. Es war die Blütezeit der spekulativen Naturphilosophie.

Als Hermann von Helmholtz aus dem Leben schied, bestand schon seit 23 Jahren das „mit Blut und Eisen“ gezimmerte „Deutsche Reich“. Deutschland war in die imperialistische Phase eingetreten. Es existierte eine starke Arbeiterbewegung, die 1890 den herrschenden bürgerlich-feudalistischen Kreisen die Aufhebung der zwölf Jahre währenden Sozialistengesetze abgerungen hatte. Technik und Naturwissenschaften hatten einen fast unglaublichen Aufschwung genommen.

Deutschland war eine führende Industriemacht. Der technisch-wissenschaftliche Fortschritt, die Bedeutung der deutschen Wissenschaft und Technik wuchs in solchem Maße, daß die deutsche Sprache zum vorherrschenden internationalen Verständigungsmittel der Wissenschaft wurde. Je mehr die Bourgeoisie in ihr parasitäres Stadium eintrat, desto mehr ging sie dazu über, einen Stamm von Technikern und Wissenschaftlern auszubilden, die ideologisch so geformt waren, daß sie der kapitalistischen Gesellschaftsordnung und ihrem Staate treu blieben. Mit der staatlichen Förderung und aufsteigenden Entwicklung von Naturwissenschaft und Technik kontrastierte der Niedergang der bürgerlichen Gesellschaftswissenschaften, vor allem der Philosophie. In den heftigen Parteikämpfen innerhalb der akademischen und nichtakademischen bürgerlichen Philosophie widerspiegelt sich der Widerspruch der gesellschaftlichen Praxis, darüber hinaus der Widerspruch zwischen alten bürgerlichen Ideen, Idealen und Konventionen des 19. Jahrhunderts und den Bedürfnissen einer extrem reaktionären imperialistischen Bourgeoisie. Ende des 19. Jahrhunderts setzt im bürgerlichen theoretischen Denken eine Wendung zum Mystizismus und zur Mythologie ein. Friedrich Nietzsche (1844–1900) wird jetzt populär. Der von Mach und Avenarius seit den 70er Jahren in eine – damals moderne – naturwissenschaftliche Form gehüllte subjektiv-idealistische Positivismus beginnt immer mehr an Boden zu gewinnen. Daneben besitzen die verschiedenen Schulen des Neukantianismus großen Einfluß. Die epochemachenden Erkenntnisse von Marx und Engels werden von bürgerlichen Denkern verschwiegen, verfälscht oder einfach nicht zur Kenntnis genommen.

In der zwischen diesen beiden Endpunkten ablaufenden Zeit vollzog sich das Leben Hermann von Helmholtz', den

W. I. Lenin als „eine der größten Kapazitäten in der Naturwissenschaft“[1] charakterisiert.

Der Lebensweg Hermann von Helmholtz’

Hermann Ferdinand von Helmholtz wurde am 31. August 1821 als erster Sohn des Gymnasiallehrers Ferdinand Helmholtz in Potsdam geboren.[2] Ferdinand Helmholtz hatte als „Brotstudium“ Philologie studiert. Großes Interesse hegte er für philosophische Fragen, was durch seine enge Freundschaft mit Immanuel Hermann Fichte, dem Sohn Johann Gottlieb Fichtes, nur noch gefördert wurde. Diese Neigung zur Philosophie hat Helmholtz’ Vater seinem berühmten Sohn von Kindheit an eingepflanzt.

Nach einem Unterricht in der Volksschule des Potsdamer Lehrerseminars besuchte der in seinen Kinderjahren oft kränkliche Hermann vom Frühjahr 1830 bis September 1838 das Gymnasium seiner Heimatstadt. Wie er in seinen „Erinnerungen“ selbst schildert, fesselten ihn schon in seiner Schulzeit die Physik und die übrigen Naturwissenschaften. Er machte kleine physikalische Versuche und las in seinem Abiturientenjahr u. a. Lorenz Okens „Allgemeine Naturgeschichte für alle Stände“.

Wegen der materiellen Unsicherheit eines ursprünglich von Helmholtz angestrebten Physikstudiums, studierte er auf Vorschlag seines Vaters Medizin. Da Helmholtz’ Vater auch für das kostspielige Medizinstudium seines Sohnes nicht die nötigen Mittel besaß, wurde der junge Hermann auf Fürsprache hin ab September 1838 als Eleve in das

[1] W. I. Lenin, Materialismus und Empiriokritizismus, in: Werke, Bd. 14, Berlin 1962, S. 231

[2] Wie alle, die auf H. v. Helmholtz eingehen, folgen auch wir in der Darstellung seines Lebensweges der bislang einzigen ausführlichen Helmholtzbiographie von L. Königsberger (Hermann von Helmholtz, Bd. I–III, Braunschweig 1902–1903), die besonders durch die Vielzahl von sonst unveröffentlichten Briefen und anderen persönlichen Dokumenten großen Wert besitzt.

Königlich medizinisch-chirurgische Friedrich-Wilhelm-Institut zu Berlin aufgenommen. Die Eleven dieses Instituts wurden – bis auf einen geringen häuslichen Zuschuß – auf Staatskosten ausgebildet, aber gegen die Verpflichtung, nach vollendeter Ausbildung mehrere Jahre als Militärärzte tätig zu sein. Hermann von Helmholtz hört hier die für seine medizinische Ausbildung erforderlichen Fächer, wozu auch Physik, Logik, Geschichte, Latein und Französisch gehörten. In seiner Freizeit musiziert er, besucht das Theater und Kunstausstellungen, liest Goethe, Byron, Homer und sehr viel Kant. Dieses positive Verhältnis zu Kant und zur Literatur war ihm auch später eigen. Unter seinen Lehrern fasziniert ihn Johannes Müller (1801–1858). Dieser große deutsche Physiologe ist vornehmlich durch das Gesetz der sogenannten spezifischen Sinnesenergie bekannt geworden.[3] Leider hat Müller diesem seinen Gesetz eine agnostizistische Deutung gegeben. Aber Johannes Müller überwand schon sehr früh den Einfluß der spekulativen Naturphilosophie und vertrat insgesamt einen, wenn auch inkonsequenten, Materialismus. Diese Inkonsequenz äußert sich vor allem darin, daß er von der vitalistischen Theorie der „Lebenskraft" nicht völlig loskam. Kennzeichnend für Müller und seine Schüler war das Bestreben, die Physiologie mit der Physik zu verbinden und für deren Aufbau eine exaktere Basis zu schaffen. Helmholtz ist von Johannes Müller entscheidend beeinflußt worden und gedenkt seiner stets voll Dankbarkeit und Respekt.[4]

Während seiner Studienzeit befreundet sich Helmholtz u. a. mit Ernst Wilhelm Brücke und vor allem mit Emil Du Bois-Reymond. Diese Freundschaft währte bis zu seinem Tode. Auch dem gesellschaftlichen Leben seiner Zeit stand Helmholtz schon in jungen Jahren aufgeschlossen gegenüber. So erfreute er sich 1841 an den Spottliedern und Pasquillen, „zu welchen die Berliner ihre getäuschten Hoff-

[3] „Es ist ganz gleichgültig, von welcher Art die Reize auf den Sinn sind, ihre Wirkung ist in den Energien des Sinns." (J. Müller, Zur vergleichenden Physiologie des Gesichtssinnes des Menschen und der Thiere, Leipzig 1826, S. 45)

[4] Vgl. vorliegende Ausgabe, S. 9, 10, 57–58, 179 u. a.

nungen, die der Thronwechsel bei ihnen erregt, und ihre Neigung, Witze zu machen, hinriß"[5].

Nachdem Hermann von Helmholtz das medizinisch-chirurgische Institut im Herbst 1842 verlassen und in der Charité Anstellung gefunden hatte, wurde er am 2. 11. 1842 mit der Arbeit „De Fabrica Systematis nervosi Evertebratorum" zum Doktor der Medizin promoviert. In dieser Arbeit wies H. von Helmholtz mit Hilfe des Mikroskops nach, daß die Nervenfasern aus den 1833 von Ehrenberg entdeckten Ganglienzellen entspringen. Damit erbrachte er den Beweis für den bislang vergeblich gesuchten Zusammenhang zwischen Nervenfasern und Nervenzellen und damit den Nachweis der zentralen Natur dieser Zellen für wirbellose Tiere.

Schon in dieser Zeit wendet sich Hermann von Helmholtz von metaphysischen Spekulationen ab und im wachsenden Maße der Tatsachenerforschung zu und gewinnt seine später immer wieder betonte Hochachtung vor dem Experiment. Die von Johannes Müller vertretene Idee einer „Lebenskraft" erscheint ihm physikalisch paradox, ein Verschwinden von Kraft und Materie undenkbar.

Ab 1. 10. 1843 ist Helmholtz Eskadron-Chirurg im Königlichen Gardehusarenregiment in Potsdam, ab 1. 6. 1846 Militärarzt im Königlichen Regiment der Gardes-du-Corps in seiner Heimatstadt. In der Kaserne richtet sich Hermann von Helmholtz ein kleines physikalisch-physiologisches Laboratorium ein. Oft fuhr er nach Berlin, wo er in der 1845 gegründeten „Physikalischen Gesellschaft", deren Mitglied er bald wurde, Anregung und Unterstützung fand.

In der „Physikalischen Gesellschaft" hielt Helmholtz am 23. 6. 1847 seinen Vortrag „Über die Erhaltung der Kraft". Diese Arbeit erschien im gleichen Jahr im Druck und legte die Grundlage für Hermann von Helmholtz' Ruhm in der Öffentlichkeit. Sicherlich: der Gedanke von der Erhaltung der Kraft hatte viele Wissenschaftler schon vor Helmholtz bewegt. Helmholtz gelang es nun in seiner Arbeit, die Energieausdrücke für das Gravitationsfeld, für elektro- und

[5] Zit. nach: L. Königsberger, Hermann von Helmholtz, Bd. I, Braunschweig 1902, S. 42

magnetostatische Felder herzuleiten, sowie die Stromerzeugung durch galvanische Elemente und Thermoelemente sowie die Elektrodynamik einschließlich der Induktionserscheinungen dem energetischen Denken zu erschließen. Er hat mit seiner Schrift entscheidende Impulse für die weitere Entwicklung der Physik gegeben.

Nun hatte Robert Mayer bereits 1842 („Über die Kräfte der unbelebten Natur") und 1845 („Die organische Bewegung in ihrem Zusammenhang mit dem Stoffwechsel") ähnliche Gedanken wie Helmholtz geäußert, allerdings ohne dabei eine exakte mathematische Begründung zu geben. Jahrzehntelang entspann sich ein Prioritätsstreit über die Entdeckung des Prinzips von der Erhaltung der Kraft, der weniger von Helmholtz und Mayer selbst, als vielmehr von Eugen Dühring, dem Leipziger Professor J. C. F. Zöllner u. a. geführt wurde, wobei letztere Mayer das Prioritätsrecht der Entdeckung zuerkannten. Dühring ging sogar soweit, daß er die Originalität aller Arbeiten von Helmholtz bestritt. Hier soll auf diesen Streit nicht näher eingegangen werden, etwa, die ob Helmholtz Mayers Arbeiten gekannt habe, als er seine Arbeit 1847 schrieb usw.

In späteren Jahren hat jedenfalls H. v. Helmholtz stets lobend auf Mayer Bezug genommen, wenn er über das Gesetz von der Erhaltung der Kraft sprach und Mayers Priorität betont.[6] Inzwischen ist die Leistung von H. v.

[6] Vgl. vorliegende Ausgabe, S. 10, 112, 165. Völlig einseitig wird das Verhältnis von R. Mayer und Helmholtz von Th. Gross dargestellt (Th. Gross, Robert Mayer und Hermann von Helmholtz, eine kritische Studie, Berlin 1898). Gross schreibt: „Er (Helmholtz – die *Hrsg.*) beginnt seine Beziehungen zu *Mayer* mit unwahren Referaten, die geeignet waren, denselben wissenschaftlich zu unterdrücken, und er wirft schliesslich dem Gestorbenen . . . einen Haufen wirrer Behauptungen und Anschuldigungen nach, die, wenn sie wahr wären, *Mayer* zu einem blossen Vorläufer seiner eigenen wissenschaftlichen Herrlichkeit herabsetzen würden . . . Also das Ende ist wie der Anfang: Unterdrückung *Robert Mayer's*. Dazwischen liegen Winkelzüge und Unwahrheit." (Ebenda, S. 172)

Helmholtz für die Entdeckung des Prinzips von der Erhaltung der Kraft, genauer der Erhaltung der Energie, allgemein anerkannt. Stellvertretend sei Max von Laue dazu zitiert: „Der Mann aber, dessen universaler Geist die universale Bedeutung des Prinzips voll zu entwickeln vermochte, war Hermann von Helmholtz", und von Laue fährt erläuternd fort: „Helmholtz stellte sich dabei (im Gegensatz zu Mayer) auf den Boden der mechanischen Erklärbarkeit aller Naturvorgänge durch anziehende und abstoßende Zentralkräfte, wie das wohl die meisten seiner Zeitgenossen taten. Er sah darin eine hinreichende und – irrtümlich – auch notwendige Bedingung für die Unmöglichkeit des perpetuum mobile. Aber er machte von jenen Voraussetzungen bei seinen Deduktionen keinen Gebrauch, leitete vielmehr die verschiedenen Ausdrücke für Energien direkt aus jener Unmöglichkeit ab – schon deswegen, weil eine Zurückführung aller Vorgänge auf mechanische Kräfte ja gar nicht gelungen war. So hafteten seine Sätze nicht an jener Auffassung und vermochten sie zu überleben."[7]

Mit dem 1. Oktober 1848 wurde H. v. Helmholtz als Lehrer der Anatomie an die Kunstakademie nach Berlin berufen. Damit war die Stelle des Gehilfen der anatomisch-zootomischen Sammlung verbunden. Eigentlich hätte H. v. Helmholtz noch drei weitere Jahre als Militärarzt dienen müssen, aber dank der Intervention Alexander von Humboldts gelang es ihm relativ leicht, seine Entlassung aus dem Militärdienst zu erhalten. Helmholtz' Wirken in seiner neuen Stellung war jedoch nicht von langer Dauer. Bereits im Sommer 1849 wurde er zum außerordentlichen Professor der Physiologie in Königsberg ernannt.

Hermann von Helmholtz weilte also 1848–49 in Berlin, einem Zentrum der bürgerlich-demokratischen Revolution in Deutschland. In Berlin fanden am 18. und 19. März 1848 die denkwürdigen Barrikadenkämpfe statt, in deren Verlauf die Werktätigen und Bürger Berlins wahre Wunder

[7] M. v. Laue, Geschichte der Physik, Bonn 1950, S. 96f. Eine Einschätzung des Verhältnisses von R. Mayer und H. v. Helmholtz findet sich auch bei F. Engels, Dialektik der Natur, in: Marx/Engels, Werke, Bd. 20, Berlin 1962, S. 358ff.

an Heldenmut vollbrachten und dem feudal-absolutistischen preußischen Regime eine schwere Niederlage bereiteten. Auch in Berlin rang man in der zweiten Phase der Revolution (April bis August 1848) um die Verwirklichung ihrer demokratischen Forderungen. In Berlin schließlich wurde schon im November 1848 ein Staatsstreich der Konterrevolution durchgeführt.

In den uns zugänglichen Äußerungen H. von Helmholtz' findet dieses revolutionäre Jahr in der deutschen Geschichte nur sehr geringe Widerspiegelung. Im Gegensatz etwa zu Rudolf Virchow, damals Privatdozent der Berliner Universität, nahm H. von Helmholtz an den revolutionären Ereignissen keinen aktiven Anteil. Wesentlich wird dazu auch seine Stellung als Militärarzt beigetragen haben. Allerdings begrüßte er die Ereignisse vom 18. März 1848. Dem vierzehn Tage alten Kind seiner Schwägerin steckte er eine schwarz-rot-goldene Kokarde an und gratulierte der „Bürgerin Mutter" zu ihrem in Freiheit geborenen Kind. Später verfolgte er sehr aufmerksam die Debatten in der Paulskirche.

In seiner Königsberger Zeit ist H. von Helmholtz wissenschaftlich äußerst produktiv. So beschäftigte er sich mit der Fortpflanzung des Nervenreizes, die er erstmalig maß. Am 6. Dezember 1850 macht er der physikalischen Gesellschaft zu Berlin Mitteilung von der Erfindung des Augenspiegels. Diese Erfindung, die Helmholtz später bescheiden eine Entdeckung nannte, bedeutete eine Revolution in der Ophthalmologie und machte H. von Helmholtz sehr schnell unter den praktischen Ärzten bekannt. Am 17. 12. 1851 wurde Helmholtz ordentlicher Professor für Physiologie. In seinen Forschungen wandte er sich im steigenden Maße Problemen der physiologischen Optik zu. Ganz besonders beschäftigte ihn die Akkomodation des Auges. Mit seinem Habilitationsvortrag vom 28. 6. 1852 „Über die Natur der menschlichen Sinnesempfindungen" beginnt explizit die intensive Beschäftigung H. von Helmholtz' mit Problemen der Philosophie, vor allem der Erkenntnistheorie.

Bei seinem Habilitationsvortrag ging Helmholtz von der Absicht aus, die Grundansicht Fichtes über die sinnliche Wahrnehmung empirisch darzustellen, wie er an seinen Vater schrieb.[8] Aber schon zu Beginn seiner philosophischen Arbeit zeigte sich Helmholtz' Abneigung gegen eine Naturphilosophie alten Stils, wie sie von Schelling und Hegel gepflegt worden war. In einem Brief an Ludwig schreibt Helmholtz über die in Königsberg seinerzeit herrschenden philosophischen Auffassungen: „In den ersten Jahren meiner Anwesenheit wucherte Naturphilosophie noch unter den Studenten und in den wissenschaftlichen Kreisen der Stadt, wurde, wie ich oft genug hörte, gegen meine Richtung polemisirt. Ich trat nie aggressiv gegen *Rosenkrantz* auf, der früher der Abgott der Stadt war . . ., sondern suchte nur die Macht der einfachen Thatsachen wirken zu lassen. . . Der verständigere Theil des naturwissenschaftlichen Publicums achtet speculative Untersuchungen doch fast nur dann, wenn sie von Leuten ausgehen, die durch bedeutende und erfinderische Experimental-Untersuchungen bewiesen haben, dass sie fest auf dem Boden der thatsächlichen Wahrheit stehen."[9]

Zu einem offenen Zusammenstoß ist es zwischen Helmholtz und dem Althegelianer Joh. Karl Friedrich Rosenkranz nicht gekommen.

Am 28. 6. 1849 hatte Hermann von Helmholtz Olga von Velten, die Tochter eines Oberstabsarztes, geheiratet. Frau Helmholtz kränkelte in dem rauhen Königsberger Klima. Daher griff Helmholtz freudig zu, als er ab Michaelis 1855 als Professor der Anatomie und Physiologie nach Bonn berufen wurde.

Die Bonner Universität war zu jener Zeit eine Domäne der Theologen und der Vertreter geisteswissenschaftlicher Disziplinen. Wenngleich Helmholtz auch in dieser Zeit seines Wirkens glänzende wissenschaftliche Erfolge erzielte – vornehmlich auf dem Gebiete der physiologischen Optik, der Akustik und der Hydrodynamik –, hatte er doch insgesamt einen schweren Stand. Zudem gelang es ihm nicht, seine berechtigten Ansprüche auf ein neues Laboratoriumsgebäude durchzusetzen.

[8] Vgl. L. Königsberger, Hermann von Helmholtz, Bd. I, a. a. O., S. 169

[9] Ebenda, S. 242

Da die Arbeitsbedingungen für Helmholtz sich in Bonn nicht besser gestalteten, nahm er für September 1858 eine Berufung als Professor der Physiologie nach Heidelberg an.

An der ehrwürdigen Heidelberger Universität lehrten Bunsen und Kirchhoff. Als sich ihnen der inzwischen nicht weniger berühmt gewordene Helmholtz zugesellte – immerhin hatte er zum Zeitpunkt seiner Berufung bereits 56, zum Teil bahnbrechende wissenschaftliche Veröffentlichungen aufzuweisen –, strömten Studenten, aus aller Welt nach Heidelberg. Hier hörte ihn u. a. die spätere bedeutende Mathematikerin S. W. Kowalewska; J. M. Setschenow hat hier in Helmholtz' Laboratorium gearbeitet und auch D. I. Mendelejew machte hier seine Bekanntschaft. Es ist daher nicht verwunderlich, daß gerade viele Russen auch später, in der Berliner Zeit, bei Helmholtz arbeiteten und sein Name gerade in Rußland mit Liebe und Verehrung genannt wurde.

Die Zeit des Wirkens von H. von Helmholtz in Heidelberg (1858–1871) war wohl die fruchtbarste Periode in seinem Forscherleben. Neben einer Vielzahl von wissenschaftlichen Aufsätzen entstehen hier die zweite und dritte Lieferung des „Handbuchs der Physiologischen Optik" sowie das Buch „Die Lehre von den Tonempfindungen als physiologische Grundlage für die Theorie der Musik". Dieses Buch erhielt von Physiologen, Physikern und Musiktheoretikern eine hohe Einschätzung. Helmholtz schuf damit eine im wesentlichen materialistische Lehre von den Tonempfindungen. Großen Raum nahmen in Helmholtz' Heidelberger Zeit zunächst weiter seine Arbeiten zur physiologischen Optik und zur Akustik ein. In dieser Zeit entwickelte er seine philosophischen Auffassungen zu einem System, ihn beschäftigten hydrodynamische und elektrodynamische Probleme, und er begann, sich Forschungen über die Axiome der Geometrie zuzuwenden. Hinzu kamen amtliche Verpflichtungen. Sie erschöpften sich nicht nur in den Vorlesungen, sondern Helmholtz war auch Prorektor der Universität und hielt eine Vielzahl von populären Vorlesungen. Nach 1867 wandte er sich im steigenden Maße mathematisch-physikalischen und rein mathematischen Problemen zu. Die wenigen physiologischen Arbeiten, die Helmholtz noch veröffentlichte, knüpften an seine frühesten nervenphysiologischen Arbeiten an. Hinsichtlich seiner Arbeiten zur physiologischen Optik kann man zusammenfassend sagen, daß er mit ihnen der Physiologie den Weg in das Gebiet der kompliziertesten psychischen Erscheinungen bahnte.

Nach langer Krankheit war Helmholtz' Frau Olga am 28. 12. 1859 gestorben. Am 16. 5. 1861 ging Helmholtz eine neue Ehe ein. Seine zweite Frau, Anna von Mohl, war die Tochter des Universitätsprofessors Robert von Mohl, der 1848 Abgeordneter der Paulskirche gewesen war und auch später seine liberale Gesinnung bewahrte. Nach seiner Eheschließung wurde Helmholtz' Haus zu einem Zentrum des geselligen Verkehrs. Zum Freundeskreis von H. von Helmholtz gehörten in Heidelberg neben Bunsen und Kirchhoff vor allem Eduard Zeller und Gottfried Gervinus. Zeller näherte sich bei seinen kritischen Untersuchungen des Frühchristentums dem junghegelianischen Standpunkt, propagierte aber später ein Zurückgehen auf Kant. Seine Auffassungen charakterisierte Zeller selbst als Idealismus, ergänzt durch einen „gesunden Realismus". Wenn ihn auch philosophisch-theoretisch manches von Helmholtz trennte, so war beiden doch die Einsicht in die Bedeutung der Naturwissenschaften für die Entwicklung der Philosophie gemeinsam. Georg Gottfried Gervinus (1805–1871) war Schüler des fortschrittlichen bürgerlichen Historikers Friedrich Christoph Schlosser. Er gehörte zu den „Göttinger Sieben", entwickelte sich in der deutschen Revolution von 1848–49 zum Vertreter des äußersten linken Flügels des Liberalismus und wirkte auch später in diesem Sinne.

Hermann von Helmholtz stand sein Leben lang im regen Austausch mit den Wissenschaftlern seiner Zeit. Es dürfte schwer halten, einen Fachgelehrten, ja, überhaupt einen prominenten Vertreter des Geisteslebens des 19. Jahrhunderts zu nennen, mit dem er nicht näheren Kontakt gepflegt oder Bekanntschaft geschlossen hätte. Besonders eng pflegte er die Verbindung zu englischen Wissenschaftlern, was durch Studien- und Urlaubsreisen nur noch verstärkt wurde. Tyndall, Faraday, Stokes, Wheatstone, Huxley, W. Thomson, Roscoe, Joule, Carpenter zählten zu seinen Freunden. Er kannte Charles Dickens, Herbert Spencer und Maxwell, aber auch viele italienische und französische Wissenschaftler, von den deutschen gar nicht zu sprechen.

In die Zeit des Heidelberger Wirkens von H. von Helmholtz fallen der Bruderkrieg von 1866 und der deutsch-französische Krieg von 1870/71. Helmholtz hat sich Zeit seines Lebens als Preuße gefühlt und ist auch in der Zeit dieser beiden Kriege, wenngleich mit Einschränkungen, im Sinne der preußischen Politik aufgetreten. Er war für den Sieg Preußen-Deutschlands im deutsch-französischen Krieg, weil er in diesem Sieg die einzige Möglichkeit zur Vereinigung Deutschlands und für sein weiteres ökonomisches, politisches und kulturelles Wachstum erblickte. Äußerungen von Hurrah-Patriotismus sind allerdings bei ihm nicht zu finden.

Im Jahre 1871 wird Hermann von Helmholtz als Nachfolger von Gustav Magnus als Professor für Physik nach Berlin berufen. Er arbeitet hier zunächst über Probleme der Elektrizitätslehre, was in verschiedenen größeren und kleineren Publikationen seinen Niederschlag findet. Bald werden aerodynamische Probleme und wiederum Fragen der physiologischen Optik in die Untersuchungen einbezogen. Gleich Ernst Abeé beschäftigt ihn die Frage, wieweit die Leistungsfähigkeit der Mikroskope noch gesteigert werden könne, und die Theorie der anormalen Dispersion. Schon vor 1875 treibt Helmholtz Studien zu seinen meteorologischen Arbeiten. Später, in den 80er Jahren, entwickelte er mathematisch formulierte Beziehungen zwischen den Gesetzen der Wärme, der Elektrizität und der chemischen Erscheinungen, arbeitet über die Thermodynamik chemischer Vorgänge und über das Prinzip der kleinsten Wirkung. Thermodynamischen Untersuchungen mißt er eine überaus große Bedeutung für die wissenschaftliche Entwicklung der Chemie bei. Mitte der 80er Jahre beginnt für Helmholtz eine Zeit gewaltigen mathematischen Schaffens und das Ringen nach der Erkenntnis eines einheitlichen, die Natur beherrschenden Prinzips, welches seine Gedanken bis zu seinem Lebensende beherrschte.

Neben einer umfangreichen Lehrtätigkeit hatte Hermann von Helmholtz eine Vielzahl von Ehrenämtern inne, mußte Gutachten anfertigen, an Kongressen teilnehmen usw. Um so bewundernswerter ist seine wissenschaftliche Produktivität. Am Ende seines Lebens liegen 220 wissenschaftliche Veröffentlichungen vor, von denen manche bahnbrechende Bedeutung besaßen und besitzen. Zudem erzog er ganze Generationen von nachmals bekannten Physikern. Sein bekanntester und begabtester Schüler ist zweifellos Heinrich Hertz gewesen, dessen Bedeutung Helmholtz zuerst erkannte und den er bis zu dessen allzufrühem Tode stetig förderte. Im Laboratorium besuchte H. von Helmholtz jeden Praktikanten täglich. Nie versuchte er, das selbständige Denken der Jüngeren einzuschränken und eine Frage autoritativ zu lösen. Er erzog zur wissenschaftlichen Vorsicht und zur Selbstkritik.[9a]

Neben seinen wissenschaftlichen Interessen und Verpflichtungen beteiligte sich Helmholtz auch in Berlin aktiv am kulturellen Leben und führte ein offenes Haus. Curtius, Adolph von Menzel, Lenbach, Richard und Cosima Wagner, Wilhelm Dilthey und Max Planck gehörten zu seinen Bekannten oder Freunden.

[9a] Zu den engen Beziehungen von H. Hertz und H. v. Helmholtz vgl.: Heinrich Hertz, Erinnerungen – Briefe – Tagebücher, zusammengestellt von Dr. J. Hertz, Leipzig 1927. Als Hochschul*lehrer* hatte Helmholtz keine große Resonanz. So schreibt Max Planck dazu: „Allerdings muß ich gestehen, daß mir die Vorlesungen keinen merklichen Gewinn brachten. *Helmholtz* hatte sich offenbar nie richtig vorbereitet, er sprach immer nur stockend, wobei er in einem kleinen Notizbuch sich die nötigen Daten heraussuchte, außerdem verrechnete er sich beständig an der Tafel, und wir hatten das Gefühl, daß er sich selber bei diesem Vortrag mindestens ebenso langweilte wie wir. Die Folge war, daß die Hörer nach und nach wegblieben; schließlich waren es nur noch drei, mich und meinen Freund, den späteren Astronomen *R. Lehmann – Filhés* mitgerechnet." (M. Planck, Wissen schaftliche Selbstbiographie. Mit der von M. v. Laue gehaltenen Traueransprache, 3. Aufl., Leipzig 1955, S. 8.)

In der Zeit des Wirkens von H. von Helmholtz in Berlin stand Dove als Autorität auf dem Gebiete der Meteorologie auf der Höhe seines Ruhmes. Rudolf Virchow hatte seinen Weg bahnbrechender Forschungen begonnen. Die Mathematiker Weierstraß, Kronecker und Borchardt vereinigten sich zu einer führenden Schule der Zeitgenossen. Seitdem Du Bois-Reymond Sekretär der Akademie der Wissenschaften geworden war, wurden auch in dieser Institution die Interessen der Naturwissenschaftler mehr betont, was allerdings auch zunehmend den Interessen der deutschen Bourgeoisie objektiv entsprach. A. W. Hofmann hatte die erfolgreiche Leitung des neu gegründeten chemischen Laboratoriums der Universität übernommen. Helmholtz zog bald Gustav Kirchhoff und Eduard Zeller, aber auch Heinrich von Treitschke von Heidelberg nach Berlin. Man kann also zu recht davon sprechen, daß die Berliner Universität zu dieser Zeit ein internationales Zentrum der Wissenschaften war. Und wohl die meiste Anziehung übte unter all diesen großen Wissenschaftlern Hermann von Helmholtz aus.

Von Ostern 1888 bis zu seinem Tode wirkte Hermann von Helmholtz als Präsident der neugegründeten Physikalisch-Technischen Reichsanstalt, über deren Wesen und Ziel hier keine genaueren Ausführungen gemacht werden können. Wenngleich diese Tätigkeit eine gewisse Entlastung von Universitätsverpflichtungen brachte, so nahm sie Helmholtz dennoch in hohem Maße in Anspruch. Am 13. 12. 1890 gab er eine für den Reichstag bestimmte „Denkschrift über die bisherige Tätigkeit der Physikalisch-Technischen Reichsanstalt“ heraus. Danach hatte die physikalische Abteilung der Reichsanstalt u. a. thermometrische Fundamentalarbeiten, Untersuchungen zu Kapillarabweichungen, barometrische Untersuchungen und grundlegende elektrische Arbeiten vorgenommen. In ihrer technischen Abteilung waren nahezu 25000 Thermometer geprüft und gestempelt worden, man hatte sich dort mit der Erzeugung von Normalstimmgabeln u. a. Problemen beschäftigt.

Zu den Mitarbeitern der Reichsanstalt gehörten zu Helmholtz' Zeit Männer, die bald in weiten Kreisen ihrer Wissenschaft bekannt werden sollten, so Eugen Brodhun, Ernst Gumlich, Franz Mylius, Wilhelm Wien u. a.

In seinen letzten Lebensjahren hat Hermann von Helmholtz keine neuen Themata mehr bearbeitet. Er fuhr fort, seine Arbeiten zu monozyklischen Systemen, zum Prinzip der kleinsten Wirkung und zur Theorie der Dispersion zu präzisieren und beschäftigte sich weiter mit Meteorologie.

Im Verlauf seines Lebens hat Hermann von Helmholtz eine Vielzahl von Ehrungen erfahren. 1883 wurde er in den erblichen Adelsstand erhoben. Aus diesem Anlaß schreibt er am 28. 1. 1883 an seinen Schwager: „Meine eigentliche Stellung in der Welt wird dadurch nicht mehr wesentlich geändert, aber für Anna und die Kinder freut es mich – und auch aus öffentlichen Gründen, denn es ist, seit hundert Jahren das erste Mal wieder, daß bei uns Jemand nur wegen wissenschaftlicher, nicht politischer oder militärischer Leistungen diese Ehre empfängt." [10] Den Höhepunkt der Ehrungen von Hermann Helmholtz bildeten die Feierlichkeiten zu seinem 70. Geburtstag. Die Antwortrede von Helmholtz auf die Glückwünsche wurde in diese Auswahl aufgenommen.[11]

Am 12. 6. 1894 erlitt Hermann von Helmholtz eine Gehirnblutung. Lähmungen traten auf. Am 8. September 1894 endete sein erfülltes Leben.

Helmholtz in seinem Verhältnis zur Philosophie der Vergangenheit und seiner Zeit

Es kann weder Absicht noch Aufgabe dieser Arbeit sein, Hermann von Helmholtz' Werk *umfassend* zu würdigen. Eine Beschränkung auf die Einschätzung seiner philosophischen und gesellschaftlichen Auffassungen ist beabsichtigt. Hier haben eingehende Untersuchungen von

[10] Zit. nach Anna von Helmholtz. Ein Lebensbild in Briefen, hrsg. von E. von Siemens-Helmholtz, I. Bd., Berlin 1929, S. 262

[11] Vgl. vorliegende Ausgabe, S. 3–19

Marxisten bislang gefehlt. Zumeist begnügen sich marxistische Interpreten der philosophischen Auffassungen von H. von Helmholtz mit einer Wiederholung von Thesen W. I. Lenins, die dieser in seinem genialen Werk „Materialismus und Empiriokritizismus“ zu Hermann von Helmholtz ausführt. Dabei werden diese Auffassungen Lenins oft einseitig interpretiert, man glaubt aus einigen Bemerkungen Lenins schließen zu müssen, Helmholtz sei als Philosoph nicht in die Traditionslinie des fortschrittliches Denkens einzubeziehen. Dabei werden bei der Einschätzung H. von Helmholtz' zumindest drei grundlegende Fehler begangen: 1. Helmholtz' philosophische Auffassungen werden nicht in ihrem Zusammenhang, in ihrer *Entwicklung* gesehen, obwohl H. von Helmholtz selbst diese Entwicklung seiner Auffassungen an den verschiedensten Stellen seiner Arbeiten betont; 2. Man untersucht nicht das Gesamtwerk von H. von Helmholtz, sondern beschränkt sich zumeist, wie etwa Dieter Wittich[12], auf die folgenden Arbeiten von Helmholtz: a) auf den Königsberger Habilitationsvortrag von 1852 „Über die Natur der menschlichen Sinnesempfindungen“; b) auf das „Handbuch der Physiologischen Optik“ (Abweichungen zwischen 1. und 2. Auflage werden dabei außer acht gelassen) und c) auf die Rektoratsrede: „Die Tatsachen in der Wahrnehmung“ von 1878; 3. Helmholtz wird ausschließlich unter dem Aspekt seiner gnoseologischen Auffassungen gesehen. Ausgehend von solchen Untersuchungen des Helmholtzschen philosophischen Denkens, gelangt man dann etwa zu der Globalauffassung, Helmholtz' Ansichten seien „ein spezifisches Gemisch von mechanischem Materialismus und Kantschem Agnostizismus“[13].

Schon eine Einschränkung des Philosophen Helmholtz auf den Erkenntnistheoretiker Helmholtz ist unhaltbar.

[12] D. Wittich, Das Gesetz der sogenannten spezifischen Sinnesenergie und die beiden philosophischen Grundrichtungen, in: Deutsche Zeitschrift für Philosophie Heft 12/1964, S. 682–691

[13] А. В. Лебединский / У. М. Франкфурт / А. М. Френк, Гельмгольц (1821–1894), Moskau 1966, S. 123

Sie findet sich bereits in neukantianischen Arbeiten und wird bewußt vom Neopositivismus kultiviert, der schon in seiner frühen Periode Helmholtz als Ahnherrn des eigenen philosophischen Systems für sich zu reklamieren suchte. In der von Moritz Schlick und Paul Hertz besorgten Helmholtz-Ausgabe heißt es z. B. einleitend: „Sieht sich die moderne Naturwissenschaft durch die logische Allgemeinheit ihrer Prinzipien genötigt, wieder innigste Fühlung mit der Philosophie zu nehmen, so ist ihr *Helmholtz* in einer unphilosophischen Zeit darin vorausgegangen: sein Name ist das Sinnbild einer fruchtbaren Vereinigung der Wissenschaft mit einer erkenntnistheoretisch orientierten Philosophie ..."[14] Noch eindeutiger wird H. von Helmholtz in einem Festvortrag zu seinem 100. Geburtstag von Moritz Schlick festgelegt. Es heißt hier zunächst von Helmholtz „... er war schlechthin ein Philosoph.[15]" Diese an sich richtige Feststellung wird dann folgendermaßen präzisiert: „Der Philosoph Helmholtz ist der Erkenntnistheoretiker Helmholtz."[16]

Aber der im wesentlichen naturwissenschaftliche Materialist Helmholtz ist nicht auf einen Erkenntnistheoretiker zu beschränken. (Wobei eine solche Trennung von Philosophie *und* Erkenntnistheorie für den Marxisten ohnehin ein Unding ist.) Dagegen spricht z. B. sein ständiges Mühen um das Kausalprinzip, um die objektiven Gesetze, in deren Aufdeckung er die Aufgabe der Wissenschaft er-

[14] H. v. Helmholtz, Schriften zur Erkenntnistheorie, herausgegeben und erläutert von P. Hertz und M. Schlick, Berlin 1921, S. VIf.

[15] M. Schlick, Helmholtz als Erkenntnistheoretiker, in: Helmholtz als Physiker, Physiologe und Philosoph. Drei Vorträge gehalten zur Feier seines 100. Geburtstages. Karlsruhe/i. Br. 1922, S. 29

[16] Ebenda, S. 31. Eine kurze Skizze der über seine Erkenntnistheorie hinausgehenden philosophischen Auffassungen von H. v. Helmholtz gibt aus marxistischer Sicht Kurt Wagner „Zur richtigen Deutung der Helmholtzschen Zeichentheorie", in: Deutsche Zeitschrift für Philosophie, Heft 2/1965, S. 162ff.

blickt. Nach seiner Meinung stützt sich Wissenschaft auf die gesellschaftliche Praxis, wird von ihr getragen und hervorgebracht und wirkt wieder auf sie zurück. Ein aufmerksames Studium der hier erneut zum Abdruck kommenden Arbeiten aus den verschiedensten Lebensetappen von Hermann von Helmholtz dürfte dies eindeutig beweisen – wenngleich agnostizistische und idealistische Zugeständnisse nicht wegzudisputieren sind. Wenn wir dennoch in unserer Einleitung explizit besonders auf Helmholtz' Erkenntnistheorie Bezug nehmen, so deshalb, weil es über sie die meisten Irrtümer und bei Helmholtz selbst viele Ansatzpunkte für solche Mißdeutungen gibt.

Als unbestreitbar ist für H. v. Helmholtz zu konstatieren: der Mensch strebt danach, die Naturerscheinungen zu begreifen. Das ist ihm nur möglich, indem er ihre Gesetzmäßigkeit erkennt. Die Gesetzmäßigkeit in der Natur faßt H. von Helmholtz als kausalen Zusammenhang auf. Dieser Kausalzusammenhang ist unabhängig von unserem Willen, also objektiv. Will man die Gesetzmäßigkeiten in der Natur aufdecken, so ist es notwendig, diejenigen Kräfte aufzusuchen, welche die Ursachen der Erscheinungen darstellen. Haben wir erst einmal das Gesetz einer Erscheinung gefunden, so ist es leicht, sie zu begreifen. Die Gesetze der Natur sind als allgemeine Begriffe keine nur konventionell zurechtgelegten, und sie sind auch nicht auf spekulativem Wege entstanden. Wir können die Naturgesetze nicht willkürlich wählen. Wichtigster Zweck der Naturgesetze ist die Beherrschung der Natur. Ohne Gesetze gibt es keine Naturwissenschaft. Unverbrüchlich überzeugt ist H. von Helmholtz von der absoluten Herrschaft des Kausalgesetzes. An die Naturgesetze müssen wir mit der Voraussetzung herangehen, daß sie begreifbar, erkennbar, sind.

Helmholtz war Zeit seines Lebens ein hervorragender Experimentator. Daher stehen wohl auch – unter den angeführten Voraussetzungen – Beobachtung und Experiment für ihn im Mittelpunkt der Erkenntnisgewinnung.

Bewußt nehmen wir davon Abstand, die vorliegenden Texte eingehend zu interpretieren, auf besonders prägnante Stellen hinzuweisen usw. Wir wollen dem Leser die Urteilsfindung nicht abnehmen, glauben aber, daß diese Texte die von uns gemachten Ausführungen eindeutig bestätigen. Es finden sich aber eine Vielzahl von Stellen, in denen H. von Helmholtz seine materialistische Grundhaltung noch eindeutiger darstellt. So schreibt er z. B. zur Gesetzesproblematik: „Die daseienden Dinge verändern sich, aber wir suchen und finden *Gesetze* für diese Veränderungen, d. h. *Begriffe* für dieselben, die selbst *unverändert* bestehen bleiben, aber nur in Wirksamkeit, d. h. *Erscheinung* treten, so oft die gleichen Bedingungen ihrer Wirksamkeit wieder hergestellt sind ... Die Aufstellung eines Naturgesetzes enthält die Zuversicht, daß in allen künftigen entsprechenden Fällen die Erscheinungen sich dem Gesetze fügen werden. Ein vollständiges Gesetz, welches die Bedingungen und die Größe des Erfolges vollständig und genau angibt, ist für unser Wissen der genügende Grund, sicher auf den Erfolg zu schließen. Ebenso ist es dann objektiv anzusehen als *Kraft*, als der objektiv genügende Grund des Eintrittes. ... Die naturwissenschaftlichen Hypothesen sind Versuche Gesetze von einer weiter ausgedehnten Bedeutung zu finden, als die Beobachtungen unmittelbar erlauben."[17] Und in einer nicht veröffentlichten Aufzeichnung heißt es z. B. ganz eindeutig: „Naturwissenschaft hat zum Objecte denjenigen Inhalt unserer Vorstellungen, welcher von uns als nicht durch die Selbstthätigkeit unseres Vorstellungsvermögens erzeugt angeschaut wird, d. h. also das als wirklich wahrgenommene."[18]

Wir haben bereits oben ausgeführt, daß sich H. v. Helmholtz von Jugend an mit philosophischen Fragen beschäftigte, daß sowohl Johannes Müller wie auch Immanuel Kant für seine philosophische Ausbildung von wesentlicher Bedeutung waren. Wir wollen nunmehr sehen, wie sich dieses Verhältnis in dem Maße entwickelte, wie Helmholtz selbst seine wissenschaftliche Leistung vorantreibt.

In Helmholtz' Bonner Zeit fällt ein interessanter Briefwechsel mit seinem Vater. Dieser Briefwechsel verdeutlicht

[17] Zit. nach: L. Königsberger, Hermann von Helmholtz, II. Bd., Braunschweig 1903, S. 158

[18] Ebenda, S. 126

die Entwicklung von Helmholtz' philosophischen Auffassungen. Hatte er noch in Königsberg Fichtes Auffassungen empirisch begründen wollen, so stellte er in einem Brief vom 31. 12. 1857 fest: „Auch scheint mir der jüngere *Fichte* nicht frei zu sein von dem Fehler, welcher an der seit *Hegel* und *Schelling* eingetretenen Mißachtung der Philosophie Schuld ist, daß er nämlich eine Menge Sachen in den Kreis der Betrachtung zieht, über die er glaubt, absprechen zu müssen, welche gar nicht in die Philosophie gehören, welche entweder den Erfahrungswissenschaften anheimfallen, oder dem Gebiete des reinen religiösen Glaubens."[19]

Seine eigene Auffassung von Philosophie und sein Verhältnis zu Kant stellt er in einem Brief vom 4. März 1858 an seinen Vater wie folgt dar: „Ich selbst fühle sehr lebhaft das Bedürfniss einer specielleren Durcharbeitung gewisser Fragen, an welche aber, so viel ich weiß, kein neuerer Philosoph sich gemacht hat, und die ganz auf dem von *Kant* in seinen Umrissen erforschten Felde der a priorischen Begriffe liegen, so z. B. die Ableitung der geometrischen und mechanischen Grundsätze, der Grund, warum wir das Reale in zwei Abstractionen, Materie und Kraft, logisch auflösen müssen usw., dann wieder die Gesetze der unbewussten Analogieschlüsse, durch welche wir von den sinnlichen Empfindungen zu den sinnlichen Wahrnehmungen gelangen und anderes. Ich sehe sehr wohl ein, dass dergleichen nur durch philosophische Untersuchungen gelöst werden kann, und wirklich durch solche lösbar ist, und fühle deshalb das Bedürfniss weitergehender philosophischer Erkenntniss."[20] Im gleichen Brief an seinen Vater distanziert sich Helmholtz auch entschieden von den „trivialen Tiraden" der Vulgärmaterialisten Vogt und Moleschott und schreibt weiter: *„Schopenhauer* gebe ich Dir ganz Preis; was ich selbst bisher von ihm gelesen habe, hat mir gründlich missfallen."[21]

[19] Vgl. L. Königsberger, Hermann von Helmholtz, Bd. I., a. a. O., S. 284

[20] Ebenda, S. 292–293

[21] Ebenda, S. 293

Schopenhauers irrationalistischer Voluntarismus basiert theoretisch auf gewissen Anschauungen Kants, Platos und zum Teil auch Schellings. Obwohl Schopenhauers Hauptwerk „Die Welt als Wille und Vorstellung“ bereits 1819 erschienen war, fand seine Philosophie faktisch erst nach der gescheiterten Revolution von 1848 unter der deutschen Bourgeoisie Resonanz. Es zeugt von der Selbständigkeit des philosophischen Denkens von H. von Helmholtz, daß er den „Schopenhauerrummel“ zu keiner Zeit mitmachte. Dabei wird übrigens Hermann von Helmholtz erstmalig von einem Schopenhaueranhänger, von Julius Frauenstädt, theoretisch angegriffen. Dieser bezichtigt Helmholtz, er habe in seinem Vortrage „Über das Sehen des Menschen“ (1855) dasselbe wie Schopenhauer gelehrt, wobei „. . . er Schopenhauer zwar nicht als seinen Vorgänger nennt, aber doch so übereinstimmend mit Schopenhauer das Sehen als einen durch die apriorische Thätigkeit des Verstandes bedingten Act erklärt, daß wir kaum annehmen können, Helmholtz habe vor der Abfassung seines Vortrages die Schopenhauer'sche Abhandlung vom Sehen nicht gekannt und nicht aus ihr gelernt“[22]. Schopenhauer selbst wird in seinen Briefen noch deutlicher und bezichtigt Hermann von Helmholtz ganz eindeutig des Plagiats.[23] Der Philosoph Schopenhauer fühlt sich dem philosophierenden Naturwissenschaftler Helmholtz so unendlich überlegen, daß er meint: „Sagen ‚er und ich ständen auf dem selben Boden‘ ist wie sagen, der Montblanc und ein Maulwurfshaufen neben ihm ständen auf dem selben Boden.“[24]

Tatsächlich ist der Vorwurf des Plagiats an Schopenhauer ungerechtfertigt, wie ein Vergleich der Arbeiten beider lehrt. Bezeichnend ist aber hier das Bemühen des Schul-

[22] J. Frauenstädt, Der Materialismus. Seine Wahrheit und sein Irrtum. Eine Erwiderung auf Dr. Louis Büchner's „Kraft und Stoff“, Leipzig 1856, S. 52

[23] Vgl. A. Schopenhauer an J. A. Becker am 20. 1. 1856, in: Schopenhauers Briefe, hrsg. v. E. Grisebach, Leipzig o. J., S. 131f.

[24] A. Schopenhauer an J. Frauenstädt am 15. 7. 1855, in: ebenda, S. 299

philosophen, dem Naturwissenschaftler auch jeglichen Antrieb zu nehmen, seine philosophischen Systeme als praktikablen theoretischen Leitfaden zu benutzen. Helmholtz hatte sich, wie erwähnt, von der spekulativen Naturphilosophie Hegels und Schellings sowie derer Epigonen losgesagt. Ebenso unfruchtbar erschienen ihm zu recht die philosophisch-metaphysischen Systeme der bürgerlichen Philosophie seiner Zeit. Der präzise zu denken gewohnte Helmholtz konnte nach Ausbildung und Denkstil auch in den Vulgärmaterialisten keine Leitbilder des Denkens finden. Das wird noch näher zu zeigen sein. Seine Auffassung von Philosophie hat er in den 70er Jahren in einem Brief an Fick dargelegt: „Ich glaube, dass der Philosophie nur wieder aufzuhelfen ist, wenn sie sich mit Ernst und Eifer der Untersuchung der Erkenntnisprocesse und der wissenschaftlichen Methoden zuwendet. Da hat sie eine wirkliche und berechtigte Aufgabe. Metaphysische Hypothesen auszubauen ist eitel Spiegelfechterei. Zu jener kritischen Untersuchung gehört aber vor Allem genaue Kenntniss der Vorgänge bei den Sinneswahrnehmungen... Die Philosophie ist unverkennbar deshalb in's Stocken gerathen, weil sie ausschliesslich in der Hand philologisch und theologisch gebildeter Männer geblieben ist und von der kräftigen Entwickelung der Naturwissenschaften noch kein neues Leben in sich aufgenommen hat... Ich glaube, dass die deutsche Universität, welche zuerst das Wagnis unternähme, einen der Philosophie zugewendeten Naturforscher zum Philosophen zu berufen, sich ein dauerndes Verdienst um die deutsche Wissenschaft erwerben könnte."[25]

Helmholtz war sich bewußt, daß er als Naturwissenschaftler von der Philosophie beherrscht wird. Er glaubte als Naturforscher nicht, um mit Friedrich Engels zu sprechen, sich durch Schimpfen auf die Philosophie von ihr befreien zu können. „Es fragt sich nur", fährt Engels fort, „ob die Naturforscher von einer schlechten Modephilosophie beherrscht werden wollen oder von einer Form des theoretischen Denkens, die auf der Bekanntschaft mit der

[25] Zit. nach: L. Königsberger, Hermann von Helmholtz, Bd. I, a. a. O., S. 243

Geschichte des Denkens und mit deren Errungenschaften beruht."[26] Der dialektische Materialismus, der die höchste Errungenschaft theoretischen Denkens darstellt, war Helmholtz nicht bekannt. Daher ist es u. E. keineswegs zufällig, daß er gerade an Immanuel Kant anknüpft, dessen Philosophie er für seine naturwissenschaftliche Zwecke nutzbar zu machen suchte. In welch hohem Maße Helmholtz dabei von Kant abwich und eigene philosophische Wege beschritt, wird noch detaillierter darzustellen sein.

Schon sehr früh hat H. von Helmholtz die Aufmerksamkeit der Schulphilosophen auf sich gezogen. Sie suchten ihn in ihre Systeme einzugruppieren oder die Falschheit seiner Ideen zu beweisen. Dabei war ein Zentralpunkt das Verhältnis von H. von Helmholtz zu Kant. Dieser große deutsche Philosoph wurde von Helmholtz, wie oben dargestellt, stets geschätzt, aber es erfolgte dabei eine immer stärkere Lösung von Kant und eine Verselbständigung der philosophischen Auffassungen H. von Helmholtz.

Im Jahre 1884 schreibt H. von Helmholtz: „Ich war im Beginne meiner Laufbahn ein gläubigerer Kantianer als ich jetzt bin; oder vielmehr, ich glaubte damals, dass das, was ich bei *Kant* geändert zu sehen wünschte, unerhebliche Nebenpunkte wären, welche neben dem, was ich noch jetzt als seine Hauptleistung hoch schätze, nicht in Betracht kämen, bis ich später gefunden habe, dass sich die stricten Kantianer der jetzigen Periode hauptsächlich da festheften und da die höchste Entwickelung des Philosophen sehen, wo *Kant* meines Erachtens die ungenügenden Vorkenntnisse seiner Zeit und namentlich ihre metaphysischen Vorurtheile nicht gänzlich überwunden und das Ziel, welches er sich gesteckt hatte, nicht ganz erreicht hat."[27] Und in einem ebenfalls aus den 80er Jahren stammenden Gutachten schreibt er: „Die *Kantianer* strictester Observanz betonen vor Allem die Punkte, wo *Kant* meines Erachtens unter der unvollkommenen Entwickelung der Special-

[26] F. Engels, Dialektik der Natur, a. a. O., S. 480

[27] H. v. Helmholtz, Vorrede zum ersten Bande der dritten Auflage 1884 der Vorträge und Reden, Bd. I, a. a. O., S. VIII

wissenschaften seiner Zeit gelitten und sich in Irrthümer verwickelt hat. Der Kernpunkt dieser Irrthümer sind die Axiome der Geometrie, die er für a priori gegebene Formen der Anschauung ansieht, die aber in der That Sätze sind, die durch Beobachtung geprüft und, wenn sie unrichtig wären, eventuell auch widerlegt werden könnten. Dies letztere habe ich zu erweisen gesucht. Damit fällt aber überhaupt die Möglichkeit fort, metaphysische Grundlagen der Naturwissenschaft geben zu können, an die *Kant* in der That glaubte... Meines Erachtens darf man, was *Kant* Grosses geleistet hat, nur halten, wenn man seinen Irrthum über die rein transcendentale Bedeutung der geometrischen und mechanischen Axiome fallen läßt. Damit fällt aber auch jede Möglichkeit, sein System zu einer Grundlage der Metaphysik zu machen, und dies scheint mir der innere Grund zu sein, weshalb sich unter seinen Anhängern alle, die metaphysische Neigungen und Hoffnungen haben, an diese bestrittenen Punkte anzuklammern suchen."[28]

Schon in seiner „Physiologischen Optik" weicht Helmholtz wesentlich von Kant ab, von dem er zu Beginn zweifellos ausgeht. In der Arbeit über die Axiome der Geometrie und in seiner Rektoratsrede „Über die Tatsachen in der Wahrnehmung" wird die kritische Stellung zu Kant besonders deutlich. Übrigens hatte Hermann von Helmholtz bereits 1878 geäußert: „Seine (Kants – die Hrsg.) Kritik der reinen Vernunft ist eine fortlaufende Predigt gegen den Gebrauch der Kategorien des Denkens über die Grenzen möglicher Erfahrung hinaus. Aber die Geometrie schien ihm so etwas zu leisten, wie die Metaphysik es anstrebte, und er erklärte deshalb die Axiome der Geometrie, die er ansah als a priori vor aller Erfahrung gegebene Sätze, für gegeben durch transzendentale Anschauung, oder als die angeborene Form aller äußeren Anschauung. Seitdem ist die reine Anschauung a priori der Ankerplatz der Metaphysiker geworden. Sie ist noch bequemer als das reine Denken, weil man ihr alles aufbürden kann, ohne sich in

[28] Zit. nach L. Königsberger, Hermann von Helmholtz, II. Bd. a. a. O., S. 139f.

Schlußketten hineinzubegeben, die einer Prüfung und Widerlegung fähig wären."[29]

Für Helmholtz waren letzten Endes die Tatsachen für die Richtigkeit oder Falschheit einer Theorie entscheidend und nicht irgendwelche Autoritäten. Auch das brachte ihn in einen Widerspruch zu Kant, für den die geometrischen Axiome synthetische Urteile a priori waren, also Urteile, die eine Erkenntnis zum Ausdruck bringen, die nicht aus der Erfahrung gewonnen wurde. Helmholtz führt den Nachweis, daß entgegen der Behauptung Kants, die Axiome der Geometrie Erfahrungssätze sind. Er widerlegte damit den Idealismus Kants, der mit dem Apriorismus einen über die Erfahrung hinausgehenden Erkenntnisgrund behauptete. Helmholtz zeigt im Einzelnen, daß die Annahme der geometrischen Axiome als synthetische Urteile a priori eine „unerwiesene", „unnötige" und eine für die Erklärung unserer Kenntnisse der Welt gänzlich unbrauchbare Hypothese ist.[30] Damit half er die Autorität Kants unter den Naturwissenschaftlern zu untergraben.

Weshalb sich Helmholtz trotzdem nicht völlig von Kant lösen konnte, hat seinen Grund in der von Kant versuchten Kritik des einseitigen Rationalismus auf der einen und des Empirismus auf der anderen Seite. Auch Helmholtz konnte sich auf Grund seiner einzelwissenschaftlichen Untersuchungen nicht mit den bisherigen Erkenntnistheorien einverstanden erklären. Eine der wichtigsten Erkenntnistheorien war dabei die Abbildtheorie des französischen Materialismus. Nach ihr sind die Abbilder im Denken den Gegenständen exakt nachgebildet. Locke, der großen Einfluß auf die Erkenntnistheorie des französischen Materialismus hatte, symbolisierte das durch die Bezeichnung der Seele als ein weißes Blatt Papier, auf dem die Außenwelt ihre Einprägungen macht. Dabei haben schon für La Mettrie die Urteilskraft, das Gedächtnis, das vernünftige Denken usw. keine selbständige Bedeutung, sondern sind „eigentlich nur Modifikationen jener Art von Markgewebe, auf das die im

[29] Vgl. vorliegende Ausgabe, S. 240

[30] Beilage zu „Die Tatsachen in der Wahrnehmung", Beilage III, vorliegende Ausgabe S. 299

Auge abgebildeten Gegenstände wie von einer Laterna magica zurückgeworfen werden"[31]. Helmholtz lehnte diese Theorie ab, da sie die Bestimmung der Empfindungen durch die Organisation unserer Sinnesorgane nicht beachtet. Er schrieb: „Insofern die Qualität unserer Empfindung uns von der Eigentümlichkeit der äußeren Einwirkung, durch welche sie erregt ist, eine Nachricht gibt, kann sie als ein *Zeichen* derselben gelten, aber nicht als ein *Abbild.* Denn vom Bilde verlangt man irgendeine Art der Gleichheit mit dem abgebildeten Gegenstande, von einer Statue Gleichheit der Form, von einer Zeichnung Gleichheit der perspektivischen Projektion im Gesichtsfelde, von einem Gemälde auch noch Gleichheit der Farben."[32]

Helmholtz hatte recht, wenn er die Einseitigkeit des mechanischen Materialismus ablehnte. Der Erkenntnisprozeß ist eben nicht nur Einwirkung des Objekts auf das menschliche Sinnesorgan, sondern vor allem auch die aktive Tätigkeit des Subjekts. Wenn im mechanischen Materialismus die Abbilder als Spieglungen von Bildern auf einer Art von Markgewebe betrachtet werden, so widerspricht das dem Helmholtzschen Empirismus, nach dem die Deutung der Zeichen durch die Erfahrung erlernt werden muß. Erfahrung bedeutet aber aktive Erkenntnis. Der Mensch verändert die Welt und erkennt sie dabei. Mit der Ablehnung der Abbildtheorie des mechanischen Materialismus verwarf Helmholtz auch den Ausdruck „Abbild" für die Empfindungen. Weil Empfindung und empfundener Gegenstand nicht gleich sind, können nach ihm die Empfindungen keine Abbilder, sondern nur Zeichen sein. Wir werden auf H. von Helmholtz' Zeichentheorie noch ausführlicher eingehen.

Helmholtz betonte gegenüber dem mechanischen Materialismus den Unterschied von Zeichen und Gegenstand, Idee und Objekt. Diesen Tatbestand benutzte er auch zur Kritik des Idealismus von Berkeley vom materiali-

[31] J. O. de La Mettrie, Der Mensch – eine Maschine, Leipzig 1965, S. 69

[32] H. v. Helmholtz, Die Tatsachen in der Wahrnehmung, vergleiche S. 255

stischen Standpunkt aus. Er schrieb zu Berkeleys Idealismus:

„Diese empirische Basis führt ihn (Berkeley – die Hrsg.) dann freilich zu der Behauptung, daß nicht blos die Qualitäten der Empfindung, sondern auch die Wahrnehmungen überhaupt nur innere Processe seien, denen nichts Äußeres entspräche. Er wird zu dieser Schlußfolgerung verleitet durch den falschen Satz, die Ursache (das wahrgenommene Object) müsse ihrer Wirkung (der Vorstellung) gleichartig, also auch ein geistiges Wesen, nicht ein reales Objekt sein.“[33]

Helmholtz dehnte diese seine Kritik auch auf den Idealismus der klassischen deutschen Philosophie aus: „Die nachfolgenden idealistischen Systeme der Philosophie von J. G. *Fichte, Schelling, Hegel* haben allen Nachdruck wieder darauf gelegt, daß die Vorstellung wesentlich abhängig sei von der Natur des Geistes, und den Einfluß, den das Wirkende auf die Wirkung hat, vernachlässigt.“[34]

Helmholtz wandte sich also sowohl gegen den mechanischen Materialismus mit seiner Abbildtheorie als auch gegen die idealistische Erkenntnistheorie. Die Beschränktheit des mechanischen Materialismus, der die Aktivität des Subjekts nicht beachtete und die Abbildung als mechanische Spiegelung ansah, hinderte ihn bei der philosophischen Verallgemeinerung der von ihm untersuchten einzelwissenschaftlichen Erscheinungen. Auch der Idealismus, der die objektive Realität und damit die Ursache der Empfindung leugnet, war dazu nicht in der Lage.

Nur Kant schien nach der Meinung von Helmholtz der einseitigen Beantwortung der Frage nach dem Verhältnis von Gegenstand und Abbild zu entgehen. Kant beachtete sowohl den Einfluß des Objekts als auch den des Subjekts im Erkenntnisprozeß. Das führte zu einer starken Entlehnung Kantscher Ausdrücke für den Aufbau der Helmholtzschen Erkenntnistheorie. Aber seine ständige Beschäftigung mit Kant zeigte Helmholtz den idealistischen Charakter der

[33] H. v. Helmholtz, Handbuch der physiologischen Optik, 2. umgearbeitete Aufl., Hamburg-Leipzig 1896, S. 612

[34] Ebenda

Kantschen Philosophie. Dabei offenbarte sich, daß Helmholtz den Versuch unternommen hat, den rationellen Kern der Kantschen Erkenntnistheorie herauszuarbeiten. Helmholtz versuchte Ausdrücke aus der Kantschen Philosophie materialistisch zu interpretieren. So schrieb er über die a priori gegebenen Formen der Anschauung: „*Kants* Lehre von den a priori gegebenen Formen der Anschauung ist ein sehr glücklicher und klarer Ausdruck der Sachverhältnisse, aber diese Formen müssen inhaltsleer und frei genug sein, um jeden Inhalt, der überhaupt in die betreffende Form der Wahrnehmung eintreten kann, aufzunehmen."[35]

Bei Kant waren diese Anschauungsformen aber nicht inhaltsleer und in der Lage, jede Erfahrung aufzunehmen. Der Raum als Anschauungsform war z. B. durch die geometrischen Axiome der Euklidischen Geometrie bestimmt. Die ungeordnete Erfahrung wurde entsprechend der Raumanschauung geordnet, die nach Kant eben nicht aus der Erfahrung stammte. Hatte Helmholtz schon den Idealismus Kants seiner Stütze durch die geometrischen Axiome beraubt, so gab er hier eine materialistische Interpretation der Anschauungsformen überhaupt. Für ihn bedeuteten sie nämlich nur die Fähigkeit des Organismus, Eindrücke von der Außenwelt zu empfangen und zu verarbeiten. So ist für ihn z. B. die Qualität der Empfindung eine Form der Anschauung, d. h. der Organismus hat die Fähigkeit, Lichtwellen bestimmter Länge als bestimmte Farben zu empfinden. Dabei ist die Form durch die Existenz des Organismus gegeben, da das Auge eben nur Lichtempfindungen hat. Diese Form muß jedoch so inhaltsleer sein, daß sie jeden Inhalt, also Lichtwellen beliebiger Länge aufnehmen kann und uns Nachricht über die objektive Realität gibt.

Helmholtz betonte die enge Verbindung unserer Begriffe mit der Erfahrung, wobei Erfahrung für ihn das Wissen über die Außenwelt ist, das wir durch praktische Tätigkeit, besonders durch Experimente erhalten. Reines Denken a priori ergibt nach Helmholtz Sätze ohne reale Bedeutung

[35] Zit. nach: L. Königsberger, Hermann von Helmholtz, Bd. II, a. a. O., S. 160

für die Wirklichkeit.[36] Besonders treffend weist er auf die reine Anschauung als den Ankerplatz der Spekulation hin.

Damit zeigt sich auch bei der Kantschen Philosophie keine wissenschaftliche Synthese der rationellen Seiten, die mechanischer Materialismus und Idealismus zur philosophischen Erklärung des Erkenntnisprozesses ausgearbeitet hatten. Der Erkenntnisprozeß wird eben nicht als Wechselwirkung zwischen Subjekt und Objekt betrachtet, wobei der Inhalt unserer Empfindungen eben durch die objektive Realität gegeben ist, während die Form durch die historisch entstandene Organisation der Sinnesorgane bestimmt wird. Bestimmend ist bei Kant das erkennende Subjekt, das die ungeordnete Erfahrung entsprechend der a priori gegebenen Formen ordnet. Die Welt der Dinge an sich, die die Ursache unserer Empfindungen ist, ist für Kant unerkennbar. Das Denken wird von seiner Quelle, der Erfahrung, getrennt, indem mit dem Apriorismus ein über die Erfahrung hinausgehender Erkenntnisgrund gegeben wird.

Helmholtz kritisiert diesen Idealismus Kants, ohne sich von Kant ganz lösen zu können. Er findet auch in der Philosophie Kants nicht die erwünschte Verallgemeinerung der einzelwissenschaftlichen Ergebnisse, die eine dialektische Betrachtung des Erkenntnisprozesses und damit des Verhältnisses von Subjekt und Objekt erfordern. Helmholtz sucht mit seiner Zeichentheorie eine eigene Verallgemeinerung zu geben. Erst der dialektische Materialismus gibt eine wissenschaftliche Interpretation der einzelwissenschaftlichen Ergebnisse und begründet damit eine wissenschaftliche Erkenntnistheorie. Helmholtz lehnte jedoch trotz seiner Kritik an den bestehenden philosophischen Systemen, entgegen der allgemeinen Meinung vieler Naturwissenschaftler des vergangenen Jahrhunderts, die Philosophie nicht generell ab.

Allerdings wird die weitgehende Abwendung Hermann von Helmholtz' von Kant in seinen späteren und entscheidensten Lebensjahren dadurch verdeckt, daß er von Kant

36 Vgl. H. v. Helmholtz, Handbuch der physiologischen Optik, a. a. O., S. 612

die Terminologie des ganzen philosophischen Apparates entlehnt. Aber es bleibt dabei oft nur die Gleichheit der Worte, der Sinn wird ein anderer. Das gilt besonders für die Bestimmung der Begriffe Raum, Zeit und Kausalität, für die Anschauungs- und Denkformen und die Bestimmung der Erfahrung. Wir stimmen Josef Hamms Schlußfolgerung zu: „Helmholtz begründet die Erkenntnis ... naturwissenschaftlich. Kant dagegen begründet die Naturwissenschaft durch das Apriori der Erkenntnis."[37]

Insgesamt läßt sich konstatieren: Helmholtz geht von Kant aus. Im steigenden Maße gerät er mit dessen philosophischen Grundkategorien in Konflikt, da sie seiner Erfahrung als Naturwissenschaftler widersprechen. Da er den dialektischen Materialismus nicht kennt, die einzige Philosophie, die auch H. von Helmholtz eine konsequent-materialistische Lösung seiner Probleme hätte geben können, versuchte er den Aufbau eines eigenen naturwissenschaftlich-materialistischen Systems. Inkonsequenzen, Zugeständnisse an den Idealismus usw. blieben dabei unvermeidlich. Das ist die Ursache dafür, daß Helmholtz sowohl von materialistischer, als auch von idealistischer Seite Kritik erfuhr, wie W. I. Lenin durch die Gegenüberstellung der Kritik an H. von Helmholtz' durch Albrecht Rau („von links") und durch Anton von Leclair („von rechts") anschaulich demonstriert.[38]

Die „Kantianer striktester Observanz" haben zu Lebzeiten von H. von Helmholtz diese Abweichungen der Philosophie des großen Naturwissenschaftlers von Kant durchaus gesehen und sind dagegen angegangen. Albrecht Krause meint, Helmholtz habe Kant in den Grundlagen seines Systems angegriffen, als er die Unveränderlichkeit und apodiktische Sicherheit der geometrischen Axiome, auf denen Kant fußte, leugnete. Nach Krause ist „ein so intensiver Angriff noch nie gegen die Grundlagen der Kantischen Erkenntnistheorie gerichtet worden, als in den populär-

[37] J. Hamm, Das philosophische Weltbild von Helmholtz, Phil. Diss. Bonn 1937, S. 6

[38] W. I. Lenin, Materialismus und Empiriokritizismus, a. a. O., S. 234f.

wissenschaftlichen Vorträgen von Helmholtz“[39]. Noch eindeutiger ist das Urteil Ludwig Goldschmidts: „Wir wagen zu behaupten, daß es keine Stelle in der Kritik d. r. V. giebt, die auch entfernt mit den von *Riemann* und *Helmholtz* vertretenen Theorien verträglich wäre, und daß man eine umfassende Kontrolle nicht erst nötig hat. *Es kann in der Kritik* (der reinen Vernunft – die Herausg.) *keine Brücke zu diesen Lehren geben.*“[40]

Nun bezeichnet der von Vaihinger beratene Goldschmidt allerdings das Ende einer derartigen ehrlichen Trennung von Kantischen und Helmholtz'schen philosophischen Ideen. Einher läuft mit dem Anwachen des Neukantianismus das Bestreben, inkonsequente und unscharfe Formulierungen bei Helmholtz auszunutzen, ihn zu einem Neukantianer zu machen und ihn gegen den „metaphysischen“ Materialismus als Schild zu benutzen. Kennzeichnend dafür sind etwa die Worte Alois Riehls: „Die erkenntnistheoretischen Grundanschauungen von *Helmholtz* haben eine Entwicklung erfahren, die sie scheinbar von *Kant* entfernte, in Wahrheit aber doch nur eine Fortbildung der Kantischen Gedanken darstellt.“[41] Und er fährt fort: „Helmholtz war ein zu tiefer Denker, um materialistischen Anschauungen zu huldigen.“[42]

Fechners Untersuchungen über empirische Daten erfahren bei H. von Helmholtz eine gewisse Hochschätzung.

39 A. Krause, Kant und Helmholtz über den Ursprung und die Bedeutung der Raumanschauung und der geometrischen Axiome, Lahr 1878, Vorwort.

40 L. Goldschmidt, Kant und Helmholtz, populärwissenschaftliche Studie, Hamburg-Leipzig 1898, S. VIII. Selbst V. Heyfelder muß zugeben: „Die Weltanschauung *Helmholtz'* ist derjenigen konform, die *Kant* als transcendentalen Realismus bezeichnete, und zu der er die seine als transcendentalen Idealismus in bewußten Gegensatz bringt.“ (V. Heyfelder, Über den Begriff der Erfahrung bei Helmholtz, Berlin 1897, S. 55)

41 A. Riehl, Helmholtz als Erkenntnistheoretiker, in: Die Naturwissenschaften, Jahrg. 9/1921, Heft 35, S. 705

42 Ebenda

Über Hermann Lotze schreibt Helmholtz hingegen in einem Brief an seinen Vater vom 4. 3. 1857: „Aber *Lotze* hat z. B. einen ziemlich ausgebreiteten Kreis von Freunden unter den Naturforschern. Ich selbst freilich kann an dem keinen Gefallen finden.' Er ist mir nicht scharf und streng genug."[43]

Einen großen Einfluß hat, wie wir bereits betonten, Johannes Müller auf die Formung der Weltanschauung H. von Helmholtz' ausgeübt. Aber Helmholtz wurde dabei keineswegs zum Epigonen. Man kann Benno Erdmanns Urteil vollauf zustimmen: „Der Einfluß J. Müllers ist in der Anerkennung der Lehre von den spezifischen Sinnesenergien und der grundlegenden Unterscheidung von Empfinden und Wahrnehmen bei Helmholtz dauernd geblieben. Was seine Überzeugungen von denen seines Lehrers trennte, die Ablehnung der spezifischen Lebenskraft, des Nativismus in den Raumfragen sowie der Einflüsse des psychologischen Empirismus von Hume und des metaphysischen von Herbart: das alles stand ihm schon früh fest."[44]

Sein Leben lang hat Hermann von Helmholtz philosophische Literatur gelesen. Zu seiner Lektüre gehören immer wieder Arbeiten Kants. Aber er beschäftigt sich auch mit Philosophen seiner Zeit. So liest er Kuno Fischers „Schopenhauer" u. a. Stellungnahmen dazu sind leider nicht erhalten. Wie er die Schulphilosophie seiner Zeit aber einschätzt, geht implizit aus einem Brief an seinen Sohn Robert vom 4. 7. 1880 hervor: „Jemand. . ., der breite Kenntnisse der Naturwissenschaften hat, der könnte auch schon in der Erkenntnistheorie Vieles thun, freilich zunächst mit wenig Aussicht auf Zustimmung von der Masse der Philosophie-Dilettanten."[45]

[43] Zit. nach: L. Königsberger, Hermann von Helmholtz, I. Bd. a. a. O., S. 292

[44] B. Erdmann, Die philosophischen Grundlagen von Helmholtz' Wahrnehmungstheorie kritisch erläutert, in: Abhandlungen der preußischen Akademie der Wissenschaften, Jhrg. 1921, Philosophisch-historische Klasse, Nr. 1, Berlin 1921, S. 42

[45] Zit. nach: Anna von Helmholtz. Ein Lebensbild in Briefen, a. a. O., S. 249

Ein direkter Einfluß des älteren oder jüngeren Fichte auf Helmholtz ist nicht nachweisbar. Zwar hat Helmholtz Fichte gelesen und gelegentlich auch zitiert. Möglicherweise hat er die Lehre von den unbewußten Schlüssen durch Fichte kennengelernt. Ein Plagiat aus Schopenhauers Werk sind sie jedenfalls nicht. In der 4. Auflage der „Physiologischen Optik" sagt Helmholtz explizit, was an Schopenhauers einschlägigen Erörterungen richtig sei, wäre wohl auf Fichte zurückzuführen. Die achtungsvolle Behandlung Fichtes in den Briefen Hermann von Helmholtz' mag wohl aus der Pietät gegenüber seinem Vater herrühren. Schellings Identitätsphilosophie und Hegels naturphilosophische Auffassungen lagen H. von Helmholtz fern. In den hier abgedruckten Arbeiten polemisiert er mehrfach gegen sie. Auch die Philosophie David Humes fand bei Hermann von Helmholtz keine Resonanz. Er erklärt selbst, daß das Bestreben, alle Erkenntnis auf Empirie zu gründen, bei Hume in der Leugnung aller Möglichkeit von objektiver Erkenntnis ende.[46] Bis zu einem gewissen Grad identifiziert sich H. von Helmholtz mit J. St. Mill. Er ist mit ihm der Meinung, daß wir im Syllogismus des Schlußsatzes sicher sind, ehe wir noch den Obersatz, durch den wir ihn beweisen wollen, aufstellen können. Der Syllogismus aus induktiven Prämissen ist auch für Helmholtz das Urbild des Syllogismus überhaupt. Die Hauptbestandteile der Millschen Methode – Beobachtung und Experiment – sind auch Grundbestandteile der Helmholtzschen Theorie. Aber Helmholtz begeht nie den Fehler, Induktion und Deduktion metaphysisch getrennt gegenüberzustellen. Er erklärte die einseitige Hochschätzung der Deduktion als ein falsches Ideal von Wissenschaftlichkeit und schrieb dazu: „Es gibt keinen stolzeren Bau des strengesten Denkens als die moderne Astronomie, deduziert bis in die einzelnsten kleinen Störungen hinein aus *Newtons* Gravitationsgesetz. Aber einem *Newton* war ein *Kepler* vorausgegangen, der die Tatsachen induktiv zusammengefaßt hatte. . . Die älteren Philosophen und Ärzte glaubten, sie könnten deduzieren, ehe sie ihre

[46] Vgl. H. v. Helmholtz, Handbuch der physiologischen Optik, a. a. O., S. 612

allgemeinen Sätze durch Induktion gesichert hatten. Sie vergaßen, daß jede Deduktion nur so viel Sicherheit hat als der Satz, aus dem deduziert wird, und daß jede neue Deduktion zunächst immer nur wieder ein neues Prüfungsmittel ihrer eigenen Grundlagen an der Erfahrung werden muß."[47]

Sein Leben lang hat H. von Helmholtz gegen die Metaphysik Stellung genommen. Stets hat er sich dagegen verwahrt, daß sein Kampf gegen die Metaphysik als Gegnerschaft gegen die Philosophie gedeutet werde. Zur Erhärtung dieser These sei ein ausführliches Zitat von H. von Helmholtz angeführt, das durch viele andere, auch aus den hier abgedruckten Reden, ergänzt werden könnte: „Indem ich den Namen der Metaphysik hier auf diejenige vermeintliche Wissenschaft beschränke, deren Zweck es ist, durch reines Denken Aufschlüsse über die letzten Principien des Zusammenhanges der Welt zu gewinnen, möchte ich mich dagegen verwahren, daß das, was ich gegen die Metaphysik sage, auf die Philosophie überhaupt bezogen werde. Mir scheint, daß nichts der Philosophie so verhängnisvoll gewesen ist, als ihre immer wiederholte Verwechselung mit der Metaphysik... Die Metaphysik war es, welche hauptsächlich die Augen des großen Haufens der wissenschaftlichen Dilettanten auf die Philosophie gerichtet und ihr Schaaren von Schülern und Anhängern zugeführt hat, freilich vielfach solche, die ihr mehr schadeten, als die erbittertsten Gegner hätten thun können."[48]

Helmholtz verwirft gleichermaßen die Annahme einer prästabilierten Harmonie zwischen Natur und Geist wie auch die Identität beider. Er wendet sich auch gegen die englischen „Sensualisten" des 18. Jahrhunderts, welche die Übereinstimmung der Vorstellungen mit ihren Objekten leugnen und dieselben deshalb für Täuschungen erklärten.[49] An anderer Stelle nennt er allerdings gerade Molyneux, Locke und Jurine als Vorläufer seiner empiristischen Theorie.[49a]

[47] Vgl. S. 228

[48] Zit. nach: L. Königsberger, Hermann von Helmholtz, III. Bd., Braunschweig, 1903, S. 119f.

[49] Vgl. Handbuch der physiologischen Optik, 1. Aufl., S. 442

[49a] H. v. Helmholtz, Die neueren Fortschritte in der Theorie

Hermann von Helmholtz' Auffassung von der Wissenschaft und seine gesellschaftspolitische Haltung

Der Wissenschaft weiterzuhelfen, hielt Helmholtz im Interesse des Fortschritts der Menschheit für notwendig. Nicht das Wissen an sich sah er als das Ziel des Forschenden an, sondern die Entwicklung der Wissenschaft und die praktische Anwendung der wissenschaftlichen Ergebnisse. Er erklärte dazu: „Das Wissen allein ist aber nicht der Zweck des Menschen auf der Erde... Nur das Handeln gibt dem Manne ein würdiges Dasein; also entweder die praktische Anwendung des Gewußten, oder die Vermehrung der Wissenschaft selbst muß sein Ziel sein. Denn auch das letztere ist ein Handeln für den Fortschritt der Menschheit."[50] Gleichzeitig maß er der Popularisierung wissenschaftlicher Kenntnisse große Bedeutung bei, wie besonders sein hier abgedrucktes Vorwort zu der Übersetzung von Tyndalls „Fragments of Science" beweist. Immer wieder wies er auf die Notwendigkeit einer gründlicheren Ausbildung in den mathematisch-naturwissenschaftlichen Fächern in den Schulen hin.

Als Helmholtz 1890 als Vertreter der Berliner Universität an der 600-Jahr-Feier der Universität von Montpellier teilnahm, hob er die einigende Kraft der Wissenschaft für die verschiedenen Nationen hervor. Er berichtete über seine dort gehaltene Rede: „Die sämmtlichen Nationen, die an der Arbeit der Wissenschaft Theil nehmen, hätten ein gemeinsames Arbeitsfeld und unterstützten sich nothwendig gegenseitig. Diese Erkenntnis werde am Ende doch durchdringen und ein befreundetes Verhältnis darstellen müssen... Ich schloss dann mit dem Hinweis, daß die Medicin es namentlich sei, die diesen friedenstiftenden Beruf der Wissenschaft schon längst ausübe und vor die Augen der Welt bringe..."[51]

des Sehens, in: Vorträge und Reden, Bd. I, a. a. O., S. 332

[50] H. v. Helmholtz, Über das Verhältnis der Naturwissenschaften zur Gesamtheit der Wissenschaften; vorliegende Ausgabe, S. 102

[51] Zit. nach: L. Königsberger, Hermann von Helmholtz, Bd. III, a. a. O., S. 31

So tritt uns der hervorragende Wissenschaftler auch als ein Mensch entgegen, der den Problemen seiner Zeit aufgeschlossen gegenübersteht. Er begrüßt den gesellschaftlichen Fortschritt und betont die friedenstiftende Rolle der Wissenschaft, die die Nationen miteinander verbinden sollte. Die Wissenschaft kann nach seiner Meinung nicht nur einer Gruppe von Menschen dienen, sondern muß der ganzen Menschheit gehören. Daraus ergibt sich ihre völkerverbindende Aufgabe. Der Wissenschaftler soll für das Wohl seines *ganzen* Volkes arbeiten. In den hier erneut zum Abdruck gebrachten Helmholtzschen Texten finden sich derartige Äußerungen in großer Zahl zu den verschiedensten Anlässen.

Für Helmholtz gibt es keine „Wissenschaft um der Wissenschaft willen". Er steht damit in völligem Gegensatz etwa zu Moritz Schlick, der Helmholtz gleichsam als einen Ahnherrn seiner eigenen Theorie reklamieren möchte. Schlick schreibt: „Erkenntnis, sofern sie Wissenschaft ist, dient ... nicht irgendwelchen anderen Lebensfunktionen. Sie ist nicht auf praktische Beherrschung der Natur gerichtet, obwohl sie hinterher oft auch dazu nützlich sein mag – sondern sie ist eine selbständige Funktion, deren Ausübung uns *unmittelbar* Freude bereitet, ein eigener, mit keinem anderen vergleichbarer Weg zur Lust. Und in dieser Lust, mit der der Erkenntnistrieb das Leben des Forschenden füllt, besteht ihr Wert."[52]

Helmholtz hingegen schrieb zum Beispiel in einem Brief vom 21. 8. 1891 an Ludwig: „Abgesehen von allen Fragen der Eitelkeit ist es schließlich für unser einen, der sein ganzes Leben lang schwer gearbeitet hat, doch eine berechtigte Frage: Ist das, was Du geleistet, nützlich und schätzenswerth? und diese können nur die Anderen beantworten, die davon Nutzen und Vortheil haben."[53] Und im Entwurf der Grabrede für seinen Freund August Kundt vom Jahre 1894 können wir bei Helmholtz lesen: „... Diese Einsicht in das Wirken der Natur ist an sich schon die Quelle aller

[52] M. Schlick, Allgemeine Erkenntnislehre, Berlin 1918, S. 83

[53] Zit. nach: Anna von Helmholtz, Ein Lebensbild in Briefen, Bd. II, a. a. O., S. 36

Herrschaft des Menschengeistes über die Natur und damit die Wurzel, aus der sich unendlich praktische Wohlthaten für das Menschengeschlecht entwickeln. Sie hat aber noch eine viel tiefere sittliche Bedeutung. Diese Arbeit für die Wissenschaft ist nothwendig eine Arbeit für allgemeine Zwecke der ganzen Menschheit, für Zwecke, die nicht auf ein einzelnes Individuum abgegrenzt, nicht einmal für ein Volk, für einen Welttheil abgegrenzt werden können, sondern nothwendig die Arbeit des Einzelnen zu einer Arbeit für die Zwecke der Menschheit und deren Einsicht machen. Durch sie wird der Einzelne gewöhnt, für ideelle Zwecke zu arbeiten, die innere Befriedigung in sich zu erfahren, welche mit solcher Art der Arbeit verbunden ist, und in ihr seine Freude und seinen Lohn zu finden. Und da das Beispiel idealer Gesinnung viel mehr auf die Jüngeren wirkt als alle Moralpredigt, so ist ein solcher Lehrer auch der beste Erzieher, um die jüngere Generation zu den gleichen Gesinnungen zu erziehen."[54]

H. von Helmholtz war zu keiner Zeit ein enger Fachgelehrter. Davon zeugt schon allein seine intensive Beschäftigung mit der Philosophie. Helmholtz war zugleich ein entschiedener und bewußter Kämpfer für den wissenschaftlichen Fortschritt innerhalb der ihm von seiner bürgerlichen Klassenposition gesetzten Schranken. Dem Vitalismus und Spiritualismus hat er zu jeder Zeit den Kampf angesagt und überhaupt jeden Obskurantismus in der Wissenschaft entschieden bekämpft. Dogmatismus in der Wissenschaft war ihm verhaßt. Gerade in seinen hier vorliegenden Aufsätzen zeigt sich die humanistische Haltung dieses großen deutschen Gelehrten. Helmholtz wandte sich auch gegen alle Versuche, die Wissenschaft nationalistischen und chauvinistischen Zielen unterzuordnen. Antisemitische Strömungen, die bald nach der Reichsgründung aufkamen und institutionelle Förderung erfuhren, fanden durch H. von Helmholtz keine Unterstützung. Sicherlich fehlte ihm die Einsicht dafür, welche gesellschaftlichen Verhältnisse not-

[54] Zit. nach: L. Königsberger, Hermann von Helmholtz, III. Bd., a. a. O., S. 103

wendig sind, damit die humanistische Kraft der Wissenschaft wirksam werden kann. Erst im Sozialismus entwickelt sich die Gesellschaftsordnung, die den humanistischen Wissenschaftler nicht mehr in Gewissenskonflikte stürzt. Erst in der sozialistischen Gesellschaftsordnung vermag er, getreu der Forderung von Hermann von Helmholtz, im Frieden für das Wohl seines Volkes und die Ideale der Menschheit zu arbeiten.

Hermann von Helmholtz ist in den Traditionen des Protestantismus erzogen worden. Er war jedoch nie im orthodoxen Sinne kirchlich. Probleme des Verhältnisses von Staat und Kirche, sowie die Forschungen auf dem Gebiete der Religionskritik haben ihn durchaus beschäftigt. So liest er 1873 Zellers Buch „Kirche und Staat“, das er interessant findet[55]. Und am 25. 12. 1870 schrieb er an seine Schwiegermutter: „Nehmen Sie vor allem meinen besten Dank; Die beiden Bücher von Strauß schätze ich sehr hoch. Den Voltaire kenne ich etwa erst zur Hälfte und das Leben Jesu muß man doch immer wieder von Zeit zu Zeit ansehen, um sich auf Diskussionen gerüstet zu halten, da man sonst einzelne Tatsachen leicht wieder aus dem Kopfe verliert. Am Ende kann sich niemand, der für menschliche Bildung zu arbeiten, und deren Interessen zu vertreten hat, religiösen Diskussionen entziehen, wie sie gelegentlich aufstoßen, wenn man sie auch nicht suchen wird.“[56]

Untersucht man die weltanschaulichen Aussagen von H. von Helmholtz in Hinsicht auf ihre Stellung zur Religion, so wird man nur implizite schließen können. Aber gerade seine beiden Vorträge über J. W. von Goethe, die dort und an anderen Stellen immer wieder auftauchenden Berufungen auf Goethesche weltanschauliche Aussagen aus dem „Faust“ und anderen Dichtungen lassen uns vermuten, daß sich H. von Helmholtz weitgehend einer pantheistischen Weltauffassung nähert. Der Pantheismus ist, in

[55] Brief von H. v. Helmholtz an A. v. Helmholtz vom 1. 8. 1873. zit. nach: Anna von Helmholtz. Ein Lebensbild in Briefen. a. a. O., S. 186

[56] Ebenda, S. 137

seinen verschiedensten Spielarten bis in die Gegenwart hinein der Ausweg der bürgerlichen Naturwissenschaftler geblieben, die ihre naturwissenschaftlichen Erkenntnisse mit dem christlichen Dogma nicht in Einklang zu bringen vermochten, aber auch nicht zum konsequenten Materialismus vordrangen.

Hermann von Helmholtz war ein entschiedener Anhänger der Darwinschen Entwicklungslehre. Wie später Svante Arrhenius u. a. war er der Meinung, winzige Partikeln, die den Weltenraum durchschwärmen, könnten Keime des Lebens ausstreuen, sobald ein neuer Weltkörper fähig geworden ist, organischen Geschöpfen eine Wohnstätte zu gewähren. Helmholtz bewegt die Frage, ob einmal die Zeit einer Vernichtung des Geschlechts der Lebenden auf dieser Welt kommen wird. Er läßt diese Frage offen und betont, daß auch Lessing und David Strauß sich damit nicht hätten abfinden können. Die Erörterung dieser Problematik schließt H. von Helmholtz mit folgenden Worten ab: „Wie die Flamme dem Anschein nach dieselbe bleibt, und in derselben Gestalt und Beschaffenheit weiter besteht, trotzdem sie in jedem Augenblick neu hinzutretende verbrennliche Dämpfe und neuen Sauerstoff der Atmosphäre in den Strudel ihres aufsteigenden Luftstromes hineinzieht; wie die Welle forteilt in unveränderter Form und doch in jedem Augenblick sich aus neuen Wassertheilchen aufbaut, so ist auch in den lebenden Wesen nicht die bestimmte Masse des Stoffes, die jetzt den Körper zusammensetzt, dasjenige, an dem das Fortbestehen der Individualität haftet. Denn das Material des Körpers ist, wie das der Flamme fortdauerndem und verhältnismässig schnellem Wechsel unterworfen, desto schnellerem, je lebhafter die Lebensthätigkeit der betreffenden Organe ist. Einige Bestandtheile des Körpers sind nach Tagen, andere nach Monaten, andere nach Jahren erneuert. Was als das besondere Individuum fortbesteht, ist, wie bei der Flamme und bei der Welle, nur die Bewegungsform, welche unablässig neuen Stoff in ihren Wirbel hineinzieht und den alten wieder ausstößt. Der Beobachter mit taubem Ohre kennt die Schallschwingung nur, so lange sie sichtbar und fühlbar an schwererem Stoff haftet. Sind unsere

Sinne dem Leben gegenüber hierin dem tauben Ohr ähnlich?"[57]

Es wäre u. E. eine interessante Aufgabe, die Weltanschauung von H. von Helmholtz unter diesen Aspekten einmal gründlicher zu untersuchen.

Wenngleich Helmholtz auch 13 Jahre im verhältnismäßig liberalen Süddeutschland lebte, wenn er auch zu liberalen und demokratischen Kreisen Verbindung hatte, so ist er, wie bereits erwähnt, zeitlebens in Denken und Fühlen Preuße geblieben. Dabei ist sein Verhältnis keineswegs unkritisch. So schreibt er von der Unwissenheit der preußischen Diplomaten und mokiert sich über die preußische Überheblichkeit des Berliner Militärhistorikers und Diplomaten Bernhardi in England, die „großen Anstoß gegeben" habe.[58] Eindeutige Stellungnahmen zu seiner politischen Haltung liegen erst aus seiner Berliner Zeit von 1871–1894 vor. Der Bürger Helmholtz stand völlig unter dem Eindruck des neu geschaffenen Deutschen Reiches, das in der Tat in Ökonomie, äußerer Politik, Kultur und Wissenschaft fortlaufend große Erfolge erzielte. Helmholtz sah nicht die Zwiespältigkeit dieser Reichsgründung, die wachsende Verschärfung des Widerspruchs von Kapital und Arbeit, die Notwendigkeit des Anwachsens einer starken, organisierten Arbeiterbewegung, die wachsende Abhängigkeit gerade der Naturwissenschaftler und Techniker, aber auch aller anderen Intellektuellen vom kapitalistischen Überbau. Bekanntlich wurde im letzten Drittel des 19. Jahrhunderts der Grundstein für eine Entwicklung gelegt, die in die nationale Katastrophe führte. All dies wurde H. von Helmholtz nicht bewußt. Die Beschäftigung mit ökonomischen Fragen lag ihm fern.[59] Die Sozialdemokratie

[57] H. v. Helmholtz, Über die Entstehung des Planetensystems, in: Vorträge und Reden, II. Bd., Braunschweig 1903, S. 91

[58] Brief vom 19. 3. 1864, zit. nach: Anna von Helmholtz. Ein Lebensbild in Briefen. a. a. O., S. 115

[59] Von F. Engels ist sein Exemplar der „Popularen wissenschaftlichen Vorträge" (H. 2, Braunschweig 1871) erhalten geblieben. Zu Helmholtz' Aussage „Aber Arbeit ist Geld" (zu finden in seinem Vortrag „Über die Wechselwirkung

Helmholtz gehört also zu jenen großen Wissenschaftlern, die zwar in ihren Fachgebieten revolutionierend wirkten, aber auf dem gesellschaftlichen Gebiet die Entwicklungstendenzen nicht verstanden.

Hermann von Helmholtz als Erkenntnistheoretiker

Es wäre müßig, Helmholtz den Vorwurf zu machen, daß er die dialektisch-materialistische Erkenntnistheorie nicht kannte. Er hatte keine Verbindung zur Arbeiterbewegung. Die persönlichen Angriffe, die Eugen Dühring gegen ihn richtete, dürften ihn davon sogar direkt abgehalten haben. Helmholtz beschäftigte sich bereits in seinem Habilitationsvortrag von 1852 mit erkenntnistheoretischen Fragen, während die Arbeiten von Engels über das Verhältnis von Philosophie und Naturwissenschaft erst Ende der siebziger Jahre als Artikel im „Vorwärts" erschienen. Die marxistische Philosophie erkämpfte sich in dieser Zeit erst ihren Platz innerhalb der Arbeiterbewegung.

Die erkenntnistheoretischen Arbeiten von Helmholtz sind aus zwei Gründen ein positiver Beitrag zur Entwicklung der Erkenntnistheorie. Erstens sind sie der Versuch eines Naturwissenschaftlers, sich durch philosophische Verallgemeinerung theoretische Klarheit über die eigenen und andere Forschungsergebnisse zu verschaffen. Zweitens gehen sie über die herrschenden erkenntnistheoretischen Ansichten seiner Zeit hinaus. Auf der Grundlage des naturwissenschaftlichen Materials werden die herrschenden philosophischen Theorien kritisiert. Dabei arbeitete Helmholtz keine umfassende Erkenntnistheorie aus, sondern versuchte, das ihm vorliegende Material theoretisch zu deuten. Die Haltung des Materialisten kann also nur darin bestehen, die positiven Seiten in Helmholtz' erkenntnistheoretischen Ansichten herauszuarbeiten und ihre Übereinstimmung mit der wissenschaftlichen dialektisch-materialistischen Erkenntnistheorie zu zeigen. Bürgerliche Philosophiehistoriker dagegen versuchen gerade solche Bemerkungen von Helmholtz auszunutzen, wo es ihm nicht vollständig gelingt, die einzelwissenschaftlichen Ergebnisse allseitig richtig zu deuten. Sie klammern sich an Formulierungen, ohne den wissenschaftlichen Geist der Helmholtzschen Arbeiten zu begreifen, wie wir bereits an einigen Beispielen deutlich machten. Es bestätigt sich so die Feststellung Lenins, daß von dem „‚verschämten Materialismus‘ mit kantianischen Ausfällen" von Helmholtz die Materialisten nach links und die Machisten nach rechts gingen.[64] Die Materialisten erkennen die Leistungen von Helmholtz an. Sie heben seine Bedeutung in den Auseinandersetzungen seiner Zeit hervor und geben dort, wo ihm das nicht gelang, eine allseitige wissenschaftliche Verallgemeinerung und Interpretation der Ergebnisse der Naturwissenschaften, die Bestandteil der marxistisch-leninistischen Philosophie ist.

Hermann von Helmholtz entwickelte seine erkenntnistheoretischen Ansichten im Kampf gegen die veralteten Anschauungen jener Physiologen, die alle psychischen Erscheinungen auf angeborene Reflexe zurückführen wollten. Damit konnten diese Physiologen, die Helmholtz Anhänger des Nativismus nannte, nicht die Anpassung des Organismus an die Umwelt erklären. Um die aber tatsächlich vorhandene Anpassung an die Außenwelt zu erklären, mußte man dem Organismus die Fähigkeit zugestehen, seine Reflexe auf Grund von Erfahrungen ändern zu können. Über die Gründe seiner Ablehnung des Nativismus schrieb Helmholtz: „Im Einzelnen habe ich den Nachweis geführt ... daß alle bisher aufgestellten Hypothesen dieser Art nicht ausreichen, weil sich schließlich doch immer wieder Fälle auffinden lassen, wo unsere Gesichtswahrnehmung sich in genauerer Übereinstimmung mit der Wirklichkeit befindet, als jene Annahmen ergeben würden... Die nativistischen Hypothesen über die Kenntnis des Gesichtsfeldes erklären also *erstens* nicht, sondern nehmen nur an, daß das zu erklärende Faktum bestehe, indem sie gleichzeitig die mögliche Rückführung desselben auf sicher konstatierte psychische Prozesse zurückweisen, auf die sie doch selbst wiederum in anderen Fällen sich berufen müssen. *Zweitens* erscheint die Annahme sämtlicher nativistischer Theorien,

[64] W. I. Lenin, Materialismus und Empiriokritizismus, a. a. O., S. 233f.

daß fertige Vorstellungen von Objekten durch den organischen Mechanismus hervorgebracht werden, viel verwegener und bedenklicher, als die Annahme der empiristischen Theorie, daß nur das unverstandene Material von Empfindungen von den äußeren Einwirkungen herrühre, alle Vorstellungen daraus aber nach den Gesetzen des Denkens gebildet werden. *Drittens* sind die nativistischen Annahmen unnötig."[65]

Helmholtz machte also den Physiologen den Vorwurf, daß sie bestehende Tatsachen nicht erklärten. Sie fanden sich im Gegenteil damit ab, für diese Tatsachen ein Wort, nämlich Reflex, gefunden zu haben. Sie bemühten sich nicht um die weitere Erforschung dieser Reflexe. Damit wurde der weiteren wissenschaftlichen Arbeit ein Riegel ähnlich dem vorgeschoben, mit dem die modernen Positivisten den Weg zur Erklärung der Ergebnisse der Quantenmechanik zu versperren suchten, indem sie darauf bestanden, daß die Physik nur Beziehungen zwischen Beobachtungstatsachen herzustellen habe, aber keine Aussagen über die objektive Bewegung der Elementarobjekte machen dürfe. Damit wurde die Entwicklung der Physik ebenso gehemmt, wie die Entwicklung der Physiologie im vergangenen Jahrhundert durch die falsche Auffassung von der Unerklärbarkeit der beobachteten Reflexe aufgehalten wurde.

Helmholtz stellte dem Nativismus seinen Empirismus entgegen. Er betonte vor allem die Bedeutung der Erfahrung für die Anpassung des Organismus an seine Umwelt. So muß z. B. das Kind erst lernen, seine Gesichtsempfindungen richtig zu deuten. Nicht von vornherein haben wir auf Grund unserer Empfindungen die richtige Kenntnis der Entfernung. Jeder kann die Erfahrung machen, daß zum Entfernungsschätzen lange Übung notwendig ist. Die Deutung unserer Gesichtsempfindungen ist also nicht angeboren, wie der Nativismus meinte. Helmholtz schrieb: „Der Hauptsatz der empiristischen Ansicht ist: *Die Sinnesempfindungen sind für unser Bewußtsein Zeichen,*

[65] H. v. Helmholtz, Die Tatsachen in der Wahrnehmung, vgl. vorliegende Ausgabe S. 269–270

deren Bedeutung verstehen zu lernen unserem Verstande überlassen ist."[66]

In der Auseinandersetzung mit dem Nativismus entwikkelte Helmholtz seine Zeichentheorie. Man darf sie deshalb, wenn man sie verstehen will, nicht aus dem konkreten Zusammenhang des Kampfes zwischen Nativismus und Empirismus herauslösen. Hier zeigt sich, daß Helmholtz ein ausgezeichneter Einzelwissenschaftler und vor allem Experimentator ist. Entscheidend sind für ihn stets die Tatsachen. Er schreibt: „... daß es sich empfiehlt, in der Prüfung der Beweisgründe gegen Sätze von alter Autorität um so strenger zu sein, je länger sich dieselben bisher in der Erfahrung vieler Generationen als tatsächlich richtig erwiesen haben. Schließlich müssen aber doch die Tatsachen und nicht die vorgefaßten Meinungen oder *Kants* Autorität entscheiden."[67]

Deshalb führte Helmholtz auch seinen konsequenten Kampf gegen die rückständigen Auffassungen in der Physiologie. Obwohl er erst fast allein stand, gab er nicht auf und errang dadurch die Achtung seiner Fachkollegen. Er griff mit seiner Auffassung entscheidend in den Kampf des Neuen gegen das Alte in der Wissenschaft ein und wandte sich gegen den die Entwicklung hemmenden Dogmatismus. In der Glückwunschadresse der Berliner Akademie zum 50jährigen Doktorjubiläum von H. von Helmholtz wurde dieser Punkt besonders hervorgehoben. Es heißt dort: „Ihrem früh ausgesprochenen Principe gemäss, dass wir von der Begreiflichkeit der Natur ausgehen müssen, verwerfen sie den Nativismus und huldigen der Lehre von dem empirischen Ursprung der Raumanschauung und anderer ähnlicher Denkformen."[68]

Dabei wußte Helmholtz sehr wohl, daß seine empiristische Auffassung keine endgültige Stellungnahme zu den

[66] H. v. Helmholtz, Handbuch der physiologischen Optik, 2. umgearbeitete Auflage, a. a. O., S. 947

[67] Vgl. S. 285. Der Raum kann transzendental sein, ohne daß es die Axiome sind

[68] Zit. nach: L. Königsberger, Hermann von Helmholtz, Bd. III, a. a. O., S. 60

Problemen der Physiologie und Psychologie darstellte. Aber es war auch nicht sein Anliegen, eine solche endgültige Stellungnahme zu geben. Er wollte den Weg für die Forschung freimachen und stellte dazu eine Hypothese auf, die der Wissenschaft erst einmal weiterhelfen sollte. In diesem Sinne schrieb er auch in einem Brief an Donders: „Ich weiss übrigens sehr wohl, dass meine empiristische Theorie vorläufig nur eine der möglichen Ansichten der Sache ist, und vielleicht findet man bald Thatsachen, die sie zu einer unmöglichen machen; wenn das geschieht, so hat sie ihren Nutzen gehabt und kann abtreten ... lieber die entgegengesetzte Ansicht eventualiter zu übertreiben, als in dem bisherigen faulen Schlendrian zu bleiben. Reflexbewegung, so kann man jetzt definieren, ist alles in der Physiologie, was man nicht erklären kann."[69]

Nicht das mutige Auftreten von Helmholtz gegen die rückständigen Auffassungen in der Physiologie, sondern die Ausnutzung der Helmholtzschen Zeichentheorie durch Plechanow zum Aufbau einer die marxistische Abbildtheorie verfälschende Hieroglyphentheorie rief die richtige Kritik W. I. Lenins im „Materialismus und Empiriokritizismus" hervor.

Plechanow hatte in den Anmerkungen zur ersten Auflage der russischen Übersetzung von Engels' „Ludwig Feuerbach ..." (1892) die Empfindungen und Vorstellungen des Menschen mit Hieroglyphen verglichen. Er wiederholte diesen Standpunkt in seinem Aufsatz „Noch einmal Materialismus" (1899). Plechanow, der sich dabei auf Setschenow, nicht auf Helmholtz berief, hat seine Hieroglyphentheorie später selbst als terminologische Konzession an den Idealismus dargestellt. Aber noch in seinen Briefen an Bogdanow (1908) verteidigte er seine Hieroglyphentheorie.

Mit der Darlegung seiner Zeichentheorie begann Helmholtz schon sehr früh. Bereits in seinem Habilitationsvortrag vom 28. 6. 1852 sagte er: „Licht- und Farbenempfindungen sind nur Symbole für Verhältnisse der Wirklichkeit, sie haben mit den letzteren eben so wenig und eben so viel

[69] H. v. Helmholtz an F. C. Donders am 26. 5. 1868, zit. nach: ebenda, Bd. II, S. 87f.

Aehnlichkeit oder Beziehung, als der Name eines Menschen oder der Schriftzug des Namens für den Menschen selbst. Sie benachrichtigen uns durch die Gleichheit oder Ungleichheit ihrer Erscheinung davon, ob wir es mit demselben oder anderen Gegenständen und Eigenschaften der Gegenstände zu thun haben, weiter leisten sie nichts; über die wirkliche Natur, der durch sie bezeichneten äusseren Verhältnisse erfahren wir nichts, so wenig wie aus dem Namen über den Menschen."[70]

Als Beispiel bringt Helmholtz dazu, daß Körper, die orangefarbenes Licht zurückwerfen, andere Struktur haben als die, die rotes und gelbes oder rotes, gelbes und orangefarbenes Licht zurückwerfen. Ihre Farbe ist jedoch bei weißer Beleuchtung dieselbe. Das ist durchaus richtig und zeigt uns die Unvollkommenheit unserer Kenntnisse, die nur auf den Wirkungen des beobachteten Körpers auf *ein* Sinnesorgan beruhen. Helmholtz betrachtet hier nur die Empfindungen. Er wendet sich gegen ihre Überschätzung bei der Erkenntnis. Sie können nicht mehr leisten, als uns vom Vorhandensein eines Körpers, einer Eigenschaft zu benachrichtigen. Das ist aber eine wichtige Voraussetzung für die Erkenntnis. Sind die Farbempfindungen für die Nativisten angeborene Reflexe, so versucht sie H. von Helmholtz als erlernbare Zeichen zu erfassen. Diese Zeichen weisen uns darauf hin, ob wir es mit demselben oder nicht mit demselben Gegenstand zu tun haben. Um etwas über die Beziehung der Eigenschaften und Körper zueinander, ihre Struktur, ihr Wesen zu erfahren, müssen wir die Bedeutung des Experiments und der menschlichen praktischen Tätigkeit einbeziehen. Durch sie können wir etwas über die wirkliche Natur der bezeichneten äußeren Verhältnisse erfahren. Friedrich Engels schreibt über das Kriterium der Wahrheit unserer Kenntnisse und wendet sich dabei gegen den Agnostizismus: „In dem Augenblick, wo wir diese Dinge, je nach den Eigenschaften, die wir in ihnen wahrnehmen, zu unserm eignen Gebrauch anwenden, in demselben Augenblick unterwerfen wir unsre Sinneswahrnehmungen einer unfehlbaren Probe auf ihre Richtigkeit oder Unrichtigkeit.

[70] Zit. nach: ebenda, Bd. I, S. 176

Waren diese Wahrnehmungen unrichtig, dann muß auch unser Urteil über die Verwendbarkeit eines solchen Dings unrichtig sein, und unser Versuch, es zu verwenden, muß fehlschlagen. Erreichen wir aber unsern Zweck, finden wir, daß das Ding unsrer Vorstellung von ihm entspricht, daß es das leistet, wozu wir es anwandten, dann ist dies positiver Beweis dafür, daß innerhalb dieser Grenzen unsre Wahrnehmung von dem Ding und von seinen Eigenschaften mit der außer uns bestehenden Wirklichkeit stimmen."[71]

Engels betont, daß wir unsere Kenntnisse über die wirkliche Natur der äußeren Verhältnisse nicht nur durch isolierte Sinnesempfindungen erhalten, sondern daß wir auf Grund einer Gesamtheit von Empfindungen Urteile über die innere Struktur des Körpers aufstellen und diese durch die praktische Tätigkeit auf ihre Richtigkeit prüfen. Damit sind auch unsere Empfindungen ein Mittel, um etwas über die wirkliche Natur der äußeren Welt zu erfahren. Aber sie sind nur *ein* Mittel dazu und reichen allein nicht aus, wie H. von Helmholtz richtig bemerkt.

Nicht etwa agnostische Schlußfolgerungen, bei denen im Sinne Kants zwischen unseren Empfindungen und den unerkennbaren Dingen an sich eine prinzipiell unüberschreitbare Schranke besteht, waren das Anliegen von Helmholtz. Die Darstellung des Erkenntnisprozesses durch Helmholtz zeigt vielmehr, daß er von der Einwirkung *äußerer Objekte auf unser Bewußtsein ausgeht.* Ursache der Empfindungen ist die Einwirkung äußerer Agentien auf den Nervenapparat, die eine Veränderung der Nerven mit sich bringt: „Aber allerdings tritt hier schon der wesentliche Unterschied ein, daß die Empfindung qualitative Unterschiede zeigt, entsprechend den qualitativen Unterschieden der Einwirkung."[72]

Die Einwirkung der objektiv-realen Dinge und Erscheinungen bringt die Empfindungen hervor, und ihr qualitati-

71 F. Engels, Einleitung zur englischen Ausgabe (1892) der „Entwicklung des Sozialismus von der Utopie zur Wissenschaft", in: Marx/Engels, Werke, Bd. 22, Berlin 1963, S. 296

72 H. v. Helmholtz, Handbuch der physiologischen Optik, a. a. O., S. 232

ver Unterschied bedingt die qualitativen Unterschiede der Empfindungen. Andererseits teilt Helmholtz, entsprechend den fünf Sinnen, die Empfindungen in fünf Gruppen, die er Modalitäten nennt. Hierzu sagt er: „Die physiologischen Untersuchungen lehren nun, daß jener tief greifende Unterschied (der Modalität – d. Hrsg.) ganz und gar nicht abhängt von der Art des äußeren Eindrucks, durch den die Empfindung erregt ist, sondern ganz allein und ausschließlich bestimmt wird durch den Sinnesnerven, der von dem Eindrucke getroffen worden ist."[73]

Helmholtz macht hier die richtige Feststellung, daß ein tiefgreifender Unterschied zwischen den verschiedenen Empfindungen besteht, die durch die verschiedenen Sinnesorgane aufgenommen werden. Das Auge reagiert auf alle Reize mit Lichtempfindungen, das Ohr mit Tonempfindungen usw. Wird unser Auge z. B. durch Druck gereizt, so haben wir ebenfalls eine Lichtempfindung. Diese Tatsache wurde durch Johannes Müller als Gesetz der spezifischen Sinnesenergie interpretiert. Rubinstein schreibt dazu: „Man muß vielmehr statt von einer spezifischen Energie der Sinnesorgane von Sinnesorganen sprechen, die durch eine spezifische Energie entstanden sind. Die spezifische Energie der Sinnesorgane beziehungsweise der Nerven genetisch verstanden, bringt dann die Plastizität des Nervs in bezug auf die Spezifität des äußeren Reizes zum Ausdruck. Die Ursachen dieser Spezifität sind ursprünglich nicht im Inneren, sondern im Äußeren zu suchen. Sie beweist nicht die Subjektivität der Empfindung, sondern vielmehr ihre Objektivität. Diese Objektivität ist natürlich nicht absolut. Die Empfindung und die Stufe ihrer adäquaten Widerspiegelung der Wirklichkeit sind auch durch den Zustand des Rezeptors ebenso wie des wahrnehmenden Organismus als Ganzem bedingt."[74]

Rubinstein verweist hier auf die Entwicklung der Sinnesorgane. Aber nachdem sie einmal vorhanden sind, sind auch der Zustand des Rezeptors und des Organismus für die

[73] Ebenda, S. 584

[74] S. J. Rubinstein, Grundlagen der allgemeinen Psychologie, Berlin 1961, S. 242

Empfindung mitbestimmend. Gerade diese Tatsache sieht Helmholtz, wenn er den Unterschied der Modalitäten betrachtet. Dieser tiefgreifende Unterschied hängt nicht von den äußeren Einwirkungen, sondern von der Art der getroffenen Nerven ab. Damit wird festgestellt, daß es in der Realität keine so isolierten Erscheinungen gibt, wie die Modalitäten voneinander isoliert sind. Diese Isolierung der Modalitäten dient der Erkenntnis der Welt. Ohne sie wären die Eindrücke ein Chaos. Der Unterschied der Modalitäten erlaubt uns also zusammenhängende, objektiv-reale Erscheinungen für die Erkenntnis zu trennen. Die richtige Widerspiegelung der Welt ergibt sich dann dadurch, daß wir die verschiedenen Empfindungen gedanklich zu einem Bild vereinen und die sich daraus ergebenden Schlußfolgerungen in der Praxis überprüfen.

In vergangenen Jahren hat es auch über Helmholtz' Stellung zum Gesetz der spezifischen Sinnesenergie weitgehende Mißverständnisse gegeben. So schrieb seinerzeit der verdiente sowjetische Erkenntnistheoretiker Chaßchatschich: „Wenn unsere Empfindungen voll und ganz durch die Natur unserer Sinnesorgane bestimmt werden und nicht von der Außenwelt abhängen, dann können sie folglich diese Welt nicht widerspiegeln. Diese idealistische Schlußfolgerung ergibt sich unausweichlich aus dem Gesetz der spezifischen Sinnesenergie."[75]

Chaßchatschich will damit den Beweis für seine Behauptung erbringen, daß Helmholtz als Philosoph Idealist, aber als Naturforscher Materialist ist.[76] Aber offensichtlich beschäftigte sich H. von Helmholtz mit den Tatsachen, die diesem Gesetz zugrunde liegen. Ergäbe sich aus ihnen der Idealismus, so wäre Helmholtz *auch als Naturforscher* Idealist, weil er diese Tatsachen anerkennt. Aus dem Gesetz der spezifischen Sinnesenergie, wie Helmholtz es benutzte, ergibt sich jedoch nicht, daß unsere Empfindungen *voll und ganz* durch die Natur unserer Sinnesorgane bestimmt werden. Helmholtz präzisierte selbst, was von der Natur der

[75] F. J. Chaßchatschich, Über die Erkennbarkeit der Welt, Berlin 1951, S. 32

[76] Ebenda, S. 35

Sinnesorgane abhängt: „Das Auge kann Alles, was es wahrnimmt, nur in der Form von Licht und Farbenempfindungen wahrnehmen. Daß es Alles nur in dieser Weise sieht, beruht in seiner ihm von Anfang an gegebenen Structur und ist ganz unabhängig von den Objecten, die es sieht. Aber daß es an einer Stelle des Sehfeldes Dunkel sieht, an einer zweiten Hell, hier Roth, dort Gelb, und daß diese Eindrücke mit der Zeit wechseln, das hängt sicherlich nicht blos von seiner angeborenen Anschauungsform ab, sondern von unabhängigen Ursachen, die auf das Organ einwirken und von denen wir Näheres nur erfahren können, indem wir die Gesetze ihrer Einwirkung studiren."[77]

Helmholtz läßt hier zwar wieder die Entwicklung der Sinnesorgane außer acht, aber er betont sehr richtig die Abhängigkeit der Empfindung von den Objekten, die die Empfindung hervorrufen, und von der Organisation der menschlichen Sinnesorgane. Dieser Standpunkt ermöglichte der Wissenschaft die Untersuchung des Erkenntnisprozesses. Die Forschung war nicht mehr dadurch gehemmt, daß sich bei Einwirkung bestimmter Objekte oben bestimmte Reflexe ergeben sollten, die angeboren waren. Nach Helmholtz mußte man, sollte der Erkenntnisprozeß wissenschaftlich erforscht werden, auch die Abhängigkeit der Empfindung von der Struktur der Nerven beachten. Helmholtz betrachtete zwar die Struktur der Sinnesorgane als gegeben. Aber er durchbrach dieses unhistorische Herangehen an die Wirklichkeit in einem wichtigen Punkt, indem er zeigte, daß die Erfahrung bei der Zeichenbildung und damit bei der Erkenntnis eine wesentliche Rolle spielt.

Hermann von Helmholtz stellte richtig fest, daß Empfindungen und der die Empfindung hervorrufende Gegenstand nicht übereinstimmen. Hier beginnt für ihn die Problematik. Empfindung (Abbild) und Gegenstand (Urbild) sind nicht dasselbe. Helmholtz wandte sich gegen die Verwendung des Ausdrucks „Abbild" und schlug vor, die Empfindungen „Zeichen" zu nennen.

[77] H. v. Helmholtz, Handbuch der physiologischen Optik, a. a. O., S. 590

„Unsere Empfindungen sind eben Wirkungen, welche durch äußere Ursachen in unseren Organen hervorgebracht werden, und wie eine solche Wirkung sich äußert, hängt natürlich ganz wesentlich von der Art des Apparats ab, auf den gewirkt wird. Insofern die Qualität unserer Empfindungen uns von der Eigenthümlichkeit der äußeren Einwirkung, durch welche sie erregt ist, eine Nachricht giebt, kann sie als ein *Zeichen* derselben gelten, aber nicht als ein *Abbild*."[78]

Die Ablehnung des Ausdrucks „Abbild" könnte man als eine Inkonsequenz von Helmholtz betrachten, wenn man von der Kantischen Trennung von Ding an sich und Erscheinung ausgeht. Helmholtz wollte das nicht, wie uns das angeführte Zitat aus der 2. Auflage seiner „Physiologischen Optik" zeigt, die er noch kurz vor seinem Tode umgearbeitet hatte. Hier wird der eigentliche Gedankengang von Helmholtz sowie die im Laufe seines Lebens erfolgte allmähliche Loslösung von Kants Einfluß besonders deutlich. Die Zeichen vermitteln uns nämlich eine Nachricht über die Eigentümlichkeit der äußeren Objekte. Dabei verließ Helmholtz auch keinesfalls den materialistischen Standpunkt der Anerkennung der objektiven Realität. Er betonte, daß unsere Empfindungen Wirkungen sind, die durch äußere Ursachen hervorgerufen werden.

Dabei stößt Helmholtz auf die Ungleichheit von Zeichen (Empfindung) und Gegenstand. Diesem Problem wurde in der bürgerlichen Philosophie und auch in den naturwissenschaftlichen Untersuchungen fast keine Beachtung geschenkt. Helmholtz war der Auffassung, daß der Ausdruck „Abbild" die *Gleichheit* von Abbild und Urbild verlange. Mit einer solchen mechanischen Abbildtheorie kam Helmholtz durch seine Untersuchungen in Widerspruch.

Betrachten wir an einem Beispiel, worin die von Helmholtz erkannte Ungleichheit zwischen Empfindung und Gegenstand besteht: „Wenn wir ... sagen, ‚Zinnober ist roth', so versteht es sich implicite von selbst, daß er für unsere Augen roth ist und für die Augen anderer Menschen, welche wir als gleich beschaffen voraussetzen. Wir glauben,

[78] Ebenda, S. 586

das nicht erwähnen zu brauchen, und deshalb vergessen wir es auch wohl und können verleitet werden, zu glauben, die Röthe sei eine dem Zinnober oder dem von ihm reflectirten Lichte, ganz unabhängig von unseren Sinnesorganen zukommende Eigenschaft. Etwas anderes ist es, wenn wir behaupten, daß die Wellenlängen des vom Zinnober zurückgeworfenen Lichts eine gewisse Länge haben. Das ist eine Aussage, die wir unabhängig von der besonderen Natur unseres Auges machen können ..."[79]

Helmholtz trennte also die Röte als eine Eigenschaft unserer Sinnesorgane von den objektiv-real existierenden Lichtwellen bestimmter Wellenlänge. Er wollte damit offenbar zeigen, daß wirklich ein Unterschied zwischen Nervenreaktion und Lichtwelle besteht. Helmholtz wollte also den Unterschied zwischen Nervenreaktionen und den Gegenständen, die diese Reaktionen hervorrufen, betont wissen. Zusammen mit der These, daß unsere Sinnesorgane uns über die Eigentümlichkeit der äußeren Objekte unterrichten, bedeutet das, daß objektiv-reale Eigenschaften existieren und wir durch unsere Empfindungen eine Nachricht von ihnen erhalten.

Vervollständigt wird Helmholtz' Zeichentheorie durch die Lokalzeichen und die unbewußten Schlüsse. Lokalzeichen sind Zeichen der Empfindung über die räumliche Lage der äußeren Gegenstände, deren Deutung erlernt werden muß. Haben wir die Deutung erlernt, dann vollziehen wir bei gleichen Einwirkungen denselben unbewußten Schluß. Helmholtz schreibt dazu: „Wenn wir Erregung in denjenigen Nervenapparaten gefühlt haben, deren peripherische Enden an der rechten Seite beider Netzhäute liegen, so haben wir in millionenfach wiederholten Erfahrungen unseres ganzen Lebens gefunden, daß ein leuchtender Gegenstand nach unserer linken Seite hin vor uns lag. Wir mußten die Hand nach links erheben, um es zu verdecken oder das leuchtende Objekt zu ergreifen, oder uns nach links hin bewegen, um uns ihm zu nähern. Wenn also in diesen Fällen kein eigentlicher bewußter Schluß vorliegt, so ist doch die wesentliche und ursprüngliche

[79] Ebenda, S. 589f.

Arbeit eines solchen vollzogen und das Resultat desselben erreicht, aber freilich nur durch die unbewußten Vorgänge der Association von Vorstellungen, die im dunklen Hintergrunde unseres Gedächtnisses vor sich geht und deren Resultate sich daher auch unserem Bewußtsein aufdrängen, als gewonnen durch eine uns zwingende, gleichsam äußere Macht, über die unser Wille keine Gewalt hat."[80]

Hiermit war Helmholtz zu einer völlig neuartigen psychischen Erscheinung gekommen, die bisher kaum beachtet worden war. Ihre Erforschung zeigte die Richtigkeit des Empirismus von H. von Helmholtz. Der Mensch ist in der Lage, auf Grund seiner Erfahrungen seine Reflexe in bestimmter Weise einzurichten. Dadurch kann er sich auch an eine veränderte Umwelt besser anpassen, als er es mit Hilfe von angeborenen Reflexen könnte. Angeborene Reflexe verlangen eine im wesentlichen konstante Umwelt, damit sich der Organismus behaupten kann. Die Erfahrung dagegen führt zu neuen Reflexen, als Reaktionen auf veränderte Umweltbedingungen.

Mit den „unbewußten Schlüssen" betrachtete Helmholtz bereits die physiologische Erscheinung, die I. P. Pawlow später als „bedingten Reflex" bezeichnete. Pawlow untersuchte die Anpassung des Organismus an die Umwelt und stellte fest, daß sie auf zweifache Weise erfolgte. Einmal durch angeborene, unbedingte Reflexe und durch erlernbare, temporäre, eben die bedingten Reflexe. Pawlow nannte sie das erste Signalsystem der Wirklichkeit, da für den Organismus alle, selbst die unwesentlichsten Erscheinungen aus der Umgebung einer für den Organismus wichtigen Naturerscheinung als Signal für die wichtige Erscheinung wirken.

Helmholtz untersuchte also die bedingten Reflexe, wie auch Pawlow betont: „Was der geniale Helmholtz mit dem berühmten Terminus ‚unbewußter Schluß' bezeichnet hat, entspricht offensichtlich dem Mechanismus des bedingten Reflexes."[81]

[80] Ebenda, S. 582

[81] I. P. Pawlow, Naturwissenschaft und Gehirn, in: Sämtliche Werke, Bd. III, Berlin 1953, S. 83; vgl. dazu auch: Helm-

Dabei ging Helmholtz, wie er es bereits selbst im zitierten Brief an Donders voraussah, zu sehr ins andere Extrem. Er beachtete nicht die durch die Erfahrung bereits überprüften wissenschaftlichen Ergebnisse und leugnete das Vorhandensein der unbedingten, angeborenen Reflexe überhaupt. Das gab seinen Gegnern u. a. die Möglichkeit, den Instinkt neugeborener Tiere als Argument gegen seinen Empirismus zu benutzen. Aber Helmholtz hatte insgesamt recht. Es war besser, die entgegengesetzte Ansicht zu übertreiben und der Wissenschaft neue Wege zum Fortschritt zu zeigen, als den Dogmatismus und damit den Stillstand der Wissenschaft zu dulden.

Insgesamt ist also über die von H. von Helmholtz eingeführten Zeichen folgendes zu sagen:

Die Ursache der Zeichen liegt in der Einwirkung äußerer Agentien. Sie sind Zeichen von Etwas, das außerhalb und unabhängig von unserem Bewußtsein existiert.

Die Deutung der Zeichen geschieht durch die Erfahrung. Die durch das Zeichen hervorgerufenen Reflexe sind nicht angeboren, sondern erlernbar. Damit sind diese Zeichen die Empfindungen, die I. P. Pawlow als erste Signale der Wirklichkeit bezeichnete und deren Ergebnis die bedingten Reflexe oder „unbewußten Schlüsse" sind.

Die Äußerung der Einwirkung, das Zeichen, ist von der Ursache, dem äußeren Objekt verschieden und hängt wesentlich, aber keinesfalls voll und ganz, von der Art des Apparats ab, auf den gewirkt wird.

Qualitative Unterschiede der äußeren Objekte ergeben qualitative Unterschiede in den Empfindungen. Das Zeichen vermittelt uns durch seine Abhängigkeit vom äußeren Objekt eine Nachricht über die Eigentümlichkeit der Objekte. Dieser rationelle Kern der Helmholtzschen Zeichentheorie berechtigt keineswegs zu der Behauptung, daß H. v. Helmholtz den Agnostizismus vertrete. Wie wir bereits gesehen haben, wirkte unter den Naturwissenschaftlern gerade sein Prinzip der Erkennbarkeit der Welt, das eng mit seinem Empirismus verbunden war. Der

holtz on Perception: Its Physiology and Development, ed. R. M. and R. P. Warren, New York-London-Sidney 1968, S. 17f.

Ausdruck „Abbild" war für Helmholtz mit völliger Gleichheit zwischen Abbild und Urbild verbunden. Er benutzt selbst den Ausdruck Abbild dann, wenn offensichtlich ist, daß eine solche völlige Übereinstimmung nicht gefordert wird. Unsere Empfindungen, Wahrnehmungen vermögen nach Helmholtz, uns das Gesetz der Erscheinungen abzubilden.

In den Arbeiten von Helmholtz sind die einzelwissenschaftlichen Erkenntnisse von bestimmten philosophischen Deutungen zu unterscheiden. Er hat wesentliche Beiträge zur Entwicklung der Sinnesphysiologie geleistet. F. Klix wies z. B. nach, daß im Gegensatz zu den Behauptungen der Gestalttheorie die Zielsetzungen von Helmholtz für die Psychophysik der Raumwahrnehmung richtig sind. Es geht dabei um die einzelwissenschaftliche Untersuchung des Prozesses, den Lenin als Umwandlung des äußeren Reizes in eine Bewußtseinstatsache bezeichnet hat. Klix formuliert die Bedingungen für die Überführung von Umgebungscharakteristika in eine Reiztopographie als Helmholtz-Theoreme, da sie „in keinem geringeren Rahmen als in Helmholtz' Theorie des Wahrnehmungsraums vorgegeben sind"[82]. Diese Theoreme lauten: „1. Auf Grund der Lage und des Aufbaus unseres optischen Rezeptors sind uns die objektiv-geometrischen Eigenschaften der Körper in der Umgebung projektiv zugänglich ... 2. Soll eine Beziehung zwischen geometrisch faßbaren Umgebungseigenschaften ... und der Reiztopographie hergeleitet werden, dann bildet die Kugeloberfläche des Vieth-Müller-Tonus den einzig geeigneten Projektionsort ... 3. Die durch 1. und 2. beschriebenen ‚projektiven Konstruktionen' der Umgebung können als isomorphe Abbildungen von Punkträumen aufgefaßt werden: Jedem Ort im zugänglichen Umgebungsraum entspricht umkehrbar eindeutig ein Ort auf dem Vieth-Müller-Tonus ..."[83] Klix zeigt die Bedeutung der Problemstellung durch Helmholtz und formuliert seine Hypothese, die er durch experimentelle

[82] F. Klix, Elementaranalysen zur Psychophysik der Raumwahrnehmung, Berlin 1962, S. 10

[83] Ebenda

Ergebnisse bestätigt. Sie lautet: „Die wesentliche Leistung des optischen Systems liegt beim Wahrnehmungsvorgang darin, *die Invarianzbesetzung der Reiztopographie in Richtung einer höchstmöglichen Rekonstruktion der Ausgangsbedingungen, und zwar nach Maßgabe ihrer Herkunfts- oder Ursprungseigenschaften, zu transformieren.* Damit ist die Neuformulierung von Problemstellungen der Psychophysik für den Bereich der Raumwahrnehmung vollzogen; denn abermals steht die Formulierung von Transformationsgesetzen im Mittelpunkt, Transformationsgesetzen allerdings, die von einer Gesamttopographie ausgehen und die phänomenale Struktur als Endzustand umfassen sollen."[84] Das dritte Theorem kann nicht aufrechterhalten werden, wie Klix erklärt. Die Reiztopographie stellt Homomorphismus dar.[85]

Die einzelwissenschaftlichen Erkenntnisse benutzte Helmholtz zur Formulierung seiner erkenntnistheoretischen Ansichten. Durch die Frontstellung zum mechanischen Materialismus beeinflußt, kritisierte er den Ausdruck „Abbild" und kaum mit der Dialektik zwischen Subjekt und Objekt im Erkenntnisprozeß nicht zurecht, weshalb er in kantianischen Ausfällen den Materialismus verließ. Hier setzt Lenins philosophische Kritik an. Um sie zu verstehen, muß man die Frage beantworten: Weshalb wandte sich Lenin gegen die von Helmholtz ausgearbeitete Zeichentheorie? Die Beantwortung dieser Frage ist gleichbedeutend mit der Beantwortung der Frage: Warum besteht der Marxismus-Leninismus trotz der berechtigten Kritik an der mechanisch-materialistischen Abbildtheorie auf dem Ausdruck „Abbild"?

Der Mensch erkennt die Natur unter konkret-historischen Bedingungen, indem er auf sie einwirkt und sie dabei verändert. Wir sprechen hier nur von der Naturerkenntnis, weil sich die Helmholtzsche Erkenntnistheorie mit der Erkenntnis der Gesellschaft und ihrer Spezifik faktisch nicht befaßt. Die Praxis, das Experiment, die Industrie und überhaupt die Tätigkeit des Menschen in

84 Ebenda, S. 17
85 Ebenda, S. 16

allen Bereichen des gesellschaftlichen Lebens vermitteln uns neue Kenntnisse über die Wirklichkeit und gestatten uns die Überprüfung ihrer Richtigkeit. Durch sein aktives, bewußtes Verändern der Welt, durch die Verwirklichung seiner gewollten Zwecke, unterscheidet sich der Mensch auch von den höchstentwickelten Tieren. Das Tier löst nur die Aufgabe der mehr oder weniger guten Anpassung an die Außenwelt: es ist also in der Auseinandersetzung mit der Natur nur der passive Teil, der auf die Reize aus der Außenwelt reagiert, entsprechend den unbedingten, angeborenen oder den erworbenen, bedingten Reflexen. Die Anpassung an die Außenwelt ist für den Menschen jedoch nur ein Teil seiner Aufgabe, die er mit Hilfe der Erkenntnis löst. Indem er in der Lage ist, seine gewollten Zwecke durch die aktive Einwirkung auf die Natur zu erreichen, schafft er sich zugleich seine Existenzbedingungen selbst. Er reagiert also nicht nur auf die Reize der Außenwelt, sondern bereitet sich darüber hinaus bewußt auf die Zukunft vor, stellt nützliche Reize in seinen Dienst und schützt sich wirksam vor schädlichen. Dabei wird in der Klassengesellschaft die Schaffung der Existenzbedingungen durch die verschiedenen Klasseninteressen bestimmt und erst im Klassenkampf verwirklicht.

Das Resultat der Bewußtseinsprozesse, die durch die Einwirkung der Außenwelt auf unsere Sinnesorgane entstehen, und deren rationale Verarbeitung zu Begriffen, Theorien usw. bezeichnet der Materialismus als Abbilder der objektiv-realen Außenwelt. Die Erkenntnistheorie ist entsprechend dem Ausdruck „Abbild“ eine Widerspiegelungstheorie. Diese Begriffe bringen im Kampf mit dem Idealismus zum Ausdruck, daß unsere Empfindungen, Wahrnehmungen, Begriffe usw. keine Schöpfungen des Bewußtseins allein sind, sondern durch die objektiv-reale Außenwelt hervorgerufen werden. Mit der Betonung des Abbildcharakters wendet sich der Materialismus zugleich gegen den Agnostizismus. Er hebt hervor, daß wir die objektive Realität *abbilden*. Aber erst der dialektische Materialismus war in der Lage, eine wissenschaftlich begründete Erkenntnistheorie auszuarbeiten. Er untersuchte den dialektischen Charakter des Erkenntnisprozesses und die aktive Veränderung der Welt durch die Menschen als Voraussetzung der Erkenntnis. Die Begriffe Abbild und Widerspieglung sind hinreichend exakt, um in der Erkenntnistheorie ein Abgleiten in den Idealismus und Agnostizismus zu verhindern, aber auch genügend allgemein, um die einzelwissenschaftliche Forschung nicht zu hemmen. Sie stellen stets eine wissenschaftliche Verallgemeinerung der einzelwissenschaftlichen Ergebnisse dar, werden durch die einzelwissenschaftlichen Ergebnisse konkretisiert und präzisiert, nicht aber widerlegt. Das heißt, wir dringen immer tiefer in das Wesen des Erkenntnisprozesses ein, ohne daß wir den materialistischen Standpunkt verlassen, der in der wissenschaftlichen Erkenntnistheorie zum Ausdruck gebracht wird. Daraus ergibt sich aber, daß auch die einzelwissenschaftlichen Ergebnisse, die Helmholtz bei seinen Forschungen erzielte, nicht der marxistischen Widerspiegelungstheorie widersprechen. Wenn wir von Abbildern sprechen, sagen wir folgendes aus:

1. Das Abgebildete, d. h. die objektive Realität, existiert auch ohne Abbild, während das Abbild nicht ohne Abgebildetes existieren kann. Das Abbild muß immer ein Bild von Etwas sein.

2. Das Abbild entsteht durch die Einwirkung der objektiven Realität (des Abzubildenden) auf den Apparat (Sinnesorgane, Nerven, Rückenmark, Großhirnrinde usw.), der abbildet. Es ist also sowohl durch das Abzubildende als auch die Beschaffenheit des Apparates bedingt. Das Abgebildete stellt den objektiven Inhalt des Abbilds dar, während die Form des Abbilds durch den Apparat bestimmt ist, auf den gewirkt wird. Dabei ist das letztlich Bestimmende die objektive Realität, die auf die menschlichen Sinnesorgane einwirkt. In der Entwicklung der Sinnesorgane brachte die Einwirkung der Außenwelt gerade diese Beschaffenheit der Organe hervor.

3. Abbild und Abgebildetes sind nicht identisch. Sie unterscheiden sich durch die Art und Weise ihrer Existenz.

4. Da der objektive Inhalt des Abbilds durch die objektive Realität gegeben ist, gibt uns das Abbild eine zuverlässige Nachricht über das Abgebildete.

5. Die Richtigkeit unserer Abbilder überprüfen wir durch die Praxis.

Bei der Betrachtung der Helmholtzschen Zeichentheorie ergab sich, daß Helmholtz in bezug auf die Empfindungen wesentliche Erkenntnisse mit dem Ausdruck „Zeichen" zusammenfaßte. Dabei verstand Helmholtz unter Zeichen nur die Empfindungen, allgemeiner könnte man sagen, nur die Abbilder, die durch *direkte* Einwirkung der Außenwelt auf unsere Sinnesorgane entstehen, und *nicht* die rationale Verarbeitung dieser Eindrücke in Begriffen. Wir wollen diese Abbilder sinnliche Abbilder nennen. Unter sinnlichen Abbildern der Wirklichkeit verstehen wir dann das Ergebnis des Bewußtseinsprozesses, das durch die direkte Einwirkung der objektiven Realität auf unsere Sinnesorgane entsteht.

Dieser Prozeß ist noch eingehend zu untersuchen. Der sowjetische Psychologe Lomow schreibt dazu: „Das Wesentliche der psychischen Erscheinung besteht darin, daß sie eine subjektive *Widerspiegelung* der objektiven Wirklichkeit darstellt. Will man also zur Aufdeckung von Eigenschaften und Gesetzmäßigkeiten der Erkenntnisprozesse gelangen, müssen sie als Vorgänge betrachtet werden, bei denen *Abbilder* von Gegenständen und Erscheinungen der materiellen Welt entstehen. Die Entstehung dieses phänomenalen Abbildes stellt die erste Stufe der Erkenntnis dar."[86] Die Erkenntnistheorie muß also, und das ist ihr philosophischer Ausgangspunkt, die psychischen Erscheinungen als Abbilder fassen, um dann die Gesetze des Erkenntnisprozesses selbst aufdecken zu können. Die dabei erkannten und noch zu erkennenden Mechanismen widersprechen nicht der grundsätzlichen Haltung des dialektischen Materialismus, Erkenntnisprodukte als Abbilder der objektiven Realität zu betrachten. Lomow betont die Notwendigkeit weiterer Untersuchungen:

„Die wirklichen Mechanismen für die Entstehung des phänomenalen Abbilds sind bisher noch nicht völlig geklärt. Einige ... Arbeiten legen aber nahe, es als eine

[86] B. F. Lomow, Ingenieurpsychologie, Berlin 1964, S. 162

Leistung reflektorischer Tätigkeit des Wahrnehmungssystems anzusehen. Die Spezifik dieser Leistungen besteht darin, daß sie ... die Eigenschaften der wahrgenommenen Objekte *nachbilden* ... Es ist zu vermuten, daß der erste Schritt der psychischen Abbildung im Ansprechen des Analysators auf diejenigen Eigenschaften eines Objekts besteht, die es makroskopisch bezeichnen. Eine der Struktur des Objekts adäquate Ordnung der Elemente des psychischen Abbilds wird durch eine *Abtastung* erreicht, die von den motorischen Teilen des Wahrnehmungsapparates vorgenommen wird."[87]

Nach Schmidt handelt es sich um „den aktiven Orientierungscharakter der optischen Perzeption, der auf eine Angleichung der inneren Abbildung an die Objektmerkmale gerichtet ist und damit Anpassungsfunktionen erfüllt."[88] In diesen Richtungen haben die Arbeiten von Klix eine Bestätigung dafür geliefert, daß es sich bei der Leistung des optischen Systems um eine „Rekonstruktion der Ausgangsbedingungen" handelt, „und zwar nach Maßgabe ihrer Herkunfts- oder Ursprungseigenschaften", wie Schmidt hervorhebt. Nach ihm ist „die Rekonstruktion der Wirklichkeit ... das Wesensmoment der Transformation von Reiz – in phänomenale Eigenschaften"[89].

Die Rekonstruktion ist die Betonung der aktiven Rolle des Subjekts im Erkenntnisprozeß, die Helmholtz bereits erkannte und für deren Erforschung er Vorarbeiten leistete. Die Überschätzung dieser Seite führt zum Subjektivismus. Es geht um die Rekonstruktion objektiver Sachverhalte mit psychischen Mitteln. Die Rekonstruktion muß dabei die objektiv-realen Eigenschaften des Erkenntnisobjekts erfassen. Diese Problematik löste Helmholtz keineswegs konsequent vom dialektischen und materialistischen Standpunkt aus. Aber er machte auf die Probleme aufmerksam und bereitete Lösungen vor. Das sinnliche Abbild hat zwei Aufgaben zu lösen. Erstens signalisiert es die Reize der Außenwelt und ermöglicht durch die bedingten

[87] Ebenda, S. 162f.
[88] H. D. Schmidt, Psychologie, Berlin 1970, S. 165
[89] Ebenda, S. 448f.

und unbedingten Reflexe die Anpassung an die Außenwelt. Zweitens dient es als Material für die rationale Abbildung. Die zweite Aufgabe unterscheidet das erste Signalsystem der Tiere von dem der Menschen, da ihre Lösung beim Menschen eine Modifizierung des ersten Signalsystems mit sich bringt, auf die wir noch zu sprechen kommen. Ebenso wie die sinnlichen Abbilder Abbild von Etwas sind, durch die Einwirkung der objektiven Realität entstehen, vom Abgebildeten verschieden sind und eine zuverlässige Nachricht über das Abgebildete geben, sind auch die Zeichen Zeichen für objektive Vorgänge und Beziehungen, vom bezeichneten Gegenstand verschieden und eine zuverlässige Nachrichtenquelle über die äußere Welt. Die Überprüfung an der Praxis ist letzten Endes die Konsequenz des Helmholtzschen Empirismus. Abgesehen von der Trennung von Zeichen und Gegenstand, die im Kantschen Sinne von Helmholtz manchmal so verstanden wurde, daß das Zeichen nicht die wahre Natur des Gegenstandes vermittelt, stimmen besonders in den späteren Arbeiten von Helmholtz „sinnliches Abbild" und „Zeichen" überein. Wir erinnern nochmals daran, daß Helmholtz den Ausdruck „Abbild" aus seiner Frontstellung gegen den mechanischen Materialismus heraus ablehnte.

Trotzdem weisen wir den Ausdruck „Zeichen" als erkenntnistheoretisch unbrauchbar zurück. Lenin hat die Gründe dafür im wesentlichen dargelegt.[90] Die hauptsächlichsten Mängel des Ausdruckes „Zeichen" gegenüber dem Ausdruck „Abbild" sind folgende: 1. Während das Abbild immer Abbild von Etwas sein muß, *kann* das Zeichen ein Zeichen von Etwas sein, *muß* es aber nicht. Sinnlose Wortzusammenstellungen wären zwar mögliche Zeichen, aber keine Abbilder.

2. Mit dem Ausdruck „Zeichen" wird nicht in dem Maße die Zuverlässigkeit unseres Wissens betont wie mit dem Ausdruck „Abbild". Darauf weist zum Beispiel die Ausarbeitung einer idealistischen Zeichentheorie durch Moritz

[90] Vgl. W. I. Lenin, Materialismus und Empiriokritizismus, a. a. O., S. 230ff.

Schlick hin, der meint, die Welt zu erkennen, indem er sie bezeichnet.[91]

3. Die Benennung der sinnlichen Abbilder als Zeichen verdeckt die Kompliziertheit des Abbildungsprozesses, der einzelwissenschaftlich sehr genau erforscht werden muß. Der Ausdruck „Zeichen" verleitet zu der Annahme, daß ebenso wie bei der von Helmholtz bekämpften Zufriedenheit über den Ausdruck „angeborener Reflex" mit der Bezeichnung des bestehenden Faktums als „Zeichen" alles erklärt sei. Beispiel dafür ist ebenfalls die Zeichentheorie Schlicks, für den mit der Bezeichnung die Erkenntnis im wesentlichen beendet ist.

Auch der Ausdruck „erste Signale der Wirklichkeit" ist als erkenntnistheoretische Kategorie unbrauchbar. Er bringt nur die erste Aufgabe der sinnlichen Abbilder zum Ausdruck und weist nicht, wie die philosophische Kategorie des Abbilds, auf die Verarbeitung des Materials durch das Denken hin. Dieser Hinweis ist aber ebenso wie der Hinweis auf die Kompliziertheit des Erkenntnisprozesses zugleich eine Aufgabenstellung für die einzelwissenschaftliche Forschung, die den Prozeß der Verarbeitung des Materials konkret erforschen muß.

4. Helmholtz verstand unter Zeichen nur die sinnlichen Abbilder. Der Ausdruck „Zeichen" bringt also nicht wie der Ausdruck „Abbild" die Einheit des gesamten Erkenntnisprozesses zum Ausdruck, der sowohl sinnliches als auch rationales Abbild umfaßt. Bezeichnet man jedoch auch die rationalen Abbilder als Zeichen, so verstärken sich noch die vorher angeführten Mängel.

Damit haben wir die Begründung, nicht nur für die Ablehnung des Ausdrucks „Zeichen", sondern auch für die Kritik Lenins an der Helmholtzschen Zeichentheorie. Wie wir gesehen haben, war es das Hauptanliegen von Helmholtz, die Verschiedenheit von Zeichen und Gegenstand zu betonen. Auch die marxistische Erkenntnistheorie behauptet keineswegs die Identität von Abbild und Abgebildetem. Lenin charakterisiert die Empfindung als „die Umwandlung der Energie des äußeren Reizes in eine Bewußtseinstat-

[91] Vgl. M. Schlick, Allgemeine Erkenntnislehre, Berlin 1918

sache“[92]. Damit betont er die Verschiedenheit beider. Unter Zuverlässigkeit der Nachricht über die Außenwelt versteht der Marxismus dann, daß gleiche Objekte unter gleichen Bedingungen gleiche Empfindungen hervorrufen. So ruft unter allen Umständen eine auf das normale menschliche Auge wirkende Lichtwelle von ca. 700 millionstel Millimeter eine Rotempfindung hervor. Der objektive Inhalt dieser Empfindung sind die Eigenschaften der außerhalb und unabhängig von unserem Bewußtsein existierenden Lichtwelle, ihre subjektiv bedingte Form besteht darin, daß wir diese Lichtwelle als Rotempfindung bemerken. Lichtwelle als äußerer Reiz und Rotempfindung als Bewußtseinstatsache sind voneinander verschieden. Aber wir haben in der Rotempfindung trotz allem ein Abbild der Lichtwelle, das uns genaue Kenntnisse über diese objektive Erscheinung vermittelt. Auch hier muß zwischen Abbildern und Gegenständen Homomorphie vorliegen. Wir sind überhaupt nur in der Lage, richtig auf die Außenwelt zu reagieren, wenn der Bereich der Abbilder dem Bereich der Gegenstände, mit denen wir es zu tun haben, homomorph ist. Dabei führt die weitere Erkenntnis sowohl zu neuen Zuordnungen von Elementen als auch zu neuen Relationen. Man muß also die Homomorphie als notwendige Bedingung für die Erkennbarkeit der Welt betrachten. Das war von Helmholtz bereits erkannt worden, obwohl er für die Raumwahrnehmung nicht nur Homomorphie, sondern Isomorphie forderte, also noch mehr Gleichheit zwischen Abbild und Gegenstand, als tatsächlich vorhanden ist. Wichtig ist jedoch seine prinzipielle Auffassung zur Erkennbarkeit, die in den folgenden Worten zum Ausdruck kommt:

„Die Uebereinstimmung zwischen den Gesichtswahrnehmungen und der Aussenwelt beruht also ganz oder wenigstens der Hauptsache nach auf demselben Grunde, auf dem alle unsere Kenntniss der wirklichen Welt beruht, nämlich auf der Erfahrung und der fortdauernden Prüfung ihrer Richtigkeit mittels des Experiments, wie wir es bei jeder

[92] W. I. Lenin, Materialismus und Empiriokritizismus, a. a. O., S. 42f.

Bewegung unseres Körpers vollziehen. Natürlich sind wir jener Uebereinstimmung aber auch nur insoweit versichert, als dieses Mittel der Prüfung reicht, das ist aber gerade so weit, als wir ihrer für praktische Zwecke bedürfen. Jenseits dieser Grenzen, zum Beispiel im Gebiet der Qualitäten, können wir zum Theil die Nichtübereinstimmung bestimmt nachweisen. Nur die Beziehungen der Zeit, des Raumes, der Gleichheit, und die davon abgeleiteten der Zahl, der Grösse, der Gesetzlichkeit, kurz das Mathematische, sind der äusseren und inneren Welt gemeinsam, und in diesen kann in der That eine volle Uebereinstimmung der Vorstellungen mit den abgebildeten Dingen erstrebt werden."[93]

Über die Qualitäten hatten wir bereits gesprochen. Es geht um die von Helmholtz betonte mögliche Nichtübereinstimmung zwischen der mechanischen Reizung der Augen und der Lichtempfindung. Helmholtz bemerkte selbst, daß solche Täuschungen durch unsere Handlungen überprüft werden. So schrieb er: „Durch den Erfolg unserer Handlungen prüfen wir immer wieder die Treue der Berichte, welche die Sinne uns geben, und millionenfach wiederholte Erfahrung lehrt uns, daß diese Treue sehr groß, fast ausnahmslos ist."[94]

Helmholtz gibt also als Bedingungen für die Übereinstimmung zwischen Gesichtswahrnehmung und Außenwelt folgendes an. Erstens müssen die Wahrnehmungen eindeutig den Gegenständen und Eigenschaften, die sie abbilden, zugeordnet sein. Zweitens sind die Beziehungen der Zeit, des Raums usw. gleich. Das bedeutet, daß die objektiv-realen Beziehungen als Beziehungen zwischen den Abbildern erfaßt werden können. Drittens nimmt Helmholtz noch die Erfahrung hinzu, die uns ständig neue Erkenntnisse vermittelt. Viertens wird durch das Experiment die Richtigkeit unserer Wahrnehmungen überprüft. Die Handlungen der Menschen sind das Bindeglied zwischen Wahrnehmung und Außenwelt. Sie erweitern unsere Kennt-

[93] H. v. Helmholtz, Die neuen Fortschritte in der Theorie des Sehens, in: Populäre wissenschaftliche Vorträge, 2. Heft, Braunschweig 1871, S. 98

[94] Vgl. vorliegende Ausgabe, S. 177

nisse und überprüfen sie. Homomorphie zwischen Außenwelt und Wahrnehmung ist also für den Erkenntnisprozeß notwendig, aber nicht hinreichend. Es muß die Erweiterung und Überprüfung unserer Erkenntnisse durch Erfahrung, Experiment usw. hinzukommen. Das forderte aber, wie wir sehen, auch schon Helmholtz.

Die Erkenntnistheorie von Helmholtz ist unvollständig, da sie die rationale Abbildung nicht beachtet. Wir finden darüber bei ihm nur wenige Hinweise. So schreibt er: „Auf dem Denken beruht die Überlegenheit des Menschen über das Tier, des Gebildeten über den Barbaren; das Empfinden, Fühlen, Wahrnehmen teilt er dagegen mit seinen niederen Mitgeschöpfen und in Sinnesschärfe sind ihm manche von diesen sogar überlegen. Daß der Mensch seinem Denken die höchste Entwickelung zu geben strebt, ist die Aufgabe, von deren Lösung das Gefühl seiner eigenen Würde, wie seine praktische Macht abhängt."[95]

Das Denken macht den Menschen zum Beherrscher der Natur. Der Erkenntnisprozeß ist der Prozeß immer größerer praktischer Macht des Menschen.

Über die Verarbeitung des Materials (sinnliche Abbildung) durch die rationale Abbildung bemerkt Helmholtz: „Die logische Verarbeitung des gegebenen Stoffes besteht zunächst darin, daß wir das Ähnliche zusammenschließen und einen allgemeinen Begriff ausbilden, der es umfaßt. Ein solcher Begriff, wie sein Name andeutet, begreift in sich eine Menge von Einzelheiten und vertritt sie in unserem Denken ... Indem wir also die Tatsachen der Erfahrung denkend zusammenfassen und Begriffe bilden, seien es nun Gattungsbegriffe oder Gesetze, so bringen wir unser Wissen nicht nur in eine Form, in der es leicht zu handhaben und aufzubewahren ist, sondern wir erweitern es auch, da wir die gefundenen Regeln und Gesetze auch auf alle ähnlichen, künftig noch aufzufindenden Fälle, auszudehnen berechtigt sind."[96]

Hier gibt Helmholtz einen richtigen Überblick über die Bildung der rationalen Abbilder durch Abstraktion aus den

[95] Vgl. S. 224
[96] Vgl. S. 90 u. 91

sinnlichen. Die Verarbeitung besteht also in der Zusammenfassung bestimmter zusammengehöriger Eigenschaften, die uns die Empfindungen abgebildet haben, in Begriffen. Die Begriffe umfassen allgemeine, wesentliche Merkmale einer Klasse von Dingen und Erscheinungen. Sie sind die Zusammenfassung unserer Erfahrung mit dieser Klasse von Objekten. Neben der Bildung der Begriffe aus sinnlichen Abbildern entstehen neue Begriffe auch aus bereits bekannten Begriffen. So entstanden z. B. neue Begriffe nach der Entdeckung des Periodischen Systems durch D. I. Mendelejew, als das Vorhandensein neuer, bisher unbekannter Elemente aus ihm abgeleitet wurde. Sind diese Begriffe aus richtiggebildeten Begriffen durch richtige Schlüsse abgeleitet worden, so sind auch sie Abbilder der objektiven Realität. Indirekt stammen auch sie aus der Erfahrung und müssen auch wieder an der Erfahrung überpüft werden. Unsere Begriffe vermitteln wir durch Worte. Nach I. P. Pawlow sind die Worte die zweiten Signale der Wirklichkeit. Da das zweite Signalsystem nicht unmittelbar an das Vorhandensein bestimmter Objekte gebunden ist, können wir uns noch besser als beim ersten Signalsystem auf die Erscheinungen der Umwelt einrichten. Darüber hinaus ermöglicht es uns die Sprache, nicht nur individuelle, sondern die gesellschaftliche Erfahrung zu benutzen. Das rationale Abbild ist also das Ergebnis des Bewußtseinsprozesses, das durch die Verarbeitung sinnlicher oder bereits vorhandener rationaler Abbilder entsteht. Es ist eine Abkürzung für die Erfahrungen, die mit dem abgebildeten Objekt bereits gemacht wurden, sowie der Ausdruck des Wesens der betrachteten Erscheinungen. Das rationale Abbild gestattet dem Menschen eine bessere Anpassung an die Außenwelt und ermöglicht es ihm, die Welt bewußt zu verändern, indem unser Wissen auch auf künftige ähnliche Fälle sich erstreckt, wie Helmholtz sagt. Ausgedrückt wird das rationale Abbild durch Worte, Sätze usw., kurz gesagt, durch die Sprache.

Die marxistische Widerspiegelungstheorie erfaßt den Erkenntnisprozeß des Menschen als Einheit von sinnlicher und rationaler Abbildung, wobei das Vorhandensein der rationalen Abbildung die sinnliche Abbildung beeinflußt. Die sinnlichen Abbilder dienen als Material für die rationale

Abbildung. Das bedeutet, daß es keine isolierte sinnliche Abbildung gibt. Wir empfinden solche Objekte, die bereits rational abgebildet sind, das heißt, wir nehmen benannte Gegenstände wahr. Durch das in unseren rationalen Abbildern festgehaltene Wissen sind wir in der Lage, unsere sinnliche Abbildung auf *bestimmte* Dinge zu richten, das heißt, wir richten unsere Aufmerksamkeit auf *uns* interessierende Dinge und Erscheinungen der objektiven Realität. Außerdem dienen unsere rationalen Abbilder zur Kontrolle unserer sinnlichen Abbilder, z. B. bei Sinnestäuschungen, wie wir unsere sinnlichen Abbilder benutzen, um die rationalen zu kontrollieren. Deshalb sprechen wir hier auch besser von empirischen Erkenntnissen im Unterschied zu theoretischen.

Die Widerspiegelungstheorie des dialektischen Materialismus ist durch W. I. Lenin auf eine neue, höhere Stufe gehoben worden. Wenn Helmholtz den Ausdruck „Abbild" ablehnt, so aus anderen Gründen als die heutigen bürgerlichen Philosophen. Sie unternehmen den Versuch, die Richtigkeit der marxistisch-leninistischen Abbildtheorie zu widerlegen, um damit die Weltanschauung der Arbeiterklasse in einem wesentlichen Bereich unglaubwürdig zu machen. Das wachsende Interesse am Marxismus-Leninismus bei bürgerlichen Naturwissenschaftlern, vor allem aber die wachsende Anziehungskraft des Sozialismus insgesamt, hat dieses Bestreben bürgerlicher Ideologen nur noch verstärkt. Eine dieser Diskreditierungsmethoden der marxistischen Abbildtheorie besteht darin, daß dem dialektischen Materialismus ein mechanistischer Abbildbegriff zugrunde gelegt und dann gegen ihn zu Felde gezogen wird.[97] Ein derartiger Angriff gegen die Widerspiegelungstheorie ist leicht zu entkräften. Aber es gibt eine Reihe von Versuchen anderer, „geschickterer" Art, den materialistischen Grundstandpunkt zu verfälschen, der die Begriffe als Widerspiegelungen der objektiven Realität auffaßt. So äußerte zum Beispiel Joseph Meurers in seinem Diskussionsbeitrag auf dem Wiener Philosophenkongreß (1968) über die marxistische Auffassung von Materie und Bewegung: „So kann z. B.

[97] Vgl. z. B. J. Fischl, Materialismus und Positivismus der Gegenwart, Graz-Wien-Köln 1953, S. 105

kein Zweifel darüber bestehen, daß in einem philosophischen Entwurf, der die These vertritt, die Materie ist notwendig bewegt, wenn er auch dafür keinen Beweis hat, nicht die Frage gestattet werden, warum es denn überhaupt Bewegung gibt, und wie sie zu Stande kommt, warum nicht vielmehr Alles in Ruhe ist."[98] Meurers war bei seiner Schlußfolgerung von folgendem Gedanken ausgegangen: „... *Es folgt ... rein logisch weder aus dem Begriff der Materie, noch aus der Tatsache, daß es Materie gibt, daß die Materie bewegt ist.* Warum ist die Materie bewegt, und warum ruht nicht alles gegeneinander? Diese Frage erhebt sich sofort, weil die in Rede stehenden Begriffe und Tatsachen nicht logisch notwendig auch Bewegung enthalten. Der Materiebegriff ist einfach zu leer, um darin die Fülle des Wirklichen zu fassen. *Daß aus der Tatsache der Materie nicht die Bewegung der Materie folgt, ist, ‚der' neuralgische Punkt des dialektischen Materialismus seit seinem Eintritt in die Geistesgeschichte.*"[99] Dem Marxismus-Leninismus geht es aber, wie schon ein kurzer Blick in Lenins „Materialismus und Empiriokritizismus" zeigt,[100] gar nicht darum, ob der Begriff der Materie logisch notwendig schon das Merkmal der Bewegung enthält. Die Leninsche Argumentation geht in folgende Richtung: Die von den meisten Philosophen anerkannte Bewegung unseres Denkens, die ideelle Bewegung, ist eine Widerspiegelung der materiellen Bewegung. Wer deshalb die materielle Bewegung leugnet, muß auch den Abbildcharakter unserer Begriffe ablehnen, was aber Idealismus bedeutet.[101]

[98] J. Meurers, Das Problem der Entideologisierung der Naturwissenschaft, in: Akten des XIV. Internationalen Kongresses für Philosophie, Wien: 2.–9. September 1968, Bd. I, Wien 1968, S. 607

[99] J. Meurers, Wissenschaft im Kollektiv. Ein neuer Versuch zum Verständnis des dialektischen Materialismus, München 1959, S. 158

[100] Vgl. W. I. Lenin, Materialismus und Empiriokritizismus, a. a. O., S. 265

[101] Zur Auseinandersetzung mit J. Meurers vgl.: H. Hörz, Zur heuristischen Funktion der marxistisch-leninistischen

Beispiele ähnlicher offener und versteckter Angriffe auf die dialektisch-materialistische Widerspiegelungstheorie ließen sich beliebig vermehren. Da sie nicht selten – wie bereits hinsichtlich M. Schlicks erwähnt – Helmholtz als ihren Ahnherrn zu reklamieren suchen, ist der Hinweis darauf gerade hier angebracht. Tatsächlich ist die moderne, dialektisch-materialistische Abbildtheorie die einzige Lehre von der Erkenntnis, die den Anforderungen der Praxis genügt und mit den Resultaten der modernen Wissenschaften übereinstimmt.

H. von Helmholtz versuchte seinen Empirismus auch auf andere Gebiete auszudehnen. In seiner Arbeit „Zählen und Messen – erkenntnistheoretisch betrachtet" geht es ihm um den Ursprung der arithmetischen Axiome. Er untersucht den Zusammenhang der mathematischen Operationen mit unserer praktischen Tätigkeit. Entsprechend seinem empiristischen Standpunkt sind dabei Bewußtseinsvorgänge erkennbar. Das liefert einen Ansatz zur Erklärung der immer wieder diskutierten Übereinstimmung zwischen Mathematik und Wirklichkeit, die eben nicht auf den Platonismus zurückgeht, wie das von manchen gegenwärtigen Physikern behauptet wird.

Diese Analyse der Zähl- und Meßmethoden liefert mit anderen Arbeiten von Poincaré und Einstein Grundlagen für die philosophische Diskussion um moderne physikalische Meßmethoden. Seit der Entwicklung der Quantentheorie hat es umfangreiche Arbeiten dazu gegeben. Dabei geht es vor allem um die in der Kopenhagener Deutung der Quantentheorie hervorgehobene Trennung zwischen Beobachter (Subjekt) und Objekt und um den Einfluß des Erkenntnisprozesses auf das zu erkennende Objekt. Der dialektische Materialismus hat immer die Bedeutung der Praxis für die Erkenntnis betont, aber sich ebenso gegen die Leugnung der objektiv-realen Existenz physikalischer Objekte und der Erkennbarkeit objektiver Gesetze gewandt. Nachdem in der klassischen Physik der Einfluß der

Philosophie in der naturwissenschaftlichen Forschung, in: Weltanschauung und Methode, herausgeg. v. A. Griese und H. Laitko, Berlin 1969, S. 40–44

Beobachtung auf das zu erkennende Objekt als prinzipiell vernachlässigbar angesehen wurde, zeigte die moderne Physik besonders offensichtlich in den Heisenbergschen Unbestimmtheitsrelationen, daß es kein physikalisches Objekt „an sich" gibt. Es existiert nur in bestimmten Beziehungen, die im Experiment als Verhältnis Objekt – Meßgerät deutlich werden. Damit kommt der Meßprozeß selbst in den Mittelpunkt theoretischen Interesses. Inzwischen ist die philosophische Deutung des Meßvorgangs zu einem Kernproblem in der Methodologie der Wissenschaften geworden.

Die Arbeit von Helmholtz befaßt sich bereits mit den Operationen, die der Begriffsbildung zugrunde liegen. Helmholtz gibt eine interessante Kritik bestimmter Erkenntnismethoden und wendet sich auch hier gegen den Apriorismus Kants. Zähl- und Meßvorgang bringt er mit psychologischen Tatsachen in Verbindung und zeigt, daß sie mit den praktischen Operationen übereinstimmen. Insofern ist letzten Endes auch die Mathematik für ihn eine Widerspieglung der objektiven Realität.

Letzten Endes bestätigt uns die Betrachtung der Helmholtzschen erkenntistheoretischen Ansichten die Richtigkeit der Leninschen Einschätzung in „Materialismus und Empiriokritizismus". Helmholtz ist ein naturwissenschaftlicher Materialist, der in seiner Erkenntnistheorie zuerst fast völlig und dann immer weniger dem Kantianismus zuneigt, ohne ihn konsequent zu verlassen. Er kritisiert die mechanisch-materialistische und idealistische Erkenntnistheorie. Sein Kampf gilt dem Dogmatismus in der Physiologie und ist ein Beispiel für die progressiven nationalen Traditionen in der Naturwissenschaft.

Insgesamt kann man von der Mitte des 19. Jahrhunderts ab von einer Entfremdung, ja, von einem Bruch zwischen Naturwissenschaft und Philosophie sprechen. Dieser Bruch führte dazu, daß sich die Philosophie der Praxis und Produktion immer mehr entfremdete, die Rationalität aufgab und sich dem Irrationalismus verschrieb, um bei bloßer Apologetik der bestehenden Herrschaftsverhältnisse und Gesellschaftsordnung zu enden. Angesichts dieser Entwicklung des bürgerlichen Denkens gerieten die Naturwissenschaftler trotz ihrer bedeutenden Erfolge in der Beherrschung der Natur und der zunehmenden Bedeutung ihrer Forschung für die Industrie in eine weltanschauliche Isolierung, die sich gerade aus ihrer materialistischen Grundposition ergab. Viele resignierten dabei, beschränkten sich auf reine Einzelwissenschaft oder gaben Raum „dem bißchen auf der Universität zwangsläufig gehörten Philosophie (was nicht nur fragmentarisch, sondern auch ein Wirrwarr der Ansichten von Leuten der verschiedensten und meist schlechtesten Schulen ist)“ oder gewannen ihr philosophisches Weltbild „aus unkritischer und unsystematischer Lektüre philosophischer Schriften aller Art“.[102] Demgemäß wurden sie bewußt oder unbewußt Anhänger der spätbürgerlichen Philosophie, vertraten sehr oft einen agnostizistischen Standpunkt und wichen einer klaren philosophischen Entscheidung aus. Bei allen Inkonsequenzen, die sich bei Helmholtz zeigen und finden: er ging einen anderen Weg. Er wandte sich nicht von der Philosophie ab, sondern suchte sie unter Bewahrung seiner materialistischen Grundhaltung als Naturforscher zu entwickeln. Er steht hier in einer Reihe mit Ludwig Boltzmann und Ernst Haeckel. Wie bereits gezeigt wurde, kam Hermann von Helmholtz nicht zum dialektischen Materialismus. Aber sein philosophisches Werk ist in seiner Zeit fortschrittlich. W. I. Lenin sagte: „Historische Verdienste werden nicht danach beurteilt, was historische Persönlichkeiten, gemessen an den heutigen Erfordernissen *nicht geleistet haben*, sondern danach, was sie im Vergleich zu ihren Vorgängern *Neues geleistet haben.*“[103]

Das ist auch der Wertmesser, von dem aus wir die philosophischen Leistungen Hermann von Helmholtz’ beurteilen.

Die vorliegende Ausgabe von Helmholtzschen Texten versucht, seine wichtigsten Arbeiten zu philosophischen Problemen neu zu erschließen. Die Herausgeber wollen damit nicht nur allein einem wissenschaftshistorischen

102 F. Engels, Dialektik der Natur, a. a. O., S. 480

103 W. I. Lenin, Zur Charakteristik der ökonomischen Romantik, (Sismondi und unsere einheimischen Sismondisten) in: Werke, Bd. 2, Berlin 1961, S. 180

Erfordernis nachkommen, denn die hier zum Abdruck kommenden Arbeiten von Helmholtz sind nur noch schwer zugänglich. Sie glauben darüber hinaus vielmehr zu verdeutlichen, daß Helmholtz' Auffassungen im ideologischen und theoretischen Kampf der Gegenwart keineswegs antiquiert, sondern mit diesem unmittelbar verbunden sind. In ihrem Bestreben, alles Progressive in der deutschen Geistesgeschichte zu verschweigen oder zu verfälschen, machen die imperialistischen Ideologen auch vor Helmholtz nicht halt. Dem entgegenzuwirken sehen wir als Aufgabe an, wobei wir die progressive philosophische und gesellschaftliche Bedeutung H. von Helmholtz' besonders betonten, ohne die weltanschaulichen Schwankungen und Inkonsequenzen sowie die zeitbedingten Erkenntnisschranken dieses großen deutschen bürgerlichen Naturwissenschaftlers zu verschweigen.

In dieser Ausgabe wurde bewußt darauf verzichtet, lediglich einzelne Stellen anzuführen – etwa eine Anthologie zu schaffen –, um den Gesamtzusammenhang nicht zu stören. Philosophisch wichtige Stellen aus dem „Handbuch der physiologischen Optik" werden in den Fußnoten gegeben. Die Anordnung der Texte erfolgte chronologisch. Die Anmerkungen beziehen sich zumeist auf Sacherklärungen, weniger auf philosophische Interpretation.

Die vorliegende Auswahl ist keineswegs vollständig. Philosophische Gedanken äußert H. von Helmholtz auch explizit in seinen folgenden Arbeiten: „Über die tatsächlichen Grundlagen der Geometrie" (1866), „Über die Tatsachen, die der Geometrie zum Grunde liegen" (1868), „Über den Ursprung und Sinn der geometrischen Sätze; Antwort gegen Herrn Professor Land" (1878) und „Über den Ursprung der richtigen Deutung unserer Sinneseindrücke (1894). Wir meinen, daß die in unsere Auswahl aufgenommenen Aufsätze und Reden aber ausreichen, um sich ein Bild von Helmholtz' philosophischen Auffassungen zu machen. Die nicht aufgenommenen Artikel würden das Gesamtbild kaum verändern. Deshalb wurde auf ihre Aufnahme verzichtet.

Als Vorlage für die Auswahl der Texte dienten: Hermann von Helmholtz, Vorträge und Reden, 5. Auflage, I. und II. Band, Verlag Friedrich Vieweg & Sohn, Braunschweig 1903.

Den Aufsatz „Zählen und Messen, erkenntnistheoretisch betrachtet" entnehmen wir dem Band: Philosophische Aufsätze, Eduard Zeller zu seinem fünfzigjährigen Doktorjubiläum gewidmet, Fues: Verlag Leipzig 1887, S. 17–52.

Die Rechtschreibung wurde durchgängig modernisiert, Satz- und Lautstand blieben nach der Vorlage erhalten. Offensichtliche Errata in den benutzten Vorlagen wurden stillschweigend ausgebessert.

Berlin und Dresden, im Februar 1970

Herbert Hörz
Siegfried Wollgast

Hermann von Helmholtz

Philosophische Vorträge und Aufsätze

Erinnerungen[1]

Ich bin im Laufe des vergangenen Jahres und zuletzt bei der Feier und Nachfeier meines siebzigsten Geburtstages mit Ehren, mit Beweisen der Achtung und des Wohlwollens in nie erwartetem Maße überschüttet worden. Seine Majestät der Kaiser hat mich in die oberste Rangklasse seiner Staatsbeamten erhoben. Die Könige von Schweden und Italien, der Großherzog von Baden, mein ehemaliger Landesherr, der Präsident der Französischen Republik haben meine Brust mit Großkreuzen geschmückt. Viele Akademien, nicht bloß der Wissenschaften, sondern auch der Künste, Fakultäten und gelehrte Gesellschaften, verteilt über den Erdball von Tomsk bis Melbourne, haben mir Diplome und schön geschmückte feierliche Adressen geschickt, um mir ihre Anerkennung meiner wissenschaftlichen Bestrebungen und den Dank dafür zum Teil in Ausdrücken auszusprechen, die ich nicht ohne Beschämung lesen kann. Meine Vaterstadt Potsdam hat mich zu ihrem Ehrenbürger gemacht. Dazu kommen ungezählte einzelne, wissenschaftliche und persönliche Freunde, Schüler und Unbekannte, die mir Glückwünsche in Telegrammen und Briefen gesendet.

Aber noch mehr. Sie wollen meinen Namen gleichsam zur Fahne einer großartigen Stiftung machen, welche, von Freunden der Wissenschaft aller Nationen gegründet, wissenschaftliche Forschung in allen Ländern des Erdballs ermutigen und fördern soll.[2] Die Wissenschaft und die Kunst sind zur Zeit ja das einzig übriggebliebene Friedensband der zivilisierten Nationen. Ihr immer höher wachsender Ausbau ist ein gemeinsames Ziel aller, das in gemeinsamer Arbeit aller zum gemeinsamen Vorteil aller angestrebt wird. Ein großes und heiliges Werk! Ja, die Stifter wollen ihre Gabe vorzugsweise zur Förderung derjenigen Zweige des Forschens bestimmen, die ich in meinem eigenen Leben verfolgt habe, und mich dabei, in meiner zeitlichen Beschränkung, künftigen Geschlechtern fast wie ein Vorbild der Forschung hinstellen. Es ist dies die stolzeste Ehre, die Sie mir erweisen können, insofern Sie mir dadurch Ihr unbedingt günstiges Urteil zu erkennen geben; aber es würde an Vermessenheit streifen, wenn ich sie annähme ohne die stille Erwartung, daß die Preisrichter künftiger Jahrhunderte sich frei von den Rücksichten auf meine zeitliche Persönlichkeit machen werden.

Sogar die zeitliche Gestalt, in der ich durch dies Leben gegangen bin, haben Sie durch einen Meister ersten Ranges in Marmor bilden lassen,[3] so daß ich den nachkommenden Geschlechtern künftig in idealerer Gestalt erscheinen werde, als den jetzt Lebenden; ein Meister der Radiernadel[4] hat dafür gesorgt, daß getreue Bilder von mir unter den Lebenden verbreitet werden können.

Ich kann nicht verkennen, daß alles, was Sie mir getan haben, Äußerungen Ihres aufrichtigsten und höchsten Wohlwollens sind, und ich bin Ihnen dafür zum höchsten Danke verpflichtet.

Aber ich bitte Sie um Verzeihung, wenn diese Fülle von Ehren mich zunächst mehr in Erstaunen setzt und verwirrt, als daß ich sie begreifen könnte. Ich finde in meinem eigenen Bewußtsein für den Wert dessen, was ich zu leisten gestrebt habe, keinen entsprechenden Maßstab, welcher mir ein ähnliches Fazit gäbe, wie Sie es gezogen haben. Ich weiß, in wie einfacher Weise alles, was ich zu Stande gebracht habe, entstanden ist, wie die von meinen Vorgängern ausgebildeten Methoden der Wissenschaft mich folgerichtig dazu geführt haben, wie mir zuweilen ein günstiger Zufall oder ein glücklicher Umstand geholfen hat. Aber der Hauptunterschied wird wohl der sein: was ich langsam aus kleinen Anfängen durch Monate und Jahre mühsamer und oft genug tastender Arbeit aus unscheinbaren Keimen habe wachsen sehen, das ist Ihnen plötzlich, wie eine gewappnete Pallas aus dem Haupte des Jupiter, vor Augen gesprungen. Ihr Urteil war durch Überraschung beeinflußt, das meinige nicht; es mag auch vielleicht durch die Ermüdung der Arbeit und durch Ärger über allerlei irrationelle Schritte, die ich unterwegs gemacht hatte, oft etwas herabgestimmt worden sein.

Die Fachgenossen und das Publikum urteilen über ein Werk der Wissenschaft oder der Kunst nach dem Nutzen, der Belehrung oder Freude, die es ihnen gebracht hat. Der Autor ist meist geneigt seine Wertschätzung nach der darauf verwendeten Mühe anzusetzen; und diese beiden Arten der Schätzung treffen selten zusammen. Im Gegenteil ist aus den gelegentlichen Äußerungen einiger der berühmtesten Männer, namentlich unter den Künstlern, zu erkennen, daß sie auf die Leistungen, die uns in ihren Werken als unnachahmlich und unerreichbar entgegentreten, verhältnismäßig geringes Gewicht legten, im Vergleich zu anderen, die ihnen schwer wurden, die aber den Lesern und Beschauern viel weniger gelungen erscheinen. Ich erinnere nur an *Goethe*, der nach *Eckermanns* Bericht einmal geäußert hat, seine dichterischen Werke schätze er nicht so hoch wie das, was er in der Farbenlehre geleistet.

Soll ich nun Ihren Versicherungen und den Urhebern der an mich gelangten Adressen Glauben schenken, so mag es mir – wenn auch in bescheidenerem Maße – ähnlich gegangen sein. Erlauben Sie mir also Ihnen kurz zu berichten, wie ich in meine Arbeitsrichtung hineingekommen bin.

In meinen ersten sieben Lebensjahren war ich ein kränklicher Knabe, lange an das Zimmer, oft genug an das Bett gefesselt, aber mit lebhaftem Triebe nach Unterhaltung und nach Tätigkeit. Die Eltern haben sich viel mit mir beschäftigt; Bilderbücher und Spiel, hauptsächlich mit Bauhölzchen, halfen mir sonst die Zeit ausfüllen. Dazu kam ziemlich früh auch das Lesen, was natürlich den Kreis meiner Unterhaltungsmittel sehr erweiterte. Aber wohl ebenso früh zeigte sich auch ein Mangel meiner geistigen Anlage darin, daß ich ein schwaches Gedächtnis für unzusammenhängende Dinge hatte. Als erstes Zeichen davon betrachte ich die Schwierigkeit, deren ich mich noch deutlich entsinne, rechts und links zu unterscheiden; später, als ich in der Schule an die Sprachen kam, wurde es mir schwerer als anderen, die Vokabeln, die unregelmäßigen Formen der Grammatik, die eigentümlichen Redewendungen mir einzuprägen. Der Geschichte vollends, wie sie uns damals gelehrt wurde, wußte ich kaum Herr zu werden. Stücke in Prosa auswendig zu lernen, war mir eine Marter. Dieser Mangel ist natürlich nur gewachsen und eine Plage meines Alters geworden.

Wenn ich aber kleine mnemotechnische Hilfsmittel hatte, auch nur solche, wie sie das Metrum und der Reim in Gedichten geben, ging das Auswendiglernen und das Behalten des Gelernten schon viel besser. Gedichte von großen Meistern behielt ich sehr leicht, etwas gekünstelte Verse von Meistern zweiten Ranges lange nicht so gut. Ich denke, das wird wohl von dem natürlichen Fluß der Gedanken in den guten Gedichten abhängig gewesen sein, und bin geneigt, in diesem Verhältnis eine wesentliche Wurzel ästhetischer Schönheit zu suchen. In den oberen Gymnasialklassen konnte ich einige Gesänge der Odyssee, ziemlich viele Oden des Horaz und große Schätze deutscher Poesie rezitieren. In dieser Richtung befand ich mich also ganz in der Lage unserer ältesten Vorfahren, welche noch nicht schreiben konnten und deshalb ihre Gesetze und ihre Geschichte in Versen fixierten, um sie auswendig zu lernen.

Was dem Menschen leicht wird, pflegt er gern zu tun; so war ich denn zunächst auch ein großer Bewunderer der Poesie. Die Neigung wurde durch meinen Vater gefördert, der ein zwar pflichtstrenger, aber enthusiastischer Mann war, begeistert für Dichtkunst, besonders für die große Zeit der deutschen Literatur. Er gab uns in den oberen Gymnasialklassen den deutschen Unterricht und las mit uns den Homer. Wir mußten unter seiner Leitung auch abwechselnd deutsche Aufsätze in Prosa und metrische Übungen machen – Gedichte, wie wir sie nannten. Aber wenn auch die meisten von uns schwache Dichter blieben, so lernten wir doch dabei besser als durch irgend eine andere mir bekannte Übung das, was wir zu sagen hatten, in die mannigfaltigsten Ausdrucksweisen umzuwenden.

Das vollkommenste mnemotechnische Hilfsmittel, was es gibt, ist aber die Kenntnis des Gesetzes der Erscheinungen. Dies lernte ich zuerst in der Geometrie kennen. Von meinen Kinderspielen mit Bauhölzern her, waren mir die Beziehungen der räumlichen Verhältnisse zueinander durch

Anschauung wohl bekannt. Wie sich Körper von regelmäßiger Form aneinanderlegen und zusammenpassen würden, wenn ich sie so oder so wendete, das wußte ich sehr gut, ohne vieles Nachdenken. Als ich zur wissenschaftlichen Lehre der Geometrie kam, waren mir eigentlich alle Tatsachen, die ich lernen sollte, zur Überraschung meiner Lehrer ganz wohlbekannt und geläufig. Soweit meine Rückerinnerung reicht, kam das schon in der Volksschule des Potsdamer Schullehrerseminars, die ich bis zu meinem achten Lebensjahre besuchte, gelegentlich zum Vorschein. Neu war mir dagegen die strenge Methode der Wissenschaft, und unter ihrer Hilfe fühlte ich die Schwierigkeiten schwinden, die mich in anderen Gebieten gehemmt hatten.

Der Geometrie fehlte nur eines; sie behandelte ausschließlich abstrakte Raumformen, und ich hatte doch große Freude an der vollen Wirklichkeit. Größer und kräftiger geworden, bewegte ich mich viel mit meinem Vater oder mit Schulgenossen in den schönen Umgebungen meiner Vaterstadt Potsdam umher und gewann große Liebe zur Natur. So kam es wohl, daß mich die ersten Bruchstücke der Physik, die ich im Gymnasium kennenlernte, bald viel intensiver fesselten, als die rein geometrischen und algebraischen Studien. Hier war ein reicher und mannigfaltiger Inhalt, mit der vollen Machtfülle der Natur, der unter die Herrschaft des begrifflich gefaßten Gesetzes zurückgeführt werden konnte. Auch war in der Tat das erste, was mich fesselte, vorzugsweise die geistige Bewältigung der uns anfangs fremd gegenüberstehenden Natur durch die logische Form, des Gesetzes. Aber natürlich schloß sich bald die Erkenntnis an, daß die Kenntnis der Gesetze der Naturvorgänge auch der Zauberschlüssel sei, der seinem Inhaber Macht über die Natur in die Hände gebe. In diesen Gedankenkreisen fühlte ich mich heimisch.

Ich stürzte mich mit Freude und großem Eifer auf das Studium aller physikalischen Lehrbücher, die ich in der Bibliothek meines Vaters fand. Es waren sehr altmodische, in denen noch das Phlogiston sein Wesen trieb und der Galvanismus noch nicht über die Voltaische Säule hinausgewachsen war. Auch suchte ich mit einem Jugendfreunde allerlei Versuche, von denen wir gelesen, mit unseren kleinen Hilfsmitteln nachzumachen.[5] Die Wirkung von Säuren auf die Leinwandvorräte unserer Mütter haben wir gründlich kennengelernt; sonst gelang wenig; am besten noch der Bau von optischen Instrumenten mit Brillengläsern, die auch in Potsdam zu haben waren, und mit einer kleinen botanischen Lupe meines Vaters. Die Beschränkung der äußeren Mittel hatte in jenem frühen Stadium für mich den Nutzen, daß ich die Pläne für die anzustellenden Versuche immer wieder umzuwenden lernte, bis ich eine für mich ausführbare Form derselben gefunden hatte. Ich muß gestehen, daß ich manches Mal, wenn die Klasse Cicero oder Virgil las, welche beide mich höchlichst langweilten, unter dem Tische den Gang der Strahlenbündel durch Teleskope berechnete und dabei schon einige optische Sätze fand, von denen in den Lehrbüchern nichts zu stehen pflegte, die mir aber nachher bei der Konstruktion des Augenspiegels nützlich wurden.

So kam es, daß ich in die besondere Richtung des Studiums eintrat, die ich nachher festgehalten habe, und die sich unter den angegebenen Umständen zu einem Triebe von leidenschaftlichem Eifer entwickelte. Dieser Trieb, die Wirklichkeit durch den Begriff zu beherrschen oder, was, wie ich meine, nur ein anderer Ausdruck derselben Sache ist, den ursächlichen Zusammenhang der Erscheinungen zu entdecken, hat mich durch mein Leben geführt, und seine Intensität war auch wohl daran Schuld, daß ich keine Ruhe bei scheinbaren Auflösungen eines Problems fand, so lange ich noch dunkle Punkte darin fühlte.

Nun sollte ich zur Universität übergehen. Die Physik galt damals noch für eine brotlose Kunst. Meine Eltern waren zu großer Sparsamkeit gezwungen; also erklärte mir der Vater, er wisse mir nicht anders zum Studium der Physik zu helfen, als wenn ich das der Medizin mit in den Kauf nähme. Ich war dem Studium der lebenden Natur durchaus nicht abgeneigt und ging ohne viel Schwierigkeit darauf ein. Der einzige einflußreiche Mann unserer Familie war ein Arzt gewesen, der ehemalige Generalchirurgus *Mursinna*[6]; und diese Verwandtschaft empfahl mich unter den anderen Bewerbern für die Aufnahme in unsere militärärztliche Lehranstalt, das Friedrich-Wilhelms-Institut, welches die

Durchführung des medizinischen Studiums unbemittelten Studierenden sehr wesentlich erleichterte.[7]

Bei diesem Studium trat ich gleich unter den Einfluß eines tiefsinnigen Lehrers, des Physiologen *Johannes Müller*, desselben, der in gleicher Zeit auch *du Bois-Reymond, Brücke, Ludwig* und *Virchow* der Physiologie und Anatomie zugeführt hat. *Johannes Müller* kämpfte noch in den Rätselfragen über die Natur des Lebens zwischen der alten, wesentlich metaphysischen, und der neu sich entwickelnden naturwissenschaftlichen Betrachtungsweise; aber die Überzeugung, daß die Kenntnis der Tatsachen durch nichts anderes zu ersetzen sei, trat bei ihm mit steigender Festigkeit auf; und daß er selbst noch rang, machte seinen Einfluß auf seine Schüler vielleicht um so größer.

Junge Leute greifen am liebsten gleich von vornherein die tiefsten Probleme an, so ich die Frage nach dem rätselhaften Wesen der Lebenskraft.[8] Die Mehrzahl der Physiologen hatte damals den Ausweg *G. E. Stahls* ergriffen, daß es zwar die physikalischen und chemischen Kräfte der Organe und Stoffe des lebenden Körpers seien, die in ihm wirkten, daß aber eine in ihm wohnende Lebensseele oder Lebenskraft die Wirksamkeit dieser Kräfte zu binden und zu lösen im Stande sei, daß das freie Walten dieser Kräfte nach dem Tode die Fäulnis hervorrufe, daß dagegen während des Lebens ihre Aktion fortdauernd durch die Lebensseele reguliert werde. In dieser Erklärung ahnte ich etwas Widernatürliches; aber es hat mir viel Mühe gemacht, meine Ahnung in eine präzise Frage umzugestalten. Endlich, in meinem letzten Studienjahr, fand ich, daß *Stahls* Theorie jedem lebenden Körper die Natur eines Perpetuum mobile beilegte. Mit den Streitigkeiten über das letztere war ich ziemlich bekannt. Ich hatte sie in meiner Schulzeit von meinem Vater und unserem Mathematiker oft besprechen hören. Dann hatte ich als Eleve des Friedrich-Wilhelms-Instituts in der Bibliothek desselben Assistenz geleistet, und in unbeschäftigten Minuten die Werke von *Daniel Bernoulli d'Alembert* und anderen Mathematikern des vorigen Jahrhunderts mir herausgesucht und durchmustert. So stieß ich auf die Frage: „Welche Beziehungen müssen zwischen den verschiedenartigen Naturkräften bestehen, wenn allgemein kein Perpetuum mobile möglich sein soll?" und die weitere: „Bestehen nun tatsächlich alle diese Beziehungen?" Meiner Absicht nach wollte ich in meinem Büchlein über die Erhaltung der Kraft[9] nur eine kritische Untersuchung und Ordnung der Tatsachen im Interesse der Physiologen geben.

Ich wäre vollkommen darauf gefaßt gewesen, wenn mir die Sachverständigen schließlich gesagt hätten: „Das ist uns ja alles wohlbekannt. Was denkt sich der junge Mediziner, daß er meint, uns dies so ausführlich auseinandersetzen zu müssen?" Zu meinem Erstaunen nahmen aber die physikalischen Autoritäten, mit denen ich in Berührung kam, die Sache ganz anders auf. Sie waren geneigt, die Richtigkeit des Gesetzes zu leugnen und in dem eifrigen Kampfe gegen *Hegels* Naturphilosophie, den sie führten, auch meine Arbeit für eine phantastische Spekulation zu erklären. Nur der Mathematiker *Jacobi*[10] erkannte den Zusammenhang meines Gedankenganges mit dem der Mathematiker des vorigen Jahrhunderts, interessierte sich für meinen Versuch und schützte mich vor Mißdeutung. Dagegen fand ich enthusiastischen Beifall und praktische Hilfe bei meinen jüngeren Freunden, namentlich bei *Emil du Bois-Reymond.* Bald zogen diese auch die Mitglieder der jüngsten physikalischen Gesellschaft von Berlin auf meine Seite herüber.[11] Von *Joules* Arbeiten über dasselbe Thema wußte ich damals nur wenig, von *Robert Mayer* noch nichts.

Es schlossen sich daran einige kleinere physiologische Experimentalarbeiten über Fäulnis und Gärung, worin ich den Nachweis liefern konnte, daß beide keineswegs freiwillig eintretende oder durch die Mitwirkung des atmosphärischen Sauerstoffs hervorgerufene rein chemische Zersetzungen seien, wie *Liebig* wollte; daß namentlich weinige Gärung durchaus an die Anwesenheit der Hefepilze gebunden ist, die nur durch Fortzeugung entstehen. Ferner die Arbeit über Stoffwechsel bei der Muskelaktion, an die sich später die Arbeit über Wärmeentwicklung bei der Muskelaktion schloß, welche Prozesse nach dem Gesetz von der Erhaltung der Kraft zu erwarten waren.

Diese Arbeiten genügten, um die Aufmerksamkeit *Johannes Müllers* und der Preußischen Unterrichtsverwaltung auf mich zu lenken und mir den Ruf als Nachfolger *Brückes* nach Berlin und gleich darauf den an die Universität Königsberg zu verschaffen. Die militärärztlichen Behörden willigten in dankenswerter Liberalität in die Aufhebung meiner Verpflichtung zu weiterem Militärdienst, um mir den Übergang in eine wissenschaftliche Stellung möglich zu machen.

In Königsberg hatte ich Allgemeine Pathologie und Physiologie vorzutragen. Ein Universitätslehrer ist einer ungemein nützlichen Disziplin unterworfen, indem er alljährlich den ganzen Umfang seiner Wissenschaft so vortragen muß, daß er auch die hellen Köpfe unter seinen Zuhörern, die großen Männer der nächsten Generation, überzeugt und befriedigt; diese Nötigung trug mir zunächst zwei wertvolle Früchte ein.

Bei der Vorbereitung zur Vorlesung stieß ich nämlich zunächst auf die Möglichkeit des Augenspiegels und dann auf den Plan, die Fortpflanzungszeit der Reizung in den Nerven zu messen.

Der Augenspiegel ist wohl die populärste meiner wissenschaftlichen Leistungen geworden, aber ich habe schon den Augenärzten berichtet,[12] wie dabei das Glück eigentlich eine unverhältnismäßig größere Rolle gespielt hat als mein Verdienst. Ich hatte die Theorie des Augenleuchtens, die von *Brücke* herrührte, meinen Schülern auseinanderzusetzen. *Brücke* war hierbei eigentlich nur noch um eines Haares Breite von der Erfindung des Augenspiegels entfernt gewesen. Er hatte nur versäumt, sich die Frage zu stellen, welchem optischen Bilde die aus dem leuchtenden Auge zurückkommenden Strahlen angehörten. Für seinen damaligen Zweck war es nicht nötig, diese Frage zu stellen. Hätte er sie gestellt, so war er durchaus der Mann dazu, sie ebenso schnell zu beantworten wie ich, und der Plan zum Augenspiegel wäre gegeben gewesen. Ich wendete das Problem etwas hin und her, um zu sehen, wie ich es am einfachsten meinen Zuhörern würde vortragen können, und stieß dabei auf die bezeichnete Frage. Die Not der Augenärzte bei den Zuständen, die man damals unter dem Namen des schwarzen Stares zusammenfaßte, kannte ich sehr wohl aus meinen medizinischen Studien. Ich machte mich sogleich daran das Instrument aus Brillengläsern und Deckgläschen für mikroskopische Objekte zusammenzukitten. Zunächst war es noch mühsam zu gebrauchen. Ohne die gesicherte theoretische Überzeugung, daß es gehen müßte, hätte ich vielleicht nicht ausgeharrt. Aber nach etwa acht Tagen hatte ich die große Freude, der erste zu sein, der eine lebende menschliche Netzhaut klar vor sich liegen sah.[13]

Für meine äußere Stellung vor der Welt war die Konstruktion des Augenspiegels sehr entscheidend. Ich fand nun bei Behörden und Fachgenossen bereitwilligste Anerkennung und Geneigtheit für meine Wünsche, so daß ich fortan viel freier den inneren Antrieben meiner Wißbegier folgen durfte. Übrigens erklärte ich mir selbst meine guten Erfolge wesentlich aus dem Umstande, daß ich durch ein günstiges Geschick als ein mit einigem geometrischen Verstande und mit physikalischen Kenntnissen ausgestatteter Mann unter die Mediziner geworfen war, wo ich in der Physiologie auf jungfräulichen Boden von großer Fruchtbarkeit stieß, und daß ich andererseits durch die Kenntnis der Lebenserscheinungen auf Fragen und Gesichtspunkte geführt worden war, die gewöhnlich den reinen Mathematikern und Physikern fernliegen. Meine mathematischen Anlagen hatte ich bis dahin doch nur mit denen meiner Mitschüler und denen meiner medizinischen Kommilitonen vergleichen können; daß ich diesen hierin meist überlegen war, wollte nicht gerade viel sagen. Außerdem war in der Schule die Mathematik immer nur als Fach zweiten Ranges betrachtet worden. Im lateinischen Aufsatze dagegen, der damals noch wesentlich die Siegespalme bestimmte, war mir immer eine Hälfte meiner Mitschüler voraus gewesen.

Meine Arbeiten waren nach meinem eigenen Bewußtsein einfach folgerichtige Anwendungen der in der Wissenschaft entwickelten experimentellen und mathematischen Methoden gewesen, die durch leicht gefundene Modifikationen dem jedesmaligen besonderen Zwecke angepaßt werden konnten. Meine Kommilitonen und Freunde, die sich, wie ich selbst, der physikalischen Seite der Physiologie gewidmet hatten, leisteten nicht minder überraschende Dinge.

Aber allerdings konnte es im weiteren Verlaufe dabei nicht bleiben. Ich mußte die nach bekannten Methoden zu lösenden Aufgaben allmählich meinen Schülern im Laboratorium überlassen und mich selbst schwereren Arbeiten von unsicherem Erfolge zuwenden, wo die allgemeinen Methoden den Forscher im Stich ließen oder wo die Methode selbst noch erst weiter zu bilden war.

Auch in diesen Gebieten, die den Grenzen unseres Wissens näher kommen, ist mir ja noch mancherlei gelungen, Experimentelles und Mathematisches. Ich weiß nicht, ob ich das Philosophische hinzurechnen darf. In ersterer Beziehung war ich allmählich, wie jeder, der viel experimentelle Aufgaben angegriffen hat, ein erfahrener Mann geworden, kannte viele Wege und Hilfsmittel und hatte meine Jugendanlage der geometrischen Anschauung zu einer Art mechanischer Anschauung entwickelt; ich fühlte gleichsam, wie sich die Drucke und Züge in einer mechanischen Vorrichtung verteilen, was man übrigens bei erfahrenen Mechanikern und Maschinenbauern auch findet. Vor solchen hatte ich dann immer noch einigen Vorsprung dadurch, daß ich mir verwickeltere und besonders wichtige Verhältnisse durch theoretische Analyse durchsichtig machen konnte.

Auch bin ich im Stande gewesen, einige mathematisch-physikalische Probleme zu lösen, und darunter sogar solche, an welchen die großen Mathematiker seit *Euler* sich vergebens bemüht hatten, z. B. die Fragen über die Wirbelbewegungen und die Diskontinuität der Bewegung in Flüssigkeiten, die Frage über die Schallbewegung an den offenen Enden der Orgelpfeifen usw. Aber der Stolz, den ich über das Endresultat in diesen Fällen hätte empfinden können, wurde beträchtlich herabgesetzt dadurch, daß ich wohl wußte, wie mir die Lösungen solcher Probleme fast immer nur durch allmählich wachsende Generalisationen von günstigen Beispielen, durch eine Reihe glücklicher Einfälle nach mancherlei Irrfahrten gelungen waren. Ich mußte mich vergleichen einem Bergsteiger, der, ohne den Weg zu kennen, langsam und mühselig hinaufklimmt, oft umkehren muß, weil er nicht weiter kann, der bald durch Überlegung, bald durch Zufall neue Wegspuren entdeckt, die ihn wieder ein Stück vorwärts leiten, und endlich, wenn er sein Ziel erreicht, zu seiner Beschämung einen königlichen Weg findet, auf dem er hätte herauffahren können, wenn er gescheit genug gewesen wäre, den richtigen Anfang zu finden. In meinen Abhandlungen habe ich natürlich den Leser dann nicht von meinen Irrfahrten unterhalten, sondern ihm nur den gebahnten Weg beschrieben, auf dem er jetzt ohne Mühe die Höhe erreichen mag.

Es gibt ja viele Leute von engem Gesichtskreise, die sich selbst höchlichst bewundern, wenn sie einmal einen glücklichen Einfall gehabt haben oder ihn gehabt zu haben glauben. Ein Forscher oder Künstler, der eine große Menge glücklicher Einfälle hat, ist ja unzweifelhaft eine bevorzugte Natur und wird als ein Wohltäter der Menschheit anerkannt. Wer aber will solche Geistesblitze zählen und wägen, wer den geheimen Wegen der Vorstellungsverknüpfungen nachgehen, dessen

Was vom Menschen nicht gewußt
Oder nicht bedacht,
Durch das Labyrinth der Brust
Wandelt in der Nacht.[14]

Ich muß sagen, als Arbeitsfeld sind mir die Gebiete, wo man sich nicht auf günstige Zufälle und Einfälle zu verlassen braucht, immer angenehmer gewesen.

Da ich aber ziemlich oft in die unbehagliche Lage kam, auf günstige Einfälle harren zu müssen, habe ich darüber, wann und wo sie mir kamen, einige Erfahrungen gewonnen, die vielleicht anderen noch nützlich werden können. Sie schleichen oft genug still in den Gedankenkreis ein, ohne daß man gleich von Anfang ihre Bedeutung erkennt; später hilft dann zuweilen nur noch ein zufälliger Umstand, um zu erkennen, wann und unter welchen Umständen sie gekommen sind; sonst sind sie da, ohne daß man weiß, woher. In anderen Fällen aber treten sie plötzlich ein, ohne Anstrengung, wie eine Inspiration. Soweit meine Erfahrung geht, kamen sie nie dem ermüdenden Gehirne und nicht am Schreibtisch. Ich mußte immer erst mein Problem nach allen Seiten so viel hin- und hergewendet haben, daß ich alle seine Wendungen und Verwickelungen im Kopfe überschaute und sie frei, ohne zu schreiben, durchlaufen konnte. Es dahin zu bringen, ist ohne längere vorausgehende Arbeit meistens nicht möglich. Dann mußte, nachdem die davon herrührende Ermüdung vorübergegangen war, eine Stunde vollkommener körperliche Frische und ruhigen Wohlgefühls eintreten, ehe die guten Einfälle kamen. Oft waren sie wirklich, den zitierten Versen *Goethes* entsprechend, des Morgens beim Aufwachen da, wie auch *Gauß* einst angemerkt hat.[15] Besonders gern aber kamen sie, wie ich schon in Heidelberg berichtet, bei gemächlichem Steigen über waldige Berge in sonnigem Wetter. Die kleinsten Mengen alkoholischen Getränks aber schienen sie zu verscheuchen.

Solche Momente fruchtbarer Gedankenfülle waren freilich sehr erfreulich, weniger schön war die Kehrseite, wenn die erlösenden Einfälle nicht kamen. Dann konnte ich mich wochenlang, monatelang in eine solche Frage verbeißen, bis mir zu Mute war wie

> dem Tier auf dürrer Heide
> Von einem bösen Geist im Kreis herumgeführt /
> Und rings umher ist schöne grüne Weide[16].

Schließlich war es oft nur ein grimmer Anfall von Kopfschmerzen, der mich aus meinem Bann erlöste und mich wieder frei für andere Interessen machte.

Ein anderes Gebiet habe ich noch betreten, auf welches mich die Untersuchungen über Sinnesempfindungen und Sinneswahrnehmungen führten, nämlich das der Erkenntnistheorie. Wie ein Physiker Fernrohr und Galvanometer untersuchen muß, mit denen er arbeiten will, sich klar machen, was er damit erreichen, wo sie ihn täuschen können, so schien es mit geboten, auch die Leistungsfähigkeit unseres Denkvermögens zu untersuchen. Es handelte sich dabei auch nur um eine Reihe tatsächlicher Fragen, über die bestimmte Antworten gegeben werden konnten und mußten. Wir haben bestimmte Sinneseindrücke; wir wissen infolgedessen zu handeln. Der Erfolg der Handlung stimmt der Regel nach mit dem überein, was wir als beobachtbare Folge erwarten, zuweilen, bei sogenannten Sinnestäuschungen, auch nicht. Das sind alles objektive Tatsachen, deren gesetzliches Verhalten wird gefunden werden können. Mein wesentlichstes Ergebnis war, daß die Sinnesempfindungen nur Zeichen für die Beschaffenheit der Außenwelt sind, deren Deutung durch Erfahrung gelernt werden muß. Das Interesse für die erkenntnistheoretischen Fragen ward mir schon in der Jugend eingeprägt, dadurch daß ich meinen Vater, der einen tiefen Eindruck von *Fichtes* Idealismus behalten hatte, mit Kollegen, die *Hegel* oder *Kant* verehrten, oft habe streiten hören. Auf diese Untersuchungen stolz zu werden, habe ich bisher wenig Veranlassung gehabt. Denn auf je einen Freund habe ich dabei etwa zehn Gegner gefunden; namentlich habe ich immer alle Metaphysiker, auch die materialistischen, und alle Leute von verborgenen metaphysischen Neigungen dadurch aufgebracht. Aber die Adressen der letzten Tage haben mich eine ganze Reihe von Freunden entdecken lassen, die ich bisher nicht kannte, so daß ich dem heutigen Feste auch in dieser Beziehung Freude und neue Hoffnung verdanke. Freilich ist die Philosophie seit nahe dreitausend Jahren der Tummelplatz der heftigsten Meinungsverschiedenheiten gewesen, und man darf nicht erwarten, daß diese im Laufe eines Menschenlebens zum Schweigen gebracht werden können.

Ich wollte Ihnen auseinandersetzen, wie, von meinem Standpunkte aus gesehen, die Geschichte meiner wissenschaftlichen Bestrebungen und Erfolge, soweit solche da sind, aussieht; vielleicht verstehen Sie nun, daß ich überrascht bin durch die ungewöhnliche Fülle des Lobes, das Sie über mich ausgießen. Meine Erfolge sind mir zunächst für mein Urteil über mich selbst von Wert gewesen, weil sie mir den Maßstab abgaben für das, was ich weiter versuchen durfte; sie haben mich aber, hoffe ich, nicht zur Selbstbewunderung verleitet. Wie verderblich übrigens der Größenwahn für einen Gelehrten werden kann, habe ich oft genug gesehen, und habe mich deshalb stets davor zu hüten gesucht, daß ich diesem Feinde nicht verfiele. Ich wußte, daß strenge Selbstkritik an eigenen Arbeiten und Fähigkeiten das schützende Palladium gegen dieses Verhängnis ist. Aber man braucht nur die Augen offen zu halten für das, was andere können und was man selbst nicht kann, dann, finde ich, ist die Gefahr nicht groß. Was meine eigenen Arbeiten betrifft, so glaube ich, daß ich niemals die letzte Korrektur einer Abhandlung beendet hatte, ohne 24 Stunden später wieder einige Punkte gefunden zu haben, die ich besser oder vollständiger hätte machen können.

Was schließlich den Dank betrifft, den Sie mir zu schulden behaupten, so würde ich unaufrichtig sein, wenn ich sagen wollte, das Wohl der Menschheit habe mir von Anfang an als bewußter Zweck meiner Arbeit vor Augen gestanden. Es war in Wahrheit die besondere Form meines Wissensdranges, die mich vorwärts trieb und mich bestimmte, alle brauchbare Zeit, die mir meine amtlichen Geschäfte und die Sorge für meine Familie übrig ließen, für wissenschaftliche Arbeit zu verwenden. Diese beiden Vorbehalte verlangten übrigens auch keine wesentliche Abweichung von den Zielen, nach denen ich strebte. Mein Amt gab mir die Pflicht, mich für die Universitätsvorträge fähig zu halten; die Familie, meinen Ruf als Forscher zu befestigen. Der Staat, der mir Unterhalt, wissenschaftliche Hilfsmittel und ein gut Teil freier Zeit gewährte, hatte meines Erachtens dadurch ein Recht zu verlangen, daß ich in geeigneter Form alles, was ich mit seiner Unterstützung gefunden hatte, frei und vollständig meinen Mitbürgern mitteile.

Die schriftliche Ausarbeitung wissenschaftlicher Untersuchungen ist meist ein mühsames Werk; wenigstens war sie es mir in hohem Grade. Ich habe viele Teile meiner Abhandlungen vier bis sechs Mal umgeschrieben, die Anordnung des Ganzen hin- und hergeworfen, ehe ich einigermaßen zufrieden war. Aber in einer solchen sorgfältigen Abfassung der Arbeit liegt auch ein großer Gewinn für den Autor. Sie zwingt ihn zur schärfsten Prüfung jedes einzelnen Satzes und Schlusses, viel eingehender noch als die vorher erwähnten Vorträge an der Universität. Ich habe nie eine Untersuchung für fertig gehalten, ehe sie nicht vollständig und ohne logische Lücken schriftlich formuliert vor mir stand.

Als mein Gewissen gleichsam standen dabei vor meiner Vorstellung die sachverständigsten meiner Freunde. Ob sie meine Arbeit billigen würden, fragte ich mich. Sie schwebten vor mir als die Verkörperung des wissenschaftlichen Geistes einer idealen Menschheit und gaben mir den Maßstab.

Ich will nicht sagen, daß in der ersten Hälfte meines Lebens, als ich noch für meine äußere Stellung zu arbeiten hatte, nicht höhere ethische Beweggründe mitgewirkt hätten neben der Wißbegier und meinem Pflichtgefühl als Beamter des Staates; aber es war schwerer, ihres wirklichen Bestehens sicher zu werden, so lange noch egoistische Motive zur Arbeit trieben. Es wird ja wohl den meisten Forschern ebenso gehen. Aber später, bei gesicherter Stellung, wenn diejenigen, welche keinen inneren Drang zur Wissenschaft haben, ganz aufhören zu arbeiten, tritt für andere, welche weiter arbeiten eine höhere Auffassung ihres Verhältnisses zur Menschheit in den Vordergrund. Sie gewinnen allmählich aus eigener Erfahrung eine Anschauung davon, wie die Gedanken, die von ihnen ausgegangen sind, sei es durch die Literatur, sei es durch mündliche Belehrung ihrer Schüler, in den Zeitgenossen fortwirken und gleichsam ein unabhängiges Leben weiter führen; wie diese Gedanken, durch ihre Schüler weiter durchgearbeitet, reicheren Inhalt und festere Form erhalten und ihrem Erzeuger selbst wieder neue Belehrung zuführen. Die eigenen Gedanken des einzelnen hängen natürlich fester mit seinem ganzen geistigen Gesichtskreise zusammen als fremde, und er empfindet mehr Förderung und Befriedigung, wenn er die eigenen sich reicher entwickeln sieht als die fremden. Schließlich stellt sich für ein solches Gedankenkind bei seinem Erzeuger eine Art von Vaterliebe ein, die ihn treibt, für die Förderung dieser Sprößlinge ebenso zu sorgen und zu streiten, wie für die leiblichen.

Gleichzeitig aber tritt ihm auch die ganze Gedankenwelt der zivilisierten Menschheit als ein fortlebendes und sich weiter entwickelndes Ganzes entgegen, dessen Lebensdauer, der kurzen des einzelnen Individuums gegenüber, als ewig erscheint. Er sieht sich mit seinen kleinen Beiträgen zum Aufbau der Wissenschaft in den Dienst einer ewigen heiligen Sache gestellt, mit der er durch enge Bande der Liebe verknüpft ist. Dadurch wird ihm seine Arbeit selbst geheiligt. Theoretisch begreifen kann das vielleicht ein jeder, aber diesen Begriff bis zu einem drängenden Gefühl zu entwickeln, dazu mag eigene Erfahrung nötig sein.

Die Welt, welche an ideale Motive nicht gerne glaubt, nennt dieses Gefühl Ruhmsucht. Es gibt aber ein entscheidendes Kennzeichen, um beide Arten der Gesinnung zu unterscheiden. Stelle die Frage: Ist es Dir einerlei, ob von Dir gewonnene Forschungsresultate als Dir gehörig anerkannt werden oder nicht, wenn sich mit der Beantwortung dieser Frage Rücksichten auf äußeren Vorteil nicht mehr verbinden? Bei den Leitern der Laboratorien liegt die Antwort am offensten da. Der Lehrer muß meist die Grundgedanken der Arbeit dazu geben, ebensogut wie eine Menge von Vorschlägen für die Überwindung neuer experimenteller Schwierigkeiten, bei denen mehr oder weniger Erfindung in Betracht kommt. Das alles geht in die Arbeit des Schülers über und geht schließlich, wenn die Arbeit gelingt, unter dessen Namen in die Öffentlichkeit. Wer will nachher unterscheiden, was der eine, was der andere gegeben? Und wie viele Lehrer gibt es doch, die in dieser Beziehung von jeder Eifersucht frei sind![17]

Also, meine Herren, ich bin in der glücklichen Lage gewesen, daß meine angeborene Neigung, wenn ich ihr frei folgte, mich zu Arbeiten hintrieb, um deren willen Sie mich loben, indem Sie behaupten, dadurch Nutzen und Belehrung gewonnen zu haben. Ich bin sehr glücklich darüber, daß ich schließlich noch Beifall und Dank von Zeitgenossen in so reichem Maße erhalte für eine Tätigkeit, welche für mich die interessanteste war, die ich einzuschlagen wußte. Aber auch mir haben meine Zeitgenossen vieles und Wesentliches geleistet. Abgesehen von der äußeren Sorge um meine und der Meinigen Existenz, die sie mir abgenommen, und abgesehen von den äußeren Hilfsmitteln, die sie mir gewährt haben, habe ich bei ihnen den Maßstab der geistigen Fähigkeiten des Menschen gefunden, und durch ihre Teilnahme an meinen Arbeiten haben sie mir die lebendige Anschauung von dem Leben der gemeinsamen Geisteswelt der idealen Menschheit erweckt, welche mir selbst den Wert meiner Bemühungen in ein höheres Licht rücken mußte. Unter diesen Bedingungen kann ich den Dank, den Sie mir entgegenbringen wollen, nur als eine freie Gabe der Liebe betrachten, gegeben ohne Gegengabe und ohne Verpflichtung.

Über Goethes naturwissenschaftliche Arbeiten [1]

Goethe, dessen umfassendes Talent namentlich in der besonnenen Klarheit hervortrat, womit er die Wirklichkeit des Menschen und der Natur in ihren kleinsten Zügen mit lebensfrischer Anschauung festzuhalten und wiederzugeben wußte, ward durch diese besondere Richtung seines Geistes mit Notwendigkeit zu naturwissenschaftlichen Studien hingeführt, in denen er nicht nur aufnahm, was andere ihn zu lehren wußten, sondern auch, wie es bei einem so ursprünglichen Geiste nicht anders sein konnte, bald selbsttätig, und zwar in höchst eigentümlicher Weise, einzugreifen versuchte. Er wandte seine Tätigkeit sowohl dem Gebiete der beschreibenden als dem der physikalischen Naturwissenschaften zu; jenes geschah namentlich in seinen botanischen und osteologischen Abhandlungen, dieses in der Farbenlehre. Die ersten Gedankenkeime dieser Arbeiten fallen meist in das letzte Jahrzehnt des vorigen Jahrhunderts, wenn auch ihre Ausführung und Darstellung teilweise später vollendet ist. Seitdem hat die Wissenschaft in sehr ausgedehnter Weise vorwärts gearbeitet, zum Teil ganz neues Ansehen gewonnen, ganz neue Gebiete der Forschung eröffnet, ihre theoretischen Vorstellungen mannigfach geändert. Ich will versuchen, im Vorliegenden das Verhältnis der Arbeiten *Goethes* zum gegenwärtigen Standpunkte der Naturwissenschaften zu schildern und den gemeinsamen leitenden Gedanken derselben anschaulich zu machen.

Der eigentümliche Charakter der beschreibenden Naturwissenschaften, Botanik, Zoologie, Anatomie usw., wird dadurch bedingt, daß sie ein ungeheures Material von Tatsachen zu sammeln, zu sichten und zunächst in eine logische Ordnung, ein System, zu bringen haben. So weit ist ihre Arbeit nur die trockene eines Lexikographen, ihr System ein Repositorium, in welchem die Masse der Akten so geordnet ist, daß jeder in jedem Augenblicke das Verlangte finden kann. Der geistigere Teil ihrer Arbeit und ihr eigentliches Interesse beginnt erst, wenn sie versuchen, den zerstreuten Zügen von Gesetzmäßigkeit in der unzusammenhängenden Masse nachzuspüren und sich daraus ein übersichtliches Gesamtbild herzustellen, in welchem jedes Einzelne seine Stelle und sein Recht behält und durch den Zusammenhang mit dem Ganzen an Interesse noch gewinnt. Hier fand der ordnende und ahnende Geist unseres Dichters ein geeignetes Feld für seine Tätigkeit, und zugleich war die Zeit ihm günstig. Er fand schon genug Material in der Botanik und vergleichenden Anatomie gesammelt und logisch geordnet vor, um eine umfassende Rundschau zu erlauben und auf richtige Ahnungen einer durchgehenden Gesetzmäßigkeit hinzuweisen. Dagegen irrten die Bestrebungen seiner Zeitgenossen in dieser Beziehung meist ohne Leitfaden umher, oder sie waren noch so sehr von der Mühe des trockenen Einregistrierens in Anspruch genommen, daß sie an weitere Aussichten kaum zu denken wagten. Hier war es *Goethe* vorbehalten, zwei bedeutende Gedanken von ungemeiner Fruchtbarkeit in die Wissenschaft hineinzuwerfen.

Die erste Idee war, daß die Verschiedenheiten in dem anatomischen Bau der verschiedenen Tiere aufzufassen seien als Abänderungen eines gemeinsamen Bauplanes oder Typus, bedingt durch die verschiedenen Lebensweisen, Wohnorte, Nahrungsmittel. Die Veranlassung für diesen folgereichen Gedanken war sehr unscheinbar und findet sich in der schon 1786 geschriebenen, kleinen Abhandlung über das Zwischenkieferbein.[2] Man wußte, daß bei sämtlichen Wirbeltieren (d. h. Säugetieren, Vögeln, Amphibien, Fischen) die obere Kinnlade jederseits aus zwei Knochenstücken besteht, dem sogenannten Oberkiefer- und Zwischenkieferbein. Ersteres enthält bei den Säugetieren stets die Backen- und Eckzähne, letzteres die Schneidezähne. Der Mensch, welcher sich von ihnen allen durch den Mangel der vorragenden Schnauze unterscheidet, hatte dagegen jederseits nur ein Knochenstück, das Oberkieferbein, welches alle Zähne enthielt. Da entdeckte *Goethe* auch am menschlichen Schädel schwache Spuren der Nähte, welche bei den Tieren Oberkiefer und Zwischenkiefer verbinden, und schloß daraus, daß auch der Mensch ursprünglich einen Zwischenkiefer besitze, der aber später durch Verschmelzung mit dem Oberkiefer verschwinde. Diese unscheinbare Tatsache läßt ihn sogleich einen Quell des anregendsten Interesses in dem wegen seiner Trockenheit übel berüchtigten Boden der Osteologie entdecken. Daß Mensch und Tier ähnliche Teile zeigen, wenn sie diese Teile zu ähnlichen Zwecken dauernd gebrauchen, hatte nichts Überraschendes gehabt. In diesem Sinne hatte schon *Camper* die Ähnlichkeiten des Baues bis zu den Fischen hin zu verfolgen gesucht.[3] Aber daß diese Ähnlichkeit der Anlage nach bestehe, auch in einem Falle, wo sie den Anforderungen des vollendeten menschlichen Baues offenbar nicht entspricht und ihnen deshalb nachträglich durch Verwachsung der getrennt entstandenen Teile angepaßt werden muß, das war ein Wink, welcher dem geistigen Auge von *Goethe* genügte, um ihm einen Standpunkt von weit umfassender Aussicht anzuzeigen. Weitere Studien überzeugten ihn bald von der Allgemeingültigkeit seiner neugewonnenen Anschauung, so daß er im Jahre 1795 und 1796 die ihm dort aufgegangene Idee näher bestimmen und in dem *Entwurf einer allgemeinen Einleitung in die vergleichende Anatomie* zu Papier bringen konnte.[4] Er lehrt darin mit der größten Entschiedenheit und Klarheit, daß alle Unterschiede im Bau der Tierarten aufgefaßt werden müßten als Veränderungen des einen Grundtypus, welche durch Verschmelzung, Umformung, Vergrößerung, Verkleinerung oder gänzliche Beseitigung einzelner Teile hervorgebracht seien. Es ist das, im gegenwärtigen Zustande der vergleichenden Anatomie, in der Tat die leitende Idee dieser Wissenschaft geworden. Sie ist später nirgends besser und klarer ausgesprochen, als es durch *Goethe* geschehen ist; auch hat die Folgezeit nur wenige wesentliche Veränderungen daran vorgenommen, deren wichtigste die ist, daß man den gemeinsamen Typus jetzt nicht für das ganze Tierreich, sondern für jede der von *Cuvier* aufgestellten Hauptabteilungen desselben zu Grunde legt. Der Fleiß von *Goethes* Nachfolgern hat ein unendlich viel reicheres, wohlgesichtetes Material zusammengehäuft und hat das, was er nur in allgemeinen Andeutungen geben konnte, in das Speziellste verfolgt und durchgeführt.

Die zweite leitende Idee, welche *Goethe* der Wissenschaft schenkte, sprach eine ähnliche Analogie zwischen den verschiedenen Teilen ein und desselben organischen Wesens aus, wie wir sie eben für die entsprechenden Teile verschiedener Arten beschrieben haben. Die meisten Organismen zeigen eine vielfältige Wiederholung einzelner Teile. Am auffallendsten ist das bei den Pflanzen; eine jede pflegt eine große Anzahl gleicher Stengelblätter, gleicher Blütenblätter, Staubfäden usw. zu haben. *Goethe* wurde zuerst, wie er erzählt, beim Anblick einer Fächerpalme in Padua darauf aufmerksam, wie mannigfach die Übergänge zwischen den verschiedenen Formen der nacheinander entwickelnden Stengelblätter einer Pflanze sein können, wie, statt der ersten einfachsten Wurzelblättchen, mehr und mehr geteilte Blätter und schließlich die zusammengesetztesten Fiederblätter sich entwickeln[5]; es gelang ihm auch später die Übergänge zwischen den Blättern des Stengels und denen des Kelches und der Blüte, zwischen letzteren und den Staubfäden, Nektarien und Samengebilden zu finden und so zur Lehre von der Metamorphose der Pflanzen zu gelangen, welche er 1790 veröffentlichte.[6] Wie die vordere Extremität der Wirbeltiere sich bald zum Arm beim Menschen und Affen, bald zur Pfote mit Nägeln, bald zum Vorderfuß mit Hufen, bald zur Flosse, bald zum Flügel entwickelt und immer eine ähnliche Gliederung, Stellung und Verbindung mit dem Rumpfe behält, so erscheint das Blatt bald als Keimblatt, bald als Stengelblatt, Kelchblatt, Blütenblatt, Staubfaden, Honiggefäß, Pistill, Samenhülle usw. immer mit einer gewissen Ähnlichkeit der Entstehung und Zusammensetzung und, unter ungewöhnlichen Umständen, auch bereit, aus der einen Form in die andere überzugehen. Jeder, der eine gefüllte Rose aufmerksam betrachtet, wird ihre teils halb, teils ganz in Blütenblätter verwandelten Staubfäden leicht erkennen. Auch diese Anschauungsweise

Goethes ist gegenwärtig in der Wissenschaft vollständig eingebürgert und erfreut sich der allgemeinen Zustimmung der Botaniker, wenn auch über einzelne Deutungen gestritten wird, z. B. ob der Samen ein Blatt oder ein Zweig sei.

Unter den Tieren ist die Zusammensetzung aus ähnlichen Teilen sehr auffallend in der großen Abteilung der Geringelten, z. B. der Insekten und Ringelwürmer. Die Insektenlarve, die Raupe eines Schmetterlings, besteht aus einer Anzahl ganz gleicher Körperabschnitte, der Leibesringel; nur der erste und letzte zeigen gewisse Abweichungen. Bei ihrer Verwandlung zum vollkommenen Insekte bewährt sich sehr leicht und deutlich die Anschauungsweise, welche *Goethe* in der Metamorphose der Pflanzen aufgefaßt hatte: die Entwickelung des ursprünglich Gleichartigen zu anscheinend sehr verschiedenen Formen. Die Ringel des Hinterleibes behalten ihre ursprüngliche einfache Form, die des Bruststückes ziehen sich stark zusammen, entwickeln Füße und Flügel, die des Kopfes Kinnladen und Fühlhörner, so daß an vollkommenen Insekten die ursprünglichen Ringel nur noch am Hinterleibe zu erkennen sind. Auch bei den Wirbeltieren ist die Wiederholung gleichartiger Teile in der Wirbelsäule angedeutet, aber in der äußeren Gestalt nicht mehr zu erkennen. Ein glücklicher Blick auf einen halbgesprengten Schafschädel, welchen *Goethe* im Sande des Lido von Venedig 1790 zufällig fand, lehrte ihn auch den Schädel als eine Reihe stark veränderter Wirbel aufzufassen.[7] Beim ersten Anblick kann nichts unähnlicher sein, als die weite, einförmige, von platten Knochen begrenzte Schädelhöhle der Säugetiere und das enge zylindrische, aus kurzen, massigen und vielfach gezackten Knochen zusammengesetzte Rohr der Wirbelsäule. Es gehört ein geistreicher Blick dazu, um im Schädel der Säugetiere die ausgeweiteten und umgeformten Wirbelringe wiederzuerkennen, während bei Amphibien und Fischen die Ähnlichkeit auffallender ist. *Goethe* ließ übrigens diesen Gedanken lange Zeit liegen, ehe er ihn veröffentlichte; vielleicht, weil er seiner günstigen Aufnahme nicht recht sicher war. Unterdessen fand *Oken* 1806 denselben Gedanken, führte ihn in die Wissenschaft ein und geriet darüber in einen Prioritätsstreit mit *Goethe*, welcher erst 1817, als der Gedanke anfing, sich Beifall zu erwerben, erklärte, daß er ihn seit 30 Jahren gehegt habe.[8] Über die Zahl und die Zusammensetzung der einzelnen Schädelwirbel ward und wird noch viel gestritten, der Grundgedanke hat sich aber erhalten.

Die Lehre von der Pflanzenmetamorphose ist als *Goethes* anerkanntes und direktes Eigentum in die Botanik eingeführt worden. Seine Ansichten über den gemeinsamen Bauplan der Tiere scheinen dagegen nicht eigentlich direkt in den Entwickelungsgang der Wissenschaften eingegriffen zu haben. Seine osteologischen Ansichten stießen zuerst auf Widerspruch bei den Männern vom Fache und wurden erst später, als sich die Wissenschaft, wie es scheint, unabhängig zu derselben Erkenntnis durchgearbeitet hatte, Gegenstand der Aufmerksamkeit. Er selbst klagt, daß seine ersten Ideen über den gemeinsamen Typus zur Zeit, als er sie in sich durcharbeitete, nur Widerspruch und Zweifel gefunden und daß sogar Männer von frisch aufkeimender Originalität, wie *Alexander* und *Wilhelm von Humboldt*, sie nur mit einer gewissen Ungeduld angehört hätten. Es liegt aber in der Natur der Sache, daß theoretische Ideen in den Naturwissenschaften nur dann die Aufmerksamkeit der Fachgenossen erregen, wenn sie gleichzeitig mit dem ganzen beweisenden Materiale vorgeführt werden und durch dieses ihre tatsächliche Berechtigung darlegen. Jedenfalls aber gebührt *Goethe* der große Ruhm, die leitenden Ideen zuerst vorausgeschaut zu haben, zu denen der einschlagende Entwickelungsgang der genannten Wissenschaften hindrängte und durch welche deren gegenwärtige Gestalt bestimmt wird.

So groß nun die Verehrung ist, welche *Goethe* durch seine Leistungen in den beschreibenden Naturwissenschaften sich erworben hat, so unbedingt ist auch der Widerspruch, den seine Arbeiten auf dem Gebiete der physikalischen Naturwissenschaften, namentlich seine Farbenlehre, bei sämtlichen Fachgenossen gefunden haben. Es ist hier nicht die Stelle, mich in die darüber geführte Polemik einzulassen; ich will nur versuchen, den Gegenstand des Streites, seinen verborgenen Sinn, seine eigentliche Bedeutung darzulegen und nachzuweisen. Es ist in dieser Beziehung von Wichtigkeit, auf die Entstehungsgeschichte der Farbenlehre und ihren ersten einfachsten Stand zurückzugehen; weil hier schon die Gegensätze vollständig vorhanden sind und, nicht verhüllt durch Streit um die Richtigkeit der besonderen Tatsachen und verwickelter Theorien, sich leicht und klar darlegen lassen.

Goethe selbst erzählt sehr hübsch in der Konfession am Schluß seiner Geschichte der Farbenlehre, wie er dazu gekommen war, diese zu bearbeiten.[9] Weil er sich die ästhetischen Grundsätze des Kolorits in der Malerei nicht klarmachen konnte, beschloß er, die physikalische Farbenlehre, wie sie ihm auf der Universität gelehrt worden war, wieder vorzunehmen und die dazugehörigen Versuche selbst zu wiederholen. Er borgt zu dem Ende ein Glasprisma vom Hofrat *Büttner* in Jena, läßt es aber längere Zeit unbenutzt liegen, weil andere Beschäftigungen ihn von seinem Vorsatze ablenken. Der Eigentümer, ein ordnungsliebender Mann, schickt, nach mehreren vergeblichen Mahnungen, einen Boten, der das Prisma gleich mit sich zurücknehmen soll. *Goethe* sucht es aus dem Kasten hervor und möchte doch wenigstens noch einen Blick hindurch tun. Er sieht auf das Geratewohl nach einer ausgedehnten hellen weißen Wand hin, in der Voraussetzung, da sei viel Licht, da müsse er auch eine glänzende Zerlegung dieses Lichts in Farben sehen, eine Voraussetzung, welche übrigens beweist, wie wenig gegenwärtig ihm *Newtons* Theorie der Sache war. Er findet sich natürlich getäuscht. Auf der weißen Wand erscheinen ihm keine Farben; diese entwickeln sich erst da, wo sie von dunkleren Gegenständen begrenzt werden, und er macht die richtige Bemerkung, welche übrigens in *Newtons* Theorie ebenfalls ihre vollständige Begründung findet, daß Farben durch das Prisma nur da erscheinen, wo ein dunklerer Gegenstand an einen helleren stößt. Betroffen von dieser ihm neuen Bemerkung und in der Meinung, sie sei mit *Newtons* Theorie nicht vereinbar, sucht er den Eigentümer des Prisma zu beschwichtigen und macht sich nun mit angestrengtem Eifer und Interesse über die Sache her. Er bereitet sich Tafeln mit schwarzen und weißen Feldern, studiert an diesen die

Erscheinungen unter mannigfachen Abänderungen, bis er seine Regeln hinreichend bewährt glaubt. Nun versucht er seine vermeintliche Entdeckung einem benachbarten Physiker zu zeigen und ist unangenehm überrascht, von diesem die Versicherung zu hören, die Versuche seien allbekannt und erklärten sich vollständig aus *Newtons* Theorie der Sache. Dieselbe Erklärung trat ihm von nun an unabänderlich aus dem Munde jedes Sachverständigen entgegen, selbst bei dem genialen *Lichtenberg*, den er eine Zeitlang vergebens zu bekehren suchte.[10] *Newtons* Schriften studierte er und glaubte die Trugschlüsse, welche den Grund des Irrtums enthalten sollten, darin aufgefunden zu haben. Da er keinen seiner Bekannten zu überzeugen vermochte, beschloß er endlich, vor den Richterstuhl der Öffentlichkeit zu treten und gab nun 1791 und 1792 das erste und zweite Stück seiner Beiträge zur Optik heraus.[11]

Darin sind die Erscheinungen beschrieben, welche weiße Felder auf schwarzem Grunde, schwarze auf weißem und farbige Felder auf schwarzem oder weißem Grunde darbieten, wenn sie durch ein Prisma angesehen werden. Über den Erfolg der Versuche ist durchaus kein Streit zwischen ihm und den Physikern. Er beschreibt die gesehenen Erscheinungen umständlich, streng naturgetreu und lebhaft, ordnet sie in einer angenehm zu übersehenden Weise zusammen und bewährt sich hier, wie überall im Gebiete des Tatsächlichen, als der große Meister der Darstellung. Er spricht dabei aus, daß er die vorgetragenen Tatsachen zur Widerlegung von *Newtons* Theorie geeignet halte. Namentlich sind es zwei Punkte, an denen er Anstoß nimmt, nämlich, daß die Mitte einer weißen breiteren Fläche, durch das Prisma gesehen, weiß bleibe, und daß auch ein schwarzer Streifen auf weißem Grunde ganz in Farben aufgelöst werden könne.

Newtons Farbentheorie gründet sich auf die Annahme, daß es Licht verschiedener Art gebe, welches sich unter anderem auch durch den Farbeneindruck unterscheide, den es im Auge mache. So gebe es Licht von roter, orangener gelber, grüner, blauer, violetter Farbe wie von allen zwischenliegenden Übergangsstufen. Licht verschiedener Art und Farbe zusammengemischt gebe Mischfarben, die teils anderen ursprünglichen Farben ähnlich sehen, teils neue Farbentöne bilden. Weiß sei die Mischung aller genannten Farben in bestimmten Verhältnissen. Aus den Mischfarben und dem Weiß könne man aber stets die einfachen Farben wieder ausscheiden, die letzteren seien dagegen unzerlegbar und unveränderlich. Die Farben der durchsichtigen und undurchsichtigen irdischen Körper entständen dadurch, daß diese, von weißem Lichte getroffen, einzelne farbige Teile desselben vernichteten, andere, welche nun nicht mehr im richtigen Verhältnis gemischt seien, um Weiß zu geben, dem Auge zuschickten. So erscheine ein rotes Glas deshalb rot, weil es nur rote Strahlen durchlasse. Alle Farbe rühre also nur von einem veränderten Mischungsverhältnisse des Lichtes her, gehöre also ursprünglich dem Lichte an, nicht den Körpern, und letztere seien nur die Veranlassung zu ihrem Hervortreten.

Ein Prisma bricht das durchgehende Licht, d. h. lenkt es um einen gewissen Winkel von seinem Wege ab; verschiedenfarbiges einfaches Licht hat nach *Newton* verschiedene Brechbarkeit, schlägt deshalb nach der Brechung im Prisma verschiedene Wege ein und trennt sich voneinander. Ein heller Punkt von verschwindend kleiner Größe erscheint deshalb, durch das Prisma gesehen, aus seiner Stelle gerückt und in eine farbige Linie, ein sogenanntes Farbenspektrum, ausgezogen, welches die genannten einfachen Farben in der angegebenen Reihenfolge zeigt. Betrachtet man eine breitere helle Fläche, so fallen, wie eine leichte geometrische Untersuchung zeigt, die Spektren der in ihrer Mitte gelegenen Punkte so übereinander, daß alle Farben überall in dem Verhältnisse, um Weiß zu geben, zusammentreffen. Nur an den Rändern werden sie teilweise frei. Es erscheint daher die weiße Fläche verschoben; an dem einen Rande blau und violett, am anderen gelb und rot gesäumt. Ein schwarzer Streif zwischen zwei weißen Flächen kann von deren farbigen Säumen ganz bedeckt werden; wo sie in der Mitte zusammenstoßen, mischen sich Rot und Violett zur Purpurfarbe. Die Farben, in die der schwarze Streif aufgelöst erscheint, entstehen also nicht aus dem Schwarzen, sondern aus dem umgebenden Weißen.

Im ersten Augenblicke hat *Goethe* offenbar *Newtons* Theorie zu wenig im Gedächtnis gehabt, um die physikalische Erklärung der genannten Tatsachen, die ich eben angedeutet habe, finden zu können. Später ist sie ihm vielfach und zwar durchaus verständlich vorgetragen worden, denn er spricht darüber mehrere Male so, daß man sieht, er habe sie ganz richtig verstanden.[12] Sie genügt ihm aber so wenig, daß er dennoch fortwährend bei der Behauptung bleibt, die angegebenen Tatsachen seien geeignet, jedem, der sie nur ansehe, die gänzliche Unrichtigkeit von *Newtons* Theorie vor Augen zu legen. Aber weder hier noch in seinen späteren polemischen Schriften bezeichnet *Goethe* auch nur ein einziges Mal mit Bestimmtheit, worin denn das Ungenügende der Erklärung liege. Er wiederholt nur immer wieder und wieder die Versicherung ihrer gänzlichen Absurdität. Und doch weiß ich nicht, wie jemand – seine Ansicht über die Farben sei, wie sie wolle – zu bestreiten vermag, daß die Theorie in sich vollständig konsequent ist, daß ihre Annahmen, einmal zugegeben, die besprochenen Tatsachen vollständig und sogar einfach erklären. *Newton* selbst erwähnt an vielen Stellen seiner optischen Schriften solcher unreinen, in der Mitte noch weißen Spektren, ohne sich je in eine besondere Erörterung darüber einzulassen, offenbar in der Meinung, daß die Erklärung davon sich aus seinen Annahmen von selbst verstehe. Und er scheint sich in dieser Meinung nicht getäuscht zu haben, denn als *Goethe* anfing, auf die betreffenden Erscheinungen aufmerksam zu machen, trat ihm ein jeder, der etwas von Physik wußte, wie er selbst berichtet,[13] unabänderlich mit dieser selben Erklärung aus *Newtons* Prinzipien sogleich entgegen, die sich also ein jeder auf der Stelle zu bilden imstande war.

Den Lesenden, der aufmerksam und gründlich jeden Schritt in diesem Teile der Farbenlehre sich klarzumachen sucht, überschleicht hier leicht ein unheimliches ängstliches Gefühl; er hört fortdauernd einen Mann von der seltensten geistigen Begabung leidenschaftlich versichern, in einigen scheinbar ganz klaren, ganz einfachen Schlüssen sei eine augenfällige Absurdität verborgen. Er sucht und sucht, und da er beim besten Willen keine solche finden kann, nicht einmal einen Schein davon, wird ihm endlich zu Mute, als wären seine eigenen Gedanken wie festgenagelt. Aber eben wegen dieses offenen und schroffen Widerspruches ist der Standpunkt, den *Goethe* 1792 in der Farbenlehre einnahm, so interessant und wichtig. Er hat hier seine eigene Theorie noch nicht entwickelt; es handelt sich noch um einige wenige leicht zu übersehende Tatsachen, über deren Richtigkeit alle Parteien einig sind, und doch stehen beide mit ihren Ansichten streng gesondert einander gegenüber; keiner begreift auch nur, was der Gegner eigentlich wolle. Auf der einen Seite steht eine Zahl von Physikern, welche durch lange Reihen der scharfsinnigsten Untersuchungen, Rechnungen und Erfindungen die Optik zu einer Vollendung gebracht haben, daß sie als die einzige der physikalischen Wissenschaften mit der Astronomie fast zu wetteifern anfing. Alle haben teils durch direkte Untersuchungen, teils durch die Sicherheit, mit der sie den Erfolg der mannigfaltigsten Konstruktionen und Kombinationen von Instrumenten vorausberechnen können, Gelegenheit gehabt, die Folgerungen aus *Newtons* Ansichten an der Erfahrung zu prüfen, und stimmen in diesem Felde ausnahmslos überein. Auf der anderen Seite steht ein Mann, dessen seltene geistige Größe, dessen besonderes Talent für die Auffassung der tatsächlichen Wirklichkeit wir nicht nur in der Dichtkunst, sondern auch in den beschreibenden Teilen der Naturwissenschaften anzuerkennen Ursache haben; der mit dem größten Eifer versichert, seine Gegner seien im Irrtume; der in seiner Überzeugung so gewiß ist, daß er sich jeden Widerspruch nur durch Beschränktheit oder bösen Willen erklären kann; der endlich seine Leistungen in der Farbenlehre für viel wertvoller erklärt, als alles, was er je in der Dichtkunst getan habe[14].

Ein so schroffer Widerspruch läßt uns vermuten, daß hinter der Sache ein viel tiefer liegender prinzipieller Gegensatz verschiedener Geistesrichtungen verborgen sei, der das gegenseitige Verständnis der streitenden Parteien verhindere. Ich will mich bemühen, im Folgenden zu bezeichnen, worin ich einen solchen zu finden glaube.

Goethe, obgleich er sich in vielen Feldern geistiger Tätigkeit versucht hat, ist seiner hervorragendsten Begabung nach Dichter. Das Wesentliche der dichterischen wie jeder künstlerischen Tätigkeit besteht darin, das künstlerische Material zum unmittelbaren Ausdruck der Idee zu machen. Nicht als das Resultat einer Begriffsentwickelung, sondern als das der unmittelbaren geistigen Anschauung, des erregten Gefühls, dem Dichter selbst kaum bewußt, muß die Idee in dem vollendeten Kunstwerk daliegen und es beherrschen. Durch diese Einkleidung in die Form unmittelbarer Wirklichkeit empfängt der ideelle Gehalt des Kunstwerkes eben die ganze Lebendigkeit des unmittelbaren sinnlichen Eindruckes, verliert aber natürlich die Allgemeinheit und Verständlichkeit, welche er, in der Form des Begriffes vorgetragen, haben würde. Der Dichter welcher in dieser besonderen Art der geistigen Tätigkeit die eigene wunderbare Kraft seiner Werke begründet fühlt, sucht dieselbe auch auf andere Gebiete zu übertragen. Die Natur sucht er nicht in anschauungslose Begriffe zu fassen, sondern er stellt sich ihr gegenüber wie einem in sich geschlossenen Kunstwerke, welches seinen geistigen Inhalt von selbst hier oder dort dem empfänglichen Beschauer offenbaren müsse. So wird ihm auf dem Lido von Venedig, beim Anblick des gesprengten Schafschädels, an dem ihm die Wirbeltheorie des Schädels aufgeht, sein alter, durch Erfahrung bestärkter Glauben wieder aufgefrischt, daß die Natur kein Geheimnis habe, was sie nicht irgendwo dem aufmerksamen Beobachter nackt vor die Augen stelle. Dasselbe geschieht bei seinem ersten Gespräch mit *Schiller* über die Metamorphose der Pflanzen.[15] Für *Schiller*, den Kantianer, ist die Idee das ewig zu erstrebende, ewig unerreichbare und daher nie in der Wirklichkeit darzustellende Ziel, während *Goethe*, als echter Dichter, in der Wirklichkeit den unmittelbaren Ausdruck der Idee zu finden meint. Er selbst gibt an, daß dadurch der Punkt, der ihn von *Schiller* trennt, auf das Strengste bezeichnet sei. Hier liegt auch seine Verwandtschaft mit *Schellings* und *Hegels* Naturphilosophie, welche ebenfalls von der Annahme ausgeht, daß die Natur die verschiedenen Entwicklungsstufen des Begriffs unmittelbar darstelle. Daher auch die Wärme, mit der *Hegel* und seine Schüler *Goethes* naturwissenschaftliche Ansichten verteidigt haben.[16] Die bezeichnete Naturansicht bedingt bei *Goethe* denn auch die fortgesetzte Polemik gegen zusammengesetze Versuchsweisen. Wie das echte Kunstwerk keinen fremden Eingriff erträgt, ohne beschädigt zu werden, so wird ihm auch die Natur durch die Eingriffe des Experimentierens in ihrer Harmonie gestört, gequält, verwirrt, und sie täuscht dafür den Störenfried durch ein Zerrbild.

> Geheimnisvoll am lichten Tag
> Läßt sich Natur des Schleiers nicht berauben,
> Und was sie deinem Geist nicht offenbaren mag,
> Das zwingst du ihr nicht ab mit Hebeln und mit
> Schrauben.

Demgemäß spottet er oftmals, namentlich in seiner Polemik gegen *Newton*, der durch viele enge Spalten und Gläser hindurchgequälten Farbenspektren und preist die Versuche, welche man in klarem Sonnenschein unter freiem Himmel anstellen könne, nicht nur als besonders leicht und besonders ergötzlich, sondern auch als besonders beweisend.

Die dichterische Richtung geistiger Tätigkeit charakterisiert sich schon ganz entschieden in seinen morphologischen Arbeiten. Man untersuche nur, was denn eigentlich mit den Ideen geleistet ist, die die Wissenschaft von ihm empfangen hat, man wird ein höchst wunderliches Verhältnis finden. Niemand wird sich gegen die Evidenz verschließen, wenn ihm die Reihenfolge der Veränderungen vorgelegt wird, womit ein Blatt in einen Staubfaden, ein Arm in einen Flügel oder eine Flosse, ein Wirbel in das Hinterhauptbein übergeht. Die Idee, sämtliche Blütenteile der Pflanze seien umgeformte Blätter, eröffnet einen gesetzmäßigen Zusammenhang, der etwas sehr Überraschendes hat. Jetzt suche man das blattartige Organ zu definieren, sein Wesen zu bestimmen, so daß es alle die genannten Gebilde in sich begreift. Man gerät in Verlegenheit, weil alle besonderen Merkmale verschwinden, und man zuletzt nichts übrig behält, als daß ein Blatt im weiteren Sinne ein seitlicher Anhang der Pflanzenachse sei. Sucht man also den Satz: „die Blütenteile sind veränderte Blätter", in der Form wissenschaftlicher Begriffsbestimmungen auszusprechen, so verwandelt er sich in den anderen: „die Blütenteile sind seitliche Anhänge der Pflanzenachse", und um das zu sehen, braucht kein *Goethe* zu kommen. Ebenso hat man der Wirbeltheorie des Schädels nicht mit Unrecht vorgeworfen, sie müsse den Begriff des Wirbels so sehr erweitern, daß nichts übrig bleibe, als, ein Wirbel sei ein Knochen. Nicht kleiner ist die Verlegenheit, wenn man in klaren wissenschaftlichen Begriffen definieren soll, was es bedeute, daß dieser Teil des einen Tieres jenem des anderen entspreche. Es ist nicht der gleiche physiologische Gebrauch, denn dasselbe Knochenstück, welches bei einem Vogel zur Einlenkung des Unterkiefers dient, wird bei einem Säugetiere ein winziges, in der Tiefe des Felsenbeins verborgenes Gehörknöchelchen, – es ist nicht die Gestalt, nicht die Lage, nicht die Verbindung mit anderen Teilen, welche einen konstanten Charakter seiner Identität abgeben. Aber dennoch ist es in den meisten Fällen durch Verfolgung der Übergangsstufen möglich gewesen, mit ziemlicher Sicherheit auszumitteln, welche Teile sich entsprechen. *Goethe* selbst hat dieses Verhältnis sehr richtig eingesehen; er sagt bei Gelegenheit der Wirbeltheorie des Schädels: „Ein dergleichen Aperçu, ein solches Gewahrwerden, Auffassen, Vorstellen, Begriff, Idee wie man es nennen mag, behält immerfort, man gebärde sich, wie man will, eine esoterische Eigenschaft; im Ganzen läßt es sich aussprechen, aber nicht beweisen, im Einzelnen läßt es sich wohl vorzeigen, doch bringt man es nicht rund und fertig."[17] So steht die Sache größtenteils noch jetzt. Man kann sich den Unterschied noch klarer machen, wenn man überlegt, wie die Physiologie, die Erforscherin des ursächlichen Zusammenhangs der Lebensvorgänge, diese Idee des gemeinsamen Bauplanes der Tiere behandeln müßte. Sie könnte fragen: Ist etwa die Ansicht richtig, wonach während der geologischen Entwicklung der Erde sich eine Tierart aus der anderen gebildet habe, und hat sich dabei die Brustflosse des Fisches allmählich in einen Arm oder Flügel verwandelt? Oder sind die verschiedenen Tierarten gleich fertig erschaffen worden, und rührt ihre Ähnlichkeit daher, daß die frühesten Schritte der Entwicklung aus dem Ei bei allen Wirbeltieren nur auf eine einzige, sehr übereinstimmende Weise von der Natur ausgeführt werden können, und sind die späteren Analogien des Baues durch diese ersten gemeinsamen Grundzüge der Entwicklung bedingt? Zu der letztern Ansicht möchte sich die Mehrzahl der Forscher gegenwärtig neigen,[18] denn die Übereinstimmung in den früheren Zeiten der Entwicklung ist sehr auffallend. So haben selbst die jungen Säugetiere zeitweise die Anlagen zu Kiemenbögen an den Seiten des Halses, wie die Fische, und es scheinen in der Tat die sich entsprechenden Teile der erwachsenen Tiere während der Entwicklung auf gleiche Weise zu entstehen, so daß man neuerdings angefangen hat, die Entwicklungsgeschichte als Kontrolle für die theoretischen Ansichten der vergleichenden Anatomie zu gebrauchen. Man sieht, daß durch die angedeuteten physiologischen Ansichten die Idee des gemeinsamen Typus ihre begriffliche Bestimmung und Bedeutung bekommen würde. *Goethe* hat Großes geleistet, indem er ahnte, daß ein Gesetz vorhanden sei, und die Spuren desselben scharfsichtig verfolgte; aber *welches* Gesetz da sei, erkannte er nicht und suchte auch nicht danach. Das letztere lag nicht in der Richtung seiner Tätigkeit; und darüber ist selbst bei dem jetzigen Zustande der Wissenschaft noch keine feststehende Ansicht möglich, kaum daß die Art erkannt wird, wie die Fragen zu stellen sein werden. Gern erkennen wir also an, daß *Goethe* in diesem Gebiete alles geleistet hat, was in seiner Zeit überhaupt zu leisten war. Ich sagte vorher, er stelle sich der Natur wie einem Kunstwerke gegenüber. In seinen morphologischen Studien spielt er dieselbe Rolle, wie der kunstsinnige Hörer einer Tragödie, welcher fein herausfühlt, daß in dieser alles Einzelne zusammengehört, zusammenwirkt, von einem gemeinsamen Plane beherrscht wird, und sich an dieser kunstvollen Planmäßigkeit lebhaft erfreut, ohne doch die leitende Idee des Ganzen begriffsmäßig entwickeln zu können. Das letztere Geschäft bleibt der wissenschaftlichen Betrachtung des Kunstwerks vorbehalten, und jener Hörer ist vielleicht, wie *Goethe* der Natur gegenüber, kein Freund solcher Zergliederung des Werkes, an dem er sich freut, weil er, aber mit Unrecht, fürchtet, seine Freude könne ihm dadurch gestört werden.

Ähnlich ist *Goethes* Standpunkt in der Farbenlehre. Wir haben gesehen, daß seine Opposition gegen die physikalische Theorie bei einem Punkte anhebt, wo diese ganz vollständige und konsequente Erklärungen aus ihren einmal angenommenen Grundlagen gibt. Er kann offenbar nicht daran Anstoß genommen haben, daß die Theorie in dem einzelnen Falle nicht ausreicht, sondern vielmehr an den Annahmen, die sie zum Zwecke der Erklärung macht und die ihm so absurd erscheinen, daß er deshalb die gegebene Erklärung als gar keine achtet. Es scheint ihm namentlich der Gedanke undenkbar gewesen zu sein, daß weißes Licht aus farbigem zusammengesetzt werden könne; er verdammt schon in jener frühesten Zeit[19] das ekelhafte *Newton*sche Weiß der Physiker, ein Ausdruck, welcher anzudeuten scheint, daß besonders diese Annahme ihn in jener Erklärung beleidigte.

Auch in seiner spätern Polemik gegen *Newton*, welche erst herausgegeben wurde, nachdem seine eigene Theorie der Farben vollendet war, geht *Goethes* Streben mehr dahin, zu zeigen, daß die von *Newton* angeführten Tatsachen sich auch aus seiner Ansicht erklären ließen, und daß die Ansicht *Newtons* deshalb nicht genügend bewiesen sei, als daß er in derselben innere Widersprüche oder solche gegen die Tatsachen nachzuweisen suchte. Vielmehr glaubte er, seine eigene Ansicht sei so überzeugend, daß er sie nur vorzuführen brauche, um die Annahme *Newtons* zu vernichten. Es sind nur wenige Stellen, wo er die von *Newton* beschriebenen Versuche bestreitet. Die Wiederholung von einigen derselben[20] scheint ihm deshalb nicht geglückt zu sein, weil nicht bei allen Stellungen der dabei gebrauchten Linsen der Erfolg leicht zu beobachten ist und weil ihm die geometrischen Verhältnisse unbekannt waren, durch welche sich die günstigste Stellung der Linsen bestimmt. Bei anderen Versuchen über die Ausscheidung einfachen farbigen Lichtes mit Hilfe bloßer Prismen sind *Goethes* Einwürfe nicht ganz unrichtig, insofern die Reinigung der isolierten Farben auf diesem Wege wohl schwerlich so weit getrieben werden kann, daß die Brechung in einem andern Prisma nicht Spuren einer andern Färbung an den Rändern noch geben sollte. Eine so vollständige Ausscheidung des einfach farbigen Lichtes läßt sich nur in sehr sorgfältig geordneten, gleichzeitig aus Prismen und Linsen bestehenden Apparaten bewirken, und *Goethe* ist die Besprechung gerade dieser Versuche, welche er auf einen supplementaren Teil verschoben hatte, schuldig geblieben. Wenn er auf die verwirrende Komplikation dieser Vorrichtungen schilt, so denke man an die mühsamen Umwege, welche der Chemiker oft nehmen muß, um gewisse einfache Körper rein darzustellen, und man wird sich nicht verwundern dürfen, daß die ähnliche Aufgabe für das Licht nicht unter freiem Himmel, im Garten und mit einem einfachen Prisma in der Hand zu lösen ist.[21] *Goethe* muß seiner Theorie gemäß die Möglichkeit, reines farbiges Licht abzuscheiden, gänzlich in Abrede stellen. Ob er jemals mit Apparaten experimentiert hat, welche geeignet waren, diese Aufgabe zu lösen, bleibt zweifelhaft, da eben der versprochene supplementare Teil fehlt.

Um eine Anschauung von der Leidenschaftlichkeit zu geben, mit welcher der sonst so hofmännisch gemäßigte *Goethe* gegen *Newton* polemisiert, zitiere ich aus wenigen Seiten des polemischen Teils der Farbenlehre folgende Ausdrücke, mit denen er die Sätze dieses größten Denkers in dem Gebiete der Physik und der Astronomie belegt: „bis zum Unglaublichen unverschämt“ – „barer Unsinn“ – „fratzenhafte Erklärungsart“ – „höchlich bewunderswert für die Schüler in der Laufbank.“ – „Aber ich sehe wohl, Lügen bedarf's und über die Maßen.“[22]

Goethe bleibt auch in der Farbenlehre seiner oben erwähnten Ansicht getreu, daß die Natur ihre Geheimnisse von selbst darlegen müsse, daß sie die durchsichtige Darstellung ihres ideellen Inhalts sei. Er fordert daher für die Untersuchung physikalischer Gegenstände eine solche Anordnung der Beobachtungen, daß eine Tatsache immer die andere erkläre, damit man zur Einsicht in den Zusammenhang komme, ohne das Gebiet der sinnlichen Wahrnehmung zu verlassen. Diese Forderung hat einen sehr bestechenden Schein für sich, ist aber ihrem Wesen nach grundfalsch. Denn eine Naturerscheinung ist physikalisch erst dann vollständig erklärt, wenn man sie bis auf die letzten ihr zugrunde liegenden und in ihr wirksamen Naturkräfte zurückgeführt hat. Da wir nun die Kräfte nie an sich, sondern nur ihre Wirkungen wahrnehmen können, so müssen wir in jeder Erklärung von Naturerscheinungen das Gebiet der Sinnlichkeit verlassen und zu unwahrnehmbaren, nur durch Begriffe bestimmten Dingen übergehen. Wenn wir einen Ofen warm finden und dann bemerken, daß Feuer darin brennt, so sagen wir allerdings, vermöge eines ungenauen Sprachgebrauches, daß durch die zweite Wahrnehmung die erste erklärt werde. Im Grunde heißt das aber doch nichts anderes als: Wir sind immer gewohnt, da, wo Feuer brennt, auch Wärme zu finden, so auch dieses Mal im Ofen. Wir reihen also unser Faktum unter ein allgemeineres, bekannteres ein, beruhigen uns dabei und nennen dies fälschlich eine Erklärung. Die Allgemeinheit dieser Beobachtung führt offenbar noch nicht die Einsicht in die Ursachen mit sich; letztere ergibt sich erst, wenn wir ermitteln können, welche Kräfte in dem Feuer wirksam sind und wie die Wirkungen von ihnen abhängen.

Aber dieser Schritt in das Reich der Begriffe, welcher notwendig gemacht werden muß, wenn wir zu den Ursachen der Naturerscheinungen aufsteigen wollen, schreckt den Dichter zurück. In seinen Dichtwerken hat er deren geistigem Gehalt die Einkleidung der unmittelbarsten sinnlichen Anschauung gegeben, ohne alle begrifflichen Zwischenglieder. Je größer hier die sinnliche Lebendigkeit der Anschauung war, desto größer war sein Ruhm. Er möchte die Natur ebenso angegriffen sehen. Der Physiker dagegen will ihn hinüberführen in eine Welt unsichtbarer Atome, Bewegungen, anziehender und abstoßender Kräfte, die in zwar gesetzmäßigem, aber kaum zu übersehendem Gewirre durcheinander arbeiten. Ihm ist der sinnliche Eindruck keine unumstößliche Autorität; er untersucht die Berechtigung desselben, fragt, ob wirklich das ähnlich, was die Sinne für ähnlich, ob wirklich das verschieden, was sie für verschieden erklären, und kommt häufig zu einer verneinenden Antwort. Das Resultat dieser Prüfung, wie es jetzt vorliegt, ist, daß die Sinnesorgane uns zwar von äußern Einwirkungen benachrichtigen, dieselben aber in ganz veränderter Gestalt zum Bewußtsein bringen, so daß die Art und Weise der sinnlichen Wahrnehmung weniger von den Eigentümlichkeiten des wahrgenommenen Gegenstandes abhängt als von denen des Sinnesorganes, durch welches wir die Nachricht bekommen. Alles, was uns der Sehnerv berichtet, berichtet er unter dem Bilde einer Lichtempfindung, sei es nun die Strahlung der Sonne oder ein Stoß auf das Auge, oder ein elektrischer Strom im Auge. Der Hörnerv verwandelt wiederum alles in Schallphänomene, der Hautnerv in Temperatur- oder Tastempfindungen. Derselbe elektrische Strom, dessen Dasein der Sehnerv als einen Lichtschein, der Geschmacksnerv als Säure berichtet, erregt im Hautnerven das Gefühl des Brennens. Denselben Sonnenstrahl, den wir Licht nennen, wenn er in das Auge fällt, nennen wir Wärme, wenn er die Haut trifft. Objektiv dagegen ist das Tageslicht, welches in unsere Fenster eindringt, und die Wärmestrahlung eines eisernen Ofens nicht mehr und nicht anders von einander unterschieden, als es die roten und blauen Bestandteile des Lichtes unter sich sind. Wie sich die roten von den blauen Strahlen nach der Undulationstheorie durch größere Schwingungsdauer und geringere Brechbarkeit unterscheiden, so haben die dunklen Wärmestrahlen des Ofens eine größere Schwingungsdauer und eine geringere Brechbarkeit als die roten Lichtstrahlen, sind ihnen aber in jeder anderen Beziehung vollkommen ähnlich. Alle diese Strahlen, leuchtende und nicht leuchtende, wärmen, aber nur ein gewisser Teil derselben, den wir eben deshalb mit dem Namen Licht belegen, kann durch die durchsichtigen Teile unseres Auges bis zum Sehnerven dringen und Lichtempfindung erregen. Wir können das Verhältnis vielleicht am passendsten so bezeichnen: Die Sinnesempfindungen sind uns nur Symbole für die Gegenstände der Außenwelt und entsprechen diesen etwa, wie der Schriftzug oder Wortlaut dem dadurch bezeichneten Dinge entspricht. Sie geben uns zwar Nachricht von den Eigentümlichkeiten der Außenwelt, aber nicht bessere, als wir einem Blinden durch Wortbeschreibungen von der Farbe geben.

Wir sehen, daß die Wissenschaft zu einer ganz entgegengesetzten Schätzung der Sinnlichkeit gelangt ist, als sie der Dichter in sich trug, und zwar ist es *Newtons* Behauptung gewesen, Weiß sei aus allen Farben des Spektrums zusammengesetzt, welche den ersten Keim zu dieser erst später sich entwickelnden Ansicht ergab. Denn zu jener Zeit fehlten noch die galvanischen Beobachtungen, die den Weg zur Kenntnis eröffneten, welche Rolle die Eigentümlichkeit der Sinnesnerven bei den Sinnesempfindungen spielt. Weiß, welches dem Auge als der einfachste, reinste aller Farbeneindrücke erscheint, sollte aus dem unreineren Mannigfaltigen zusammengesetzt sein. Hier scheint der Dichter mit schneller Vorahnung gefühlt zu haben, daß durch die Konsequenzen dieses Satzes sein ganzes Prinzip in Frage komme, und deshalb erscheint ihm diese Annahme so undenkbar, so namenlos absurd. Seine Farbenlehre müssen wir als den Versuch betrachten, die unmittelbare Wahrheit des sinnlichen Eindrucks gegen die Angriffe der Wissenschaft zu retten. Daher der Eifer, mit dem er sie auszubilden und zu verteidigen strebt, die leidenschaftliche Gereiztheit, mit der er die Gegner angreift, die überwiegende Wichtigkeit, welche er ihr vor allen seinen anderen Werken zuschreibt, und die Unmöglichkeit der Überzeugung und Versöhnung.

Wenden wir uns nun zu seinen eigenen theoretischen Vorstellungen, so ergibt sich schon aus dem Vorigen, daß *Goethe*, ohne seinem Prinzipe untreu zu werden, keine Erklärung der Erscheinungen geben kann, welche im physikalischen Sinne eine solche wäre. Und so finden wir es wirklich. Er geht davon aus, daß die Farben stets dunkler sind als das Weiß, daß sie etwas Schattiges haben (nach der physikalischen Theorie: weil Weiß, die Summe alles farbigen Lichtes, heller sein muß als jeder seiner einzelnen Teile). Direkte Mischung von Licht und Dunkel, von Weiß und Schwarz gibt Grau; die Farben müssen also durch eine andere Art der Zusammenwirkung von Licht und Schatten entstanden sein. Diese glaubt *Goethe* in den Erscheinungen schwach getrübter Medien zu finden. Solche sehen in der Regel blau aus, wenn sie selbst vom Lichte getroffen vor einem dunklen Grunde gesehen werden, gelb dagegen, wenn man durch sie einen hellen Gegenstand sieht. So erscheint die Luft bei Tage vor dem dunklen Himmelsgrunde blau und die Sonne, beim Untergange durch eine lange trübe Luftschicht gesehen, gelb oder gelbrot. Die physikalische Erklärung dieses Phänomens, das sich jedoch nicht an allen trüben Körpern, z. B. nicht an mattgeschliffenen Glasplatten zeigt, würde uns hier zu weit von unserem Wege abführen. Durch das trübe Mittel soll nach *Goethe* dem Lichte etwas Körperliches, Schattiges gegeben werden, wie es zum Entstehen der Farbe notwendig sei. Schon bei dieser Vorstellung gerät man in Verlegenheit, wenn man sie als eine physikalische Erklärung betrachten will. Sollen sich etwa körperliche Teile zu dem Lichte mischen und mit ihm davonfliegen? Auf dieses sein Urphänomen sucht *Goethe* alle übrigen Farbenerscheinungen zurückzuführen, namentlich die prismatischen. Er betrachtet alle durchsichtigen Körper als schwach trübe und nimmt an, daß das Prisma dem Bilde, welches es dem Beobachter zeigt, von seiner Trübung etwas mitteile. Hierbei ist es wieder schwer, sich etwas Bestimmtes zu denken. *Goethe* scheint gemeint zu haben, daß das Prisma nie ganz scharfe Bilder entwerfe, sondern undeutliche, verwaschene; denn in der Farbenlehre reiht er sie an die Nebenbilder an, welche parallele Glasplatten und Kristalle von Kalkspat zeigen. Verwaschen sind die Bilder des Prisma allerdings im zusammengesetzten Lichte, vollkommen scharf dagegen im einfachen. Betrachte man, meint er, durch das Prisma eine helle Fläche auf dunklem Grunde, so werde das Bild vom Prisma verschoben und getrübt. Der vorangehende Rand desselben werde über den dunklen Grund hinübergeschoben und erscheine als helles Trübes vor dunklem Blau, der hinterher folgende Rand der hellen Fläche werde aber von dem vorgeschobenen trüben Bilde des danach folgenden schwarzen Grundes überdeckt und erscheine, als ein Helles hinter einem dunklen Trüben, gelbrot. Warum der vorgeschobene Rand vor dem Grunde, der nachbleibende hinter demselben erscheint und nicht umgekehrt, erklärt er nicht. Man analysiere aber diese Vorstellung weiter und mache sich den Begriff des optischen Bildes klar. Wenn ich einen hellen Gegenstand in einem Spiegel abgebildet sehe, so geschieht dies deshalb, weil das Licht, welches von jenem ausgeht, von dem Spiegel gerade so zurückgeworfen wird, als käme es von einem Gegenstande gleicher Art hinter dem Spiegel her, den das Auge des Beobachters demgemäß abbildet und den der Beobachter deshalb wirklich zu sehen glaubt. Jedermann weiß, daß hinter dem Spiegel nichts Wirkliches dem Bilde entspricht, daß auch nicht einmal etwas von dem Lichte dort hindringt; sondern daß das Spiegelbild nichts ist als der geometrische Ort, in welchem die gespiegelten Strahlen, rückwärts verlängert, sich schneiden. Deshalb erwartet auch niemand, daß das Bild hinter dem Spiegel irgendeine reelle Wirkung ausüben solle. Ebenso zeigt uns das Prisma Bilder der gesehenen Gegenstände, welche eine andere Stelle als diese Gegenstände selbst haben. Das heißt: das Licht, welches der Gegenstand nach dem Prisma sendet, wird von diesem so gebrochen, als käme es von einem seitlich liegenden Gegenstande, dem Bilde, her. Dieses Bild ist nun wieder nichts Reelles, sondern es ist wiederum nur der geometrische Ort, in welchem sich, rückwärts verlängert, die Lichtstrahlen schneiden. Und doch soll nach *Goethe* dieses Bild durch seine Verschiebung reelle Wirkungen hervorbringen. Das verschobene Helle soll wie ein trüber Körper das dahinter scheinende Dunkle blau, das verschobene Dunkle das dahinterliegende Helle rotgelb erscheinen lassen. *Goethe* behandelt hier ganz eigentlich das Bild in seiner scheinbaren Örtlichkeit als Gegenstand. Dies zwingt ihn zu der Annahme, der blaue Rand des hellen Feldes liege örtlich vor, der rote hinter dem mitverschobenen dunklen Bilde. *Goethe* bleibt hier dem sinnlichen Scheine getreu und behandelt einen geometrischen Ort als körperlichen Gegenstand. Ebensowenig nimmt er daran Anstoß, Rot und Blau sich zuweilen gegenseitig zerstören zu lassen, z. B. in dem prismatischen blauen Rande eines roten Feldes, in anderen Fällen dagegen daraus eine schöne Purpurfarbe zusammenzusetzen, wenn sich z. B. die blauen und roten Ränder über einem schwarzen Felde begegnen. Noch wunderlicher sind die Wege, wie er sich aus den Verlegenheiten zieht, welche ihm *Newtons* zusammengesetztere Versuche bereiten. Solange man *Goethes* Erklärungen als bildliche Versinnlichungen der Vorgänge gelten läßt, kann man ihnen beistimmen, ja sie haben oft etwas sehr Anschauliches und Bezeichnendes; als physikalische Erklärungen dagegen würden sie sinnlos sein.

Daß der theoretische Teil der *Goethe*schen Farbenlehre keine Physik ist, wird hiernach jedem einleuchten, und man kann auch einsehen, daß der Dichter eine ganz andere Betrachtungsweise als die physikalische in die Naturforschung einführen wollte, und wie er dazu kam. In der Dichtung kommt es ihm nur auf den „schönen Schein“ an, der das Ideale zur Anschauung bringt; wie dieser Schein zustande komme, ist gleichgültig. Auch die Natur ist dem Dichter sinnbildlicher Ausdruck des Geistigen. Die Physik sucht dagegen die Hebel, Stricke und Rollen zu entdecken, welche, hinter den Kulissen arbeitend, diese regieren, und der Anblick des Mechanismus zerstört freilich den schönen Schein. Deshalb möchte der Dichter gern die Stricke und Rollen hinwegleugnen, sie für die Ausgeburten pedantischer Köpfe erklären und die Sache so darstellen, als veränderten die Kulissen sich selbst oder als würden sie durch die Idee des Kunstwerkes regiert. Auch liegt es in *Goethes* ganzer Richtung, daß gerade er unter allen Dichtern gegen die Physik polemisch auftreten mußte. Andere Dichter, je nach der Eigentümlichkeit ihres Talentes, achten entweder in der leidenschaftlichen Macht ihrer Begeisterung nicht auf das störende Materielle, oder sie erfreuen sich daran, wie auch durch die widerstrebende Materie der Geist sich Wege bahnt. *Goethe*, nie durch eine subjektive Erregung über die umgebende Wirklichkeit geblendet, kann nur da behaglich verweilen, wo er die Wirklichkeit selbst vollständig poetisch gestempelt hat. Darin liegt die eigentümliche Schönheit seiner Dichtungen, und darin liegt auch gleichzeitig der Grund, warum er gegen den Mechanismus, der ihn jeden Augenblick in seinem poetischen Behagen zu stören droht, kämpfend auftritt und den Feind in seinem eigenen Lager anzugreifen sucht.[23]

Wir können aber den Mechanismus der Materie nicht dadurch besiegen, daß wir ihn wegleugnen, sondern nur dadurch, daß wir ihn den Zwecken des sittlichen Geistes unterwerfen. Wir müssen seine Hebel und Stricke kennenlernen – wenn es auch die dichterische Naturbetrachtung stören sollte –, um sie nach unserem eigenen Willen regieren zu können; darin liegt die große Bedeutung der physikalischen Forschung für die Kultur des Menschengeschlechts und ihre volle Berechtigung gegründet.

Aus dem Dargestellten wird es klar sein, daß *Goethe* allerdings in seinen verschiedenen naturwissenschaftlichen Arbeiten die gleiche Richtung geistiger Tätigkeit verfolgt hat, daß aber die Aufgaben sehr entgegengesetzter Art waren. Dieselbe Eigentümlichkeit, welche ihn auf dem einen Felde zu glänzendem Ruhme emportrug, bedingte sein Scheitern auf dem anderen. In dieser Einsicht wird mancher Verehrer des großen Dichters vielleicht geneigter werden, den Verdacht, den er gegen die Physiker hegt, schwinden zu lassen, als habe ihr verstockter Zunftstolz sie für die Inspirationen des Genius blind gemacht.[24]

Über das Sehen des Menschen[1]

Geehrte Versammlung!

Es hat uns hier das Andenken eines Mannes vereint, welcher vielleicht mehr als irgend ein anderer dazu beigetragen hat, den Namen unserer Stadt unauflöslich mit der Kulturgeschichte der Menschheit zu verknüpfen, das Andenken *Kants*, des Philosophen. Ihm wünschen wir ein Denkmal zu setzen, welches fortan verkünden soll, daß unsere Zeit und diese Stadt eine dankbare und ehrende Erinnerung für Männer hat, denen sie wissenschaftlichen Fortschritt und Belehrung verdankt. Ihm will auch ich durch meine heutige Bemühung einen Zoll der Achtung und Verehrung darzubringen suchen. – Wie, der Naturforscher dem Philosophen? wird vielleicht mancher von Ihnen fragen, der einigermaßen mit den wissenschaftlichen Richtungen der neueren Zeit bekannt ist. Weiß man nicht allgemein, daß Naturforscher und Philosophen gegenwärtig nicht gerade gute Freunde sind, wenigstens in ihren wissenschaftlichen Arbeiten? Weiß man nicht, daß zwischen beiden lange Zeit hindurch ein erbitterter Streit geführt worden ist, der neuerdings zwar aufgehört zu haben scheint, aber jedenfalls nicht deshalb, weil eine Partei die andere überzeugt hätte, sondern, weil jede daran verzweifelte, die andere zu überzeugen? Man hört die Naturforscher sich gern und laut dessen rühmen, die großen Fortschritte ihrer Wissenschaft in der neuesten Zeit hätten angehoben von dem Augenblicke, wo sie ihr Gebiet von den Einflüssen der Naturphilosophie ganz und vollständig gereinigt hätten. Solche unter Ihnen, welche diese Verhältnisse kennen, werden vielleicht denken, eigentlich sei es nicht ein herzlicher Anteil an der Sache, der mich heute hierher führe, sondern es seien äußere Rücksichten auf die Stadt, die Hochschule, der *Kant* einst angehörte und der auch ich gegenwärtig anzugehören die Ehre habe, vielleicht sei es auch die gewöhnliche Klugheit kämpfender Parteien, dadurch ein gutes Licht auf sich selbst zu werfen, daß sie unschädlich gewordene Gegner rühmen und ehren?

Ich aber versichere Ihnen, daß es nicht bloß äußere Rücksichten oder verdeckte Gegnerschaft sind, die mich leiten, sondern volle Anerkennung und Hochachtung. Ich habe deshalb für meinen heutigen Vortrag einen Gegenstand gewählt, an dem Sie erkennen sollen, wie die Gedanken des großen Philosophen auch noch gegenwärtig in Zweigen der Wissenschaft fortleben und sich entwickeln, wo man es vielleicht nicht erwartet haben sollte. Die prinzipielle Spaltung, welche jetzt Philosophie und Naturwissenschaften trennt, bestand noch nicht zu *Kants* Zeiten. *Kant* stand in Beziehung auf die Naturwissenschaften mit den Naturforschern auf genau denselben Grundlagen; er selbst interessierte sich lebhaft für *Newtons* Theorie der Bewegungen der Weltkörper, für dieses großartigste Gedankenwerk, welches der menschliche Verstand bis dahin erbaut hatte, in welchem aus der einfachsten Grundlage, der allgemeinen Gravitationskraft, sich in strengster Folgerichtigkeit die unendliche Mannigfaltigkeit der himmlischen Bewegungen entwickelt, und welches gleichsam als das Vorbild für alle späteren naturwissenschaftlichen Theorien betrachtet werden kann. Ja, *Kant* versuchte selbst, ganz in *Newtons* Sinne, eine Hypothese über die Entstehung unseres Planetensystems unter der Einwirkung der Gravitationskraft auszubilden, ein Versuch, der uns sogar berechtigen könnte, den Philosophen auch unter die Zahl der Naturforscher zu setzen.[2]

Die Naturwissenschaften stehen noch jetzt fest auf denselben Grundsätzen, die sie zu *Kants* Zeiten hatten und zu deren fruchtbarer Anwendung *Newton* das große Beispiel gegeben hat; sie haben sich nur reicher entfaltet und ihre Grundsätze an einer immer größeren Fülle von Einzelheiten geltend gemacht. Aber die Philosophie hat ihre Stellung zu ihnen verändert. *Kants* Philosophie beabsichtigte nicht, die Zahl unserer Kenntnisse durch das reine Denken zu vermehren, denn ihr oberster Satz war, daß alle Erkenntnis der Wirklichkeit aus der Erfahrung geschöpft werden müsse, sondern sie beabsichtigte nur, die Quellen unseres Wissens und den Grad seiner Berechtigung zu untersuchen, ein Geschäft, welches immer der Philosophie verbleiben wird, und dem sich kein Zeitalter ungestraft wird entziehen können.

Auch *Fichte*, der gewaltige Denker, welcher unter *Kant*s Auspizien seine wissenschaftliche Laufbahn ebenfalls in unserer Stadt begonnen hatte, so fremd und schroff er sich auch der gemeinen Anschauungsweise der Welt entgegenstellt, befindet sich, soweit ich urteilen kann, in keinem prinzipiellen Gegensatze gegen die Naturwissenschaften, vielmehr ist es eine Darstellung der sinnlichen Wahrnehmung in der genauesten Übereinstimmung mit den Schlüssen, welche später die Physiologie der Sinnesorgane aus den Tatsachen der Erfahrung gezogen hat und von denen ich Ihnen einen Teil heute vorzulegen denke.

Aber als nach seinem Tode *Schelling* die Wissenschaft des südlichen, *Hegel* die des nördlichen Deutschlands beherrschte, hub der Zwist an. Nicht mehr zufrieden mit der Stellung, welche *Kant* ihr angewiesen hatte, glaubte die Philosophie neue Wege entdeckt zu haben, um die Resultate, zu denen die Erfahrungswissenschaften schließlich gelangen müßten, im voraus auch ohne Erfahrung durch das reine Denken finden zu können. Sie verzweifelte nicht, alle höchsten Fragen über Himmel und Erde, Gegenwart und Zukunft in ihren Bereich ziehen zu können. Der Gegensatz dieser Schulen gegen die wissenschaftlichen Grundsätze der Naturforschung sprach sich namentlich deutlich in der höchst unphilosophisch leidenschaftlichen Polemik *Hegels* und einiger seiner Schüler gegen *Newton* und dessen Theorien aus.[3] Die Naturwissenschaften, welche damals neben dem überwiegend philosophischen Interesse der Gebildeten in Deutschland wenig gepflegt waren, unterlagen meistens. Wer sollte nicht den kurzen, selbstschöpferischen Weg des reinen Denkens der mühevollen, langsam fortschreitenden Tagelöhnerarbeit der Naturforschung vorzuziehen geneigt sein? Wenige ehrenvolle Ausnahmen unter den deutschen Naturforschern, *Humboldt, Erman, Pfaff*, kämpften beharrlich, aber vereinzelt gegen das, was man Philosophie der Natur nannte,[4] bis endlich der große Aufschwung der Naturwissenschaften in den europäischen Nachbarländern auch Deutschland mit sich fortriß.

Die Philosophie hatte alles in Anspruch nehmen wollen; jetzt ist man kaum noch geneigt, ihr einzuräumen, was ihr wohl mit Recht zukommen möchte. Aber darf es uns wundern, wenn auf die überfliegenden Hoffnungen tiefe Niedergeschlagenheit folgte; wenn man die jüngsten Systeme der Philosophie mit der Philosophie überhaupt verwechselte und das Mißtrauen gegen jene auf die ganze Wissenschaft übertrug?

Der Punkt, an dem sich Philosophie und Naturwissenschaften am nächsten berühren, ist die Lehre von den sinnlichen Wahrnehmungen des Menschen. Ich will mich daher bemühen, Ihnen die Resultate der Naturwissenschaften für das Sinnesorgan darzulegen, dessen Verrichtungen bisher am vollständigsten untersucht werden konnten, dieses Organ ist das Auge. Sie werden dann selbst urteilen können, in welchem Verhältnisse hier die Ergebnisse der Erfahrung zu denen der Philosophen stehen.

Das Auge ist ein von der Natur gebildetes optisches Instrument, eine natürliche Camera obscura. Ich setze voraus, daß der größte Teil meiner Zuhörer schon *Daguerre*sche oder fotografische Bilder hat anfertigen sehen und sich das Instrument ein wenig betrachtet hat, welches dazu gebraucht wird. Dieses Instrument ist eine Camera obscura. Sein Bau ist außerordentlich einfach; es ist im Wesentlichen nichts als ein innen geschwärzter Kasten von Holz, an dessen einer Seite eine Glaslinse eingesetzt ist und auf dessen entgegengesetzter Seite sich eine mattgeschliffene Glastafel befindet. Wenn die Seite des Kastens, welche die Linse enthält, nach irgendeinem gut beleuchteten entfernteren Gegenstande hingewendet wird, sieht man ein verkleinertes, bei richtiger Einstellung des Instrumentes, sehr scharf gezeichnetes und mit den natürlichen Farben geschmücktes, aber auf dem Kopfe stehendes Bild des Gegenstandes auf der matten Glastafel entworfen. Nachdem der Fotograf seinem Instrumente die richtige Stellung gegeben hat, entfernt er die Glastafel und bringt an ihre Stelle die bearbeitete Silberplatte, so daß sich auf dieser dasselbe Bild entwirft wie vorher auf der Glasplatte. Auf der Silberplatte bleibt das Bild sichtbar erhalten, weil ihre Oberfläche an den helleren Teilen des Bildes durch die Einwirkung des Lichtes eigentümlich verändert wird. Die allgemein bekannten Lichtbilder sind also in der Tat nur fixierte Bilder einer Camera obscura.

Ein ebensolches Instrument ist nun das Auge; der einzige wesentliche Unterschied von demjenigen, welches beim Fotografieren gebraucht wird, besteht darin, daß, statt der matten Glastafel oder lichtempfindlichen Platte, im Hintergrunde des Auges die empfindliche Nervenhaut oder Netzhaut liegt, in welcher das Licht Empfindungen hervorruft, die durch die im Sehnerven zusammengefaßten Nervenfasern der Netzhaut dem Gehirn, als dem körperlichen Organe des Bewußtseins, zugeführt werden. In der äußeren Form weicht die natürliche Camera obscura von der künstlichen wohl ab. Statt des viereckigen Holzkastens finden Sie den runden Augapfel, dessen feste Wand von einer weißen Sehnenhaut gebildet wird, deren vorderen Teil wir auch am lebenden Menschen als das Weiße des Auges erblicken. Die schwarze Farbe, mit der der Kasten der Camera obscura innen ausgestrichen ist, ersetzt am Auge eine zweite, feinere, braunschwarz gefärbte Haut, die Aderhaut. Von ihr sehen wir am lebenden Auge ebenfalls nur das vordere Ende, nämlich die Iris, den blauen oder braunen Kreis, welcher die mittlere dunkelschwarze Öffnung, die Pupille, umgibt. Die Iris ist auf ihrer hinteren Seite tief schwarz, wie die übrige Aderhaut, auf der vorderen Seite aber, welche wir erblicken, liegen ungefärbte oder wenig gefärbte Schichten. Die blaue Farbe der Iris entsteht nicht durch einen besonderen Farbstoff, sondern hat denselben Grund wie die blaue Farbe verdünnter Milch, sie ist weißlichen trüben Mitteln eigentümlich, welche vor einem dunkeln Grunde stehen. Die braune Farbe der Iris entsteht dagegen durch Ablagerung kleiner Mengen desselben braunschwarzen Farbstoffes in den vorderen Schichten der Iris, welcher ihre hintere Fläche bedeckt. Daher kann die Färbung auch wechseln, wenn mit der Zeit sich Farbstoff in der Iris ablagert. Schon *Aristoteles* berichtet, daß alle Kinder mit blauen Augen geboren würden, auch wenn sie später braune bekämen. Sie sehen, daß in alter Zeit auch die Philosophen zu beobachten wußten.

Der schwarze Kreis in der Mitte des braunen oder blauen Kreises, die sogenannte Pupille, ist also eine Öffnung, durch welche das Licht in den hinteren Teil des Auges eindringt. Ist die Lichtmenge zu groß, so wird die Pupille enger, ist sie sehr gering, so wird sie weiter. Vor der Pupille liegt uhrglasförmig gewölbt die durchsichtige Hornhaut, deren Oberfläche durch die über sie hinsickernde Tränenfeuchtigkeit und das Blinzeln der Augenlider stets spiegelblank erhalten wird. Hinter der Pupille liegt noch ein sehr klarer, durchsichtiger, linsenförmiger Körper, die Kristallinse, dessen Anwesenheit im lebenden Auge nur schwache Lichtreflexe verraten. Das Innere des Auges ist übrigens mit Flüssigkeit gefüllt. Die Kristallinse im Verein mit der gekrümmten Fläche der Hornhaut vertritt im Auge die Stelle der Glaslinse in der Camera obscura des Fotografen. Sie entwerfen verkleinerte, natürlich gefärbte, aber auf dem Kopfe stehende Bilder der äußeren Gegenstände auf der Fläche der Netzhaut, welche letztere in Hintergrund des Auges vor der Aderhaut liegt. Um die Netzhaut des lebenden Auges zu sehen, habe ich vor einigen Jahren ein kleines optisches Instrument, den Augenspiegel, konstruiert, mit dem man nun auch die Netzhautbilder im Auge eines anderen direkt sehen und sich von ihrer Schärfe, Stellung usw. überzeugen kann.

Wir sagten vorher, der Fotograf müsse sein Instrument für den Gegenstand, den er abbilden will, richtig einstellen. In der Tat findet man bei genauer Betrachtung der Bilder in der Camera obscura, daß, wenn ferne Gegenstände mit scharfen Umrissen abgebildet werden, nähere verwaschen erscheinen, und umgekehrt. Der Fotograf muß die Linse seines Instrumentes der Tafel, auf der das Bild entworfen wird, etwas näherrücken, wenn er ferne Gegenstände, er muß sie etwas entfernen, wenn er nahe abbilden will. Etwas Ähnliches kommt beim Auge vor. Daß Sie nicht gleichzeitig ferne und nahe Gegenstände deutlich sehen, davon überzeugen Sie sich am leichtesten und besten, wenn Sie einen Schleier etwa sechs Zoll von den Augen entfernt halten, und das eine Auge schließen. Sie können dann willkürlich und ohne die Richtung des Blickes zu ändern, bald durch den Schleier hin ferne Gegenstände betrachten, wobei Ihnen der Schleier nur noch als eine verwaschene Trübung des Gesichtsfeldes erscheint, Sie aber nicht die einzelnen Fäden des Schleiers erkennen, oder Sie können die Fäden des Schleiers betrachten, wobei Sie aber nicht mehr die Gegenstände des Hintergrundes deutlich erkennen. Man fühlt bei diesem Versuche eine gewisse Anstrengung im Auge, indem man von einem zum anderen Gesichtspunkte übergeht. In der Tat wird dabei die Form der Kristallinse durch besondere, im Auge liegende Muskelapparate willkürlich geändert. Diese Veränderung, vermöge deren das Auge sich willkürlich bald für nahe, bald für ferne Gegenstände einrichten kann, nennt man die *Akkommodation* für die Nähe oder die Ferne. Auch die Veränderungen der Bilder bei veränderter Akkommodation kann man durch den Augenspiegel direkt beobachten.

Ich verweile hier noch einen Augenblick dabei, was für ein Bewenden es mit dem optischen Bilde im Auge und mit den optischen Bildern überhaupt habe. Lichtstrahlen, welche aus einem durchsichtigen Mittel in ein anderes übergehen, z. B. aus Luft in Glas oder aus Luft in die Augenflüssigkeiten, werden von ihrer früheren Richtung abgelenkt, sie werden *„gebrochen"*, wenn sie nicht gerade senkrecht gegen die Trennungsfläche auffallen. Die Glaslinse der Camera obscura und die durchsichtigen Mittel des Auges verändern nun den Weg der Lichtstrahlen, welche von *einem* lichten Punkte eines abgebildeten Gegenstandes ausgegangen sind, so, daß sie alle in *einem* Punkte, dem entsprechenden Punkte des Bildes, sich wieder vereinigen. Liegt dieser Vereinigungspunkt der Lichtstrahlen in der Fläche der Netzhaut, so wird dieser Punkt der Netzhaut von *allem* Lichte getroffen, welches von dem entsprechenden Punkte des Gegenstandes her in das Auge fällt, und nichts von diesem Lichte fällt auf andere Teile der Netzhaut. Ebensowenig wird aber auch jener Punkt von Licht getroffen, welches von irgendeinem anderen Punkte des

Gegenstandes ausgegangen wäre. Also der betreffende Punkt der Netzhaut empfängt *alles* Licht und *nur* das Licht, welches von dem entsprechenden Punkte des abgebildeten Gegenstandes her in das Auge gefallen ist. Sendet dieser Punkt des Gegenstandes viel Licht aus, so wird der entsprechende Punkt der Netzhaut stark beleuchtet, sendet er wenig aus, so wird der letztere dunkel sein. Sendet der eine Punkt rotes Licht aus, so wird der andere Punkt rot, wenn grünes, grün beleuchtet sein usw. So entspricht also jedem Punkte der Außenwelt ein besonderer Punkt des Bildes, der eine entsprechende Stärke der Beleuchtung und die gleiche Farbe hat, und so entspricht insbesondere im Auge beim deutlichen Sehen jeder einzelne Punkt der Netzhaut einem einzelnen Punkte des äußeren Gesichtsfeldes, so daß er nur von dem Lichte, welches von diesem äußeren Punkte hergekommen ist, getroffen und zur Empfindung angeregt wird. Da somit jeder einzelne Punkt des Gesichtsfeldes durch sein Licht nur einen einzelnen Punkt der empfindenden Nervensubstanz affiziert, so kann auch für jeden äußeren Punkt gesondert zum Bewußtsein kommen, welche Menge und Farbe des Lichtes ihm angehört. Es wird durch diese Einrichtung des Auges, als eines optischen Apparates, möglich, die verschiedenen hellen Gegenstände unserer Umgebung gesondert wahrzunehmen, und je vollkommener der optische Teil des Auges seinen Zweck erfüllt, desto schärfer ist die Unterscheidung der Einzelheiten des Gesichtsfeldes.

Auf diesen physikalischen Teil der Vorgänge des Sehens, den ich nur als die Grundlage für das Verständnis des Folgenden berühren mußte, will ich hier nicht weiter eingehen, so mannigfache interessante Fragen und Tatsachen er auch darbietet. Nur eines will ich erwähnen als Beispiel, wie unser Bild von der Außenwelt auch durch den Bau des physikalischen Teiles unseres Auges bestimmt wird. Die Sterne erscheinen uns strahlig; „*sternförmig*" ist in unserer Sprache von gleicher Bedeutung wie „*strahlig*". In Wahrheit sind die Sterne von runder Gestalt und meist so klein, daß wir überhaupt von ihrer Gestalt nichts erkennen können, sie müßten uns als unteilbare Punkte erscheinen. Die Strahlen bekommt das Bild des Sternes aber weder in dem

Weltenraume, noch in unserer Atmosphäre, sondern damit wird es erst in unserer Kristallinse geschmückt, welche einen strahligen Bau hat; die Strahlen, die wir den Sternen zuerteilen, sind also in Wahrheit Strahlen unserer Kristalllinse.

Wir sind also jetzt soweit gekommen, daß auf der Fläche der Netzhaut ein optisches Bild entworfen wird, wie es auch in jeder Camera obscura geschieht. Aber die letztere *sieht* dieses Bild nicht, das Auge *sieht* es. Worin liegt da der Unterschied? Er liegt darin, daß die Netzhaut, welche im Auge das optische Bild empfängt, ein empfindlicher Teil unseres Nervensystems ist und daß durch die Einwirkung des Lichtes, als eines äußeren Reizes, in ihr Lichtempfindung hervorgerufen wird. Was wissen wir nun über die Erregung der Lichtempfindung durch das Licht?

Die ältere und scheinbar natürlichste Ansicht war, daß die Netzhaut des Auges eine viel größere Empfindlichkeit habe als irgendein anderer Nervenapparat des Körpers und deshalb auch die Berührung selbst eines so feinen Agens wie das Licht empfinde. Daß die Art des Eindruckes, den das Licht auf das Auge macht, so ganz verschieden ist von der Tonempfindung, von der Wärmeempfindung, von den Empfindungen der Haut für Hartes, Weiches, Rauhes, Glattes usw., schien sich einfach dadurch zu erklären, daß das Licht eben etwas anderes sei als der Ton, die Wärme, als ein harter oder weicher, rauher oder glatter Körper, und man fand es in der Ordnung, daß jedes Ding, je nach seinen verschiedenen Eigenschaften, auch eigentümlich empfunden werde.

Dabei waren nun allerdings einige unbequeme Erscheinungen vorhanden, die man gern als unbedeutend beiseite liegen ließ und nicht beachtete. Wenn man das Auge drückt oder schlägt, treten Lichterscheinungen auf, auch in der tiefsten Dunkelheit. Elektrische Ströme, durch das Auge geleitet, erzeugen ebenfalls Lichterscheinungen. Ja, wir brauchen so gewaltsame Mittel nicht einmal anzuwenden; wer im vollständigsten Dunkel mit geschlossenen Augen Aufmerksamkeit auf sein Gesichtsfeld wendet, bemerkt darin allerlei wunderliche krause, gesternte oder streifige, verschiedenfarbige Figuren, die fortdauernd wechseln und ein phantastisches regelloses Spiel ausführen; sie werden heller und schöner gefärbt, wenn man das Auge reibt oder wenn erregende Getränke oder Krankheiten das Blut zum Kopfe treiben, aber sie fehlen niemals ganz. Man nennt sie den Lichtstaub des dunkeln Gesichtsfeldes.

Als man sich zuerst die Mühe nahm, diese Erscheinungen zu beachten und sie erklären zu wollen, meinte man, hier könne wohl durch innere Prozesse Licht im Auge erzeugt werden. Man erklärte dies durch eine geheimnisvolle Verwandtschaft des Nervenfluidums der Netzhaut mit dem Lichte, vermöge deren eine Erregung des einen auch das andere erzeugen könne. Die leuchtenden Augen der Katzen und Hunde schienen den Beweis der Möglichkeit zu liefern, sie schienen selbständig Licht zu erzeugen, sie sollten besonders hell leuchten, wenn man diese Tiere zum Zorn reizte, also eine Erregung des Nervensystems hervorbrächte. Man glaubte so, das in ihrem Auge entwickelte Licht selbst beobachten zu können.

Es wird Ihnen gleich aus der deutschen Volkssage ein Bekenner dieser Ansicht einfallen, der berühmteste aller deutschen Jäger, Herr v. *Münchhausen*, der nach Verlust des Feuersteins von seiner Flinte sich von einem Bären verfolgt sah und mit seiner bekannten Geistesgegenwart und Genialität ein unerwartetes Auskunftsmittel traf. Er legte an, zielte, schlug sich mit der Faust in das Auge, daß es Funken sprühte: das Pulver zündete, der Bär war tot. Aber ernsthafte Verlegenheit bereitete ein gerichtlicher Fall, wo der Kläger in einer dunkeln Nacht einen Schlag ins Auge bekommen hatte und bei dem dadurch erregten Lichtscheine die Person des Angreifers erkannt haben wollte. War die eben ausgeführte physiologische Ansicht richtig, so mußte auch die Aussage dieses Mannes für glaublich gehalten werden. Die Theorie von der Lichtentwickelung im Auge wurde also vor Gericht gezogen, und wir sind deshalb so glücklich, außer den übrigen Gründen, welche gegen sie sprechen, auch durch richterlichen Spruch ihre Verwerflichkeit bestätigt zu sehen.

Eine genauere Prüfung gab der Sache ein ganz anderes Ansehen. Erstens fand sich die vorausgesetzte große Empfindlichkeit des Sehnerven gar nicht bestätigt, im Gegenteil schien dessen Verletzung so gut wie gar keinen Schmerz hervorzubringen, während die Verletzung eines anderen, ebensostarken Hautnerven des Körpers von überwältigendem Schmerze begleitet ist. In einzelnen beklagenswerten Krankheitsfällen muß der Augapfel entfernt werden, um das Leben des Kranken zu retten. Dann hat der Operierte im Augenblicke der Durchschneidung des Sehnerven keinen Schmerz, sondern er glaubt einen Lichtblitz zu sehen.

Ferner stellten sorgfältig angestellte Untersuchungen übereinstimmend heraus, daß die sogenannten leuchtenden Tieraugen in absoluter Dunkelheit niemals leuchteten, sondern daß ihr Leuchten immer nur durch Zurückwerfung von äußerem Lichte entsteht. In der Tat findet sich im Hintergrunde dieser Augen statt des schwarzen Färbstoffs eine helle, schillernd gefärbte Stelle, das sogenannte Tapetum, welche imstande ist, das eingefallene Licht lebhaft zurückzuwerfen. Ja, später hat *Brücke* gelehrt, wie man bei passender Beleuchtung auch die Pupille des menschlichen Auges rot erleuchtet, gleich einer glühenden Kohle erscheinen lassen kann, und der Gebrauch des Augenspiegels beruht gerade auf dieser Tatsache.[5] Ebensowenig ist jemals etwas von Licht in dem Auge eines anderen zu sehen, während dieser selbst in Folge von Druck, elektrischer Ströme oder anderer Ursachen die lebhaftesten Lichtblitze wahrnimmt. Wir können also in diesen Fällen nicht zweifeln, daß Lichtempfindung stattfindet, ohne durch wirkliches Licht angeregt zu sein. Wir wissen aber, daß die Mittel, durch welche wir im Auge Lichtempfindung erregen, Stoß, Druck, mechanische Mißhandlung oder elektrische Ströme, wenn sie auf irgendeinen Nervenapparat wirken, immer dessen Tätigkeit erregen, wir nennen sie deshalb *Reizmittel* für die Nerven und können also den allgemeinen Satz aussprechen: *Die gewöhnlichen Reizmittel der Nerven erregen, auf die Sehnerven wirkend, Lichtempfindung, ganz wie das wirkliche Licht, und,* können wir hinzusetzen, wenn wir an die Operierten denken, *sie erregen im Sehnerven keine andere Empfindung als Lichtempfindung allein.*

Wenn wir dieselben Reize auf andere Nerven einwirken lassen, entsteht niemals Lichtempfindung, sondern im Hörnerven werden Schallempfindungen hervorgerufen, in den Hautnerven Tastempfindungen oder Wärmegefühl, von den Muskelnerven aus gar keine Empfindungen, wohl aber Muskelzuckungen. Nur wenn sie auf das Auge wirken, erregen alle diese Reize Lichtempfindung. Am reichsten ist das Gebiet der Empfindungen, welche durch strömende Elektrizität im Körper hervorgerufen werden, weil man die Elektrizität leicht auf die meisten Nervenapparate einwirken lassen und diese sehr kräftig erregen kann. Im Auge wird der Anfang des elektrischen Stromes durch einen Lichtblitz bezeichnet, dem eine mildere Erhellung des Gesichtsfeldes folgt, je nach der Richtung des Stromes, hellblau oder rotgelb. Bei Unterbrechung des Stromes folgt wieder ein Lichtblitz. Auf der Zunge ruft der Strom, je nach der Richtung, sauren oder bitterlich laugenhaften Geschmack hervor, auf der Haut Brennen und Fressen, im Innern der Glieder Zuckungen usw.

Wie schade ist es, werden Sie vielleicht denken, daß die übrigen Nervenapparate unseres Körpers gegen das Licht unempfindlich sind. Es würde doch interessant sein, zu erfahren, welche Empfindungen das Licht anderswo erregt? Nach unseren gewöhnlichen Vorstellungen können wir nicht anders glauben, als daß wir das Licht nur mit dem Auge, und nicht mit der Hand empfinden. Aber lassen Sie uns nachdenken. Soviel wird Ihnen schon wahrscheinlich geworden sein, daß das Licht, wenn es von der Hand empfunden werden könnte, in ihr nicht dieselbe Art von Empfindung hervorrufen würde wie im Auge. Nun lassen Sie einmal Sonnenstrahlen auf die Hand fallen. Werden Sie diese nicht fühlen? „Ja", werden Sie antworten, „ich fühle sie wohl; aber was ich fühle, ist Sonnenwärme, nicht Licht; die Wärme ist immer mit dem Lichte verbunden." Gut, ich verdenke Ihnen diese Antwort nicht, denn die überwiegende Mehrzahl der Physiker hat bis auf die letzten zwanzig Jahre auch so geantwortet. Wenn aber das Licht immer von Wärme begleitet ist, so wäre doch die Frage aufzuwerfen, ob Wärme und Licht nicht etwa nur die verschiedenen Äußerungen eines und desselben Prinzipes seien. Die Physik hat diese Frage einer sorgfältigen Prüfung unterzogen und ist bis jetzt zu der Ansicht gekommen, daß bei einfachem, einfarbigem Lichte, wie wir es mittelst durchsichtiger Prismen aus dem Sonnenlicht ausscheiden können, das Erwärmungsvermögen mit dem Erleuchtungsvermögen unzertrennlich verbunden ist; daß, wenn eines von beiden abnimmt, das andere in demselben Verhältnisse vermindert wird, wie es eben sein muß, wenn Wärme und Licht nur die Wirkungen desselben Agens sind. Bei Licht verschiedener Art, d. h. von verschiedener Farbe, sind Erwärmungsvermögen und Erleuchtungsvermögen in sehr verschiedenem Grade verbunden. Gelbes Licht wärmt bei gleicher Helligkeit mehr als blaues, rotes mehr als gelbes. An die roten Strahlen endlich schließen sich im Sonnenspektrum Strahlungen an, welche zwar wärmen, aber gar nicht leuchten, die dunklen Wärmestrahlen. Sie sind in allen rein physikalischen Beziehungen den leuchtenden Strahlungen ähnlich, nur in ihrer Wirkung auf das menschliche Auge unterscheiden sie sich von ihnen. Heiße Öfen strahlen solche dunkle Wärme aus, zu der sich auch leuchtende Wärmestrahlen gesellen können, wenn die Temperatur bis zur Rotglut steigt.

Somit bliebe als Unterschied zwischen Wärme und Licht nichts weiter übrig, als die verschiedene Empfindung, welche sie erregen, je nachdem sie die Haut oder das Auge treffen, dort erregen sie das Gefühl von Wärme, hier das von Licht. Dürfen wir nun aus diesen verschiedenen Wirkungen schließen, daß sie zwei verschiedenen physikalischen Agentien entsprechen? Wohl kaum, wenn wir das erwägen, was ich von den verschiedenen Wirkungen des elektrischen Stromes und der mechanischen Reizung auf verschiedene Nerven gesagt habe. Die Strahlung der leuchtenden und der heißen Körper – die Physik hält sie für eine schwingende Bewegung eines überall verbreiteten elastischen Stoffes, des Lichtäthers –, die Ätherschwingungen also sind ebenfalls in die Reihe der Reizmittel unserer Nerven einzuschließen und bringen, wie alle anderen Reize, verschiedene Eindrücke hervor, wenn sie auf verschiedene Nerven einwirken, Eindrücke, welche jedes Mal dem besonderen Kreise von Empfindungen des besonderen Nervenapparates angehören.

So kommen wir zu der von *Johannes Müller* aufgestellten Lehre von den spezifischen Sinnesenergien, dem bedeutsamsten Fortschritte, den die Physiologie der Sinnesorgane in neuerer Zeit gemacht hat. Danach hängt die Qualität unserer Empfindungen, ob sie Licht, Wärme, Ton oder Geschmack usw. sei, nicht ab von dem wahrgenommenen äußeren Objekte, sondern von dem Sinnesnerven, welcher die Empfindung vermittelt. Lieben Sie paradoxe Ausdrücke, so können Sie sagen: *Licht wird erst Licht, wenn es ein sehendes Auge trifft*, ohne dieses ist es nur Ätherschwingung.

Ähnlich verhält es sich mit den Modifikationen der Lichtempfindung, den Farben. Ätherschwingungen von verschiedener Schwingungsgeschwindigkeit erregen Empfindungen verschiedener Farben, die schnelleren die des Violett, die langsameren, in der Ordnung wie ihre Dauer zunimmt, die Empfindung des Blau, Grün, Gelb, Orange, Rot. Wenn Licht von verschiedener Farbe gemischt wird, erregt es den Eindruck einer neuen Farbe, einer Mischfarbe, welche stets weißlicher und weniger gesättigt ist als die einfachen Farben, aus denen sie zusammengesetzt wurde. Mischfarben von ganz gleichem Aussehen können aber auf die verschiedenste Weise zusammengesetzt sein, und ihre Ähnlichkeit besteht dann nur für das Auge, in irgendeiner anderen physikalischen Beziehung ist sie nicht vorhanden.

Daß die Art unserer Wahrnehmungen ebensosehr durch die Natur unserer Sinne wie durch die äußeren Objekte bedingt sei, wird durch die angeführten Tatsachen sehr augenscheinlich und ist für die Theorie unseres Erkenntnisvermögens von der höchsten Wichtigkeit. Gerade dasselbe, was in neuerer Zeit die Physiologie der Sinne auf dem Wege der Erfahrung nachgewiesen hat, suchte *Kant* schon früher für die Vorstellungen des menschlichen Geistes überhaupt nachzuweisen, indem er den Anteil darlegte, welchen die besonderen eingeborenen Gesetze des Geistes, gleichsam die Organisation des Geistes, an unseren Vorstellungen haben. Die neuere Philosophie dagegen, ausgehend von der Annahme der Identität der Natur und des Geistes, suchte diese Gesetze des Geistes auch zu Gesetzen der Wirklichkeit zu machen und mußte demgemäß auch versuchen, die Gleichheit unserer Sinnesempfindungen mit den wirklichen Eigenschaften der wahrgenommenen Körper nachzuweisen. Darum namentlich ward sie zur Verteidigerin von *Goethe*s Farbenlehre. Daß der Streit über diese Lehre wesentlich diesen Sinn hat, habe ich bei einer anderen Gelegenheit darzulegen gesucht.[6]

So entsteht also durch das äußere Licht die Lichtempfindung, welche dann durch die Fasern des Sehnerven dem Gehirne zugeleitet wird und hier zum Bewußtsein gelangt. Aber Lichtempfindung ist immer noch kein Sehen. Zum Sehen wird die Lichtempfindung erst, insofern wir durch sie zur Kenntnis der Gegenstände der Außenwelt gelangen; das Sehen besteht also erst im Verständnis der Lichtempfindung. Die vornehmste Tatsache, welche uns in diesem psychologischen Gebiete unserer Untersuchung entgegentritt, ist die: Jede Lichtempfindung veranlaßt die Vorstellung von etwas Hellem vor uns im Gesichtsfelde. Das scheint sehr einfach und natürlich zu sein, da ja doch Lichtempfindung immer von Licht angeregt wird. Immer? Das ist nicht genau gesprochen. Ich habe vorher schon angeführt, daß auch durch andere Reize, welche den Sehnerven und die Netzhaut treffen, Lichtempfindung erregt wird. Auch in diesen Fällen entsteht in uns die Vorstellung, daß dieses Licht aus dem vor uns liegenden Raume komme. Lassen wir bei offenen Augen von der Stirn zum Nacken einen elektrischen Strom gehen, der dabei auch den Sehnerven reizt, so glauben wir einen Lichtblitz zu sehen, welcher die vor uns liegenden Körper erhellt, obgleich der elektrische Strom in diesem Falle gar kein objektives Licht, keine Ätherschwingungen, weder im Auge noch in der Außenwelt, erzeugt. In diesem Falle wird die *Sinnesempfindung zur Sinnestäuschung*. Das Sinnesorgan täuscht uns dabei nicht, es wirkt in keiner Weise regelwidrig, im Gegenteil, es wirkt nach seinen festen, unabänderlichen Gesetzen und kann gar nicht anders wirken. Aber wir täuschen uns im Verständnis der Sinnesempfindung.

Ferner ruft die Reizung einer bestimmten Stelle der Netzhaut die Vorstellung eines leuchtenden Körpers an einer *bestimmten* Stelle des vor uns liegenden Raumes hervor. Ich habe Ihnen vorher auseinandergesetzt, daß Licht, welches von einem bestimmten Punkte des Gesichtsfeldes ausgeht, beim deutlichen Sehen nur einen Punkt unserer Netzhaut trifft; deshalb verlegen wir den Ursprung aller Lichtempfindung, welche in einem solchen Punkte der Netzhaut entsteht, stets an die korrespondierende Stelle des äußeren Gesichtsfeldes. Drücken Sie mit dem Nagel am äußeren Augenwinkel, so entsteht ein kleiner Lichtschein. Sie werden ihn vielleicht zuerst gar nicht bemerken, weil Sie ihn da suchen, wo Sie drücken. Weit gefehlt! Gerade an der entgegengesetzten Seite des Gesichtsfeldes, in der Nähe des Nasenrückens erscheint er, als ein kleiner heller Kreis. Drücken Sie unter dem Augenbrauenrande der Augenhöhle auf das Auge, so erscheint der Lichtschein in der Gegend des unteren Lides, kurz, an welcher Seite des Auges Sie auch drücken, der Lichtschein erscheint immer an der entgegengesetzten Seite.

Die Erklärung der Erscheinung geht schon aus dem Vorhergesagten hervor. Kehren wir zurück zu dem Falle, wo wir am äußeren Augenwinkel drücken und der Lichtschein am Nasenrücken erscheint. Es werden hier durch den Druck dieselben Punkte der Netzhaut gereizt, welche Licht vom Nasenrücken her zu bekommen pflegen, denn das Bild auf der Netzhaut ist umgekehrt, und das Bild des Nasenrückens wird auf der äußeren Seite der Netzhaut entworfen. Lassen wir uns also verleiten, von der Reizung der Netzhaut durch den Druck des Fingernagels auf das Vorhandensein von Licht zu schließen, so ist es auch nur folgerichtig, daß wir dies Licht von derselben Stelle des Raumes herkommen lassen, von welcher das wirkliche Licht herkommt, wenn es die betreffende Stelle der Netzhaut trifft. In der Erfahrung unseres ganzen Lebens haben wir aber den Ursprung des Lichtes, welches die äußeren Teile der Netzhaut trifft, am Nasenrücken gesucht und gefunden, und unsere Vorstellung verlegt also frischweg auch das scheinbare Licht des Druckes an dieselbe Stelle. Daß unsere Vorstellung so verfährt, werden wir natürlich und begreiflich finden, aber auf einen auffallenden Umstand möchte ich hier aufmerksam machen, der wohl geeignet ist, Überraschung zu erregen.

Wir haben nämlich unsere Vorstellung auf einem Fehlschlusse ertappt; wir haben auch wissenschaftlich eingesehen, wie sie dazu gekommen ist und wie die Sache sich eigentlich verhält; wir wissen, unsere Vorstellung hat eine Schlußfolgerung, welche sich Millionen Male als richtig erwies, unrichtigerweise auf einen Fall angewendet, auf den sie nicht paßt. Nun sollte unsere Vorstellung doch billigerweise ein Einsehen haben und uns nicht mehr das falsche Bild eines Lichtscheins auf dem Nasenrücken vorspiegeln, sondern den Lichtschein dahin verlegen, wo die Lichtempfindung erregt ist. Wir wiederholen den Versuch nun mit der wissenschaftlich gesicherten Überzeugung, die Lichtempfindung finde am äußeren Augenwinkel statt. Hat sich unsere Vorstellung belehren lassen? Wir werden gestehen müssen, nein. Sie beträgt sich wie der ungelehrigste aller Schüler, sie läßt die arme Lehrerin Wissenschaft reden, solange sie will, und bleibt hartnäckig bei ihrer Aussage stehen, der Lichtschein sitze doch auf dem Nasenrücken.

So ist es auch bei allen anderen Sinnestäuschungen, von welchen ich noch reden werde. Sie verschwinden niemals dadurch, daß wir ihren Mechanismus einsehen, sondern bleiben in ungestörter Kraft bestehen.

Eine andere Reihe von Täuschungen über den Ort des gesehenen Gegenstandes entsteht, wenn das Licht nicht ungestört von dem Gegenstande zum Auge gelangen konnte, sondern auf spiegelnde oder lichtbrechende Körper gestoßen ist. Der bekannteste Fall dieser Art ist die Spiegelung an den gewöhnlichen ebenen Spiegeln. Das Licht, welches auf einen Spiegel fällt, wird von diesem so zurückgeworfen, als käme es von Gegenständen her, die ebenso weit hinter der Spiegelebene liegen, wie die wirklich vorhandenen Gegenstände vor ihr. Fällt das gespiegelte Bild in das Auge, so wird es in diesem natürlich ebenso gebrochen und trifft eben dieselben Netzhautpunkte, wie es Licht tun würde, welches von wirklichen Körpern ausgegangen wäre, die an dem scheinbaren Orte der optischen Bilder des Spiegels sich befänden. Unsere sinnliche Vorstellung konstruiert sich also auch sogleich die den Spiegelbildern entsprechenden wirklichen Körper und legt ihnen denselben Grad von Bestimmtheit und Evidenz bei wie den direkt gesehenen Körpern. Auch hier erhält sich die scheinbare Lebhaftigkeit und die scheinbare räumliche

Lage des Bildes, trotzdem unser Verstand von seiner Nicht-Existenz überzeugt ist.

Ähnlich verhält es sich mit dem Fernrohr und dem Mikroskop. In ihren Gläsern wird das Licht derart gebrochen, daß es, wenn es das Instrument verlassen hat, weitergeht, als käme es von einem vergrößerten Gegenstande her, und der Beobachter, welcher durch das Instrument sieht, glaubt nun wirklich diesen vergrößerten Gegenstand zu sehen.

Nach der Stelle unserer Netzhaut, in welcher Lichtempfindung angeregt wird, beurteilen wir also, in welcher Richtung die verschiedenen hellen Gegenstände, die uns umgeben, sich befinden, in welche Teile des Gesichtsfeldes wir sie zu setzen haben. Wir erhalten dadurch ein perspektivisches Bild der Außenwelt, wie auch das optische Bild auf unserer Netzhaut ein solches perspektivisches Bild ist. Ein richtiges perspektivisches Bild von Gegenständen, die eine regelmäßige, uns wohlbekannte Form haben, läßt uns allerdings auch ein ziemlich gutes Urteil über die Tiefendimensionen der dargestellten Gegenstände fassen, namentlich, wenn noch eine richtige Beleuchtung und Schattengebung hinzukommt. Deshalb genügen gute perspektivische Zeichnungen von Maschinenteilen, von Gebäuden usw., weil wir wissen, daß die Zeichnung Gegenstände von regelmäßiger, kugeliger, zylindrischer oder prismatischer Grundgestalt darstellen soll. Bei unregelmäßig gebildeten Gegenständen dagegen gewähren die perspektivischen Zeichnungen nur sehr unvollkommene Anschauung der Tiefendimension. In der Landschaftsmalerei hilft noch die sogenannte Luftperspektive, d. h. die Veränderung des Farbtones und der Klarheit der Umrisse, welche durch die dazwischenliegenden Luftschichten verursacht wird. Wodurch unterscheidet sich nun eine perspektivische Zeichnung von der direkten Ansicht des Gegenstandes selbst, welche uns unsere Augen liefern, und warum erkennen wir beim direkten Sehen die körperlichen Verhältnisse so sehr viel besser und sicherer?

Die Antwort liefert uns ein optisches Instrument, welches in den letzten Jahren ein beliebter Gegenstand der Unterhaltung für das Publikum geworden ist, nämlich das von dem englischen Physiker *Wheatstone* erfundene *Stereoskop*. Dieses Instrument gibt perspektivischen Zeichnungen die vollste Lebendigkeit der Tiefenanschauung, selbst solchen Zeichnungen, an denen man bei der direkten Betrachtung durchaus nicht entscheiden kann, welche Teile vorne, welche hinten liegen sollen, und um wieviel der eine Teil hinter dem anderen liegt.

Die Prinzipien des Stereoskops sind einfach folgende: Wenn wir irgend einen Gegenstand, eine Landschaft, ein Zimmer oder dergleichen betrachten, dessen verschiedene Teile in verschiedener Entfernung liegen, so gewinnen wir von verschiedenen Standpunkten verschiedene Ansichten. Diejenigen Gegenstände des Vordergrundes, welche, von dem ersten Standpunkte gesehen, irgendeine bestimmte Stelle des Hintergrundes bedeckten, decken vom zweiten Standpunkte aus andere Stellen. Flächen, die vom ersten Standpunkte stark verkürzt erschienen, erscheinen vom zweiten weniger verkürzt, und umgekehrt. Wenn wir also von zwei verschiedenen Standpunkten aus perspektivische Ansichten desselben körperlich ausgedehnten Gegenstandes aufnehmen, so sehen diese Ansichten nicht gleich aus, sondern unterscheiden sich um so mehr, je verschiedener die Standpunkte sind. Die allervollkommenste perspektivische Zeichnung desselben Gegenstandes wird aber ihr Ansehen nicht wesentlich verändern, wenn wir sie nacheinander von verschiedenen Standpunkten aus betrachten. Die Gegenstände des Vordergrundes der Zeichnung decken immer genau dieselben Stellen ihres Hintergrundes, die Flächen, welche einmal verkürzt erscheinen, bleiben verkürzt.

Nun hat der Mensch *zwei* Augen, welche fortdauernd die Welt von zwei verschiedenen Standpunkten aus betrachten, welche also auch fortdauernd zwei verschiedene perspektivische Ansichten dem Bewußtsein zur Begutachtung darbieten, so oft sie einen körperlich ausgedehnten Gegenstand wahrnehmen. Wenn dagegen beide Augen eine perspektivische Zeichnung des Gegenstandes betrachten, die auf einer ebenen Fläche ausgeführt ist, so erhalten beide dasselbe perspektivische Bild. Dadurch werden wir befähigt, den wirklichen Gegenstand von seiner Abbildung zu unterscheiden, möge letztere auch noch so getreu und vollkommen sein.

Wenn wir aber nun zwei perspektivische Zeichnungen desselben Gegenstandes anfertigen, welche den Ansichten des rechten und linken Auges entsprechen, und dann jedem Auge die betreffende Zeichnung in einer richtigen Lage zeigen, so hört der wesentliche Unterschied zwischen der Ansicht des Gegenstandes und seiner Abbildung auf, und wir glauben nun, statt der Zeichnungen in der Tat die Gegenstände zu sehen.

Dies leistet das Stereoskop. Zu stereoskopischen Darstellungen gehören also immer je zwei Zeichnungen desselben Gegenstandes, welche von zwei verschiedenen Standpunkten aus aufgenommen sind. Der optische Teil des Instruments, der äußerst verschieden eingerichtet sein kann, leistet weiter nichts, als daß er die beiden verschiedenen Zeichnungen scheinbar an denselben Ort verlegt. Ja, wer im Schielen geübt ist, braucht gar keine optischen Hilfsmittel. Wenn man einfach die beiden Zeichnungen nebeneinander legt und so lange schielt, bis von den dabei entstehenden doppelten Bildern die beiden mittleren sich decken, so tritt die stereoskopische Täuschung ein.

Am lehrreichsten sind stereoskopische Darstellungen von körperlichen Figuren, welche aus einfachen Linien und Punkten zusammengesetzt sind, weil hier alle anderen Hilfsmittel für die Beurteilung der Tiefendimension fehlen und daher die Täuschung selbst und ihr Grund am augenscheinlichsten hervortritt. Am wunderbarsten aber wegen der außerordentlichen Lebhaftigkeit der Täuschung, sind die zuerst von *Moser*[7] ersonnenen und ausgeführten stereoskopischen Darstellungen von Landschaften, Statuen und menschlichen Figuren, welche mittelst der Fotografie gewonnen werden.

So konstruieren wir uns also die Raumverhältnisse der uns umgebenden Gegenstände fortdauernd aus zwei verschiedenen perspektivischen Ansichten, welche unsere beiden Augen uns von ihnen liefern. Der Einäugige entbehrt dieses Vorteils; so lange er sich nicht von der Stelle bewegt, erkennt er seine Umgebung nur insoweit richtig, als man dies aus einem vollkommen getreuen Gemälde erkennen könnte. Nur wenn er sich fortbewegt, lernt er die Ansichten verschiedener Standpunkte kennen und die Raumverhältnisse sicher beurteilen. Man kann also sagen, solange er stille sitzt, sieht er nicht die Welt, sondern nur ein perspektivisches Gemälde der Welt. Er kann deshalb auch vom Stereoskop keinen Vorteil ziehen, weil die Täuschung beim Gebrauche dieses Instruments auf dem gleichzeitigen Gebrauche beider Augen beruht.

So erklärt sich auch die Schwierigkeit eines von der Jugend zuweilen geübten Spieles. Man hängt einen Ring an einem Faden auf. Einer der Spielenden setzt sich so, daß er den Ring von der schmalen Seite sieht, und hat die Aufgabe, während er ein Auge schließt, ein Stäbchen durch den Ring zu schieben. Gewöhnlich gelingt es ihm, zum Gelächter der anderen, erst nach vielen vergeblichen Bemühungen, während die Aufgabe mit zwei offenen Augen ganz leicht zu lösen ist.

Von den Momenten, welche wir zur Beurteilung der Raumverhältnisse gebrauchen, ist schließlich noch eines zu erwähnen. Wir beurteilen die Richtung, aus der das Licht herkommt, nach der Stelle der Netzhaut, welche davon getroffen wird. Aber die Stelle des Bildes auf der Netzhaut ändert sich, wenn man das Auge bewegt. Es muß also auch noch die Stellung des Auges im Kopfe bekannt sein, wenn wir richtig auf die Raumverhältnisse schließen sollen. Jede Bewegung des Auges, die nicht infolge unseres Willenseinflusses entsteht oder nicht so ausgeführt wird, wie wir es durch unseren Willen beabsichtigt haben, stört daher unser Urteil über die Lage der uns umgebenden Gegenstände. Schließt man ein Auge und drückt und zerrt man am anderen, so treten sogleich scheinbare Bewegungen der gesehenen Gegenstände ein. Durch den äußeren mechanischen Einfluß wird hier das Auge verschoben, ohne daß wir genau beurteilen können, in welcher Richtung und wie weit dies geschieht; die optischen Bilder verschieben sich dabei auf der Netzhaut, und wir schließen daraus auf eine Bewegung der Gegenstände. Haben wir bei diesem Versuche beide Augen geöffnet, so erblickt das unbewegte Auge den Gegenstand fest und unverrückt, während das gedrückte oder gezerrte Auge ein zweites bewegliches Bild desselben daneben sieht. In dieses Gebiet gehören auch die Scheinbewegungen, welche beim Schwindel eintreten. Sie erklären sich größtenteils daraus, daß die Wirkung der Muskeln, die das Auge bewegen, falsch beurteilt wird. Ein Fieberkranker, dem die Gegenstände zu tanzen scheinen, wenn er die Augen bewegt, weil er die Wirkung seiner Augenmuskeln auf die Stellung des Auges falsch beurteilt, findet daher Erleichterung, sobald er sie fest auf einen Punkt geheftet hält, weil dann der Grund dieser Scheinbewegungen fortfällt. Jemand, der sich schnell im Kreise gedreht hat, sieht, wenn er wieder stillsteht, die Gegenstände seiner Umgebung in entgegengesetzter Richtung eine Scheinbewegung ausführen. Jemand, der, in der Eisenbahn sitzend, längere Zeit die Gegenstände, an denen er vorüberfährt, betrachtet hat und nun in den Wagen hineinblickt, glaubt, die Gegenstände im Wagen in der entgegengesetzten Richtung bewegt zu sehen. Jemand, der einige Zeit auf der See gefahren ist, glaubt nachher am Lande ähnliche Bewegungen des Zimmers zu sehen, wie sie in der Kajüte des Schiffes stattfanden. In diesen Fällen hat sich eine falsche Gewöhnung des Urteils ausgebildet. Während die wirkliche Bewegung stattfand, mußte der Beobachter, wenn er einen Gegenstand fixieren wollte, seine Augen entsprechend mitbewegen. So entstand nun eine neue Art von Einübung bei ihm, die ihn lehrte, welchen Grad von Spannung er den Augenmuskeln geben mußte, um einen Gegenstand zu fixieren. Hört nun die wirkliche Bewegung auf, so will er in derselben Weise fortfahren, die Gegenstände zu fixieren. Jetzt aber tritt bei derselben Spannung der Muskeln eine Verschiebung des Netzhautbildes ein, da die Gegenstände sich nicht mehr in entsprechender Weise mit den Augen bewegen, und der Beobachter urteilt deshalb, daß die stillstehenden Gegenstände sich bewegen, bis er sich wieder auf die Fixation feststehender Gegenstände eingeübt hat. Es ist diese Art der Scheinbewegungen namentlich deshalb interessant, weil sie lehrt, wie schnell eine veränderte Einübung in der Deutung der Sinneswahrnehmungen eintreten kann.

Wie wenig wir überhaupt bei dem täglichen praktischen Gebrauche unserer Sinnesorgane an die Rolle denken, welche diese dabei spielen, wie ausschließlich uns nur das von ihren Wahrnehmungen interessiert, was uns über Verhältnisse der Außenwelt Nachricht verschafft, und wie wenig wir solche Wahrnehmungen berücksichtigen, welche dazu nicht geeignet sind, dafür noch einige Beispiele. Wenn wir einen Gegenstand genau betrachten wollen, so richten wir die Augen so auf ihn, daß wir ihn deutlich und einfach sehen. Wenn wir dann ein Auge durch einen Druck mit dem Finger seitlich verschieben, entstehen, wie ich schon erwähnte, Doppelbilder des Gegenstandes, weil wir nun nicht mehr die Bilder beider Augen in dieselbe Stelle des Gesichtsfeldes verlegen. Aber während wir den einen Gegenstand fixieren, paßt die Stellung unserer Augen nicht mehr für alle Gegenstände, welche näher oder ferner liegen, als der fixierte, und alle diese Gegenstände erscheinen uns doppelt. Man halte einen Finger nahe vor das Gesicht, und sehe nach dem Finger, achtet man nun gleichzeitig auf die Gegenstände des Hintergrundes, so erscheinen diese doppelt, und sieht man nach einem Punkte des Hintergrundes, so erscheint der Finger doppelt. Wir können also nicht zweifeln, daß wir fortdauernd den größeren Teil der Gegenstände des Gesichtsfeldes doppelt sehen, und doch merken wir das gar nicht so leicht; vielleicht gibt es viele Personen, die es durch ihr ganzes Leben nicht gemerkt haben. Auch wenn wir es schon wissen, gehört immer noch ein besonderer Akt der Aufmerksamkeit dazu, um die Doppelbilder wahrzunehmen, während wir bei dem gewöhnlichen praktischen Gebrauche der Augen mit der größten Beharrlichkeit von ihnen abstrahieren.

Ferner, würden Sie wohl glauben, daß in jedem menschlichen Auge, ganz nahe der Mitte des Gesichtsfeldes, sich eine Stelle befindet, welche gar nichts sieht, sondern vollständig blind ist, nämlich die Eintrittstelle des Sehnerven? Und das sollten wir unser ganzes Leben lang nicht bemerkt haben? Wie ist das möglich? Es ist ebensogut möglich, als daß jemand monate-, jahrelang auf einem ganzen Auge blind sein kann und es erst bei einer zufälligen Erkrankung des anderen Auges bemerkt. So auch mit dem normalen blinden Flecke des Auges. Die blinden Flecke beider Augen fallen nicht auf denselben Teil des Gesichtsfeldes. Wo also das eine Auge nichts sehen kann, sieht das andere, und auch wenn wir ein Auge schließen, bemerken wir nicht so leicht den blinden Fleck, weil wir gewöhnlich, um etwas genau zu sehen, nur eine einzige, durch einen besonderen Bau ausgezeichnete Stelle der Netzhaut, die Stelle des direkten Sehens, anwenden. Die Eindrücke, welche von den übrigen Teilen des Gesichtsfeldes kommen, geben gleichsam nur eine flüchtige Skizze von der Umgebung des betrachteten Gegenstandes. Und da wir meistens den Blick auf den verschiedenen Teilen des Gesichtsfeldes umherschweifen lassen und die Gegenstände, welche uns interessieren, dabei nacheinander fixieren, so werden wir, trotz des blinden Flecks, bei diesen Bewegungen mit allen Teilen des Gesichtsfeldes bekannt und nicht gehindert sein, alles wahrzunehmen, an dessen Wahrnehmung uns etwas liegt.

Um sich von dem Vorhandensein eines solchen Fleckes zu überzeugen, muß man schon methodische Beobachtungen anstellen. Wenn man das linke Auge schließt, ein Papierblatt in der Entfernung von 7 Zoll vor das rechte Auge hält und irgendeinen bezeichneten Punkt der Papierfläche fixiert, so entspricht der blinde Fleck der Stelle des Papiers, welche 2 Zoll nach rechts von dem Gesichtspunkte liegt. Befindet sich hier ein schwarzer Fleck oder irgendein kleiner Gegenstand, so sieht man diesen nicht, sondern die weiße Fläche des Papiers erscheint ununterbrochen.[8]

Die Größe des blinden Flecks ist hinreichend, um uns am Himmel eine Scheibe, welche einen zwölfmal größeren Durchmesser hätte als der Mond, verdecken zu können. Ein menschliches Gesicht kann er verdecken, wenn sich dieses in 6 Fuß Entfernung befindet. Sie sehen, daß seine Größe verhältnismäßig gar nicht unbedeutend ist.

Diese Tatsachen bestätigen, was ich vorher aussprach, daß wir von unseren Sinneswahrnehmungen beim unbefangenen Gebrauche der Sinne nur das berücksichtigen, was uns Aufschluß über die Außenwelt gibt. Aber neuere Untersuchungen über den blinden Fleck geben uns außerdem noch interessante Aufschlüsse über die Rolle, welche psychische Prozesse schon bei den einfachsten Sinneswahrnehmungen spielen. Bringen wir in die dem blinden Fleck entsprechende Stelle des Gesichtsfeldes irgendein Objekt, welches kleiner ist als der blinde Fleck, so sehen wir es überhaupt nicht, sondern füllen die Lücke mit der Farbe des Grundes aus, wie das namentlich in dem beschriebenen Versuche mit dem schwarzen Fleck auf weißem Papiere geschieht. Fällt der blinde Fleck auf einen Teil irgendeiner Figur, so ergänzen wir die Figur, und zwar so, wie es den am häufigsten uns vorkommenden Figuren ähnlicher Art entspricht. Fällt der blinde Fleck z. B. auf einen Teil einer schwarzen Linie auf weißem Grunde, so setzt die Einbildungskraft die Linie auf dem kürzesten Wege durch den blinden Fleck hin fort, auch dann, wenn in Wahrheit an der Stelle die wirkliche Linie eine Lücke oder Ausbiegung haben sollte.

Fällt der blinde Fleck auf die Mitte eines Kreuzes, so ergänzt die Einbildungskraft den mittleren Teil, und wir glauben, ein Kreuz zu sehen, selbst in dem Falle, wo in Wahrheit die vier Schenkel in der Mitte gar keine Verbindung haben sollten, usw.

Sind verschiedene Auslegungen gleich geläufig, so schwankt die Vorstellung oft zwischen der einen und anderen, sie kann aber nicht durch den Willen gezwungen werden, die eine oder die andere zu wählen.

Wenn beide Augen geöffnet sind, so entscheiden wir im allgemeinen nach den Wahrnehmungen des sehenden Auges. Halte ich ein Papier mit einem roten Flecke so vor mich hin, daß der rote Fleck vom rechten Auge nicht gesehen wird, so wird er doch vom linken gesehen, und ich glaube deshalb, ein Papier mit einem roten Flecke wahrzunehmen, was auch der Wirklichkeit entspricht. In anderen Fällen entscheiden wir aber nicht unbedingt nach den Wahrnehmungen des sehenden Auges. Wenn ich nun ein ganz weißes Papier nehme und vor das linke Auge ein rotes Glas halte, so erscheint das ganze Papier gleichmäßig rötlich-weiß, ohne daß die dem blinden Flecke des rechten Auges entsprechende Stelle sich durch ein besonderes Ansehen auszeichnete. Und doch sind die unmittelbaren Empfindungen, welche sich auf diese Stelle beziehen, jetzt in beiden Augen genau dieselben wie vorher, als das Papier mit dem roten Flecke betrachtet wurde; nämlich das rechte Auge sieht hier gar nichts, das linke reines Rot. Trotzdem erscheint diese Stelle nicht rein rot, sondern, wie das ganze übrige Papier, weiß mit einem schwachen rötlichen Scheine. Der Unterschied liegt nur darin, daß jetzt dem linken Auge nicht bloß die eine Stelle, sondern die ganze Papierfläche rein rot erscheint. Die dem blinden Flecke des rechten Auges entsprechende Stelle zeichnet sich im linken nicht durch ihre Farbe vor dem anderen Papiere aus, und das Urteil findet deshalb keinen Grund, jener Stelle eine besondere Beschaffenheit beizulegen. Hier finden wir also einmal einen Fall, wo die Einbildungskraft, trotz der gleichen Sinneseindrücke, sich durch das Urteil bestimmen läßt, dieselben verschieden und richtig zu deuten.

Das Feld der sogenannten Gesichtstäuschungen ist noch ungemein reich. Die angeführten Beispiele werden aber genügen, Ihnen die Eigentümlichkeiten der Wahrnehmungen unseres Auges und unserer Sinne überhaupt anschaulich zu machen.

Ich habe bisher immer gesagt, die Vorstellung in uns urteile, schließe, überlege usw., habe mich aber wohl gehütet zu sagen, *wir* urteilen, schließen, überlegen; denn ich habe schon anerkannt, daß diese Akte ohne unser Wissen vor sich gehen und auch nicht durch unseren Willen und unsere bessere Überzeugung abgeändert werden können. Dürfen wir denn nun, was hier geschieht, dieses Denken ohne Selbstbewußtsein und nicht unterworfen der Kontrolle der selbstbewußten Intelligenz, wirklich als Prozesse des Denkens bezeichnen? Dazu kommt, daß die Genauigkeit und Sicherheit in der Konstruktion unserer Gesichtsbilder so groß, so augenblicklich und unzweifelhaft ist, wie wir sie unseren Schlußfolgerungen zuzutrauen eigentlich nicht geneigt sind. Denn so sehr wir uns auch mit der Macht unseres Verstandes brüsten, so belegen wir doch im gemeinen Leben und in den nichtmathematischen Wissenschaften zu oft dasjenige mit dem Namen eines Schlusses, was eigentlich nur ein Erraten oder eine wahrscheinliche

Annahme ist, als daß wir nicht geheime Zweifel hegen müßten gegen die Zuverlässigkeit solcher Schlußfolgerungen, die nicht auf Erfahrung gestützt sind. Und was die Schnelligkeit der Schlußfolgerungen betrifft, so sind diese auch da, wo wir absolute Zuverlässigkeit erreichen können, wie in mathematischen Folgerungen und Rechnungen, so schwerfällig, umständlich und langsam, daß sie mit den blitzschnellen Auffassungen unseres Auges nicht im entferntesten verglichen werden können.

Die Natur der psychischen Prozesse zu bestimmen, welche die Lichtempfindung in eine Wahrnehmung der Außenwelt verwandeln, ist eine schwere Aufgabe. Leider finden wir bei den Psychologen keine Hilfe, weil für die Psychologie die Selbstbeobachtung bisher der einzige Weg des Erkennens gewesen ist, wir es aber hier mit geistigen Tätigkeiten zu tun haben, von denen uns die Selbstbeobachtung gar keine Kunde gibt, deren Dasein wir vielmehr erst aus der physiologischen Untersuchung der Sinneswerkzeuge schließen können. Die Psychologen haben daher die geistigen Akte, von denen hier die Rede ist, auch meist unmittelbar zur sinnlichen Wahrnehmung gerechnet und keinen näheren Aufschluß über sie zu erhalten gesucht.

Diejenigen, welche sich nicht entschließen mochten, dem Denken und Schließen eine Rolle bei den sinnlichen Wahrnehmungen einzuräumen, kamen zunächst zu der Annahme, daß das Bewußtsein aus dem Auge hinaustrete, längs des Lichtstrahls bis zu dem gesehenen Objekte sich hinbreite und dieses an Ort und Stelle wahrnehme, etwa so, wie *Platon* es ausspricht: „Unter allen Organen bildeten die Götter die strahlenden Augen zuerst. Ein Organ des Feuers, das nicht brennt, sondern ein mildes Licht gibt, jedem Tage angemessen, hatten sie bei dieser Bildung zur Absicht. Wenn des Auges Licht um den Ausfluß des Gesichtes ist, und Gleiches zu Gleichem ausströmend sich vereint, so entwirft sich in der Richtung der Augen ein Körper, wo immer das aus dem Innern ausströmende Licht mit dem äußeren zusammentrifft. Wenn aber das verwandte Feuer des Tages in die Nacht vergeht, so ist auch das innere Licht verhalten; denn in das Ungleichartige ausströmend verändert es sich und erlischt, indem es durch keine Verwandtschaft der Luft sich anfügen und mit ihr Eins werden kann, da sie selbst kein Feuer hat."[9] Diese Stelle ist merkwürdig, weil darin ein Anerkenntnis der wichtigen Rolle liegt, welche das Auge bei der Lichtempfindung spielt. Man würde das innere Licht in dieser Beziehung der Nerventätigkeit vergleichen können. Ebenso wie *Platon* das innere Licht ausströmen, an den erleuchteten Körpern mit dem äußeren Lichte zusammenkommen und hier das Bewußtsein von der Anwesenheit des Körpers entstehen läßt, so ließen Neuere das geheimnisvolle Nervenagens aus dem Auge ausströmen und an den Körpern selbst diese erkennen. Namentlich huldigten dieser Lehre die Anhänger des tierischen Magnetismus[10], welche überhaupt ihre Theorie auf die Annahme einer den menschlichen Körper umgebenden Nervenatmosphäre gebaut hatten. Sie ließen das Nervenfluidum bekanntlich Reisen zu den entferntesten Teilen der Erde und selbst des Weltalls antreten, um dort auszukundschaften, was der neugierige Magnetiseur zu wissen wünschte. Obgleich aber die beschriebene Vorstellung vom Sehen der sinnlichen Anschauung des gemeinen Lebens mehr entsprechen möchte, läßt sie sich nicht halten. Denn warum merkt es das ausströmende Nervenprinzip oder Bewußtsein nicht, daß nur der Finger die Netzhaut gedrückt hat und draußen gar kein Licht sei? Und was geschieht ihm, wenn es draußen auf einen Spiegel stößt? Wird das Bewußtsein von ihm nach denselben Gesetzen, wie das Licht, zurückgeworfen? Und warum täuscht es sich nachher über den Ort des durch den Spiegel gesehenen Körpers? Wir verwickeln uns in die größten Absurditäten, wenn wir dieser Hypothese nachgehen; eben deshalb hat dieselbe niemals Eingang in die ernstere Wissenschaft erlangen können.

Wenn aber das Bewußtsein nicht unmittelbar am Orte der Körper selbst diese wahrnimmt, so kann es nur durch einen Schluß zu ihrer Kenntnis kommen. Denn nur durch Schlüsse können wir überhaupt das erkennen, was wir nicht unmittelbar wahrnehmen. Daß er nicht ein mit Selbstbewußtsein vollzogener Schluß sei, darüber sind wir einig. Vielmehr hat er mehr den Charakter eines mechanisch eingeübten, der in die Reihe der unwillkürlichen Ideenverbindungen eingetreten ist, wie solche zu entstehen pflegen, wenn zwei Vorstellungen sehr häufig miteinander verbunden vorgekommen sind. Dann ruft jedesmal die eine mit einer gewissen Naturnotwendigkeit die andere hervor. Denken Sie an einen gewandten Schauspieler, der uns die Kleidung, die Bewegungen und Sitten der Person, welche er darstellt, getreu vorführt. Wir werden uns allerdings jeden Augenblick darauf besinnen können, daß das, was wir auf der Bühne sehen, nicht die Person der Rolle, sondern der Schauspieler N. sei, den wir auch schon in anderen Rollen gesehen haben, aber diese Vorstellung, als ein Akt des freien und selbstbewußten Denkens, wird doch die Täuschung nicht beseitigen, welche uns fortdauernd die Vorstellung von der Person der Rolle lebendig erhält. Wir werden der Person auf der Bühne unwillkürlich fortdauernd die Gefühle zumuten, welche der Rolle entsprechen, und eine danach eingerichtete Handlungsweise erwarten. Ja, bei der höchsten Vollendung dramatischer Darstellung kommt uns nicht einmal die Kunst des Schauspielers zum Bewußtsein, weil wir das, was er tut, ganz natürlich finden, und nur durch den Vergleich mit ungeschickteren Mitschauspielern, bei denen wir an die stattfindende Täuschung fortdauernd durch Züge erinnert werden, welche der Person des Schauspielers und nicht der der Rolle angehören, lernen wir einen Schauspieler ersten Ranges schätzen.

Gerade so ist es bei den optischen Täuschungen, wenn wir ihren Mechanismus einsehen. Wir wissen in solchen Fällen, daß die Vorstellung, welche der sinnliche Eindruck in uns hervorruft, unrichtig ist; das hindert aber nicht, daß diese Vorstellung in all ihrer Lebhaftigkeit bestehenbleibt. Und während es beim Schauspieler vielleicht nur konventionelle Formen der Kleidung, Bewegung, Sprechweise sind, die die Täuschung erhalten, und wir höchstens bei leidenschaftlichen Aufregungen in eine natürliche Verbindung des Gefühls und seiner Zeichen, welche der Schauspieler vorführt, denken können, so haben wir es bei den Sinneswahrnehmungen mit einer Verbindung von Vorstellungen zu tun, welche durch die Natur unserer Sinne selbst bedingt ist, also auch viel seltenere Ausnahmen zuläßt als die

Formen der menschlichen Sitte. Unser ganzes Leben hindurch haben wir in millionenfacher Wiederholung erfahren, daß, wenn in gewissen Nervenfasern unserer beiden Augen, bei einer gewissen Stellung derselben, ein Gegenstand Lichtempfindung erregte, wir den Arm so weit ausstrecken mußten oder eine bestimmte Zahl von Schritten gehen mußten, um ihn zu erreichen. Dadurch ist denn die unwillkürliche Verbindung zwischen dem bestimmten Gesichtseindruck und der Entfernung und Richtung, in welcher der Gegenstand zu suchen ist, hergestellt. Deshalb entsteht und erhält sich die Vorstellung eines solchen Gegenstandes, wenn uns z. B. das Stereoskop die entsprechenden Gesichtseindrücke hervorruft, auch gegen unsere besser begründete Überzeugung, gerade wie uns die Kleider und Bewegungen des Schauspielers die lebendige Anschauung der Person der Rolle aufrechterhalten. Im letzteren Falle ist die Verbindung zwischen dem Äußeren und dem Wesen der Person, z. B. zwischen männlichen Kleidern und einem Manne, doch rein konventionell, nicht einmal durch Naturnotwendigkeit gegeben, also jedenfalls nur angelernt, nicht angeboren. Was die Beurteilung der Entfernung durch die Augen betrifft, so können wir wohl ebenfalls nicht zweifeln, daß diese durch Einübung angelernt sei. Wir sehen deutlich bei jungen Kindern, daß sie ganz falsche Vorstellungen von den Entfernungen der Gegenstände haben, die sie erblicken, und mancher von Ihnen wird sich vielleicht aus seiner Jugend noch Begebnisse zurückrufen können, bei denen er in grober Täuschung über die Entfernungen war. Ich entsinne mich selbst noch deutlich des Augenblickes, wo mir das Gesetz der Perspektive aufging, daß entfernte Dinge klein aussehen. Ich ging an einem hohen Turme vorbei, auf dessen oberster Galerie sich Menschen befanden, und mutete meiner Mutter zu, mir die niedlichen Püppchen herunterzulangen, da ich durchaus der Meinung war, wenn sie den Arm ausrecke, werde sie nach der Galerie des Turmes hingreifen können. Später habe ich noch oft nach der Galerie jenes Turmes emporgesehen, wenn sich Menschen darauf befanden, aber sie wollten dem geübteren Auge nicht mehr zu niedlichen Püppchen werden.

Durch das Prinzip der Einübung, der Erziehung unserer Sinnesorgane erklärt sich auch die Sicherheit und Genauigkeit in der Raumkonstruktion unserer Augen. Mit welcher die künstlichsten Maschinen übertreffenden Genauigkeit wir lernen können, die Organe unseres Körpers zu gebrauchen, das zeigen die Übungen des Jongleurs, die Stöße gewandter Billardspieler. Wir alle sind, sozusagen, Jongleure mit den Augen; denn wir haben uns jedenfalls viel anhaltender und länger in der Beurteilung unserer Gesichtsobjekte geübt, als unsere gymnastischen Künstler in ihren Kugelspielen und Balancierübungen; wir erregen mit unserer Kunstfertigkeit nur deshalb kein Aufsehen, weil jeder andere dieselbe Reihe von Kunststücken ausführen kann.

Indem wir sehen *gelernt* haben, haben wir eben nur gelernt, die Vorstellung eines gewissen Gegenstandes mit gewissen Empfindungen zu verknüpfen, welche wir wahrnehmen. Die Mittelglieder, durch welche die Empfindungen zustande kommen, interessieren uns dabei gar nicht; ohne wissenschaftliche Untersuchung lernen wir sie auch gar nicht kennen. Zu diesen Mittelgliedern gehört auch das optische Bild auf der Netzhaut. Der Umstand, daß es auf dem Kopfe steht, und wir die Gegenstände doch aufrecht sehen, hat viele Verwunderung und eine unendliche Menge unnützer Erklärungsversuche hervorgerufen. Wir haben durch Erfahrung gelernt: Lichtempfindung in gewissen Fasern des Sehnerven bezeichnet helle Gegenstände oben im Gesichtsfelde, Lichtempfindung in gewissen anderen Fasern bezeichnet sie unten. Wo diese Fasern in der Netzhaut, im Sehnerven liegen, ist dabei ganz einerlei, wenn wir nur imstande sind, den Eindruck der einen Faser von dem der anderen zu unterscheiden. Daß es eine Netzhaut und optische Bilder darauf gebe, weiß ja der natürliche Mensch gar nicht. Wie soll ihn da die Lage des optischen Bildes auf der Netzhaut irremachen können?

Inwieweit übrigens die bloß erlernten oder die angeborenen und durch die Organisation des Menschen selbst wesentlich bedingten Verknüpfungen von Vorstellungen bei dem Verständnis unserer Sinneswahrnehmungen in Betracht kommen, läßt sich bis jetzt wohl kaum entscheiden. Bei Tieren beobachten wir instinktive Handlungen, die darauf hindeuten. Das neugeborene Kalb geht auf das Euter der Kuh zu, um zu saugen; das würde, wenn es mit Bewußtsein geschähe, ein Verständnis der Gesichtserscheinungen und eine Kenntnis des Gebrauches seiner Füße voraussetzen, die nicht erlernt sein könnten. Aber wer von uns kann sich in die Seele eines neugeborenen Kalbes versetzen, um den Mechanismus dieser instinktiven Handlungen zu verstehen?[11]

Somit wäre das, was ich früher das Denken und Schließen der Vorstellungen genannt habe, nun doch wohl kein Denken und Schließen, sondern nichts als eine mechanisch eingeübte Ideenverbindung? Ich bitte Sie, noch einen letzten Schritt weiter mit mir zu machen, einen Schritt, der uns wieder auf unseren Anfang, auf *Kant*, zurückführen wird. Wenn eine Verbindung zwischen der Vorstellung eines Körpers von gewissem Aussehen und gewisser Lage und unseren Sinnesempfindungen entstehen soll, so müssen wir doch erst die Vorstellung von solchen Körpern haben. Wie es aber mit dem Auge ist, so ist es auch mit den anderen Sinnen; wir nehmen nie die Gegenstände der Außenwelt unmittelbar wahr, sondern wir nehmen nur Wirkungen dieser Gegenstände auf unsere Nervenapparate wahr, und das ist vom ersten Augenblicke unseres Lebens an so gewesen. Auf welche Weise sind wir denn nun zuerst aus der Welt der Empfindungen unserer Nerven hinübergelangt in die Welt der Wirklichkeit? Offenbar nur durch einen Schluß; wir müssen die Gegenwart äußerer Objekte als *Ursache* unserer Nervenerregung voraussetzen; denn es kann keine Wirkung ohne Ursache sein. Woher wissen wir, daß keine Wirkung ohne Ursache sein könne? Ist das ein Erfahrungssatz? Man hat ihn dafür ausgeben wollen; aber wie man sieht, brauchen wir diesen Satz, ehe wir noch irgendeine Kenntnis von den Dingen der Außenwelt haben; wir brauchen ihn, um nur überhaupt zu der Erkenntnis zu kommen, daß es Objekte im Raume um uns gibt, zwischen denen ein Verhältnis von Ursache und Wirkung bestehen kann. Können wir ihn aus der inneren Erfahrung unseres Selbstbewußtseins hernehmen? Nein; denn die selbstbewußten Akte unseres Willens und Denkens betrachten wir gerade als *frei*; d. h. wir leugnen, daß sie notwendige Wirkungen ausreichender Ursachen seien. Also führt uns die Untersuchung der Sinneswahrnehmungen auch noch zu der schon von *Kant* gefundenen Erkenntnis: daß der Satz: „Keine Wirkung ohne Ursache", ein vor aller Erfahrung gegebenes Gesetz unseres Denkens sei.[12]

Es war der außerordentlichste Fortschritt, den die Philosophie durch *Kant* gemacht hat, daß er das angeführte Gesetz und die übrigen eingeborenen Formen der Anschauung und Gesetze des Denkens aufsuchte und als solche nachwies. Damit leistete er, wie ich schon vorher erwähnte, dasselbe für die Lehre von den Vorstellungen überhaupt, was in einem engeren Kreise für die unmittelbaren sinnlichen Wahrnehmungen auf empirischen Wegen die Physiologie durch *Johannes Müller* geleistet hat. Wie letzterer in den Sinneswahrnehmungen den Einfluß der besonderen Tätigkeit der Organe nachwies, so wies *Kant* nach, was in unseren Vorstellungen von den besonderen und eigentümlichen Gesetzen des denkenden Geistes herrühre. Sie sehen also, daß *Kant*s Ideen noch leben und noch immer sich reicher entfalten, selbst in Gebieten, wo man ihre Früchte vielleicht nicht gesucht haben würde. Auch hoffe ich, Ihnen klargemacht zu haben, daß der Gegensatz zwischen Philosophie und Naturwissenschaften sich nicht auf alle Philosophie überhaupt, sondern nur auf gewisse neuere Systeme der Philosophie bezieht und daß das gemeinsame Band, welches alle Wissenschaften verbinden soll, keineswegs durch die neuere Naturwissenschaft zerrissen ist. Ja, ich fürchte sogar, daß Sie auf meinen heutigen naturwissenschaftlichen Vortrag das Sprüchlein anwenden könnten, welches Mephistopheles eigentlich auf die Philosophen gemünzt hat:

Dann lehret man Euch manchen Tag,
Daß, was ihr sonst auf einen Schlag
Getrieben, wie Essen und Trinken frei,
Eins! Zwei! Drei! dazu nötig sei.[13]

Über das Verhältnis der Naturwissenschaften zur Gesamtheit der Wissenschaften [1]

Hochgeehrte Versammlung!

Unsere Universität erneuert in der jährlichen Wiederkehr des heutigen Tages die dankbare Erinnerung an einen erleuchteten Fürsten dieses Landes, *Karl Friedrich*, der während einer Zeit, als die ganze alte Ordnung Europas umzustürzen schien, eifrig und im edelsten Sinne bemüht war, das Wohl und die geistige Entwicklung seines Volkes zu fördern, und der es richtig zu erkennen wußte, daß die Erneuerung und Wiederbelebung dieser Universität eines der Hauptmittel zur Erreichung seiner wohlwollenden Absichten sein würde.[2] Indem ich an einem solchen Tage von diesem Platze aus als Stellvertreter unserer gesamten Universität zu der gesamten Universität zu sprechen habe, ziemt es sich wohl, einen Blick auf den Zusammenhang der Wissenschaften und ihres Studiums im Ganzen zu werfen, so weit dies von dem beschränkten Standpunkt aus möglich ist, den der Einzelne einnimmt.

Wohl kann es in jetziger Zeit so erscheinen, als ob die gemeinsamen Beziehungen aller Wissenschaften zueinander, um deren Willen wir sie unter dem Namen einer *Universitas litterarum* zu vereinigen pflegen, lockerer als je geworden seien. Wir sehen die Gelehrten unserer Zeit vertieft in ein Detailstudium von so unermeßlicher Ausdehnung, daß auch der größte Polyhistor nicht mehr daran denken kann, mehr als ein kleines Teilgebiet der heutigen Wissenschaft in seinem Kopfe zu beherbergen. Den Sprachforscher der drei letztvergangenen Jahrhunderte beschäftigte das Studium des Griechischen und Lateinischen schon genügend, nur für unmittelbar praktische Zwecke lernte man vielleicht noch einige europäische Sprachen. Jetzt hat sich die *vergleichende Sprachforschung* keine geringere Aufgabe gestellt, als die, alle Sprachen *aller* menschlichen Stämme kennenzulernen, um an ihnen die Gesetze der Sprachbildung selbst zu ermitteln, und mit dem riesigsten Fleiße hat sie sich an ihre Arbeit gemacht. Selbst innerhalb der *klassischen Philologie* beschränkt man sich nicht mehr darauf, diejenigen Schriften zu studieren, welche durch ihre künstlerische Vollendung, durch die Schärfe ihrer Gedanken oder die Wichtigkeit ihres Inhaltes die Vorbilder der Poesie und Prosa für alle Zeit geworden sind. Man weiß, daß jedes verlorene Bruchstück eines alten Schriftstellers, jede Notiz eines pedantischen Grammatikers oder eines byzantinischen Hofpoeten, jeder zerbrochene Grabstein eines römischen Beamten, der sich in einem unbekannten Winkel Ungarns, Spaniens oder Afrikas vorfindet, eine Nachricht oder ein Beweisstück enthalten kann, welches an seiner Stelle wichtig sein möchte; und so ist denn wieder eine andere Zahl von Gelehrten mit der Ausführung des riesigen Unternehmens beschäftigt, *alle* Reste des klassischen Altertums, welcher Art sie sein mögen, zu sammeln und zu katalogisieren, damit sie zum Gebrauch bereit seien. Nehmen Sie dazu das *historische* Quellenstudium, die Durchmusterung der in den Archiven der Staaten und der Städte aufgehäuften Pergamente und Papiere, das Zusammenlesen der in Memoiren, Briefsammlungen und Biographien zerstreuten Notizen und die Entzifferung der in den Hieroglyphen und Keilschriften niedergelegten Dokumente, nehmen Sie dazu die noch immer an Umfang schnell wachsenden systematischen Übersichten der *Mineralien*, der *Pflanzen* und *Tiere*, der lebenden wie der vorsintflutlichen, so entfaltet sich vor unserem Blicke eine Masse gelehrten Wissens, welche uns schwindeln macht. In allen diesen Wissenschaften nimmt der Kreis der Forschung noch fortdauernd in demselben Maße zu, als die Hilfsmittel der Beobachtung sich verbessern, ohne daß ein Ende abzusehen ist. Der *Zoologe* der vergangenen Jahrhunderte war meist zufrieden, wenn er die Zähne, die Behaarung, die Bildung der Füße und andere äußerliche Kennzeichen eines Tieres beschrieben hatte.

Der *Anatom* dagegen beschrieb die Anatomie des Menschen allein, so weit er sie mit dem Messer, der Säge und dem Meissel oder etwa mit Hilfe von Injektionen der Gefäße ermitteln konnte. Das Studium der menschlichen Anatomie galt schon als ein entsetzlich weitläufiges und schwer zu erlernendes Gebiet. Heutzutage begnügt man sich nicht mehr mit der sogenannten gröberen *menschlichen Anatomie*, welche fast, wenn auch mit Unrecht, als ein erschöpftes Gebiet angesehen wird, sondern die *vergleichende* Anatomie, d. h. die Anatomie *aller* Tiere, und die *mikroskopische Anatomie*, also Wissenschaften von einem unendlich breiteren Inhalte, sind hinzugekommen und absorbieren das Interesse der Beobachter.

Die vier Elemente des Altertums und der mittelalterlichen Alchimie sind in unserer jetzigen *Chemie* auf 64 gewachsen[3]; die drei letzten von ihnen sind nach einer an unserer Universität entdeckten Methode aufgefunden worden, welche noch viele ähnliche Funde in Aussicht stellt[4]. Aber nicht bloß die Zahl der Elemente ist außerordentlich gewachsen, auch die Methoden, komplizierte Verbindungen derselben herzustellen, haben *solche* Fortschritte gemacht, daß die sogenannte *organische Chemie*, welche nur die Verbindungen des Kohlenstoffs mit Wasserstoff, Sauerstoff, Stickstoff und mit einigen wenigen anderen Elementen umfaßt, schon wieder eine Wissenschaft für sich geworden ist.

„Soviel Stern' am Himmel stehen" war in alter Zeit der natürliche Ausdruck für eine Zahl, welche alle Grenzen unseres Fassungsvermögens übersteigt; *Plinius* findet es ein an Vermessenheit streifendes Unternehmen des *Hipparch* (rem etiam Deo improbam), daß er die Sterne zu zählen und ihre Örter einzeln abzumessen unternommen habe[5]. Und doch liefern die bis zum siebzehnten Jahrhundert ohne Hilfe von Fernrohren angefertigten Sternverzeichnisse nur 1000 bis 1500 Sterne erster bis fünfter Größe. Gegenwärtig ist man an mehreren Sternwarten beschäftigt, diese Kataloge bis zur zehnten Größe fortzusetzen, was eine Gesamtzahl von etwa 200000 Fixsternen über den ganzen Himmel ergeben wird, welche alle aufgezeichnet und deren Örter messend bestimmt werden sollen. Die nächste Folge dieser

Untersuchungen ist dann auch die Möglichkeit gewesen, eine große Menge neuer Planeten zu entdecken, von denen vor 1781 nur sechs bekannt waren, im gegenwärtigen Augenblick dagegen schon 75[6].

Wenn wir diese riesige Tätigkeit in allen Zweigen überblicken, so können uns die verwegenen Anschläge der Menschen wohl in ein erschrecktes Staunen versetzen, wie den Chor in der Antigone, wo er ausruft:

Πολλὰ τα δεινά, κοὶ δὲν ἀνθρώπου δεινότερον πέλει.

„Vieles ist erstaunlich, aber nichts erstaunlicher als der Mensch."

Wer soll noch das Ganze übersehen, wer die Fäden des Zusammenhanges in der Hand behalten und sich zurechtfinden? Die natürliche Folge tritt zunächst darin hervor, daß jeder einzelne Forscher ein immer kleiner werdendes Gebiet zu seiner eigenen Arbeitsstätte zu wählen gezwungen ist und nur unvollständige Kenntnisse von den Nachbargebieten sich bewahren kann. Wir sind jetzt geneigt zu lachen, wenn wir hören, daß im 17. Jahrhundert *Kepler* als Professor der Mathematik und der Moral nach *Graz* berufen wurde oder daß am Anfange des 18. Jahrhunderts *Boerhaave* zu *Leiden* gleichzeitig die Professuren der Botanik, Chemie und klinischen Medizin innehatte, worin natürlich damals auch noch die Pharmazie eingeschlossen war. Jetzt brauchen wir mindestens vier, an vollständig besetzten Universitäten sogar sieben bis acht Lehrer, um alle diese Fächer zu vertreten. Ähnlich ist es in den anderen Disziplinen.

Ich habe um so mehr Veranlassung, die Frage nach dem Zusammenhange der verschiedenen Wissenschaften hier zu erörtern, als ich selbst dem Kreise der Naturwissenschaften angehöre und man diese in neuerer Zeit gerade am meisten beschuldigt hat, einen isolierten Weg eingeschlagen zu haben und den übrigen Wissenschaften, die durch gemeinsame philologische und historische Studien untereinander verbunden sind, fremd geworden zu sein. Ein solcher Gegensatz ist in der Tat eine Zeitlang fühlbar gewesen und scheint mir namentlich unter dem Einfluß der *Hegel*schen Philosophie sich entwickelt zu haben oder durch diese Philosophie mindestens klarer als vorher an das Licht gezogen worden zu sein. Denn am Ende des vorigen Jahrhunderts unter dem Einflusse der *Kant*schen Lehre war eine solche Trennung noch nicht ausgesprochen, diese Philosophie stand vielmehr mit den Naturwissenschaften auf genau gleichem Boden, wie am besten *Kants* eigene naturwissenschaftliche Arbeiten zeigen, hauptsächlich seine auf *Newtons* Gravitationsgesetz gestützte kosmogonische Hypothese, welche später unter dem Namen von *Laplace* ausgebreitete Anerkennung erhalten hat. *Kants* kritische Philosophie ging nur darauf aus, die Quellen und die Berechtigung unseres Wissens zu prüfen und den einzelnen übrigen Wissenschaften gegenüber den Maßstab für ihre geistige Arbeit aufzustellen. Ein Satz, der a priori durch reines Denken gefunden war, konnte nach seiner Lehre immer nur eine Regel für die Methode des Denkens sein, aber keinen positiven und realen Inhalt haben. Die Identitätsphilosophie war kühner. Sie ging von der Hypothese aus, daß auch die wirkliche Welt, die Natur und das Menschenleben das Resultat des Denkens eines schöpferischen Geistes sei, welcher Geist seinem Wesen nach als dem menschlichen gleichartig betrachtet wurde.[7] Sonach schien der menschliche Geist es unternehmen zu können, auch ohne durch äußere Erfahrungen dabei geleitet zu sein, die Gedanken des Schöpfers nachzudenken und durch eigene innere Tätigkeit dieselben wiederzufinden. In diesem Sinne ging nun die Identitätsphilosophie darauf aus, die wesentlichen Resultate der übrigen Wissenschaften a priori zu konstruieren. Es mochte dieses Geschäft mehr oder weniger gut gelingen in bezug auf Religion, Recht, Staat, Sprache, Kunst, Geschichte, kurz in allen den Wissenschaften, deren Gegenstand sich wesentlich aus psychologischer Grundlage entwickelt und die daher unter dem Namen der *Geisteswissenschaften* passend zusammengefaßt werden. Staat, Kirche, Kunst, Sprache sind dazu da, um gewisse, geistige Bedürfnisse der Menschen zu befriedigen. Wenn auch äußere Hindernisse, Naturkräfte, Zufall, Nebenbuhlerschaft anderer Menschen oft störend eingreifen, so werden schließlich doch die beharrlich das gleiche Ziel verfolgenden Bestrebungen des menschlichen Geistes über die planlos waltenden Hindernisse das Übergewicht erhalten und den Sieg erringen müssen. Unter diesen Umständen wäre es nicht gerade unmöglich, den allgemeinen Entwickelungsgang der Menschheit in bezug auf die genannten Verhältnisse aus einem genauen Verständnis des menschlichen Geistes a priori vorzuzeichnen, namentlich wenn der Philosophierende schon ein breites empirisches Material vor sich hat, dem sich seine Abstraktionen anschließen können. Auch wurde *Hegel* in seinen Versuchen, diese Aufgabe zu lösen, wesentlich unterstützt durch die tiefen philosophischen Blicke in Geschichte und Wissenschaft, welche die Philosophen und Dichter der ihm unmittelbar vorausgehenden Zeit getan hatten und die er hauptsächlich nur zusammenzuordnen und zu verbinden brauchte, um ein durch viele überraschende Einsichten imponierendes System herzustellen. So gelang es ihm, bei der Mehrzahl der Gebildeten seiner Zeit einen enthusiastischen Beifall zu finden und überschwängliche Hoffnungen auf die Lösung der tiefsten Rätsel des Menschenlebens zu erregen; das letztere um so mehr, als der Zusammenhang des Systems durch eine sonderbar abstrakte Sprache verhüllt war und vielleicht von wenigen seiner Verehrer wirklich verstanden und durchschaut worden ist.

Daß nun die Konstruktion der wesentlichen Hauptresultate der Geisteswissenschaften mehr oder weniger gut gelang, war immer noch kein Beweis für die Richtigkeit der Identitätshypothese, von der *Hegels* Philosophie ausging. Es wären im Gegenteil die Tatsachen der Natur das entscheidende Prüfungsmittel gewesen. Daß in den Geisteswissenschaften sich die Spuren der Wirksamkeit des menschlichen Geistes und seiner Entwickelungsstufen wiederfinden mußten, war selbstverständlich. Wenn aber die Natur das Resultat der Denkprozesse eines ähnlichen schöpferischen Geistes abspiegelte, so mußten sich die verhältnismäßig einfacheren Formen und Vorgänge in ihr um so leichter dem Systeme einordnen lassen. Aber hier gerade scheiterten die Anstrengungen der Identitätsphilosophie, wir dürfen wohl sagen, vollständig. *Hegels* Naturphilosophie erschien den Naturforschern wenigstens absolut sinnlos. Von den vielen ausgezeichneten Naturforschern jener Zeit fand sich nicht ein einziger, der sich mit den *Hegel*schen

Ideen hätte befreunden können. Da andererseits für *Hegel* es von besonderer Wichtigkeit war, gerade in diesem Felde sich die Anerkennung zu erkämpfen, die er anderwärts so reichlich gefunden hatte, so folgte eine ungewöhnlich leidenschaftliche und erbitterte Polemik von seiner Seite, welche sich namentlich gegen *Newton*, als den ersten und größten Repräsentanten der wissenschaftlichen Naturforschung, richtete.[8]

Die Naturforscher wurden von den Philosophen der Borniertheit geziehen; diese von jenen der Sinnlosigkeit. Die Naturforscher fingen nun an, ein gewisses Gewicht darauf zu legen, daß ihre Arbeiten ganz frei von allen philosophischen Einflüssen gehalten seien, und es kam bald dahin, daß viele von ihnen, darunter Männer von hervorragender Bedeutung, alle Philosophie als unnütz, ja sogar als schädliche Träumerei verdammten. Wir können nicht leugnen, daß hierbei mit den ungerechtfertigten Ansprüchen, welche die Identitätsphilosophie auf Unterordnung der übrigen Disziplinen erhob, auch die berechtigten Ansprüche der Philosophie, nämlich die Kritik der Erkenntnisquellen auszuüben und den Maßstab der geistigen Arbeit festzustellen, über Bord geworfen wurden.

In den Geisteswissenschaften war der Verlauf ein anderer, wenn er auch schließlich zu ziemlich demselben Resultate führte. In allen Zweigen der Wissenschaft, für Religion, Staat, Recht, Kunst, Sprache, standen begeisterte Anhänger der *Hegel*schen Philosophie auf, welche die genannten Gebiete im Sinne des Systems zu reformieren suchten und auf spekulativem Wege Früchte einzusammeln hofften, denen man sich bis dahin nur langsam durch langwierige Arbeit genähert hatte. So stellte sich eine Zeitlang ein schneidender und scharfer Gegensatz her zwischen den Naturwissenschaften auf der einen und den Geisteswissenschaften auf der anderen Seite, wobei den ersteren nicht selten der Charakter der Wissenschaft ganz abgesprochen wurde.

Freilich dauerte das gespannte Verhältnis in seiner ersten Bitterkeit nicht lange. Die Naturwissenschaften erwiesen vor jedermanns Augen durch eine schnell aufeinanderfolgende Reihe glänzender Entdeckungen und Anwendungen, daß ein gesunder Kern von ungewöhnlicher Fruchtbarkeit in ihnen wohne; man konnte ihnen Achtung und Anerkennung nicht versagen. Und auch auf den übrigen Gebieten des Wissens erhoben gewissenhafte Erforscher der Tatsachen bald ihren Widerspruch gegen den allzu kühnen Ikarusflug der Spekulation. Doch läßt sich auch ein wohltätiger Einfluß jener philosophischen Systeme nicht verkennen; wir dürfen wohl nicht leugnen, daß seit dem Auftreten von *Hegel* und *Schelling* die Aufmerksamkeit der Forscher in den verschiedenen Zweigen der Geisteswissenschaften lebhafter und dauernder auf deren geistigen Inhalt und Zweck gerichtet gewesen ist, als es in den vorausgehenden Jahrhunderten vielleicht der Fall war. Die große Arbeit jener Philosophie ist deshalb nicht ganz vergebens gewesen.

In dem Maße nun, als die empirische Erforschung der Tatsachen auch in den anderen Wissenschaften wieder in den Vordergrund trat, ist allerdings der Gegensatz zwischen ihnen und den Naturwissenschaften gemildert worden. Indessen, wenn derselbe durch Einfluß der genannten philosophischen Meinungen auch in übertriebener Schärfe zum Ausdruck gekommen war, läßt sich doch nicht verkennen, daß ein solcher Gegensatz wirklich in der Natur der Dinge begründet ist und sich geltend macht. Es liegt ein solcher zum Teil in der Art der geistigen Arbeit, zum Teil in dem Inhalt der genannten Fächer, wie es der Name der Natur- und Geisteswissenschaften schon andeutet. Der Physiker wird einige Schwierigkeit finden, dem Philologen oder Juristen die Einsicht in einen verwickelten Naturprozeß zu eröffnen; er muß von ihnen dabei Abstraktionen von dem sinnlichen Schein und eine Gewandtheit in dem Gebrauche geometrischer und mechanischer Anschauungen verlangen, in denen ihm die anderen nicht so leicht nachfolgen können. Andererseits werden die Ästhetiker und Theologen den Naturforscher vielleicht zu ihnen trivial erscheinenden mechanischen und materialistischen Erklärungen geneigt finden, durch welche sie in der Wärme ihres Gefühls und ihrer Begeisterung gestört werden. Der Philolog und der Historiker, denen auch der Jurist und der Theologe, durch gemeinsame philologische und historische Studien eng verbunden, sich anschließen, werden den Naturforscher auffallend gleichgültig gegen literarische Schätze finden, ja vielleicht sogar für die Geschichte seiner eigenen Wissenschaft gleichgültiger als recht ist. Endlich ist nicht zu leugnen, daß sich die Geisteswissenschaften ganz direkt mit den teuersten Interessen des menschlichen Geistes und mit den durch ihn in die Welt eingeführten Ordnungen befassen; die Naturwissenschaften dagegen mit äußerem, gleichgültigem Stoff, den wir scheinbar nur des praktischen Nutzens wegen nicht umgehen können, der aber vielleicht kein unmittelbares Interesse für die Bildung des Geistes zu haben scheint.

Da nun die Sache so liegt, da sich die Wissenschaften in unendlich viele Äste und Zweige gespalten haben, da lebhaft gefühlte Gegensätze zwischen ihnen entwickelt sind, da kein einzelner mehr das Ganze oder auch nur einen erheblichen Teil des Ganzen umfassen kann, hat es noch einen Sinn, sie alle an denselben Anstalten zusammenzuhalten? Ist die Vereinigung der vier Fakultäten zu einer Universität nur ein Rest des Mittelalters?[9] Manche äußere Vorteile sind schon dafür geltend gemacht worden, daß man die Mediziner in die Spitäler der großen Städte, die Naturforscher in die polytechnischen Schulen schicke und daß man für die Theologen und Juristen besondere Seminare und Schulen errichte. Wir wollen hoffen, daß die deutschen Universitäten noch lange vor einem solchen Schicksale bewahrt bleiben mögen! Dadurch würde in der Tat der Zusammenhang zwischen den verschiedenen Wissenschaften zerrissen werden, und wie wesentlich notwendig ein solcher Zusammenhang nicht nur in formeller Beziehung für die Erhaltung der wissenschaftlichen Arbeitskraft, sondern auch in materieller Beziehung für die Förderung der Ergebnisse dieser Arbeit ist, wird eine kurze Betrachtung zeigen.

Zunächst in formaler Beziehung. Ich möchte sagen, die Vereinigung der verschiedenen Wissenschaften ist nötig, um das gesunde Gleichgewicht der geistigen Kräfte zu erhalten. Jede einzelne Wissenschaft nimmt gewisse Geistesfähigkeiten besonders in Anspruch und kräftigt sie dem entsprechend durch anhaltendere Übung. Aber jede einseitige Ausbildung hat ihre Gefahr; sie macht unfähig für die weniger geübten Arten der Tätigkeit, beschränkt dadurch den Blick für den Zusammenhang des Ganzen; namentlich aber treibt sie auch leicht zur Selbstüberschätzung. Wer sich bewußt ist, eine gewisse Art geistiger Arbeit viel besser zu verrichten als andere Menschen, vergißt leicht, daß er manches nicht leisten kann, was andere viel besser tun als er selbst; und Selbstüberschätzung – das vergesse niemand, der sich den Wissenschaften widmet – ist der größte und schlimmste Feind aller wissenschaftlichen Tätigkeit. Wie viele und große Talente haben nicht die dem Gelehrten vor allen Dingen nötige und so schwer zu übende Selbstkritik vergessen oder sind ganz in ihrer Tätigkeit erlahmt, weil sie trockene emsige Arbeit ihrer selbst unwürdig glaubten und nur bestrebt waren, geistreiche Ideenkombinationen und weltumgestaltende Entdeckungen hervorzubringen! Wie viele haben nicht in verbitterter und menschenfeindlicher Stimmung ein melancholisches Leben zu Ende geführt, weil ihnen die Anerkennung der Menschen fehlte, die natürlich durch Arbeit und Erfolge errungen werden muß, nicht aber dem bloß sich selbst bewundernden Genie gezollt zu werden pflegt. Und je isolierter der einzelne ist, desto leichter droht ihm eine solche Gefahr; während umgekehrt nichts belebender ist, als zur Anstrengung aller Kräfte genötigt zu sein, um sich die Anerkennung solcher Männer zu erringen, denen man selbst die höchste Anerkennung zu widmen sich gezwungen fühlt.

Vergleichen wir die Art der geistigen Tätigkeit in den verschiedenen Zweigen der Wissenschaft, so zeigen sich gewisse durchgehende Unterschiede nach den Wissenschaften selbst, wenn auch daneben nicht zu verkennen ist, daß jedes einzelne ausgezeichnete Talent seine besondere individuelle Geistesrichtung hat, wodurch es für seine besondere Art von Tätigkeit vorzugsweise befähigt wird. Man braucht nur die Arbeiten zweier gleichzeitiger Forscher auf ganz eng benachbarten Gebieten zu vergleichen, und man wird sich in der Regel überzeugen können, daß die geistige Individualität des einzelnen sich um so bestimmter ausprägt, je hervorragender sie ist, und daß der eine nur um so weniger imstande sein würde, die Arbeiten des anderen auszuführen. Bei der heutigen Gelegenheit kann es sich natürlich nur darum handeln, die allgemeinsten Unterschiede, welche die geistige Arbeit in den verschiedenen Zweigen der Wissenschaft darbietet, zu charakterisieren.

Ich habe an den riesenhaften Umfang des Materials unserer Wissenschaften erinnert. Zunächst ist klar: Je größer dieser Umfang ist, eine desto bessere und genauere Organisation und Anordnung gehört dazu, damit man sich nicht im Labyrinth der Gelehrsamkeit hoffnungslos verlaufe. Je besser die Ordnung und Systematisierung ist, desto größer kann auch die Anhäufung der Einzelheiten werden, ohne daß der Zusammenhang leidet. Unsere Zeit kann so viel mehr im Einzelnen leisten, weil unsere Vorgänger uns gelehrt haben, wie die Organisation des Wissens einzurichten ist.

Diese Organisation besteht in erster Stufe nur in einer äußerlichen mechanischen Ordnung, wie sie uns unsere Kataloge, Lexika, Register, Indizes, Literaturübersichten, Jahresberichte, Gesetzsammlungen, naturhistorischen Systeme usw. geben. Mit Hilfe dieser Dinge wird zunächst nur erreicht, daß dasjenige Wissen, welches nicht unmittelbar im Gedächtnis aufzubewahren ist, jeden Augenblick von demjenigen, der es braucht, gefunden werden kann. Mittelst eines guten Lexikon kann jetzt ein Gymnasiast im Verständnis der Klassiker manches leisten, was einem *Erasmus* trotz der Belesenheit eines langen Lebens schwer geworden sein muß. Die Werke dieser Art bilden gleichsam den Grundstock des wissenschaftlichen Vermögens der Menschheit, mit dessen Zinsen gewirtschaftet wird; man könnte sie vergleichen mit einem Kapital, was in Ländereien angelegt ist. Wie die Erde, aus der das Land besteht, sieht das Wissen, das in den Katalogen, Lexika und Verzeichnissen steckt, wenig einladend und unschön aus; der Unkundige weiß die Arbeit und Kosten, welche in diesen Acker gesteckt sind, nicht zu erkennen und nicht zu schätzen; die Arbeit des Pflügers erscheint unendlich schwerfällig, mühsam und langweilig. Aber wenn auch die Arbeit des Lexikographen oder des naturhistorischen Systematikers einen ebenso mühsamen und hartnäckigen Fleiß in Anspruch nimmt, wie die des Pflügers, so muß man doch nicht glauben, daß sie untergeordneter Art oder so trocken und mechanisch sei, wie sie nachher aussieht, wenn man das Verzeichnis fertig gedruckt vor sich liegen hat. Es muß eben auch dabei jede einzelne Tatsache durch aufmerksame Beobachtung aufgefunden, nachher geprüft und verglichen, es muß das Wichtige von dem Unwichtigen gesondert werden, und dies alles kann offenbar nur jemand tun, der den Zweck, zu welchem gesammelt wird, den geistigen Inhalt der betreffenden Wissenschaft und ihre Methoden lebendig aufgefaßt hat. Für einen solchen wird auch jeder einzelne Fall wieder in Zusammenhang mit dem Ganzen treten und sein eigentümliches Interesse haben. Sonst würde ja auch diese Tätigkeit die schlimmste Sklavenarbeit sein, die sich ausdenken ließe. Daß auch auf diese Werke die fortschreitende Ideenentwickelung der Wissenschaft Einfluß hat, zeigt sich eben darin, daß man es nötig findet, fortdauernd neue Lexika, neue naturhistorische Systeme, neue Gesetzsammlungen, neue Sternkataloge auszuarbeiten; darin spricht sich die fortschreitende Kunst der Methode und der Organisation des Wissens aus.

Unser Wissen soll aber nicht in der Form der Kataloge liegenbleiben; denn eben, daß wir es in dieser Form, schwarz auf weiß gedruckt, äußerlich mit uns herumtragen müssen, zeigt an, daß wir es geistig nicht bezwungen haben. Es ist nicht genug, die Tatsachen zu kennen; Wissenschaft entsteht erst, wenn sich ihr Gesetz und ihre Ursachen enthüllen. Die logische Verarbeitung des gegebenen Stoffes besteht zunächst darin, daß wir das Ähnliche zusammenschließen und einen allgemeinen Begriff ausbilden, der es umfaßt. Ein solcher Begriff, wie sein Name andeutet, begreift in sich eine Menge von Einzelheiten und vertritt sie in unserem Denken. Wir nennen ihn Gattungsbegriff, wenn er eine Menge existierender Dinge, wir nennen ihn Gesetz, wenn er eine Reihe von Vorgängen oder Ereignissen umfaßt. Wenn ich ermittelt habe, daß alle Säugetiere, d. h. alle warmblütigen Tiere, welche lebendige Junge gebären, auch zugleich durch Lungen atmen, zwei Herzkammern und mindestens drei Gehörknöchelchen haben, so brauche ich die genannten anatomischen Eigentümlichkeiten nicht mehr von Affen, Pferd, Hund und Walfisch einzeln zu behalten. Die allgemeine Regel umfaßt hier eine ungeheure Menge von einzelnen Fällen und vertritt sie im Gedächtnis.

Wenn ich das Brechungsgesetz der Lichtstrahlen ausspreche, so umfaßt dieses Gesetz nicht nur die Fälle, wo Strahlen unter den verschiedensten Winkeln auf eine einzelne ebene Wasserfläche fallen, und gibt mir Auskunft über den Erfolg, sondern es umfaßt alle Fälle, wo Lichtstrahlen irgend einer Farbe auf die irgendwie gestaltete Oberfläche einer irgendwie gearteten durchsichtigen Substanz fallen. Es umfaßt also dieses Gesetz eine wirklich unendliche Anzahl von Fällen, welche im Gedächtnis einzeln zu bewahren, gar nicht möglich gewesen sein würde. Dabei ist aber weiter zu bemerken, daß dasselbe Gesetz nicht nur diejenigen Fälle umfaßt, die wir oder andere schon beobachtet haben, sondern wir werden auch nicht anstehen, es auf neue, noch nicht beobachtete Fälle anzuwenden, um den Erfolg der Lichtbrechung danach vorauszusagen, und werden uns in unserer Erwartung nicht getäuscht finden. Ebenso werden wir, falls wir ein unbekanntes, noch nicht anatomisch zerlegtes Säugetier finden sollten, mit einer an Gewißheit grenzenden Wahrscheinlichkeit voraussetzen dürfen, daß dasselbe Lungen, zwei Herzkammern und drei oder mehr Gehörknöchelchen habe.

Indem wir also die Tatsachen der Erfahrung denkend zusammenfassen und Begriffe bilden, seien es nun Gattungsbegriffe oder Gesetze, so bringen wir unser Wissen nicht nur in eine Form, in der es leicht zu handhaben und aufzubewahren ist, sondern wir erweitern es auch, da wir die gefundenen Regeln und Gesetze auch auf alle ähnlichen, künftig noch aufzufindenden Fälle, auszudehnen berechtigt sind.

Die genannten Beispiele sind solche, in denen keine Schwierigkeit mehr besteht, die Einzelfälle durch Denken zu Begriffen zusammenzufassen und in denen das Wesen des ganzen Vorganges klar vor Augen liegt. Aber in komplizierten Fällen gelingt es uns nicht so gut, das Ähnliche rein vom Unähnlichen zu scheiden und es zu einem scharf und klar begrenzten Begriffe zusammenzufassen. Nehmen Sie an, daß wir einen Menschen als ehrgeizig kennen; wir werden vielleicht mit ziemlicher Sicherheit vorhersagen, daß, wenn dieser Mann unter gewissen Bedingungen zu handeln hat, er seinem Ehrgeize folgen und sich für eine gewisse Art des Handelns entscheiden wird. Aber weder können wir mit voller Bestimmtheit definieren, woran ein Ehrgeiziger zu erkennen oder nach welchem Maße der Grad seines Ehrgeizes zu messen ist, noch können wir mit Bestimmtheit sagen, welcher Grad des Ehrgeizes vorhanden sein muß, damit er in dem betreffenden Falle den Handlungen des Mannes gerade die betreffende Richtung gebe. Wir machen also unsere Vergleichungen zwischen den bisher beobachteten Handlungen des einen Mannes und zwischen den Handlungen anderer Männer, welche in ähnlichen Fällen ähnlich gehandelt haben, und ziehen unseren Schluß auf den Erfolg der künftigen Handlungen, ohne weder den Major noch den Minor[10] dieses Schlusses in einer bestimmten und deutlich begrenzten Form aussprechen zu können, ja ohne uns vielleicht selbst klargemacht zu haben, daß unsere Vorhersagung auf der beschriebenen Vergleichung beruht. Unser Urteil geht in einem solchen Falle nur aus einem gewissen psychologischen Takte, nicht aus bewußtem Schließen hervor, obgleich im Wesentlichen der geistige Prozeß derselbe geblieben ist wie in dem Falle, wo wir einem neugefundenen Säugetiere Lungen zuschreiben.

Diese letztere Art der Induktion nun, welche nicht bis zur vollendeten Form des logischen Schließens, nicht zur Aufstellung ausnahmslos geltender Gesetze durchgeführt werden kann, spielt im menschlichen Leben eine ungeheuer ausgebreitete Rolle. Auf ihr beruht die ganze Ausbildung unserer Sinneswahrnehmungen, wie sich namentlich durch die Untersuchung der sogenannten Sinnestäuschungen nachweisen läßt. Wenn z. B. in unserem Auge die Nervenausbreitung durch einen Stoß gereizt wird, so bilden wir die Vorstellung von Licht im Gesichtsfelde, weil wir unser ganzes Leben lang Reizung in unseren Sehnervenfasern nur dann gefühlt haben, wenn Licht im Gesichtsfelde war, und wir gewöhnt sind, die Empfindung der Sehnervenfasern mit Licht im Gesichtsfelde zu identifizieren, was wir auch in einem Falle tun, wo es nicht paßt. Dieselbe Art der Induktion spielt denn auch eine Hauptrolle den psychologischen Vorgängen gegenüber, wegen der außerordentlichen Verwickelung der Einflüsse, welche die Bildung des Charakters und der momentanen Gemütsstimmung der Menschen bedingen. Ja, da wir uns selbst freien Willen zuschreiben,

d. h. die Fähigkeit, aus eigener Machtvollkommenheit zu handeln, ohne dabei von einem strengen und unausweichlichen Kausalitätsgesetze gezwungen zu sein, so leugnen wir dadurch überhaupt ganz und gar die Möglichkeit, wenigstens einen Teil der Äußerungen unserer Seelentätigkeit auf ein streng bindendes Gesetz zurückzuführen.

Man könnte nun diese Art der Induktion im Gegensatz zu der *logischen*, welche es zu scharf definierten allgemeinen Sätzen bringt, die *künstlerische Induktion* nennen, weil sie im höchsten Grade bei den ausgezeichneteren Kunstwerken hervortritt. Es ist ein wesentlicher Teil des künstlerischen Talentes, die charakteristischen äußeren Kennzeichen eines Charakters und einer Stimmung durch Worte, Form und Farbe oder durch Töne wiedergeben zu können und durch eine Art instinktiver Anschauung zu erfassen, wie sich die Seelenzustände fortentwickeln müssen, ohne doch dabei durch irgendeine faßbare Regel geleitet zu werden. Im Gegenteil, wo wir merken, daß der Künstler mit Bewußtsein nach allgemeinen Regeln und Abstraktionen gearbeitet hat, finden wir sein Werk arm und trivial, und es ist mit unserer Bewunderung zu Ende. Die Werke der großen Künstler bringen uns die Bilder der Charaktere und Stimmungen mit einer Lebhaftigkeit, einem Reichtum an individuellen Zügen und einer überzeugenden Kraft der Wahrheit entgegen, welche der Wirklichkeit fast überlegen scheint, weil die störenden Momente daraus fernbleiben.

Überblicken wir nun die Reihe der Wissenschaften mit Beziehung auf die Art, wie sie ihre Resultate zu ziehen haben, so tritt uns ein durchgehender Unterschied zwischen den Naturwissenschaften und den Geisteswissenschaften entgegen. Die Naturwissenschaften sind meist imstande, ihre Induktionen bis zu scharf ausgesprochenen allgemeinen Regeln und Gesetzen durchzuführen; die Geisteswissenschaften dagegen haben es überwiegend mit Urteilen nach psychologischem Taktgefühl zu tun. So müssen die historischen Wissenschaften zunächst die Glaubwürdigkeit der Berichterstatter, die ihnen die Tatsachen überliefern, prüfen; sind die Tatsachen festgestellt, so beginnt ihr schwereres und wichtigeres Geschäft, die oft sehr verwickelten und mannigfaltigen Motive der handelnden Völker und Individuen aufzusuchen; beides ist wesentlich zu entscheiden nur durch psychologische Anschauung. Die philologischen Wissenschaften, insofern sie sich mit Erklärung und Verbesserung der uns überlieferten Texte, mit Literatur- und Kunstgeschichte beschäftigen, müssen den Sinn, den der Schriftsteller auszudrücken, die Nebenbeziehungen, welche er durch seine Worte anzudeuten beabsichtigte, herauszufühlen suchen; sie müssen zu dem Ende von einer richtigen Anschauung sowohl der Individualität des Schriftstellers als des Genius der Sprache, in der er schrieb, auszugehen wissen. Alles dies sind Fälle künstlerischer, nicht eigentlich logischer Induktion. Das Urteil läßt sich hier nur gewinnen, wenn eine sehr große Menge von einzelnen Tatsachen ähnlicher Art im Gedächtnis bereit ist, um schnell mit der gerade vorliegenden Frage in Beziehung gesetzt zu werden. Eines der ersten Erfordernisse für diese Art von Studien ist deshalb ein treues und bereites Gedächtnis. In der Tat haben viele der berühmten Historiker und Philologen durch die Kraft ihres Gedächtnisses das Staunen ihrer Zeitgenossen erregt. Natürlich wäre das Gedächtnis allein nicht ausreichend ohne die Fähigkeit, schnell das wesentlich Ähnliche überall herauszufinden, ohne eine fein und reich ausgebildete Anschauung der Seelenbewegungen des Menschen, welche letztere wieder nicht ohne eine gewisse Wärme des Gefühls und des Interesses an der Beobachtung der Seelenzustände anderer zu erreichen sein möchte. Während uns der lebendige Verkehr mit Menschen im täglichen Leben die Grundlage dieser psychologischen Anschauungen geben muß, dient auch das Studium der Geschichte und der Kunst dazu, sie zu ergänzen und zu bereichern, indem sie uns Menschen in ungewöhnlichen Umständen handelnd zeigen und wir an ihnen die ganze Breite der Kräfte ermessen lernen, die in unserer Brust verborgen liegen.

Die genannten Teile der Wissenschaft bringen es, der Regel nach, nicht bis zur Formulierung streng gültiger allgemeiner Gesetze, mit Ausnahme der *Grammatik*. Die Gesetze der Grammatik sind durch menschlichen Willen festgestellt, wenn sie auch nicht in bewußter Absicht und nach einem überdachten Plane gegeben wurden, vielmehr sich allmählich nach dem Bedürfnisse entwickelt haben.

Sie treten daher demjenigen, welcher die Sprache erlernt, gegenüber als *Gebote*, d. h. Gesetze, die durch eine fremde Autorität festgestellt sind.

An die historischen und philologischen Wissenschaften schließen sich *Theologie* und *Jurisprudenz* an, deren Vorbereitungsstudien und Hilfswissenschaften ja wesentlich dem Kreise jener Studien angehören. Die allgemeinen Gesetze, welche wir in beiden finden, sind ebenfalls *Gebote*; Gesetze, welche durch fremde Autorität für den Glauben und das Handeln in moralischer und juristischer Beziehung gegeben sind, nicht Gesetze, welche, wie die Naturgesetze, die Verallgemeinerung einer Fülle von Tatsachen enthalten. Aber wie bei der Anwendung eines Naturgesetzes auf einen gegebenen Fall, geschieht auch die Subsumtion unter die grammatikalischen, juristischen, moralischen und dogmatischen Gebote in der Form des bewußten logischen Schließens. Das Gebot bildet den Major eines solchen Schlusses; der Minor muß festsetzen, ob der zu beurteilende Fall die Bedingungen an sich trägt, für welche das Gebot gegeben ist. Die Lösung dieser letzteren Aufgabe wird nun allerdings sowohl bei der grammatikalischen Analyse, welche den Sinn des auszusprechenden Satzes deutlich machen soll, wie bei der juristischen Beurteilung der Glaubwürdigkeit des Tatbestandes oder der Absichten der handelnden Personen, oder des Sinnes der von ihnen erlassenen Schriftstücke meist wieder eine Sache der psychologischen Anschauung sein. Dagegen läßt sich nicht verkennen, daß sowohl die Syntax der ausgebildeten Sprachen als das durch mehr als zweitausendjährige Praxis allmählich verfeinerte System unserer Rechtswissenschaft einen hohen Grad von logischer Vollständigkeit und Konsequenz erlangt hat; so daß im Ganzen die Fälle, welche sich nicht klar unter eines der gegebenen Gesetze schicken wollen, zu den Ausnahmen gehören. Freilich werden solche immer bestehen bleiben, da die von Menschen hingestellten Gesetzgebungen niemals die Folgerichtigkeit und Vollständigkeit der Naturgesetze haben dürften. In solchen Fällen bleibt nichts übrig, als die Absicht des Gesetzgebers aus der Analogie und Konsequenz der für ähnliche Fälle gegebenen Bestimmungen zu erraten, beziehentlich zu ergänzen.

Das grammatische und juristische Studium hat einen gewissen Vorteil als Bildungsmittel des Geistes dadurch, daß dabei die verschiedenen Arten geistiger Tätigkeit ziemlich gleichmäßig in Anspruch genommen werden. Deshalb ist auch die höhere Schulbildung der neueren europäischen Völker überwiegend auf das Studium fremder Sprachen mittelst der Grammatik gestützt. Die Muttersprache und auch fremde Sprachen, welche man allein durch Übung lernt, nehmen nicht das bewußte logische Denken in Anspruch; wohl aber kann man an ihnen das Gefühl für künstlerische Schönheit des Ausdruckes üben. Griechisch und Lateinisch dagegen, die beiden klassischen Sprachen, haben neben ihrer außerordentlich feinen künstlerischen und logischen Ausbildung den Vorzug, welchen die meisten alten und ursprünglichen Sprachen zu haben scheinen, daß sie durch sehr volle und deutlich unterschiedene Flexionsformen das grammatikalische Verhältnis der Worte und der Sätze zueinander genau bezeichnen. Durch langen Gebrauch werden die Sprachen abgeschliffen, die grammatikalischen Bezeichnungen im Interesse praktischer Kürze und Schnelligkeit auf das Notwendigste zurückgeführt und dadurch unbestimmter gemacht. Das läßt sich auch an den modernen europäischen Sprachen, im Vergleich mit dem Lateinischen, deutlich erkennen; am weitesten ist in dieser Richtung des Abschleifens das Englische vorgeschritten. Darin scheint es mir auch wesentlich zu beruhen, daß die modernen Sprachen als Unterrichtsmittel viel weniger geeignet sind als die älteren.

Wie die Jugend an der Grammatik gebildet wird, so benutzt man aus ähnlichen Gründen mit Recht das juristische Studium als Bildungsstätte für ein reiferes Lebensalter, auch da, wo es nicht unmittelbar durch die praktischen Zwecke des Berufes gefordert wird.

Das entgegengesetze Extrem zu den philosophisch-historischen Wissenschaften bieten in bezug auf die Art geistiger Arbeit die Naturwissenschaften dar. Nicht, als ob in manchen Gebieten dieser Wissenschaften ein instinktives Gefühl für Analogien und ein gewisser künstlerischer Takt nicht auch eine Rolle zu spielen hätten. In den naturhistorischen Fächern ist im Gegenteil die Beurteilung, welche

Kennzeichen der Arten als wichtig für die Systematik, welche als unwichtig zu betrachten seien, welche Abteilungen der Tier- und Pflanzenwelt natürlicher seien als andere, wesentlich nur einem solchen Takte überlassen, der ohne genau definierbare Regel verfährt. Bezeichnend ist es auch, daß zu den vergleichend anatomischen Untersuchungen über die Analogie entsprechender Organe verschiedener Tiere und zu der analogen Lehre von der Metamorphose der Blätter im Pflanzenreich ein Künstler, nämlich *Goethe*, den Anstoß gegeben und daß durch ihn die wesentliche Richtung vorgezeichnet wurde, welche die vergleichende Anatomie seit jener Zeit genommen hat.[11] Aber selbst in diesen Fächern, wo wir es noch mit den unverstandensten Wirkungen der Lebensvorgänge zu tun haben, ist es meist viel leichter, allgemeine umfassende Begriffe und Sätze aufzufinden und scharf auszusprechen, als da, wo wir unser Urteil auf die Analyse von Seelentätigkeiten gründen müssen. In vollem Maße ausgeprägt zeigt sich der besondere wissenschaftliche Charakter der Naturwissenschaften erst in den experimentierenden und mathematisch ausgebildeten Fächern, am meisten in der reinen Mathematik.

Der wesentliche Unterschied dieser Wissenschaften beruht, wie mir scheint, darauf, daß es in ihnen verhältnismäßig leicht ist, die Einzelfälle der Beobachtung und Erfahrung zu allgemeinen Gesetzen von unbedingter Gültigkeit und außerordentlich umfassendem Umfange zu vereinigen, während gerade dieses Geschäft in den zuerst besprochenen Wissenschaften unüberwindliche Schwierigkeiten darzubieten pflegt. Ja, in der Mathematik sind die ersten allgemeinen Sätze, welche sie als Axiome an die Spitze stellt, von so geringer Zahl, von so unendlichem Umfange und solcher unmittelbaren Evidenz, daß man gar keinen Beweis für sie zu geben braucht. Man bedenke, daß die ganze reine Mathematik (Arithmetik) entwickelt ist aus den drei Axiomen:

„Wenn zwei Größen einer dritten gleich sind, sind sie unter sich gleich."

„Gleiches zu Gleichem addiert gibt Gleiches."

„Ungleiches zu Gleichem addiert gibt Ungleiches."

Nicht zahlreicher sind die Axiome der Geometrie und der

theoretischen Mechanik. Die genannten Wissenschaften entwickeln sich aus diesen wenigen Fordersätzen, indem man die Folgerungen aus denselben in immer verwickelteren Fällen zieht. Die Arithmetik beschränkt sich nicht darauf, die mannigfaltigsten Aggregate einer endlichen Zahl von Größen zu addieren; sie lehrt in der höheren Analysis sogar unendlich viele Summanden zu addieren, deren Größe nach den verschiedensten Gesetzen wächst oder abnimmt, also Aufgaben zu lösen, die auf direktem Wege niemals zu Ende geführt werden könnten. Hier sehen wir die bewußte logische Tätigkeit unseres Geistes in ihrer reinsten und vollendetsten Form; wir können hier die ganze Mühe derselben kennen lernen, die große Vorsicht, mit der sie vorschreiten muß, die Genauigkeit, welche nötig ist, um den Umfang der gewonnenen allgemeinen Sätze genau zu bestimmen, die Schwierigkeit, abstrakte Begriffe zu bilden und zu verstehen; aber ebenso auch Vertrauen fassen lernen in die Sicherheit, Tragweite und Fruchtbarkeit solcher Gedankenarbeit.

Letztere tritt nun noch auffälliger in den angewandten mathematischen Wissenschaften hervor, namentlich in der mathematischen Physik, zu welcher auch die physische Astronomie zu rechnen ist. Nachdem *Newton* einmal aus der mechanischen Analyse der Planetenbewegungen erkannt hat, daß alle wägbare Materie in der Entfernung sich anzieht mit einer Kraft, die dem Quadrate des Abstandes umgekehrt proportional ist, so genügt dieses eine einfache Gesetz, um die Bewegungen der Planeten vollständig und mit größter Genauigkeit zu berechnen in die fernsten Fernen der Vergangenheit und Zukunft hinaus, wenn nur Ort, Geschwindigkeit und Masse aller einzelnen Körper unseres Systems für irgendeinen beliebigen Zeitpunkt gegeben sind; ja, wir erkennen das Wirken derselben Kraft auch in den Bewegungen von Doppelsternen wieder, deren Entfernungen so weit sind, daß ihr Licht Jahre braucht, um von ihnen hierher zu gelangen, ja zum Teil so weit, daß die Versuche, sie zu messen, bisher gescheitert sind.

Diese Entdeckung des Gravitationsgesetzes und seiner Konsequenzen ist die imponierendste Leistung, deren die logische Kraft des menschlichen Geistes jemals fähig gewesen ist. Ich will nicht sagen, daß nicht Männer mit ebenso großer oder größerer Kraft der Abstraktion gelebt hätten als *Newton* und die übrigen Astronomen, welche seine Entdeckung teils vorbereitet, teils ausgebeutet haben; aber es hat sich niemals ein so geeigneter Stoff dargeboten, als die verwirrten und verwickelten Planetenbewegungen, die vorher bei den ungebildeten Beschauern nur astrologischen Aberglauben genährt hatten und nun unter ein Gesetz gebracht wurden, welches imstande war, von den kleinsten Einzelheiten ihrer Bewegungen die genaueste Rechenschaft abzulegen.

An diesem größten Beispiele und nach seinem Muster hat sich nun auch eine Reihe von anderen Zweigen der Physik entwickelt, unter denen namentlich die Optik und die Lehre von der Elektrizität und dem Magnetismus zu nennen sind. Die experimentierenden Wissenschaften haben bei der Aufsuchung der allgemeinen Naturgesetze den großen Vorteil vor den beobachtenden voraus, daß sie willkürlich die Bedingungen verändern können, unter denen der Erfolg eintritt, und sich deshalb auf eine nur kleine Zahl charakteristischer Fälle der Beobachtung beschränken dürfen, um das Gesetz zu finden. Die Gültigkeit des Gesetzes muß dann freilich auch an verwickelteren Fällen geprüft werden. So sind die physikalischen Wissenschaften, nachdem einmal die richtigen Methoden gefunden waren, verhältnismäßig schnell fortgeschritten. Sie haben uns nicht nur fähig gemacht, Blicke in die Urzeit zu werfen, wo die Weltennebel zu Gestirnen sich zusamenballten und durch die Gewalt ihres Zusammendrängens glühend wurden, nicht nur erlaubt, die chemischen Bestandteile der Sonnenatmosphäre zu erforschen – die Chemie der fernsten Fixsterne wird wahrscheinlich nicht lange auf sich warten lassen[12] – sondern sie haben uns auch gelehrt, die Kräfte der uns umgebenden Natur zu unserem Nutzen auszubeuten und sie unserem Willen dienstbar zu machen.

Aus dem Gesagten wird nun schon erhellen, wie verschieden von der erst besprochenen ihrem größten Teile nach die geistige Tätigkeit in diesen Wissenschaften ist. Der Mathematiker braucht gar kein Gedächtnis für einzelne Tatsachen, der Physiker sehr wenig davon zu haben. Die auf

Erinnerung ähnlicher Fälle gebauten Vermutungen können wohl nützlich sein, um zuerst auf eine richtige Spur zu bringen; Wert bekommen sie erst, wenn sie zu einem streng formulierten und genau begrenzten Gesetze geführt haben. Der Natur gegenüber besteht kein Zweifel, daß wir es mit einem ganz strengen Kausalnexus zu tun haben, der keine Ausnahmen zuläßt. Deshalb ergeht an uns auch die Forderung, fortzuarbeiten, bis wir ausnahmslose Gesetze gefunden haben. Eher dürfen wir uns nicht beruhigen; erst in dieser Form erhalten unsere Kenntnisse die siegende Kraft über Raum und Zeit und Naturgewalt.

Die eiserne Arbeit des selbstbewußten Schließens erfordert große Hartnäckigkeit und Vorsicht, sie geht in der Regel nur sehr langsam vor sich und wird selten durch schnelle Geistesblitze gefördert. Es ist bei ihr wenig zu finden von der Bereitwilligkeit, mit der die verschiedensten Erfahrungen dem Gedächtnisse des Historikers oder Philologen zuströmen müssen. Im Gegenteil ist die wesentliche Bedingung für den methodischen Fortschritt des Denkens, daß der Gedanke auf einen Punkt konzentriert bleibe, ungestört von Nebendingen, ungestört auch von Wünschen und von Hoffnungen, und daß er nur nach seinem eigenen Willen und Entschlusse fortschreite. Ein berühmter Logiker, *Stuart Mill*, erklärt es als seine Überzeugung, daß die induktiven Wissenschaften in der neuesten Zeit mehr für die Fortschritte der logischen Methoden getan hätten, als alle Philosophen vom Fach.[13] Ein wesentlicher Grund hierfür liegt gewiß in dem Umstande, daß auf keinem Gebiete des Wissens ein Fehler in der Gedankenverbindung sich so leicht durch falsche Resultate zu erkennen gibt als in diesen Wissenschaften, wo wir die Ergebnisse der Gedankenarbeit meist direkt mit der Wirklichkeit vergleichen können.

Indem ich hier die Behauptung aufgestellt habe, daß, namentlich in den mathematisch ausgebildeten Teilen der Naturwissenschaften, die Lösung der Aufgaben ihrem Ziele näher gekommen ist als im allgemeinen in den übrigen Wissenschaften, so bitte ich nicht zu glauben, daß ich diese den Naturwissenschaften gegenüber herabsetzen will. Wenn diese die größere Vollendung in der wissenschaftlichen Form voraus haben, so haben die Geisteswissenschaften vor ihnen voraus, daß sie einen reicheren, dem Interesse des Menschen und seinem Gefühle näherliegenden Stoff zu behandeln haben, nämlich den menschlichen Geist selbst in seinen verschiedenen Trieben und Tätigkeiten. Sie haben die höhere und schwerere Aufgabe, aber es ist klar, daß ihnen das Beispiel derjenigen Zweige des Wissens nicht verlorengehen darf, welche, des leichter zu bezwingenden Stoffes wegen, in formaler Beziehung weiter vorwärts geschritten sind. Sie können von ihnen in der Methode lernen und von dem Reichtum ihrer Ergebnisse sich Ermutigung holen. Auch glaube ich in der Tat, daß unsere Zeit schon mancherlei von den Naturwissenschaften gelernt hat. Unbedingte Achtung vor den Tatsachen und Treue in ihrer Sammlung, ein gewisses Mißtrauen gegen den sinnlichen Schein; das Streben, überall nach einem Kausalnexus zu suchen und einen solchen vorauszusetzen, wodurch sich unsere Zeit von früheren unterscheidet, scheinen auf einen solchen Einfluß hinzudeuten.

Inwiefern den mathematischen Studien, als den Repräsentanten der selbstbewußten logischen Geistestätigkeit, ein größerer Einfluß in der Schulbildung eingeräumt werden müsse, will ich hier nicht erörtern. Es ist dies wesentlich eine Frage der Zeit. In dem Maße, wie der Umfang der Wissenschaft sich erweitert, muß auch ihre Systematisierung und Organisation verbessert werden, und es wird nicht fehlen können, daß sich auch die Individuen genötigt sehen werden, strengere Schulen des Denkens durchzumachen, als die Grammatik zu gewähren imstande ist. Was mir in eigener Erfahrung bei den Schülern, die aus unseren grammatischen Schulen zu naturwissenschaftlichen und medizinischen Studien übergehen, aufzufallen pflegt, ist erstens eine gewisse Laxheit in der Anwendung streng allgemeingültiger Gesetze. Die grammatischen Regeln, an denen sie sich geübt haben, sind in der Tat meist mit langen Verzeichnissen von Ausnahmen versehen; die Schüler sind deshalb nicht gewöhnt, auf die Sicherheit der legitimen Konsequenz eines streng allgemeinen Gesetzes unbedingt zu vertrauen. Zweitens finde ich sie meist zu sehr geneigt, sich auf Autoritäten zu stützen, auch da, wo sie sich ein eigenes Urteil bilden könnten. In den philologischen Studien wird in der Tat der Schüler, weil er selten das ganze Material übersehen kann und weil die Entscheidung oft von dem ästhetischen Gefühl für die Schönheit des Ausdruckes und dem Genius der Sprache abhängt, sogar von den besten Lehrern auf Autoritäten verwiesen werden müssen. Beide Fehler beruhen auf einer gewissen Trägheit und Unsicherheit des Denkens, die nicht bloß späteren naturwissenschaftlichen Studien schädlich sein wird. Gegen beides sind mathematische Studien das beste Heilmittel; da gibt es absolute Sicherheit des Schließens, und da herrscht keine Autorität als die des eigenen Verstandes.

Soviel über die verschiedenen sich gegenseitig ergänzenden Richtungen der geistigen Arbeit in den verschiedenen Zweigen der Wissenschaft.

Das Wissen allein ist aber nicht Zweck des Menschen auf der Erde. Obgleich die Wissenschaften die feinsten Kräfte des menschlichen Geistes erwecken und ausbilden, so wird doch derjenige keine rechte Ausfüllung seines Daseins auf Erden finden, welcher nur studiert, um zu wissen. Wir sehen oft genug reichbegabte Männer, denen ihr Glück oder Unglück eine behagliche äußere Existenz zugeworfen hat, ohne ihnen zugleich den Ehrgeiz oder die Energie zum Wirken mitzuteilen, ein gelangweiltes und unbefriedigtes Leben dahinschleppen, während sie in fortdauernder Sorge für Vermehrung ihres Wissens und weitere Bildung ihres Geistes dem edelsten Lebenszwecke zu folgen glauben. Nur das Handeln gibt dem Manne ein würdiges Dasein; also entweder die praktische Anwendung des Gewußten oder die Vermehrung der Wissenschaft selbst muß sein Ziel sein. Denn auch das letztere ist ein Handeln für den Fortschritt der Menschheit. Damit gehen wir denn über zu dem zweiten Bande, welches die Arbeit der verschiedenen Wissenschaften miteinander verknüpft, nämlich zur Verbindung ihres Inhaltes.

Wissen ist Macht. Keine Zeit kann diesen Grundsatz augenfälliger darlegen als die unsere. Die Naturkräfte der unorganischen Welt lehren wir den Bedürfnissen des menschlichen Lebens und den Zwecken des menschlichen

Geistes zu dienen. Die Anwendung des Dampfes hat die Körperkraft der Menschen in das Tausendfache und Millionenfache vermehrt; Webe- und Spinnmaschinen haben solche Arbeiten übernommen, deren einziges Verdienst geisttötende Regelmäßigkeit ist. Der Verkehr der Menschen untereinander mit seinen gewaltig eingreifenden materiellen und geistigen Folgen ist in einer Weise gesteigert, wie es sich niemand auch nur hätte träumen lassen in der Zeit, als die Älteren unter uns ihr Leben begannen. Es sind aber nicht nur die Maschinen, durch welche die Menschenkräfte vervielfältigt werden; es sind nicht nur die gezogenen Gußstahlkanonen und die Panzerschiffe, die Vorräte an Lebensmitteln und Geld, auf denen die Macht einer Nation beruht, obgleich diese Dinge so deutlich ihren Einfluß gezeigt haben, daß auch die stolzesten und unnachgiebigsten der absoluten Regierungen unserer Zeit daran denken mußten, die Industrie zu entfesseln und den politischen Interessen der arbeitenden bürgerlichen Klassen eine berechtigte Stimme in ihrem Rate einzuräumen. Es ist die politische und rechtliche Organisation des Staates, die moralische Disziplin der einzelnen, welche das Übergewicht der gebildeten Nationen über die ungebildeten bedingt, und die letzteren, wo sie die Kultur nicht anzunehmen wissen, einer unausbleiblichen Vernichtung entgegenführt. Hier greift alles ineinander. Wo kein fester Rechtszustand ist, wo die Interessen der Mehrzahl des Volkes sich nicht in geordneter Weise geltend machen können, da ist auch die Entwickelung des Nationalreichtums und der darauf beruhenden Macht unmöglich; und zum rechten Soldaten wird nur der werden können, welcher unter gerechten Gesetzen das Ehrgefühl eines selbständigen Mannes auszubilden gelernt hat; nicht der Sklave, der den Launen eines eigenwilligen Gebieters unterworfen ist.

Daher ist denn auch jede Nation als Ganzes schon durch die alleräußerlichsten Zwecke der Selbsterhaltung, auch ohne auf höhere ideale Forderungen Rücksicht zu nehmen, nicht nur an der Ausbildung der Naturwissenschaften und ihrer technischen Anwendung interessiert, sondern ebensogut an der Ausbildung der politischen, juristischen und moralischen Wissenschaften und aller derjenigen historischen und philologischen Hilfsfächer, die diesen dienen. Keine Nation, welche selbständig und einflußreich bleiben will, darf zurückbleiben. Auch fehlt diese Erkenntnis bei den kultivierten Völkern Europas nicht. Die öffentlichen Mittel, welche den Universitäten, Schulen und wissenschaftlichen Anstalten zugewendet werden, übertreffen alles, was in früheren Zeiten dafür geleistet werden konnte. Ich sprach in der Einleitung von der wachsenden Teilung und Organisation der wissenschaftlichen Arbeit. In der Tat bilden die Männer der Wissenschaft eine Art organisierter Armee. Sie suchen zum Besten der ganzen Nation und fast immer in deren Auftrag und auf deren Kosten, die Kenntnisse zu vermehren, welche zur Steigerung der Industrie, des Reichtums, der Schönheit des Lebens, zur Verbesserung der politischen Organisation und der moralischen Entwickelung der Individuen dienen können. Nicht nach dem unmittelbaren Nutzen freilich darf dabei gefragt werden, wie es der Ununterrichtete so oft tut. Alles was uns über die Naturkräfte oder die Kräfte des menschlichen Geistes Aufschluß gibt, ist wertvoll und kann zu seiner Zeit Nutzen bringen, gewöhnlich an einer Stelle, wo man es am allerwenigsten vermutet hätte. Als *Galvani* einen Froschschenkel mit verschiedenartigen Metallen berührte und ihn zucken sah, hätte wohl niemand gedacht, daß 80 Jahre später Europa mit Drähten durchzogen sein würde, welche Nachrichten mit Blitzesschnelle von Madrid nach Petersburg tragen, mittels desselben Vorganges, dessen erste Äußerungen jener Anatom beobachtete! Die elektrischen Ströme waren Vorgänge, die in seinen und anfangs auch noch in *Voltas* Händen nur die allerschwächsten Kräfte ausübten und die nur durch die allerzartesten Beobachtungsmittel wahrgenommen werden konnten. Hätte man sie liegenlassen, weil ihre Untersuchung keinen Nutzen versprach, so würden in unserer Physik die wichtigsten und interessantesten Verknüpfungen der verschiedenartigen Naturkräfte untereinander fehlen. Als der junge *Galilei* in Pisa während des Gottesdienstes eine schaukelnde Lampe beobachtete und sich durch Abzählen seines Pulses überzeugte, daß die Dauer der Schwingungen unabhängig von der Größe der Schwingungsbögen sei,[14] wer konnte sich denken, daß diese Entdeckung dazu führen würde, mittelst der Pendeluhren eine damals für unmöglich gehaltene Feinheit der Zeitmessung zu erreichen, die es dem Seefahrer in den entferntesten Gewässern ermöglicht, zu erkennen, auf welchem Längengrade er sich befindet!

Wer bei der Verfolgung der Wissenschaften nach unmittelbarem praktischen Nutzen jagt, kann ziemlich sicher sein, daß er vergebens jagen wird. Vollständige Kenntnis und vollständiges Verständnis des Waltens der Natur- und Geisteskräfte ist es allein, was die Wissenschaft erstreben kann. Der einzelne Forscher muß sich belohnt sehen durch die Freude an neuen Entdeckungen, als neuen Siegen des Gedankens über den widerstrebenden Stoff; durch die ästhetische Schönheit, welche ein wohlgeordnetes Gebiet von Kenntnissen gewährt, in welchem geistiger Zusammenhang zwischen allen einzelnen Teilen stattfindet, eines aus dem anderen sich entwickelt und alles die Spuren der Herrschaft des Geistes zeigt. Er muß sich belohnt sehen durch das Bewußtsein, auch seinerseits beigetragen zu haben zu dem wachsenden Kapital des Wissens, auf welchem die Herrschaft der Menschheit über die dem Geiste feindlichen Kräfte beruht. Er wird freilich nicht immer erwarten dürfen, auch die äußere Anerkennung und Belohnung zu empfangen, die dem Werte seiner Arbeit entsprächen. Es ist wohl wahr, daß so mancher, dem man nach seinem Tode ein Monument gesetzt hat, glücklich gewesen wäre, hätte man ihm während seines Lebens den zehnten Teil der dazu verwendeten Geldmittel gewährt. Indessen dürfen wir nicht verkennen, daß der Wert der wissenschaftlichen Entdeckungen gegenwärtig von der öffentlichen Meinung bereitwilliger anerkannt wird als früher und daß solche Fälle, wo die Urheber bedeutender wissenschaftlicher Fortschritte darben müssen, seltener und seltener werden; daß, im Gegenteile, Regierungen und Völker im Ganzen das Bewußtsein der Pflicht gewonnen haben, daß ausgezeichnete Leistungen in der Wissenschaft durch entsprechende Stellungen oder durch besonders ausgeworfene Nationalbelohnungen zu vergelten seien.

So haben die Wissenschaften einen gemeinsamen Zweck, den Geist herrschend zu machen über die Welt. Während die Geisteswissenschaften direkt daran arbeiten, den Inhalt des geistigen Lebens reicher und interessanter zu gestalten, das Reine vom Unreinen zu sondern, so streben die Naturwissenschaften indirekt nach demselben Ziele, indem sie den Menschen von den auf ihn eindrängenden Notwendigkeiten der Außenwelt mehr und mehr zu befreien suchen. Jeder einzelne Forscher arbeitet an seinem Teile; er wählt sich diejenigen Aufgaben, denen er, vermöge seiner geistigen Anlage und seiner Bildung, am meisten gewachsen ist. Jeder einzelne muß aber wissen, daß er nur im Zusammenhange mit den anderen das große Werk weiter zu fördern imstande ist und daß er deshalb verpflichtet ist, die Ergebnisse seiner Arbeit den übrigen möglichst vollständig und leicht zugänglich zu machen. Dann wird er Unterstützung finden bei den anderen und wird ihnen wieder seine Unterstützung leihen können. Die Annalen der Wissenschaft sind reich an Beweisen solcher Wechselverhältnisse, die zwischen den scheinbar entlegensten Gebieten eingetreten sind. Die historische Chronologie ist wesentlich gestützt auf astronomische Berechnungen von Sonnen- und Mondfinsternissen, von denen die Nachricht in den alten Geschichtsbüchern aufbewahrt ist. Umgekehrt beruhen manche wichtige Daten der Astronomie, z. B. die Unveränderlichkeit der Tageslänge, die Umlaufzeit mancher Kometen auf alten historischen Nachrichten. Neuerdings haben es die Physiologen, unter ihnen namentlich *Brücke*, unternehmen können, das vollständige System der von den menschlichen Sprachwerkzeugen zu bildenden Buchstaben aufzustellen und Vorschläge zu einer allgemeinen Buchstabenschrift darauf zu gründen, welche für alle menschlichen Sprachen paßt.[15] Hier ist also die Physiologie in den Dienst der allgemeinen Sprachwissenschaft getreten und hat schon die Erklärung mancher sonderbar scheinenden Lautumwandlungen geben können; indem diese nicht, wie man bisher es auszudrücken pflegte, durch die Gesetze der Euphonie, sondern durch die Ähnlichkeit der Mundstellungen bedingt waren. Die allgemeine Sprachwissenschaft gibt wiederum Kunde von den uralten Verwandtschaften, Trennungen und Wanderungen der Volksstämme in vorgeschichtlicher Zeit und von dem Grade der Kultur, den sie zur Zeit ihrer Trennung erlangt hatten. Denn die Namen derjenigen Gegenstände, die sie damals schon zu benennen wußten, finden sich in den späteren Sprachen gemeinsam wieder. So liefert also das Studium der Sprachen historische Nachrichten aus Zeiten, für welche sonst kein historisches Dokument existiert. Ich erinnere ferner an die Hilfe, welche der Anatom dem Bildhauer leisten kann wie dem Archäologen, welcher alte Skulpturwerke untersucht. Ist es mir erlaubt, eigener neuester Arbeiten hier zu gedenken, so will ich noch erwähnen, daß es möglich ist, durch die Physik des Schalles und die Physiologie der Tonempfindungen die Elemente der Konstruktion unseres musikalischen Systems zu begründen, eine Aufgabe, die wesentlich in das Fach der Ästhetik hineingehört. Die Physiologie der Sinnesorgane überhaupt tritt in engste Verbindung mit der Psychologie. Sie weist in den Sinneswahrnehmungen die Resultate psychischer Prozesse nach, welche nicht in den Bereich des auf sich selbst reflektierenden Bewußtseins fallen und welche deshalb notwendig der psychologischen Selbstbeobachtung verborgen bleiben mußten.

Ich konnte hier nur die auffälligsten, mit wenigen Worten leicht zu bezeichnenden Beispiele eines solchen Ineinandergreifens anführen und mußte dazu die Beziehungen zwischen möglichst fernstehenden Wissenschaften wählen. Aber viel ausgedehnter natürlich ist der Einfluß, welchen die einzelne Wissenschaft auf die ihr nächstverwandte ausübt; er ist selbstverständlich, von ihm brauche ich nicht zu reden, denn jeder kennt ihn aus eigener Erfahrung.

So betrachte sich jeder einzelne als einen Arbeiter an dem gemeinsamen großen Werke, welches die edelsten Interessen der ganzen Menschheit berührt, nicht als einen solchen, der zur Befriedigung seiner eigenen Wißbegier oder seines eigenen Vorteils oder um mit seinen eigenen Fähigkeiten zu glänzen, sich bemüht, dann wird ihm auch das eigene lohnende Bewußtsein und die Anerkennung seiner Mitbürger nicht fehlen. Diese Beziehung aller Forscher und aller Zweige des Wissens zu einander und zu ihrem gemeinsamen Ziele stets in lebendigem Zusammenwirken zu erhalten, das ist die große Aufgabe der Universitäten; darum ist es nötig, daß an ihnen die vier Fakultäten stets Hand in Hand gehen, und in diesem Sinne wollen wir uns bemühen, soweit es an uns ist, dieser großen Aufgabe nachzustreben.

Über die Erhaltung der Kraft [1]

Hochgeehrte Versammlung!

Indem ich es übernommen habe, vor Ihnen hier eine Reihe von Vorträgen zu halten, [2] betrachte ich es als meine wesentlichste Aufgabe, Ihnen, so gut ich es kann, an einem passend gewählten Beispiel eine Anschauung von dem eigentümlichen Charakter derjenigen Wissenschaften zu geben, deren Studium meine Lebensaufgabe ist. Die Naturwissenschaften haben teils durch ihre praktischen Anwendungen, teils durch ihren geistigen Einfluß in den letzten vier Jahrhunderten sämtliche Verhältnisse des Lebens der zivilisierten Nationen in hohem Grade und mit steigender Geschwindigkeit umgeformt. Sie haben diesen Nationen soviel Zuwachs an Reichtum, Lebensgenuß, Sicherung der Gesundheit, an Mitteln des industriellen und geselligen Verkehrs, selbst an politischer Macht gegeben, daß jeder Gebildete, welcher die treibenden Kräfte der Welt, in der er lebt, zu verstehen sucht, auch wenn er sich nicht in das Studium der Spezialitäten vertiefen mag, Interesse für die eigentümliche Art der geistigen Arbeit haben muß, die in den genannten Wissenschaften wirkt und schafft.

Ich habe die charakteristischen Unterschiede in der Art der wissenschaftlichen Arbeit, die zwischen den Natur- und Geisteswissenschaften bestehen, schon bei einer früheren Gelegenheit erörtert. [3] Ich habe dort zu zeigen versucht, daß es namentlich die durchgreifende und verhältnismäßig leicht darzulegende Gesetzlichkeit der Naturerscheinungen und Naturprodukte ist, die den Unterschied bedingt. Nicht als ob ich die Gesetzlichkeit der Erscheinungen des psychischen Lebens in den Individuen und Völkern damit leugnen wollte, wie sie das Objekt der philosophischen, philologischen, historischen, moralischen, sozialen Wissenschaften ausmachen. Aber im geistigen Leben ist das Gewebe der ineinandergreifenden Einflüsse so verwickelt, daß eine klare Gesetzlichkeit desselben nur selten bestimmt nachzuweisen ist. Umgekehrt in der Natur. Für viele und ausgedehnte Reihen von Naturerscheinungen ist es gelungen, das Gesetz ihres Ursprungs und Ablaufs genau und vollständig aufzufinden. Wir können mit der größten Sicherheit auch ihren künftigen Eintritt voraussagen oder, wo wir über die Bedingungen ihres Eintretens Gewalt haben, sie genau nach unserem Willen ablaufen lassen. Das größte aller Beispiele dafür, wie viel der menschliche Verstand mittelst eines wohlerkannten Gesetzes den Naturerscheinungen gegenüber leisten kann, ist die moderne Astronomie. Das eine einfache Gravitationsgesetz regiert nicht nur die Bewegungen der himmlischen Körper unseres Planetensystemes, sondern auch die weit entfernten Doppelsterne, von denen selbst der schnellste aller Boten, der Lichtstrahl, Jahre braucht, ehe er zu unserem Auge gelangt. Eben wegen dieser einfachen Gesetzlichkeit lassen sich die Bewegungen der genannten Körper, trotz aller Komplikation der Rechnung, bis auf Bruchteile einer Minute genau voraus- und zurückberechnen, auf Jahre und Jahrhunderte hinaus. Auf dieser genauen Gesetzlichkeit beruht die Sicherheit, mit der wir die ungestüme Kraft des Dampfes zu zähmen und ihn zum gehorsamen Diener unserer Bedürfnisse zu machen wissen. Auf dieser Gesetzlichkeit beruht auch das geistige Interesse, welches den Naturforscher an seinen Gegenstand fesselt. Es ist ein Interesse anderer Art, als das in den Geisteswissenschaften waltende. Hier ist es der Mensch in den verschiedenen Richtungen seiner geistigen Tätigkeit, der uns fesselt. Jede große Tat, von der uns die Geschichte erzählt, jede mächtige Leidenschaft, welche die Kunst darstellt, jede Schilderung der Sitten, der staatlichen Einrichtungen, der Bildung von Völkern ferner Länder oder ferner Zeiten ergreift und interessiert uns, auch wenn wir sie nicht im Zusammenhange der Wissenschaft kennenlernen. Wir finden stets Punkte zur Anknüpfung und Vergleichung in unseren eigenen Vorstellungen und Gefühlen; wir lernen dabei die verborgenen Fähigkeiten und Triebe unserer eigenen Seele kennen, die im gewöhnlichen ruhigen Verlaufe eines zivilisierten Lebens unerweckt bleiben.

Es ist nicht zu verkennen, daß diese Art des Interesses den Resultaten der Naturforschung abgeht. Jede einzelne Tatsache für sich genommen, kann allenfalls unsere Neugier, unser Staunen erregen oder uns nützlich sein für praktische Anwendung. Eine geistige Befriedigung aber gewährt erst der Zusammenhang des Ganzen, eben durch seine Gesetzlichkeit. Wir nennen *Verstand* das uns innewohnende Vermögen, Gesetze zu finden und denkend anzuwenden. Für die Entfaltung der eigentümlichen Kräfte des reinen Verstandes, nach ihrer ganzen Sicherheit und ihrer ganzen Tragweite, gibt es keinen geeigneteren Tummelplatz als die Naturforschung im weiteren Sinne, die Mathematik mit eingeschlossen. Und es ist nicht nur die Freude an der erfolgreichen Tätigkeit eines unserer wesentlichsten Geistesvermögen oder an der siegreichen Unterwerfung der uns teils fremd, teils feindlich gegenüberstehenden Außenwelt unter die Kräfte unseres Denkens und unseres Willens, welche diese Arbeit lohnend macht, sondern es tritt eine Art, ich möchte sagen, künstlerische Befriedigung ein, wenn wir den ungeheuren Reichtum der Natur als gesetzmäßig geordnetes Ganzes, als Kosmos, als Spiegelbild des gesetzmäßigen Denkens unseres eigenen Geistes zu überschauen vermögen.

Die letzten Jahrzehnte der naturwissenschaftlichen Entwickelung haben uns zur Erkenntnis eines neuen allgemeinen Gesetzes aller Naturerscheinungen geführt. Es ist wegen seiner außerordentlich ausgedehnten Tragweite und wegen des Zusammenhanges, den es zwischen den Naturerscheinungen aller Art, auch der fernsten Zeiten und der fernsten Orte, nachweist, besonders geeignet, Ihnen eine Anschauung von dem Charakter der Naturwissenschaften zu geben. Darum habe ich es zum Gegenstande dieser Vorlesungen gewählt.

Dieses Gesetz heißt *das Gesetz von der Erhaltung der Kraft*, ein Name, dessen Sinn ich Ihnen zu erklären haben werde. Es ist nicht absolut neu. Für beschränkte Gebiete von Naturerscheinungen war es schon während des vorigen Jahrhunderts von *Newton* und *Bernoulli* ausgesprochen worden; wesentliche Züge seiner weiteren Ausdehnung in der Wärmelehre hatten *Rumford* und *Humphrey Davy* erkannt. Die Möglichkeit seiner allgemeinsten Gültigkeit sprach zuerst ein schwäbischer Arzt, Dr. *Julius Robert Mayer*, im Jahre 1842[4] aus, während beinahe gleichzeitig und unabhängig von ihm der englische Techniker *James Prescott Joule* in Manchester eine Reihe wichtiger und schwieriger Versuche über das Verhältnis der Wärme zur mechanischen Kraft durchführte, welche dazu dienten, die Hauptlücken, in denen die Vergleichung der neuen Theorie mit der Erfahrung noch mangelhaft war, auszufüllen.

Das Gesetz, von dem die Rede ist, sagt aus, daß *die Quantität der in dem Naturganzen vorhandenen wirkungsfähigen Kraft unveränderlich sei*, weder vermehrt noch vermindert werden könne. Meine erste Aufgabe wird sein, Ihnen auseinanderzusetzen, was man unter *Quantität der Kraft* oder, mit Beziehung auf die technischen Anwendungen des Begriffes populärer gesagt, was man unter *Größe der Arbeit* in mechanischem Sinne versteht.

Der Begriff der Arbeit für Maschinen oder Naturprozesse ist aus dem Vergleich mit den Leistungen des Menschen hergenommen, und wir können uns daher am besten an der Arbeit des Menschen die wesentlichen Verhältnisse anschaulich machen, auf die es hierbei ankommt. Wenn wir von Arbeit der Maschinen und der Naturkräfte reden, so müssen wir in diesem Vergleiche natürlich von allem absehen, was sich an Tätigkeit der Intelligenz in die Arbeit des Menschen einmischt. Der Mensch ist einer harten und angestrengten Arbeit des Denkens fähig, die ebensogut ermüdet wie die Arbeit der Muskeln. Was in der Arbeit der Maschinen von Wirkungen der Intelligenz vorkommt, gehört jedoch dem Geiste ihres Erbauers an und kann dem Werkzeuge nicht als Arbeit angerechnet werden.

Die äußerliche Arbeit der Menschen ist von der mannigfaltigsten Art, was Kraft oder Leichtigkeit, Form und Schnelligkeit der dazu gebrauchten Bewegungen und was die Art der dadurch geförderten Werke betrifft. Aber sowohl der Arm des Grobschmiedes, der schwere Schläge mit dem mächtigen Hammer führt, wie der des Violinspielers, der die leisesten Abänderungen des Klanges zu erreichen weiß, und die Hand der Stickerin, welche mit Fäden, die an der Grenze des Sichtbaren liegen, ihr feines Werk ausführt: sie alle empfangen die Kraft, welche sie bewegt, auf die gleiche Weise und durch dieselben Organe, nämlich durch die im Arme gelegenen Muskeln. Ein Arm, dessen Muskeln gelähmt sind, ist unfähig, irgendwelche Arbeit zu leisten; die Bewegungskraft der Muskeln muß in ihm wirksam sein, und die Muskeln müssen den Nerven, die ihnen Befehle vom Gehirn zuführen, gehorchen können; dann ist das Glied der mannigfachsten Bewegungen fähig, dann kann es die mannigfachsten Werkzeuge regieren, um die verschiedenartigsten Werke ausführen.

Ganz ähnlich verhält es sich mit den Maschinen; sie werden von uns zu den verschiedenartigsten Verrichtungen gebraucht, wir bringen durch sie eine unendliche Mannigfaltigkeit von Bewegungen hervor, mit den verschiedensten Graden von Kraft oder Schnelligkeit, von den mächtigen Hammer- und Walzwerken ab, wo Eisen wie eine weiche Masse geschnitten und geformt wird, bis zu den Spinn- und Webemaschinen, deren Arbeit mit dem Werke der Spinnen wetteifert. Die moderne Technik besitzt die reichste Auswahl von Mitteln, um die Bewegung umrollender Räder auf andere Räder mit vermehrter oder verminderter Geschwindigkeit zu übertragen; um die rotierenden Bewegungen der Räder in die hin- und hergehenden Bewegungen der Pumpenstempel, der Webeschiffchen, der fallenden Hämmer und Stampfen zu verwandeln oder umgekehrt letztere in erstere; oder um Bewegungen von gleichförmiger Geschwindigkeit in solche von veränderlicher zu verwandeln und so fort. Dadurch wird diese reiche Anwendbarkeit der Maschinen für die verschiedenen Zweige der Industrie gewonnen. Bei aller Mannigfaltigkeit ist ihnen aber allen eines gemein: sie bedürfen alle einer *Triebkraft,* die sie in Bewegung setzt und erhält, wie die Werke der menschlichen Hand alle der Bewegungskraft der Muskeln bedürfen.

Nun bedarf die Arbeit des Schmiedes einer viel größeren und intensiveren Anstrengung der Muskeln als die des Violinspielers, und dem entsprechen bei den Maschinen ähnliche Unterschiede in der Gewalt und Ausdauer der erforderlichen Bewegungskraft. Diese Unterschiede, welche dem verschiedenen Grade der Anstrengung der Muskeln bei der menschlichen Arbeit entsprechen, sind es allein, an welche zu denken ist, wenn wir von der *Größe der Arbeit* einer Maschine reden. Es wird also bei diesem Begriffe von aller Mannigfaltigkeit der Wirkungen und Verrichtungen, die die Maschinen leisten, abgesehen und nur an den Aufwand von Kraft gedacht.

Dieser uns geläufige Ausdruck: „Aufwand von Kraft", der andeutet, daß die verwendete Kraft ausgegeben und verloren wird, führt uns zu einer weiteren charakteristischen Analogie zwischen den Leistungen des menschlichen Armes und denen der Maschinen. Je größer die Anstrengung und je länger deren Dauer, desto mehr *ermüdet* der menschliche Arm, desto mehr *wird der Vorrat seiner Bewegungskraft zeitweise erschöpft.* Wir werden sehen, daß diese Eigenheit, durch die Arbeit erschöpft zu werden, auch den Triebkräften der unorganischen Natur zukommt; ja, daß die Ermüdungsfähigkeit des menschlichen Armes nur eine von den Folgen des allgemeinen Gesetzes ist, mit dem wir es zu tun haben. Bei eingetretener Ermüdung ist unseren Muskeln Erholung nötig; diese gewinnen wir durch Ruhe und Nahrung. Wir werden auch bei den unorganischen Triebkräften, wenn ihre Leistungsfähigkeit erschöpft ist, die Möglichkeit der Herstellung finden, wenn auch im allgemeinen andere Mittel dazu angewendet werden müssen als für den Arm des Menschen.

Wir können durch das Gefühl der Anstrengung und Ermüdung in unseren Muskeln uns wohl im allgemeinen eine Anschauung bilden von dem, was unter der Größe der Arbeit zu verstehen ist. Zunächst müssen wir uns aber an Stelle der unbestimmten Schätzung, welche dieser Vergleich ergibt, einen klaren und scharfen Begriff von dem Maße bilden, nach welchem wir die Größe der Arbeit zu messen haben.

Das können wir besser an den einfachsten unorganischen Triebkräften ersehen als an den Leistungen unserer Muskeln, die ein zusammengesetzter Apparat von äußerst verwickelter Wirkungsweise sind.

Lassen wir die uns am besten bekannte und einfachste Kraft, die Schwere, als Triebkraft wirken. Sie wirkt zum Beispiel als solche in den Wanduhren, welche durch ein Gewicht getrieben werden. Dieses Gewicht, an einem Faden befestigt, der um eine mit dem ersten Zahnrade der Uhr verbundene Rolle geschlungen ist, kann dem Zuge der Schwere nicht folgen, ohne das ganze Uhrwerk dabei in Bewegung zu setzen. Nun bitte ich Sie, auf folgende Punkte zu achten: Das Gewicht kann die Uhr nicht in Bewegung setzen, ohne daß es dabei mehr und mehr herabsinkt. Wenn es sich selbst nicht bewegte, würde es auch die Uhr nicht bewegen können, und seine Bewegung kann dabei nur eine solche sein, welche dem Zuge der Schwere folgt. Also, wenn die Uhr gehen soll, muß das Gewicht immer tiefer und tiefer und endlich so weit sinken, daß die Schnur, die es trägt, abgelaufen ist; dann bleibt die Uhr stehen, dann ist die Leistungsfähigkeit des Gewichtes vorläufig erschöpft. Seine Schwere ist nicht verloren oder vermindert; es wird nach wie vor in gleichem Maße von der Erde angezogen; aber die Fähigkeit dieser Schwere, Bewegungen des Uhrwerks hervorzubringen, ist verlorengegangen. Sie kann das Gewicht jetzt nur noch in dem tiefsten Punkte seiner Bahn ruhig festhalten; sie kann es nicht weiter in Bewegung setzen.

Wir können aber die Uhr aufziehen durch die Kraft unseres Armes, wobei das Gewicht wieder emporgehoben wird. Sowie das geschehen ist, hat es seine frühere Leistungsfähigkeit wieder erlangt und kann die Uhr wieder in Bewegung erhalten.

Wir lernen daraus, daß ein gehobenes Gewicht eine *Triebkraft* besitzt; daß es aber, wenn diese Triebkraft wirken soll, notwendig sinken muß; daß durch das Herabsinken die Triebkraft erschöpft wird; daß aber durch Anwendung einer anderen fremden Triebkraft, nämlich der unseres Armes, die Wirksamkeit wieder hergestellt werden kann.

Die Arbeit, welche das Gewicht leistet, um die Uhr in Gang zu halten, ist freilich nicht groß. Es hat die kleinen Widerstände, welche die Reibung der Achsen und Zähne, sowie der Luftwiderstand der Bewegung der Räder entgegensetzen, fortdauernd zu überwinden, und es hat die Kraft für die kleinen Stöße und Schallerschütterungen herzugeben, welche das Pendel bei jeder Schwingung hervorbringt. Nimmt man das Gewicht von der Uhr ab, so schwankt allerdings das Pendel noch eine Weile hin und her, ehe es zur Ruhe kommt, aber seine Bewegung wird schwächer und schwächer und hört endlich ganz auf, indem sie durch die genannten kleinen Hindernisse allmählich aufgezehrt wird. Eben deshalb ist eine, wenn auch kleine, aber fortdauernd wirkende Triebkraft nötig, um die Uhr in Gang zu erhalten. Eine solche gibt das Gewicht.

Übrigens ergibt sich an diesem Beispiel schon leicht ein Maß für die Größe der Arbeit. Nehmen wir an, eine Uhr würde getrieben durch ein Gewicht von einem Pfund, welches in 24 Stunden fünf Fuß herabsinkt. Hängen Sie zehn solche Uhren von gleicher Konstruktion auf, jede mit einem Pfundgewicht, so werden diese zehn Uhren 24 Stunden lang getrieben; also, da jede dieselben Widerstände in gleicher Zeit zu überwinden hat, so wird die zehnfache Arbeit verrichtet, indem zehn Pfunde um fünf Fuß herabsinken. Wir schließen daraus, daß bei gleichbleibender Fallhöhe die Arbeit im Verhältnis des Gewichtes wachse.

Wenn wir nun aber den Faden soviel länger machen, daß das Gewicht zehn Fuß abläuft, so wird die Uhr nicht einen, sondern zwei Tage gehen; bei doppelter Fallhöhe wird das Gewicht am zweiten Tage noch einmal dieselben Widerstände überwinden wie am ersten Tage, es wird also im Ganzen eine doppelt so große Arbeit leisten, als wenn es nur fünf Fuß fallen kann. Bei demselben Gewichte wächst also die Arbeit auch wie die Fallhöhe. Daraus folgt, daß wir das Produkt aus der Größe des Gewichtes und der Höhe, durch welche es herabsinken kann, zunächst in dem besprochenen Falle, als Maß der Arbeit betrachten müssen. Die Anwendung dieses Maßes ist aber nicht auf den einzelnen Fall beschränkt, sondern das allgemeine von den Technikern angewendete Maß, wodurch man Arbeitsgrößen mißt, ist ein Fußpfund, d. h. die Arbeit, welche ein Pfund, gehoben um einen Fuß, hervorbringen kann[5].

Wir können dieses Maß der Arbeitskraft ganz allgemein auf alle Arten von Maschinen anwenden, weil wir jede Maschine durch ein hinreichendes Gewicht, das eine Rolle bewegt, in Bewegung zu setzen vermögen. Somit können wir die Größe jeder Triebkraft für eine jede beliebige Maschine immer durch die Größe und die Fallhöhe eines solchen Gewichtes ausdrücken, wie es nötig sein würde, um die Maschine bei ihren Verrichtungen in Bewegung zu erhalten, bis sie eine gewisse Arbeit geleistet hat. Eben deshalb ist die Messung der Arbeitskräfte nach Fußpfunden allgemein anwendbar. Die Anwendung eines Gewichtes als Triebkraft wäre freilich nicht praktisch vorteilhaft in denjenigen Fällen, wo wir gezwungen wären, dasselbe durch die eigene Kraft unseres Armes emporzuheben; dann würden wir einfacher die Maschine selbst unmittelbar mit dem Arm in Bewegung setzen. Bei der Uhr wenden wir ein Gewicht an, um nicht selbst den ganzen Tag am Räderwerk zu stehen, wie wir dies tun müßten, wenn wir sie direkt bewegen wollten. Indem wir die Uhr aufziehen, speichern wir einen Vorrat von Arbeitskraft in ihr auf, der für die Ausgabe in den nächsten 24 Stunden genügt.

Etwas anderes ist es, wenn die Natur selbst die Gewichte in die Höhe schafft, die für uns arbeiten. Sie tut das nicht mit festen Körpern, wenigstens nicht so regelmäßig, daß wir sie benutzen könnten, wohl aber in reichlichem Maße mit dem Wasser, welches durch meteorologische Prozesse auf die Höhe der Berge geschafft wird und diesen wieder entströmt. Die Schwere des Wassers benutzen wir als Triebkraft in den Wassermühlen; am direktesten bei den sogenannten überschlächtigen Wasserrädern, wie in Fig. 1 ein solches dargestellt ist. Diese tragen längs ihres Umfangs eine Reihe von Kästen, die als Wassergefäße dienen und die mit ihrer Mündung auf der dem Beschauer zugekehrten Seite des Rades nach oben, auf der anderen, abgewendeten Seite nach unten stehen. Das Wasser fließt von oben bei M in die Kästen der vorderen Seite des Rades ein, bei F, wo die Mündung der Kästen anfängt, sich nach unten zu neigen, fließt es aus. Die Kästen des Radumfangs sind also gefüllt an der dem Beschauer zugekehrten, leer an der entgegengesetzten Seite; die ersteren sind beschwert durch das darin enthaltene Wasser, die letzteren nicht. Das Gewicht des Wassers wirkt also fortdauernd nur auf die eine Seite

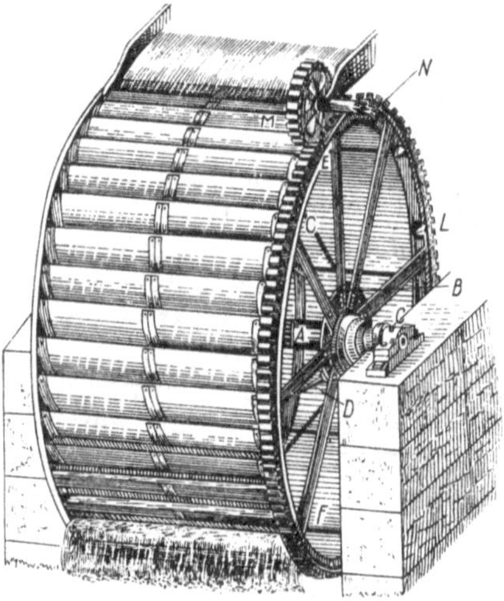

Fig. 1

des Rades, zieht diese herab und setzt dadurch das Rad in Drehung; die andere Seite des Rades leistet keinen Widerstand, weil sie kein Wasser enthält. Es ist auch hier das Gewicht des herabsinkenden Wassers, welches die Mühle in Bewegung setzt und die Triebkraft liefert. Es leuchtet ein, daß das Wassergewicht, welches die Mühle treibt, notwendig herabsinken muß, um sie zu treiben, und daß es, wenn es unten angekommen ist, von seiner Schwere zwar nicht das Geringste verloren hat, dessenungeachtet aber nicht mehr in der Lage ist, das Wasserrad treiben zu können, wenn es nicht durch die Kraft des menschlichen Armes oder durch eine andere Naturkraft wieder in den oberen Teil seines Laufes hinaufgeschafft wird. Kann es vom unteren Teile des Mühlgrabens zu tieferen Stellen des Terrains hinabfließen, so kann es auch noch weiter gebraucht werden, um andere Mühlräder zu treiben. Ist es endlich an der tiefsten Stelle seines Laufes, im Meere, angekommen, so ist der letzte Rest seiner Arbeitskraft erschöpft, den es der Schwere, das heißt der Anziehung der Erde, verdankt. Es kann durch sein Gewicht nicht wieder arbeiten, ehe es nicht wieder zur Höhe hinaufgeschafft wird. Da dies wirklich durch die meteorologischen Prozesse geschieht, so bemerken Sie, daß wir auch diese als Quellen von Arbeitskraft zu betrachten haben.

Die Wasserkraft war die erste unorganische Kraft, welche die Menschen an Stelle der eigenen oder der Kraft ihrer Haustiere zur Arbeit zu benutzen lernten. Nach *Strabo* war sie schon dem wegen seiner Naturkenntnisse berühmten König *Mithridates* von Pontus bekannt, neben dessen Palast sich ein Wasserrad befunden haben soll.[6] Bei den Römern wurde ihre Anwendung in der Zeit der ersten Kaiser eingeführt. Noch jetzt finden wir Wassermühlen in allen Gebirgstälern und überall, wo es schnellfließende und regelmäßig gefüllte Bäche und Ströme gibt. Wasserkraft wird zu allen Zwecken gebraucht, welche durch Maschinen zu erreichen sind und für welche sie den hinreichenden Vorrat von Arbeitskraft liefern kann. Sie treibt Mühlen, Sägewerke, Hammer- und Stampfwerke, Spinnmaschinen, Webestühle etc. Sie ist die billigste von allen Triebkräften, sie fließt fortdauernd aus dem unerschöpflichen Vorrate der Natur dem Menschen von selbst zu; aber sie ist an den Ort geheftet und ist nur in bergigen Gegenden reichlich vorhanden.

Ehe wir nun zur Besprechung anderer Triebkräfte übergehen, muß ich einem Zweifel begegnen, der sich leicht aufdrängen könnte. Wir wissen alle, daß es mancherlei Maschinen gibt, wie Flaschenzüge, Hebel, Kräne, mit deren Hilfe man schwere Lasten unter verhältnismäßig geringer Kraftanstrengung in die Höhe schaffen kann. Wir alle sind oft Zeuge gewesen, daß ein einzelner Arbeiter einen schweren Stein auf ein hohes Gebäude hinaufwand, welchen direkt zu heben er völlig außerstande gewesen wäre; ebenso, daß ein oder zwei Mann mittelst eines Kranes die größten und schwersten Kisten aus Schiffen zum Quai hinaufschafften. Wenn man nun ein großes und schweres Gewicht zum Treiben einer Maschine anwendet, sollte es nicht möglich sein, dieses mittelst eines Flaschenzuges oder Kranes mit leichter Mühe wieder in die Höhe zu schaffen, so daß es von neuem als Triebkraft dienen könnte und damit eine große Triebkraft zu gewinnen, ohne eine entsprechende Anstrengung bei der Hebung des Gewichtes aufzuwenden?

Darauf ist zu antworten, daß in demselben Maße wie diese Instrumente die Anstrengung für den Augenblick erleichtern, sie diese auch verlängern, so daß mit ihrer Hilfe schließlich an Arbeitskraft nichts gewonnen wird.

Nehmen wir an, vier Arbeiter hätten mittelst eines Seils, das über eine einfache Rolle geht, eine Last von vier Zentnern zu heben. Jedesmal, wenn sie den Strick um vier Fuß herabziehen, steigt auch die Last um vier Fuß. Nun hänge man zum Vergleich dieselbe Last an einen Flaschenzug von vier Rollen (s. Fig. 2). Jetzt wird ein Arbeiter imstande sein, mit derselben Kraftanstrengung, die vorher jeder einzelne der vier Arbeiter aufwenden mußte, die Last in die Höhe zu schaffen. Aber wenn er das Seil am Flaschenzuge um vier Fuß herabzieht, so steigt die Last nur um einen Fuß, weil die Länge, um die er das Seil bei *a* herabzieht, sich in dem Flaschenzuge auf vier Seile gleichmäßig verteilen muß, so daß jedes Seil sich nur um ein Viertel jener Länge verkürzt. Um die Last zu derselben Höhe zu schaffen, muß also der einzelne notwendig viermal so lange arbeiten als die vier Männer zusammen. Der Gesamtaufwand von Arbeit aber ist gleich, ob vier Arbeiter eine Viertelstunde oder ob ein Arbeiter eine Stunde arbeitet.

Um hierbei statt der menschlichen Arbeit die Arbeit eines Gewichtes einzuführen, hängen wir unten an den Flaschenzug die Last von 400 Pfund und an das Seil bei *a*, wo sonst die Arbeiter ziehen, ein Gewicht von 100 Pfd. Dann ist der Flaschenzug im Gleichgewicht und kann ohne eine in Betracht kommende Anstrengung des Armes in Bewegung gesetzt werden. Das Gewicht von 100 Pfund sinkt, das von 400 Pfund steigt. Wir haben also, ohne in Betracht kommenden sonstigen Kraftaufwand, das schwere Gewicht gehoben, indem wir das leichte herabsinken ließen. Aber achten Sie auch darauf, daß das leichte Gewicht um eine viermal so lange Strecke herabstieg, als das schwere in die

Höhe ging. Hundert Pfund mal vier Fuß Fallhöhe ist ebensogut gleich vierhundert Fußpfund als vierhundert Pfund mal ein Fuß Höhe.

Ähnlich wie die Flaschenzüge wirken die Hebel in allen ihren verschiedenen Abänderungen. Es sei *ab* (Fig. 3) ein einfacher doppelarmiger Hebel, der bei *c* unterstützt ist und dessen Arm *cb* viermal so lang ist als der andere *ac*. Hängen wir an das Ende *b* ein Gewicht von einem Pfunde, an das Ende *a* ein solches von vier Pfunden, so ist der Hebel im Gleichgewicht, und der leiseste Fingerdruck genügt, um ihn ohne wesentliche Kraftanstrengungen in die Lage *a'b'* zu bringen, wo das schwere Gewicht von vier Pfund gehoben und dafür das leichtere von einem Pfund gesunken ist. Aber bemerken Sie wohl, auch hier ist dadurch keine Arbeit gewonnen; denn wenn das schwere Gewicht um einen Zoll gestiegen ist, ist das leichtere um vier Zoll gesunken, und vier Pfund mal ein Zoll ist als Arbeit äquivalent dem Produkt von einem Pfund mal vier Zoll.

Die meisten anderen festen Maschinenteile lassen sich als veränderte und zusammengesetzte Hebel ansehen. Ein Zahnrad ist z. B. wie eine Reihe von Hebeln, deren Enden durch die einzelnen Zähne

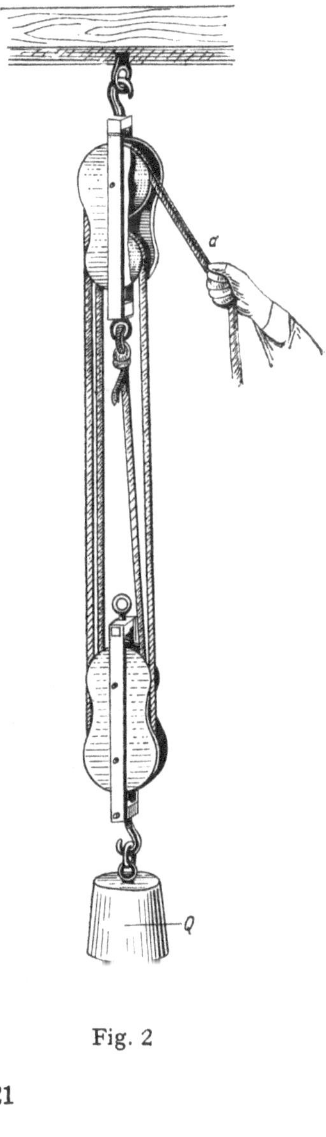

Fig. 2

dargestellt werden und von denen einer nach dem anderen in Wirksamkeit gesetzt wird, in dem Maße, als der betreffende Zahn das benachbarte Getriebe faßt oder von ihm gefaßt wird. Nehmen Sie z. B. die in Fig. 4 abgebildete

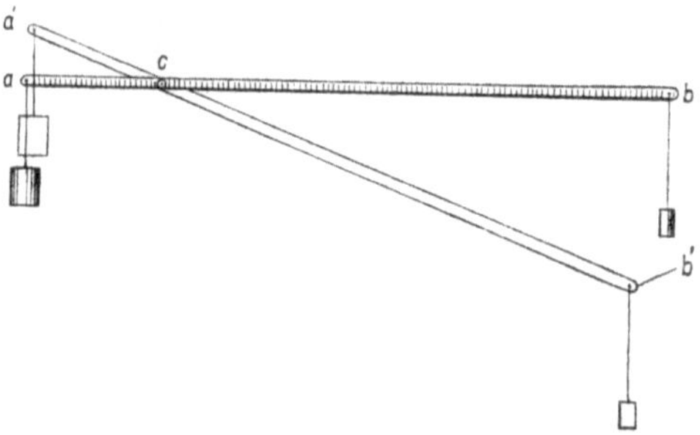

Fig. 3

Fig. 4

Winde. Der Trieb, der an der Achse der Kurbel sitzt, habe zwölf Zähne, das Zahnrad *HH* aber 72 Zähne, also sechsmal so viel als der Trieb. Man wird die Kurbel sechsmal umdrehen müssen, ehe das Zahnrad *H* und die daran befestigte Welle *D* eine Umdrehung gemacht haben und ehe der Strick, der die Last hebt, um eine Strecke, die dem Umfang der Welle gleich ist, sich gehoben hat. So braucht der Arbeiter sechsmal so viel Zeit, aber auch nur den sechsten Teil von derjenigen Kraft, die er anwenden müßte, wenn die Kurbel direkt an der Achse der Welle *D* angebracht wäre. Bei allen diesen Maschinen und Maschinenteilen finden

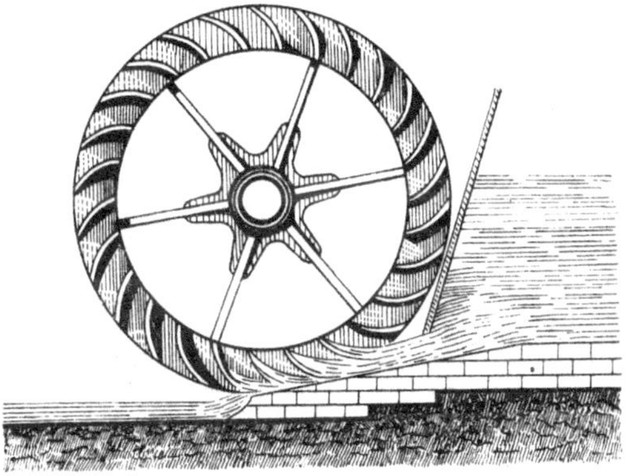

Fig. 5

wir es immer wieder bestätigt, daß in dem Maße, als die Geschwindigkeit der Bewegung steigt, ihre Kraft abnimmt, und daß, wenn die Kraft steigt, die Geschwindigkeit abnimmt, die Größe der Arbeit dadurch aber niemals vermehrt wird.

An den vorher beschriebenen oberschlächtigen Mühlrädern wirkt das Wasser durch sein Gewicht. Wir haben noch eine andere Form von Mühlrädern, die sogenannten unterschlächtigen, wie Fig. 5 ein solches darstellt, bei denen das Wasser nur durch seinen Stoß wirkt. Man braucht sie da, wo das Wasser nicht aus genügender Höhe herabkommt, um auf den oberen Teil des Rades zu fließen. Unterschlächtige Räder läßt man mit dem unteren Teil in das strömende Wasser eintauchen, das gegen ihre Schaufeln stößt und sie mitnimmt. Solche Räder werden auch in schnell strömenden Flüssen mit kaum merkbarem Gefälle, z. B. im Rheine angewendet. In der unmittelbaren Nachbarschaft eines solchen Rades braucht das Wasser nicht notwendig einen erheblichen Fall zu haben, wenn es nur mit einer erheblichen Geschwindigkeit dort ankommt. Hier ist es die Geschwindigkeit des Wassers, welche wirkt. Sie bringt den Stoß desselben gegen die Radschaufeln hervor und liefert die Arbeitskraft.

Ein anderes Beispiel für eine solche Wirkung der Geschwindigkeit ist die Windmühle, wie man sie in den großen Ebenen Norddeutschlands und Hollands anwendet, um den Mangel fallenden Wassers zu ersetzen. Da ist es die bewegte Luft, der Wind, welcher die Flügel der Mühlen umtreibt. Ruhende Luft würde eine Windmühle ebensowenig treiben können, als ruhendes Wasser eine Wassermühle treibt. In der Geschwindigkeit der bewegten Massen liegt hier die Triebkraft.

Eine in der Hand ruhende Büchsenkugel ist das harmloseste Ding der Welt; durch ihre Schwere kann sie keine große Wirkung ausüben, während sie, abgeschossen und mit einer großen Geschwindigkeit begabt, gewaltsam alle Schranken durchbricht.

Wenn ich den Kopf eines Hammers sanft auf einen Nagel auflege, reicht seine geringe Schwere oder der Druck meines Armes auf den Nagel durchaus nicht hin, denselben in das Holz zu pressen. Schwinge ich jedoch den Hammer und lasse ihn mit großer Geschwindigkeit niederfallen, so bekommt er eine neue Kraft, die viel größere Hindernisse überwältigen kann.

Diese Beispiele lehren uns die *Geschwindigkeit einer bewegten Masse* als Triebkraft kennen. In der Mechanik heißt die Geschwindigkeit, insofern sie Triebkraft ist und Arbeit verrichten kann, *lebendige Kraft*. Der Name ist nicht glücklich gewählt; er verleitet zu leicht, an die Kraft lebender Wesen zu denken. Auch hier werden Sie an dem Beispiele des Hammers und der Büchsenkugel erkennen, daß die Geschwindigkeit verlorengeht, indem sie als arbeitende Kraft auftritt. Bei der Wassermühle oder der Windmühle gehört freilich eine aufmerksame Untersuchung der bewegten Wasser- und Luftmassen dazu, um die Überzeugung zu gewinnen, daß durch die Arbeit, die sie verrichtet haben, einen Teil ihrer Geschwindigkeit verlorengegangen ist.

Am einfachsten und übersichtlichsten ist das Verhältnis der Geschwindigkeit zur Arbeitskraft an einem einfachen Pendel, wie wir es aus jedem Gewichte, das wir an einen Faden hängen, herstellen können. Es sei *M*, Fig. 6, ein solches Gewicht von kugeliger Form; *AB* sei eine durch den Mittelpunkt der kugeligen Masse gezogene Horizontallinie; *P* der obere Befestigungspunkt des Fadens. Wenn ich nun das Gewicht *M* seitwärts gegen *A* hinziehe, so bewegt es sich in dem Kreisbogen *Ma*, dessen Ende *a* etwas höher liegt als der Punkt *A* in der Horizontallinie; das Gewicht wird also dabei um die Höhe *Aa* gehoben. Eben deshalb muß auch mein Arm eine gewisse Arbeitskraft aufwenden, um das Gewicht nach *a* zu bringen. Die Schwere widersteht dieser Bewegung und sucht das Gewicht nach dem tiefsten Punkte, den es erreichen kann, nach *M* zurückzutreiben.

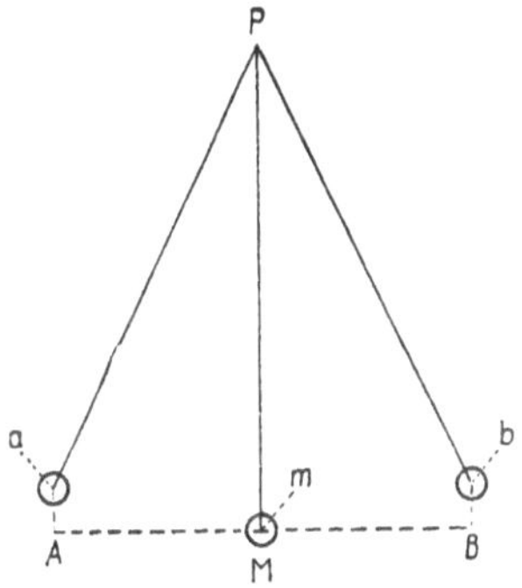

Fig. 6

Lasse ich nun das Gewicht los, nachdem ich es bis *a* gebracht habe, so folgt es diesem Zuge der Schwere und geht nach *M* zurück, kommt mit einer gewissen Geschwindigkeit an, bleibt aber nun nicht mehr ruhig in *M* hängen, wie es vorher tat, sondern schwingt über *M* hinaus nach *b* hin und hält hier endlich in seiner Bewegung ein, nachdem es nach der Seite von *B* hin einen ebenso großen Bogen durchlaufen hat, wie vorher nach der Seite von *A*, und nachdem es um die Strecke *Bb* über die Horizontallinie gestiegen ist, welche der Höhe *Aa*, auf welche der Zug meines Armes es vorher gehoben hatte, gleich ist. In *b* kehrt dann das Pendel um, schwingt auf demselben Wege zurück durch *M* nach *a* und so fort, bis durch Luftwiderstand und Reibung seine Schwingungen allmählich vermindert, endlich vernichtet werden.

Sie sehen hierbei, daß der Grund, warum das Gewicht, wenn es von *a* kommend durch *M* hindurchgeht, hier nun nicht ruhen bleibt, sondern, der Wirkung der Schwere entgegen, nach *b* emporsteigt, nur in seiner Geschwindigkeit zu suchen ist. Die Geschwindigkeit, welche es erlangt hat, indem es von der Höhe *Aa* sich herabbewegte, ist fähig, es zur gleichen Höhe *Bb* wieder emporzuheben. Die Geschwindigkeit der bewegten Masse *M* ist also fähig, diese Masse zu heben, d. h. im mechanischen Sinne: Arbeit zu verrichten. Das würde auch der Fall sein, wenn wir dem aufgehängten Gewichte eine solche Geschwindigkeit durch einen Stoß mitgeteilt hätten.

Daraus ergibt sich denn auch weiter, wie wir die Arbeitskraft der Geschwindigkeit oder, was dasselbe bedeutet, die *lebendige Kraft der bewegten Masse* zu messen haben; sie ist gleichzusetzen der Arbeit, in Fußpfunden ausgedrückt, welche dieselbe Masse leisten kann, nachdem ihre Geschwindigkeit benutzt worden ist, um sie unter möglichst günstigen Umständen zu einer möglichst großen Höhe zu treiben.[7] Dabei kommt es nicht an auf die Richtung der vorhandenen Geschwindigkeit; denn, wenn wir ein Gewicht an einem Faden herumschwingen lassen, können wir auch eine abwärts gerichtete Bewegung in eine aufwärts gerichtete übergehen lassen.

Die Bewegung des Pendels zeigt uns sehr deutlich, wie die beiden bisher betrachteten Formen der Arbeitskraft, die eines gehobenen Gewichtes und die einer bewegten Masse, ineinander übergehen können. In den Punkten *a* und *b*, Fig. 6, hat die Masse keine Geschwindigkeit, ist aber gehoben um die Strecke *Aa* oder *Bb*; in dem Punkte *m* ist sie so weit wie möglich gefallen, hat aber Geschwindigkeit. Indem das Gewicht von *a* nach *m* geht, wird die Arbeit des gehobenen Gewichtes in lebendige Kraft verwandelt; indem das Gewicht weiter von *m* nach *b* geht, wird die lebendige Kraft in die Arbeit eines gehobenen Gewichtes verwandelt. Die Arbeit, welche unser Arm dem Pendel ursprünglich mitgeteilt hat, geht also bei seinen Schwingungen nicht verloren, solange wir von dem Einflusse des Luftwiderstandes und der Reibung absehen dürfen; sie vermehrt sich auch nicht, aber sie wechselt fortdauernd die Form ihrer Erscheinung.

Gehen wir nun über zu anderen mechanischen Kräften, denen der *elastischen Körper*. Statt der Gewichte, welche unsere Wanduhren treiben, finden wir in den Stutzuhren und Taschenuhren stählerne Federn, welche beim Aufziehen der Uhr gespannt werden, und, indem sie das Uhrwerk 24 Stunden lang bewegen, sich wieder entspannen. Um die Feder zu spannen, verbrauchen wir Kraft unseres Armes; dieser muß beim Aufziehen die widerstrebende elastische Kraft der Feder, wie bei der Gewichtsuhr die widerstrebende Schwere des Gewichtes, überwinden. Die gespannte Feder aber ist fähig, Arbeit zu verrichten; sie gibt diese ihr mitgeteilte Fähigkeit allmählich wieder aus, indem sie das Werk treibt.

Wenn ich eine Armbrust spanne und sie nachher abschieße, setzt die gespannte Feder den Bolzen in Bewegung und erteilt ihm Arbeitskraft in Gestalt von Geschwindigkeit. Um den Bogen zu spannen, muß mein Arm etliche Sekunden arbeiten; diese Arbeit wird ausgegeben und auf den Bolzen übertragen in dem Moment des Abschießens. Bei der Armbrust wird also die ganze Arbeit, welche mein Arm ihr im Verlaufe des Spannens mitgeteilt hat, auf einen außerordentlich kurzen Zeitpunkt zusammengedrängt; bei der Uhr dagegen wird sie über einen oder mehrere Tage ausgebreitet. In beiden Fällen wird keine Arbeit gewonnen, die nicht mein Arm dem Instrumente ursprünglich mitgeteilt hätte; sie wird nur zweckmäßiger verausgabt.

Etwas anderes ist es, wenn ich durch irgendeinen anderen Naturprozeß bewirken kann, daß ein elastischer Körper in Spannung versetzt wird, ohne daß ich meinen Arm dabei anzustrengen brauche. Das ist in der Tat möglich, und zwar bieten die Gasarten hierfür die günstigsten Gelegenheiten.

Wenn ich z. B. ein mit Pulver geladenes Gewehr abschieße, verwandelt sich der größte Teil von der Masse des verbrennenden Pulvers in Gase von sehr hoher Temperatur, welche sich mächtig auszudehnen streben und in dem engen Raume, wo sie entstehen, nur durch den heftigsten Druck zusammengehalten werden können. Indem sie sich gewaltsam ausdehnen, treiben sie die Kugel vor sich her und teilen ihr eine große Geschwindigkeit mit, die wir schon als eine Form der Arbeitskraft kennen.

In diesem Falle habe ich also Arbeit gewonnen, die mein Arm nicht geleistet hat; es ist aber etwas anderes dabei verloren gegangen, nämlich das Schießpulver, dessen Bestandteile in andere chemische Verbindungen übergegangen sind, aus denen sie nicht so ohne weiteres in ihren früheren Zustand zurückgeführt werden können. Hier ist also ein chemischer Prozeß vor sich gegangen, unter dessen Einfluß wir Arbeitskraft gewonnen haben.

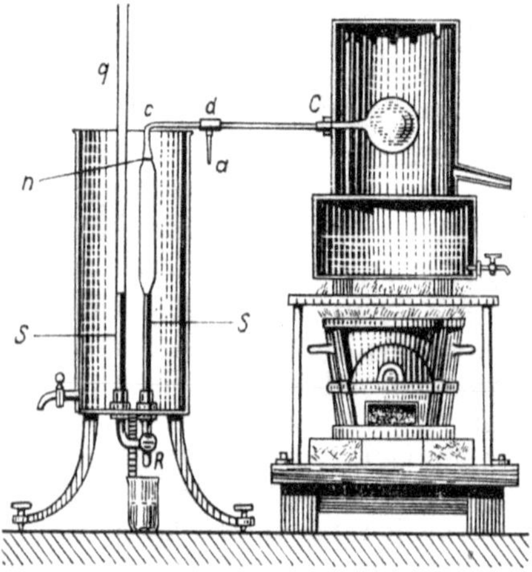

Fig. 7

In viel größerem Maßstabe werden elastische Kräfte in Gasen durch die Wärme hervorgebracht.

Nehmen wir als einfacheres Beispiel atmosphärische Luft. In Fig. 7 ist ein Apparat dargestellt, wie ihn *Regnault* zur Messung der Ausdehnungskraft erwärmter Gase anwendete. Kommt es auf genaue Messungen nicht an, so kann derselbe Apparat viel einfacher eingerichtet werden. Bei *C* ist ein mit trockener Luft gefüllter Glasballon in das Blechgefäß eingeschoben, welches durch die Dämpfe des darin siedenden Wassers erwärmt werden soll. Der Ballon kommuniziert mit dem U-förmigen, mit einer Flüssigkeit gefüllten Rohre *Ss*, dessen Schenkel bei passender Stellung des Hahns *R* miteinander kommunizieren. Ist die Flüssigkeit im Gleichgewicht im Rohre *Ss*, wenn der Ballon kalt ist, so steigt sie im Schenkel *s*, und fließt schließlich oben

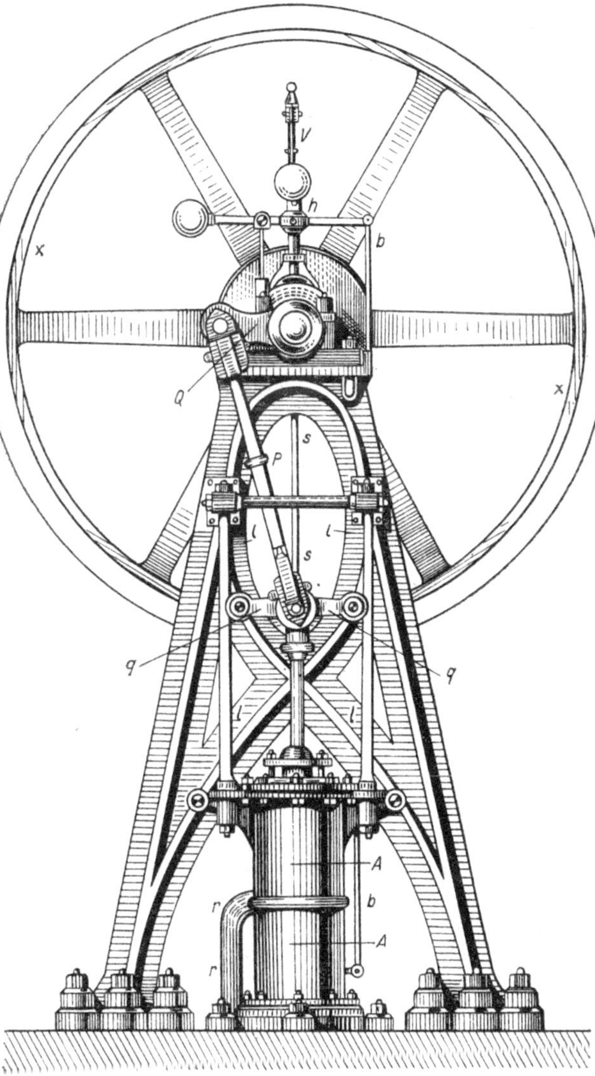

Fig. 8

aus, wenn der Ballon erwärmt wird. Stellt man im Gegenteil bei erhitztem Ballon das Gleichgewicht der Flüssigkeit wieder her, dadurch, daß man sie bei *R* teilweise ausfließen läßt, so wird sie beim Erkalten des Ballons gegen *n* hin angesogen. In beiden Fällen wird also Flüssigkeit gehoben und dadurch Arbeit verrichtet.

Im größeren Maßstab sehen Sie denselben Versuch fortdauernd wiederholt in den Dampfmaschinen. Nur wird hier, um eine fortdauernde Entwickelung gepreßter Gase zu unterhalten, die Luft im Ballon, welche bald ein Maximum ihrer Ausdehnung erreichen würde, im Kessel der Dampfmaschine durch Wasser ersetzt, welches durch die Wärme allmählich in Dampf verwandelt wird. Wasserdampf ist aber, solange er als solcher besteht, ein elastisches Gas, welches sich gerade wie die atmosphärische Luft auszudehnen strebt. Und statt der Flüssigkeitssäule, die in unserem letzten Versuche gehoben wurde, läßt man in der Maschine einen festen Stempel in die Höhe treiben, der seine Bewegung auf andere feste Maschinenteile übertragen kann. In Fig. 8 sind die arbeitenden Teile einer Hochdruckmaschine in der Vorderansicht, in Fig. 9 im Querschnitt dargestellt. Der Kessel, in dem der Dampf erzeugt wird, ist nicht mitgezeichnet; letzterer strömt durch das Rohr *zz*, Fig. 9, dem Zylinder *AA* zu, worin sich ein dicht schließender Kolben *C* bewegt. Die Teile, welche sich zwischen der Röhre *zz* und dem Zylinder *AA* einschalten, nämlich das Schieberventil im Kasten *KK* und die beiden Röhren *d* und *e*, dienen dazu, den Dampf, je nach der Stellung des Ventils, bald durch *d* in den unteren Teil des Zylinders *A* unter den Kolben, bald in den oberen Teil über den Kolben zu leiten, während gleichzeitig der Dampf aus der anderen Hälfte des Zylinders freien Ausgang nach außen erhält. Tritt der Dampf unter den Kolben, so treibt er diesen in die Höhe; ist der Kolben oben angekommen, so wechselt die Stellung des Ventils in *KK*; der Dampf tritt nun über den Kolben und treibt diesen wieder herab. Die Kolbenstange wirkt mittelst der an ihr eingelenkten Stange *P* auf die Kurbel *Q* des Schwungrades *X* und setzt dieses in Umdrehung. Die Bewegung des Rades bewirkt wieder mittelst des Gestänges *s*, daß das Ventil immer zur rechten Zeit um-

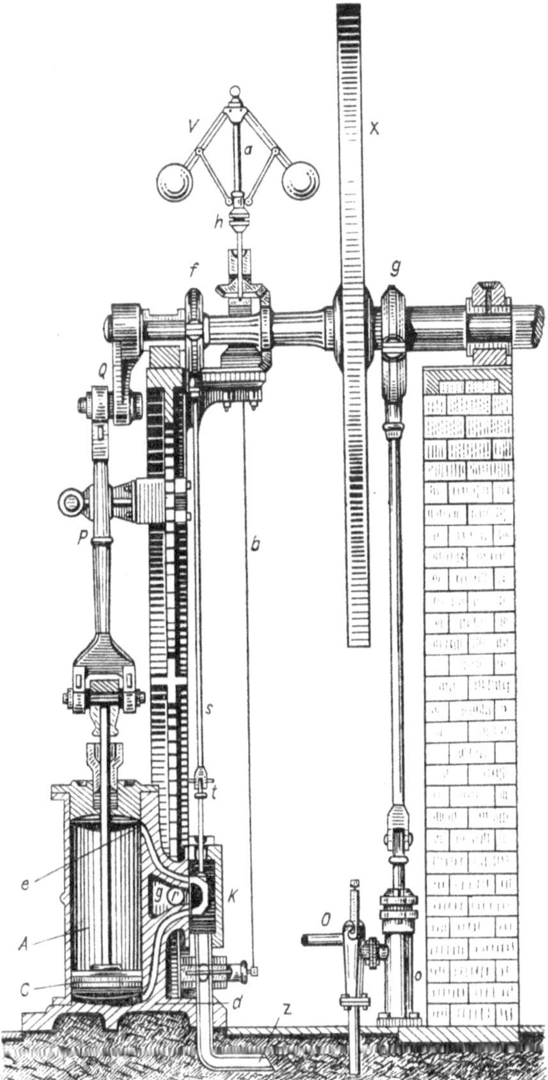

Fig. 9

gestellt wird. Auf diese mechanischen Einrichtungen können wir nicht näher eingehen, so sinnreich sie auch ausgebildet sind. Uns interessiert hier nur die Art und Weise, wie die Wärme elastisch gepreßten Dampf hervorbringt und wie dieser Dampf in seinem Streben, sich auszudehnen, gezwungen wird, die festen Teile der Maschine zu bewegen und uns Arbeitskraft zu liefern.

Wir wissen, welcher gewaltigen und mannigfaltigen Leistungen die Dampfmaschinen fähig sind; mit ihnen hat die große Entwickelung der Industrie, welche unser Jahrhundert vor allen früheren auszeichnet, erst begonnen. Ihr wesentlicher Vorzug im Vergleich mit den früher bekannten Triebkräften ist, daß sie nicht an den Ort gebunden sind. Der Kohlenvorrat und die geringe Quantität Wasser, welche die Quellen ihrer Triebkraft sind, lassen sich leicht überall hinschaffen; ja, wir können eben deshalb die Dampfmaschinen selbst beweglich machen, wie dies in den Dampfschiffen und Lokomotiven geschieht. Durch diese Maschinen ist es möglich, an jeder Stelle der Oberfläche der Erde, wie in den tiefen Schachten der Bergwerke und auf der Mitte des Meeres, Arbeitskraft in fast unbeschränktem Maße zu entwickeln; während die Wasser- und Windmühlen fest an bestimmte Orte der Oberfläche des Landes gebannt sind.

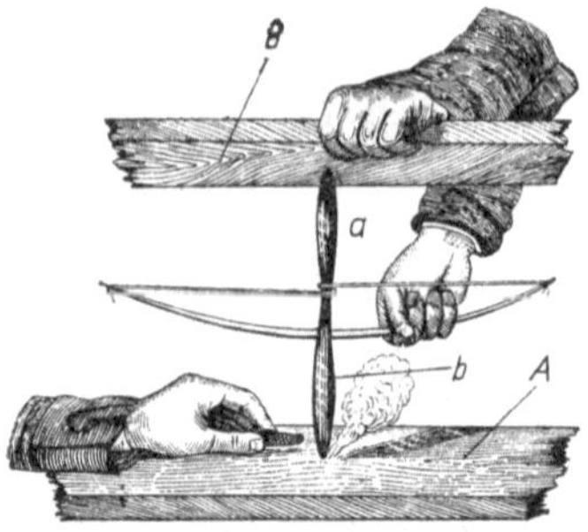

Fig. 10

Wir sehen also: Wärme kann mechanische Arbeitskraft erzeugen. In den bisher besprochenen Fällen haben wir gefunden, daß das Quantum von Arbeitskraft, was durch ein gewisses Maß eines physikalischen Vorganges erzeugt werden kann, immer ein bestimmt begrenztes ist und daß die weitere Arbeitsfähigkeit der Naturkräfte durch die geschehene Leistung verringert oder erschöpft wird. Wie verhält es sich in dieser Beziehung mit der *Wärme*?

Diese Frage war von entscheidender Wichtigkeit bei dem Bestreben, das Gesetz von der Erhaltung der Kraft auf alle Naturprozesse auszudehnen. In ihrer Beantwortung lag der hauptsächlichste Unterschied zwischen der älteren und neueren Ansicht der hierher gehörigen Verhältnisse; daher auch viele Physiker die Naturanschauung, die dem Gesetze von der Erhaltung der Kraft entspricht, geradezu mit dem Namen der *mechanischen Wärmetheorie* bezeichnet haben.

Die ältere Ansicht von der Natur der Wärme war, daß sie ein Stoff sei; zwar sehr fein und unwägbar, aber unzerstörbar und unveränderlich in ihrer Quantität, welches letztere bekanntlich die wesentliche Grundeigenschaft aller Materie ist. In der Tat zeigt sich bei einer großen Zahl von Naturprozessen die Quantität der durch das Thermometer nachweisbaren Wärme unveränderlich.

Zwar kann sie wandern durch Leitung und Strahlung von wärmeren zu kälteren Körpern; die Wärmemenge aber, welche jene verlieren, erscheint in diesen, durch das Thermometer nachweisbar, wieder. Auch fand man bei den Naturkörpern mancherlei Vorgänge, namentlich die Übergänge aus dem festen in den flüssigen oder gasigen Zustand, bei denen Wärme wenigstens für das Thermometer verschwand; führte man aber den gasigen Körper wieder in den flüssigen, den flüssigen in den festen Zustand zurück, so kam genau die gleiche Wärmemenge wieder zum Vorschein, die vorher verloren schien. Man nannte dies ein *Latentwerden* der Wärme. Flüssiges Wasser unterscheidet sich nach dieser Ansicht vom Eise dadurch, daß es eine gewisse Quantität gebundenen Wärmestoffes enthält, der eben, weil er fest gebunden ist, nicht auf das Thermometer übergehen und nicht von diesem angezeigt werden kann. Wasserdampf enthält danach eine noch größere Menge von gebundenem Wärmestoff. Lassen wir aber den Dampf sich niederschlagen, das tropfbare Wasser wieder zu Eis gefrieren, so erhalten wir genau dieselbe Wärmemenge frei zurück, die bei der Schmelzung des Eises und der Verdampfung des Wassers latent geworden war.

Endlich kann Wärme hervorgebracht werden oder verschwinden bei chemischen Prozessen. Aber auch hier ließ sich die Annahme durchführen, daß die verschiedenen chemischen Elemente und Verbindungen gewisse konstante Mengen latenten Wärmestoffes enthalten, welcher bei einer Änderung ihrer Zusammensetzung bald austritt, bald von außen her zugeführt werden muß; und genaue Versuche zeigten, daß die Menge Wärme, welche sich bei einem chemischen Prozesse entwickelt – z. B. bei der Verbrennung von einem Pfunde reiner Kohle zu Kohlensäure –, durchaus konstant ist, möge nun die Verbrennung langsam oder schnell, auf einmal oder in Zwischenstufen vor sich gehen. Es waren die hier kurz erwähnten Naturprozesse Gegenstand ausgedehnter experimenteller und mathematischer Untersuchungen, namentlich der großen französischen Physiker zu Ende des vorigen und zu Anfang des jetzigen Jahrhunderts gewesen; ein reiches und genau durchgearbeitetes Kapitel der Physik hatte sich daraus entwickelt, in dem alles vortrefflich mit der Hypothese, die Wärme sei ein Stoff, zusammenstimmte. Andererseits wußte man die bei allen diesen Prozessen konstatierte Unveränderlichkeit der Wärmemenge damals aus keiner anderen Annahme zu erklären, als aus der, daß die Wärme eben ein Stoff sei.

Aber man hatte eine Beziehung der Wärme, nämlich die zur mechanischen Arbeit, nicht genauer untersucht. Nur ein französischer Ingenieur, *Sadi Carnot*, der Sohn des berühmten Kriegsministers der Revolutionszeit, hatte im Jahre 1824 die mechanische Arbeit, welche die Wärme verrichtet, daraus herzuleiten gesucht, daß sich der hypothetische Wärmestoff, gleichsam einem Gase ähnlich, auszudehnen strebe und hatte in der Tat aus dieser Vorstellung ein merkwürdiges Gesetz über die Arbeitsfähigkeit der Wärme abgeleitet, welches auch heute noch – freilich mit einer durch *Clausius* vorgenommenen wesentlichen Änderung – in die Grundlagen der neueren sogenannten mechanischen Wärmetheorie eingeht und dessen praktische Folgerungen, so weit sie damals mit der Erfahrung verglichen werden konnten, sich in der Tat bewährten.[8]

Daneben aber bestanden die Erfahrungen, daß überall, wo zwei bewegte Körper gegeneinander reiben, Wärme neu entwickelt wird, man konnte nicht sagen woher.

Die Tatsache ist allbekannt. Die Achse eines Wagenrades, welches schlecht geschmiert ist und heftig reibt, wird heiß, so heiß, daß sie sich entzünden kann; ja, schnelllaufende Maschinenräder mit eisernen Achsen können sich sogar an ihre Pfannen anschweißen. Auch ist nicht einmal eine heftige Reibung nötig, um merkliche Wärme zu entwickeln. Jedes Streichhölzchen, was durch Reiben an einem Punkte so weit erwärmt wird, daß die phosphorhaltige Masse sich dort entzündet, lehrt dasselbe. Ja, man reibe nur die trockenen Handflächen unter kräftigem Druck schnell aneinander, so wird man die Reibungswärme fühlen, welche viel stärker ist als die Erwärmung, welche die Hände ruhig gegeneinanderliegend, in der Handfläche erzeugen; und ein deutlicher Geruch von verbranntem Horn, der von den Handtellern ausgeht, zeigt an, daß das hornige Oberhäutchen der Handflächen oberflächlich versengt ist. Unkultivierte Völker benutzen die Reibung zweier Holzstücke, um Feuer anzumachen. Zu dem Ende setzen sie eine spitze Spindel aus hartem Holze auf die in Fig. 10 dargestellte Weise in schnelle Drehung auf einer Unterlage von weichem Holze.

So lange es sich nur um Reibung fester Körper gegeneinander handelte, wobei oberflächliche Teilchen abgerissen und komprimiert werden, konnte man vielleicht noch daran denken, daß irgendwelche Strukturänderungen der geriebenen Körper hierbei latente Wärme freiwerden ließen, welche als Reibungswärme zum Vorschein käme.

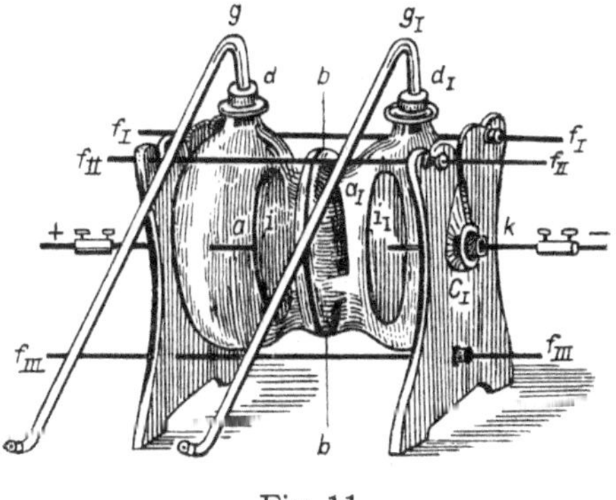

Fig. 11

Aber man kann Wärme auch durch Reibung flüssiger Körper erzeugen, wo von Strukturänderungen und von Freiwerden latenter Wärme nicht die Rede ist. Das erste entscheidende Experiment dieser Art wurde von *Sir Humphrey Davy* im Anfange dieses Jahrhunderts angestellt. Er ließ in einem abgekühlten Raume zwei Eisenstücke aufeinander reiben und brachte sie dadurch zum Schmelzen. Die latente Wärme, welche das neugebildete Wasser hierbei aufnehmen mußte, konnte durch das kalte Eis nicht geleitet, konnte durch keine Strukturveränderung erzeugt sein, konnte nirgends herkommen als von der Reibung und mußte durch die Reibung neu erzeugt sein.

Wie durch Reibung, so kann auch durch den Stoß unvollkommen elastischer Körper Wärme erzeugt werden. Dies geschieht z. B., wenn wir mit Stein und Stahl Feuer schlagen oder mit kräftigen Hammerschlägen einen eisernen Stift längere Zeit hindurch bearbeiten.

Wenn wir uns nach der mechanischen Bedeutung der Reibung und des unelastischen Stoßes umsehen, so finden wir, daß diese beiden Vorgänge es sind, durch die alle bewegten irdischen Körper immer wieder zur Ruhe gebracht werden. Ein bewegter Körper, dessen Bewegung durch keine widerstehende Kraft gehemmt wird, würde sich bis in Ewigkeit fortbewegen. Ein Beispiel dafür gibt uns die Planetenbewegung. Für die Bewegung irdischer Körper ist dies scheinbar nie der Fall, weil sie mit anderen ruhenden Körpern immer in Berührung sind und sich an diesen reiben. Wir können ihre Reibung zwar sehr vermindern, aber niemals ganz aufheben. Ein Rad, das um eine gutgearbeitete Achse läuft, setzt, einmal angestoßen, seine Umlaufsbewegung lange Zeit fort; um so länger, je feiner und glatter die Achse gearbeitet, je besser sie eingefettet ist und je geringeren Druck sie zu ertragen hat. Dennoch geht die lebendige Kraft der Bewegung, die wir einem solchen Rade mitgeteilt hatten, als wir es anstießen, allmählich verloren durch die Reibung. Sie verschwindet, und wenn wir nicht genau zusehen, hat es den Anschein, als wäre die vorhanden gewesene lebendige Kraft des Rades ohne allen Ersatz einfach vernichtet worden.

Eine Kugel, die wir auf ebener Bahn zum Rollen bringen, rollt fort, bis ihre Geschwindigkeit durch die Reibung an der Bahn, durch die kleinen Stöße an deren Unebenheiten, vernichtet ist.

Ein Pendel, das wir in Schwingung versetzt haben, kann bei guter Aufhängung stundenlang fortschwingen, ohne durch ein Uhrwerk angetrieben zu sein; durch die leise Reibung an der umgebenden Luft und an seiner Aufhängungsstelle kommt es endlich zur Ruhe.

Ein Stein, der von der Höhe fällt, hat, wenn er an der Erde angekommen ist, eine gewisse Geschwindigkeit erreicht; diese kennen wir als das Äquivalent einer mechanischen Arbeit; solange diese Geschwindigkeit noch als solche besteht, können wir sie bei passenden Einrichtungen nach oben hin lenken und sie benutzen, um den Stein wieder in die Höhe zu treiben. Endlich schlägt der Stein auf die Erde auf und kommt zur Ruhe; der Stoß hat seine Geschwindigkeit und damit auch scheinbar die mechanische Arbeit vernichtet, welche diese Geschwindigkeit noch zu leisten imstande gewesen wäre.

Fassen wir das Resultat aller dieser Beispiele, die ein jeder aus seiner täglichen Erfahrung sich leicht vermehren kann, zusammen, so sehen wir: Reibung und unelastischer Stoß sind Vorgänge, bei denen mechanische Arbeit vernichtet und dafür Wärme erzeugt wird.

Die vorher schon erwähnten Versuche von *Joule* führen uns noch einen Schritt weiter. Er hat nach Fußpfunden einerseits das Quantum von Arbeit gemessen, welches durch die Reibung sowohl fester als flüssiger Körper vernichtet wurde, und andererseits das Quantum Wärme, welches dabei erzeugt wurde, und hat zwischen beiden ein festes Verhältnis gefunden. Seine Versuche ergeben nämlich, daß, wenn durch Verbrauch mechanischer Arbeit Wärme erzeugt wird, ein ganz bestimmtes Quantum Arbeit erforderlich ist, um dasjenige Quantum Wärme zu erzeugen, welches von den Physikern als Wärmeeinheit betrachtet wird: dasjenige Quantum nämlich, was nötig ist, um ein Gramm Wasser um einen Grad der hundertteiligen Skala zu erwärmen. Das dazu nötige Quantum Arbeit ist nach *Joules* besten Versuchen gleich der Arbeit, welche ein Gramm von 425 m Höhe fallend leisten würde.

Um die Übereinstimmung der von ihm gewonnenen Zahlen zu zeigen, führe ich hier die Ergebnisse einiger Versuchsreihen an, welche er, nach Anbringung der letzten Verbesserungen, an seinen Methoden gewonnen hat.

1. Eine Versuchsreihe, wobei Wasser in einem Messinggefäße durch Reibung erwärmt wurde. Im Inneren dieses Gefäßes drehte sich eine senkrechte, mit sechzehn Schaufeln versehene Achse, während der so erregte Wasserwirbel durch eine Reihe von Scheidewänden des Gefäßes gebrochen wurde. Diese hatten Ausschnitte, eben groß genug, um das Schaufelrad durchgehen zu lassen. Der Wert des Äquivalents war 424,9 m.
2. Zwei ähnliche Versuchsreihen, wobei die reibende Flüssigkeit Quecksilber in einem eisernen Gefäße war, ergaben 425 und 426,3 m.
3. Zwei Versuchsreihen, in denen ein konischer Eisenring auf einem anderen rieb, beide von Quecksilber umgeben, ergaben 426,7 und 425,6 m.[9]

Genau dasselbe Verhältnis zwischen Wärme und Arbeit wurde auch bei dem umgekehrten Prozesse gefunden, wenn nämlich durch Wärme Arbeit erzeugt wird. Um diesen Prozeß unter möglichst zu kontrollierenden physikalischen Verhältnissen auszuführen, benutzt man besser permanente Gase an Stelle der Dämpfe, obgleich letztere zur Erzeugung großer Arbeitsmengen, wie in der Dampfmaschine, praktisch bequemer sind. Ein Gas, das man mit mäßiger Geschwindigkeit sich ausdehnen läßt, kühlt sich ab. *Joule* war es, der zuerst zeigte, was der Grund dieser Abkühlung ist. Das Gas hat nämlich bei seiner Ausdehnung den Widerstand zu überwinden, den der Luftdruck und die langsam nachgebende Wand des Gefäßes ihm entgegensetzen; oder, wenn es selbst nicht fähig ist, diesen Widerstand zu überwinden, so unterstützt es doch dabei den Arm des Beobachters, der ihn überwindet. So arbeitet das Gas, und diese Arbeit geschieht auf Kosten seiner Wärme. Daher die Abkühlung. Läßt man im Gegenteil das Gas plötzlich ausströmen in einen vollkommen luftleer gemachten Raum, wo es gar keinen Widerstand findet, so kühlt es sich nicht ab, wie *Joule* gezeigt hat; oder wenn einzelne Teile desselben sich abkühlen, so erwärmen sich andere, und nach Ausgleichung der Temperatur ist die Wärme genausogroß wie vor der plötzlichen Ausdehnung der Gasmasse.

Wieviel Wärme die verschiedenen Gase entwickeln, wenn sie komprimiert werden, und wieviel Arbeit zu ihrer Kompression nötig ist oder umgekehrt, wieviel Wärme sie verschwinden machen, wenn sie sich unter einem ihrem Drucke gleichen Gegendruck dehnen, und wieviel Arbeit sie dabei in Überwindung dieses Gegendruckes leisten, war teils aus älteren physikalischen Versuchen bekannt, teils ist es durch neuere Versuche nach *Regnaults* vervollkommneten Methoden bestimmt worden. Die Rechnung mit den besten Daten dieser Art ergibt den Wert des Wärmeäquivalents nach den Versuchen:

mit atmosphärischer Luft	426,0 m
mit Sauerstoffgas	425,7 m
mit Stickstoffgas	431,3 m
mit Wasserstoffgas	425,3 m

Vergleicht man diese Zahlen mit denen, welche die Äquivalenz von Wärme und mechanischer Kraft bei der Reibung bestimmen, so zeigt sich eine so nahe Übereinstimmung, wie sie zwischen Zahlen, die durch so verschiedenartige Untersuchungen verschiedener Beobachter gewonnen sind, nur irgend zu erwarten ist.

Also: Eine gewisse Wärmemenge kann in eine bestimmte Menge von Arbeit verwandelt werden; diese Arbeitsmenge kann aber auch in Wärme, und zwar genau in dieselbe Wärmemenge zurückverwandelt werden, aus der sie entstanden ist; in mechanischer Beziehung sind beide einander äquivalent. Die Wärme ist eine neue Form, in welcher ein Quantum von Arbeitskraft erscheinen kann.

Diese Tatsachen erlauben uns nun nicht mehr die Wärme als einen Stoff zu betrachten, weil die Quantität derselben nicht unveränderlich ist. Sie kann neu erzeugt werden aus der lebendigen Kraft vernichteter Bewegung; sie kann vernichtet werden und erzeugt dann Bewegung. Wir müssen vielmehr daraus schließen, daß die Wärme selbst eine Bewegung ist, eine innere unsichtbare Bewegung der kleinsten elementaren Teile der Naturkörper. Wenn also durch Reibung und Stoß Bewegung verlorenzugehen scheint, so geht sie in Wirklichkeit nicht verloren; sie geht nur von den großen sichtbaren Massen auf ihre kleinsten Teile über, während in der Dampfmaschine die innere Bewegung der erhitzten Gasteile auf den Stempel der Maschine übertragen, in ihm gesammelt und in eine Resultante zusammengefaßt wird.

Welche Form diese innere Bewegung habe, läßt sich bisher nur bei den Luftarten mit einiger Wahrscheinlichkeit sagen. Deren Teilchen schießen wahrscheinlich in geradlinigen Bahnen nach allen Richtungen durcheinander hin, bis sie, an ein anderes Teilchen oder an die Wand des Gefäßes anprallen, nach veränderter Richtung zurückgeworfen werden. Ein Gas wäre etwa einem Mückenschwarme ähnlich, nur aus unendlich viel kleineren und unendlich viel dichter gedrängten Teilchen bestehend. Diese von *Krönig*, *Clausius*, *Maxwell* ausgebildete Hypothese[10] gibt sehr gut Rechenschaft von allen Erscheinungen der Gase.

Was den früheren Physikern als die konstante Quantität des Wärmestoffs erschien, ist nichts weiter als die gesamte Arbeitskraft der Wärmebewegung, welche so lange konstant bleibt, als sie nicht in andere Formen von Arbeit übergeführt wird oder aus anderen Formen der Arbeit neu entsteht.

Wir wenden uns noch zu einer anderen Form arbeitsfähiger Naturkräfte, nämlich zu den chemischen Kräften. Wir sind ihnen heute schon begegnet. Sie sind es in letzter Instanz, welche die Arbeitsleistungen des Schießpulvers und der Dampfmaschine hervorbringen, insofern wir die Wärme, welche in dieser gebraucht wird, durch Verbrennung von Kohle, d. h. durch einen chemischen Prozeß, gewinnen. Die Verbrennung der Kohle ist die chemische Vereinigung des Kohlenstoffs mit dem Sauerstoffe der Luft, vor sich gehend unter dem Einflusse der chemischen Verwandtschaftskraft beider Stoffe.

Diese Kraft können wir uns als eine Anziehungskraft zwischen beiden vorstellen, welche dann, und zwar außerordentlich stark, wirksam ist, wenn die kleinsten Teile beider Stoffe in engste Nachbarschaft zueinander gebracht sind. Bei der Verbrennung wird diese Kraft wirksam; die Kohlenstoff- und Sauerstoffatome stürzen aufeinander los und haften aneinander fest, indem sie einen neuen Stoff, eine Verbindung beider, nämlich Kohlensäure, bilden, eine Gasart, Ihnen allen bekannt als diejenige, welche aus gärenden und gegorenen Getränken, aus dem Biere, dem Champagner aufsteigt. Diese Anziehungskraft zwischen den Atomen des Kohlenstoffes und des Sauerstoffes leistet geradesogut Arbeit, wie jene, welche die Erde in der Form der Schwere auf ein gehobenes Gewicht ausübt. Wenn das Gewicht zu Boden gefallen ist, so bringt es eine Erschütterung hervor, die zum Teil sich als Schallerschütterung auf die Umgebung fortpflanzt, zum Teil als Wärmebewegung bestehen bleibt. Ganz dasselbe müssen wir als Erfolg der chemischen Anziehung erwarten. Wenn Kohlenstoff- und Sauerstoffatome aufeinander losgestürzt sind und sich zu Kohlensäure vereinigt haben, so müssen die neugebildeten Teilchen der Kohlensäure in heftigster Molekularbewegung sein, d. h. in *Wärmebewegung*. Und so finden wir es. Ein Pfund Kohlenstoff, mit Sauerstoff zu Kohlensäure verbrannt, gibt so viel Wärme als nötig ist um 80,9 Pfund Wasser vom Gefrierpunkt bis zum Sieden zu erhitzen, und, wie die gleiche Arbeitsmenge erzeugt wird, wenn ein Gewicht fällt, ob es schnell oder langsam fällt, so wird auch die gleiche Wärmemenge durch Verbrennung des Kohlenstoffs erzeugt, ob diese schnell oder langsam, auf einmal oder in Absätzen vor sich geht.

Wenn die Kohle verbrannt ist, so erhalten wir an ihrer und des verbrauchten Sauerstoffes Stelle das gasige Verbrennungsprodukt, die Kohlensäure. Diese ist unmittelbar nach der Verbrennung glühend heiß. Hat sie später ihre Wärme an die Umgebung abgegeben, so haben wir in der Kohlensäure noch den ganzen Kohlenstoff, den ganzen Sauerstoff und auch noch die Verwandtschaftskraft beider ebenso kräftig wie vorher bestehend. Aber letztere äußert sich jetzt nur noch darin, daß sie die Kohlenstoff- und Sauerstoffatome fest aneinander heftet, ohne eine Trennung derselben zu gestatten; Arbeit oder Wärme kann sie nicht mehr hervorbringen, ebensowenig sie ein gefallenes Gewicht noch Arbeit zu leisten vermag, ehe es nicht durch eine fremde Kraft wieder emporgehoben ist. Wenn die Kohle verbrannt ist, bemühen wir uns deshalb auch nicht weiter, die

Kohlensäure festzuhalten; sie kann uns keine Dienste mehr leisten, wir suchen sie im Gegenteil so schnell wie möglich durch die Schornsteine aus unseren Häusern zu entfernen.

Ist es nun möglich, die Bestandteile der Kohlensäure wieder voneinanderzureißen und ihnen ihre Leistungsfähigkeit, die sie ursprünglich vor ihrer Vereinigung hatten, wieder zu geben, wie man die Leistungsfähigkeit eines Gewichtes herstellt, indem man es vom Boden erhebt? Es ist in der Tat möglich. Wir werden später sehen, wie dieses im Leben der Pflanzen geschieht; auch ist es möglich, dasselbe durch unorganische Prozesse, freilich nur auf weiteren Umwegen, zu erreichen, deren Auseinandersetzung uns hier zu weit von unserem Wege abführen würde.

Aber für ein anderes chemisches Element, welches ebenso wie der Kohlenstoff verbrannt werden kann, nämlich für den Wasserstoff, läßt es sich leicht und direkt tun. Wasserstoff ist neben dem Kohlenstoff ein Bestandteil aller verbrennlichen Pflanzensubstanzen, unter anderem auch ein wesentlicher Bestandteil des Gases, welches wir zur Beleuchtung unserer Straßen und Zimmer benutzen. Im isolierten Zustande ist der Wasserstoff ein Gas, das leichteste von allen, und brennt, angezündet, mit schwach leuchtender blauer Flamme. Bei dieser Verbrennung, d. h. bei der chemischen Verbindung des Wasserstoffes mit Sauerstoff, entsteht eine sehr bedeutende Wärmemenge; für ein Gewicht Wasserstoff sogar viermal soviel Wärme als bei der Verbrennung des gleichen Gewichtes Kohlenstoff. Das Produkt der Verbrennung ist Wasser, welches daher selbst nicht mehr verbrennlich ist, da in ihm der Wasserstoff mit Sauerstoff schon vollständig gesättigt ist. Wie vorher die Verwandtschaftskraft des Kohlenstoffes zum Sauerstoff, so leistet jetzt die des Wasserstoffes zum Sauerstoff bei deren Verbrennung eine Arbeit, die in Form von Wärme zum Vorschein kommt. In dem durch die Verbrennung gebildeten Wasser besteht die Verwandtschaftskraft zwischen den beiden Elementen allerdings nach wie vor; aber ihre Arbeitsfähigkeit ist verlorengegangen. Wir müssen die beiden Elemente erst wieder trennen, ihre Atome voneinander reißen, um neue Wirkungen von ihnen zu erhalten.

Das können wir mit Hilfe der elektrischen Ströme ausführen. In dem in Fig. 11 abgebildeten Apparate haben wir zwei mit angesäuertem Wasser gefüllte Glasgefäße a und a_1, die in der Mitte durch eine poröse und mit Wasser durchfeuchtete Tonplatte voneinander geschieden sind. Von beiden Seiten ragen die Platindrähte k in die Gefäße hinein und

Fig. 12

tragen die Platinplatten i und i_1. Sobald wir nun einen galvanischen Strom durch die Platindrähte k in das Wasser einleiten, sehen Sie von den beiden Platten i und i_1 Ströme von Luftbläschen in die Höhe steigen. Diese Luftbläschen sind die beiden Elemente des Wassers: auf der einen Seite Wasserstoff, auf der anderen Sauerstoff. Die Gase entweichen durch die beiden Röhren g und g_1. Wenn wir warten, bis sich die oberen Teile der Flaschen und die Röhren damit gefüllt haben, so können wir nun an der einen Seite das Wasserstoffgas entzünden; es brennt mit blauer Flamme. Wenn ich der Mündung der anderen Röhre einen glimmenden Span nähere, flammt er auf, wie es im Sauerstoffgas geschieht. In diesem gehen die Verbrennungsprozesse sehr viel intensiver vor sich als in der atmosphärischen Luft, wo der Sauerstoff, mit Stickstoff sich mischend, nur ein Fünftel des Volumens ausmacht.

Halte ich einen mit kaltem Wasser gefüllten Glaskolben über die Wasserstoffflamme, so schlägt sich an diesem das durch die Verbrennung neugebildete Wasser nieder.

Halte ich in die fast gar nicht leuchtende Flamme einen Platindraht, so sehen Sie ihn intensiv glühend werden; ja in einem reichlichen Strome der Mischung des hier erzeugten Wasserstoff- und Sauerstoffgases würde ich das so schwer schmelzbare Platin sogar schmelzen können. Das Wasserstoffgas, was hier durch den elektrischen Strom aus dem Wasser getrennt ist, hat also die Fähigkeit wiedererhalten, durch neue Vereinigung mit Sauerstoff große Wärmemengen zu erzeugen; seine Verwandtschaftskraft zum Sauerstoff hat ihre Arbeitsfähigkeit wiedererhalten.

Wir lernen hier wieder eine neue Quelle von Arbeitskraft kennen, nämlich den elektrischen Strom, der das Wasser zerlegt. Dieser Strom selbst ist erzeugt durch eine galvanische Batterie (Fig. 12). Jedes der vier Gläser enthält Salpetersäure, in welche ein hohler Zylinder aus sehr dichter Kohle eintaucht. In der mittleren Öffnung des Kohlenzylinders steht ein zylindrisches, aus weißem Ton gebranntes, poröses Gefäß, welches mit wässeriger Schwefelsäure gefüllt ist und in diese Flüssigkeit taucht ein Zylinder aus Zink. Jeder Zinkzylinder ist durch einen metallischen Bügel mit dem Kohlenzylinder des nächsten Glases verbunden; der letzte Zinkzylinder *n* mit der einen Platinplatte; der erste Kohlenzylinder *p* mit der anderen Platinplatte des Wasserzersetzungsapparates (Fig. 11).

Wenn nun der leitende Kreis dieses galvanischen Apparates hergestellt wird und die Wasserzersetzung beginnt, so geht gleichzeitig auch ein chemischer Prozeß in den Zellen der galvanischen Kette vor sich. Zink entzieht dem umgebenden Wasser Sauerstoff und erleidet also eine, wenn auch langsame Verbrennung. Das dabei gebildete Verbrennungsprodukt, das Zinkoxyd, vereinigt sich weiter mit der Schwefelsäure, zu der es eine kräftige Verwandtschaft hat, und das schwefelsaure Zink, ein salzähnlicher Körper, löst sich in der Flüssigkeit auf. Den Sauerstoff, der ihm entzogen ist, erhält das Wasser wieder von der die Kohlenzylinder umgebenden Salpetersäure, welche viel Sauerstoff enthält und ihn leicht hergibt. So verbrennt also in der galvanischen Batterie Zink zu schwefelsaurem Zinkoxyd auf Kosten des Sauerstoffs der Salpetersäure.

Während also das eine Verbrennungsprodukt, das Wasser, wieder getrennt wird, geht eine neue Verbrennung vor

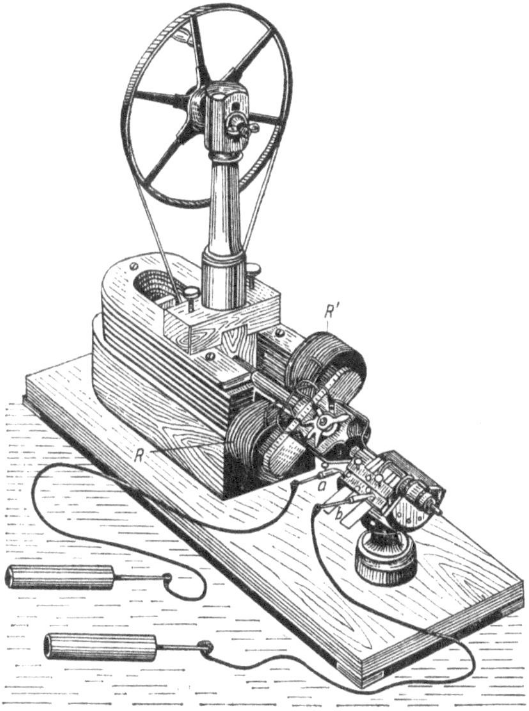

Fig. 13

sich, die des Zinks. Während wir dort arbeitsfähige chemische Verwandtschaft wieder herstellen, geht sie hier verloren. Der elektrische Strom ist gleichsam nur der Träger, der die chemische Kraft des mit Sauerstoff und Säure sich verbindenden Zinkes auf das Wasser in der Zersetzungszelle hinüberleitet und zur Überwindung der chemischen Kraft des Wasserstoffes und Sauerstoffes verwendet.

Wir können also eine verlorengegangene Arbeitskraft wieder herstellen, aber nur, indem wir eine andere Arbeitskraft, die des sich oxydierenden Zinkes, dazu aufwenden.

In diesem Falle haben wir eine chemische Kraft durch die andere überwunden unter Vermittlung des elektrischen Stromes. Aber wir können dasselbe auch durch mechanische Kräfte erreichen, wenn wir den elektrischen Strom durch eine magnet-elektrische Maschine (s. Fig. 13) erzeugen. Wenn wir deren Kurbel drehen, rotiert der mit besponnenem Kupferdraht umwickelte Anker *RR'* des großen Hufeisenmagneten, und dabei erzeugen sich in den Drahtwindungen elektrische Ströme, die von den Punkten *a* und *b* nach außen geleitet werden können. Verbinden wir die Enden dieser Drahtleitungen mit dem Wasserzersetzungsapparate, so gewinnen wir auch so Wasserstoff- und Sauerstoffgas, freilich in viel geringerer Menge als durch die vorher gebrauchte Batterie. Dieser Vorgang ist deshalb interessant, weil wir dabei durch die mechanische Kraft unseres Armes, der die Kurbel dreht, die Arbeit erzeugen, welche zur Trennung der verbundenen chemischen Elemente gebraucht wird. Wie die Dampfmaschine chemische Kraft in mechanische verwandelt, so verwandelt die magnet-elektrische Maschine mechanische Kraft in chemische.

Überhaupt eröffnet die Anwendung elektrischer Ströme eine große Menge von Beziehungen zwischen den verschiedenen Naturkräften. Wir haben durch solche Ströme das Wasser in seine Elemente zerlegt und würden eine große Zahl anderer chemischer Verbindungen dadurch zerlegen können. Andererseits werden in den gewöhnlichen galvanischen Batterien elektrische Ströme durch chemische Kräfte erzeugt.

In allen Leitern, durch welche elektrische Ströme fließen, wird Wärme entwickelt; ich spanne diesen dünnen Platindraht zwischen den Enden *n* und *p* der galvanischen Batterie Fig. 12 aus; er wird lebhaft glühend und schmilzt. Andererseits werden in den sogenannten thermo-elektrischen Ketten elektrische Ströme durch Wärme erzeugt.

Eisen, das man einer von einem elektrischen Strome durchflossenen Kupferdrahtspirale nahe bringt, wird magnetisch und zieht anderes Eisen oder einen in der Nähe befindlichen Stahlmagneten an. So erhalten wir mechanische Wirkungen, die z. B. in den elektrischen Telegraphen ausgedehnte Anwendung erfahren. Fig. 14 zeigt den *Morse*schen Telegraphen in $^1/_3$ der natürlichen Größe. Der wirksame Teil ist ein hufeisenförmig gestalteter Eisenkern, der in den Kupferdrahtspiralen *bb* steckt. Über seinen nach oben gekehrten Enden liegt quer der kleine Stahlmagnet *cc*, der angezogen wird, sowie man einen elektrischen

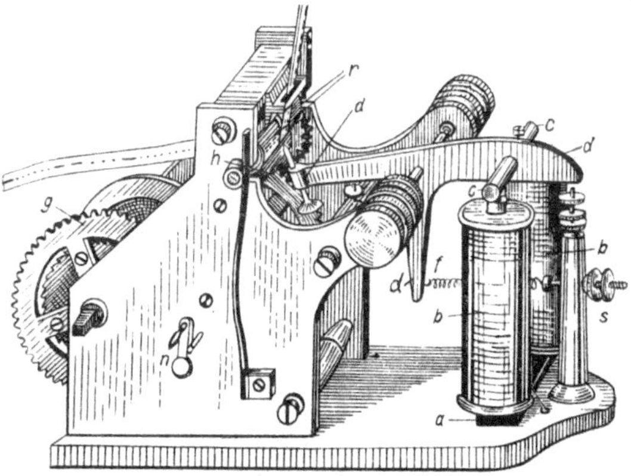

Fig. 14

Strom durch die Telegraphenleitung den Spiralen *bb* zuführt. Der Magnet *cc* sitzt fest in dem Hebel *dd*; dessen anderes Ende trägt den Schreibstift, der bei *r* auf den durch das Uhrwerk laufenden Papierstreifen schreibt, so oft und so lange *cc* durch die magnetische Wirkung des elektrischen Stromes herabgezogen wird. Umgekehrt würden wir durch Veränderung des Magnetismus in dem Eisenkerne der Spiralen *bb* in diesen einen elektrischen Strom erhalten; gerade wie wir auf ähnliche Weise in der magnet-elektrischen Maschine solche Ströme erhielten (Fig. 13). Auch dort steckt in den Spiralen ein Eisenkern, der durch seine Annäherung an die Pole des großen Hufeisenmagneten bald in dem einen, bald in dem anderen Sinne magnetisiert wird.

Ich will die Beispiele nicht weiter häufen; es werden uns noch manche derartige Beziehungen in späteren Vorlesungen begegnen. Lassen Sie uns aber diese Beispiele noch einmal überblicken und daran das allen gemeinsame Gesetz erkennen:

Ein gehobenes Gewicht kann Arbeit leisten, aber es muß dabei notwendig von seiner Höhe herabsinken; und wenn es so tief gefallen ist, als es fallen kann, bleibt seine Schwere zwar nach wie vor bestehen, aber sie kann keine Arbeit mehr leisten.

Eine gespannte Feder kann Arbeit leisten, aber sie erschlafft, indem sie es tut.

Geschwindigkeit einer bewegten Masse kann Arbeit leisten; sie geht dabei aber in Ruhe über. Wärme kann Arbeit leisten; aber sie wird vernichtet, indem sie es tut.

Chemische Kräfte können Arbeit leisten, aber sie erschöpfen sich, indem sie arbeiten.

Elektrische Ströme können Arbeit leisten; aber zu ihrer Unterhaltung müssen wir chemische oder mechanische Kräfte oder Wärme aufbrauchen.

Wir dürfen dies allgemein aussprechen: *Es ist ein allgemeiner Charakter aller bekannten Naturkräfte, daß ihre Arbeitsfähigkeit erschöpft wird, in dem Maße als sie Arbeit wirklich hervorbringen.*

Wir haben weiter gesehen, daß ein Gewicht, wenn es fällt, ohne andere Arbeit zu verrichten, *entweder* Geschwindigkeit erlangt *oder* Wärme erzeugt. Wir könnten durch das Gewicht auch eine magnet-elektrische Maschine treiben; dann würde es uns elektrische Ströme liefern.

Wir haben gesehen, daß chemische Kräfte, wenn sie zur Wirkung kommen, entweder Wärme oder elektrische Ströme oder auch mechanische Arbeit erzeugen.

Wir haben gesehen, daß Wärme in Arbeit verwandelt werden kann; es gibt Apparate (thermo-elektrische Ketten), in denen durch Wärme elektrische Ströme erzeugt werden. Sie kann auch chemische Verbindungen direkt scheiden, z. B. bei dem Verbrennen von Kalk trennt sie den Kalk von der Kohlensäure.

So erhält, wenn die Leistungsfähigkeit der einen Naturkraft vernichtet wird, immer eine andere neue Wirksamkeit. Ja, innerhalb des Kreises der anorganischen Naturkräfte können wir jede derselben mit Hilfe jeder anderen wirkungsfähigen Naturkraft in den wirksamen Zustand zurückversetzen. Die Verbindungen zwischen den verschiedenen Naturkräften, welche die neuere Physik aufgedeckt hat, sind so außerordentlich zahlreich, daß sich für beinahe jede dieser Aufgaben mehrere ganz verschiedene Wege auffinden lassen.

Ich habe angegeben, wie man mechanische Arbeit zu messen pflegt und wie man das Arbeitsäquivalent der Wärme bestimmt. Das Arbeitsäquivalent der chemischen Prozesse wird wiederum durch die Wärme gemessen, die sie hervorbringen. Durch ähnliche Beziehungen können auch die Arbeitsäquivalente der übrigen Naturkräfte auf das Maß der mechanischen Arbeit zurückgeführt werden.

Wenn eine gewisse mechanische Arbeitsmenge verlorengeht, so wird, wie die darauf gerichteten Untersuchungen übereinstimmend gelehrt haben, ein entsprechendes Äquivalent von Wärme oder, statt dieser, von chemischer Kraft gewonnen; umgekehrt, wenn Wärme verlorengeht, gewinnen wir eine äquivalente Menge von chemischer oder mechanischer Arbeitskraft; wenn chemische Kraft verlorengeht, von Wärme oder Arbeit. So daß bei allen diesen Wechselwirkungen zwischen den verschiedenartigen unorganischen Naturkräften Arbeitskraft zwar in einer Form verschwinden kann, dann aber in genau äquivalenter Menge in anderer Form neu auftritt, also weder vermehrt noch vermindert wird, sondern immer in gleichbleibender Menge bestehen bleibt.

Daß dasselbe Gesetz auch für die Vorgänge in der organischen Natur gilt, soweit bisher die Tatsachen geprüft sind, werden wir später sehen.

Daraus folgt, *daß die Summe der wirkungsfähigen Kraftmengen im Naturganzen bei allen Veränderungen in der Natur ewig und unverändert dieselbe bleibt.* Alle Veränderung in der Natur besteht darin, daß die Arbeitskraft ihre Form und ihren Ort wechselt, ohne daß ihre Quantität verändert wird. Das Weltall besitzt ein für alle Mal einen Schatz von Arbeitskraft, der durch keinen Wechsel der Erscheinungen verändert, vermehrt oder vermindert werden kann und der alle in ihm vorgehende Veränderung unterhält.

Sie sehen, wie wir, von Betrachtungen ausgehend, die es nur mit den nächstliegenden praktischen Interessen technischer Arbeit zu tun hatten, hinübergeführt worden sind zu einem allgemeinen Naturgesetze, welches, soweit unsere bisherige Erfahrung reicht, alle Naturprozesse überhaupt beherrscht und umfaßt, welches auch gar nicht mehr auf die praktischen Zwecke des menschlichen Nutzens beschränkt ist, sondern eine ganz allgemeine und besonders charakteristische Eigenschaft aller Naturkräfte ausspricht und welches nach seiner Allgemeinheit nur den Gesetzen von der Unveränderlichkeit der Masse und der Unveränderlichkeit der chemischen Elemente an die Seite zu stellen ist.

Es entscheidet zugleich endgültig eine große praktische Frage, die in den letzten beiden Jahrhunderten vielfach erörtert wurde und zu deren Entscheidung man eine unendliche Zahl von Versuchen angestellt und von Apparaten gebaut hat, nämlich die Frage von der Möglichkeit eines Perpetuum mobile. Darunter verstand man eine Maschine, welche ohne Hilfe einer äußeren Triebkraft fortdauernd gehen und arbeiten sollte. Die Lösung dieses Problems versprach unermeßlichen Gewinn. Eine solche Maschine würde alle Vorteile der Dampfmaschinen gehabt haben, ohne Brennmaterial zu kosten. Arbeit ist Geld. Eine Maschine, die Arbeit aus nichts schaffen konnte, war so gut wie eine, welche Gold machte. So war dieses Problem eine Zeitlang an die Stelle der Goldmacherei getreten und verwirrte manchen grübelnden Kopf. Daß ein Perpetuum mobile mit Benutzung der bekannten mechanischen Kräfte nicht herzustellen sei, konnte schon im vorigen Jahrhundert mittelst der inzwischen entwickelten mathematischen Mechanik nachgewiesen werden. Um aber zu zeigen, daß es auch nicht möglich sei, wenn man Wärme, chemische Kräfte, Elektrizität und Magnetismus mitwirken lasse, dazu mußte man das von uns ausgesprochene Gesetz in seiner allgemeinen Fassung kennen. Die Möglichkeit eines Perpetuum mobile wurde erst durch das Gesetz von der Erhaltung der Kraft endgültig verneint, und man könnte dieses Gesetz auch ebensogut in der praktischen

Form aussprechen, daß ein Perpetuum mobile nicht möglich sei, daß eine Arbeitskraft nicht aus Nichts und ohne Verbrauch geschaffen werden könne.

Sie werden die Wichtigkeit und die Tragweite unseres Gesetzes erst vollständig beurteilen können, wenn Sie eine Reihe seiner Anwendungen auf die einzelnen Vorgänge der Natur vor Augen haben.

Schon was ich heute erwähnt habe über den Ursprung der Triebkräfte, die unserer Benutzung zu Gebote stehen, weist uns hinaus über die engen Verhältnisse unserer Laboratorien und Fabriken auf die großen Vorgänge in dem Leben der Erde und des Weltalls. Die Kraft des fallenden Wassers kann den Bergen nur entströmen, wenn Regen und Schnee es ihnen zuführen. Um diese zu liefern, müssen wir Wasserdampf in der Atmosphäre haben, der nur durch Wärme erzeugt werden kann, und diese Wärme kommt von der Sonne. Die Dampfmaschine bedarf des Brennmaterials, welches das Pflanzenleben liefert; sei es das jetzt tätige Leben der uns umgebenden Vegetation oder das erloschene Leben, welches die mächtigen Steinkohlenlager in den Tiefen der Erde erzeugt hat. Wir werden später sehen, in welcher innigen Beziehung das Pflanzenleben zum Sonnenlichte steht. Die Kraft der Menschen und Tiere muß wieder ersetzt werden durch Nahrung; alle Nahrung kommt zuletzt aus dem Pflanzenreich und führt uns auf dieselbe Quelle zurück.

Sie sehen, wenn wir forschen nach dem Ursprunge der Triebkräfte, die wir in unseren Dienst nehmen, so werden wir gewiesen auf die meteorologischen Vorgänge in der Atmosphäre der Erde, auf das Leben der Pflanzen im ganzen, auf die Sonne.

Dieser Weisung werden wir in den kommenden Vorlesungen zu folgen versuchen.

Über das Ziel und die Fortschritte der Naturwissenschaft[1]

Hochverehrte Versammlung!

Indem ich der ehrenvollen Aufforderung, die an mich ergangen ist, Folge leiste und auf diesen Platz trete, um den ersten wissenschaftlichen Vortrag in der ersten öffentlichen Sitzung der diesjährigen Naturforscherversammlung zu halten, erscheint es mir der Bedeutung dieses Augenblicks und der Würde dieser Versammlung angemessen, statt auf einen einzelnen Gegenstand meiner eigenen Studien einzugehen, Sie vielmehr aufzufordern, einen Blick auf die Entwicklung des ganzen Kreises von Wissenschaften zu werfen, der hier vertreten ist. Dieser Kreis umfaßt ein ungeheures Gebiet von Spezialstudien, ein Material von kaum zu umfassender Mannigfaltigkeit, dessen äußere Ausdehnung und innerer Reichtum jährlich wächst und für dessen Wachsen noch gar keine Grenze abzusehen ist. In der ersten Hälfte dieses Jahrhunderts haben wir noch einen *Alexander von Humboldt* gehabt, der die damaligen naturwissenschaftlichen Kenntnisse bis in ihre Spezialitäten hinein zu überschauen und in einen großen Zusammenhang zu bringen vermochte. In der gegenwärtigen Lage möchte es wohl sehr zweifelhaft erscheinen, ob dieselbe Aufgabe selbst einem Geiste von so besonders dafür geeigneter Begabung, wie sie *Humboldt* besaß, in derselben Weise lösbar sein würde, auch wenn er alle seine Zeit und seine Arbeit auf diesen Zweck verwenden wollte.

Wir alle aber, die wir an dem weiteren Ausbau einzelner Zweige der Wissenschaft arbeiten, können unsere Zeit nur zu einem sehr kleinen Teile auf das gleichzeitige

Studium anderer Gebiete derselben verwenden. Wir müssen, sobald wir irgendeine einzelne Untersuchung vornehmen, alle unsere Kräfte auf ein eng begrenztes Feld konzentrieren. Wir haben nicht nur, wie der Philologe oder Historiker, Bücher herbeizuschaffen und durchzusehen, Notizen zu sammeln von dem, was andere schon über denselben Gegenstand gefunden haben; das ist im Gegenteil nur ein untergeordneter Teil unserer Arbeit. Wir müssen die Dinge selbst angreifen, und jedes von ihnen bietet seine neuen und eigentümlichen Schwierigkeiten von ganz anderer Art, als der Büchergelehrte sie kennt. Und was am meisten Zeit und Arbeit kostet, sind in der Mehrzahl der Fälle Nebendinge, die nur in entfernter Verbindung mit dem Ziele der Untersuchung stehen.

Bald müssen wir uns darauf werfen, Fehler der Instrumente zu studieren, sie zu beseitigen oder, wo sie sich nicht beseitigen lassen, ihren nachteiligen Einfluß zu umgehen. Ein anderes Mal müssen wir Zeit und Gelegenheit abpassen, um einen Organismus in dem Zustande zu finden, wie wir ihn zur Untersuchung brauchen. Dann wiederum lernen wir erst während der Untersuchung mögliche Fehler derselben kennen, welche das Ergebnis geschädigt haben oder auch vielleicht nur im Verdacht stehen könnten, es geschädigt zu haben, und sehen uns genötigt, unsere Arbeit immer wieder von vorne zu beginnen, bis jeder Schatten eines Verdachtes beseitigt ist. Und nur wenn der Beobachter sich so in einen Gegenstand gleichsam verbeißt, so alle seine Gedanken und all sein Interesse darauf heftet, daß er wochenlang, monatelang, oder wohl jahrelang nicht davon loslassen kann und nicht eher losläßt, als bis er alle Einzelheiten beherrscht und bis er sich aller derjenigen Ergebnisse sicher fühlt, welche zur Zeit zu gewinnen sind, nur dann entsteht eine tüchtige und wertvolle Arbeit. Jeder von Ihnen wird wissen, wie unverhältnismäßig viel mehr Zeit mit den Vorbereitungen, mit den Nebenarbeiten, mit der Kontrolle möglicher Fehler und namentlich mit der Abgrenzung der zur Zeit erreichbaren Ergebnisse von dem Unerreichbaren bei einer guten Untersuchung hingeht, als schließlich dazu nötig ist, die eigentlich endgültigen Beobachtungen oder Versuche durchzumachen; wieviel mehr Scharfsinn und Nachdenken oft aufgeboten werden muß, um ein ungehorsames Stück Messing oder Glas gefügig zu machen, als um den Plan der ganzen Untersuchung zu entwerfen. Jeder von Ihnen wird diese ungeduldige Erhitzung in der Arbeit kennen, wo alle Gedanken in einen engen Kreis von Fragen hineingebannt sind, deren Bedeutung dem Draußenstehenden als höchst gering und verächtlich erscheint, weil er das Ziel nicht kennt, zu dem die augenblickliche Arbeit nur die Pforte öffnen soll. Ich glaube nicht zu irren, wenn ich in dieser Weise die Arbeit und den geistigen Zustand beschreibe, aus denen alle großen Resultate hervorgegangen sind, welche die Entwickelung unserer Wissenschaften nach so langem Harren so schnell gezeitigt und ihr einen so mächtigen Einfluß auf alle Seiten des menschlichen Lebens eröffnet haben.

Die Zeit des Arbeitens ist also jedenfalls keine Zeit großer umfassender Umblicke. Freilich, wenn der Sieg über die Schwierigkeiten glücklich errungen und die Ergebnisse sichergestellt sind, dann tritt der Natur der Sache nach ein Ausruhen ein und das nächste Interesse ist nun darauf gerichtet, die Tragweite der neu festgestellten Tatsachen zu überblicken und einmal wieder einen größeren Ausblick auf die benachbarten Gebiete zu wagen. Auch dies ist notwendig, und nur derjenige, der zu einem solchen Ausblick befähigt ist, kann hoffen, fruchtbare Angriffspunkte auch für fernere Arbeiten zu finden.

Der früheren Arbeit folgen dann spätere, die andere Gegenstände behandeln. Aber auch in der Reihenfolge seiner verschiedenen Arbeiten wird sich der einzelne Forscher nicht weit von einer mehr oder weniger eng begrenzten Richtung entfernen dürfen. Denn es kommt für ihn nicht nur darauf an, daß er aus Büchern Kenntnisse über die zu bearbeitenden Felder gesammelt habe. Das menschliche Gedächtnis ist am Ende noch verhältnismäßig geduldig und kann eine fast unglaublich große Masse von Gelehrsamkeit in sich aufspeichern. Aber der Naturforscher braucht außer dem Wissen, das ihm Vorlesungen und Bücher zufließen lassen, auch noch Kenntnisse, die nur eine reiche und aufmerksame sinnliche Anschauung geben kann; er braucht Fertigkeiten, welche nur durch oft wiederholte Versuche und durch lange Übung zu gewinnen sind. Seine Sinne müssen geschärft sein für gewisse Arten der Beobachtung, für leise Verschiedenheiten der Form, der Farbe, der Festigkeit, des Geruchs usw. der untersuchten Objekte; seine Hand muß geübt sein, bald die Arbeit des Schmiedes, des Schlossers und Tischlers, bald die des Zeichners oder Violinspielers auszuführen, bald, wenn er unter dem Mikroskop anatomiert, die Spitzenarbeiterin in Genauigkeit der Führung einer Nadel zu übertreffen. Dann wiederum muß er den Mut und die Kaltblütigkeit des Soldaten haben, wenn er übermächtigen zerstörenden Gewalten gegenübersteht, oder blutige Operationen, bald an Menschen, bald an Tieren auszuführen hat. Solche, teils in ursprünglicher Anlage schon empfangene, teils durch langjährige Übung erworbene oder verfeinerte Eigenschaften und Fähigkeiten sind nicht so schnell oder so massenhaft zu erwerben, wie es allenfalls möglich wäre, wo es sich nur um Schätze des Gedächtnisses handelt; und eben darum sieht sich der einzelne Forscher auch für die Reihe der Arbeiten seines ganzen Lebens gezwungen, sein Feld passend zu begrenzen und auf demjenigen Umkreis zu bleiben, welcher seinen Fähigkeiten entsprechend ist.

Wir können aber nicht verkennen, daß, je mehr der einzelne gezwungen ist, das Feld seiner Arbeit zu verengern, desto mehr das geistige Bedürfnis sich ihm fühlbar machen muß, den Zusammenhang mit dem Ganzen nicht zu verlieren. Wo soll er die Kraft und die Freudigkeit für seine mühsame Arbeit hernehmen, wo die Zuversicht, daß das, woran er sich gemüht, nicht ungenützt vermodern, sondern einen dauernden Wert behalten werde, wenn er sich nicht die Überzeugung wach erhält, daß auch er einen Baustein geliefert hat zu dem großen Ganzen der Wissenschaft, welche die vernunftlosen Mächte der Natur den sittlichen Zwekken der Menschheit dienstbar unterwerfen soll?

Auf einen unmittelbaren praktischen Nutzen ist freilich bei den einzelnen Untersuchungen gewöhnlich im voraus nicht zu rechnen. Zwar haben die Naturwissenschaften das ganze Leben der modernen Menschheit durch die praktische Verwertung ihrer Ergebnisse umgestaltet. Aber in der Regel kommen diese Anwendungen bei Gelegenheiten zum Vorschein, wo man es am wenigsten vermutet hatte; ihnen nachzujagen führt gewöhnlich nicht zu irgendeinem Ziele, wenn man nicht schon ganz sichere nahe Anhaltspunkte dafür hat, so daß es sich nur noch um Beseitigung einzelner Hindernisse für die Ausführung handelt. Sieht man die Geschichte der wichtigsten Erfindungen durch, so sind sie entweder, namentlich in älterer Zeit, von Handwerkern und Arbeitern gemacht, die ihr ganzes Leben hindurch nur eine Arbeit trieben und bald durch günstigen Zufall, bald durch hundertfältig wiederholte tastende Versuche einen neuen Vorteil in ihrem Geschäftsbetriebe fanden; oder sie sind – und zwar ist dies bei den neueren Erfindungen meist der Fall – Früchte der ausgebildeten wissenschaftlichen Kenntnis des betreffenden Gegenstandes, welche Kenntnis zunächst immer ohne direkte Aussicht auf möglichen Nutzen nur um der wissenschaftlichen Vollständigkeit der Gesamterkenntnis willen gewonnen worden war.

Gerade die Naturforscherversammlung vertritt nun die Gesamtheit unserer Wissenschaften. Hier findet sich heute der Mathematiker, Physiker, Chemiker mit dem Zoologen, Botaniker und Geologen zusammen, der Lehrer der Wissenschaft mit dem Arzte, dem Techniker und mit dem Dilettanten, der naturwissenschaftliche Arbeiten als Erholung von anderen Beschäftigungen treibt. Hier hofft jeder wieder Anregung und Ermutigung für seine Spezialarbeiten zu finden; er hofft die Anerkennung zu erlangen, daß seine Arbeiten zu dem Ausbau des großen Ganzen mit beigetragen haben, die ihm, wenn er Einwohner eines kleineren Ortes ist, anders kaum zuteil wird; er hofft im Gespräche mit näher und ferner stehenden Fachgenossen sich die Ziele neuer Untersuchungen feststellen zu können. Hier sehen wir zu unserer Freude auch eine große Anzahl von Teilnehmern aus den gebildeten Kreisen der Nation, wir sehen einflußreiche Staatsmänner unter uns. Sie alle sind bei unseren Arbeiten beteiligt; sie erwarten von uns weiteren Fortschritt in der Zivilisation, fernere Siege über die Naturkräfte. Sie sind es, die uns die äußeren Hilfsmittel für unsere Arbeiten zu Gebote stellen müssen und deshalb auch nach den Ergebnissen dieser Arbeiten zu fragen berechtigt sind. Hier und an dieser Stelle scheint es mir deshalb vorzugsweise wünschenswert, daß Rechenschaft gegeben werde über die Fortschritte des großen Ganzen der Naturwissenschaften, über die Ziele, denen es nachstrebt, über die Größe der Schritte, um die es sich diesen Zielen genähert hat.

Eine solche Rechenschaft ist wünschenswert; daß ein einzelner kaum imstande sein wird, diese Aufgabe auch nur annähernd vollständig zu lösen, liegt in dem begründet, was ich vorausgeschickt habe. Daß ich selbst heute hier stehe, mit einer solchen Aufgabe betraut, mag hauptsächlich dadurch entschuldigt werden, daß kein anderer sich daran wagen wollte und ich meinte, ein halb mißlungener Versuch, ihr gerecht zu werden, sei immerhin noch besser als gar keiner. Außerdem hat ein Physiologe vielleicht am meisten unmittelbare Veranlassung, sich einen gewissen Ausblick auf das Ganze fortdauernd klar zu halten. Denn in der jetzigen Lage der Dinge ist gerade die Physiologie besonders darauf angewiesen, von allen anderen Zweigen der Naturwissenschaft Hilfe zu empfangen und mit ihnen im Zusammenhang zu bleiben. Gerade in der Physiologie hat sich die Wichtigkeit der großen Fortschritte, von denen ich reden will, am fühlbarsten gemacht, und durch die prinzipiellen Streitfragen der Physiologie sind einige der hervortretendsten dieser Fortschritte geradezu veranlaßt worden.

Wenn ich erhebliche Lücken lasse, so bitte ich diese teils mit der Größe der Aufgabe, teils damit zu entschuldigen, daß die dringende Aufforderung der verehrten Geschäftsführer dieser Versammlung an mich sehr spät und während einer Sommerfrische im Gebirge kam. Und was ich an Lücken lasse, werden die Sektionsverhandlungen jedenfalls reichlich ergänzen.

Machen wir uns denn an unsere Aufgabe! Die erste Frage, die uns entgegentritt, wenn wir vom Fortschritt der gesamten Naturwissenschaft reden wollen, wird sein: Nach welchem Maßstab sollen wir einen solchen Fortschritt beurteilen?

Dem Uneingeweihten ist diese Wissenschaft eine Zusammenhäufung einer unübersehbaren und verwirrenden Menge von Einzelheiten, unter denen sich einige durch praktische Nützlichkeit hervorheben, andere als Kuriosa, als Gegenstände des Erstaunens. Aber in diesem Zustande unzusammenhängender Einzelheiten, selbst, wenn es etwa durch eine systematische Ordnung, wie in dem *Linné*schen Pflanzensystem oder in lexikalischen Enzyklopädien, leicht gemacht wäre, eine jede derselben schnell nach Bedürfnis wiederzufinden, würde solches Wissen nicht den Namen der Wissenschaft verdienen und weder dem wissenschaftlichen Bedürfnisse des menschlichen Geistes noch dem Verlangen nach fortschreitender Herrschaft des Menschen über die Naturmächte Genüge tun. Denn das erstere fordert geistig faßbaren Zusammenhang der Kenntnisse; das zweite fordert die Voraussicht des Erfolges in noch unbekannten Fällen und unter Bedingungen, die wir durch unsere Handlungen erst herbeizuführen beabsichtigen. Beides ist offenbar erst durch die Kenntnis des *Gesetzes* der Erscheinungen zu erreichen.

Nicht die einzelnen beobachteten Tatsachen und Versuche an sich haben Wert; und wenn ihre Zahl noch so unermeßlich wäre. Erst dadurch erhalten sie Wert, theoretischen wie praktischen, daß sie uns das *Gesetz* einer Reihe gleichartig wiederkehrender Erscheinungen erkennen lassen oder vielleicht auch nur negativ erkennen lassen, daß eine bisher als vollständig betrachtete Kenntnis eines solchen Gesetzes unvollständig war. Bei der strengen und allverbreiteten Gesetzlichkeit der Naturerscheinungen genügt freilich unter Umständen schon eine einzige Beobachtung eines Verhältnisses, das wir als streng gesetzmäßig voraussetzen dürfen, um darauf mit höchstem Grade von Wahrscheinlichkeit eine Regel zu begründen; wie wir zum Beispiel die Kenntnis des Skeletts eines urweltlichen Tieres als vollständig voraussetzen, wenn wir auch nur ein vollständiges Skelett eines einzelnen Individuums gefunden haben. Aber wir müssen uns nur besinnen, daß auch hier die einzelne Beobachtung nicht als einzelne ihren Wert hat, sondern weil sie zur Kenntnis der gesetzlichen Regelmäßigkeit im Körperbau einer ganzen Spezies von Organismen verhilft. Und ebenso ist die Kenntnis der spezifischen Wärme von einem einzigen kleinen Stückchen eines neuen Metalls wichtig, weil wir nicht zu zweifeln brauchen, daß alle anderen ebenso behandelten Stücke desselben Metalls sich ebenso verhalten werden.

Das *Gesetz* der Erscheinungen finden, heißt sie *begreifen*. In der Tat ist das Gesetz der *allgemeine Begriff*, unter den sich eine Reihe von gleichartig ablaufenden Naturvorgängen zusammenfassen lassen. Wie wir in dem Begriff „Säugetier" alles zusammenfassen, was dem Menschen, dem Affen, dem Hunde, dem Löwen, dem Hasen, dem Pferde, dem Walfische usw. gemeinsam ist, so fassen wir im Brechungsgesetz zusammen, was wir regelmäßig wiederkehrend finden, wenn irgendein Lichtstrahl von irgendeiner Farbe in irgendeiner Richtung durch die gemeinsame Grenzfläche irgendzweier durchsichtiger Medien dringt.

Ein Naturgesetz ist aber nicht bloß ein logischer Begriff, den wir uns zurechtgemacht haben als eine Art mnemotechnischen Hilfsmittels, um die Tatsachen besser zu behalten. Auch sind wir modernen Menschen jetzt so weit in der Einsicht vorgeschritten, um zu begreifen, daß die Naturgesetze nicht etwas sind, was wir uns auf spekulativem Wege vielleicht ausdenken könnten. Wir müssen sie vielmehr in den Tatsachen *entdecken*; wir müssen sie in immer wiederholten Beobachtungen oder Versuchen, an immer neuen Einzelfällen, unter immer wieder veränderten Umständen prüfen, und nur in dem Maße, als sie unter einem immer größeren Wechsel der Bedingungen und in einer immer größeren Zahl von Fällen und bei immer genaueren Beobachtungsmitteln ausnahmslos sich bewähren, steigt unser Vertrauen in ihre Zuverlässigkeit.

So treten uns die Naturgesetze gegenüber als eine fremde Macht, nicht willkürlich zu wählen und zu bestimmen in unserem Denken, wie man etwa verschiedene Systeme der Tiere und Pflanzen hintereinander aufstellen konnte, solange man bloß den mnemotechnischen Zweck verfolgte, ihre Namen gut zu behalten. Wo wir ein Naturgesetz vollständig kennen, müssen wir auch *Ausnahmslosigkeit seiner Geltung* fordern und diese zum Kennzeichen seiner Richtigkeit machen. Wenn wir uns vergewissern können, daß die Bedingungen eingetreten sind, unter denen das Gesetz zu wirken hat, so müssen wir auch den Erfolg eintreten sehen ohne Willkür, ohne Wahl, ohne unser Zutun, mit einer die Dinge der Außenwelt ebensogut, wie unser Wahrnehmen, zwingenden Notwendigkeit. So tritt uns das Gesetz als eine objektive Macht entgegen, und demgemäß nennen wir es *Kraft*.

Wir objektivieren zum Beispiel das Gesetz der Lichtbrechung als eine Lichtbrechungskraft der durchsichtigen Substanzen, das Gesetz der chemischen Wahlverwandtschaften als eine Verwandtschaftskraft der verschiedenen Stoffe zueinander. So sprechen wir von einer elektrischen Kontaktkraft der Metalle, von einer Adhäsionskraft, Kapillarkraft und anderen mehr. In diesen Namen sind Gesetze objektiviert, welche zunächst erst kleinere Reihen von Naturvorgängen umfassen, deren Bedingungen noch ziemlich verwickelt sind. Mit solchen mußte die Begriffsbildung in den Naturwissenschaften anfangen, bis man von einer Anzahl wohlbekannter speziellerer Gesetze zu allgemeineren fortschreiten konnte. Man mußte hierbei namentlich die Zufälligkeiten der Form und der räumlichen Verteilung, welche die mitwirkenden Massen darbieten konnten, zu beseitigen suchen, indem man aus den an großen sichtbaren Massen beobachteten Erscheinungen die Gesetze für die Wirkungen der verschwindend kleinen Massenteilchen herauszulesen suchte; das heißt, objektiv ausgedrückt, indem man die Kräfte der zusammengesetzten Massen auflöste in die Kräfte ihrer kleinsten Elementarteile. Aber gerade in der so gewonnenen reinsten Form des Ausdrucks der Kraft, dem der mechanischen Kraft, die auf einen Massenpunkt wirkt, tritt es besonders deutlich heraus, daß die Kraft nur das objektivierte Gesetz der Wirkung ist. Die durch die Anwesenheit solcher und solcher Körper gegebene Kraft wird gleichgesetzt der Beschleunigung der Masse, auf die sie wirkt, multipliziert mit dieser Masse. Der tatsächliche Sinn einer solchen Gleichung ist, daß sie das Gesetz ausspricht: Wenn solche und solche Massen vorhanden sind und keine anderen, so tritt solche und solche Beschleunigung ihrer einzelnen Punkte ein. Diesen tatsächlichen Sinn können wir mit den Tatsachen vergleichen und an ihnen prüfen. Der abstrakte Begriff der Kraft, den wir einschieben, fügt nur das noch hinzu, daß dieses Gesetz nicht willkürlich erfunden, sondern daß es ein zwingendes Gesetz der Erscheinungen sei.

Unsere Forderung, die Naturerscheinungen zu *begreifen*, das heißt, ihre *Gesetze* zu finden, nimmt so eine andere

Form des Ausdrucks an, die nämlich, daß wir die *Kräfte* aufzusuchen haben, welche die *Ursachen* der Erscheinungen sind. Die Gesetzlichkeit der Natur wird als kausaler Zusammenhang aufgefaßt, sobald wir die Unabhängigkeit derselben von unserem Denken und unserem Willen anerkennen.

Wenn wir also nach dem Fortschritt der Naturwissenschaft als Ganzem fragen, so werden wir ihn nach dem Maße zu beurteilen haben, in welchem die Anerkennung und Kenntnis eines alle Naturerscheinungen umfassenden ursächlichen Zusammenhanges fortgeschritten ist.

Blicken wir zurück auf die Geschichte unserer Wissenschaften, so ist das erste große Beispiel von Unterordnung einer ausgedehnten Mannigfaltigkeit von Tatsachen unter ein umfassendes Gesetz von der theoretischen Mechanik ausgegangen, deren Grundbegriffe *Galilei* zuerst klar hingestellt hatte. Es handelte sich damals darum, die allgemeinen Sätze zu finden, die uns jetzt so selbstverständlich erscheinen, daß alle Masse träge sei und daß die Größe der Kraft nicht durch die Geschwindigkeit, sondern durch deren Veränderung zu messen sei. Zunächst wußte man die Wirkung einer kontinuierlich wirkenden Kraft sich nur als eine Reihe kleiner Stöße darzustellen. Erst als *Leibniz* und *Newton* mit der Erfindung der Differentialrechnung das alte Dunkel, in welches der Begriff des Unendlichen gehüllt war, zerstreut und den Begriff des Kontinuierlichen und kontinuierlich Veränderlichen klargestellt hatten, konnte man zu einer reichen und fruchtbaren Anwendung der neugefundenen mechanischen Begriffe fortschreiten. Das geeignetste und glänzendste Beispiel einer solchen Anwendung war die Bewegung der Planeten, und ich brauche hier nur daran zu erinnern, welch leuchtendes Vorbild die Astronomie für die Entwickelung aller anderen Naturwissenschaften gewesen ist. In ihr wurde durch die Gravitationstheorie zum ersten Male eine ungeheure und verwickelte Masse von Tatsachen unter ein einziges Prinzip von größter Einfachheit zusammengefaßt, eine Übereinstimmung der Theorie und der Tatsachen erreicht, wie sie weder früher noch später in einem anderen Felde je wieder erreicht werden konnte. An den Bedürfnissen der Astronomie haben sich fast alle genaueren Messungsmethoden sowie die meisten Fortschritte der neueren Mathematik entwickelt; sie war besonders geeignet, auch die Augen der Laien auf sich zu ziehen, teils durch die Erhabenheit ihrer Gegenstände, teils durch den praktischen Nutzen, den sie der Schiffahrt, der Geodäsie und dadurch einer Menge von industriellen und sozialen Interessen brachte.

Galilei begann mit dem Studium der irdischen Schwere; *Newton* dehnte deren Anwendung, anfangs vorsichtig und zögernd auf den Mond, dann kühner auf alle Planeten aus. Die neuere Zeit hat gelehrt, daß dieselben Gesetze der aller wägbaren Masse gemeinsamen Trägheit und Gravitation ihre Anwendung finden bis hinein in die Bahnen der entferntesten Doppelsterne, von denen das Licht noch zu uns kommt.

In der zweiten Hälfte des vorigen und der ersten Hälfte des laufenden Jahrhunderts reihte sich daran die große Entwickelung der Chemie, welche die alte Aufgabe, die Elemente zu finden, woran sich so viele metaphysische Spekulationen geknüpft hatten, endlich tatsächlich löste; und wie sich dann immer die Wirklichkeit viel reicher erweist, als die kühnste und phantasiereichste Spekulation, so traten nun an die Stelle der vier alten metaphysischen Elemente, Feuer, Wasser, Luft und Erde, die später bis auf die Zahl von 65 vermehrten Elemente der neueren Chemie.[2] Die Wissenschaft hat erwiesen, daß diese Elemente wirklich unzerstörbar sind, unveränderlich in ihrer Masse, unveränderlich auch in ihren Eigenschaften, insofern als sie aus jedem Zustande, in den sie übergeführt worden sind, immer wieder ausgeschieden und auf dieselben Eigenschaften, die sie früher irgendeinmal in isoliertem Zustande gehabt haben, zurückgeführt werden können. In allem bunten Wechsel der Erscheinungen der belebten und unbelebten Natur, soweit sie uns zugänglich sind, in allen den überraschenden Resultaten chemischer Zersetzung und Verbindung, deren Anzahl und Mannigfaltigkeit unsere Chemiker mit unermüdlichem Fleiße jedes Jahr in steigendem Maße vermehren, herrscht das eine Gesetz von der *Unveränderlichkeit* der *Stoffe* mit ausnahmsloser Notwendigkeit. Und schon ist die Chemie mit der Spektralanalyse hinausgedrungen in die Tiefen des unermeßlichen Raumes und hat in dessen fernsten Sonnen und Nebelflecken die Spuren wohlbekannter irdischer Elemente aufgefunden, so daß an der durchgehenden Gleichartigkeit der Stoffe im Weltall nicht zu zweifeln ist, wenn auch immerhin einzelne Elemente auf einzelne Gruppen von Weltkörpern beschränkt sein mögen.

An diese Konstanz der Elemente schließt sich eine andere weitergehende Folgerung. Die Chemie erwies durch tatsächliche Untersuchung, daß alle Masse aus den von ihr gefundenen Elementen zusammengesetzt ist. Die Elemente können ihre Verbindung und Mischung untereinander, die Art ihrer Aggregation oder ihrer Molekularstruktur mannigfach verändern, das heißt, sie können die Art ihrer *Verteilung im Raume* verändern. Dagegen zeigen sie sich als durchaus unveränderlich in ihren *Eigenschaften*; das heißt, wenn sie in dieselbe Verbindung, beziehlich Isolierung, und in dieselbe Aggregation zurückgeführt werden, zeigen sie immer wieder dieselben Eigenschaften. Sind aber alle elementaren Substanzen unveränderlich nach ihren Eigenschaften und nur veränderlich nach ihrer Mischung, nach ihrer Aggregation, das heißt, nach ihrer Verteilung im Raume, so ist alle Veränderung in der Welt Änderung der räumlichen Verteilung der elementaren Stoffe und kommt in letzter Instanz zustande durch *Bewegung*.

Ist aber Bewegung die Urveränderung, welche allen anderen Veränderungen in der Welt zugrunde liegt, so sind alle elementaren Kräfte Bewegungskräfte, und das Endziel der Naturwissenschaften ist, die allen anderen Veränderungen zugrunde liegenden Bewegungen und deren Triebkräfte zu finden, also sich in Mechanik aufzulösen.[3]

Wenn dies nun auch offenbar die letzte Konsequenz der nachgewiesenen quantitativen und qualitativen Unveränderlichkeit der Materie ist, so bleibt sie doch zuvörderst nur als eine ideale Forderung stehen, von deren Verwirklichung wir noch weit entfernt sind. Erst in beschränkten Gebieten ist es gelungen, die Rückführung der unmittelbar beobachteten Veränderungen auf Bewegungen und Bewegungskräfte bestimmter Art zustande zu bringen. Außer der Astronomie sind hier die rein mechanischen Teile der Physik, dann die Akustik, Optik, Elektrizitätslehre zu nennen; in der Wärmelehre und in der Chemie wird schon eifrig an der Ausbildung bestimmter Vorstellungen über die Form der Bewegungen und Lagerungen der Molekeln gearbeitet, in den physiologischen Wissenschaften sind kaum erst unbestimmte Anfänge davon vorhanden.

Um so wichtiger ist es, daß sich im Laufe des letzten Vierteljahrhunderts ein bedeutender und allgemeingültiger Fortschritt vollzogen hat, der geradezu auf das bezeichnete Ziel hin gerichtet ist. Wenn alle elementaren Kräfte Bewegungskräfte, alle also gleicher Natur sind, so müssen sie alle nach dem gleichen Maße, nämlich dem Maße der mechanischen Kräfte, zu messen sein. Und daß dies der Fall sei, ist in der Tat schon als erwiesen zu betrachten. Das Gesetz, welches dies ausspricht, ist unter dem Namen *des Gesetzes von der Erhaltung der Kraft* bekannt.

Für einen beschränkten Kreis von Naturerscheinungen war dasselbe schon von *Newton* ausgesprochen worden, deutlicher und allgemeiner dann von *Bernoulli*, von wo ab es in anerkannter Gültigkeit für den größeren Teil der bekannten rein mechanischen Vorgänge stehenblieb. Einzelne Erweiterungen tauchten gelegentlich auf, namentlich bei *Rumford, Humphrey Davy, Montgolfier*. Aber als der, welcher zuerst den Begriff dieses Gesetzes rein und klar erfaßt und seine absolute Allgemeingültigkeit auszusprechen gewagt hat, ist derjenige zu nennen, den wir nachher von dieser Stelle zu hören die Freude haben werden, *Dr. Robert Mayer* von *Heilbronn*. Während Herr *Mayer* durch physiologische Fragen zu der Entdeckung der allgemeinsten Form dieses Gesetzes geleitet wurde, waren es technische Fragen des Maschinenbaues, die gleichzeitig und unabhängig von ihm Herrn *Joule* in *Manchester* zu denselben Überlegungen führten, und letzterem verdanken wir namentlich die wichtigen und mühsamen Experimentaluntersuchungen über dasjenige Gebiet, in welchem die Gültigkeit des Gesetzes von der Erhaltung der Kraft am zweifelhaftesten erscheinen konnte und wo die wichtigsten Lücken unserer tatsächlichen Kenntnisse bestanden, nämlich die Erzeugung von Arbeit durch Wärme und von Wärme durch Arbeit.

Um das Gesetz klar hinzustellen, mußte im Gegensatze zu dem früher von *Galilei* gefundenen Begriffe der *Intensität der Kraft* ein neuer mechanischer Begriff ausgearbeitet werden, den wir als den Begriff der *Quantität der Kraft* bezeichnen können und der auch sonst *Quantität der Arbeit* oder der *Energie* genannt worden ist.

Dieser Begriff der Quantität der Kraft war vorbereitet worden teils in der theoretischen Mechanik durch den Begriff des *Quantums lebendiger Kraft* einer bewegten Masse, teils in der praktischen Mechanik durch den Begriff der *Triebkraft*, die nötig ist, um eine Maschine in Gang zu halten. Auch hatten die Maschinentechniker schon das Maß gefunden, nach welchem eine jede Triebkraft zu messen ist, indem sie bestimmten, wieviel Pfunde dadurch in der Sekunde um einen Fuß gehoben werden können; so wird bekanntlich eine Pferdekraft definiert gleich der zur Hebung von 70 Kilogramm um ein Meter für jede Sekunde nötigen Triebkraft.

In der Tat tritt an den Maschinen und den zu ihren Bewegungen nötigen Triebkräften die durch das Gesetz von der Erhaltung der Kraft ausgesprochene Gleichartigkeit aller Naturkräfte in der am meisten populären Form heraus. Jede Maschine, welche in Tätigkeit gesetzt werden soll, bedarf einer mechanischen Triebkraft. Wo diese hergenommen wird und welche Form sie hat, ist einerlei, wenn sie nur groß genug ist und anhaltend wirkt. Bald brauchen wir eine Dampfmaschine, bald ein Wasserrad oder eine Turbine, bald Pferde oder Ochsen an einem Göpelwerk, bald eine Windmühle oder, wenn nicht viel Kraft nötig ist, den menschlichen Arm, ein aufgezogenes Gewicht oder eine elektro-magnetische Maschine. Welche von diesen Triebkräften wir wählen, ist nur abhängig von der Größe der Kraft, die wir brauchen, und von der Gunst der Gelegenheit. In der Wassermühle wirkt die Schwere des von den Bergen herabfließenden Wassers; hinaufgeschafft auf die Berge wird es durch die meteorologischen Prozesse, diese sind die Quelle der Triebkraft für die Mühle. In der Windmühle ist es die lebendige Kraft der bewegten Luft, welche die Flügel umtreibt; auch diese Bewegung stammt aus den meteorologischen Prozessen der Atmosphäre. In der Dampfmaschine ist es die Spannkraft der erhitzten Dämpfe, welche den Stempel hin- und herschiebt; diese wird hervorgerufen durch die Wärme, die im Feuerraume durch Verbrennung der Kohlen das heißt durch einen chemischen Prozeß, erzeugt wird. Letzterer ist hier die Quelle der Triebkraft. Ist es ein Pferd oder der menschliche Arm, welche arbeiten, so sind es deren Muskeln, welche, angeregt durch die Nerven, unmittelbar die mechanische Kraft erzeugen. Damit aber der lebende Körper Muskelkraft erzeugen könne, muß er genährt werden und atmen. Die Nahrungsmittel, die er einnimmt, scheiden wieder aus ihm aus, nachdem sie sich mit dem Sauerstoff der geatmeten Luft zu Kohlensäure und Wasser verbunden haben. Wiederum ist also auch hier ein chemischer Prozeß nötig, um dauernd die Muskelkraft zu unterhalten. Dasselbe gilt für die elektro-magnetischen Maschinen unserer Telegrafen.

So gewinnen wir mechanische Triebkraft aus den allerverschiedenartigsten Naturprozessen in der verschiedenartigsten Weise, aber, wie wir gleich dabei bemerken müssen, auch immer nur in begrenzter Quantität. Wir *verbrauchen* immer etwas dabei, was uns die Natur liefert. Wir verbrauchen in der Wassermühle eine Quantität in der Höhe angesammelten Wassers, wir verbrauchen Kohlen in der Dampfmaschine, Zink und Schwefelsäure in der elektro-magnetischen Maschine, Nahrungsmittel für das arbeitende Pferd; wir verbrauchen in der Windmühle die Bewegung des Windes, welche an deren Flügeln gehemmt wird.

Umgekehrt, steht uns eine Triebkraft zur Verfügung, so können wir die verschiedenartigsten Wirkungen damit erreichen. Ich brauche hier die zahllose Mannigfaltigkeit industrieller Maschinen und die verschiedenartige Arbeit, die sie leisten, nicht aufzuzählen.

Achten wir vielmehr auf die physikalischen Unterschiede der möglichen Leistungen einer Triebkraft. Wir können mit ihrer Hilfe Lasten heben, Wasser in die Höhe pumpen, Gase verdichten, Eisenbahnzüge in Bewegung setzen, durch Reibung Wärme erzeugen. Wir können durch sie magnetelektrische Maschinen drehen, dadurch elektrische Ströme erzeugen und mit deren Hilfe Wasser oder andere chemische

Verbindungen von stärkster Verwandtschaft zersetzen, Drähte glühend machen, Eisen magnetisieren usw.

So können wir, wenn uns eine ausreichende mechanische Triebkraft zu Gebote steht, alle diejenigen Zustände und Bedingungen wieder restituieren, von denen ausgehend wir nach der zuerst gegebenen Aufzählung mechanische Triebkraft gewinnen konnten.

Wie aber die aus einem bestimmten Naturprozeß zu gewinnende Triebkraft eine begrenzte ist, so ist auch andererseits der Betrag der Veränderungen begrenzt, die wir durch Aufwendung einer bestimmten Triebkraft hervorbringen können.

Diese Erfahrungen, die zunächst vereinzelt an Maschinen und physikalischen Apparaten gemacht waren, haben sich nun vereinigen lassen in ein Naturgesetz von weitreichendster Gültigkeit. Jede Veränderung in der Natur ist äquivalent einer gewissen Erzeugung oder einem gewissen Verbrauch an Triebkraft. Wird Triebkraft erzeugt, so kann sie entweder als solche zur Erscheinung kommen oder unmittelbar wieder verbraucht werden, um andere Veränderungen von äquivalenter Größe hervorzubringen. Die hauptsächlichsten Bestimmungen dieser Äquivalenz beruhen auf *Joules* Messungen des mechanischen Wärmeäquivalents. Wenn wir eine Dampfmaschine durch zugeleitete Wärme in Bewegung setzen, so verschwindet in ihr Wärme proportional der geleisteten Arbeit; und zwar ist die Wärme, welche ein bestimmtes Gewicht Wasser um einen Grad der hundertteiligen Skala erwärmen kann, fähig, in Arbeit verwandelt, dasselbe Gewicht Wasser zur Höhe von 425 Meter zu heben. Und wenn wir Arbeit durch Reibung in Wärme verwandeln, brauchen wir wiederum, um ein bestimmtes Gewicht Wasser um einen Zentesimalgrad zu erwärmen, die Triebkraft, welche dasselbe Gewicht Wasser gegeben haben würde, wenn es von 425 Meter Höhe herabgeflossen wäre. Die chemischen Prozesse erzeugen Wärme in bestimmtem Verhältnis; dadurch ist auch die solchen chemischen Kräften äquivalente Triebkraft bestimmt und somit auch die Energie der chemischen Verwandtschaftskraft nach mechanischem Maße meßbar. Dasselbe gilt für alle anderen Formen der Naturkräfte, was hier nicht weiter ausgeführt zu werden braucht.

So stellt sich denn als Ergebnis der betreffenden Untersuchungen heraus, daß alle Naturkräfte nach demselben mechanischen Maße meßbar und daß alle in bezug auf Arbeitsleistung reinen Bewegungskräften äquivalent sind. Dadurch ist zunächst ein erster und bedeutender Fortschritt vollführt zu der Lösung der umfassenden theoretischen Aufgabe, alle Naturerscheinungen auf Bewegungen zurückzuführen.

Während die bisher angestellten Überlegungen mehr den logischen Wert des Gesetzes von der Erhaltung der Kraft klarzustellen suchen sollten, spricht sich seine faktische Bedeutung für die allgemeine Auffassung der Naturprozesse in dem großartigen Zusammenhange aus, den es zwischen sämtlichen Vorgängen des Weltalls über alle Entfernungen in Raum und Zeit hinaus eröffnet. Das Weltall erscheint, nach diesem Gesetze, ausgestattet mit einem Vorrate an Energie, der durch allen bunten Wechsel der Naturprozesse nicht vermehrt, aber auch nicht vermindert werden kann; der da fortbesteht in stets wechselnder Erscheinungsweise, aber, wie die Materie, von Ewigkeit zu Ewigkeit in unveränderlicher Größe, *wirkend im Raume*, aber nicht, wie die Materie, *teilbar* mit dem Raume. Alle Veränderung in der Welt besteht nur in einem Wechsel der Erscheinungsform dieses Vorrats von Energie. Hier erscheint ein Teil desselben als lebendige Kraft bewegter Massen, dort als regelmäßige Oszillation in Licht und Schall, dann wieder als Wärme, das heißt als unregelmäßige Bewegung der unsichtbar kleinen Körperteilchen, bald erscheint die Energie in Form der Schwere zweier gegeneinander gravitierenden Massen, bald als innere Spannung und Druck elastischer Körper, bald als chemische Anziehung, elektrische Ladung oder magnetische Verteilung. Schwindet sie in einer Form, so erscheint sie sicher in einer anderen; und wo sie in neuer Form erscheint, sind wir auch sicher, daß eine ihrer anderen Erscheinungsformen verbraucht ist.

Das von *Clausius* berichtigte *Carnot*sche Gesetz der mechanischen Wärmetheorie läßt uns sogar erkennen, daß dieser Wechsel im allgemeinen fortdauernd in einer bestimmten Richtung fortschreitet, indem immer mehr von dem großen Vorrate der Energie des Weltalls in die Form von Wärme übergehen muß.

So können wir im Geiste zurückgehen auf den Anfangszustand, wo die Masse unserer Weltkörper noch kalt, wahrscheinlich als chaotischer Dampf oder Staub im Weltraum verteilt war. Wir sehen, daß sie sich erwärmen mußte, wenn sie sich unter dem Einflusse der Schwerkraft zusammenballte. Auch jetzt noch erkennen wir Reste der lose verteilten Materie mittelst der Spektralanalyse (einer Methode, deren theoretische Prinzipien selbst aus der mechanischen Wärmetheorie herfließen) in den Nebelflecken, wir erkennen sie in den Meteorschwärmen und Kometen; der Ballungsprozeß und die Wärmeentwickelung gehen noch immer fort, wenn sie auch in unserem Teile des Weltraums größtenteils vollendet sind. Der größte Teil der ehemaligen Energie der Masse, welche jetzt unserem Sonnensystem angehört, besteht gegenwärtig als Wärme der Sonne. Aber diese Energie bleibt nicht ewig unserem Systeme erhalten, fortdauernd strahlen Teile von ihr hinaus als Licht und Wärme in die unendlichen Weltenräume. Bei diesem Hinausstrahlen empfängt auch unsere Erde ihren Anteil. Die einstrahlende Sonnenwärme aber ist es, welche an der Erdfläche die Winde und die Meeresströme erzeugt, die die Wasserdämpfe aus den tropischen Meeren aufsteigen und herüber auf Gebirge und Länder destillieren läßt, wonach sie wieder als Quellen und Ströme zum Meere zurückfließen. Die Sonnenstrahlen geben den Pflanzen die Kraft, aus der Kohlensäure und dem Wasser wieder verbrennliche Stoffe abzuscheiden, welche den Tieren als Nahrung dienen, und so ist auch in dem bunten Wechsel des organischen Lebens die treibende Kraft nur aus dem ewigen großen Vorrate des Weltalls herzuleiten.

Dies erhabene Bild des Zusammenhangs aller Naturvorgänge ist in neuerer Zeit oft ausgemalt worden; ich brauche hier nur an seine großen Züge zu erinnern. Wenn die Aufgabe der Naturwissenschaften darin besteht, die Gesetze zu finden, so ist hier in der Tat ein Schritt nach vorwärts von umfassendster Bedeutung geschehen.

Die eben erwähnte Anwendung des Gesetzes von der Erhaltung der Kraft auf die Vorgänge in Tieren und Pflanzen führt uns zu einer anderen Richtung hinüber, in welcher die Erkenntnis der Gesetzmäßigkeit der Natur Fortschritte gemacht hat. Das genannte Gesetz ist nämlich auch in den prinzipiellen Fragen der Physiologie von der eingreifendsten Bedeutung; und eben deshalb wurden *Robert Mayer* und ich selbst gerade von Seite der Physiologie her zu den auf die Erhaltung der Kraft bezüglichen Untersuchungen geführt.

Den Erscheinungen der unorganischen Natur gegenüber bestand, die Grundsätze der Methode betreffend, schon längst kein Zweifel mehr. Es war klar, daß feste Gesetze der Erscheinungen zu suchen waren, und es gab Beispiele genug, daß solche Gesetze sich finden ließen.

Der größeren Verwickelung der Lebensvorgänge, ihrer Verbindung mit den Seelentätigkeiten und der unverkennbaren Zweckmäßigkeit der organischen Bildungen gegenüber konnte indessen selbst die Existenz einer festen Gesetzmäßigkeit zweifelhaft erscheinen, und in der Tat hat die Physiologie von jeher mit der Prinzipienfrage gekämpft: Sind alle Lebensvorgänge absolut gesetzmäßig, oder gibt es irgendeinen kleineren oder größeren Umkreis derselben, innerhalb dessen Freiheit herrscht? Mehr oder weniger durch Worte verdeckt war und ist, namentlich außerhalb Deutschlands, noch jetzt die Ansicht von *Paracelsus*, *Helmont* und *Stahl* verbreitet, daß eine „Lebensseele", die mehr oder weniger ähnlich begabt sei wie die bewußte Seele des Menschen, die organischen Vorgänge regiere. Zwar wurde der Einfluß der unorganischen Naturkräfte auch in den Organismen anerkannt, indem man annahm, daß die Lebensseele Macht über die Materie nur mittelst der physikalischen und chemischen Kräfte der Materie selbst habe und also ohne deren Hilfe nichts ausführen könne, daß ihr aber die Fähigkeit zukomme, die Wirksamkeit dieser Kräfte zu binden und zu lösen, je nachdem es ihr gut scheine.

Nach dem Tode, nicht mehr gebunden durch den Einfluß der Lebensseele oder Lebenskraft, seien es gerade die chemischen Kräfte der organischen Masse, welche die Fäulnis herbeiführten. Übrigens blieb die Fähigkeit, den Körper planmäßig aufzubauen und sich zweckmäßig den äußeren

Umständen zu akkommodieren, bei allem Wechsel der Ausdrucksweise, mochte man nun von dem *Archäus* oder von der *Anima inscia*, oder von der *Lebenskraft* und *Naturheilkraft*" sprechen, das wesentlichste Attribut dieses hypothetischen regierenden Prinzips der vitalistischen Theorie, für welches deshalb seinen Attributen nach auch nur der Name einer „Seele" wirklich paßte.

Es ist aber klar, daß die genannte Vorstellung dem Gesetze von der Erhaltung der Kraft direkt widerspricht. Könnte die Lebenskraft die Schwere eines Gewichtes zeitweilig aufheben, so würde dasselbe ohne Arbeit zu beliebiger Höhe geschafft werden können und später, wenn die Wirkung seiner Schwere wieder freigegeben wäre, beliebig große Arbeit zu leisten vermögen. So wäre Arbeit ohne Gegenleistung aus Nichts zu schaffen. Könnte die Lebenskraft zeitweilig die chemische Anziehung des Kohlenstoffs zum Sauerstoff aufheben, so würde Kohlensäure ohne Arbeitsaufwand zu zerlegen sein und der freigewordene Kohlenstoff und Sauerstoff würde wieder neue Arbeit leisten können.

In der Tat finden wir aber keine Spur davon, daß die lebenden Organismen irgendwelches Quantum Arbeit ohne entsprechenden Verbrauch erzeugen könnten. Wenn wir nur auf die Arbeitsleistung Rücksicht nehmen, so sind die Leistungen der Tiere denen der Dampfmaschinen durchaus ähnlich. Die Tiere wie die Maschinen können sich bewegen und arbeiten, nur wenn sie fortdauernd Brennmaterial, nämlich Nahrungsmittel, und sauerstoffhaltige Luft zugeführt erhalten, beide geben die aufgenommenen Stoffe in verbranntem Zustande wieder aus, und beide erzeugen dabei Wärme und Arbeit. Die bisherigen Untersuchungen über das Quantum der Wärme, welche ein ruhendes Tier erzeugt, widersprechen auch durchaus nicht der Annahme, daß diese Wärme genau gleich ist dem Arbeitsäquivalent der in Tätigkeit gesetzten chemischen Verwandtschaftskräfte.

Für die Leistungen der Pflanzen ist in den Sonnenstrahlen eine jedenfalls genügende Kraftquelle vorhanden, deren sie bedürfen, um das organische Material ihres Körpers zu vermehren. Indessen sind allerdings für sie sowohl, wie für die Tiere, genaue quantitative Untersuchungen der verbrauchten und erzeugten Kraftäquivalente noch erst auszuführen, um die strenge Übereinstimmung beider Größen tatsächlich zu konstatieren.

Ist aber das Gesetz von der Erhaltung der Kraft auch für die lebenden Wesen gültig, so folgt daraus, daß die physikalischen und chemischen Kräfte der zum Aufbau ihres Körpers verwendeten Stoffe ohne Unterbrechung und ohne Willkür fortdauernd tätig sind und daß *ihre strenge Gesetzlichkeit in keinem Augenblicke durchbrochen wird.*

Die Physiologie mußte sich also entschließen, mit einer unbedingten Gesetzlichkeit der Naturkräfte auch in der Erforschung der Lebensvorgänge zu rechnen; sie mußte Ernst machen mit der Verfolgung der physikalischen und chemischen Prozesse, die innerhalb der Organismen vor sich gehen. Es ist dies eine ungeheuer verwickelte und weitläufige Arbeit; aber es ist, namentlich in Deutschland, eine große Anzahl rüstiger Arbeiter am Werke, und schon können wir sagen, daß der Lohn nicht ausgeblieben ist und daß das Verständnis der Lebenserscheinungen in den letzten vierzig Jahren größere Fortschritte gemacht hat als vorher in zwei Jahrtausenden.

Eine nicht hoch genug zu schätzende Unterstützung für diese Klärung der Grundprinzipien der Lehre vom Leben kam von der Seite der beschreibenden Naturwissenschaften durch *Darwins* Theorie von der Fortbildung der organischen Formen, indem durch sie die Möglichkeit einer ganz neuen Deutung der organischen Zweckmäßigkeit gegeben wurde.

Die in der Tat wunderbare und vor der wachsenden Wissenschaft immer reicher sich entfaltende Zweckmäßigkeit im Aufbau und den Verrichtungen der lebenden Wesen war wohl das Hauptmotiv gewesen, welches zur Vergleichung der Lebensvorgänge mit den Handlungen eines seelenartig wirkenden Prinzips herausforderte. Wir kennen in der ganzen uns umgebenden Welt nur eine einzige Reihe von Erscheinungen, die einen ähnlichen Charakter zeigen, das sind die Werke und Handlungen eines intelligenten Menschen; und wir müssen anerkennen, daß in unendlich vielen Fällen die organische Zweckmäßigkeit den Fähigkeiten der menschlichen Intelligenz so außerordentlich überlegen erscheint, daß man ihr eher einen höheren als einen niederen Charakter zuzuschreiben geneigt sein möchte.

Man wußte daher vor *Darwin* nur zwei Erklärungen der organischen Zweckmäßigkeit zu geben, welche aber beide auf Eingriffe freier Intelligenz in den Ablauf der Naturprozesse zurückführten. Entweder betrachtete man der vitalistischen Theorie gemäß die Lebensprozesse als fortdauernd geleitet durch eine Lebensseele, oder aber man griff für jede lebende Spezies auf einen Akt übernatürlicher Intelligenz zurück, durch die sie entstanden sein sollte. Die letztere Ansicht nahm zwar seltenere Durchbrechungen des gesetzlichen Zusammenhanges der Naturerscheinungen an und erlaubte die gegenwärtig zu beobachtenden Vorgänge in den jetzt bestehenden Arten lebender Wesen streng wissenschaftlich zu behandeln. Aber auch sie wußte jene Durchbrechungen nicht vollständig zu beseitigen, und erfreute sich deshalb kaum einer erheblichen Gunst der vitalistischen Ansicht gegenüber, welche gleichsam durch den Augenschein, das heißt durch das natürliche Streben, hinter ähnlichen Erscheinungen auch ähnliche Ursachen zu suchen, mächtig gestützt wurde.

Darwins Theorie enthält einen wesentlich neuen schöpferischen Gedanken. Sie zeigt, wie Zweckmäßigkeit der Bildung in den Organismen auch ohne alle Einmischung von Intelligenz durch das blinde Walten eines Naturgesetzes entstehen kann. Es ist dies das Gesetz der Forterbung der individuellen Eigentümlichkeiten von den Eltern auf die Nachkommen; ein Gesetz, das längst bekannt und anerkannt war und nur eine bestimmtere Abgrenzung zu erhalten brauchte. Wenn beide Eltern gemeinsame individuelle Eigentümlichkeiten haben, so nimmt auch die Majorität ihrer Nachkommen an denselben teil, und wenn auch einige unter diesen vorkommen, die eine Verminderung der genannten Eigentümlichkeiten zeigen, so finden sich dagegen unter einer größeren Anzahl von Nachkommen regelmäßig auch andere, die eine Steigerung derselben Eigenschaften zeigen. Werden nun vorzugsweise die letzteren zur Erzeugung neuer Nachzucht benutzt, so kann eine immer weiter und weiter gehende Steigerung solcher Eigentümlichkeiten erzielt und vererbt werden. Dies ist in der Tat das Verfahren, welches Tierzüchter und Gärtner anwenden, um mit großer Sicherheit neue Rassen und Varietäten von sehr merklich abweichenden Eigenschaften zu erziehen. Die Erfahrungen der künstlichen Züchtung sind wissenschaftlich als eine Bestätigung des angeführten Gesetzes durch das Experiment zu betrachten, und zwar ist dieses Experiment mit Arten aus allen Klassen der organischen Reiche, in einer ungeheuren Anzahl von Fällen und in Beziehung auf die verschiedensten Organe des Körpers schon geglückt, und wird fortdauernd tausendfältig wiederholt. Nachdem auf diese Weise die allgemeine Wirksamkeit des Erblichkeitsgesetzes festgestellt war, handelte es sich für *Darwin* nur noch darum, zu diskutieren, welche Folgen dasselbe Gesetz für die wildlebenden Tiere und Pflanzen haben müsse. Das bekannte Ergebnis ist, daß diejenigen Individuen, welche im Kampfe um das Dasein sich durch irgendwelche vorteilhafte Eigenschaften auszeichnen, auch am meisten Wahrscheinlichkeit haben, Nachkommenschaft zu erzeugen und dieser ihre vorteilhaften Eigenschaften zu vererben. Dadurch ist also eine allmählich von Generation zu Generation sich vervollkomnende Anpassung jeder Art lebender Wesen an die Umstände bedingt, unter denen sie zu leben haben, bis ihr Typus so weit ausgebildet ist, daß jede erhebliche Abweichung von ihm unvorteilhaft wird. Dann wird der Typus fest für so lange Zeit, als die äußeren Bedingungen seiner Existenz im wesentlichen unverändert bleiben. Einen solchen nahehin festen Zustand scheinen die jetzt lebenden Geschöpfe erreicht zu haben; daher, für die Zeiten der Menschengeschichte wenigstens, vorwiegend die Konstanz der Spezies beobachtet wird.

Noch besteht um die Wahrheit oder Wahrscheinlichkeit von *Darwins* Theorie lebhafter Streit; er dreht sich aber doch eigentlich nur um die Grenzen, welche wir für die Veränderlichkeit der Arten annehmen dürfen. Daß innerhalb derselben Spezies erbliche Rassenverschiedenheiten auf die von *Darwin* beschriebene Weise zustande kommen können, ja, daß viele der bisher als verschiedene Spezies derselben Gattung betrachteten Formen von derselben Urform abstammen, werden auch seine Gegner kaum leugnen. Ob wir uns aber hierauf beschränken müssen oder ob wir vielleicht alle Säugetiere von einem ersten Beuteltier oder auch weiter alle Wirbeltiere von einem ersten Lanzettfischchen, oder gar alle Tiere und Pflanzen zusammengenommen aus dem schleimigen Protoplasma eines Eozoon[5] ableiten dürfen, darüber entscheiden im Augenblicke allerdings mehr die Neigungen der einzelnen Forscher als die Tatsachen. Doch häufen sich schon immer mehr die Bindeglieder zwischen den Klassen von scheinbar unvereinbarem Typus; schon sind in regelmäßig gelagerten geologischen Schichten wirklich nachweisbare Übergänge sehr verschiedener Formen ineinander gefunden worden, und es wächst unverkennbar, seitdem man danach sucht, die Zahl der Tatsachen, welche mit *Darwins* Theorie übereinstimmen und ihr im einzelnen immer speziellere Ausführung geben.

Daneben wollen wir nicht vergessen, welches klare Verständnis *Darwins* großer Gedanke in die bis dahin so mysteriösen Begriffe der natürlichen Verwandtschaft, des natürlichen Systems und der Homologie der Organe bei verschiedenen Tieren gebracht hat; wie die wunderbare Wiederholung der niederen Tierbildungen bei den Embryonen der höheren, die der natürlichen Verwandtschaft folgende Entwickelung der paläontologischen Formen, die eigentümlichen Verwandtschaftsverhältnisse innerhalb der geographisch beschränkten Faunen und Floren sich aus ihm erklärt haben. Die natürliche Verwandtschaft erschien sonst nur als eine rätselhafte, aber vollkommen grundlose Ähnlichkeit der Formen; jetzt ist sie zur wirklichen Blutsverwandtschaft geworden. Das natürliche System drängte sich zwar der Anschauung als solches auf, aber die Theorie leugnete eigentlich jede reelle Bedeutung desselben; jetzt erhält es die Bedeutung eines wirklichen Stammbaumes der Organismen. Die Tatsachen der paläontologischen und embryologischen Entwickelung, der geographischen Verteilung waren rätselhafte Wunderlichkeiten, so lange man jede einzelne Spezies durch einen unabhängigen Schöpfungsakt erzeugt glaubte, oder warfen gar ein kaum vorteilhaft zu nennendes Licht auf das seltsam herumtastende Verfahren, welches dem Weltenschöpfer dabei zugemutet wurde. *Darwin* hat alle diese vereinzelten Gebiete aus dem Zustande einer Anhäufung rätselhafter Wunderlichkeiten in den Zusammenhang einer großen Entwickelung erhoben. Er hat an die Stelle einer Art von künstlerischer Anschauung oder Ahnung, wie sie für die Tatsachen der vergleichenden Anatomie und der Morphologie der Pflanzen schon für *Goethe* als einen der ersten aufgegangen war, bestimmte Begriffe gesetzt.

Damit ist auch die Möglichkeit bestimmter Fragestellung für die weitere Forschung gegeben; ein großer Gewinn jedenfalls, auch wenn sich heraustellen sollte, daß *Darwins* Theorie nicht die ganze Wahrheit umfaßt, und daß vielleicht neben den von ihm aufgewiesenen Einflüssen noch andere bei der Umformung der organischen Formen sich geltend gemacht haben sollten.

Während *Darwins* Theorie sich ausschließlich auf die durch die Reihe der geschlechtlichen Zeugungen eintretende allmähliche Umformung der Arten bezieht, ist bekannt, daß auch das einzelne Individuum sich den Bedingungen, unter denen es zu leben hat, bis zu einem gewissen Grade anpaßt oder, wie wir zu sagen pflegen, eingewöhnt; daß also auch noch während des einzelnen Lebens eines Individuums eine gewisse höhere Ausbildung der organischen Zweckmäßigkeit gewonnen werden kann. Und gerade in demjenigen Gebiete des organischen Lebens, wo die Zweckmäßigkeit seiner Bildungen den höchsten Grad erreicht und die meiste Bewunderung erlangt hat, nämlich im Gebiete der Sinneswahrnehmungen, lehren die neueren Fortschritte der Physiologie, daß diese individuelle Anpassung eine ganz hervorragende Rolle spielt.

Wer hat nicht schon die Treue und Genauigkeit der Nachrichten bewundert, welche unsere Sinne uns von der umgebenden Welt zuführen, vor allen die des in die Ferne dringenden Auges. Diese Nachrichten sind ja die Voraussetzungen für die Entschlüsse, die wir fassen, für die Handlungen, die wir ausführen; und nur wenn unsere Sinne uns richtige Wahrnehmungen zugeführt haben, können wir erwarten, richtig zu handeln, so daß der Erfolg unseren Erwartungen entspricht. Durch diesen Erfolg prüfen wir immer wieder die Treue der Berichte, welche die Sinne uns geben; und millionenfach wiederholte Erfahrung lehrt uns, daß diese Treue sehr groß, fast ausnahmslos ist. Wenigstens sind die

Ausnahmen, die sogenannten Sinnestäuschungen, selten und werden nur durch ganz besondere und ungewöhnliche Bedingungen herbeigeführt.

Sooft wir die Hand ausstrecken, um etwas zu ergreifen, oder den Fuß vorsetzen, um auf einen Gegenstand zu treten, müssen wir vorher richtige Gesichtsbilder über die Lage des zu berührenden Gegenstandes, seine Form, seine Entfernung usw. gebildet haben, sonst würden wir fehlgreifen oder fehltreten. Die Sicherheit und Genauigkeit unserer Sinneswahrnehmungen muß mindestens so weit gehen als die Sicherheit und Genauigkeit, welche unsere Handlungen bei guter Einübung erreichen können; und der Glaube an die Zuverlässigkeit unserer Sinne ist deshalb kein blinder Glaube, sondern ein nach seiner praktischen Richtigkeit durch unzählbare Versuche immer wieder geprüfter und bewährter.

Ist nun diese Übereinstimmung zwischen den Sinneswahrnehmungen und ihren Objekten diese Grundlage aller unserer Erkenntnisse ein vorbereitetes Produkt der organischen Schöpfungskraft; so hat hier in der Tat deren zweckmäßiges Bilden den Gipfel seiner Vollendung erreicht. Aber gerade hier hat die Untersuchung der wirklichen Tatsachen den Glauben an die vorbestimmte Harmonie der inneren und äußeren Welt auf das Unbarmherzigste in Stücke zerschlagen.

Ich schweige von dem immerhin unerwarteten Ergebnisse der ophthalmometrischen und optischen Untersuchungen, wonach das Auge keineswegs ein vollkommeneres optisches Instrument ist, als ein von Menschenhänden gemachtes, sondern im Gegenteil, außer den unvermeidlichen Fehlern eines jeden dioptrischen Instrumentes auch solche zeigt, die wir an einem künstlichen Instrumente bitter tadeln würden; daß auch das Ohr uns die äußeren Töne keineswegs im Verhältnisse ihrer wirklichen Stärke zuträgt, sondern sie eigentümlich zerlegt, verändert und nach der Verschiedenheit ihrer Höhe in sehr verschiedenem Maße verstärkt oder schwächt.

Diese Abweichungen verschwinden gegen diejenigen, welche wir finden, wenn wir die Qualitäten der Sinnesempfindungen untersuchen, durch welche uns von den verschiedenen Eigenschaften der äußeren Dinge Kunde gegeben wird. In bezug auf letztere können wir geradezu den Beweis führen, daß gar keine Art und kein Grad von Ähnlichkeit besteht zwischen der Qualität einer Sinnesempfindung und der Qualität des äußeren Agens, durch welches sie erregt ist, und welches durch sie abgebildet wird.

Es war dies der Hauptsache nach schon durch das von *Johannes Müller* aufgestellte Gesetz von den spezifischen Sinnesenergien dargelegt worden. Danach kommt jedem Sinnesnerven eine eigentümliche Weise der Empfindung zu; jeder kann zwar durch eine ganze Anzahl von Erregungsmitteln in Tätigkeit gebracht werden, aber dasselbe Erregungsmittel kann meist auch verschiedene Sinnesorgane affizieren, und wie dies auch geschehen mag, immer entsteht im Sehnerven nur Lichtempfindung, im Hörnerven nur Tonempfindung, überhaupt in jedem einzelnen empfindenden Nerven nur eine seiner besonderen spezifischen Energie entsprechende Empfindung. Die allereingreifendsten Unterschiede der Qualitäten der Empfindung, nämlich die zwischen den Empfindungen verschiedener Sinne, hängen also durchaus nicht von der Natur des äußeren Erregungsmittels, sondern nur von der Natur des getroffenen Nervenapparates ab.

Die Tragweite dieses *Müller*schen Gesetzes ist durch die weiteren Forschungen nur vergrößert worden. Es ist höchst wahrscheinlich geworden, daß selbst die Empfindungen verschiedener Farben und verschiedener Tonhöhen, also auch die qualitativen Unterschiede der Lichtempfindungen untereinander und der Tonempfindungen untereinander, von der Erregung verschiedener und mit verschiedenen spezifischen Energien begabter Fasersysteme des Sehnerven, beziehlich des Hörnerven abhängen. Die unendlich viel größere objektive Mannigfaltigkeit der Lichtmischungen wird dadurch in der Empfindung auf eine nur dreifache Verschiedenartigkeit, nämlich auf die der Mischungen von drei Grundfarben, zurückgeführt. Wegen dieser Reduzierung der Unterschiede können sehr verschiedene Lichtmischungen gleich aussehen. Dabei hat sich gezeigt, daß keinerlei Art von physikalischer Gleichheit der subjektiven Gleichheit verschieden gemischter Lichtmengen von gleicher Farbe entspricht. Es geht aus diesen und ähnlichen Tatsachen die überaus wichtige Folgerung hervor, daß unsere Empfindungen nach ihrer Qualität nur *Zeichen* für die äußeren Objekte sind und durchaus nicht *Abbilder* von irgendwelcher Ähnlichkeit. Ein *Bild* muß in irgendeiner Beziehung seinem Objekte *gleichartig* sein; wie zum Beispiel eine Statue mit dem abgebildeten Menschen gleiche Körperform, ein Gemälde gleiche Farbe und gleiche perspektivische Projektion hat. Für ein *Zeichen* genügt es, daß es zur Erscheinung komme, sooft der zu bezeichnende Vorgang eintritt, ohne daß irgendwelche andere Art von Übereinstimmung als die Gleichzeitigkeit des Auftretens zwischen ihnen existiert; nur von dieser letzteren Art ist die Korrespondenz zwischen unseren Sinnesempfindungen und ihren Objekten. Sie sind Zeichen, welche wir *lesen gelernt* haben, sie sind eine durch unsere Organisation uns mitgegebene Sprache, in der die Außendinge zu uns reden; aber diese Sprache müssen wir durch Übung und Erfahrung verstehenlernen, ebensogut wie unsere Muttersprache.

Und nicht bloß mit den qualitativen Unterschieden der Empfindungen verhält es sich so, sondern auch jedenfalls mit dem größten und wichtigsten Teil, wenn nicht mit der Gesamtheit der räumlichen Unterschiede in unseren Wahrnehmungen. In dieser Beziehung ist namentlich die neuere Lehre vom binokularen Sehen und die Erfindung des Stereoskops von Wichtigkeit geworden. Was die Empfindung der beiden Augen uns unmittelbar und ohne Vermittelung psychischer Tätigkeiten liefern könnte, wären höchstens zwei etwas verschiedene flächenhafte Bilder der Außenwelt von je zwei Dimensionen, wie sie auf den beiden Netzhäuten liegen; stattdessen finden wir in unserer Anschauung ein räumliches Bild der uns umgebenden Welt von drei Dimensionen vor. Wir erkennen sinnlich ebensogut die *Entfernung* der nicht allzu entfernten Gegenstände von uns wie ihr perspektivisches *Nebeneinanderstehen* und vergleichen die wahre Größe zweier verschieden weit entfernter Objekte von ungleicher scheinbarer Größe viel sicherer miteinander als die gleiche scheinbare Größe eines Fingers etwa und des Mondes. Eine vor allen einzelnen Tatsachen stichhaltende Erklärung der räumlichen Gesichtswahrnehmungen gelingt es, meines Erachtens, nur zu geben, wenn man mit *Lotze* annimmt, daß den Empfindungen der räumlich verschieden gelagerten Nervenfasern gewisse Verschiedenheiten, *Lokalzeichen*, anhaften, deren Raumbedeutung von uns *gelernt* wird. Daß eine Kenntnis dieser Bedeutung unter solchen Voraussetzungen und unter Beihilfe der Bewegungen unseres Körpers gewonnen werden kann und daß dabei gleichzeitig zu lernen ist, wie die Bewegungen richtig ausgeführt werden, um ihren erwarteten Erfolg zu erreichen und dessen Erreichung wahrzunehmen, ist von mehreren Seiten ausgeführt worden.

Auch diejenigen Physiologen, welche möglichst viel von der angeborenen Harmonie der Sinne mit der Außenwelt retten möchten, geben zu, daß die Erfahrung bei der Deutung der Gesichtsbilder außerordentlich einflußreich ist und im Falle des Zweifels meist endgültig entscheidet. Der Streit bewegt sich gegenwärtig fast nur noch um die Frage, wie breit beim Neugeborenen etwa die Einmischung angeborener Triebe ist, welche die Einübung in das Verständnis der Sinnesempfindungen erleichtern könnten. Notwendig ist die Annahme solcher Triebe nicht; ja, sie erschwert eher die Erklärung der gut beobachteten Phänomene beim Erwachsenen, als daß sie sie erleichtert.[6]

Daraus geht nun hervor, daß diese feine und viel bewunderte Harmonie zwischen unseren Sinneswahrnehmungen und ihren Objekten im wesentlichen und mit nur zweifelhaften Ausnahmen eine individuell erworbene Anpassung ist, ein Produkt der Erfahrung, der Einübung, der Erinnerung an die früheren Fälle ähnlicher Art.

Hier schließt sich der Ring unserer Betrachtungen wieder zusammen und führt zu seinem Ausgangspunkte zurück. Wir sahen im Anfange, daß das, was unsere Wissenschaft zu erstreben hat, die Kenntnis der *Gesetze* sei, das heißt die Kenntnis, wie zu verschiedenen Zeiten auf gleiche Vorbedingungen gleiche Folgen eintreten. Wir sahen, wie in letzter Instanz alle Gesetze in Gesetze der Bewegung aufgelöst werden müssen. Wir sehen nun hier am Schlusse, daß unsere Sinnesempfindungen nur Zeichen für die Veränderungen in der Außenwelt sind und nur in der Darstellung der zeitlichen Folge die Bedeutung von Bildern haben. Eben deshalb sind sie aber auch imstande, die *Gesetzmäßigkeit* in der zeitlichen Folge der Naturphänomene direkt abzubilden. Wenn unter gleichen Umständen in der Natur die gleiche Wirkung eintritt, so wird auch der unter gleichen Umständen beobachtende Mensch die gleiche Folge von Eindrücken sich gesetzmäßig wiederholen sehen. So genügt, was unsere Sinnesorgane leisten, gerade für die Erfüllung der Aufgabe der Wissenschaft und genügt auch gerade für die praktischen Zwecke des handelnden Menschen, der sich auf die teils unwillkürlich durch die alltägliche Erfahrung, teils absichtlich durch die Wissenschaft erworbene Kenntnis der Naturgesetze stützen muß.

Indem wir hiermit unsere Übersicht schließen, dürfen wir wohl ein uns befriedigendes Fazit ziehen. Die Wissenschaft von der Natur ist rüstig vorgeschritten, und zwar nicht nur zu vereinzelten Zielen, sondern in einem gemeinsamen großen Zusammenhange; das schon Geleistete mag die Erreichung weiterer Fortschritte verbürgen. Die Zweifel an der vollen Gesetzmäßigkeit der Natur sind immer mehr zurückgedrängt worden, immer allgemeinere und umfassendere Gesetze haben sich enthüllt. Daß diese Richtung des wissenschaftlichen Strebens eine gesunde ist, haben namentlich ihre großen praktischen Folgen deutlich erwiesen; und hier mag es mir erlaubt sein, die von mir speziell vertretene Wissenschaft besonders hervorzuheben. Gerade in der Physiologie war die wissenschaftliche Arbeit durch die Zweifel an der notwendigen Gesetzlichkeit, das heißt also an der Begreiflichkeit der Lebenserscheinungen, von lähmendem Einflusse gewesen, und derselbe erstreckte sich natürlich auch auf die von der Physiologie abhängende praktische Wissenschaft, die Medizin. Beide haben einen seit Jahrtausenden nicht dagewesenen Aufschwung gewonnen, seit man mit Ernst und Eifer sich der naturwissenschaftlichen Methode, der genauen Beobachtung der Erscheinungen, dem Versuch zugewendet hat. Ich kann als früherer praktischer Arzt persönlich davon Zeugnis ablegen. Meine Ausbildung fiel in eine Entwickelungsperiode der Medizin, wo bei den nachdenkenden und gewissenhaften Köpfen völlige Verzweiflung herrschte. Daß die alten, überwiegend theoretisierenden Methoden, die Medizin zu betreiben, gänzlich haltlos waren, war nicht schwer zu erkennen; mit diesen Theorien aber waren die wirklich ihnen zugrunde liegenden Erfahrungstatsachen so unentwirrbar verstrickt, daß auch diese meist über Bord geworfen wurden. Wie man die Wissenschaft neu aufbauen müsse, war an dem Beispiel der übrigen Naturwissenschaften wohl klar geworden; aber die neue Aufgabe stand riesengroß vor uns; sie zu bewältigen war kaum ein Anfang gemacht, und diese ersten Anfänge waren zum Teil recht grob und ungeschickt. Wir dürfen uns nicht wundern, wenn viele redliche und ernsthaft denkende Männer sich damals in Unbefriedigung von der Medizin abwendeten oder grundsätzlich sich einem übertriebenen Empirismus ergaben.

Aber die rechte Arbeit brachte auch schneller ihre rechten Früchte, als es von vielen gehofft wurde. Die Einführung der mechanischen Begriffe in die Lehre von der Zirkulation und Respiration, das bessere Verständnis der Wärmeerscheinungen, die feiner ausgebildete Physiologie der Nerven ergaben schnell praktische Konsequenzen von der größten Wichtigkeit; die mikroskopische Untersuchung der parasitischen Gewebeformen, die großartige Entwickelung der pathologischen Anatomie lenkten von nebelhaften Theorien unwiderstehlich auf die Wirklichkeit hin. Hier fand man viele bestimmtere Unterschiede und ein viel deutlicheres Verständnis des Mechanismus der Krankheitsprozesse, als es das Pulszählen, die Harnsedimente und der Fiebertypus der älteren Medizin je gegeben hatten. Darf ich einen Zweig der Medizin nennen, in welchem sich der Einfluß der naturwissenschaftlichen Methode wohl am glänzendsten gezeigt hat, so ist es die Augenheilkunde. Die eigentümliche Beschaffenheit des Auges begünstigt die Anwendung physikalischer Untersuchungsmethoden, sowohl für die funktionellen wie für die anatomischen Störungen des lebenden Organes. Einfache physikalische Hilfsmittel, Brillen, bald sphärisch, bald zylindrisch, bald prismatisch, genügen heute in vielen Fällen zur Beseitigung von Mißständen, die früher das Organ dauernd leistungsunfähig erscheinen ließen; andererseits sind eine große Anzahl von Veränderungen, die früher erst zu erkennen waren, nachdem sie unheilbare Blindheit herbeigeführt hatten, jetzt in ihren Anfängen sicher zu entdecken und zu beseitigen. Die Augenheilkunde hat auch wohl deshalb, weil sie der wissenschaftlichen Methode die günstigsten Anhaltspunkte darbietet, besonders viele ausgezeichnete Forscher angezogen und sich schnell zu ihrer jetzigen Stellung entwickelt, in der sie den übrigen Zweigen der Medizin etwa ebenso als leuchtendes Beispiel der Leistungsfähigkeit der echten Methode vorangeht, wie es lange Zeit die Astronomie den übrigen Naturwissenschaften tat.

Während in der Erforschung der unorganischen Natur die verschiedenen Nationen Europas ziemlich gleichmäßig vorschritten, gehört die neuere Entwickelung der Physiologie und Medizin vorzugsweise Deutschland an. Ich habe die Hindernisse schon bezeichnet, welche dem Fortschritt in diesen Gebieten früher entgegenstanden. Die Fragen über die Natur des Lebens hängen eng mit psychologischen und ethischen Fragen zusammen. Zunächst handelt es sich freilich auch hier um den unermüdliche Fleiß, der für ideale Zwecke und ohne nahe Aussicht auf praktischen Nutzen der reinen Wissenschaft zugewendet werden muß. Und wir dürfen es ja wohl von uns rühmen, daß gerade durch diesen begeisterten und entsagenden Fleiß, der für die innere Befriedigung und nicht für den äußeren Erfolg arbeitet, sich die deutschen Forscher von jeher ausgezeichnet haben.

Aber das Entscheidende war meiner Meinung nach in diesem Falle etwas anderes nämlich, daß bei uns eine größere Furchtlosigkeit vor den Konsequenzen der ganzen und vollen Wahrheit herrscht als anderswo. Auch in England und Frankreich gibt es ausgezeichnete Forscher, welche mit voller Energie in dem rechten Sinne der naturwissenschaftlichen Methode zu arbeiten imstande wären; aber sie mußten sich bisher fast immer beugen vor gesellschaftlichen und kirchlichen Vorurteilen und konnten, wenn sie ihre Überzeugung offen aussprechen wollten, dies nur zum Schaden ihres gesellschaftlichen Einflusses und ihrer Wirksamkeit tun.

Deutschland ist kühner vorgegangen; es hat das Vertrauen gehabt, welches noch nie getäuscht worden ist, daß die vollerkannte Wahrheit auch die Heilmittel mit sich führt gegen die Gefahren und Nachteile, welche halbes Erkennen der Wahrheit hier und da zur Folge haben mag. Ein arbeitsfrohes, mäßiges, sittenstrenges Volk darf solche Kühnheit üben, es darf der Wahrheit voll in das Antlitz zu schauen suchen; es geht nicht zugrunde an der Aufstellung einiger voreiliger und einseitiger Theorien, wenn diese auch die Grundlagen der Sittlichkeit und der Gesellschaft anzutasten scheinen.

Wir stehen hier nahe an den Südgrenzen des deutschen Vaterlandes. In der Wissenschaft brauchen wir ja wohl nicht nach politischen Grenzen zu fragen, sondern da reicht unser Vaterland so weit, als die deutsche Zunge klingt, als deutscher Fleiß und deutsche Unerschrockenheit im Ringen nach Wahrheit Anklang finden. Und daß sie hier Anklang finden, haben wir aus der gastlichen Aufnahme und aus den begeisterten Worten, mit denen wir begrüßt wurden, erkennen können. Eine junge medizinische Fakultät wird hier gebildet. Wir wollen ihr den Wunsch auf ihren Lebensweg mitgeben, daß sie sich kräftig entwickeln möge in diesen Kardinaltugenden deutscher Wissenschaft; dann wird sie die Heilmittel nicht nur für körperliche Leiden zu finden wissen; dann wird sie ein belebendes Zentrum sein für die Stärkung der geistigen Selbständigkeit, Überzeugungstreue und Wahrheitsliebe; ein Zentrum auch zur Stärkung des Gefühls für den Zusammenhang mit dem großen Vaterlande.

Über den Ursprung und die Bedeutung der geometrischen Axiome [1]

Die Tatsache, daß eine Wissenschaft von der Art bestehen und in der Weise aufgebaut werden kann, wie es bei der Geometrie der Fall ist, hat von jeher die Aufmerksamkeit aller derer, welche für die prinzipiellen Fragen der Erkenntnistheorie Interesse fühlten, im höchsten Grade in Anspruch nehmen müssen. Unter allen Zweigen menschlicher Wissenschaft gibt es keine zweite, die gleich ihr fertig, wie eine erzgerüstete Minerva aus dem Haupte des Zeus, hervorgesprungen erscheint, keine vor deren vernichtender Aegis Widerspruch und Zweifel wo wenig ihre Augen aufzuschlagen wagten. Dabei fällt ihr in keiner Weise die mühsame und langwierige Aufgabe zu, Erfahrungstatsachen sammeln zu müssen, wie es die Naturwissenschaften im engeren Sinne zu tun haben, sondern die ausschließliche Form ihres wissenschaftlichen Verfahrens ist die Deduktion. Schluß wird aus Schluß entwickelt, und doch zweifelt schließlich niemand von gesunden Sinnen daran, daß diese geometrischen Sätze ihre sehr praktische Anwendung auf die uns umgebende Wirklichkeit finden müssen. Die Feldmeßkunst wie die Architektur, die Maschinenbaukunst wie die mathematische Physik, sie berechnen fortdauernd Raumverhältnisse der verschiedenen Art nach geometrischen Sätzen; sie erwarten, daß der Erfolg ihrer Konstruktion und Versuche sich diesen Rechnungen füge, und noch ist kein Fall bekannt worden, wo sie sich in dieser Erwartung getäuscht hätten, vorausgesetzt, daß sie richtig und mit ausreichenden Daten gerechnet hatten.

So ist denn auch die Tatsache, daß Geometrie besteht und solches leistet, in dem Streite über diejenige Frage, welche gleichsam den Kernpunkt aller Gegensätze der philosophischen Systeme bildet, immer benutzt worden, um an einem imponierenden Beispiele zu erweisen, daß ein Erkennen von Sätzen realen Inhalts ohne entsprechende aus der Erfahrung hergenommene Grundlage möglich sei. Namentlich bilden bei der Beantwortung von *Kants* berühmter Frage: „Wie sind synthetische Sätze a priori möglich?“[2] die geometrischen Axiome wohl diejenigen Beispiele, welche am evidentesten zu zeigen schienen, daß überhaupt synthetische Sätze a priori möglich seien. Weiter gilt ihm der Umstand, daß solche Sätze existieren und sich unserer Überzeugung mit Notwendigkeit aufdrängen, als Beweis dafür, daß der Raum eine a priori gegebene Form aller äußeren Anschauung sei. Er scheint dadurch für diese a priori gegebene Form nicht nur den Charakter eines rein formalen und an sich inhaltsleeren Schemas in Anspruch zu nehmen, in welches jeder beliebige Inhalt der Erfahrung passen würde, sondern auch gewisse Besonderheiten des Schemas mit einzuschließen, die bewirken, daß eben nur ein in gewisser Weise gesetzmäßig beschränkter Inhalt in dasselbe eintreten und uns anschaubar werden könne.[3]

Eben dieses erkenntnistheoretische Interesse der Geometrie ist es nun, welches mir den Mut gibt, in einer Versammlung, deren Mitglieder nur zum kleinsten Teile tiefer, als es der Schulunterricht mit sich brachte, in mathematische Studien eingedrungen sind, von geometrischen Dingen zu reden. Glücklicherweise wird das, was der Gymnasialunterricht an geometrischen Kenntnissen zu lehren pflegt, genügen, um Ihnen wenigstens den Sinn der im Folgenden zu besprechenden Sätze verständlich zu machen.

Ich beabsichtige nämlich, Ihnen Bericht zu erstatten über eine Reihe sich aneinanderschließender neuerer mathematischer Arbeiten, welche die geometrischen Axiome, ihre Beziehungen zur Erfahrung und die logische Möglichkeit, sie durch andere zu ersetzen, betreffen.

Da die darauf bezüglichen Originalarbeiten der Mathematiker – zunächst nur bestimmt Beweise für den Sachverständigen in einem Gebiete zu führen, welches eine höhere Kraft der Abstraktion in Anspruch nimmt als irgendein anderes – dem Nichtmathematiker ziemlich unzugänglich sind, so will ich versuchen, auch für einen solchen anschaulich zu machen, um was es sich handelt. Ich brauche wohl nicht zu bemerken, daß meine Auseinandersetzung keinen Beweis von der Richtigkeit der neuen Einsichten geben soll. Wer einen solchen sucht, der muß sich schon die Mühe nehmen, die Originalarbeiten zu studieren.

Wer einmal durch die Pforten der ersten elementaren Sätze in die Geometrie, das heißt die mathematische Lehre vom Raume, eingetreten ist, der findet vor sich auf seinem weiteren Wege jene lückenlose Kette von Schlüssen, von denen ich vorher gesprochen habe, durch welche immer mannigfachere und verwickeltere Raumformen ihre Gesetze empfangen. Aber in jenen ersten Elementen werden einige Sätze aufgestellt, von denen die Geometrie selbst erklärt, daß sie sie nicht beweisen könne; daß sie nur darauf rechnen müsse, jeder, der den Sinn dieser Sätze verstehe, werde ihre Richtigkeit zugeben. Das sind die sogenannten Axiome der Geometrie. Zu diesen gehört zunächst der Satz, daß, wenn man die kürzeste Linie, die zwischen zwei Punkten gezogen werden kann, eine *gerade Linie* nennt, es zwischen zwei Punkten nur eine und nicht zwei verschiedene solche gerade Linien geben könne. Es ist ferner ein Axiom, daß durch je drei Punkte des Raumes, die nicht in einer geraden Linie liegen, eine Ebene gelegt werden kann, das heißt eine Fläche, in welche jede gerade Linie, die zwei ihrer Punkte verbindet, ganz hineinfällt. Ein anderes vielbesprochenes Axiom sagt aus, daß durch einen außerhalb einer geraden Linie liegenden Punkt nur eine einzige und nicht zwei verschiedene, jener ersten parallele, Linien gelegt werden können. Parallel aber nennt man zwei Linien, die in ein und derselben Ebene liegen und sich niemals schneiden, so weit sie auch verlängert werden mögen. Außerdem sprechen die geometrischen Axiome Sätze aus, welche die Anzahl der Dimensionen sowohl des Raumes als seiner Flächen, Linien, Punkte bestimmen und den Begriff der Kontinuität dieser Gebilde erläutern wie die Sätze, daß die Grenze eines Körpers eine Fläche, die einer Fläche eine Linie, die einer Linie ein Punkt und der Punkt unteilbar ist; ferner die Sätze, daß durch Bewegung eines Punktes eine Linie, durch Bewegung einer Linie eine Linie oder Fläche, durch Bewegung einer Fläche eine Fläche oder ein

Körper, durch Bewegung eines Körpers aber immer nur wieder ein Körper beschrieben werde.

Woher kommen nun solche Sätze, unbeweisbar und doch unzweifelhaft richtig im Felde einer Wissenschaft, wo sich alles andere der Herrschaft des Schlusses hat unterwerfen lassen? Sind sie ein Erbteil aus der göttlichen Quelle unserer Vernunft, wie die idealistischen Philosophen meinen, oder ist der Scharfsinn der bisher aufgetretenen Generationen von Mathematikern nur noch nicht ausreichend gewesen, den Beweis zu finden? Natürlich versucht jeder neue Jünger der Geometrie, der mit frischem Eifer an diese Wissenschaft herantritt, der Glückliche zu sein, welcher alle Vorgänger überflügelt. Auch ist es ganz recht, daß ein jeder sich von neuem daran versucht; denn nur durch die Fruchtlosigkeit der eigenen Versuche konnte man sich bei der bisherigen Sachlage von der Unmöglichkeit des Beweises überzeugen. Leider finden sich von Zeit zu Zeit auch immer einzelne Grübler, welche sich so lange und tief in verwickelte Schlußfolgen verstricken, bis sie die begangenen Fehler nicht mehr entdecken können und die Sache gelöst zu haben glauben. Namentlich der Satz von den Parallelen hat eine große Zahl scheinbarer Beweise hervorgerufen.

Die größte Schwierigkeit in diesen Untersuchungen bestand und besteht immer darin, daß sich mit den logischen Begriffsentwickelungen gar zu leicht Ergebnisse der alltäglichen Erfahrung als scheinbare Denknotwendigkeiten vermischten, so lange die einzige Methode der Geometrie die von *Euklides* gelehrte Methode der Anschauung war. Namentlich ist es außerordentlich schwer, auf diesem Wege vorschreitend sich überall klarzumachen, ob man in den Schritten, die man für die Beweisführung nacheinander vorschreibt, nicht unwillkürlich und unwissentlich gewisse allgemeinste Ergebnisse der Erfahrung zu Hilfe nimmt, welche die Ausführbarkeit gewisser vorgeschriebener Teile des Verfahrens uns schon praktisch gelehrt haben. Der wohlgeschulte Geometer fragt bei jeder Hilfslinie, die er für irgend einen Beweis zieht, ob es auch immer möglich sein wird, eine Linie von der verlangten Art zu ziehen. Bekanntlich spielen die Konstruktionsaufgaben in dem Systeme der Geometrie eine wesentliche Rolle. Oberflächlich betrachtet, sehen dieselben aus wie praktische Anwendungen, welche man zur Einübung der Schüler hineingesetzt hat. In Wahrheit aber stellen sie die Existenz gewisser Gebilde fest. Sie zeigen, daß Punkte, gerade Linien oder Kreise von der Art, wie sie in der Aufgabe zu konstruieren verlangt werden, entweder unter allen Bedingungen möglich sind oder bestimmen die etwa vorhandenen Ausnahmefälle. Der Punkt, um den sich die im Folgenden zu besprechenden Untersuchungen drehen, ist wesentlich dieser Art. Die Grundlage aller Beweise in der *Euklid*schen Methode ist der Nachweis der Kongruenz der betreffenden Linien, Winkel, ebenen Figuren, Körper usw. Um die Kongruenz anschaulich zu machen, stellt man sich vor, daß die betreffenden geometrischen Gebilde zueinander hinbewegt werden, natürlich ohne ihre Form und Dimensionen zu verändern. Daß dies in der Tat möglich und ausführbar sei, haben wir alle von frühester Jugend an erfahren. Wenn wir aber Denknotwendigkeiten auf diese Annahme freier Beweglichkeit fester Raumgebilde mit unveränderter Form nach jeder Stelle des Raumes hin bauen wollen, so müssen wir die Frage aufwerfen, ob diese Annahme keine logisch unerwiesene Voraussetzung einschließt. Wir werden gleich nachher sehen, daß sie in der Tat eine solche einschließt, und zwar eine sehr folgenreiche. Wenn sie das aber tut, so ist jeder Kongruenzbeweis auf eine nur aus der Erfahrung genommene Tatsache gestützt.

Ich führe diese Überlegungen hier zunächst nur an, um klarzumachen, auf welche Schwierigkeiten wir bei der vollständigen Analyse aller von uns gemachten Voraussetzungen nach der Methode der Anschauung stoßen. Ihnen entgehen wir, wenn wir die von der neueren rechnenden Geometrie ausgearbeitete analytische Methode auf die Untersuchung der Prinzipien anwenden. Die ganze Ausführung der Rechnung ist eine rein logische Operation; sie kann keine Beziehung zwischen den der Rechnung unterworfenen Größen ergeben, die nicht schon in den Gleichungen, welche den Ansatz der Rechnung bilden, enthalten ist. Die erwähnten neueren Untersuchungen sind deshalb fast ausschließlich mittelst der rein abstrakten Methode der analytischen Geometrie geführt worden.

Übrigens läßt sich nun doch, nachdem die abstrakte Methode die Punkte, auf die es ankommt, kennengelehrt hat, einigermaßen eine Anschauung dieser Punkte geben; am besten, wenn wir in ein engeres Gebiet herabsteigen, als unsere eigene Raumwelt ist. Denken wir uns – darin liegt keine logische Unmöglichkeit – verstandbegabte Wesen von nur zwei Dimensionen, die an der Oberfläche irgendeines unserer festen Körper leben und sich bewegen. Wir nehmen an, daß sie nicht die Fähigkeit haben, irgendetwas außerhalb dieser Oberfläche wahrzunehmen, wohl aber Wahrnehmungen zu machen, ähnlich den unserigen, innerhalb der Ausdehnung der Fläche, in der sie sich bewegen. Wenn sich solche Wesen ihre Geometrie ausbilden, so würden sie ihrem Raume natürlich nur zwei Dimensionen zuschreiben. Sie würden ermitteln, daß ein Punkt, der sich bewegt, eine Linie beschreibt, und eine Linie, die sich bewegt, eine Fläche, was für sie das vollständigste Raumgebilde wäre, das sie kennen. Aber sie würden sich ebensowenig eine Vorstellung machen können von einem weiteren räumlichen Gebilde, das entstände, wenn eine Fläche sich aus ihrem flächenhaften Raume herausbewegte, als wir es können von einem Gebilde, das durch Herausbewegung eines Körpers aus dem uns bekannten Raume entstände. Unter dem viel gemißbrauchten Ausdrucke „sich vorstellen" oder „sich denken können, wie etwas geschieht", verstehe ich – und ich sehe nicht, wie man etwas anderes darunter verstehen kann, ohne allen Sinn des Ausdrucks aufzugeben –, daß man sich die Reihe der sinnlichen Eindrücke ausmalen könne, die man haben würde, wenn so etwas in einem einzelnen Falle vor sich ginge. Ist nun gar kein sinnlicher Eindruck bekannt, der sich auf einen solchen nie beobachteten Vorgang bezöge, wie für uns eine Bewegung nach einer vierten, für jene Flächenwesen eine Bewegung nach der uns bekannten dritten Dimension des Raumes wäre, so ist ein solches „Vorstellen" nicht möglich, ebensowenig als ein von Jugend auf absolut Blinder sich wird die Farben „vorstellen" können, auch wenn man ihm eine begriffliche Beschreibung derselben geben könnte.

Jene Flächenwesen würden ferner auch kürzeste Linien in ihrem flächenhaften Raume ziehen können. Das wären nicht notwendig gerade Linien in unserem Sinne, sondern was wir nach geometrischer Terminologie *geodätische Linien* der Fläche, auf der jene leben, nennen würden, Linien, wie sie ein gespannter Faden beschreibt, den man an die Fläche anlegt und der ungehindert an ihr gleiten kann. Ich will mir erlauben, im Folgenden dergleichen Linien als die *geradesten* Linien der bezeichneten Fläche (beziehlich eines gegebenen Raumes) zu bezeichnen, um dadurch ihre Analogie mit der geraden Linie in der Ebene hervorzuheben. Ich hoffe, den Begriff durch diesen Ausdruck der Anschauung meiner nichtmathematischen Zuhörer näherzurücken, ohne doch Verwechselungen zu veranlassen.

Wenn nun Wesen dieser Art auf einer unendlichen Ebene lebten, so würden sie genau dieselbe Geometrie aufstellen, welche in unserer Planimetrie enthalten ist. Sie würden behaupten, daß zwischen zwei Punkten nur *eine* gerade Linie möglich ist, daß durch einen dritten, außerhalb derselben liegenden Punkt nur *eine* Parallele mit der ersten geführt werden kann, daß übrigens gerade Linien in das Unendliche verlängert werden können, ohne daß ihre Enden sich wieder begegnen, und so weiter. Ihr Raum könnte unendlich ausgedehnt sein, aber auch, wenn sie an Grenzen ihrer Bewegung und Wahrnehmung stießen, würden sie sich eine Fortsetzung jenseits dieser Grenzen anschaulich vorstellen können. In dieser Vorstellung würde ihnen ihr Raum unendlich ausgedehnt erscheinen, gerade wie uns der unsrige, obgleich auch wir mit unserem Leibe nicht unsere Erde verlassen können und unser Blick nur so weit reicht, als sichtbare Fixsterne vorhanden sind.

Nun könnten aber intelligente Wesen dieser Art auch an der Oberfläche einer Kugel leben. Ihre kürzeste oder geradeste Linie zwischen zwei Punkten würde dann ein Bogen des größten Kreises sein, der durch die betreffenden Punkte zu legen ist. Jeder größte Kreis, der durch zwei gegebene Punkte geht, zerfällt dabei in zwei Teile. Wenn beide ungleich lang sind, ist der kleinere Teil allerdings die einzige kürzeste Linie auf der Kugel, die zwischen diesen beiden Punkten besteht. Aber auch der andere größere Bogen desselben größten Kreises ist eine geodätische oder geradeste Linie, d. h. jedes kleinere Stück desselben ist eine kürzeste

Linie zwischen seinen beiden Endpunkten. Wegen dieses Umstandes können wir den Begriff der geodätischen oder geradesten Linie nicht kurzweg mit dem der kürzesten Linie identifizieren. Wenn nun die beiden gegebenen Punkte Endpunkte desselben Durchmessers der Kugel sind, so schneiden alle durch diesen Durchmesser gelegten Ebenen Halbkreise aus der Kugelfläche, welche alle kürzeste Linien zwischen den beiden Endpunkten sind. In einem solchen Falle gibt es also unendlich viele untereinander gleiche kürzeste Linien zwischen den beiden gegebenen Punkten. Somit würde das Axiom, daß nur eine kürzeste Linie zwischen zwei Punkten bestehe, für die Kugelbewohner nicht ohne eine gewisse Ausnahme gültig sein.

Parallele Linien würden die Bewohner der Kugel gar nicht kennen. Sie würden behaupten, daß beliebige zwei geradeste Linien, gehörig verlängert, sich schließlich nicht nur in einem, sondern in zwei Punkten schneiden müßten. Die Summe der Winkel in einem Dreieck würde immer größer sein als zwei Rechte und um so größer, je größer die Fläche des Dreiecks. Ebendeshalb würde ihnen auch der Begriff der geometrischen Ähnlichkeit der Form zwischen größeren und kleineren Figuren derselben Art fehlen. Denn ein größeres Dreieck muß notwendig andere Winkel haben als ein kleineres. Ihr Raum würde allerdings unbegrenzt, aber endlich ausgedehnt gefunden oder mindestens vorgestellt werden müssen.

Es ist klar, daß die Wesen auf der Kugel bei denselben logischen Fähigkeiten, doch ein ganz anderes System geometrischer Axiome aufstellen müßten als die Wesen auf der Ebene und als wir selbst in unserem Raume von drei Dimensionen. Diese Beispiele zeigen uns schon, daß, je nach der Art des Wohnraumes, verschiedene geometrische Axiome aufgestellt werden müßten von Wesen, deren Verstandeskräfte den unserigen ganz entsprechend sein könnten.

Aber gehen wir weiter. Denken wir uns vernünftige Wesen, existierend an der Oberfläche eines eiförmigen Körpers. Zwischen je drei Punkten einer solchen Oberfläche könnte man kürzeste Linien ziehen und so ein Dreieck konstruieren. Wenn man aber versuchte, an verschiedenen Stellen dieser

Fläche kongruente Dreiecke zu konstruieren, so würde sich zeigen, daß, wenn zwei Dreiecke gleich lange Seiten haben, ihre Winkel nicht gleich groß ausfallen. An dem spitzeren Ende des Eies gezeichnet, würde die Winkelsumme des Dreiecks sich mehr von zwei Rechten unterscheiden, als wenn ein Dreieck mit denselben Seiten an dem stumpferen Ende gezeichnet würde; daraus geht hervor, daß an einer solchen Fläche sich nicht einmal ein so einfaches Raumgebilde wie ein Dreieck ohne Änderung seiner Form von einem Orte nach jedem anderen fortbewegen lassen würde. Ebenso würde sich zeigen, daß, wenn an verschiedenen Stellen einer solchen Oberfläche Kreise mit gleichen Radien konstruiert würden (die Länge der Radien immer durch kürzeste Linien längs der Fläche gemessen), deren Peripherie am stumpfen Ende größer ausfallen würde als am spitzeren Ende.

Daraus folgt weiter, daß es eine besondere geometrische Eigenschaft einer Fläche ist, wenn sich in ihr liegende Figuren, ohne Veränderung ihrer sämtlichen längs der Fläche gemessenen Linien und Winkel, frei verschieben lassen, und daß dies nicht auf jeder Art von Fläche der Fall sein wird. Die Bedingung dafür, daß eine Fläche diese wichtige Eigenschaft habe, hatte schon *Gauß* in seiner berühmten Abhandlung über die Krümmung der Flächen nachgewiesen.[4] Die Bedingung ist, daß das, was er das „Maß der Krümmung" genannt hat (nämlich der reziproke Wert des Produktes der beiden Hauptkrümmungsradien), überall längs der ganzen Ausdehnung der Fläche gleiche Größe habe.

Gauß hat gleichzeitig nachgewiesen, daß dieses Maß der Krümmung sich nicht verändert, wenn die Fläche gebogen wird, ohne dabei in irgendeinem Teile eine Dehnung oder Zusammenziehung zu erleiden. So können wir ein ebenes Papierblatt zu einem Zylinder oder einem Kegel (Tüte) aufrollen, ohne daß die längs der Fläche des Blattes genommenen Abmessungen seiner Figuren sich verändern. Und ebenso können wir die halbkugelförmige geschlossene Hälfte einer Schweinsblase in Spindelform zusammenrollen, ohne die Abmessungen in dieser Fläche selbst zu verändern. Es wird also auch die Geometrie auf einer

Ebene dieselbe sein wie in einer Zylinderfläche. Wir müssen uns nur im letzteren Falle vorstellen, daß unbegrenzt viele Lagen dieser Fläche, wie die Lagen eines umgewickelten Papierblattes, übereinanderliegen und daß man bei jedem ganzen Umgang um den Zylinderumfang in eine andere Lage hineinkommt, verschieden von derjenigen, in der man sich früher befand.

Diese Bemerkungen sind nötig, um Ihnen eine Vorstellung von einer Art von Fläche geben zu können, deren Geometrie der der Ebene im Ganzen ähnlich ist, für welche aber das Axiom von den Parallellinien nicht gilt. Es ist dies eine Art gekrümmter Fläche, welche sich in geometrischer Beziehung wie das Gegenteil einer Kugel verhält und die deshalb von dem ausgezeichneten italienischen Mathematiker *E. Beltrami*[5], der ihre Eigenschaften untersucht hat, die pseudosphärische Fläche genannt worden ist. Es ist eine sattelförmige Fläche, von der in unserem Raume nur begrenzte Stücke oder Streifen zusammenhängend dargestellt werden könnten, die man aber doch sich nach allen Richtungen in das Unendliche fortgesetzt denken kann, da man jedes an der Grenze des konstruierten Flächenteils liegende Stück nach der Mitte desselben zurückgeschoben und dann fortgesetzt denken kann. Das verschobene Flächenstück muß dabei seine Biegung, aber nicht seine Dimensionen ändern, gerade so, wie man auf einem durch tütenförmiges Zusammenrollen einer Ebene entstandenen Kegel ein Papierblatt hin- und herschieben kann. Ein solches paßt sich der Kegelfläche überall an, aber es muß, näher der Spitze des Kegels, stärker gebogen werden und kann über die Spitze hinaus nicht so verschoben werden, daß es dem existierenden Kegel und seiner idealen Fortsetzung jenseits der Spitze angepaßt bliebe.

Wie die Ebene und die Kugel sind die pseudosphärischen Flächen von konstanter Krümmung, so daß sich jedes Stück derselben an jede andere Stelle der Fläche vollkommen anschließend anlegen kann und also alle an einem Orte in der Fläche konstruierten Figuren an jeden anderen Ort in vollkommen kongruenter Form und mit vollkommener Gleichheit aller in der Fläche selbst liegenden

Dimensionen übertragen werden können. Das von *Gauß* aufgestellte Maß der Krümmung, das für die Kugel positiv und für die Ebene gleich Null ist, würde für die pseudosphärischen Flächen einen konstanten, negativen Wert haben, weil die beiden Hauptkrümmungen einer sattelförmigen Fläche ihre Konkavität nach entgegengesetzten Seiten kehren.

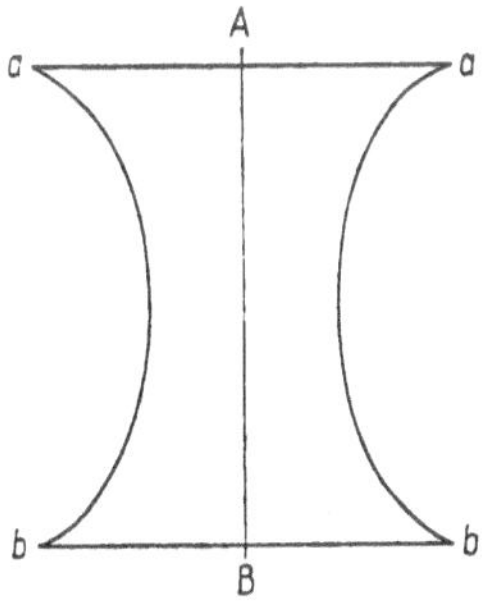

Fig. 1

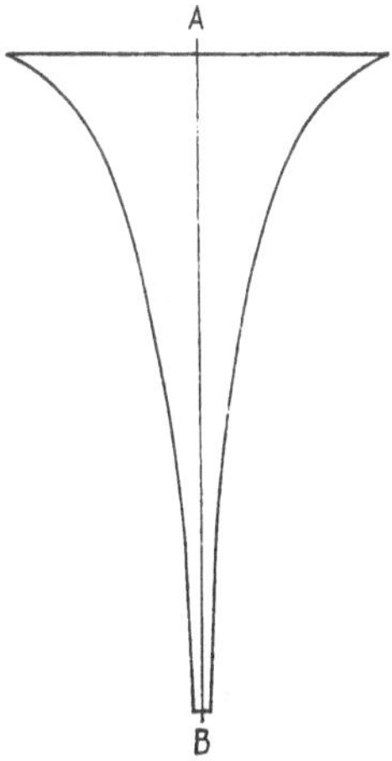

Fig. 2

Ein Streifen einer pseudosphärischen Fläche kann zum Beispiel aufgewickelt als Oberfläche eines Ringes dargestellt werden. Denken Sie sich eine Fläche wie *aabb*, Fig. 1, um ihre Symmetrieachse AB gedreht, so würden die beiden Bogen *ab* eine solche pseudosphärische Ringfläche beschreiben. Die beiden Ränder der Fläche oben bei *aa* und unten bei *bb* würden sich mit immer schärfer werdender Biegung nach außen wenden, bis die Fläche senkrecht zur Achse steht, und dort würde sie mit einer unendlich starken Krümmung an der Kante enden. Auch zu einem kelchförmigen Champagnerglase mit unendlich verlängertem, immer dünner werdendem Stiele wie Figur 2 könnte eine Hälfte einer pseudosphärischen Fläche aufgewickelt werden. Aber an einer Seite ist sie notwendig immer durch einen scharf abbrechenden Rand begrenzt, über den hinaus eine kontinuierliche Fortsetzung der Fläche nicht unmittelbar ausgeführt werden kann. Nur dadurch, daß man jedes einzelne Stück des Randes losgeschnitten und längs der Fläche des Ringes oder Kelchglases verschoben denkt, kann man es zu Stellen von anderer Biegung bringen, an denen weitere Fortsetzung dieses Flächenstücks möglich ist.

In dieser Weise lassen sich denn auch die geradesten Linien der pseudosphärischen Fläche unendlich verlängern. Sie laufen nicht, wie die der Kugel, in sich zurück, sondern wie auf der Ebene ist zwischen zwei gegebenen Punkten immer nur eine einzige kürzeste Linie möglich. Aber das Axiom von den Parallelen trifft nicht zu. Wenn eine geradeste Linie auf der Fläche gegeben ist und ein Punkt außerhalb derselben, so läßt sich ein ganzes Bündel von geradesten Linien durch den Punkt legen, welche alle die erstgenannte Linie nicht schneiden, auch wenn sie ins Unendliche verlängert werden. Es sind dies alle Linien, welche zwischen zwei das Bündel begrenzenden geradesten Linien liegen. Die eine von diesen, unendlich verlängert, trifft die erstgenannte Linie im Unendlichen bei Verlängerung nach einer Seite, die andere bei Verlängerung nach der anderen Seite.

Eine solche Geometrie, welche das Axiom von den Parallelen fallenläßt, ist übrigens schon im Jahre 1829 nach der synthetischen Methode des *Euklid* von dem Mathematiker *N. J. Lobatschewski* zu Kasan vollständig ausgearbeitet worden.[6] Es zeigte sich, daß deren System ebenso konsequent und ohne Widerspruch durchzuführen sei wie das des *Euklides*. Diese Geometrie ist in vollständiger Übereinstimmung mit der der pseudosphärischen Flächen, wie sie *Beltrami* neuerdings ausgebildet hat.

Wir sehen daraus, daß in der Geometrie zweier Dimensionen die Voraussetzung, jede Figur könne, ohne irgendwelche Änderung ihrer in der Fläche liegenden Dimensionen, nach allen Richtungen hin fortbewegt werden, die betreffende Fläche charakterisiert als Ebene oder Kugel oder pseudosphärische Fläche. Das Axiom, daß zwischen je zwei Punkten immer nur eine kürzeste Linie bestehe, trennt die Ebene und pseudosphärische Fläche von der Kugel, und das Axiom von den Parallelen scheidet die Ebene von der Pseudosphäre. Diese drei Axiome sind also notwendig und hinreichend, um die Fläche, auf welche sich die *Euklid*ische Planimetrie bezieht, als Ebene zu charakterisieren, im Gegensatz zu allen anderen Raumgebilden zweier Dimensionen.

Der Unterschied zwischen der Geometrie in der Ebene und derjenigen auf der Kugelfläche ist längst klar und anschaulich gewesen, aber der Sinn des Axioms von den Parallelen konnte erst verstanden werden, nachdem *Gauß* den Begriff der ohne Dehnung biegsamen Flächen und damit der möglichen unendlichen Fortsetzung der pseudosphärischen Flächen entwickelt hatte. Wir als Bewohner eines Raumes von drei Dimensionen und begabt mit Sinneswerkzeugen, um alle diese Dimensionen wahrzunehmen, können uns die verschiedenen Fälle, in denen flächenhafte Wesen ihre Raumanschauung auszubilden hätten, allerdings anschaulich vorstellen, weil wir zu diesem Ende nur unsere eigenen Anschauungen auf ein engeres Gebiet zu beschränken haben. Anschauungen, die man hat, sich wegdenken ist leicht; aber Anschauungen, für die man nie ein Analogon gehabt hat, sich sinnlich vorstellen, ist sehr schwer. Wenn wir deshalb zum Raume von drei Dimensionen übergehen, so sind wir in unserem Vorstellungsvermögen gehemmt durch den Bau unserer Organe und die damit gewonnenen Erfahrungen, welche nur zu dem Raume passen, in dem wir leben.

Nun haben wir aber noch einen anderen Weg zur wissenschaftlichen Behandlung der Geometrie. Es sind nämlich alle uns bekannten Raumverhältnisse meßbar, das heißt, sie können auf Bestimmung von Größen (von Linienlängen, Winkeln, Flächen, Volumina) zurückgeführt werden. Ebendeshalb können die Aufgaben der Geometrie auch dadurch gelöst werden, daß man die Rechnungsmethoden aufsucht, mittelst deren man die unbekannten Raumgrößen aus den bekannten herzuleiten hat. Dies geschieht in der *analytischen Geometrie*, in welcher die sämtlichen Gebilde des Raumes nur als Größen behandelt und durch andere Größen bestimmt werden. Auch sprechen schon unsere Axiome von Raumgrößen. Die gerade Linie wird als die *kürzeste* zwischen zwei Punkten definiert, was eine Größenbestimmung ist. Das Axiom von den Parallelen sagt aus, daß, wenn zwei gerade Linien in derselben Ebene sich nicht schneiden (parallel sind), die Wechselwinkel, beziehlich die Gegenwinkel, an einer dritten, sie schneidenden, paarweise gleich sind. Oder dafür wird der Satz gesetzt, daß die Summe der Winkel in jedem Dreieck gleich zwei Rechten ist. Auch dies sind Größenbestimmungen.

Man kann also auch von dieser Seite des Raumbegriffs ausgehen, wonach die Lage jedes Punktes, in bezug auf irgendwelches als fest angesehenes Raumgebilde (Koordinatensystem), durch Messungen irgendwelcher Größen bestimmt werden kann; dann zusehen, welche besonderen Bestimmungen unserem Raume, wie er bei den tatsächlich auszuführenden Messungen sich darstellt, zukommen, und ob solche da sind, durch welche er sich von ähnlich mannigfaltig ausgedehnten Größen unterscheidet. Der der Wissenschaft leider zu früh entrissene *Riemann* in Göttingen[7] hat zuerst diesen Weg eingeschlagen. Dieser Weg hat den eigentümlichen Vorzug, daß alle Operationen, die in ihm vorkommen, reine rechnende Größenbestimmungen sind, wobei die Gefahr, daß sich gewohnte Anschauungstatsachen als Denknotwendigkeiten unterschieben könnten, ganz wegfällt.

Die Zahl der Abmessungen, welche nötig ist, um die Lage eines Punktes zu geben, ist gleich der Anzahl der Dimensionen des betreffenden Raumes. In einer Linie genügt der Abstand von einem festen Punkte, also eine Größe; in einer Fläche muß man schon die Abstände von zwei festen Punkten angeben; im Raum von dreien, um die Lage des Punktes zu fixieren; oder wir brauchen, wie auf der Erde, geographische Länge, Breite und Höhe über dem Meere oder, wie in der analytischen Geometrie gewöhnlich, die Abstände von drei Koordinatenebenen. *Riemann* nennt ein System von Unterschieden, in welchem das Einzelne durch *n* Abmessungen bestimmt werden kann, eine *n-fach ausgedehnte Mannigfaltigkeit* oder eine *Mannig-*

faltigkeit von n-Dimensionen. Somit ist also der uns bekannte Raum, in dem wir leben, eine dreifach ausgedehnte Mannigfaltigkeit von Punkten, eine Fläche eine zweifache, eine Linie eine einfache, die Zeit ebenso eine einfache. Auch das System der Farben bildet eine dreifache Mannigfaltigkeit, insofern jede Farbe nach *Thomas Youngs* und *Maxwells* Untersuchungen[8] dargestellt werden kann, als die Mischung dreier Grundfarben, von deren jeder ein bestimmtes Quantum anzuwenden ist. Mit dem Farbenkreisel kann man solche Mischungen und Abmessungen wirklich ausführen.

Ebenso könnten wir das Reich der einfachen Töne[9] als eine Mannigfaltigkeit von zwei Dimensionen betrachten, wenn wir sie nur nach Tonhöhe und Tonstärke verschieden nehmen und die Verschiedenheiten der Klangfarbe beiseite lassen. Diese Verallgemeinerung des Begriffes ist sehr geeignet, um hervortreten zu lassen, wodurch sich der Raum von anderen Mannigfaltigkeiten dreier Dimensionen unterscheidet. Wir können, wie Sie alle aus alltäglicher Erfahrung wissen, im Raume den Abstand zweier übereinander gelegener Punkte vergleichen mit dem horizontalen Abstande zweier Punkte des Fußbodens, weil wir einen Maßstab bald an das eine, bald an das andere Paar anlegen können. Aber wir können nicht den Abstand zweier Töne von gleicher Höhe und verschiedener Intensität vergleichen mit dem zweier Töne von gleicher Intensität und verschiedener Höhe. *Riemann* zeigte durch Betrachtungen dieser Art, daß die wesentliche Grundlage jeder Geometrie der Ausdruck sei, durch welchen die Entfernung zweier in beliebiger Richtung voneinander liegender, und zwar zunächst zweier unendlich wenig voneinander entfernter Punkte gegeben wird. Für diesen Ausdruck nahm er aus der analytischen Geometrie die allgemeinste Form,[10] welche derselbe erhält, wenn man die Art der Abmessungen, durch welche der Ort jedes Punktes gegeben wird, ganz beliebig läßt. Er zeigte dann, daß diejenige Art der Bewegungsfreiheit bei unveränderter Form, welche den Körpern in unserem Raume zukommt, nur bestehen kann, wenn gewisse, aus der Rechnung hervorgehende Größen[11], die, bezogen auf die Verhältnisse an

Flächen, sich auf das *Gauß*sche Maß der Flächenkrümmung reduzieren, überall den gleichen Wert haben. Eben deshalb nennt *Riemann* diese Rechnungsgrößen, wenn sie für eine bestimmte Stelle nach allen Richtungen hin denselben Wert haben, das Krümmungsmaß des betreffenden Raumes an dieser Stelle. Um Mißverständnisse abzuwehren, will ich hier nur noch hervorheben, daß dieses sogenannte Krümmungsmaß des Raumes eine auf rein analytischem Wege gefundene Rechnungsgröße ist und daß seine Einführung keineswegs auf einer Unterschiebung von Verhältnissen, die nur in der sinnlichen Anschauung Sinn hätten, beruht. Der Name ist nur als kurze Bezeichnung eines verwickelten Verhältnisses von dem einen Falle hergenommen, wo der bezeichneten Größe eine sinnliche Anschauung entspricht.

Wenn nun dieses Krümmungsmaß des Raumes überall den Wert Null hat, entspricht ein solcher Raum überall den Axiomen des *Euklides*. Wir können ihn in diesem Falle einen *ebenen Raum* nennen, im Gegensatz zu anderen analytisch konstruierbaren Räumen, die man gekrümmte nennen könnte, weil ihr Krümmungsmaß einen von Null verschiedenen Wert hat. Indessen läßt sich die analytische Geometrie für Räume der letzteren Art ebenso vollständig und in sich konsequent durchführen wie die gewöhnliche Geometrie unseres tatsächlich bestehenden ebenen Raumes.

Ist das Krümmungsmaß positiv, so erhalten wir den *sphärischen* Raum, in welchem die geradesten Linien in sich zurücklaufen und in welchem es keine Parallelen gibt. Ein solcher Raum wäre wie die Oberfläche einer Kugel unbegrenzt, aber nicht unendlich groß. Ein negatives konstantes Krümmungsmaß dagegen gibt den *pseudosphärischen* Raum, in welchem die geradesten Linien in das Unendliche auslaufen und in jeder ebensten Fläche durch jeden Punkt ein Bündel von geradesten Linien zu legen ist, die eine gegebene andere geradeste Linie jener Fläche nicht schneiden.

Diese letzteren Verhältnisse hat *Beltrami*[12] dadurch der Anschauung zugänglich gemacht, daß er zeigte, wie man die Punkte, Linien und Flächen eines pseudosphärischen Raumes von drei Dimensionen im Inneren einer Kugel des *Euklides*schen Raumes so abbilden kann, daß jede geradeste Linie des pseudosphärischen Raumes in der Kugel durch eine gerade Linie vertreten wird, jede ebenste Fläche des ersteren durch eine Ebene in der letzteren. Die Kugeloberfläche selbst entspricht dabei den unendlich entfernten Punkten des pseudosphärischen Raumes; die verschiedenen Teile desselben sind in ihrem Kugelabbild um so mehr verkleinert, je näher sie der Kugeloberfläche liegen, und zwar in der Richtung der Kugelradien stärker als in den Richtungen senkrecht darauf. Gerade Linien in der Kugel, die sich erst außerhalb der Kugeloberfläche schneiden, entsprechen geradesten Linien des pseudosphärischen Raumes, die sich nirgends schneiden.

Somit zeigte sich, daß der Raum, als Gebiet meßbarer Größen betrachtet, keineswegs dem allgemeinsten Begriffe einer Mannigfaltigkeit von drei Dimensionen entspricht, sondern noch besondere Bestimmungen erhält, welche bedingt sind durch die vollkommen freie Beweglichkeit der festen Körper mit unveränderter Form nach allen Orten hin und bei allen möglichen Richtungsänderungen; ferner durch den besonderen Wert des Krümmungsmaßes, welches für den tatsächlich vorliegenden Raum gleich Null zu setzen ist oder sich wenigstens in seinem Werte nicht merklich von Null unterscheidet. Diese letztere Festsetzung ist in den Axiomen von den geraden Linien und von den Parallelen gegeben.

Während *Riemann* von den allgemeinsten Grundfragen der analytischen Geometrie her dieses neue Gebiet betrat, war ich selbst, teils durch Untersuchungen über die räumliche Darstellung des Systems der Farben – also durch Vergleichung einer dreifachen ausgedehnten Mannigfaltigkeit mit einer anderen –, teils durch Untersuchungen über den Ursprung unseres Augenmaßes für Abmessungen des Gesichtsfeldes, zu ähnlichen Betrachtungen gekommen. *Riemann* ging von dem oben erwähnten algebraischen Ausdrucke, welcher die Entfernung zweier einander unendlich naher Punkte in allgemeinster Form darstellt, als seiner Grundannahme aus und leitete daraus die Sätze über Beweglichkeit fester Raumgebilde her; während ich von der Tatsache der Beobachtung ausgegangen bin, daß in unserem Raume die Bewegung fester Raumgebilde mit demjenigen Grade von Freiheit möglich ist, den wir kennen, und aus dieser Tatsache die Notwendigkeit jenes algebraischen Ausdrucks hergeleitet habe, den *Riemann* als Axiom hinstellt. Die Annahmen, welche ich der Rechnung zugrunde legen mußte, waren die folgenden:

Erstens – um überhaupt rechnende Behandlung möglich zu machen – muß vorausgesetzt werden, daß die Lage jedes Punktes A gegen gewisse als unveränderlich und fest betrachtete Raumgebilde durch Messungen von irgendwelchen Raumgrößen, seien es Linien, oder Winkel zwischen Linien oder Winkel zwischen Flächen usw., bestimmt werden könne. Bekanntlich nennt man die zur Bestimmung der Lage des Punktes A nötigen Abmessungen seine *Koordinaten*. Die Anzahl der im allgemeinen zur vollständigen Bestimmung der Lage eines jeden Punktes nötigen Koordinaten bestimmt die Anzahl der Dimensionen des betreffenden Raumes. Es wird weiter vorausgesetzt, daß bei Bewegung des Punktes A sich die als Koordinaten gebrauchten Raumgrößen kontinuierlich verändern.

Zweitens ist die Definition eines festen Körpers, beziehlich festen Punktsystems zu geben, wie sie nötig ist, um Vergleichung von Raumgrößen durch Kongruenz vornehmen zu können. Da wir hier noch keine speziellen Methoden zur Messung der Raumgrößen voraussetzen dürfen, so kann die Definition eines festen Körpers nur erst durch folgendes Merkmal gegeben werden: Zwischen den Koordinaten je zweier Punkte, die einem festen Körper angehören, muß eine Gleichung bestehen, die eine bei jeder Bewegung des Körpers unveränderte Raumbeziehung zwischen den beiden Punkten (welche sich schließlich als ihre Entfernung ergibt) ausspricht und welche für kongruente Punktpaare die gleiche ist. Kongruent aber sind solche Punktpaare, die nacheinander mit demselben im Raume festen Punktpaare zusammenfallen können.

Trotz ihrer anscheinend so unbestimmten Fassung ist diese Bestimmung äußerst folgenreich, weil bei Vermehrung der Punktzahl die Anzahl der Gleichungen viel schneller wächst als die Zahl der durch sie bestimmten Koordinaten der Punkte. Fünf Punkte, *A*, *B*, *C*, *D*, *E*, geben zehn verschiedene Punktpaare:

$$\begin{aligned} AB,\ AC,\ AD,\ AE,\\ BC,\ BD,\ BE,\\ CD,\ CE,\\ DE, \end{aligned}$$

also zehn Gleichungen, die im Raume von drei Dimensionen fünfzehn veränderliche Koordinaten enthalten, von denen aber sechs frei verfügbar bleiben müssen, wenn das System der fünf Punkte frei beweglich und drehbar sein soll. Es dürfen also durch jene zehn Gleichungen nur neun Koordinaten bestimmt werden als abhängig von jenen sechs veränderlichen. Bei sechs Punkten bekommen wir fünfzehn Gleichungen für zwölf veränderliche Größen, bei 7 Punkten 21 Gleichungen für 15 Größen usw. Nun können wir aber aus *n* voneinander unabhängigen Gleichungen *n* darin vorkommende Größen bestimmen. Haben wir mehr als *n* Gleichungen, so müssen die überzähligen selbst herzuleiten sein aus den *n* ersten derselben. Daraus folgt, daß jene Gleichungen, welche zwischen den Koordinaten jedes Punktpaares eines festen Körpers bestehen, von besonderer Art sein müssen; so daß, wenn sie im Raume von drei Dimensionen für neun aus je fünf Punkten gebildete Punktpaare erfüllt sind, aus ihnen die Gleichung für das zehnte Paar identisch folgt. Auf diesem Umstande beruht es, daß die genannte Ausnahme für die Definition der Festigkeit doch genügt, um die Art der Gleichungen zu bestimmen, welche zwischen den Koordinaten zweier fest miteinander verbundener Punkte bestehen.

Drittens ergab sich, daß der Rechnung noch eine besondere Eigentümlichkeit der Bewegung fester Körper als Tatsache zugrunde gelegt werden mußte, eine Eigentümlichkeit, welche uns so geläufig ist, daß wir ohne diese Untersuchung vielleicht nie darauf verfallen wären, sie als etwas zu betrachten, was auch nicht sein könnte. Wenn wir nämlich in unserem Raume von drei Dimensionen zwei Punkte eines festen Körpers festhalten, so kann er nur noch Drehungen um deren gerade Verbindungslinie als Drehungsachse machen. Drehen wir ihn einmal ganz um, so kommt er genau wieder in die Lage, in der er sich zuerst befunden hatte. Daß nun Drehung ohne Umkehr jeden festen Körper immer wieder in seine Anfangslage zurückführt, muß besonders erwähnt werden. Es wäre eine Geometrie möglich, wo dies nicht so wäre. Am einfachsten ist dies für die Geometrie der Ebene einzusehen. Man denke sich, daß bei jeder Drehung jeder ebenen Figur ihre linearen Dimensionen dem Drehungswinkel proportional wüchsen, so würde nach einer ganzen Drehung um 360 Grad die Figur nicht mehr ihrem Anfangszustande kongruent sein. Übrigens würde ihr aber jede zweite Figur, die ihr in der Anfangslage kongruent war, auch in der zweiten Lage kongruent gemacht werden können, wenn auch die zweite Figur um 360 Grad gedreht wird. Es würde ein konsequentes System der Geometrie auch unter dieser Annahme möglich sein, welches nicht unter die *Riemann*sche Form fällt.

Andererseits habe ich gezeigt, daß die aufgezählten drei Annahmen zusammengenommen ausreichend sind, um den von *Riemann* angenommenen Ausgangspunkt der Untersuchung zu begründen und damit auch alle weiteren Ergebnisse von dessen Arbeit, die sich auf den Unterschied der verschiedenen Räume nach ihrem Krümmungsmaße beziehen.

Es ließe sich nun noch fragen, ob auch die Gesetze der Bewegung und ihrer Abhängigkeit von den bewegenden Kräften ohne Widerspruch auf die sphärischen oder pseudosphärischen Räume übertragen werden können. Diese Untersuchung ist von Herrn *Lipschitz*[13] in Bonn durchgeführt worden. Es läßt sich in der Tat der zusammenfassende Ausdruck aller Gesetze der Dynamik, das *Hamilton*sche Prinzip direkt auf Räume, deren Krümmungsmaß nicht gleich Null ist, übertragen. Also auch nach dieser Seite hin verfallen die abweichenden Systeme der Geometrie in keinen Widerspruch.

Wir werden nun weiter zu fragen haben, wo diese besonderen Bestimmungen herkommen, welche unseren Raum als ebenen Raum charakterisieren, da dieselben, wie sich gezeigt hat, nicht in dem allgemeinen Begriff einer ausgedehnten Größe von drei Dimensionen und freier Beweglichkeit der in ihr enthaltenen begrenzten Gebilde eingeschlossen sind. *Denknotwendigkeiten*, die aus dem Begriff einer solchen Mannigfaltigkeit und ihrer Meßbarkeit oder aus dem allgemeinsten Begriff eines festen, in ihr enthaltenen Gebildes und seiner freiesten Beweglichkeit herfließen, sind sie nicht.

Wir wollen nun die entgegengesetzte Annahme, die sich über ihren Ursprung machen läßt, untersuchen, die Frage nämlich, ob sie *empirischen Ursprungs* seien, ob sie aus Erfahrungstatsachen abzuleiten, durch solche zu erweisen, beziehlich zu prüfen und vielleicht auch zu widerlegen seien. Diese letztere Eventualität würde dann auch einschließen, daß wir uns Reihen beobachtbarer Erfahrungstatsachen müßten vorstellen können, durch welche ein anderer Wert des Krümmungsmaßes angezeigt würde, als derjenige ist, den der ebene Raum des *Euklides* hat. Wenn aber Räume anderer Art in dem angegebenen Sinne vorstellbar sind, so wäre damit auch widerlegt, daß die Axiome der Geometrie notwendige Folgen einer a priori gegebenen transzendentalen Form unserer Anschauungen im *Kant*schen Sinne seien.

Der Unterschied der *Euklid*schen sphärischen und pseudosphärischen Geometrie beruht, wie oben bemerkt, auf dem Werte einer gewissen Konstante, welche *Riemann* das Krümmungsmaß des betreffenden Raumes nennt und deren Wert gleich Null sein muß, wenn die Axiome des *Euklides* gelten. Ist sie nicht gleich Null, so würden Dreiecke von großem Flächeninhalte eine andere Winkelsumme haben müssen als kleine, erstere im sphärischen Raume eine größere, im pseudosphärischen eine kleinere. Ferner ist geometrische Ähnlichkeit großer und kleiner Körper oder Figuren nur möglich im *Euklid*schen Raume. Alle Systeme praktisch ausgeführter geometrischer Messungen, bei denen die drei Winkel großer geradliniger Dreiecke einzeln gemessen worden sind, also auch namentlich alle Systeme astronomischer Messungen, welche die Parallaxe der unmeßbar weit entfernten Fixsterne gleich Null ergeben (im pseudosphärischen Raum müßten auch die unendlich entfernten Punkte positive Parallaxe haben), bestätigen empirisch das Axiom von den Parallelen und zeigen, daß in unserem Raume und bei Anwendung unserer Messungsmethoden das

Krümmungsmaß des Raumes als von Null ununterscheidbar erscheint. Freilich muß mit *Riemann* die Frage aufgeworfen werden, ob sich dies nicht vielleicht anders verhalten würde, wenn wir statt unserer begrenzten Standlinien, deren größte die große Achse der Erdbahn ist, größere Standlinien benutzen könnten.

Aber wir dürfen dabei nicht vergessen, daß alle geometrischen Messungen schließlich auf dem Prinzip der Kongruenz beruhen. Wir messen Entfernungen von Punkten, indem wir den Zirkel oder den Maßstab oder die Meßkette zu ihnen hinbewegen. Wir messen Winkel, indem wir den geteilten Kreis oder den Theodolithen an den Scheitel des Winkels bringen. Daneben bestimmen wir gerade Linien auch durch den unserer Erfahrung nach geradlinigen Gang der Lichtstrahlen; aber daß das Licht sich längs kürzester Linien ausbreitet, so lange es in einem ungeänderten brechenden Medium bleibt, würde sich ebenso auch auf Räume von anderem Krümmungsmaß übertragen lassen. Alle unsere geometrischen Messungen beruhen also auf der Voraussetzung, daß unsere von uns für fest gehaltenen Meßwerkzeuge wirklich Körper von unveränderlicher Form sind oder daß sie wenigstens keine anderen Arten von Formveränderung erleiden als diejenigen, die wir an ihnen kennen, wie z. B. die von geänderter Temperatur, oder die kleinen Dehnungen, welche von der bei geänderter Stellung anders wirkenden Schwere herrühren.

Wenn wir messen, so führen wir nur mit den besten und zuverlässigsten uns bekannten Hilfsmitteln dasselbe aus, was wir sonst durch Beobachtung nach dem Augenmaß und dem Tastsinn oder durch Abschreiten zu ermitteln pflegen. In den letzteren Fällen ist unser eigener Körper mit seinen Organen das Meßwerkzeug, welches wir im Raume herumtragen. Bald ist die Hand, bald sind die Beine unser Zirkel, oder das nach allen Richtungen sich wendende Auge der Theodolit, mit dem wir Bogenlängen oder Flächenwinkel im Gesichtsfelde abmessen.

Jede Größen vergleichende Schätzung oder Messung räumlicher Verhältnisse geht also aus von einer Voraussetzung über das physikalische Verhalten gewisser Naturkörper, sei es unseres eigenen Leibes, sei es der angewendeten Meßinstrumente, welche Voraussetzung übrigens den höchsten Grad von Wahrscheinlichkeit haben und mit allen uns sonst bekannten physikalischen Verhältnissen in der besten Übereinstimmung stehen mag, aber jedenfalls über das Gebiet der reinen Raumanschauungen hinausgreift.

Ja, es läßt sich ein bestimmtes Verhalten der uns als fest erscheinenden Körper angeben, bei welchem die Messungen im *Euklid*schen Raume so ausfallen würden, als wären sie im pseudosphärischen oder sphärischen Raume angestellt. Um dies einzusehen, erinnere ich zunächst daran, daß, wenn die sämtlichen linearen Dimensionen der uns umgebenden Körper und die unseres eigenen Leibes mit ihnen in gleichem Verhältnisse, z. B. alle auf die Hälfte verkleinert oder alle auf das Doppelte vergrößert würden, wir eine solche Änderung durch unsere Mittel der Raumanschauung gar nicht würden bemerken können. Dasselbe würde aber auch der Fall sein, wenn die Dehnung oder Zusammenziehung nach verschiedenen Richtungen hin verschieden wäre, vorausgesetzt, daß unser eigener Leib in derselben Weise sich veränderte, und vorausgesetzt ferner, daß ein Körper, der sich drehte, in jedem Augenblick ohne mechanischen Widerstand zu erleiden oder auszuüben, denjenigen Grad der Dehnung seiner verschiedenen Dimensionen annehme, der seiner zeitigen Lage entspricht. Man denke an das Abbild der Welt in einem Konvexspiegel. Die bekannten versilberten Kugeln, welche in Gärten aufgestellt zu werden pflegen, zeigen die wesentlichen Erscheinungen eines solchen Bildes, wenn auch gestört durch einige optische Unregelmäßigkeiten. Ein gutgearbeiteter Konvexspiegel von nicht zu großer Öffnung zeigt das Spiegelbild jedes vor ihm liegenden Gegenstandes scheinbar körperlich und in bestimmter Lage und Entfernung hinter seiner Fläche. Aber die Bilder des fernen Horizontes und der Sonne am Himmel liegen in begrenzter Entfernung, welche der Brennweite des Spiegels gleich ist, hinter dem Spiegel. Zwischen diesen Bildern und der Oberfläche des Spiegels sind die Bilder aller anderen vor letzterem liegenden Objekte enthalten, aber so, daß die Bilder um so mehr verkleinert und um so mehr abgeplattet sind, je ferner ihre Objekte vom Spiegel liegen. Die Abplattung, das heißt die Verkleinerung der Tiefendimension, ist verhältnismäßig bedeutender als die Verkleinerung der Flächendimension. Dennoch wird jede gerade Linie der Außenwelt durch eine gerade Linie im Bilde, jede Ebene durch eine Ebene dargestellt. Das Bild eines Mannes, der mit einem Maßstab eine von dem Spiegel sich entfernende gerade Linie abmißt, würde immer mehr zusammenschrumpfen, je mehr das Original sich entfernt, aber mit seinem ebenfalls zusammenschrumpfenden Maßstab würde der Mann im Bilde genau dieselbe Zahl von Zentimetern herauszählen wie der Mann in der Wirklichkeit; überhaupt würden alle geometrischen Messungen von Linien oder Winkeln, mit den gesetzmäßig veränderlichen Spiegelbildern der wirklichen Instrumente ausgeführt, genau dieselben Resultate ergeben wie die in der Außenwelt. Alle Kongruenzen würden in den Bildern bei wirklicher Aneinanderlagerung der betreffenden Körper ebenso passen wie in der Außenwelt alle Visierlinien der Außenwelt durch gerade Visierlinien im Spiegel ersetzt sein. Kurz, ich sehe nicht, wie die Männer im Spiegel herausbringen sollten, das ihre Körper nicht feste Körper und ihre Erfahrungen gute Beispiele für die Richtigkeit der Axiome des *Euklides* seien. Könnten sie aber hinausschauen in unsere Welt, wie wir hineinschauen in die ihrige, ohne die Grenze überschreiten zu können, so würden sie unsere Welt für das Bild eines Konvexspiegels erklären müssen und von uns geradeso reden wie wir von ihnen, und wenn sich die Männer beider Welten miteinander besprechen könnten, so würde, soweit ich sehe, keiner den anderen überzeugen können, daß er die wahren Verhältnisse habe, der andere die verzerrten; ja, ich kann nicht erkennen, daß eine solche Frage überhaupt einen Sinn hätte, solange wir keine mechanischen Betrachtungen einmischen.

Nun ist *Beltramis* Abbildung des pseudosphärischen Raumes in einer Vollkugel des *Euklid*schen Raumes von ganz ähnlicher Art, nur daß die Fläche des Hintergrundes nicht eine Ebene, wie bei dem Konvexspiegel, sondern eine Kugelfläche ist und das Verhältnis, in welchem sich die der Kugelfläche näher kommenden Bilder zusammenziehen, einen anderen mathematischen Ausdruck [14] hat. Denkt man sich also umgekehrt, daß in der Kugel, für deren Innenraum die Axiome des *Euklides* gelten, sich Körper bewegen, die, wenn sie sich vom Mittelpunkt entfernen, sich jedesmal zusammenziehen, ähnlich den Bildern im Konvexspiegel, und zwar sich in der Weise zusammenziehen, daß ihre im pseudosphärischen Raum konstruierten Abbilder unveränderte Dimensionen behalten, so würden Beobachter, deren Leiber selbst dieser Veränderung regelmäßg unterworfen wären, bei geometrischen Messungen, wie sie sie ausführen könnten, Ergebnisse erhalten, als lebten sie selbst im pseudosphärischen Raume.

Wir können von hier aus sogar noch einen Schritt weiter gehen; wir können daraus ableiten, wie einem Beobachter, dessen Augenmaß und Raumerfahrungen sich gleich den unserigen im ebenen Raume ausgebildet haben, die Gegenstände einer pseudosphärischen Welt erscheinen würden, falls er in eine solche eintreten könnte. Ein solcher Beobachter würde die Linien der Lichtstrahlen oder die Visierlinien seines Auges fortfahren, als gerade Linien anzusehen, wie solche im ebenen Raume vorkommen und wie sie in dem kugeligen Abbild des pseudosphärischen Raumes wirklich sind. Das Gesichtsbild der Objekte im pseudosphärischen Raume würde ihm deshalb denselben Eindruck machen, als befände er sich im Mittelpunkte des *Beltrami*schen Kugelbildes. Er würde die entferntesten Gegenstände dieses Raumes in endlicher Entfernung[15] rings um sich zu erblicken glauben, nehmen wir beispielsweise an in hundert Fuß Abstand. Ginge er aber auf diese entfernten Gegenstände zu, so würden sie sich vor ihm dehnen, und zwar noch mehr nach der Tiefe, als nach der Fläche; hinter ihm aber würden sie sich zusammenziehen. Er würde erkennen, daß er nach dem Augenmaß falsch geurteilt hat. Sähe er zwei gerade Linien, die sich nach seiner Schätzung miteinander parallel bis auf diese Entfernung von 100 Fuß, wo ihm die Welt abgeschlossen erscheint, hinausziehen, so würde er, ihnen nachgehend, erkennen, daß sie bei dieser Dehnung der Gegenstände, denen er sich nähert, auseinander rücken, je mehr er an ihnen vorschreitet; hinter ihm dagegen würde ihr Abstand zu schwinden scheinen, so daß sie ihm beim Vorschreiten immer mehr divergent und immer entfernter voneinander erscheinen würden. Zwei gerade Linien aber, die vom ersten Standpunkte aus nach einem und demselben Punkte des Hintergrundes in hundert Fuß Entfernung zu konvergieren scheinen, würden dies immer tun, so weit er ginge, und er würde ihren Schnittpunkt nie erreichen.

Nun können wir ganz ähnliche Bilder unserer wirklichen Welt erhalten, wenn wir eine große Konvexlinse von entsprechender negativer Brennweite vor die Augen nehmen, oder auch nur zwei konvexe Brillengläser, die etwas prismatisch geschliffen sein müßten, als wären sie Stücke aus einer zusammenhängenden größeren Linse. Solche zeigen uns ebenso, wie die oben erwähnten Konvexspiegel, die fernen Gegenstände genähert, die fernsten bis zur Entfernung des Brennpunktes der Linse. Wenn wir uns mit einer solchen Linse vor den Augen bewegen, gehen ganz ähnliche Dehnungen der Gegenstände, auf die wir zugehen, vor, wie ich sie für den pseudosphärischen Raum beschrieben habe. Wenn nun jemand eine solche Linse vor die Augen nimmt, nicht einmal eine Linse von hundert Fuß, sondern eine viel stärkere von nur sechzig Zoll Brennweite, so merkt er im ersten Augenblicke vielleicht, daß er die Gegenstände genähert sieht. Aber nach wenigem Hin- und Hergehen schwindet die Täuschung, und er beurteilt trotz der falschen Bilder die Entfernungen richtig. Wir haben allen Grund zu vermuten, daß es uns im pseudosphärischen Raume bald genug ebenso gehen würde, wie es bei einem angehenden Brillenträger nach wenigen Stunden schon der Fall ist. Kurz, der pseudosphärische Raum würde uns verhältnismäßig gar nicht sehr fremdartig erscheinen; wir würden uns nur in der ersten Zeit, bei der Abmessung der Größe und Entfernung fernerer Gegenstände nach ihrem Gesichtseindruck, Täuschungen unterworfen finden.

Die entgegengesetzten Täuschungen würde ein sphärischer Raum von drei Dimensionen mit sich bringen, wenn wir mit dem im *Euklid*schen Raume erworbenen Augenmaße in ihn eintreten. Wir würden entferntere Gegenstände für entfernter und größer halten, als sie sind; wir würden, auf sie zugehend, finden, daß wir sie schneller erreichen, als wir nach dem Gesichtsbilde annehmen mußten. Wir würden aber auch Gegenstände vor uns sehen, die wir nur mit divergierenden Gesichtslinien fixieren können; dies würde bei allen denjenigen der Fall sein, welche von uns weiter als ein Quadrant eines größten Kreises entfernt sind. Diese Art des Anblicks würde uns kaum sehr ungewöhnlich vorkommen, denn wir können denselben auch für irdische Gegenstände hervorbringen, wenn wir vor das eine Auge ein schwach prismatisches Glas nehmen, dessen dickere Seite zur Nase gekehrt ist. Auch dann müssen wir die Augen divergent stellen, um entfernte Gegenstände zu fixieren. Das erregt ein gewisses Gefühl ungewohnter Anstrengung in den Augen, ändert aber nicht merklich den Anblick der so gesehenen Gegenstände. Den seltsamsten Teil des Anblicks der sphärischen Welt würde aber unser eigener Hinterkopf bilden, in dem alle unsere Gesichtslinien wieder zusammenlaufen würden, so weit sie zwischen anderen Gegenständen frei durchgehen könnten, und welcher den äußersten Hintergrund des ganzen perspektivischen Bildes ausfüllen müßte.

Dabei ist freilich noch weiter zu bemerken, daß, wie eine kleine ebene elastische Scheibe, etwa eine kleine ebene Kautschukplatte, einer schwach gewölbten Kugelfläche nur unter relativer Kontraktion ihres Randes und Dehnung ihrer Mitte angepaßt werden kann, so auch unser im *Euklid*schen ebenen Raum gewachsener Körper nicht in einen gekrümmten Raum übergehen könnte, ohne ähnliche Dehnungen und Zusammenpressungen seiner Teile zu erleiden, deren Zusammenhang natürlich nur soweit erhalten bleiben könnte, als die Elastizität der Teile ein Nachgeben ohne Reißen und Brechen erlaubte. Die Art der Dehnung würde dieselbe sein müssen, als wenn wir uns im Mittelpunkte von *Beltramis* Kugel einen kleinen Körper dächten und von diesem dann auf sein pseudosphärisches oder sphärisches Abbild übergingen. Damit ein solcher Übergang als möglich erscheine, wird immer vorausgesetzt werden müssen, daß der übergehende Körper hinreichend elastisch und klein sei im Vergleich mit dem reellen oder imaginären Krümmungsradius des gekrümmten Raumes, in den er übergehen soll.

Es wird dies genügen, um zu zeigen, wie man auf dem eingeschlagenen Wege aus den bekannten Gesetzen unserer sinnlichen Wahrnehmungen die Reihe der sinnlichen Eindrücke herleiten kann, welche eine sphärische oder pseudosphärische Welt uns geben würde, wenn sie existierte. Auch dabei treffen wir nirgends auf eine Unfolgerichtigkeit oder Unmöglichkeit, ebensowenig wie in der rechnenden Behandlung der Maßverhältnisse. Wir können uns den Anblick einer pseudosphärischen Welt ebensogut nach allen Richtungen hin ausmalen, wir wir ihren Begriff entwickeln können. Wir können deshalb auch nicht zugeben, daß die Axiome unserer Geometrie in der gegebenen Form unseres Anschauungsvermögens begründet wären oder mit einer solchen irgendwie zusammenhingen.

Anders ist es mit den drei Dimensionen des Raumes. Da alle unsere Mittel sinnlicher Anschauung sich nur auf einen Raum von drei Dimensionen erstrecken und die vierte Dimension nicht bloß eine Abänderung von Vorhandenem, sondern etwas vollkommen Neues wäre, so befinden wir uns schon wegen unserer körperlichen Organisation in der absoluten Unmöglichkeit, uns eine Anschauungsweise einer vierten Dimension vorzustellen. Schließlich möchte ich nun noch hervorheben, daß die geometrischen Axiome gar nicht Sätze sind, die nur der reinen Raumlehre angehörten. Sie sprechen, wie ich schon erwähnt habe, von Größen. Von Größen kann man nur reden, wenn man irgendwelches Verfahren kennt und im Sinne hat, nach dem man diese Größen vergleichen, in Teile zerlegen und messen kann. Alle Raummessung und daher überhaupt alle auf den Raum angewendeten Größenbegriffe setzen also die Möglichkeit der Bewegung von Raumgebilden voraus, deren Form und Größe man trotz der Bewegung für unveränderlich halten darf. Solche Raumformen pflegt man in der Geometrie allerdings nur als geometrische Körper, Flächen, Winkel, Linien zu bezeichnen, weil man von allen anderen Unterschieden physikalischer und chemischer Art, welche die Naturkörper zeigen, abstrahiert; aber man bewahrt doch die eine physikalische Eigenschaft derselben, die Festigkeit. Für die Festigkeit der Körper und Raumgebilde haben wir aber kein anderes Merkmal, als daß sie, zu jeder Zeit und an jedem Orte und nach jeder Drehung aneinandergelegt, immer wieder dieselben Kongruenzen zeigen wie vorher. Ob sich aber die aneinandergelegten Körper nicht selbst beide in gleichem Sinne verändert haben, können wir auf rein geometrischem Wege, ohne mechanische Betrachtungen hinzuzunehmen, gar nicht entscheiden.

Wenn wir es zu irgendeinem Zwecke nützlich fänden, so könnten wir in vollkommen folgerichtiger Weise den Raum, in welchem wir leben, als den scheinbaren Raum hinter einem Konvexspiegel mit verkürztem und zusammengezogenem Hintergrunde betrachten; oder wir könnten eine abgegrenzte Kugel unseres Raumes, jenseits deren Grenzen wir nichts mehr wahrnehmen, als den unendlichen pseudosphärischen Raum betrachten. Wir müßten dann nur den Körpern, welche uns als fest erscheinen, und ebenso unserem eigenen Leibe gleichzeitig die entsprechenden Dehnungen und Verkürzungen zuschreiben und würden allerdings das System unserer mechanischen Prinzipien gleichzeitig gänzlich verändern müssen; denn schon der Satz, daß jeder bewegte Punkt, auf den keine Kraft wirkt, sich in gerader Linie mit unveränderter Geschwindigkeit fortbewegt, paßt auf das Abbild der Welt im Konvexspiegel nicht mehr. Die Bahnlinie wäre zwar noch gerade, aber die Geschwindigkeit abhängig vom Orte.

Die geometrischen Axiome sprechen also gar nicht über Verhältnisse des Raumes allein, sondern gleichzeitig auch über das mechanische Verhalten unserer festesten Körper bei Bewegungen. Man könnte freilich auch den Begriff des festen geometrischen Raumgebildes als einen transzendentalen Begriff auffassen, der unabhängig von wirklichen Erfahrungen gebildet wäre und dem diese nicht notwendig zu entsprechen brauchten, wie ja unsere Naturkörper tatsächlich ganz rein und ungestört nicht einmal denjenigen Begriffen entsprechen, die wir auf dem Wege der Induktion von ihnen abstrahiert haben. Unter Hinzunahme eines solchen nur als Ideal konzipierten Begriffs der Festigkeit könnte dann ein strenger *Kantianer* allerdings die geometrischen Axiome als a priori durch transzendentale Anschauung gegebene Sätze betrachten, die durch keine Erfahrung bestätigt oder widerlegt werden könnten, weil man erst nach ihnen zu entscheiden hätte, ob irgendwelche Naturkörper als feste Körper zu betrachten seien. Dann müßten wir aber behaupten, daß unter dieser Auffassung die geometrischen Axiome gar keine synthetischen Sätze im Sinne *Kants* wären. Denn sie würden dann nur etwas aussagen, was aus dem Begriffe der zur Messung notwendigen festen geometrischen Gebilde analytisch folgen würde, da als feste Gebilde nur solche anerkannt werden könnten, die jenen Axiomen genügen.

Nehmen wir aber zu den geometrischen Axiomen noch Sätze hinzu, die sich auf die mechanischen Eigenschaften der Naturkörper beziehen, wenn auch nur den Satz von der Trägheit oder den Satz, daß die mechanischen und physikalischen Eigenschaften der Körper unter übrigens gleichbleibenden Einflüssen nicht vom Orte, wo sie sich befinden, abhängen können, dann erhält ein solches System von Sätzen einen wirklichen Inhalt, der durch Erfahrung bestätigt oder widerlegt werden, eben deshalb aber auch durch Erfahrung gewonnen werden kann.

Übrigens ist es natürlich nicht meine Absicht, zu behaupten, daß die Menschheit erst durch sorgfältig ausgeführte Systeme genauer geometrischer Messungen Anschauungen des Raumes, die den Axiomen des *Euklides* entsprechen, gewonnen habe. Es mußte vielmehr eine Reihe alltäglicher Erfahrungen, namentlich die Anschauung von der geometrischen Ähnlichkeit großer und kleiner Körper, welche nur im ebenen Raume möglich ist, darauf führen, jede geometrische Anschauung, die dieser Tatsache widersprach, als unmöglich zu verwerfen. Dazu war keine Erkenntnis des begrifflichen Zusammenhanges zwischen der beobachteten Tatsache geometrischer Ähnlichkeit und den Axiomen nötig, sondern nur durch zahlreiche und genaue Beobachtung von Raumverhältnissen gewonnene anschauliche Kenntnis ihres typischen Verhaltens; eine solche Art der Anschauung, wie sie der Künstler von den darzustellenden Gegenständen besitzt, und mittels deren er sicher und fein entscheidet, ob eine versuchte neue Kombination der Natur des darzustellenden Gegenstandes entspricht oder nicht. Das wissen wir zwar in unserer Sprache auch mit keinem anderen Namen als dem der „Anschauung“ zu bezeichnen;

aber es ist dies eine empirische, durch Häufung und Verstärkung gleichartig wiederkehrender Eindrücke, in unserem Gedächtnis gewonnene Kenntnis, keine transzendentale und vor aller Erfahrung gegebene Anschauungsform. Daß dergleichen empirisch erlangte und noch nicht zur Klarheit des bestimmt ausgesprochenen Begriffs durchgearbeitete Anschauungen eines typischen gesetzlichen Verhaltens häufig genug den Metaphysikern als a priori gegebene Sätze imponiert haben, brauche ich hier nicht weiter zu erörtern.

Das Denken in der Medizin[1]

Hochgeehrte Herren!

Schon einmal, vor 35 Jahren, habe ich am 2. August vor einer ähnlichen Versammlung, wie die heutige ist, in der Aula dieses Instituts auf dem Katheder gestanden und einen Vortrag über die Operation der Blutadergeschwülste gehalten. Ich war damals noch Eleve des Instituts und gerade am Ende meiner Studienzeit. Da ich nie eine Blutadergeschwulst hatte operieren sehen, so war der Inhalt meines Vortrags freilich nur aus Büchern kompiliert; aber Büchergelehrsamkeit spielte damals noch eine viel breitere und angesehenere Rolle in der Medizin, als man sie ihr heutzutage einzuräumen geneigt ist. Es war eine Zeit der Gärung, des Kampfes zwischen der gelehrten Tradition und dem neuen naturwissenschaftlichen Geiste, der keiner Tradition mehr glauben, sondern sich auf die eigene Erfahrung stellen wollte. Meine damaligen Vorgesetzten urteilten günstiger über meinen Vortrag als ich selbst, und ich bewahre noch die Bücher, welche mir dafür als Prämien zuteil wurden.[2]

Die bei dieser Gelegenheit sich mir aufdrängenden Erinnerungen haben mir lebhaft das Bild des damaligen Zustandes unserer Wissenschaft, unserer Bestrebungen, unserer Hoffnungen zurückgerufen und mich vergleichen lassen, was damals war, mit dem, was daraus geworden ist. Viel ist geworden. Wenn auch nicht alles, was wir gehofft hatten, erfüllt wurde und manches anders, als wir gehofft, so ist auch manches geworden, worauf wir nicht zu hoffen gewagt hätten. Wie die Weltgeschichte vor den Augen unserer Generation einige ihrer seltenen Riesenschritte gemacht hat, so auch unsere Wissenschaft; daher ein alter Schüler wie ich das einst wohlbekannte, damals etwas matronenhafte Antlitz der Dame Medizin kaum wiederkennt, wenn er gelegentlich wieder in Beziehung zu ihr tritt; so lebensfrisch und entwicklungskräftig ist sie in dem Jungbrunnen der Naturwissenschaft geworden.

Vielleicht ist mir der Eindruck dieses Gegensatzes frischer geblieben, als denjenigen meiner medizinischen Altersgenossen, welche ich vor mir als Zuhörer versammelt zu sehen heute die Ehre habe, und welche, in dauernder Berührung mit der Wissenschaft und Praxis geblieben, von den in kleinen Stufen sich vollziehenden großen Änderungen weniger überrascht und betroffen sein mögen. Dies wird Ihnen gegenüber meine Entschuldigung sein, wenn ich von der in dieser Periode vorgegangenen Metamorphose der Medizin rede, deren Entwickelungsergebnisse im einzelnen Sie selbst freilich besser kennen werden als ich. Für die Jüngeren aber unter meinen Zuhörern möchte ich den Eindruck dieser Entwickelung und ihrer Ursachen nicht ganz verlorengehen lassen. Wenn dieselben gelegentlich einen Blick in die Literatur jener Zeit werfen, werden sie dort einer großen Zahl von Sätzen begegnen, die ihnen fast erscheinen müssen, wie in einer vergessenen Sprache geschrieben, so sehr, daß es ihnen nicht ganz leicht werden wird, sich in die Sinnesweise dieser so wenig hinter uns liegenden Periode zurückzuversetzen. Es liegt eine große Lehre über die wahren Prinzipien wissenschaftlicher Forschung in dem Entwickelungsgange der Medizin, und der positive Teil dieser Lehre wird vielleicht durch keine vorausgehende Zeit so eindringlich gepredigt wie durch das letzte Menschenalter. Da mir selbst zur Zeit die Aufgabe zugefallen ist, diejenige von den Naturwissenschaften zu lehren, welche die weitesten Verallgemeinerungen zu machen, den Sinn der Grundbegriffe zu erörtern hat und der deshalb nicht unpassend bei englisch redenden Völkern der Name „Natural Philosophy“ geblieben ist[3], so fällt es ja wohl nicht zu weit aus dem Kreise meiner Berufsaufgaben und meines eigentlichen Studiums, wenn ich es unternehme, hier von den Prinzipien wissenschaftlicher Methodik für die Erfahrungswissenschaften zu reden.

Was meine Bekanntschaft mit den Gedankenkreisen der älteren Medizin betrifft, so hatte ich dazu außer der allgemeinen Veranlassung, welche für jeden gebildeten Arzt vorliegt, der die Literatur seiner Wissenschaft und die Richtung sowie die Bedingungen ihres Fortschreitens verstehen will, noch eine besondere, da mir mit meiner ersten Professur in Königsberg vom Jahre 1849 bis 1856 die Aufgabe zufiel, in jedem Winter auch allgemeine Pathologie vorzutragen, d. h. denjenigen Teil der Krankheitslehre, der die allgemeinen theoretischen Begriffe von der Natur der Krankheit und die Prinzipien ihrer Behandlung enthalten sollte. Die allgemeine Pathologie war von den Älteren gleichsam als die feinste Blüte medizinischer Wissenschaftlichkeit angesehen worden. In der Tat aber hatte das, was früher ihren Inhalt gebildet, für den Jünger moderner Naturwissenschaft nur noch historisches Interesse.

Über die wissenschaftliche Berechtigung dieses Inhalts hatten schon manche meiner Vorgänger den Stab gebrochen, wie namentlich kurz zuvor *Henle* und *Lotze*. Letzterer, der ebenfalls von der Medizin ausgegangen war, hatte in seiner allgemeinen Pathologie und Therapie 1842[4] mit vernichtendem kritischem Scharfsinne besonders gründlich und methodisch aufgeräumt.

Meine eigene ursprüngliche Neigung hatte mich zur Physik getrieben; äußere Umstände zwangen mich, in das Studium der Medizin einzutreten, was mir durch die liberalen Einrichtungen des Friedrich-Wilhelms-Instituts möglich wurde. Übrigens war es die Sitte der alten Zeit gewesen, das Studium der Medizin mit dem der Naturwissenschaften zu vereinigen, und was darin von Zwang lag, muß ich schließlich als ein Glück preisen. Nicht allein, daß ich in einer Periode in die Medizin eintrat, wo der in physikalischen Betrachtungsweisen auch nur mäßig Bewanderte einen fruchtbaren jungfräulichen Boden zur Beackerung vorfand, sondern ich betrachte auch das medizinische Studium als diejenige Schule, welche mir eindringlicher und überzeugender, als es irgendeine andere hätte tun können, die ewigen Grundsätze aller wissenschaftlichen Arbeit gepredigt hat, Grundsätze, so einfach und doch immer wieder vergessen, so klar und doch immer wieder mit täuschendem Schleier verhängt.

Man muß vielleicht dem brechenden Auge des Sterbenden und dem Jammer der verzweifelnden Familien gegenübergestanden haben, man muß sich die schweren Fragen vorgelegt haben, ob man selbst alles getan habe, was man zur Abwehr des Verhängnisses hätte tun können, und ob die Wissenschaft auch wohl alle Kenntnisse und Hilfsmittel vorbereitet habe, die sie hätte vorbereiten sollen, um zu wissen, daß erkenntnistheoretische Fragen über die Methodik der Wissenschaft auch eine bedrängende Schwere und eine fruchtbare praktische Tragweite erlangen können. Der bloß theoretische Forscher mag vornehm kühl darüber lächeln, wenn Eitelkeit und Phantasterei sich für eine Zeit in der Wissenschaft breitzumachen und Staub aufzuwirbeln suchen, vorausgesetzt, daß er selbst in seinem Arbeitszimmer ungestört bleibt. Oder er mag auch wohl Vorurteile der alten Zeit als Reste poetischer Romantik und jugendlicher Schwärmerei interessant und verzeihlich finden. Demjenigen, der mit den feindlichen Mächten der Wirklichkeit zu ringen hat, vergeht die Indifferenz und die Romantik; was er weiß und kann, wird schärferer Prüfung ausgesetzt, er kann nur das grelle harte Licht der Tatsachen brauchen und muß es aufgeben, sich in angenehmen Illusionen zu wiegen.

Ich freue mich deshalb, einmal wieder vor einer Versammlung reden zu können, die fast ausschließlich aus Medizinern besteht, welche die gleiche Schule durchgemacht haben. Die Medizin ist doch nun einmal das geistige Heimatland geworden, in dem ich herangewachsen bin, und auch der Auswanderer versteht und findet sich verstanden am besten in der Heimat.

Um den Grundfehler jener älteren Zeit gleich mit einem Worte zu bezeichnen, möchte ich sagen, daß sie einem falschen Ideal von Wissenschaftlichkeit nachjagte in einseitiger und unrichtig begrenzter Hochschätzung der deduktiven Methode. Zwar war unter den Wissenschaften nicht allein die Medizin in diesem Irrtum befangen, aber in keiner anderen Wissenschaft sind die Folgen davon so grell an das Licht getreten und haben sich dem Fortschritt mit solchem

Gewicht entgegengestemmt als gerade in der Medizin. Darum scheint mir in der Tat die Geschichte dieser Wissenschaft ein ganz besonderes Interesse in der Entwickelungsgeschichte des menschlichen Geistes in Anspruch zu nehmen. Keine andere ist vielleicht mehr geeignet zu zeigen, daß eine richtige Kritik der Erkenntnisquellen eine auch praktisch höchst wichtige Aufgabe der wahren Philosophie ist.

Als Fahne gleichsam der alten deduktiven Medizin diente das stolze Wort des *Hippokrates*:

ἰητρὸς φιλόσοφος ἰσόθεος

„Gottähnlich ist der Arzt, der Philosoph ist."

Wir können es schon gelten lassen, wenn wir nur richtig feststellen, was unter einem Philosophen zu verstehen sei. Den Alten umfaßte die Philosophie noch alle theoretische Kenntnis; ihre Philosophen betrieben auch Mathematik, Physik, Astronomie, Naturgeschichte in enger Vereinigung mit eigentlich philosophischen und metaphysischen Betrachtungen. Will man also unter dem ärztlichen Philosophen des *Hippokrates* einen Mann verstehen, der *vollendete* Einsicht in den Kausalzusammenhang der Naturprozesse hat, so werden wir in der Tat mit ihm sagen können, ein solcher wird einem Gotte ähnlich helfen können. So verstanden, bezeichnet der Satz in drei Worten das Ideal, dem unsere Wissenschaft nachzustreben hat. Ob sie es je erreichen wird, wer will es sagen?

Aber auf so lange Frist ihre Hoffnungen hinauszuschieben waren diejenigen Jünger der Medizin nicht geneigt, die sich schon bei eigenen Lebzeiten gottähnlich zu fühlen und anderen also zu imponieren wünschten.

Man setzte die Ansprüche an den *φιλόσοφος* erheblich herab. Jeder Anhänger eines beliebigen welterklärenden Systems, in welches wohl oder übel die Tatsachen der Wirklichkeit hineinpassen mußten, fühlte sich als Philosoph. Von den Gesetzen der Natur wußten ja die Philosophen jener Zeit nicht gerade viel mehr als die ungelehrten Laien; der Nachdruck ihrer Bestrebungen fiel also zunächst auf das Denken, auf die logische Konsequenz und Vollständigkeit des Systems. Es begreift sich wohl, wie es in jugendlichen Bildungsperioden zu einer so einseitigen Überschätzung des Denkens kommen konnte. Auf dem Denken beruht die Überlegenheit des Menschen über das Tier, des Gebildeten über den Barbaren; das Empfinden, Fühlen, Wahrnehmen teilt er dagegen mit seinen niederen Mitgeschöpfen, und in Sinnesschärfe sind ihm manche von diesen sogar überlegen. Daß der Mensch seinem Denken die höchste Entwickelung zu geben strebt, ist die Aufgabe, von deren Lösung das Gefühl seiner eigenen Würde wie seine praktische Macht abhängt. Ein natürlicher Irrtum war es, wenn man daneben gleichgültig behandelte, was die Natur auch dem Tiere von seelischen Fähigkeiten als Mitgift gegeben hat, und wenn das Denken sich von seiner natürlichen Grundlage, dem Beobachten und Wahrnehmen, glaubte loslösen zu können, um den Ikarusflug der metaphysischen Spekulation zu beginnen.

In der Tat ist es keine leichte Aufgabe, die Ursprünge unseres Wissens vollständig aufzudecken. Eine ungeheure Menge davon ist überliefert in Rede und Schrift. Diese Fähigkeit des Menschen, die Wissensschätze der Generationen zu sammeln, ist ein Hauptgrund seiner Überlegenheit über das auf ererbtem blinden Instinkt und nur individuelle Erfahrung beschränkte Tier. Aber alles überlieferte Wissen wird schon geformt übergeben; wo der Berichterstatter es her hat, wieviel Kritik er angewendet, ist oft nicht mehr zu ermitteln, namentlich wenn die Überlieferung durch die Hände vieler Berichterstatter hindurchgegangen ist. Man muß es auf Treu und Glauben annehmen; zur Quelle kann man nicht kommen, und wenn erst viele Generationen bei solchem Wissen sich beruhigt, keine Kritik daran geübt, ja auch wohl allerlei kleine Änderungen, die sich schließlich zu großen summierten, daran angebracht haben, so werden oft sonderbare Sachen unter der Autorität uralter Wahrheit berichtet und geglaubt. Eine seltsame Historie dieser Art ist die Geschichte des Blutkreislaufs, von der wir noch zu reden haben werden.

Aber für den, der über die Ursprünge des Wissens reflektiert, ist noch verwirrender eine andere Art der Überlieferung durch die Sprache, die lange unentdeckt geblieben ist. Die Sprache wird nicht leicht Namen ausbilden für Klassen von Objekten oder für Klassen von Vorgängen, wenn nicht sehr oft und bei vielen Gelegenheiten die betreffenden

Einzeldinge und Einzelfälle zusammen zu nennen sind, um Gemeinsames über sie auszusagen. Sie müssen also viele gemeinsame Merkmale haben. Oder wenn wir, wissenschaftlich darüber reflektierend, einige dieser Merkmale auswählen und als Definition zusammenstellen, so muß der gemeinsame Besitz dieser auserwählten Merkmale bedingen, daß in den betreffenden Fällen noch eine große Menge anderer Merkmale regelmäßig aufzufinden sind, es muß eine naturgesetzliche Verbindung zwischen den erstgenannten und den letztgenannten Merkmalen vorhanden sein. Wenn wir zum Beispiel die Tiere, welche von ihren Müttern gesäugt worden sind, mit dem Namen der Säuger bezeichnen, so können wir von ihnen weiter aussagen, daß diese alle Warmblüter sind, lebendig geboren wurden, eine Wirbelsäule hatben, kein Quadratbein haben, durch Lungen atmen, getrennte Herzabteilungen haben usw. usw. Also schon der Umstand, daß in der Sprache eines intelligent beobachtenden Volkes eine gewisse Anzahl von Dingen mit einem und demselben Worte bezeichnet wird, zeigt an, daß diese Dinge oder Fälle einem gemeinsamen naturgesetzlichen Verhältnis unterliegen; schon dadurch allein wird eine Summe von Erfahrungen der vorausgegangenen Generationen überliefert, ohne daß es so erscheint.

Ferner findet sich der Erwachsene, wenn er über den Ursprung seines Wissens zu reflektieren beginnt, im Besitz einer ungeheuren Menge alltäglicher Erfahrungen, die zum großen Teil bis in das Dunkel seiner ersten Kinderjahre hinaufreichen. Alles Einzelne ist längst vergessen; aber die gleichartigen Spuren, welche tägliche Wiederholung ähnlicher Fälle in seinem Gedächtnisse zurückließ, haben sich tief eingeschnitten. Und da nur das sich regelmäßig immer wiederholt, was gesetzlich ist, so sind diese tief eingegrabenen Reste aller vorausgegangenen Anschauungen gerade Anschauungen des Gesetzlichen in den Dingen und Vorgängen.

Die beiden genannten Vorgänge verschaffen dem Menschen den Besitz einer ausgedehnten Menge von Kenntnissen, von denen er nicht weiß, wo sie herkommen, die dagewesen sind, so lange er zurückdenken kann. Wir brauchen nicht einmal auf die Möglichkeit einer Vererbung durch die Zeugung zurückzugehen.

Die Begriffe, die er sich gebildet, die ihm seine Muttersprache überliefert, bewähren sich als ordnende Mächte auch in der objektiven Welt der Dinge, und da er nicht weiß, daß er oder seine Vorfahren diese Begriffe nach den Dingen ausgebildet haben, so scheint ihm die Welt der Dinge von geistigen Mächten, seinen Begriffen ähnlich, beherrscht zu werden. Diesen psychologischen Anthropomorphismus erkennen wir wieder von den *Ideen* des *Plato* an bis zur immanenten Dialektik des Weltprozesses bei *Hegel* und zu dem unbewußten Willen *Schopenhauers*.

Die Naturwissenschaft – und sie fällt in der älteren Zeit mit der Medizin im Wesentlichen zusammen – folgte dem Wege der Philosophie; die deduktive Methode schien alles leisten zu können. *Sokrates* hatte freilich die induktive Begriffsbildung in der lehrreichsten Weise entwickelt. Aber das Beste, was er geleistet hatte, blieb, wie es gewöhnlich geht, so gut wie unverstanden.

Ich will Sie nicht durch das bunte Gewirr von pathologischen Theorien hindurchführen, die je nach wechselnden Neigungen ihrer Autoren, gewöhnlich veranlaßt durch diesen oder jenen Zuwachs naturwissenschaftlicher Kenntnisse, auftauchten und meist, wie es scheint, zuerst von Ärzten aufgestellt wurden, die als große Beobachter und Heilkünstler, unabhängig von ihren Theorien, sich Ruhm und Ansehen erwarben. Dann kamen die weniger begabten Schüler, welche den Meister kopierten, seine Theorie übertrieben, sie einseitiger und logischer machten, unbekümmert um den Widerspruch der Natur. Je strenger das System, desto weniger und desto eingreifender pflegten die Methoden zu sein, auf welche sich das Heilverfahren reduzierte. Je mehr die Schulen den anwachsenden wirklichen Kenntnissen gegenüber ins Gedränge gerieten, desto mehr steiften sie sich auf die alten Autoritäten, desto intoleranter wurden sie gegen Neuerungen. Der große Reformator der Anatomie *Vesalius* wurde vor die theologische Fakultät von Salamanca geladen,[5] mit *Servetus* wurde in Genf sein Buch, in dem er den Lungenkreislauf beschrieb, verbrannt,[6] und die Pariser Fakultät verbot, in ihren Hörsälen den von *Harvey* entdeckten Blutkreislauf zu lehren[7].

Dabei waren die Grundlagen der Systeme, von welchen diese Schulen ausgingen, zum großen Teil naturwissenschaftliche Anschauungen, deren Verwertung innerhalb eines begrenzten Kreises durchaus in der Ordnung gewesen wäre. Nicht in der Ordnung war nur der Wahn, daß es wissenschaftlicher sei, alle Krankheiten auf einen Erklärungsgrund zurückzuführen, statt auf verschiedene. Die Solidarpathologen[8] wollten alles aus veränderter Mechanik der festen Teile, namentlich aus ihrer veränderten Spannung, aus dem Striktum und Laxum, dem Tonus und der Atonie, später aus den gespannten oder abgespannten Nerven, den Stockungen in den Gefäßen herleiten. Die Humoralpathologen[9] kannten nur Änderungen der Mischung. Die vier Kardinalflüssigkeiten, Repräsentanten der klassischen vier Elemente, Blut, Schleim, gelbe und schwarze Galle, bei anderen die Acrimoniae oder Dyscrasien, welche durch Schwitzen und Purgieren ausgetrieben werden mußten, im Anfang der neueren Zeit auch Säure und Alkali oder die alchimistischen Spiritus und Qualitates occultae der aufgenommenen Stoffe, waren die Elemente dieser Chemie. Dazwischen spielten allerlei physiologische Anschauungen, von denen einzelne merkwürdige Vorahnungen enthielten, wie das *ἔμφυτον ϑερμόν*, die eingepflanzte Lebenswärme des *Hippokrates*, welches durch die Nahrungsmittel unterhalten wird, diese wiederum im Magen kocht und die Quelle aller Lebensbewegung ist; hier ist schon die Frage angesponnen, die später von ärztlicher Seite zur Auffindung des Äquivalentverhältnisses zwischen mechanischer Arbeit und Wärme,[10] sowie zur wissenschaftlichen Formulierung des Gesetzes von der Erhaltung der Kraft[11] führte. Dagegen hat das *πνεῦμα*, halb Geist, halb Luft, welches man aus den Lungen in die Arterien dringen und diese füllen ließ, viel arge Verwirrung angerichtet. Der Umstand, daß man in den Arterien toter Körper der Regel nach Luft findet, die freilich erst im Augenblick, wo man die Gefäße anschneidet, hineindringt, verleitete die Alten zu dem Glauben, diese Luft sei auch im Leben in den Arterien enthalten. Dann blieben für das Blut nur die Venen übrig, in denen es nicht zirkulieren konnte. Man meinte, es entstehe in der Leber, bewege sich von da zum Herzen und durch die Venen zu den Organen. Jede aufmerksame Beobachtung eines Aderlasses hätte lehren müssen, daß es in den Venen von der Peripherie kommt und zum Herzen hinfließt. Aber diese falsche Theorie hatte sich mit der Erklärung der Fieber und Entzündungen so verwebt, daß sie das Gewicht eines Dogmas enthielt, welches anzugreifen gefährlich war.

Indes der wesentliche prinzipielle Fehler dieser Systeme war und blieb doch die falsche Art von logischer Konsequenz, zu der man sich verpflichtet glaubte, die Vorstellung, es müsse auf *einen* solchen Erklärungsgrund ein vollständiges, alle Formen der Erkrankung und deren Heilung umfassendes System gebaut werden. Die vollendete Kenntnis des Kausalzusammenhanges einer Klasse von Erscheinungen gibt allerdings schließlich ein logisch konsequentes System. Er gibt keinen stolzeren Bau des strengesten Denkens als die moderne Astronomie, deduziert bis in die einzelnsten kleinen Störungen hinein aus *Newtons* Gravitationsgesetz. Aber einem *Newton* war ein *Kepler* vorausgegangen, der die Tatsachen induktiv zusammengefaßt hatte; und niemals haben die Astronomen geglaubt, daß *Newtons* Kraft das gleichzeitige Wirken anderer Kräfte ausschlösse. Fortdauernd sind sie auf der Wacht geblieben, um zu erspähen, ob nicht auch Reibung, widerstehende Mittel, Meteorschwärme Einfluß haben. Die älteren Philosophen und Ärzte glaubten, sie könnten deduzieren, ehe sie ihre allgemeinen Sätze durch Induktion gesichert hatten. Sie vergaßen, daß jede Deduktion nur so viel Sicherheit hat als der Satz aus dem deduziert wird und daß jede neue Deduktion zunächst immer nur wieder ein neues Prüfungsmittel ihrer eigenen Grundlagen an der Erfahrung werden muß. Dadurch, daß ein Schluß in sauberster logischer Methode aus einem unsicheren Vordersatze hergeleitet wird, gewinnt er nicht um eines Haares Breite an Sicherheit oder an Wert.

Charakteristisch aber für die Schulen, die auf solchen als Dogmen angenommenen Hypothesen ihr System errichteten, ist die Intoleranz, deren Äußerungen ich zum Teil schon eben erwähnt habe. Wer auf wohlgesicherter Basis arbeitet, kann einen Irrtum gern zugeben; ihm wird dabei nichts genommen als das, worin er sich geirrt hat. Wenn man aber den Ausgangspunkt auf eine Hypothese gestellt hat, die entweder durch Autorität gewährleistet erscheint oder nur gewählt ist, weil sie dem entspricht, was man für wahr halten zu können *wünscht*, so kann jeder Riß das ganze Gebäude der Überzeugungen rettungslos einreißen. Die überzeugten Anhänger müssen deshalb für jeden einzelnen Teil eines solchen Gebäudes denselben Grad von Infallibilität in Anspruch nehmen, für die Anatomie des *Hippokrates* ebensoviel wie für die Fieberkrisen; jeder Gegner kann ihnen nur als dumm oder schlecht erscheinen, und die Polemik wird nach einer alten Regel um so leidenschaftlicher und persönlicher, je unsicherer der Boden ist, der verteidigt wird. Bei den Schulen der dogmatisch deduktiven Medizin haben wir reichlich Gelegenheit, diese allgemeinen Regeln bestätigt zu finden. Ihre Intoleranz wandten sie teils gegeneinander, teils gegen die Eklektiker, die bei verschiedenen Krankheitsformen verschiedene Erklärungsgründe herbeiholten. Letzteres in der Sache vollkommen begründete Verfahren trug in den Augen der Systematiker den Makel der Inkonsequenz an sich. Und doch waren die größten Ärzte und Beobachter, *Hippokrates* an der Spitze, *Aretaeus*, *Galenus*, *Sydenham*, *Boerhaave*, Eklektiker oder wenigstens sehr laxe Systematiker gewesen.

Um die Zeit, als wir Älteren in das Studium der Medizin eintraten, stand diese noch unter dem Einflusse der wichtigen Entdeckungen, welche *Albrecht von Haller* über die Erregung der Nerven gemacht hatte, diese in Verbindung gesetzt mit der vitalistischen Theorie von der Natur des Lebens. *Haller* hatte die Erregungsvorgänge an den Nerven und Muskeln abgeschnittener Glieder gesehen. Das Auffallendste daran war ihm gewesen, daß die verschiedenartigsten äußeren Einwirkungen mechanische, chemische, thermische, zu denen später noch die elektrischen kamen, immer denselben Erfolg, nämlich Muskelzuckung, hervorriefen. Nach ihrer Einwirkung auf den Organismus waren diese Erregungsvorgänge also nur quantitativ unterschieden, nur durch die Stärke der Wirkung; er bezeichnete sie deshalb mit dem gemeinsamen Namen der *Reize*, nannte den veränderten Zustand der Nerven die *Reizung* und deren Fähigkeit, auf Reize zu antworten, welche mit dem Absterben verlorenging, die *Reizbarkeit.* Dieses ganze Verhältnis, welches, physikalisch genommen, eigentlich weiter nichts aussagt, als daß die Nerven betreffs derjenigen inneren Bewegungen, die nach der Eregung auftreten, in einem äußerst leicht störbaren Gleichgewichtszustande sind, wurde als die Grundeigenschaft des tierischen Lebens angesehen und ohne Bedenken auch auf die übrigen Organe und Gewebe des Körpers übertragen, für welche gar keine ähnlichen Tatsachen vorlagen. Man glaubte, daß sie alle nicht von selbst tätig wären, sondern erst durch Reize den Anstoß erhalten müßten; als die normalen Reize galten Luft und Nahrungsmittel. Die Art der Tätigkeit erschien dagegen durch die besondere Energie des Organs unter der Leitung der Lebenskraft bedingt. Steigerung oder Herabsetzung der Reizbarkeit waren die Kategorien, unter welche die sämtlichen akuten Krankheiten subsummiert und aus denen die Indikationen für schwächende und erregende Behandlung hergenommen wurden. Die starre Einseitigkeit und rücksichtslose Konsequenz, mit welcher *R. Brown* dies System einst durchgeführt hatte, war allerdings gebrochen; doch wurden immer noch die leitenden Gesichtspunkte daher genommen.

Die Lebenskraft hatte einst als luftartiger Geist, als Pneuma, in den Arterien gehaust, hatte dann beim *Paracelsus* die Gestalt des Archaeus, einer Art hilfreichen Kobolds oder „inwendigen Alchimisten", angezogen und ihre klarste wissenschaftliche Fassung als *Lebensseele,* Anima inscia, bei *Georg Ernst Stahl* erlangt, der in der ersten Hälfte des vorigen Jahrhunderts Professor der Chemie und Pathologie in Halle war. *Stahl* war ein klarer und feiner Kopf, der selbst da, wo er gegen unsere jetzigen Ansichten entscheidet, durch die Art, wie er die richtigen Fragen stellt, belehrend und fördernd ist. Er ist derselbe, der das erste umfassendere System der Chemie, das phlogistische, gründete. Wenn man sein Phlogiston in latente Wärme übersetzt, so gingen die theoretischen Grundzüge seines Systems wesentlich auch in die *Lavoisiers* über; nur kannte *Stahl* den Sauerstoff noch nicht, wodurch einige falsche Hypothesen, z. B. über die negative Schwere des Phlogiston, bedingt waren. *Stahls* Lebensseele ist im ganzen nach dem Vorbilde dargestellt, wie sich die pietistischen Gemeinden jener Zeit die sündige menschliche Seele dachten; sie ist Irrtümern und Leidenschaften, der Trägheit, Furcht, Ungeduld, Trauer, Unbedachtsamkeit, Verzweiflung unterworfen. Der Arzt muß sie bald besänftigen, bald aufstacheln oder strafen und zur Buße zwingen. Sehr gut ausgesonnen war es, wie er daneben die Notwendigkeit der physikalischen und chemischen Wirkungen begründete. Die Lebensseele regiert den Körper und wirkt nur mittelst der physikalisch-chemischen Kräfte der aufgenommenen Stoffe. Aber sie hat die Macht, diese Kräfte zu binden und zu lösen, sie gewähren zu lassen oder zu hemmen. Nach dem Tode werden die gehemmten Kräfte frei und rufen Fäulnis und Verwesung hervor. Um diese Hypothese vom Binden und Lösen zu widerlegen, mußte das Gesetz von der Erhaltung der Kraft klar ausgesprochen werden.

Die zweite Hälfte des vorigen Jahrhunderts war schon zu sehr von Aufklärungsprinzipien angesteckt, um *Stahls* Lebensseele offen anzuerkennen. Man übertünchte sie mehr naturwissenschaftlich als *Lebenskraft*, Vis vitalis, während sie im Wesentlichen ihre Funktionen beibehielt und unter dem Namen der Naturheilkraft in Krankheiten eine hervorragende Rolle spielte.

Die Lehre von der Lebenskraft trat ein in das pathologische System der Erregbarkeitsänderungen. Man suchte zu trennen die unmittelbaren Einwirkungen der krankmachenden Schädlichkeit, soweit sie von dem Spiel blinder Naturkräfte abhingen, die Symptomata morbi, von denen, welche die Reaktion der Lebenskraft einleitete, den Symptomata reactionis. Die letzteren sah man hauptsächlich in der Entzündung und im Fieber. Dem Arzte fiel kaum mehr als die Rolle zu, die Stärke dieser Reaktion zu überwachen und sie, je nach Umständen, anzustacheln oder zu dämpfen.

Die Behandlung des Fiebers erschien jeder Zeit als die Hauptsache, als der eigentlich wissenschaftlich begründete Teil der Medizin, woneben die Lokalbehandlung als verhältnismäßig untergeordnet zurücktrat. Die Therapie der fieberhaften Krankheiten war dadurch schon sehr einförmig geworden, wenn auch die durch die Theorie indizierten Mittel, wie namentlich das seit jener Zeit fast ganz aufgegebene Blutlassen, noch kräftig gebraucht wurden. Noch mehr verarmte die Therapie, als die jüngere und kritischer gestimmte Generation herantrat und die Voraussetzungen dessen prüfte, was man als wissenschaftlich betrachtete. Es waren damals unter den jüngeren Ärzten viele, die in Verzweiflung an ihrer Wissenschaft fast jede Therapie aufgaben oder prinzipmäßig nach einer Empirie griffen, wie sie *Rademacher* damals lehrte, welche grundsätzlich jede Hoffnung auf wissenschaftliches Verständnis als eitel ansah.

Was wir damals kennengelernt haben, waren nur noch Ruinen des alten Dogmatismus, aber die bedenklichen Seiten desselben traten noch deutlich genug hervor.

Dem vitalistischen Arzte hing der wesentliche Teil der Lebensvorgänge nicht von Naturkräften ab, die, mit blinder Notwendigkeit und nach festem Gesetz ihre Wirkung ausübend, den Erfolg bestimmten. Was solche verrichten konnten, erschien als Nebensache und ein eingehendes Studium derselben kaum der Mühe wert. Er glaubte mit einem seelenähnlichen Wesen zu tun zu haben, dem ein Denker, ein Philosoph und geistreicher Mann gegenüberstehen mußte. Darf ich es Ihnen durch einzelne Züge erläutern?

Es war eine Zeit, wo Auskultation und Perkussion der Brustorgane in den Kliniken schon regelmäßig betrieben wurde; aber noch manchmal habe ich behaupten hören, es seien dies grob mechanische Untersuchungsmittel, deren ein Arzt von hellem Geistesauge nicht bedürfe; auch setze man dadurch den Patienten, der doch auch ein Mensch sei, herab und entwürdige ihn zu einer Maschine. Das Pulsfühlen erschien als das direkteste Verfahren, um die Reaktionsweise der Lebenskraft kennenzulernen, und wurde deshalb als bei weitem das wichtigste Beobachtungsmittel fein eingeübt. Dabei mit der Sekundenuhr zu zählen, war schon gewöhnlich, galt aber bei den alten Herren als ein Verfahren von nicht ganz gutem Geschmack. An Temperaturmessungen bei Kranken wurde noch nicht gedacht. In bezug auf den Augenspiegel sagte mir ein hochberühmter chirurgischer Kollege, er werde das Instrument nie anwenden, es sei zu gefährlich, das grelle Licht in kranke Augen fallen zu lassen; ein anderer erklärte, der Spiegel möge für Ärzte mit schlechten Augen nützlich sein, er selbst habe sehr gute Augen und bedürfe seiner nicht.

Ein durch bedeutende literarische Tätigkeit berühmter, als Redner und geistreicher Mann gefeierter Professor der Physiologie jener Zeit hatte einen Streit über die Bilder im Auge mit dem Kollegen von der Physik. Der Physiker forderte den Physiologen auf, zu ihm zu kommen und den Versuch zu sehen. Der letztere wies dies Ansinnen entrüstet zurück: „ein Physiologe habe mit Versuchen nichts zu tun, die seien gut für den Physiker“. Ein anderer bejahrter und hochgelehrter Professor der Arzneimittellehre, der sich viel mit Reorganisation der Universitäten beschäftigte, um die alte gute Zeit zurückzuführen, drang inständigst in mich, die Physiologie zu teilen, den eigentlich gedanklichen Teil selbst vorzutragen und die niedere experimentelle Seite einem Kollegen zu überlassen, den er dafür als gut genug ansah. Er gab mich auf, als ich ihm erklärte, ich selbst betrachtete die Experimente als die eigentliche Basis der Wissenschaft.

Ich erzähle Ihnen diese selbst erlebten Züge, um Ihnen anschaulich zu machen, wie die Stimmung der älteren Schulen, und zwar die von gefeierten Repräsentanten der ärztlichen Wissenschaft gegenüber dem andringenden Ideenkreise der Naturwissenschaften war; in der Literatur haben diese Ansichten natürlich schwächeren Ausdruck gefunden, weil die alten Herren doch zu vorsichtig und weltgewandt waren.

Sie begreifen, wie sehr eine solche Stimmung von einflußreichen und geachteten Männern dem Fortschritt hinderlich gewesen sein muß. Die medizinische Bildung jener Zeit beruhte noch wesentlich auf Bücherstudium; es gab noch Vorlesungen, die sich auf das Diktieren eines Heftes beschränkten; für Versuche und Demonstrationen in den Vorlesungen war zum Teil schon gut, zum Teil nur dürftig gesorgt; physiologische und physikalische Laboratorien, wo der Schüler selbst hätte eingreifen können, gab es überhaupt noch nicht; für die Chemie war *Liebigs* große Tat, die Gründung des Laboratoriums in Gießen, schon vollzogen, aber anderswo noch nicht nachgeahmt worden. Indessen besaß die Medizin in den anatomischen Übungen ein großes Erziehungsmittel für selbständige Beobachtung, welches den anderen Fakultäten fehlte und dessen Einfluß ich sehr hoch zu schätzen geneigt bin. Mikroskopische Demonstrationen kamen nur sehr vereinzelt und selten in den Vorlesungen vor. Die Instrumente waren noch teuer und selten; ich selbst gelangte dadurch in den Besitz eines solchen, daß ich die Herbstferien 1841 in der Charité am Typhus darniederliegend zubrachte, als Eleve unentgeltlich verpflegt wurde und mich als Rekonvaleszent im Besitz meiner aufgesparten kleinen Einkünfte sah. Das Instrument war nicht schön; doch war ich damit imstande, die in meiner Dissertation beschriebenen Nervenfortsätze der Ganglienzellen bei den wirbellosen Tieren zu erkennen und die Vibrionen in meiner Arbeit über Fäulnis und Gärung zu verfolgen.

Wer überhaupt von meinen Studiengenossen Versuche anstellen wollte, mußte dafür mit seinem Taschengelde einstehen. Eines haben wir dabei gelernt, was die jüngere Generation in den Laboratorien vielleicht nicht mehr so gut lernt, nämlich die Mittel und Wege, um zum Ziele zu gelangen, nach allen Richtungen hin zu überlegen und alle Möglichkeiten in der Überlegung zu erschöpfen, bis ein gangbarer Weg gefunden war. Aber freilich hatten wir auch vor uns ein kaum angebrochenes Feld, in welchem fast jeder Spatenstich lohnende Ergebnisse herausfördern konnte.

Es war ein Mann vorzugsweise, der uns den Enthusiasmus zur Arbeit in der wahren Richtung gab, nämlich *Johannes Müller*, der Physiolog. In seinen theoretischen Anschauungen bevorzugte er noch die vitalistische Hypothese, aber in dem wesentlichsten Punkte war er Naturforscher, fest und unerschütterlich: alle Theorien waren ihm nur Hypothesen, die an den Tatsachen geprüft werden mußten und über die einzig und allein die Tatsachen zu entscheiden hatten. Selbst die Ansichten über diejenigen Punkte, welche sich am leichtesten in Dogmen versteinern, über die Wirkungsweise der Lebenskraft und die Tätigkeiten der bewußten Seele, suchte er unablässig mittelst der Tatsachen fester zu begrenzen, zu beweisen oder zu widerlegen.

Wenn auch die Technik anatomischer Untersuchungen ihm am geläufigsten war und er auf diese am liebsten zurückging, arbeitete er sich doch auch in die ihm fremderen chemischen und physikalischen Methoden ein. Er lieferte den Nachweis, daß der Faserstoff in der Blutflüssigkeit gelöst sei, er experimentierte über Schallfortpflanzung in solchen Mechanismen, wie sie sich in der Trommelhöhle finden, behandelte als Optiker die Tätigkeit des Auges. Seine für die Physiologie des Nervensystems wie für die Erkenntnistheorie bedeutsamste Leistung war die feste tatsächliche Begründung der Lehre von den spezifischen Energien der Nerven. In bezug auf die Scheidung der Nerven von motorischer und sensibler Energie lehrte er, wie der experimentelle Beweis des *Bell*schen Gesetzes über die Rückenmarkwurzeln[12] fehlerfrei zu führen sei. Betreffs der spezifischen Energien der Sinnesnerven stellte er nicht bloß das allgemeine Gesetz auf, sondern führte auch eine große Anzahl von Einzeluntersuchungen durch, um Ausnahmen zu beseitigen, falsche Deutungen und Ausflüchte zu widerlegen. Was man bis dahin aus den Daten der täglichen Erfahrung geahnt und in unbestimmter, das Wahre mit Falschem vermischender Weise auszusprechen gesucht oder nur erst für einzelne engere Gebiete, wie *Young* für die Farbentheorie, *Bell* für die motorischen Nerven fest formuliert hatte, das ging aus *Müllers* Händen in der Form klassischer Vollendung hervor, eine wissenschaftliche Errungenschaft, deren Wert ich der Entdeckung des Gravitationsgesetzes gleichzustellen geneigt bin.

Sein Geist und sein Beispiel vorzugsweise arbeitete fort in seinen Schülern. Uns waren schon vorausgegangen: *Schwann, Henle, Reichert, Peters, Remak,* ich traf hier als Studiengenossen *E. du Bois-Reymond, Virchow, Brücke, Ludwig, Traube, J. Meyer, Lieberkühn, Hallmann*; es folgten nach *A.* v. *Graefe, W. Busch, Max Schultze, A. Schneider.*

Die mikroskopische und pathologische Anatomie, das Studium der organischen Typen, die Physiologie, die experimentierende Pathologie und Arzneimittellehre, die Augenheilkunde entwickelten sich unter dem Einfluß dieses mächtigen Anstoßes in Deutschland schnell hinaus über das Maß der mitstrebenden Nachbarländer. Zu Hilfe kam das Wirken ähnlich gesinnter Zeitgenossen *Müllers*, unter denen vor allen die drei Leipziger Brüder *Weber* zu nennen sind, die in der Mechanik des Kreislaufs, der Muskeln, der Gelenke, des Ohrs festen Grund gemacht haben.[13]

Man griff an, wo man irgendwie einen Weg sah, um einen der Lebensvorgänge verständlich zu machen; man setzte voraus, sie seien verständlich, und der Erfolg entsprach dieser Voraussetzung. Jetzt ist eine feine und reiche Technik für die Methoden des Mikroskopierens, der physiologischen Chemie, der Vivisektionen ausgebildet, letztere namentlich mit Hilfe des betäubenden Äthers und des lähmenden Curare außerordentlich erleichtert, wodurch eine Fülle von viel tiefer gehenden Problemen angreifbar werden, die unserer Generation noch ganz hoffnungslos erschienen. Das Thermometer, der Augen-, Ohren- und Kehlkopfspiegel, die Nervenreizung am Lebenden geben dem Arzte Möglichkeiten feiner und sicherer Diagnostik, wo uns noch absolutes Dunkel erschien; die immer steigende Anzahl nachgewiesener parasitischer Organismen setzt greifbare Objekte an die Stelle mystischer Krankheits-Entitäten und lehrt den Chirurgen, den furchtbar tückischen Zersetzungskrankheiten zuvorzukommen.

Aber glauben Sie nicht, meine Herren, daß der Kampf zu Ende sei. So lange es Leute von hinreichend gesteigertem Eigendünkel geben wird, die sich einbilden, durch Blitze der Genialität leisten zu können, was das Menschengeschlecht sonst nur durch mühsame Arbeit zu erreichen hoffen darf, wird es auch Hypothesen geben, welche, als Dogmen vorgetragen, alle Rätsel auf einmal zu lösen versprechen. Und solange es noch Leute gibt, die kritiklos leicht an das glauben, wovon sie wünschen, daß es wahr sein möchte, so lange werden jene Hypothesen auch noch Glauben finden. Beide Klassen von Menschen werden wohl nicht aussterben, und der letzteren wird immer die Majorität angehören.

Zwei Motive sind es namentlich, welche die metaphysischen Systeme immer getragen haben. Einmal möchte sich der Mensch als ein über das Maß der übrigen Natur hinausragendes Wesen höherer Art fühlen; diesem Wunsche entsprechen die Spiritualisten. Andererseits möchte er unbedingter Herr über die Welt durch sein

Denken sein, und zwar natürlich durch sein Denken mit denjenigen Begriffsformen, zu deren Ausbildung er bis jetzt gelangt ist; dem suchen die Materialisten zu genügen.

Wer aber, wie der Arzt, den Heil oder Verderben bringenden Kräften handelnd gegenübertreten soll, dem obliegt unter schwerer Verantwortlichkeit die Verpflichtung, die Kenntnis der Wahrheit und nur der Wahrheit zu suchen, ohne Rücksicht, ob, was er findet, den Wünschen der einen oder der anderen Art schmeichelt. Sein Ziel ist ein ganz fest gegebenes, für ihn ist schließlich nur der tatsächliche Erfolg entscheidend. Er muß streben, voraus zu wissen, was der Erfolg seines Eingreifens sein wird, wenn er so oder so verfährt. Um dieses Vorauswissen des Kommenden oder des noch nicht durch Beobachtung Festgestellten zu erwerben, haben wir keine andere Methode, als daß wir die Gesetze der Tatsachen durch Beobachtung kennenzulernen suchen; und wir können sie kennenlernen durch Induktion durch sorgfältige Aufsuchung, Herbeiführung, Beobachtung solcher Fälle, die unter das Gesetz gehören. Glauben wir ein Gesetz gefunden zu haben, dann tritt auch das Geschäft des Deduzierens ein. Dann haben wir die Konsequenzen unseres Gesetzes möglichst vollständig abzuleiten, aber freilich zunächst nur, um sie an der Erfahrung zu prüfen, soweit sie sich irgend prüfen lassen, und um durch diese Prüfung zu entscheiden, ob das Gesetz sich als gültig bewähre und in welchem Umfange. Dies ist eine Arbeit, die eigentlich nie aufhört. Der echte Naturforscher überlegt bei jeder neuen fremdartigen Erscheinung, ob nicht die bestbewährten Wirkungsgesetze längst bekannter Kräfte eine Abänderung erhalten müssen; natürlich kann es sich dabei nur um eine Abänderung handeln, die dem ganzen Schatze der bisher aufgesammelten Erfahrungen nicht widerspricht. So kommt er freilich nie zur unbedingten Wahrheit, aber doch zu so hohen Graden der Wahrscheinlichkeit, daß sie praktisch der Gewißheit gleichstehen. Lassen wir die Metaphysiker darüber spotten; wir wollen uns ihren Spott zu Herzen nehmen, wenn sie einmal Besseres oder auch nur ebensoviel zu leisten imstande sein werden, als die induktive Methode schon geleistet hat. Noch aber sind die alten

Worte des *Sokrates*, des Altmeisters induktiver Begriffsbildung, genau ebenso jung wie vor 2000 Jahren: „Jene glaubten zu wissen, was sie nicht wüßten, und er selbst habe wenigstens den Vorzug, daß er nicht vermeinte zu wissen, was er nicht wisse." Und wiederum: „Er wundere sich nur, daß jene nicht merkten, wie unmöglich es den Menschen sei, dergleichen zu finden; da ja selbst die, welche auf ihre darüber vorgetragenen Theorien im allerhöchsten Grade eingebildet seien, unter sich nicht übereinstimmten, sondern sich wie die Rasenden (*τοῖς μαινομένοις ὁμοίως*) gegen einander betrügen."[14] „*Τοὺς μέγιστον φρονοῦντας*" nennt sie *Sokrates*. Einen „Montblanc neben einem Maulwurfshaufen" nennt sich *Schopenhauer*,[15] wenn er sich mit einem Naturforscher vergleicht. Die Schüler bewundern das große Wort und suchen dem Meister nachzuahmen.

Wenn ich gegen das leere Hypothesenmachen spreche, glauben Sie übrigens nicht, daß ich den Wert der echt originalen Gedanken herabsetzen wolle. Die erste Auffindung eines neuen Gesetzes ist die Auffindung bisher verborgen gebliebener Ähnlichkeit im Ablauf der Naturvorgänge. Sie ist eine Äußerung des Seelenvermögens, welches unsere Vorfahren noch im ernsten Sinne „Witz" nannten; sie ist gleicher Art mit den höchsten Leistungen künstlerischer Anschauung in der Auffindung neuer Typen ausdrucksvoller Erscheinung. Sie ist etwas, was man nicht erzwingen und durch keine bekannte Methode erwerben kann. Darum haschen alle danach, die sich als bevorzugte Kinder des Genius geltend machen möchten. Auch scheint es so leicht, so mühelos, durch plötzliche Geistesblitze einen unerschwingbaren Vorzug vor den Mitlebenden sich anzueignen. Der rechte Künstler zwar und der rechte Forscher wissen, daß große Leistungen nur durch große Arbeit entstehen. Der Beweis dafür, daß die gefundene Ideen nicht nur oberflächliche Ähnlichkeiten zusammenraffen, sondern durch einen tiefen Blick in den Zusammenhang des Ganzen erzeugt sind, läßt sich doch nur durch eine vollständige Durchführung derselben geben, für das neuentdeckte Naturgesetz also nur an seiner Übereinstimmung mit den Tatsachen. Es ist das nicht etwa als eine Wertschätzung nach dem äußerlichen Erfolge anzusehen, sondern der Erfolg hängt hier wesentlich zusammen mit der Tiefe und Vollständigkeit der vorausgegangenen Anschauung.

Oberflächliche Ähnlichkeit finden ist leicht, ist unterhaltend in der Gesellschaft, und witzige Einfälle verschaffen ihrem Autor bald den Namen eines geistreichen Mannes. Unter einer großen Zahl solcher Einfälle werden ja auch wohl einige sein müssen, die sich schließlich als halb oder ganz richtig erweisen; es wäre ja geradezu ein Kunststück, *immer* falsch zu raten. In solchem Glücksfalle kann man seine Priorität auf die Entdeckung laut geltend machen; wenn nicht, so bedeckt glückliche Vergessenheit die gemachten Fehlschüsse. Andere Anhänger desselben Verfahrens helfen gern dazu, den Wert eines „ersten Gedankens“ zu sichern. Die gewissenhaften Arbeiter, welche sich scheuen, ihre Gedanken zu Markte zu bringen, ehe sie sie nicht nach allen Seiten geprüft, alle Bedenken erledigt und den Beweis vollkommen gefestigt haben, kommen dabei in unverkennbaren Nachteil. Die jetzige Art, Prioritätsfragen nur nach dem Datum der ersten Veröffentlichung zu entscheiden, ohne dabei die Reife der Arbeit zu beachten, hat dieses Unwesen sehr begünstigt.

In den Letternkästen eines Buchdruckers liegt alle Weisheit der Welt zusammen, die schon gefunden ist und noch gefunden werden kann; man müßte nur wissen, wie man die Lettern zusammenzuordnen hat. So sind auch in den Hunderten von Schriften und Schriftchen, die alljährlich erscheinen über Äther, Beschaffenheit der Atome, Theorie der Wahrnehmung, ebenso wie über das Wesen der asthenischen Fieber und der Karzinome, gewiß schon längst alle zartesten Nuancierungen der möglichen Hypothesen erschöpft, und unter diesen müssen notwendig viele Bruchstücke der richtigen Theorie sein. Wer sie nur zu finden wüßte!

Ich hebe dies hervor, um Ihnen klarzumachen, daß diese Literatur der ungeprüften und unbestätigten Spekulationen gar keinen Wert für den Fortschritt der Wissenschaft hat; im Gegenteil, die wenigen gesunden Gedanken, die darin stecken mögen, werden von dem Unkraut der übrigen zugedeckt. Wer nachher wirklich Neues und wohlgeprüfte Tatsachen bringen will, sieht sich der Gefahr unzähliger Reklamationen ausgesetzt, wenn er nicht vorher mit dem Durchlesen einer Menge absolut unfruchtbarer Bücher Zeit und Kräfte vergeuden und den Leser durch die Menge unnützer Zitate ungeduldig machen will.

Unsere Generation hat noch unter dem Drucke spiritualistischer Metaphysik gelitten, die jüngere wird sich wohl vor dem der materialistischen zu wahren haben. *Kants* Zurückweisung der Ansprüche des reinen Denkens hat allmählich Eindruck gemacht, aber *Kant* ließ noch einen Ausweg offen. Daß alle bis dahin aufgestellten metaphysischen Systeme nur Gewebe von Trugschlüssen seien, war ihm so klar wie dem *Sokrates*. Seine Kritik der reinen Vernunft ist eine fortlaufende Predigt gegen den Gebrauch der Kategorien des Denkens über die Grenzen möglicher Erfahrung hinaus. Aber die Geometrie schien ihm so etwas zu leisten, wie die Metaphysik es anstrebte, und er erklärte deshalb die Axiome der Geometrie, die er ansah als a priori vor aller Erfahrung gegebene Sätze, für gegeben durch transzendentale Anschauung, oder als die angeborene Form aller äußeren Anschauung. Seitdem ist die reine Anschauung a priori der Ankerplatz der Metaphysiker geworden. Sie ist noch bequemer als das reine Denken, weil man ihr alles aufbürden kann, ohne sich in Schlußketten hineinzubegeben, die einer Prüfung und Widerlegung fähig wären. Die nativistische Theorie der Sinneswahrnehmungen ist der Ausdruck dieser Theorie in der Physiologie. Alle Metaphysiker vereinigt kämpfen gegen jeden Versuch, die Anschauungen, seien es sogenannte reine oder empirische, die Axiome der Geometrie, die Grundsätze der Mechanik oder die Gesichtswahrnehmungen in ihre rationellen Elemente aufzulösen. Eben wegen dieses Sachverhalts halte ich die neueren mathematischen Untersuchungen von *Lobatschewski*, *Gauß*, *Riemann* u. a. über die logisch möglichen Abänderungen der Axiome der Geometrie und den Nachweis, daß die Axiome Sätze sind, die durch die Erfahrung bestätigt oder vielleicht auch widerlegt und deshalb aus der Erfahrung gewonnen werden können, für einen sehr wichtigen Fortschritt. Daß alle Sekten der Metaphysiker sich darüber ereifern, darf Sie nicht irre machen; denn diese Untersuchungen legen die Axt an die scheinbar festeste Stütze, die ihren Ansprüchen noch blieb.

Ich bitte Sie nicht zu vergessen, daß auch der Materialismus eine metaphysische Hypothese ist, eine Hypothese, die sich im Gebiete der Naturwissenschaften allerdings als sehr fruchtbar erwiesen hat, aber doch immer eine Hypothese. Und wenn man diese seine Natur vergißt, so wird er ein Dogma und kann dem Fortschritte der Wissenschaft ebenso hinderlich werden und zu leidenschaftlicher Intoleranz treiben wie andere Dogmen. Diese Gefahr tritt ein, sobald man Tatsachen zu leugnen oder zu verdecken sucht zugunsten entweder der erkenntnistheoretischen Prinzipien des Systems oder zugunsten von Spezialtheorien, die naturwissenschaftlich klingende Erklärungen von einzelnen Gebieten zu geben suchen. So hat man z. B. gegen solche Forscher, welche aus den Sinneswahrnehmungen herauszulösen suchen, was darin von Wirkungen des Gedächtnisses und der im Gedächtnisse zustande kommenden Verstärkung wiederholter gleichartiger Eindrücke, kurz, was der Erfahrung angehört, ein Parteigeschrei zu erheben gesucht, sie seien Spiritualisten. Als ob Gedächtnis, Erfahrung und Übung nicht auch Tatsachen wären, deren Gesetze gesucht werden können und welche sich nicht wegdekretieren lassen, wenn sie auch nicht schon jetzt glatt und einfach auf die bekannten Gesetze der Erregung von Nervenfasern und deren Leitung zurückzuführen sind, so günstigen Spielraum der Phantasie auch das Gewirr der Ganglienzellenfortsätze und Nervenfaserverbindungen im Gehirn darbieten mag.

Überhaupt, so selbstverständlich der Grundsatz erscheint und so wichtig er ist, so oft wird er vergessen, der Grundsatz nämlich, daß die Naturforschung die Gesetze der Tatsachen zu suchen hat. Indem wir das gefundene *Gesetz* als eine Macht anerkennen, welche die Vorgänge in der Natur beherrscht, objektivieren wir es als *Kraft* und nennen eine solche Zurückführung der einzelnen Fälle auf eine unter bestimmten Bedingungen einen bestimmten Erfolg hervorrufende Kraft eine ursächliche Erklärung der Erscheinungen. Wir können dabei nicht immer zurückgehen auf die Kräfte der Atome; wir sprechen auch von einer Lichtbrechungskraft, elektromotorischen und elektrodynamischen Kraft. Aber vergessen Sie nicht die *bestimmten Bedingungen* und den *bestimmten Erfolg*. Wenn diese nicht anzugeben sind, so ist die angebliche Erklärung nur ein verschämtes Geständnis des Nichtwissens, und dann ist es entschieden besser, dafür ein offenes Geständnis zu geben.

Wenn z. B. irgendein vegetativer Prozeß auf Kräfte der Zellen zurückgeführt wird ohne nähere Bestimmung der Bedingungen, unter welchen, und der Richtung, nach welcher diese wirken, so kann dies höchstens noch den Sinn haben, auszudrücken, daß entferntere Teile des Organismus dabei ohne Einfluß sind, aber auch dies möchte in den wenigsten Fällen sicher konstatiert sein. Ebenso ist der ursprünglich wohl bestimmte Sinn, den *Johannes Müller* dem Begriff der Reflexbewegung gab, allmählich dahin verflüchtigt, daß, wenn an irgendeiner Stelle des Nervensystems ein Eindruck stattgefunden hat und an irgendeiner anderen eine Wirkung eintritt, man dies erklärt zu haben glaubt, wenn man sagt, es sei ein Reflex. Den unentwirrbaren Verflechtungen der Hirnnervenfasern kann man vieles aufbürden. Aber die Ähnlichkeit mit den Qualitates occultae der alten Medizin ist sehr bedenklich.

Aus dem ganzen Zusammenhang meiner Darstellung geht eigentlich schon hervor, daß das, was ich gegen die Metaphysik gesagt habe, nicht gegen die Philosophie gerichtet sein soll. Aber die Metaphysiker haben sich von jeher das Ansehen zu geben gesucht, als wären sie die Philosophen, und die philosophischen Dilettanten haben sich meistens nur für die weitfliegenden Spekulationen der Metaphysiker interessiert, durch welche sie glaubten, in kurzer Zeit und ohne zu große Mühe die Summe alles Wissenswerten kennenlernen zu können. Ich habe schon bei einer anderen Gelegenheit[16] das Verhältnis der Metaphysik zur Philosophie mit dem der Astrologie zur Astronomie verglichen. Die Astrologie hatte das aufregendste Interesse für das große Publikum, namentlich für die vornehme Welt, und machte ihre angeblichen Kenner zu einflußreichen Personen. Die Astronomie dagegen, trotzdem sie das Ideal wissenschaftlicher Durcharbeitung geworden ist, muß sich jetzt mit einer kleinen Zahl still fortarbeitender Jünger begnügen.

Ebenso bleibt der Philosophie, wenn sie die Metaphysik aufgibt, noch ein großes und wichtiges Feld: die Kenntnis der geistigen und seelischen Vorgänge und deren Gesetze. Wie der Anatom, wenn er an die Grenzen des mikroskopischen Sehvermögens kommt, sich Einsicht in die Wirkung seines optischen Instrumentes zu verschaffen suchen muß, so wird jeder wissenschaftlicher Forscher auch das Hauptinstrument, mit dem er arbeitet, das menschliche Denken, nach seiner Leistungsfähigkeit genau studieren müssen. Zeugnis für die Schädlichkeit irrtümlicher Ansichten in dieser Beziehung ist unter anderem das zweitausendjährige Herumtappen der medizinischen Schulen. Und auf die Kenntnis der Gesetze der psychischen Vorgänge müßte der Arzt, der Staatsmann, der Jurist, der Geistliche und Lehrer bauen können, wenn sie eine wahrhaft wissenschaftliche Begründung ihrer praktischen Tätigkeit gewinnen wollten. Aber die echte Wissenschaft der Philosophie hat unter den üblichen geistigen Gewohnheiten und falschen Idealen der Metaphysik vielleicht noch mehr zu leiden gehabt als die Medizin.

Nun noch eine Verwahrung; ich möchte nicht, daß Sie glaubten, meine Darstellung sei durch persönliche Erregung beeinflußt gewesen. Daß jemand, der solche Meinungen hat, wie ich sie Ihnen vorgetragen habe, der seinen Schülern, wo er kann, den Grundsatz einschärft: „Ein metaphysischer Schluß ist entweder ein Trugschluß oder ein versteckter Erfahrungsschluß", von den Liebhabern der Metaphysik und der Anschauungen a priori nicht günstig angesehen wird, brauche ich nicht auseinanderzusetzen. Metaphysiker pflegen, wie alle, die ihren Gegnern keine entscheidenden Gründe entgegenzusetzen haben, nicht höflich in ihrer Polemik zu sein; den eigenen Erfolg kann man ungefähr an der steigenden Unhöflichkeit der Rückäußerungen beurteilen.

Meine eigenen Arbeiten haben mich mehr als die übrigen Jünger der naturwissenschaftlichen Schule in die streitigen Gebiete geführt, und die Äußerungen metaphysischer Unzufriedenheit haben mich deshalb auch mehr als meine Freunde betroffen, wie dies viele von Ihnen wissen werden.

Um also meine persönlichen Meinungen außer Spiel zu lassen, habe ich schon zwei unverdächtige Gewährsmänner für mich sprechen lassen, *Sokrates* und *Kant*, welche beide sicher waren, daß alle bis zu ihrer Zeit aufgestellten metaphysischen Systeme Gewebe von eitel Trugschlüssen waren, und selbst sich hüteten, ein neues hinzuzufügen. Nur um zu zeigen, daß weder in den letzten zweitausend, noch in den letzten hundert Jahren die Sache sich geändert hat, lassen Sie mich schließen mit einem Ausspruch von *Friedrich Albert Lange*, dem uns leider zu früh entrissenen Verfasser der Geschichte des Materialismus. In seinen nachgelassenen „Logischen Studien", die er schon in der Aussicht auf sein herannahendes Ende geschrieben hat, gibt er folgende Schilderung, die mir aufgefallen ist, weil sie ebensogut von den Solidar- und Humoralpathologen oder beliebigen anderen alten dogmatischen Schulen der Medizin gelten könnte. *Lange* sagt: „Der Hegelianer schreibt zwar dem Herbartianer ein unvollkommeneres Wissen zu als sich selbst, und umgekehrt; aber keiner nimmt Anstand, das Wissen des Anderen gegenüber dem des Empirikers als ein höheres, und wenigstens als eine Annäherung an das allein wahre Wissen anzuerkennen. Es zeigt sich also, daß hier von der Bündigkeit des Beweises ganz abgesehen und schon die bloße Darstellung in Form der Deduktion aus dem Ganzen eines Systems heraus als apodiktisches Wissen anerkannt wird." [17]

Werfen wir also keine Steine auf unsere alten medizinischen Vorgänger, die in dunklen Jahrhunderten und mit geringen Vorkenntnissen in genau dieselben Fehler verfallen sind wie die großen Intelligenzen des aufgeklärt sein wollenden neunzehnten Jahrhunderts. Jene machten es nicht schlechter als ihre Zeitgenossen, nur trat das Widersinnige der Methode an dem naturwissenschaftlichen Stoffe stärker hervor. Arbeiten wir weiter. Die Ärzte sind berufen, in diesem Werke der wahren Aufklärung eine hervorragende Rolle zu spielen. Unter den Ständen, welche ihre Kenntnis gegenüber der Natur fortdauernd handelnd bewähren müssen, sind sie diejenigen, welche mit der besten geistigen Vorbereitung herantreten und mit den mannigfachsten Gebieten der Naturerscheinungen bekannt werden.

Um endlich unsere Konsultation über den Zustand der Dame Medizin rite mit der Epikrisis zu schließen: so meine ich, wir haben alle Ursache, mit dem Erfolge der Behandlung zufrieden zu sein, die ihr die naturwissenschaftliche Schule hat angedeihen lassen, und wir können der jüngeren Generation nur empfehlen, in derselben Therapie fortzufahren.

Die Tatsachen in der Wahrnehmung[1]

Hochgeehrte Versammlung!

Wir feiern das Stiftungsfest unserer Universität an dem Jahrestage der Geburt ihres Stifters, des vielgeprüften Königs *Friedrich Wilhelm* III.[2] Das Jahr dieser Stiftung 1810 fiel in die Zeit der größten äußeren Bedrängnis unseres Staates; ein erheblicher Teil des Gebietes war verloren, das Land durch den vorangegangenen Krieg und die feindliche Besetzung erschöpft; der kriegerische Stolz, der ihm aus den Zeiten des großen Kurfürsten und des großen Königs geblieben, war tief gedemütigt. Und doch erscheint uns jetzt, wenn wir rückwärts blicken, dieselbe Zeit so reich an Gütern geistiger Art, an Begeisterung, Energie, idealen Hoffnungen und schöpferischen Gedanken, daß wir trotz der verhältnismäßig glänzenden äußeren Lage, in der heute Staat und Nation sich befinden, fast mit Neid auf jene Periode zurücksehen möchten. Daß der König in der bedrängten Lage vor anderen materiellen Anforderungen zunächst an die Gründung der Universität dachte, daß er dann Thron und Leben auf das Spiel setzte, um sich der entschlossenen Begeisterung der Nation im Kampfe gegen den Überwinder anzuvertrauen, zeigt, wie tief auch bei ihm, dem schlichten, lebhaften Gefühlsäußerungen abgeneigten Manne, das Vertrauen auf die geistigen Kräfte seines Volkes wirkte.

Eine stattliche Reihe ruhmwürdiger Namen hatte Deutschland damals in der Kunst wie in der Wissenschaft aufzuweisen, Namen, deren Träger in der Geschichte menschlicher Geistesbildung zum Teil zu den Ersten aller Zeiten und Völker zu zählen sind.

Es lebte *Goethe* und lebte *Beethoven*; *Schiller*, *Kant*, *Herder* und *Haydn* hatten noch die ersten Jahre des Jahrhunderts erlebt. *Wilhelm von Humboldt* entwarf die neue Wissenschaft der vergleichenden Sprachkunde, *Niebuhr*, *Fr. Aug. Wolf*, *Savigny* lehrten alte Geschichte, Poesie und Recht mit lebendigem Verständnis durchdringen, *Schleiermacher* suchte den geistigen Inhalt der Religion tiefsinnig zu erfassen und *Joh. Gottlieb Fichte*, der zweite Rektor unserer Universität, der gewaltige unerschrockene Redner, riß seine Zuhörerschaft fort durch den Strom seiner sittlichen Begeisterung und den kühnen Gedankenflug seines Idealismus.

Selbst die Abirrungen dieser Sinnesweise, die sich in den leicht erkennbaren Schwächen der Romantik aussprechen, haben etwas Anziehendes dem trocken rechnenden Egoismus gegenüber. Man bewunderte sich selbst in den schönen Gefühlen, in denen man zu schwelgen wußte; man suchte die Kunst, solche Gefühle zu haben, auszubilden; man glaubte, die Phantasie um so mehr als schöpferische Kraft bewundern zu dürfen, je mehr sie sich von den Regeln des Verstandes losgemacht hatte. Darin steckte viel Eitelkeit, aber immerhin war es eine Eitelkeit, die für hohe Ideale schwärmte.

Die Älteren unter uns haben noch die Männer jener Periode gekannt, die einst als die ersten Freiwilligen in das Heer traten, stets bereit, sich in die Erörterung metaphysischer Probleme zu versenken, wohlbelesen in den Werken der großen Dichter Deutschlands, noch glühend von Zorn, wenn vom ersten *Napoleon*, von Begeisterung und Stolz, wenn von den Taten des Befreiungskrieges die Rede war.[3]

Wie ist es anders geworden! Das mögen wir wohl erstaunt ausrufen in einer Zeit, wo sich die zynische Verachtung aller idealen Güter des Menschengeschlechtes auf den Straßen und in der Presse breitmacht und in zwei scheußlichen Verbrechen gegipfelt hat, welche das Haupt unseres Kaisers offenbar nur deshalb zu ihrem Ziele wählten, weil in ihm sich alles vereinigte, was die Menschheit bisher als würdig der Verehrung und der Dankbarkeit betrachtet hat.[4]

Fast mit Mühe müssen wir uns daran erinnern, daß erst acht Jahre verflossen sind seit der großen Stunde, wo alle Stände unseres Volkes auf den Ruf desselben Monarchen ohne Zaudern, voll opferfreudiger und begeisterter Vaterlandsliebe in einen gefährlichen Krieg zogen gegen einen Gegner, dessen Macht und Tapferkeit uns nicht unbekannt war. Fast mit Mühe müssen wir des breiten Spielraums gedenken, den die politischen und humanen Bestrebungen, auch den ärmeren Ständen unseres Volkes ein sorgenfreieres und menschenwürdigeres Dasein zu bereiten, in der Tätigkeit und in den Gedanken der gebildeten Klassen eingenommen haben, daran denken, wie sehr ihr Los in materieller und rechtlicher Beziehung wirklich gebessert ist.[5]

Es scheint die Art der Menschheit einmal zu sein, daß neben viel Licht immer viel Schatten zu finden ist: politische Freiheit gibt zunächst den gemeinen Motiven mehr Schrankenlosigkeit sich zu zeigen und sich gegenseitig Mut zu machen, so lange ihnen nicht eine zu energischem Widerspruch gerüstete öffentliche Meinung gegenübersteht. Auch in den Jahren vor dem Befreiungskriege, als *Fichte* seinem Zeitalter Bußpredigten hielt, fehlten diese Elemente nicht. Er schildert Zustände und Gesinnungen als herrschend, die an die schlimmsten unserer Zeit erinnern. „Das gegenwärtige Zeitalter stellt in seinem Grundprincip sich hin hochmüthig herabsehend auf diejenigen, die durch einen Traum von Tugend sich Genüsse entwinden lassen, und seiner sich freuend, daß es über solche Dinge hinweg sei, und in dieser Weise sich nichts aufbinden lasse.“[6] Die einzige Freude, die über das rein Sinnliche hinausgehe, welche den Repräsentanten des Zeitalters bekannt sei, nennt er „das Laben an der eigenen Pfiffigkeit“. Und doch bereitete sich in dieser selben Zeit ein mächtiger Aufschwung vor, der zu den ruhmreichsten Ereignissen unserer Geschichte gehört.

Wenn wir also unsere Zeit auch nicht für hoffnungslos verloren zu halten brauchen, so dürfen wir uns doch nicht allzu leichtfertig mit dem Troste beruhigen, daß es in anderen Zeiten eben nicht besser war als jetzt. Immerhin ist es ratsam, daß bei so bedenklichen Vorgängen ein jeder in dem Kreise, in dem er zu arbeiten hat und den er kennt, Umschau halte, wie es mit der Arbeit für die ewigen Ziele der Menschheit bestellt ist, ob sie im Auge gehalten werden, ob man sich ihnen genähert habe. Im Jugendzeitalter unserer Universität war auch die Wissenschaft jugendlich kühn und hoffnungskräftig, ihr Auge war vorzugsweise den höchsten Zielen zugewendet. Wenn diese auch nicht so leicht zu erreichen waren, wie jene Generation hoffte, wenn sich auch zeigte, daß weitläufige Einzelarbeit den Weg dahin vorbereiten mußte, und somit durch die Natur der Aufgaben selbst zunächst eine andere weniger enthusiastische, weniger unmittelbar den idealen Zielen zugewendete Art der Arbeit gefordert wurde, so wäre es doch zweifellos ein Verderben, wenn unsere Generation über den untergeordneten und praktisch nützlichen Aufgaben die ewigen Ideale der Menschheit aus dem Auge verloren haben sollte.

Das Grundproblem, welehes jene Zeit an den Anfang aller Wissenschaft stellte, war das der Erkenntnistheorie: „Was ist Wahrheit in unserem Anschauen und Denken? In welchem Sinne entsprechen unsere Vorstellungen der Wirklichkeit?" Auf dieses Problem stoßen Philosophie und Naturwissenschaft von zwei entgegengesetzten Seiten; es ist eine gemeinsame Aufgabe beider. Die erstere, welche die geistige Seite betrachtet, sucht aus unserem Wissen und Vorstellen auszuscheiden, was aus den Einwirkungen der Körperwelt herrührt, um rein hinzustellen, was der eigenen Tätigkeit des Geistes angehört. Die Naturwissenschaft im Gegenteil sucht abzuscheiden, was Definition, Bezeichnung, Vorstellungsform, Hypothese ist, um rein übrig zu behalten, was der Welt der Wirklichkeit angehört, deren Gesetze sie sucht. Beide suchen dieselbe Scheidung zu vollziehen, wenn auch jede für einen anderen Teil des Geschiedenen interessiert ist. In der Theorie der Sinneswahrnehmungen und in den Untersuchungen über die Grundprinzipien der Geometrie, Mechanik, Physik kann auch der Naturforscher diesen Fragen nicht aus dem Wege gehen. Da meine eigenen Arbeiten vielfach in beide Gebiete eingetreten sind, so will ich versuchen, Ihnen einen Überblick von dem zu geben, was von seiten der Naturforschung in dieser Richtung getan ist. Natürlich sind schließlich die Gesetze des Denkens bei den naturforschenden Menschen keine anderen als bei den philosophierenden. In allen Fällen, wo die Tatsachen der täglichen Erfahrung, deren Fülle doch schon sehr groß ist, hinreichten, um einem scharfsinnigen Denker von unbefangenem Wahrheitsgefühl einigermaßen genügendes Material für ein richtiges Urteil zu geben, muß der Naturforscher sich damit begnügen, anzuerkennen, daß die methodisch vollendete Sammlung der Erfahrungstatsachen das früher gewonnene Resultat einfach bestätigt. Aber es kommen auch gegenteilige Fälle vor. Dies als Entschuldigung dafür – wenn es entschuldigt werden muß –, daß im Folgenden nicht überall neue, sondern großenteils längst gegebene Antworten auf die betreffenden Fragen wiedergegeben werden. Oft genug gewinnt ja auch ein alter Begriff, an neuen Tatsachen gemessen, eine lebhaftere Beleuchtung und ein neues Ansehen.

Kurz vor dem Beginn des neuen Jahrhunderts hatte *Kant* die Lehre von den vor aller Erfahrung gegebenen oder, wie er sie deshalb nannte, „*transzendentalen*" Formen des Anschauens und Denkens ausgebildet, in welche aller Inhalt unseres Vorstellens notwendig aufgenommen werden muß, wenn er zur Vorstellung werden soll. Für die Qualitäten der Empfindung hatte schon *Locke* den Anteil geltend gemacht, den unsere körperliche und geistige Organisation an der Art hat, wie die Dinge uns erscheinen. In dieser Richtung nun haben die Untersuchungen über die Physiologie der Sinne, welche namentlich *Johannes Müller* vervollständigte, kritisch sichtete und dann in das Gesetz von den *spezifischen Energien der Sinnesnerven* zusammenfaßte, die vollste Bestätigung, man kann fast sagen, in einem unerwarteten Grade, gebracht und dadurch zugleich das Wesen und die Bedeutung einer solchen vonvornherein gegebenen, subjektiven Form des Empfindens in sehr entscheidender und greifbarer Weise dargelegt und anschaulich gemacht. Dieses Thema ist schon oft besprochen worden; ich kann mich deshalb heute darüber kurz fassen. Zwischen den Sinnesempfindungen verschiedener Art kommen zwei verschiedene Grade des Unterschieds vor. Der am tiefsten eingreifende ist der Unterschied zwischen Empfindungen, die verschiedenen Sinnen angehören, wie zwischen blau, süß, warm, hochtönend; ich habe mir erlaubt, diesen als Unterschied in der *Modalität* der Empfindung zu bezeichnen. Er ist so eingreifend, daß er jeden Übergang vom einen zum anderen, jedes Verhältnis größerer oder geringerer Ähnlichkeit ausschließt. Ob z. B. Süß dem Blau oder Rot ähnlicher sei, kann man gar nicht fragen. Die *zweite* Art des Unterschieds dagegen, die minder eingreifende, ist die zwischen verschiedenen Empfindungen desselben Sinnes; ich beschränke auf ihn die Bezeichnung eines Unterschiedes der *Qualität*. *Fichte* faßt diese Qualitäten je eines Sinnes zusammen als Qualitätenkreis und bezeichnet, was ich eben Unterschied der Modalität nannte, *als Unterschied der Qualitätenkreise.*[7] Innerhalb jedes solchen Kreises ist Übergang und Vergleichung möglich. Von Blau können wir durch Violett und Karminrot in Scharlachrot übergehen und z. B. aussagen, daß Gelb dem Orangerot ähnlicher sei als dem Blau. Die physiologischen Untersuchungen lehren nun, daß jener tief eingreifende Unterschied ganz und gar nicht abhängt von der Art des äußeren Eindrucks, durch den die Empfindung erregt ist, sondern ganz allein und ausschließlich bestimmt wird durch den Sinnesnerven, der von dem Eindrucke getroffen worden ist. Erregung des Sehnerven erzeugt nur Lichtempfindungen, gleichviel ob er nun von objektivem Licht, d. h. von Ätherschwingungen, getroffen werde oder von elektrischen Strömen, die man durch das Auge leitet, oder von Druck auf den Augapfel, oder von Zerrung des Nervenstammes bei schneller Bewegung des Blickes. Die Empfindung, die bei den letzteren Einwirkungen entsteht, ist der des objektiven Lichtes so ähnlich, daß man lange Zeit an eine wirkliche Lichtentwickelung im Auge geglaubt hat. *Johannes Müller* zeigte, daß eine solche durchaus nicht stattfinde, daß eben nur die Empfindung des Lichtes da sei, weil der Sehnerv erregt werde.

Wie nun einerseits jeder Sinnesnerv, durch die mannigfachsten Einwirkungen erregt, immer nur Empfindungen aus dem ihm eigentümlichen Qualitätenkreise gibt; so erzeugen andererseits dieselben äußeren Einwirkungen, wenn sie verschiedene Sinnesnerven treffen, die verschiedenartigsten Empfindungen, diese immer entnommen aus dem Qualitätenkreise des betreffenden Nerven. Dieselben Ätherschwingungen, welche das Auge als Licht fühlt, fühlt die Haut als Wärme. Dieselben Luftschwingungen, welche die Haut als Schwirren fühlt, fühlt das Ohr als Ton. Hier ist wiederum die Verschiedenartigkeit des Eindruckes so groß, daß die Physiker sich bei der Vorstellung, Agentien, die so verschieden erscheinen wie Licht und strahlende Wärme, seien gleichartig und zum Teil identisch, erst beruhigten, nachdem durch mühsame Experimentaluntersuchungen nach allen Richtungen hin die vollständige Gleichartigkeit ihres physikalischen Verhaltens festgestellt war.

Aber auch innerhalb des Qualitätenkreises jedes einzelnen Sinnes, wo die Art des einwirkenden Objektes die Qualität der erzeugten Empfindung wenigstens mitbestimmt, kommen noch die unerwartetsten Inkongruenzen vor. Lehrreich ist in dieser Beziehung die Vergleichung von Auge und Ohr, da die Objekte beider, Licht und Schall, schwingende Bewegungen sind, die je nach der Schnelligkeit ihrer Schwingungen verschiedene Empfindungen erregen, im Auge verschiedener Farben, im Ohr verschiedener Tonhöhen. Wenn wir uns zur größeren Übersichtlichkeit erlauben, die Schwingungsverhältnisse des Lichtes mit den Namen der durch entsprechende Tonschwingungen gebildeten musikalischen Intervalle zu bezeichnen, so ergibt sich folgendes: Das Ohr empfindet etwa 10 Oktaven verschiedener Töne, das Auge nur eine Sexte, obgleich die jenseits dieser Grenzen liegenden Schwingungen beim Schall wie beim Lichte vorkommen und physikalisch nachgewiesen werden können. Das Auge hat nur drei voneinander verschiedene Grundempfindungen in seiner kurzen Skala, aus denen sich alle seine Qualitäten durch Addition zusammensetzen, nämlich Rot, Grün, Blauviolett. Diese mischen sich in der Empfindung, ohne sich zu stören. Das Ohr dagegen unterscheidet eine ungeheure Zahl von Tönen verschiedener Höhe. Kein Akkord klingt gleich einem anderen Akkorde, der aus anderen Tönen zusammengesetzt ist, während doch beim Auge gerade das Analoge der Fall ist; denn gleich aussehendes Weiß kann hervorgebracht werden durch Rot und Grünblau des Spektrum, durch Gelb und Ultramarinblau, durch Grüngelb und Violett, durch Grün, Rot und Violett oder durch je zwei, drei oder alle diese Mischungen zusammen. Wären im Ohre die Verhältnisse die gleichen, so wäre gleichtönend der Zusammenklang C und F mit D und G, mit E und A, oder mit C, D, E, F, G, A usw. Und, was in bezug auf die objektive Bedeutung der Farbe bemerkenswert ist: Außer der Wirkung auf das Auge hat noch keine einzige physikalische Beziehung aufgefunden werden können, in der gleich aussehendes Licht regelmäßig gleichwertig wäre. Endlich hängt die ganze Grundlage der musikalischen Wirkung der Konsonanz und Dissonanz von dem eigentümlichen Phänomen der Schwebungen ab. Diese beruhen auf einem schnellen Wechsel in der Intensität des Tones, welcher dadurch entsteht, daß zwei nahe gleich hohe Töne abwechselnd mit gleichen und entgegengesetzten Phasen zusammenwirken und demgemäß bald starke, bald schwache Schwingungen der mitschwingenden Körper erregen. Das physikalische Phänomen würde beim Zusammenwirken zweier Lichtwellenzüge ganz ebenso vorkommen können wie beim Zusammenwirken zweier Tonwellenzüge. Aber der Nerv muß erstens fähig sein, von beiden Wellenzügen affiziert zu werden, und zweitens muß er dem Wechsel von starker und schwacher Intensität schnell genug folgen können. In letzterer Beziehung ist der Gehörnerv dem Sehnerven erheblich überlegen. Gleichzeitig ist jede Faser des Hörnerven nur für Töne aus einem engen Intervall der Skala empfindlich, so daß nur ganz nahe gelegene Töne in ihr überhaupt zusammen wirken können, weit voneinander entfernte nicht oder nicht unmittelbar. Wenn sie es tun, so rührt dies von begleitenden Obertönen oder Kombinationstönen her. Daher tritt beim Ohr dieser Unterschied von schwirrendem und nichtschwirrendem Intervalle, d. h. von Konsonanz und Dissonanz ein. Jede Sehnervenfaser dagegen empfindet durch das ganze Spektrum, wenn auch verschieden stark in verschiedenen Teilen. Könnte der Sehnerv überhaupt den ungeheuer schnellen Schwebungen der Lichtoszillationen in der Empfindung folgen, so würde jede Mischfarbe als Dissonanz wirken.

Sie sehen, wie alle diese Unterschiede in der Wirkungsweise von Licht und Ton bedingt sind durch die Art, wie der Nervenapparat gegen sie reagiert.

Unsere Empfindungen sind eben Wirkungen, welche durch äußere Ursachen in unseren Organen hervorgebracht werden, und wie eine solche Wirkung sich äußert, hängt natürlich ganz wesentlich von der Art des Apparates ab, auf den gewirkt wird. Insofern die Qualität unserer Empfindung uns von der Eigentümlichkeit der äußeren Einwirkung, durch welche sie erregt ist, eine Nachricht gibt, kann sie als ein *Zeichen* derselben gelten, aber nicht als ein *Abbild*. Denn vom Bilde verlangt man irgendeine Art der Gleichheit mit dem abgebildeten Gegenstande, von einer Statue Gleichheit der Form, von einer Zeichnung Gleichheit der perspektivischen Projektion im Gesichtsfelde, von einem Gemälde auch noch Gleichheit der Farben. Ein Zeichen aber braucht gar keine Art der Ähnlichkeit mit dem zu haben, dessen Zeichen es ist. Die Beziehung zwischen beiden beschränkt sich darauf, daß das gleiche Objekt, unter gleichen Umständen zur Einwirkung kommend, das gleiche Zeichen hervorruft und daß also ungleiche Zeichen immer ungleicher Einwirkung entsprechen.

Der populären Meinung gegenüber, welche auf Treu und Glauben die volle Wahrheit der Bilder annimmt, die uns unsere Sinne von den Dingen liefern, mag dieser Rest von Ähnlichkeit, den wir anerkennen, sehr geringfügig erscheinen. In Wahrheit ist er es nicht; denn mit ihm kann noch eine Sache von der allergrößesten Tragweite geleistet werden, nämlich die Abbildung der Gesetzmäßigkeit in den Vorgängen der wirklichen Welt. Jedes Naturgesetz sagt aus, daß auf Vorbedingungen, die in gewisser Beziehung gleich sind, immer Folgen eintreten, die in gewisser anderer Beziehung gleich sind. Da Gleiches in unserer

Empfindungswelt durch gleiche Zeichen angezeigt wird, so wird der naturgesetzlichen Folge gleicher Wirkungen auf gleiche Ursachen, auch eine ebenso regelmäßige Folge im Gebiete unserer Empfindungen entsprechen.

Wenn Beeren einer gewissen Art beim Reifen zugleich rotes Pigment und Zucker ausbilden, so werden in unserer Empfindung bei Beeren dieser Form rote Farbe und süßer Geschmack sich immer zusammen finden.

Wenn also unsere Sinnesempfindungen in ihrer Qualität auch nur Zeichen sind, deren besondere Art ganz von unserer Organisation abhängt, so sind sie doch nicht als leerer Schein zu verwerfen, sondern sie sind eben Zeichen von *Etwas*, sei es etwas Bestehendem oder Geschehendem, und was das Wichtigste ist, das *Gesetz* dieses Geschehens können sie uns abbilden.[8]

Die Qualitäten der Empfindung also erkennt auch die Physiologie als bloße Form der Anschauung an. *Kant* aber ging weiter. Nicht nur die Qualitäten der Sinnesempfindungen sprach er an, als gegeben durch die Eigentümlichkeiten unseres Anschauungsvermögens, sondern auch Zeit und Raum, da wir nichts in der Außenwelt wahrnehmen können, ohne daß es zu einer bestimmten Zeit geschieht und an einen bestimmten Ort gesetzt wird; die Zeitbestimmung kommt sogar auch jeder innerlichen Wahrnehmung zu. Er bezeichnete deshalb die Zeit als die gegebene und notwendige, *transzendentale Form der inneren*, den Raum als die entsprechende Form der *äußeren Anschauung*. Auch die räumlichen Bestimmungen also betrachtet *Kant* als ebensowenig der Welt des Wirklichen oder „dem Dinge an sich" angehörig, wie die Farben, die wir sehen, den Körpern an sich zukommen, sondern durch unser Auge in sie hineingetragen sind. Selbst hier wird die naturwissenschaftliche Betrachtung bis zu einer gewissen Grenze mitgehen können. Wenn wir nämlich fragen, ob es ein gemeinsames und in unmittelbarer Empfindung wahrnehmbares Kennzeichen gibt, durch welches sich für uns jede auf Gegenstände im Raum bezügliche Wahrnehmung charakterisiert: so finden wir in der Tat ein solches in dem Umstande, daß Bewegung unseres Körpers uns in andere räumliche Beziehungen zu den wahrgenommenen Objekten setzt und

hin als dem eigenen Ich gleiche Wesen faßt.[19] Da aber ihre Bilder, in denen sie das Nicht-Ich vorstellen, wieder alle zusammenstimmen müssen, so faßte er die individuellen Ichs alle als Teile oder Ausflüsse des absoluten Ich. Dann war die Welt, in der jene sich fanden, die Vorstellungswelt, welche der Weltgeist sich setzte, und konnte wieder den Begriff der Realität annehmen, wie es bei *Hegel* geschah.

Die *realistische Hypothese* dagegen traut der Aussage der gewöhnlichen Selbstbeobachtung, wonach die einer Handlung folgenden Veränderungen der Wahrnehmung gar keinen psychischen Zusammenhang mit dem vorausgegangenen Willensimpuls haben. Sie sieht als unabhängig von unserem Vorstellen bestehend an, was sich in täglicher Wahrnehmung so zu bewähren scheint: die materielle Welt außer uns. Unzweifelhaft ist die realistische Hypothese die einfachste, die wir bilden können, geprüft und bestätigt in außerordentlich weiten Kreisen der Anwendung, scharf definiert in allen Einzelbestimmungen und deshalb außerordentlich brauchbar und fruchtbar als Grundlage für das Handeln. Das Gesetzliche in unseren Empfindungen würden wir sogar in idealistischer Anschauungsweise kaum anders auszusprechen wissen, als indem wir sagen: „Die mit dem Charakter der Wahrnehmung auftretenden Bewußtseinsakte verlaufen so, *als ob* die von der realistischen Hypothese angenommene Welt der stofflichen Dinge wirklich bestände." Aber über dieses „*als ob*" kommen wir nicht hinweg; für mehr als eine ausgezeichnet brauchbare und präzise Hypothese können wir die realistische Meinung nicht anerkennen; notwendige Wahrheit dürfen wir ihr nicht zuschreiben, da neben ihr noch andere unwiderlegbare idealistische Hypothesen möglich sind.

Es ist gut, dies immer vor Augen zu halten, um aus den Tatsachen nicht mehr folgern zu wollen, als daraus zu folgern ist. Die verschiedenen Abstufungen der idealistischen und realistischen Meinungen sind metaphysische Hypothesen, welche, so lange sie als solche anerkannt werden, ihre vollkommene wissenschaftliche Berechtigung haben, so schädlich sie auch werden mögen, wo man sie als Dogmen oder als angebliche Denknotwendigkeiten hinstellen will. Die Wissenschaft muß alle zulässigen Hypothesen erörtern, um eine vollständige Übersicht über die möglichen Erklärungsversuche zu behalten. Noch notwendiger sind die Hypothesen für das Handeln, weil man nicht immerzu warten kann, bis eine gesicherte wissenschaftliche Entscheidung erreicht ist, sondern sich, sei es nach der Wahrscheinlichkeit, sei es nach dem ästhetischen oder moralischen Gefühl entscheiden muß. In diesem Sinne wäre auch gegen die metaphysischen Hypothesen nichts einzuwenden. Unwürdig eines wissenschaftlich sein wollenden Denkers aber ist es, wenn er den hypothetischen Ursprung seiner Sätze vergißt. Der Hochmut und die Leidenschaftlichkeit, mit der solche versteckte Hypothesen verteidigt werden, sind die gewöhnlichen Folgen des unbefriedigenden Gefühls, welches ihr Verteidiger in den verborgenen Tiefen seines Gewissens über die Berechtigung seiner Sache hegt.

Was wir aber unzweideutig und als Tatsache ohne hypothetische Unterschiebung finden können, ist das Gesetzliche in der Erscheinung. Von dem ersten Schritt an, wo wir vor uns weilende Objekte im Raume verteilt wahrnehmen, ist diese Wahrnehmung das Anerkennen einer gesetzlichen Verbindung zwischen unseren Bewegungen und den dabei auftretenden Empfindungen. Schon die ersten elementaren Vorstellungen enthalten also in sich ein Denken und gehen nach den Gesetzen des Denkens vor sich. Alles, was in der Anschauung zu dem rohen Materiale der Empfindungen hinzukommt, kann in Denken aufgelöst werden, wenn wir den Begriff des Denkens so erweitert nehmen, wie es oben geschehen ist.

Denn wenn „Begreifen“ heißt: *Begriffe* bilden, und wir im Begriff einer Klasse von Objekten zusammensuchen und zusammenfassen, was sie von gleichen Merkmalen an sich tragen: so ergibt sich ganz analog, daß der Begriff einer in der Zeit wechselnden Reihe von Erscheinungen das zusammenzufassen suchen muß, was in allen ihren Stadien gleichbleibt. Der Weise, wie *Schiller* es ausspricht:

„Sucht das vertraute Gesetz in des Zufalls grausenden Wundern,
„Suchet den ruhenden Pol in der Erscheinungen Flucht.“

Wir nennen, was ohne Abhängigkeit von anderem gleichbleibt in allem Wechsel der Zeit: die *Substanz*; wir nennen das gleichbleibende Verhältnis zwischen veränderlichen Größen: das sie verbindende *Gesetz*. Was wir direkt wahrnehmen, ist nur das letztere. Der Begriff der Substanz kann nur durch erschöpfende Prüfungen gewonnen werden und bleibt immer problematisch, insofern weitere Prüfung vorbehalten wird. Früher galten Licht und Wärme als Substanzen, bis sich später herausstellte, daß sie vergängliche Bewegungsformen seien, und wir müssen immer noch auf neue Zerlegungen der jetzt bekannten chemischen Elemente gefaßt sein. Das erste Produkt des denkenden Begreifens der Erscheinung ist das *Gesetzliche*. Haben wir es so weit rein ausgeschieden, seine Bedingungen so vollständig und sicher abgegrenzt und zugleich so allgemein gefaßt, daß für alle möglicherweise eintretenden Fälle der Erfolg eindeutig bestimmt ist, und wir gleichzeitig die Überzeugung gewinnen, es habe sich bewährt und werde sich bewähren in aller Zeit und in allen Fällen: dann erkennen wir es als ein unabhängig von unserem Vorstellen Bestehendes an und nennen es die *Ursache*, d. h. das hinter dem Wechsel ursprünglich Bleibende und Bestehende; nur in diesem Sinne ist meiner Meinung nach die Anwendung des Wortes gerechtfertigt, wenn auch der gemeine Sprachgebrauch es in sehr verwaschener Weise überhaupt für Antecedens oder Veranlassung anwendet. Insofern wir dann das Gesetz als ein unsere Wahrnehmung und den Ablauf der Naturprozesse Zwingendes, als eine unserem Willen gleichwertige Macht anerkennen, nennen wir es *„Kraft"*. Dieser Begriff der uns entgegentretenden Macht ist unmittelbar durch die Art und Weise bedingt, wie unsere einfachsten Wahrnehmungen zustande kommen. Von Anfang an scheiden sich die Änderungen, die wir selbst durch unsere Willensakte machen, von solchen, die durch unsern Willen nicht gemacht, durch unsern Willen nicht zu beseitigen sind. Es ist namentlich der Schmerz, der uns von der Macht der Wirklichkeit die eindringlichste Lehre gibt. Der Nachdruck fällt hierbei auf die Beobachtungstatsache, daß der wahrgenommene Kreis der Präsentabilien nicht durch einen *bewußten* Akt unseres Vorstellens oder Willens gesetzt ist. *Fichtes*

„*Nicht-Ich*" ist hier der genau zutreffende negative Ausdruck. Auch dem Träumenden erscheint, was er zu sehen und zu fühlen glaubt, nicht durch seinen Willen oder durch die bewußte Verkettung seiner Vorstellungen hervorgerufen zu sein, wenn auch unbewußt das letztere in Wirklichkeit oft genug der Fall sein möchte; auch ihm ist es ein Nicht-Ich. Ebenso dem Idealisten, der es als die Vorstellungswelt des Weltgeistes ansieht.

Wir haben in unserer Sprache eine sehr glückliche Bezeichnung für dieses, was, hinter dem Wechsel der Erscheinungen stehend, auf uns einwirkt, nämlich: „das Wirkliche". Hierin ist nur das Wirken ausgesagt; es fehlt die Nebenbeziehung auf das Bestehen als Substanz, welche der Begriff des Reellen, d. h. des Sachlichen, einschließt. In den Begriff des Objektiven andererseits schiebt sich meist der Begriff des fertigen Bildes eines Gegenstandes ein, welcher nicht auf die ursprünglichsten Wahrnehmungen paßt. Auch bei dem folgerichtig Träumenden müßten wir diejenigen seelischen Zustände oder Motive, welche ihm die dem gegenwärtigen Stande seiner geträumten Welt gesetzmäßig entsprechenden Empfindungen zur Zeit unterschieben, als wirksam und wirklich bezeichnen. Andererseits ist klar, daß eine Scheidung von Gedachtem und Wirklichem erst möglich wird, wenn wir die Scheidung dessen, was das Ich ändern und nicht ändern kann, zu vollführen wissen. Diese wird aber erst möglich, wenn wir erkennen, welche gesetzmäßigen Folgen die Willensimpulse zur Zeit haben. Das Gesetzmäßige ist daher die wesentliche Voraussetzung für den Charakter des Wirklichen.

Daß es eine Contradictio in adjecto sei, das Reelle oder *Kants* „Ding an sich" in positiven Bestimmungen vorstellen zu wollen, ohne es doch in die Form unseres Vorstellens aufzunehmen, brauche ich Ihnen nicht auseinanderzusetzen. Das ist oft besprochen. Was wir aber erreichen können, ist die Kenntnis der gesetzlichen Ordnung im Reiche des Wirklichen, diese freilich nur dargestellt in dem Zeichensystem unserer Sinneseindrücke.

„Alles Vergängliche
Ist nur ein Gleichnis."[20]

Daß wir *Goethe* hier und weiter mit uns auf demselben Wege finden, halte ich für ein günstiges Zeichen. Wo es sich um weite Ausblicke handelt, können wir seinem hellen und unbefangenen Blick für Wahrheit wohl vertrauen. Er verlangte von der Wissenschaft, sie solle nur eine künstlerische Anordnung der Tatsachen sein und keine abstrakten Begriffe darüber hinaus bilden, die ihm leere Namen zu sein schienen und die Tatsachen nur verdüsterten. In demselben Sinne etwa hat neuerdings *Gustav Kirchhoff* es als die Aufgabe der abstraktesten unter den Naturwissenschaften, der Mechanik, bezeichnet, die in der Natur vorkommenden Bewegungen *vollständig und auf die einfachste Weise zu beschreiben.*[21] Was das „Verdüstern" betrifft, so geschieht dies in der Tat, wenn wir im Reiche der abstrakten Begriffe stehenbleiben und uns nicht den tatsächlichen Sinn derselben auseinander legen, d. h. uns klarmachen, welche beobachtbaren neuen gesetzlichen Verhältnisse zwischen den Erscheinungen daraus folgen. Jede richtig gebildete Hypothese stellt ihrem tatsächlichen Sinne nach ein allgemeineres Gesetz der Erscheinungen hin, als wir bisher unmittelbar beobachtet haben; sie ist ein Versuch, zu immer allgemeinerer und umfassenderer Gesetzlichkeit aufzusteigen. Was sie an Tatsachen Neues behauptet, muß durch Beobachtung und Versuch geprüft und bestätigt werden. Hypothesen, die einen solchen tatsächlichen Sinn nicht haben oder überhaupt nicht sichere und eindeutige Bestimmungen für die unter sie fallenden Tatsachen geben, sind nur als wertlose Phrasen zu betrachten.

Jede Zurückführung der Erscheinungen auf die zugrunde liegenden Substanzen und Kräfte behauptet, etwas Unveränderliches und Abschließendes gefunden zu haben. Zu einer unbedingten Behauptung dieser Art sind wir nie berechtigt; das erlaubt weder die Lückenhaftigkeit unseres Wissens, noch die Natur der Induktionsschlüsse, auf denen all unsere Wahrnehmung des Wirklichen vom ersten Schritte an beruht.

Jeder Induktionsschluß stützt sich auf das Vertrauen, daß ein bisher beobachtetes gesetzliches Verhalten sich auch in allen noch nicht zur Beobachtung gekommenen Fällen bewähren werde. Es ist dies ein Vertrauen auf die Gesetzmäßigkeit alles Geschehens. Die Gesetzmäßigkeit aber ist die Bedingung der Begreifbarkeit. Vertrauen in die Gesetzmäßigkeit ist also zugleich Vertrauen auf die Begreifbarkeit der Naturerscheinungen. Setzen wir aber voraus, daß das Begreifen zu vollenden sein wird, daß wir ein letztes Unveränderliches als *Ursache* der beobachteten Veränderungen werden hinstellen können, so nennen wir das regulative Prinzip unseres Denkens, was uns dazu treibt, das *Kausalgesetz*. Wir können sagen, es spricht das Vertrauen auf die *vollkommene Begreifbarkeit* der Welt aus. Das Begreifen, in dem Sinne, wie ich es beschrieben habe, ist die Methode, mittelst deren unser Denken die Welt sich unterwirft, die Tatsachen ordnet, die Zukunft voraus bestimmt. Es ist sein Recht und seine Pflicht, die Anwendung dieser Methode auf alles Vorkommende auszudehnen, und wirklich hat es auf diesem Wege schon große Ergebnisse geerntet. Für die Anwendbarkeit des Kausalgesetzes haben wir aber keine weitere Bürgschaft als seinen Erfolg. Wir könnten in einer Welt leben, in der jedes Atom von jedem anderen verschieden wäre und wo es nichts Ruhendes gäbe. Da würde keinerlei Regelmäßigkeit zu finden sein, und unsere Denktätigkeit müßte ruhen.

Das Kausalgesetz ist wirklich ein a priori gegebenes, ein transzendentales Gesetz. Ein Beweis desselben aus der Erfahrung ist nicht möglich; denn die ersten Schritte der Erfahrung sind nicht möglich, wie wir gesehen haben, ohne die Anwendung von Induktionsschlüssen, d. h. ohne das Kausalgesetz; und aus der vollendeten Erfahrung, wenn sie auch lehrte, daß alles bisher Beobachtete gesetzmäßig verlaufen ist – was zu versichern wir doch lange noch nicht berechtigt sind –, würde immer nur erst durch einen Induktionsschluß, d. h. unter Voraussetzung des Kausalgesetzes, folgen können, daß nun auch in Zukunft das Kausalgesetz gültig sein würde. Hier gilt nur der eine Rat: Vertraue und handle!

Das Unzulängliche,
Dann wirds Ereignis[22].

Das wäre die Antwort, die wir auf die Frage zu geben haben: was ist Wahrheit in unserem Vorstellen? In dem, was mir immer als der wesentlichste Fortschritt in *Kants*

Philosophie erschienen ist, stehen wir noch auf dem Boden seines Systems. In diesem Sinne habe ich auch in meinen bisherigen Arbeiten häufig die Übereinstimmung der neueren Sinnesphysiologie mit *Kants* Lehren betont, aber damit freilich nicht gemeint, daß ich auch in allen untergeordneten Punkten in verba magistri zu schwören hätte. Als wesentlichsten Fortschritt der neueren Zeit glaube ich die Auflösung des Begriffs der Anschauung in die elementaren Vorgänge des Denkens betrachten zu müssen, die bei *Kant* noch fehlt, wodurch dann auch seine Auffassung der Axiome der Geometrie als transzendentaler Sätze bedingt ist. Es sind hier namentlich die physiologischen Untersuchungen über die Sinneswahrnehmungen gewesen, welche uns an die letzten elementaren Vorgänge des Erkennens hingeführt haben, die noch nicht in Worte faßbar, der Philosophie unbekannt und unzugänglich bleiben mußten, solange diese nur die in der Sprache ihren Ausdruck findenden Erkenntnisse untersuchte.

Denjenigen Philosophen freilich, welche die Neigung zu metaphysischen Spekulationen beibehalten haben, erscheint gerade das als das Wesentlichste an *Kants* Philosophie, was wir als einen von der ungenügenden Entwicklung der Spezialwissenschaften seiner Zeit abhängigen Mangel betrachtet haben. In der Tat stützt sich *Kants* Beweis für die Möglichkeit einer Metaphysik, von welcher angeblichen Wissenschaft er selbst doch nichts weiter zu entdecken wußte, ganz allein auf die Meinung, daß die Axiome der Geometrie und die verwandten Prinzipien der Mechanik transzendentale, a priori gegebene Sätze seien. Übrigens widerspricht sein ganzes System eigentlich der Existenz der Metaphysik, und die dunklen Punkte seiner Erkenntnis-theorie, über deren Interpretation so viel gestritten worden ist, stammen von dieser Wurzel ab.

Nach alledem hätte die Naturwissenschaft ihren sichern Boden, auf dem feststehend sie die Gesetze des Wirklichen suchen kann, ein wunderbar reiches und fruchtbares Arbeitsfeld. Solange sie sich auf diese Tätigkeit beschränkt, wird sie von idealistischen Zweifeln nicht getroffen. Solche Arbeit mag bescheiden erscheinen im Vergleich zu den hochfliegenden Plänen der Metaphysiker.

Doch mit Göttern
Soll sich nicht messen
Irgend ein Mensch.
Hebt er sich aufwärts
Und berührt
Mit dem Scheitel die Sterne,
Nirgends haften dann
Die unsicheren Sohlen,
Und mit ihm spielen
Wolken und Winde.

Steht er mit festen
Markigen Knochen
Auf der wohlgegründeten
Dauernden Erde:
Reicht er nicht auf,
Nur mit der Eiche
Oder der Rebe
Sich zu vergleichen.[23]

Immerhin mag uns das Vorbild dessen, der dies sagte, lehren, wie ein Sterblicher, der wohl zu stehen gelernt hatte, auch wenn er mit dem Scheitel die Sterne berührte, noch das klare Auge für Wahrheit und Wirklichkeit behielt. Etwas von dem Blicke des Künstlers, von dem Blicke, der *Goethe* und auch *Leonardo da Vinci* zu großen wissenschaftlichen Gedanken leitete, muß der rechte Forscher immer haben. Beide, Künstler wie Forscher, streben, wenn auch in verschiedener Behandlungsweise, dem Ziele zu, neue Gesetzlichkeit zu entdecken. Nur muß man nicht müßiges Schwärmen und tolles Phantasieren für künstlerischen Blick ausgeben wollen. Der rechte Künstler und der rechte Forscher wissen beide recht zu arbeiten und ihrem Werke feste Form und überzeugende Wahrheitstreue zu geben.

Übrigens hat sich bisher die Wirklichkeit der treu ihren Gesetzen nachforschenden Wissenschaft immer noch viel erhabener und reicher enthüllt, als die äußersten Anstrengungen mythischer Phantasie und metaphysischer Spekulation sie auszumalen gewußt hatten. Was wollen alle die ungeheuerlichen Ausgeburten indischer Träumerei, die Häufungen riesiger Dimensionen und Zahlen sagen gegen die

Wirklichkeit des Weltgebäudes, gegen die Zeiträume, in denen Sonne und Erde sich bildeten, in denen das Leben während der geologischen Geschichte sich entwickelte, in immer vollendeteren Formen sich den beruhigteren physikalischen Zuständen unseres Planeten anpassend.

Welche Metaphysik hat Begriffe vorbereitet von Wirkungen, wie sie Magnete und bewegte Elektrizität aufeinander ausüben, um deren Zurückführung auf wohlbestimmte Elementarwirkungen die Physik im Augenblick noch ringt, ohne zu einem klaren Abschluß gelangt zu sein. Aber schon scheint auch das Licht nichts als eine andere Bewegungsweise jener beiden Agentien, und der raumfüllende Äther erhält als magnetisierbares und elektrisierbares Medium ganz neue charakteristische Eigenschaften.

Und in welches Schema scholastischer Begriffe sollen wir diesen Vorrat von wirkungsfähiger Energie einreihen, dessen Konstanz das Gesetz von der Erhaltung der Kraft aussagt, der, unzerstörbar und unvermehrbar wie eine Substanz, als Triebkraft in jeder Bewegung des leblosen wie des lebendigen Stoffes tätig ist, ein Proteus in immer neue Formen sich kleidend, durch den unendlichen Raum wirkend und doch nicht ohne Rest teilbar mit dem Raume, das Wirkende in jeder Wirkung, das Bewegende in jeder Bewegung und doch nicht Geist und nicht Materie? – Hat ihn der Dichter geahnt?

In Lebensfluten, in Tatensturm,
Wall' ich auf und ab,
Webe hin und her!
Geburt und Grab,
Ein ewiges Meer,
Ein wechselnd Weben,
Ein glühend Leben,
So schaff' ich am sausenden Webstuhl der Zeit,
Und wirke der Gottheit lebendiges Kleid.[24]

Wir, Stäubchen auf der Fläche unseres Planeten, der selbst kaum ein Sandkorn im unendlichen Raume des Weltalls zu nennen ist, wir, das jüngste Geschlecht unter den Lebendigen der Erde, nach geologischer Zeitrechnung kaum der Wiege entstiegen, noch im Stadium des Lernens, kaum halb erzogen, mündig gesprochen nur aus gegenseitiger Rücksicht und doch schon durch den kräftigeren Antrieb des Kausalgesetzes über alle unsere Mitgeschöpfe hinausgewachsen und sie im Kampf um das Dasein bezwingend, haben wahrlich Grund genug, stolz zu sein, daß es uns gegeben ist, „die unbegreiflich hohen Werke"[25] in treuer Arbeit langsam verstehenzulernen, und wir brauchen uns nicht im mindesten beschämt zu fühlen, wenn dies nicht gleich im ersten Ansturm eines Ikarusfluges gelingt.

Beilage zum Vortrag: Die Tatsachen in der Wahrnehmung

II. Der Raum kann transzendental sein, ohne daß es die Axiome sind[1]

Fast von allen philosophischen Gegnern der metamathematischen Untersuchungen sind beide Behauptungen als identisch behandelt worden, was sie keineswegs sind. Das hat Herr *Benno Erdmann*[2] schon ganz klar in der den Philosophen geläufigen Ausdrucksweise auseinandergesetzt. Ich selbst habe es betont in einer gegen die Einwürfe von Herrn *Land* in Leiden gerichteten Antwort.[3] Obgleich der Verfasser der neuesten Gegenschrift, Herr *Albrecht Krause*[4], beide Abhandlungen zitiert, sind doch auch bei ihm wieder von sieben Abschnitten die ersten fünf zur Verteidigung der transzendentalen Natur der Anschauungsform des Raumes bestimmt und nur zwei behandeln die Axiome. Der Verfasser ist allerdings nicht bloß Kantianer, sondern Anhänger der extremsten nativistischen Theorien in der physiologischen Optik und betrachtet den ganzen Inhalt dieser Theorien als eingeschlossen in *Kants* System der Erkenntnistheorie, wozu doch nicht die geringste Berechtigung vorläge, selbst wenn *Kants* individuelle Meinung, dem unentwickelten Zustande der physiologischen Optik seiner Zeit entsprechend, ungefähr so gewesen sein sollte. Die Frage, ob die Anschauung mehr oder weniger weit in begriffliche Bildungen aufzulösen sei, war damals noch nicht aufgeworfen worden. Übrigens schreibt Herr *Krause* mir Vorstellungen über Lokalzeichen, Sinnengedächtnis, Einfluß der Netzhautgröße usw. zu, die ich nie gehabt und nie vorgetragen habe oder die zu widerlegen ich mich ausdrücklich bemüht habe. Unter Sinnengedächtnis habe ich stets nur das Gedächtnis für unmittelbare sinnliche Eindrücke, die nicht in Wortfassung gebracht sind, bezeichnet, aber würde gegen die Behauptung, dieses Sinnengedächtnis habe seinen Sitz in den peripherischen Sinnesorganen, stets lebhaft protestiert haben. Ich habe Versuche ausgeführt und beschrieben zu dem Zwecke, um zu zeigen, daß wir selbst mit gefälschten Netzhautbildern, z. B. durch Linsen, durch konvergierende, divergierende oder seitlich ablenkende Prismen sehend, schnell die Täuschung überwinden lernen und wieder richtig sehen, und dann wird mir S. 41 von Herrn *Krause* untergeschoben, ein Kind müßte alles kleiner sehen als ein Erwachsener, weil sein Auge kleiner ist. Vieleicht überzeugt der vorstehende Vortrag den genannten Autor, daß er den Sinn meiner empiristischen Theorie der Wahrnehmung bisher gänzlich mißverstanden hat.

Was Herr *Krause* in den Abschnitten über die Axiome einwendet, ist zum Teil in dem vorstehenden Vortrage erledigt, z. B. die Gründe, warum die anschauliche Vorstellung eines bisher noch nie beobachteten Objekts *schwer* sein könne. Dann folgt mit bezug auf meine in dem Vortrage über die Axiome der Geometrie[5] zur Veranschaulichung des Verhältnisses der verschiedenen Geometrien gemachten Annahme flächenhafter Wesen, die auf einer Ebene oder Kugel leben, eine Auseinandersetzung, daß auf der Kugel zwar zwei oder viele „geradeste“[6] Linien zwischen zwei Punkten existieren könnten, das Axiom des *Euklides* aber von der einen „geraden“ Linie spräche. Für die Flächenwesen auf der Kugel aber hat die gerade Verbindungslinie zwischen zwei Punkten der Kugelfläche, nach den gemachten Annahmen, gar keine reale Existenz in ihrer Welt. Die „geradeste“ Linie ihrer Welt wäre eben für sie, was für uns die „gerade“ ist. Herr *Krause* macht zwar den Versuch, die gerade Linie als die Linie von nur einer Richtung zu definieren. Wie soll man aber Richtung definieren; doch wieder nur durch die gerade Linie. Hier bewegen wir uns in einem Circulus vitiosus. Richtung ist sogar der speziellere Begriff, denn in jeder geraden Linie gibt es zwei entgegengesetzte Richtungen.

Dann folgt eine Auseinandersetzung, daß, wenn die Axiome Erfahrungssätze wären, wir von ihrer Richtigkeit nicht absolut überzeugt sein könnten, wie wir es doch wären. Darum dreht sich ja eben der Streit. Herr *Krause* ist überzeugt, wir würden Messungen, die gegen die Richtigkeit der Axiome sprächen, nicht glauben. Darin mag er wohl in bezug auf eine große Anzahl von Menschen Recht haben, die einem auf alte Autorität gestützten Satze, der mit allen ihren übrigen Kenntnissen eng verwoben ist, lieber trauen als ihrem eigenen Nachdenken. Bei einem Philosophen sollte es doch anders sein. Die Menschen haben sich auch gegen die Kugelgestalt der Erde, gegen deren Bewegung, gegen die Existenz von Meteorsteinen lange genug höchst ungläubig verhalten. Übrigens ist an seiner Behauptung richtig, daß es sich empfiehlt, in der Prüfung der Beweisgründe gegen Sätze von alter Autorität um so strenger zu sein, je länger sich dieselben bisher in der Erfahrung vieler Generationen als tatsächlich richtig erwiesen haben. Schließlich aber müssen doch die Tatsachen und nicht die vorgefaßten Meinungen oder *Kants* Autorität entscheiden. Ferner ist richtig, wenn die Axiome Naturgesetze sind, daß sie natürlich an der nur approximativen Erweisbarkeit aller Naturgesetze durch Induktion teilhaben. Aber der Wunsch, exakte Gesetze kennen zu wollen, ist noch kein Beweis dafür, daß es solche gibt. Sonderbar jedoch ist es, daß Herr A. *Krause*, der die Ergebnisse wissenschaftlicher Messung wegen ihrer begrenzten Genauigkeit verwirft, für die transzendentale Anschauung sich mit den Schätzungen durch das Augenmaß beruhigt (S. 62), um zu erweisen, daß wir gar keiner Messungen bedürften, um uns von der Richtigkeit der Axiome zu überzeugen. Das heißt doch Freund und Feind mit verschiedenem Maße messen! Als ob nicht jeder Zirkel aus dem schlechtesten Reißzeuge Genaueres leistete als das beste Augenmaß, selbst abgesehen von der Frage, die sich mein Gegner gar nicht stellt, ob das letztere angeboren und a priori gegeben oder nicht auch erworben sei.

Großen Anstoß hat der Ausdruck *Krümmungsmaß* in seiner Anwendung auf den Raum von drei Dimensionen bei philosophischen Schriftstellern erregt.[7] Nun bezeichnet der Name eine gewisse von *Riemann* definierte Größe, welche, für Flächen berechnet, zusammenfällt mit dem, was *Gauß* Krümmungsmaß der Flächen genannt hat. Diesen Namen haben die Geometer als kurze Bezeichnung für den allgemeineren Fall von mehr als zwei Dimensionen beibehalten. Der Streit bewegt sich hier nur um den Namen und um nichts als den Namen für einen übrigens wohldefinierten Größenbegriff.

Beilage zum Vortrag: Über die Tatsachen in der Wahrnehmung

III. Die Anwendbarkeit der Axiome auf die physische Welt[1]

Ich will hier die Folgerungen entwickeln, zu denen wir gedrängt würden, wenn *Kants* Hypothese von dem transzendentalen Ursprunge der geometrischen Axiome richtig wäre und erörtern, welchen Wert alsdann diese unmittelbare Kenntnis der Axiome für unsere Beurteilung der Verhältnisse der objektiven Welt haben würde.[2]

§ 1.

Ich werde in diesem ersten Abschnitte zunächst in der realistischen Hypothese stehenbleiben und deren Sprache reden, also annehmen, daß die Dinge, welche wir objektiv wahrnehmen, reell bestehen und auf unsere Sinne wirken. Ich tue dies zunächst nur, um die einfache und verständliche Sprache des gewöhnlichen Lebens und der Naturwissenschaft reden zu können und dadurch den Sinn dessen, was ich meine, auch für Nichtmathematiker verständlich auszudrücken. Ich behalte mir vor, im folgenden Paragraphen die realistische Hypothese fallenzulassen und die entsprechende Auseinandersetzung in abstrakter Sprache und ohne jede besondere Voraussetzung über die Natur des Realen zu wiederholen.

Zunächst müssen wir von derjenigen Gleichheit oder Kongruenz der Raumgrößen, wie sie nach der gemachten Annahme aus transzendentaler Anschauung fließen könnte, diejenige Gleichwertigkeit derselben unterscheiden, welche durch Messung mit physischen Hilfsmitteln zu konstatieren ist.

Physisch gleichwertig nenne ich Raumgrößen, in denen unter gleichen Bedingungen und in gleichen Zeitabschnitten die gleichen physikalischen Vorgänge bestehen und ablaufen können. Der unter geeigneten Vorsichtsmaßregeln am häufigsten zur Bestimmung physisch gleichwertiger Raumgrößen gebrauchte Prozeß ist die Übertragung starrer Körper, wie der Zirkel und Maßstäbe, von einem Orte zum anderen. Übrigens ist es ein ganz allgemeines Ergebnis aller unserer Erfahrungen, daß, wenn die Gleichwertigkeit zweier Raumgrößen durch irgendwelche dazu ausreichende Methode physikalischer Messung erwiesen worden ist, dieselben sich auch allen anderen bekannten physikalischen Vorgängen gegenüber als gleichwertig erweisen. Physische Gleichwertigkeit ist also eine vollkommen bestimmte, eindeutige objektive Eigenschaft der Raumgrößen, und offenbar hindert uns nichts, durch Versuche und Beobachtungen zu ermitteln, wie physische Gleichwertigkeit eines bestimmten Paares von Raumgrößen abhängt von der physischen Gleichwertigkeit anderer Paare solcher Größen. Dies würde uns eine Art von Geometrie geben, die ich einmal für den Zweck unserer gegenwärtigen Untersuchung *physische Geometrie* nennen will, um sie zu unterscheiden von der Geometrie, die auf die hypothetisch angenommene transzendentale Anschauung des Raumes gegründet wäre. Eine solche rein und absichtlich durchgeführte physische Geometrie würde offenbar möglich sein und vollständig den Charakter einer Naturwissenschaft haben.

Schon deren erste Schritte würden uns auf Sätze führen, welche den Axiomen entsprächen, wenn nur statt der transzendentalen Gleichheit der Raumgrößen ihre physische Gleichwertigkeit gesetzt wird.

Sobald wir nämlich eine passende Methode gefunden hätten, um zu bestimmen, ob die Entfernungen je zweier Punktpaare einander gleich (d. h. physisch gleichwertig) sind, würden wir auch den besonderen Fall unterscheiden können, wo drei Punkte *a*, *b*, *c* so liegen, daß außer *b* kein zweiter Punkt zu finden ist, der dieselben Entfernungen von *a* und *c* hätte wie *b*. Wir sagen in diesem Falle, daß die drei Punkte in gerader Linie liegen.

Wir würden dann imstande sein, drei Punkte *A*, *B*, *C* zu suchen, die alle drei gleiche Entfernung voneinander haben, also die Ecken eines gleichseitigen Dreiecks darstellen. Dann könnten wir zwei neue Punkte suchen b und c, beide gleich weit von A entfernt und b mit A und B, c mit A und C in gerader Linie liegend. Alsdann entstände die Frage: Ist das neue Dreieck Abc auch gleichseitig, wie ABC; ist also $bc = Ab = Ac$? Die *Euklidische* Geometrie antwortet: ja; die *sphärische* behauptet: $bc > Ab$, wenn $Ab < AB$; und die pseudosphärische: $b\,c < Ab$ unter derselben Bedingung. Schon hier kämen die Axiome zur tatsächlichen Entscheidung. Ich habe dieses einfache Beispiel gewählt, weil wir dabei nur mit der Messung von Gleichheit oder Ungleichheit der Entfernungen von Punkten, beziehlich mit der Bestimmtheit oder Unbestimmtheit der Lage gewisser Punkte zu tun haben und weil gar keine zusammengesetzteren Raumgrößen, gerade Linien oder Ebenen konstruiert zu werden brauchen. Das Beispiel zeigt, daß diese physische Geometrie ihre die Stelle der Axiome einnehmenden Sätze haben würde.

Soweit ich sehe, kann es auch für den Anhänger der *Kant*schen Theorie nicht zweifelhaft sein, daß es möglich wäre, in der beschriebenen Weise eine rein erfahrungsmäßige Geometrie zu gründen, wenn wir noch keine hätten. In dieser würden wir es nur mit beobachtbaren empirischen Tatsachen und deren Gesetzen zu tun haben. Die Wissenschaft, die auf solche Weise gewonnen wäre, würde nur insofern eine von der Beschaffenheit der im Raum enthaltenen physischen Körper unabhängige Raumlehre sein, als die Voraussetzung zuträfe, daß physische Gleichwertigkeit immer für alle Arten physischer Vorgänge gleichzeitig eintritt.

Aber *Kants* Anhänger behaupten, daß es neben einer solchen physischen auch eine *reine Geometrie* gebe, die allein auf transzendentale Anschauung gegründet sei, und daß diese in der Tat diejenige Geometrie sei, die bisher wissenschaftlich entwickelt wurde. Bei dieser hätten wir es gar nicht mit physischen Körpern und deren Verhalten bei Bewegungen zu tun, sondern wir könnten, ohne durch Erfahrung von solchen irgend etwas zu wissen, durch innere Anschauung uns Vorstellungen bilden von absolut unveränderlichen und unbeweglichen Raumgrößen, Körpern, Flächen, Linien, die, ohne daß sie jemals durch Bewegung, die nur physischen Körpern zukommt, zur Deckung gebracht würden, doch im Verhältnis der Gleichheit und Kongruenz zueinander ständen.[3]

Ich erlaube mir hervorzuheben, daß diese innere Anschauung von Geradheit der Linien, Gleichheit von Entfernungen oder von Winkeln absolute Genauigkeit haben müßte; sonst würden wir durchaus nicht berechtigt sein, darüber zu entscheiden, ob zwei gerade Linien, unendlich verlängert, sich nur einmal oder auch vielleicht wie größte Kreise auf der Kugel zweimal schneiden, noch zu behaupten, daß jede gerade Linie, welche eine von zwei Parallellinien, mit denen sie in derselben Ebene liegt, schneidet, auch die andere schneiden müsse. Man muß nicht das so unvollkommene Augenmaß für die transzendentale Anschauung unterschieben wollen, welche letztere absolute Genauigkeit fordert.

Gesetztenfalls, wir hätten nun eine solche transzendentale Anschauung von Raumgebilden, ihrer Gleichheit und ihrer Kongruenz und könnten uns durch wirklich genügende Gründe überzeugen, daß wir sie haben: so würde sich allerdings daraus ein System der Geometrie herleiten lassen, welches unabhängig von allen Eigenschaften der physischen Körper wäre, eine reine, transzendentale Geometrie. Auch diese Geometrie würde ihre Axiome haben. Es ist aber klar, auch nach *Kant*schen Prinzipien, daß die Sätze dieser hypothetischen reinen Geometrie nicht notwendig mit denen der physischen übereinzustimmen brauchten. Denn die eine redet von Gleichheit der Raumgrößen in innerer Anschauung, die andere von physischer Gleichwertigkeit. Diese letztere hängt offenbar ab von empirischen Eigenschaften der Naturkörper und nicht bloß von der Organisation unseres Geistes.

Dann wäre also zu untersuchen, ob die beiden besprochenen Arten der Gleichheit notwendig immer zusammenfallen. Durch Erfahrung ist darüber nicht zu entscheiden. Hat es einen Sinn zu fragen, ob zwei Paare Zirkelspitzen nach transzendentaler Anschauung gleiche oder ungleiche Längen umfassen? Ich weiß damit keinen Sinn zu verbinden, und soweit ich die neueren Anhänger *Kants* verstanden habe, glaube ich annehmen zu dürfen, daß auch sie mit Nein antworten würden. Das Augenmaß dürfen wir uns, wie gesagt, hierbei nicht unterschieben lassen.

Könnte nun etwa aus Sätzen der reinen Geometrie gefolgert werden, daß die Entfernungen der beiden Zirkelspitzenpaare gleich groß seien? Dazu müßten geometrische Beziehungen zwischen diesen Entfernungen und anderen Raumgrößen bekannt sein, von welchen letzteren man direkt wissen müßte, daß sie im Sinne der transzendentalen Anschauung gleich seien. Da man dies nun direkt nie wissen kann, so kann man es auch durch geometrische Schlüsse niemals folgern.

Wenn der Satz, daß beide Arten räumlicher Gleichheit identisch sind, nicht durch Erfahrung gefunden werden kann, so müßte er ein metaphysischer Satz sein und einer Denknotwendigkeit entsprechen. Dann würde eine solche aber nicht nur die Form empirischer Erkenntnisse, sondern auch ihren Inhalt bestimmen – wie zum Beispiel bei der oben angeführten Konstruktion zweier gleichseitiger Dreiecke –, eine Folgerung, welche *Kants* Prinzipien geradezu widersprechen würde. Dann würde das reine Anschauen und Denken mehr leisten, als *Kant* zuzugeben geneigt ist.

Gesetzten Falls endlich, daß die physische Geometrie eine Reihe allgemeiner Erfahrungssätze gefunden hätte, die mit den Axiomen der reinen Geometrie gleichlautend wären: so würde daraus höchstens folgen, daß die Übereinstimmung zwischen physischer Gleichwertigkeit der Raumgrößen und ihrer Gleichheit in reiner Raumanschauung eine zulässige Hypothese sei, die zu keinem Widerspruche führt. Sie würde aber nicht die einzig mögliche Hypothese sein. Der physische Raum und der Raum der Anschauung könnten sich zueinander auch verhalten wie der wirkliche Raum zu seinem Abbild in einem Konvexspiegel[4].

Daß die physische Geometrie und die transzendentale nicht notwendig übereinzustimmen brauchen, geht daraus hervor, daß wir sie uns tatsächlich als nicht übereinstimmend vorstellen können.

Die Art, wie eine solche Inkongruenz zur Erscheinung kommen würde, ergibt sich schon aus dem, was ich in einem früheren Aufsatze[5] auseinandergesetzt habe. Nehmen wir an, daß die physikalischen Messungen einem pseudosphärischen Raume entsprächen. Der sinnliche Eindruck von einem solchen bei Ruhe des Beobachters und der beobachteten Objekte würde derselbe sein, als wenn wir *Beltramis* kugeliges Modell im Euklidischen Raume vor uns hätten, wobei der Beobachter sich im Mittelpunkt befände. Sowie aber der Beobachter seinen Platz wechselte, würde das Zentrum der Projektionskugel mit dem Beobachter wandern müssen und die ganze Projektion sich verschieben. Für einen Beobachter, dessen Raumanschauungen und Schätzungen von Raumgrößen entweder aus transzendentaler Anschauung oder als Resultat der bisherigen Erfahrung im Sinne der Euklidischen Geometrie gebildet wären, würde also der Eindruck entstehen, daß, sowie er selbst sich bewegt, auch alle von ihm gesehenen Objekte sich in einer bestimmten Weise verschieben und nach verschiedenen Richtungen verschieden sich dehnen und zusammenziehen. In ähnlicher Weise, nur nach quantitativ abweichenden Verhältnissen, sehen wir auch in unserer objektiven Welt die perspektivische relative Lage und die scheinbare Größe der Objekte von verschiedener Entfernung wechseln, so wie der Beobachter sich bewegt. Wie wir nun tatsächlich imstande sind, aus diesen wechselnden Gesichtsbildern zu erkennen, daß die Objekte rings um uns ihre relative gegenseitige Lage und Größe nicht verändern, solange die perspektivischen Verschiebungen genau dem in der bisherigen Erfahrung bewährten Gesetze entsprechen, welchem sie bei ruhenden Objekten unterworfen sind, wie wir dagegen bei jeder Abweichung von diesem Gesetze auf Bewegung der Objekte schließen: so würde, wie ich selbst, als Anhänger der empiristischen Theorie der Wahrnehmung, glaube voraussetzen zu dürfen, auch jemand, der aus dem Euklidischen Raume in den pseudosphärischen überträte, anfangs zwar Scheinbewegungen der Objekte zu sehen glauben, aber sehr bald lernen, eine Schätzung der Raumverhältnisse den neuen Bedingungen anzupassen.

Dies letztere ist aber eine Voraussetzung, die nur nach der Analogie dessen, was wir sonst von den Sinneswahrnehmungen wissen, gebildet ist und durch den Versuch nicht geprüft werden kann. Nehmen wir also an, die Beurteilung der Raumverhältnisse bei einem solchen Beobachter könnte nicht mehr geändert werden, weil sie mit angeborenen Formen der Raumanschauung zusammenhinge: so würde derselbe doch schnell ermitteln, daß die Bewegungen, die er zu sehen glaubt, nur Scheinbewegungen sind, da sie immer wieder zurückgehen, wenn er selbst sich auf seinen ersten Standpunkt zurückbegibt; oder ein zweiter Beobachter würde konstatieren können, daß alles in Ruhe bleibt, während der erste den Ort wechselt. Wenn also vielleicht auch nicht vor der unreflektierten Anschauung, würde doch bald vor der wissenschaftlichen Untersuchung sich herausstellen können, welches die physikalisch konstanten Raumverhältnisse sind, etwa so wie wir selbst durch wissenschaftliche Untersuchungen wissen, daß die Sonne feststeht und die Erde rotiert, trotzdem der sinnliche Schein fortbesteht, daß die Erde stillsteht und die Sonne in 24 Stunden einmal um sie herumläuft.

Dann aber würde diese ganze vorausgesetzte transzendentale Anschauung a priori in den Rang einer *Sinnestäuschung*, eines *objektiv falschen Scheines* herabgesetzt werden, von der wir uns zu befreien und die wir zu vergessen suchen müßten, wie es bei der scheinbaren Bewegung der Sonne der Fall ist. Es würde dann ein Widerspruch sein zwischen dem, was nach der angeborenen Anschauung als räumlich gleichwertig erscheint, und dem, was in den objektiven Phänomenen sich als solches erweist. Unser ganzes wissenschaftliches und praktisches Interesse würde an das letztere geknüpft sein. Die transzendentale Anschauungsform würde die physikalisch gleichwertigen Raumverhältnisse nur so darstellen wie eine ebene Landkarte die Oberfläche der Erde, sehr kleine Stücke und Streifen richtig, größere dagegen notwendig falsch. Es würde sich dann nicht bloß um die *Erscheinungsweise* handeln, die ja notwendig eine Modifikation des darzustellenden Inhalts bedingt, sondern darum, daß die Beziehungen zwischen Erscheinung und Inhalt, die für engere Grenzen Übereinstimmung zwischen beiden herstellen, auf weitere Grenzen ausgedehnt, einen *falschen Schein* geben würden.

Die Folgerung, welche ich aus diesen Betrachtungen ziehe, ist diese: Wenn es wirklich eine uns angeborene und unvertilgbare Anschauungsform des Raumes mit Einschluß der Axiome gäbe, so würden wir zu ihrer objektiven wissenschaftlichen Anwendung auf die Erfahrungswelt erst berechtigt sein, wenn durch Beobachtung und Versuch konstatiert wäre, daß die nach der vorausgesetzten transzendentalen Anschauung gleichwertigen Raumteile auch physisch gleichwertig seien. Diese Bedingung trifft zusammen mit *Riemanns* Forderung, daß das Krümmungsmaß des Raumes, in dem wir leben, empirisch durch Messung bestimmt werden müsse.

Die bisher ausgeführten Messungen dieser Art haben keine merkliche Abweichung des Wertes dieses Krümmungsmaßes von Null ergeben. Als tatsächlich richtig innerhalb der bis jetzt erreichten Grenzen der Genauigkeit des Messens können wir die *Euklidische* Geometrie also allerdings ansehen.

§ 2

Die Erörterungen des ersten Paragraphen blieben ganz im Gebiete des Objektiven und des realistischen Standpunkts des Naturforschers, wobei die begriffliche Fassung der Naturgesetze der Endzweck ist und die Kenntnis durch Anschauung nur eine erleichternde Hilfe, beziehlich ein zu beseitigender falscher Schein.

Herr Professor *Land* glaubt nun, daß ich bei meinen Auseinandersetzungen die Begriffe des *Objektiven* und des *Realen* verwechselt hätte, daß bei meiner Behauptung, die geometrischen Sätze könnten an der Erfahrung geprüft und durch sie bestätigt werden, unbegründeterweise vorausgesetzt sei (Mind. II., p. 46) „that empirical knowledge is acquired by simple importation or by counterfeit, and not by peculiar operations of the mind, sollicited by varied impulses from an unknown reality". Wenn Herr Prof. *Land* meine Arbeiten über Sinnesempfindungen gekannt hätte, würde er gewußt haben, daß ich selbst mein Leben lang gegen eine solche Voraussetzung, wie er mir unterschiebt, gekämpft habe. Ich habe von dem Unterschiede des Objektiven und Realen in meinem Aufsatze nicht gesprochen, weil mir in der vorliegenden Untersuchung gar kein Gewicht auf diesen Unterschied zu fallen schien. Um diese meine Meinung zu begründen, wollen wir jetzt, was in der realistischen Ansicht hypothetisch ist, fallenlassen und nachweisen, daß die bisher aufgestellten Sätze und Beweise auch dann noch einen vollkommen richtigen Sinn haben, daß man auch dann noch nach der physischen Gleichwertigkeit von Raumgrößen zu fragen und darüber durch Erfahrung zu entscheiden berechtigt ist.

Die einzige Voraussetzung, welche wir festhalten, ist die des Kausalgesetzes, daß nämlich die mit dem Charakter der Wahrnehmung in uns zustande kommenden Vorstellungen nach festen Gesetzen zustande kommen, so daß, wenn verschiedene Wahrnehmungen sich uns aufdrängen, wir berechtigt sind, daraus auf Verschiedenheit der realen Bedingungen zu schließen, unter denen sie sich gebildet haben. Übrigens wissen wir über diese Bedingungen selbst, über das eigentliche Reale, was den Erscheinungen zugrunde liegt, nichts; alle Meinungen, die wir sonst darüber hegen mögen, sind nur als mehr oder minder wahrscheinliche Hypothesen zu betrachten. Die vorangestellte Voraussetzung dagegen ist das Grundgesetz unseres Denkens; wenn wir sie aufgeben wollten, so würden wir damit überhaupt darauf Verzicht leisten, diese Verhältnisse denkend begreifen zu können.

Ich hebe hervor, daß über die Natur der Bedingungen, unter denen Vorstellungen entstehen, hier gar keine Voraussetzungen gemacht werden sollen. Ebensogut wie die realistische Ansicht, deren Sprache wir bisher gebraucht haben, wäre zulässig die Hypothese des subjektiven Idealismus. Wir könnten annehmen, daß all unser Wahrnehmen nur ein Traum sei, wenn auch ein in sich höchst konsequenter Traum, in dem sich Vorstellung aus Vorstellung nach festen Gesetzen entwickelte. In diesem Falle würde der Grund, daß eine neue scheinbare Wahrnehmung eintritt, nur darin zu suchen sein, daß in der Seele des Träumenden Vorstellungen bestimmter anderer Wahrnehmungen und etwa auch Vorstellungen von eigenen Willensimpulsen bestimmter Art vorausgegangen sind. Was wir in der realistischen Hypothese Naturgesetze nennen, würden in der idealistischen Gesetze sein, welche die Folge der mit dem Charakter der Wahrnehmung aufeinanderfolgenden Vorstellungen regeln.

Nun finden wir als Tatsache des Bewußtseins, daß wir Objekte wahrzunehmen glauben, die sich an bestimmten Orten im Raume befinden. Daß ein Objekt an einem bestimmten besonderen Orte erscheint und nicht an einem anderen, wird abhängen müssen von der Art der realen Bedingungen, welche die Vorstellung hervorrufen. Wir müssen schließen, daß andere reale Bedingungen hätten vorhanden sein müssen, um zu bewirken, daß die Wahrnehmung eines anderen Orts des gleichen Objekts eintrete. Es müssen also in dem Realen irgendwelche Verhältnisse oder Komplexe von Verhältnissen bestehen, welche bestimmen, an welchem Ort im Raume uns ein Objekt erscheint. Ich will diese, um sie kurz zu bezeichnen, *topogene Momente* nennen. Von ihrer Natur wissen wir nichts, wir wissen nur, daß das Zustandekommen räumlich verschiedener Wahrnehmungen eine Verschiedenheit der topogenen Momente voraussetzt.

Daneben muß es im Gebiete des Realen andere Ursachen geben, welche bewirken, daß wir zu verschiedener Zeit am gleichen Orte verschiedene stoffliche Dinge von verschiedenen Eigenschaften wahrzunehmen glauben. Ich will mir erlauben, diese mit dem Namen der *hylogenen Momente* zu bezeichnen. Ich wähle diese neuen Namen, um alle Einmischung von Nebenbedeutungen abzuschneiden, die sich an gebräuchliche Worte knüpfen könnten.

Wenn wir nun irgend etwas wahrnehmen und behaupten, was eine gegenseitige Abhängigkeit von Raumgrößen aussagt, so ist zweifelsohne der tatsächliche Sinn einer solchen Aussage nur der, daß zwischen gewissen topogenen Momenten, deren eigentliches Wesen uns aber unbekannt bleibt, eine gewisse gesetzmäßige Verbindung stattfindet, deren Art uns ebenfalls unbekannt ist. Ebendeshalb sind *Schopenhauer* und viele Anhänger von *Kant* zu der unrichtigen Folgerung gekommen, daß in unseren Wahrnehmungen räumlicher Verhältnisse überhaupt kein realer Inhalt sei, daß der Raum und seine Verhältnisse nur transzendentaler Schein seien, ohne daß irgend etwas Wirkliches ihnen entspreche. Wir sind aber jedenfalls berechtigt, auf unsere räumlichen Wahrnehmungen dieselben Betrachtungen anzuwenden wie auf andere sinnliche Zeichen, z. B. die Farben. Blau ist nur eine Empfindungsweise; daß wir aber zu einer gewissen Zeit in einer bestimmten Richtung Blau sehen, muß einen realen Grund haben. Sehen wir zu einer Zeit dort Rot, so muß dieser reale Grund verändert sein.

Wenn wir beobachten, daß verschiedenartige physikalische Prozesse in kongruenten Räumen während gleicher Zeitperioden verlaufen können, so heißt dies, daß im Gebiete des Realen gleiche Aggregate und Folgen gewisser hylogener Momente zustande kommen und ablaufen können in Verbindung mit gewissen bestimmten Gruppen verschiedener topogener Momente, solcher nämlich, die uns die Wahrnehmung physisch gleichwertiger Raumteile geben. Und wenn uns dann die Erfahrung belehrt, daß jede Verbindung oder jede Folge hylogener Momente, die in Verbindung mit der einen Gruppe topogener Momente bestehen oder ablaufen kann, auch mit jeder physikalisch äquivalenten Gruppe anderer topogener Momente möglich ist, so ist dies jedenfalls ein Satz, der einen realen Inhalt hat, und die topogenen Momente beeinflussen also unzweifelhaft den Ablauf realer Prozesse.

In dem oben angegebenen Beispiel mit den zwei gleichseitigen Dreiecken handelt es sich nur 1. um Gleichheit oder Ungleichheit, d. h. physische Gleichwertigkeit oder Nichtgleichwertigkeit von Punktabständen; 2. um Bestimmtheit oder Nicht-Bestimmtheit der topogenen Momente gewisser Punkte. Diese Begriffe von Bestimmtheit und von Gleichwertigkeit in Beziehung auf gewisse Folgen können aber auch auf Objekte von übrigens ganz unbekanntem Wesen angewendet werden. Ich schließe daraus, daß die Wissenschaft, welche ich physische Geometrie genannt habe, Sätze von realem Inhalt enthält und daß ihre Axiome bestimmt werden, nicht von bloßen Formen des Vorstellens, sondern von Verhältnissen der realen Welt.

Dies berechtigt uns noch nicht, die Annahme einer Geometrie, die auf transzendentale Anschauung gegründet ist, für unmöglich zu erklären. Man könnte z. B. annehmen, daß eine Anschauung von der Gleichheit zweier Raumgrößen ohne physische Messung unmittelbar durch die Einwirkung der topogenen Momente auf unser Bewußtsein hervorgebracht werde, daß also gewisse Aggregate topogener Momente auch in bezug auf eine psychische, unmittelbar wahrnehmbare Wirkung äquivalent seien. Die ganze Euklidische Geometrie läßt sich herleiten aus der Formel, welche die Entfernung zweier Punkte als Funktion ihrer rechtwinkligen Koordinaten gibt. Nehmen wir an, daß die Intensität jener psychischen Wirkung, deren Gleichheit als Gleichheit der Entfernung zweier Punkte im Vorstellen erscheint, in derselben Weise von irgendwelchen drei Funktionen der topogenen Momente jedes Punktes abhängt wie die Entfernung im *Euklidischen* Raume von den drei Koordinaten eines jeden, so müßte das System der reinen Geometrie eines solchen Bewußtseins die Axiome des *Euklid* erfüllen, wie auch übrigens die topogenen Momente der realen Welt und ihre physische Äquivalenz sich verhielten. Es ist klar, daß in diesem Falle die Übereinstimmung zwischen psychischer und physischer Gleichwertigkeit der Raumgrößen nicht allein aus der Form der Anschauung entschieden werden könnte. Und wenn sich Übereinstimmung herausstellen sollte, so wäre diese als ein Naturgesetz, oder, wie ich es in meinem populären Vortrage bezeichnet habe, als eine prästabilierte Harmonie zwischen der Vorstellungswelt und der realen Welt aufzufassen, ebensogut wie es auf Naturgesetzen beruht, daß die von einem Lichtstrahl beschriebene gerade Linie mit der von einem gespannten Faden gebildeten zusammenfällt.

Ich meine damit gezeigt zu haben, daß die Beweisführung, die ich im § 1 in der Sprache der realistischen Hypothese gegeben habe, sich auch ohne deren Voraussetzungen gültig erweist.

Wenn wir die Geometrie auf Tatsachen der Erfahrung anwenden wollen, wo es sich immer nur um physische Gleichwertigkeit handelt, können nur die Sätze derjenigen Wissenschaft angewendet werden, die ich als physische Geometrie bezeichnet habe. Wer die Axiome aus der Erfahrung herleitet, dem ist unsere bisherige Geometrie in der

Tat physische Geometrie, die sich nur auf eine große Menge planlos gesammelter, statt auf ein System methodisch durchgeführter Erfahrungen stützt. Zu erwähnen ist übrigens, daß dies schon die Ansicht von *Newton* war, der in der Einleitung zu den „*Principia*" erklärt: „Geometrie selbst hat ihre Begründung in mechanischer Praxis und ist in der Tat nichts anderes, als derjenige Teil der gesamten Mechanik, welcher die Kunst des Messens genau feststellt und begründet."[6]

Dagegen ist die Annahme einer Kenntnis der Axiome aus transzendentaler Anschauung:

1. eine *unerwiesene* Hypothese;

2. eine *unnötige* Hypothese, da sie nichts in unserer tatsächlichen Vorstellungswelt zu erklären vorgibt, was nicht auch ohne ihre Hilfe erklärt werden könnte;

3. eine für die Erklärung unserer Kenntnis der wirklichen Welt *gänzlich unbrauchbare* Hypothese, da die von ihr aufgestellten Sätze auf die Verhältnisse der wirklichen Welt immer erst angewendet werden dürfen, nachdem ihre objektive Gültigkeit erfahrungsmäßig geprüft und festgestellt worden ist.

Kants Lehre von den a priori gegebenen Formen der Anschauung ist ein sehr glücklicher und klarer Ausdruck des Sachverhältnisses; aber diese Formen müssen inhaltsleer und frei genug sein, um jeden Inhalt, der überhaupt in die betreffende Form der Wahrnehmung eintreten kann, aufzunehmen. Die Axiome der Geometrie aber beschränken die Anschauungsform des Raumes so, daß nicht mehr jeder denkbare Inhalt darin aufgenommen werden kann, wenn überhaupt Geometrie auf die wirkliche Welt anwendbar sein soll. Lassen wir sie fallen, so ist die Lehre von der Transzendentalität der Anschauungsform des Raumes ohne allen Anstoß. Hier ist *Kant* in seiner Kritik nicht kritisch genug gewesen; aber freilich handelte es sich dabei um Lehrsätze aus der Mathematik, und dies Stück kritischer Arbeit mußte durch die Mathematiker erledigt werden.

Zählen und Messen, erkenntnistheoretisch betrachtet [1]

Obgleich Zählen und Messen die Grundlagen der fruchtbarsten, sichersten und genauesten wissenschaftlichen Methoden sind, die wir überhaupt kennen, so ist über die erkenntnistheoretischen Grundlagen derselben doch verhältnismäßig wenig gearbeitet worden. Auf philosophischer Seite mußten strikte Anhänger *Kants*, die an seinem System, wie es sich unter den Anschauungen und Kenntnissen seiner Zeit historisch nun einmal entwickelt hatte, festhalten, allerdings die Axiome der Arithmetik für a priori gegebene Sätze halten, welche die transzendentale Anschauung der Zeit in demselben Sinne näher bestimmen wie die Axiome der Geometrie die des Raumes. Durch diese Auffassung war in beiden Fällen die Frage nach einer weiteren Begründung und Ableitung dieser Sätze abgeschnitten.

Ich habe mich bemüht, in früheren Aufsätzen nachzuweisen, daß die Axiome der Geometrie keine a priori gegebenen Sätze seien, daß sie vielmehr durch Erfahrung zu bestätigen und zu widerlegen wären. Ich hebe hier nochmals hervor, daß dadurch *Kants* Ansicht vom Raume, als transzendentaler Anschauungsform, nicht aufgehoben wird; meines Erachtens wird dadurch nur eine einzelne unberechtigte Spezialbestimmung seiner Ansicht beseitigt, welche allerdings für die metaphysischen Bestrebungen seiner Nachfolger höchst verhängnisvoll geworden ist.

Nun ist es klar, daß die auch von mir vertretene empiristische Theorie, wenn sie die Axiome der Geometrie nicht mehr als unbeweisbare und keines Beweises bedürftige Sätze anerkennt, sich auch über den Ursprung der arithmetischen Axiome rechtfertigen muß, die zur Anschauungsform der Zeit in der entsprechenden Beziehung stehen[2].

Die Arithmetiker haben bisher an die Spitze ihrer Entwicklungen folgende Sätze als Axiome gestellt:

Axiom I. Wenn zwei Größen einer dritten gleich sind, sind sie unter sich gleich.

Axiom II. *Assoziationsgesetz der Addition*, nach *H. Grassmanns* Benennung:

$$(a + b) + c = a + (b + c).$$

Axiom III. *Kommutationsgesetz der Addition*:

$$a + b = b + a.$$

Axiom IV. Gleiches zu Gleichem addiert gibt Gleiches.

Axiom V. Gleiches zu Ungleichem addiert gibt Ungleiches.

Weiter als die übrigen Arithmetiker, deren Arbeiten ich kenne, und gleichzeitig philosophische Gesichtspunkte verfolgend, sind die Herren *Hermann* und *Robert Grassmann*[3] in diese Untersuchung eingedrungen, und in der Ausführung der arithmetischen Schlußfolgerungen werde ich mich im folgenden ihrem Wege durchaus anzuschließen haben. Sie führen dabei die beiden Axiome II und III auf ein einziges zurück, was wir als *Grassmanns* Axiom bezeichnen wollen, nämlich:

$$(a + b) + 1 = a + (b + 1),$$

von dem aus sie durch den sogenannten $(n + 1)$-Beweis die beiden obigen allgemeineren Sätze herleiten. Für die Lehre von der Addition der reinen Zahlen ist dadurch, wie ich im folgenden zu zeigen hoffe, in der Tat die richtige Grundlage gewonnen. Aber in die Frage nach der objektiven Anwendung der Arithmetik auf physische Größen kommt dadurch zu den beiden Begriffen der *Größe* und des *gleichgroß*, deren Sinn im Gebiete der Tatsachen unerklärt bleibt, noch ein dritter hinzu, der der *Einheit*; und gleichzeitig scheint es mir eine unnötige Beschränkung des Gültigkeitsgebietes der gefundenen Sätze zu sein, wenn man von vornherein die physischen Größen nur als solche behandelt, die aus Einheiten zusammengesetzt seien.

An die Brüder *Grassmann* hat sich unter den neueren Arithmetikern auch Herr *E. Schroeder*[4] im wesentlichen angeschlossen, ist aber in einigen wichtigen Erörterungen noch tiefer gegangen. Während die früheren Arithmetiker den letzten Begriff der Zahl als den einer Anzahl von Gegenständen aufzufassen pflegten, konnten sie sich nicht ganz von den Gesetzen des Verhaltens dieser Gegenstände loslösen, und sie nahmen es einfach als Tatsache, daß die Anzahl einer Gruppe von Objekten unabhängig von der Reihenfolge, in der man sie zählt, zu finden ist. Herr *Schroeder* ist, soviel ich gefunden habe, der erste, welcher erkannt hat (l. c., S. 14), daß hierin ein Problem verborgen ist; auch hat er meines Erachtens mit Recht anerkannt, daß hier eine Aufgabe der Psychologie vorliegt und andererseits die empirischen Eigenschaften zu definieren wären, welche den Objekten zukommen müssen, damit sie zählbar seien.

Außerdem finden sich hierher gehörige Erörterungen, namentlich über den Begriff der Größe, auch in *Paul du Bois-Reymonds allgemeiner Funktionentheorie* (Tübingen 1882), T. I. Kap. 1, und in *A. Elsas'* Schrift „Über die Psychophysik" (Marburg 1886), S. 49ff. Beide Bücher aber beschäftigen sich mit spezielleren Untersuchungen, ohne die vollständigen Grundlagen der Arithmetik dabei zu erörtern. Beide glauben, den Begriff der Größe von dem der Linie ableiten zu dürfen, ersteres im empirischen Sinne, letzteres im Sinne des strikten *Kantianismus*. Was ich gegen den letzteren Standpunkt einzuwenden habe, ist schon oben erwähnt und von mir in früheren Schriften auseinandergesetzt. Herr *P. du Bois-Reymond* endet seine Untersuchung mit einer Paradoxie, wonach zwei entgegengesetzte Standpunkte, die beide in Widersprüche verwickeln, gleich möglich seien.

Da der letztgenannte Autor ein höchst scharfsinniger Mathematiker ist, der mit besonderem Interesse den tiefsten Grundlagen seiner Wissenschaft nachgespürt hat, so hat mich das von ihm erhaltene Schlußergebnis um so mehr ermutigt, meine eignen Gedanken über das genannte Problem darzulegen.

Um den Standpunkt, welcher zu einfachen folgerichtigen Ableitungen und zur Auflösung der erwähnten Widersprüche führt, von vornherein kurz zu bezeichnen, möge folgendes dienen: Ich betrachte die Arithmetik, oder die

Lehre von den reinen Zahlen, als eine auf rein psychologischen Tatsachen aufgebaute Methode[5], durch die die folgerichtige Anwendung eines Zeichensystems (nämlich der Zahlen) von unbegrenzter Ausdehnung und ungegrenzter Möglichkeit der Verfeinerung gelehrt wird. Die Arithmetik untersucht namentlich, welche verschiedene Verbindungsweisen dieser Zeichen (Rechnungsoperationen) zu demselben Endergebnis führen. Das lehrt unter anderem, auch außerordentlich verwickelte Rechnungen, selbst solche, die in keiner endlichen Zeit zu beenden wären, durch einfachere zu ersetzen. Abgesehen von der damit gemachten Probe auf die innere Folgerichtigkeit unseres Denkens würde freilich ein solches Verfahren zunächst ein reines Spiel des Scharfsinns mit eingebildeten Objekten sein, welches Herr *P. du Bois-Reymond* spottend dem Rösselsprung auf dem Schachbrett vergleicht, wenn es nicht so außerordentlich nützliche Anwendungen zuließe. Denn mittels dieses Zeichensystems der Zahlen geben wir Beschreibungen der Verhältnisse reeller Objekte, die, wo sie anwendbar sind, jeden geforderten Grad der Genauigkeit erreichen können, und mittels desselben werden in einer großen Anzahl von Fällen, wo Naturkörper unter der Herrschaft bekannter Naturgesetze zusammentreffen oder zusammenwirken, die den Erfolg messenden Zahlenwerte durch Rechnung vorausgefunden.[6]

Dann muß aber gefragt werden: Was ist der objektive Sinn davon, daß wir Verhältnisse reeller Objekte durch benannte Zahlen als Größen ausdrücken, und unter welchen Bedingungen können wir dies tun? Diese Frage löst sich, wie wir finden werden, in zwei einfachere auf, nämlich:

1. Was ist der objektive Sinn davon, daß wir zwei Objekte in gewisser Beziehung für *gleich* erklären?

2. Welchen Charakter muß die physische Verknüpfung zweier Objekte haben, damit wir vergleichbare Attribute derselben als *additiv* verbunden und diese Attribute demzufolge als *Größen*, die durch benannte Zahlen ausgedrückt werden können, ansehen dürfen? Benannte Zahlen nämlich betrachten wir aus ihren Teilen, beziehlich Einheiten, durch Addition zusammengesetzt.[7]

Die gesetzmäßige Reihe der Zahlen

Das Zählen ist ein Verfahren, welches darauf beruht, daß wir uns imstande finden, die Reihenfolge, in der Bewußtseinsakte zeitlich nacheinander eingetreten sind, im Gedächtnis zu behalten. Die Zahlen dürfen wir zunächst als eine Reihe willkürlich gewählter Zeichen betrachten, für welche nur eine bestimmte Art des Aufeinanderfolgens als die gesetzmäßige oder nach gewöhnlicher Ausdrucksweise „natürliche" von uns festgehalten wird. Die Bezeichnung der „natürlichen" Zahlenreihe hat sich wohl nur an eine bestimmte Anwendung des Zählens geknüpft, nämlich an die Ermittlung der *Anzahl* gegebener reeller Dinge. Indem wir von diesen eines nach dem andern dem gezählten Haufen zuwerfen, folgen die Zahlen bei einem natürlichen Vorgang aufeinander in ihrer gesetzmäßigen Reihe. Mit der Reihenfolge der Zahlzeichen hat dies nichts zu tun; wie die Zeichen in den verschiedenen Sprachen verschieden sind, so könnte auch ihre Reihenfolge willkürlich bestimmt werden, wenn nur unabänderlich irgendeine bestimmte Reihenfolge als die normale oder gesetzmäßige festgehalten wird. Diese Reihenfolge ist in der Tat eine von Menschen, unsern Voreltern, die die Sprache ausgearbeitet haben, gegebene Norm oder Gesetz.[8] Ich betone diesen Unterschied, weil das angeblich „Natürliche" der Zahlenreihe mit der unvollständigeren Analyse des Begriffs der Zahl zusammenhängt. Die Mathematiker bezeichnen diese gesetzmäßige Zahlenreihe als die der *positiven ganzen Zahlen.*

Die Zahlenreihe ist unserm Gedächtnis außerordentlich viel fester eingeprägt als jede andere Reihe, was unzweifelhaft auf ihrer viel häufigeren Wiederholung beruht. Wir brauchen sie deshalb auch vorzugsweise, um durch Anknüpfung an sie die Erinnerung anderer Reihenfolgen in unserem Gedächtnis zu festigen; d. h. wir brauchen die Zahlen als *Ordnungszahlen.*

Eindeutigkeit der Folge

In der Zahlenreihe sind Vorwärtsschreiten und Rückwärtsschreiten nicht gleichwertige, sondern wesentlich verschiedene Vorgänge, wie die Folge der Wahrnehmungen in der Zeit, während bei Linien, die im Raume dauernd und ohne Änderung in der Zeit bestehen, keine der beiden möglichen Richtungen des Fortschreitens vor der andern ausgezeichnet ist.

Tatsächlich wirkt in unserem Bewußtsein jeder gegenwärtige Akt desselben, sei es Wahrnehmung, Gefühl oder Wille, zusammen mit den Erinnerungsbildern vergangener Akte, nicht aber zukünftiger, die zur Zeit im Bewußtsein noch gar nicht vorhanden sind, und der gegenwärtige Akt ist uns bewußt als spezifisch verschieden von den Erinnerungsbildern, die neben ihm bestehen. Dadurch ist die gegenwärtige Vorstellung in einen der Anschauungsform der Zeit angehörigen Gegensatz als die nachfolgende den vorausgegangenen gegenübergestellt, ein Verhältnis, welches nicht umkehrbar ist und dem notwendig jede in unser Bewußtsein eintretende Vorstellung unterworfen ist. In diesem Sinne ist die Einordnung in die Zeitfolge die unausweichliche Form unserer inneren Anschauung.[9]

Sinn der Bezeichnung

Nach den vorausgegangenen Erörterungen ist jede Zahl nur durch ihre Stellung in der gesetzmäßigen Reihe bestimmt.

Das Zeichen *Eins* legen wir demjenigen Gliede der Reihenfolge bei, mit dem wir beginnen.

Zwei ist die Zahl, welche unmittelbar, d. h. ohne Zwischenschiebung einer anderen Zahl in der gesetzmäßigen Reihe auf Eins folgt.

Drei ist die Zahl, die ebenso unmittelbar auf Zwei folgt usw.

Ein Grund, diese Reihe irgendwo abzubrechen oder in ihr zu einem schon früher gebrauchten Zeichen zurückzukehren, ist nicht vorhanden. Das dekadische System macht es in der Tat möglich, durch Kombination von nur zehn verschiedenen Zahlzeichen in einfacher und leicht verständlicher Weise die Reihe unbegrenzt fortzusetzen, ohne je ein Zahlzeichen zu wiederholen[10].

Die Zahlen, welche einer gegebenen Zahl in der gesetzmäßigen Reihe folgen, nennen wir *höher* als jene, die, welche ihr vorangehen, *niedriger*[11]. Es gibt das eine vollständige Disjunktion, die in dem Wesen der Zeitfolge begründet ist und die wir aussprechen können als:

Axiom VI. *Wenn zwei Zahlen verschieden sind, muß eine von ihnen höher sein als die andere.*

Addition reiner Zahlen

Um allgemeine Sätze über die Zahlen aufzustellen, brauche ich die bekannten Bezeichnungen der Buchstabenrechnung. Jeder Buchstabe des kleinen lateinischen Alphabets soll jede beliebige Zahl bezeichnen können, aber innerhalb jedes einzelnen Theorems oder jeder einzelnen Rechnung immer dieselbe.

Zeichenerklärung: Wenn ich irgendeine Zahl mit einem Buchstaben, z. B. a, bezeichnet habe, will ich die in der normalen Reihe darauf folgende mit $(a + 1)$ bezeichnen.

Dieses Zeichen $(a + 1)$ soll also hier zunächst keine andere Bedeutung haben als die angegebene. Überhaupt aber bedeuten, wie üblich, die Parenthesen, daß die von ihnen umschlossenen Zahlen zuerst in eine Zahl zusammengefaßt werden sollen, ehe man die übrigen vorgeschriebenen Operationen ausführt.

Das Gleichheitszeichen $a = b$ soll hier in der reinen Zahlenlehre nur bezeichnen: „a ist dieselbe Zahl wie b". Daher folgt aus

$$a = b,$$
$$c = b$$

unmittelbar $a = c$, denn die oberen beiden Gleichungen sagen aus, daß beide, a wie c dieselbe Zahl b sind. Dies stellt die Gültigkeit von Axiom (I) für die Reihe der ganzen Zahlen in der reinen Zahlenlehre fest.

Wir betrachten nunmehr die normale Zahlenreihe als festgestellt und gegeben. Jetzt können wir ihre Glieder selbst als eine in unserem Bewußtsein gegebene Reihe von Vorstellungen betrachten, deren Ordnung von einem beliebig gewählten Gliede ab wir wieder durch die von *Eins* beginnende normale Zahlenreihe bezeichnen können.

Definition: Ich bezeichne als $(a + b)$ diejenige Zahl der Hauptreihe, auf welche ich stoße, wenn ich bei $(a + 1)$ Eins, bei $[(a + 1) + 1]$ Zwei usw. zähle, bis ich bis b gezählt habe.

Die Beschreibung dieses Verfahrens läßt sich zusammenfassen in folgender Gleichung (H. *Grassmanns* Axiom der Addition):

$$(a + b) + 1 = a + (b + 1). \qquad (1)$$

Erläuterung: Diese Gleichung sagt aus, daß, wenn ich von $(a + 1)$ als Eins ausgehend bis b gezählt und dabei die mit $(a + b)$ bezeichnete Zahl gefunden habe, ich um eines weiter zählend in der ersteren Reihe auf $(b + 1)$ komme, in der zweiten auf die dem $(a + b)$ folgende Zahl, nämlich $[(a + b) + 1]$. So bezeichne ich also das in der Definition erwähnte $[(a + 1) + 1]$ auch mit $[a + (1 + 1)]$ oder $(a + 2)$, weiter das $[(a + 2) + 1]$ mit $(a + 3)$, und so fort ohne Grenzen.

In der Sprache der Arithmetik würden wir dies Verfahren *Addition* und die Zahl $(a + b)$ die *Summe* von a und b, a und b selbst *die Summanden* nennen; aber ich mache darauf aufmerksam, daß in dem angegebenen Verfahren die Größen a und b nicht gleiche Rolle spielen und es also erst bewiesen werden muß, daß sie vertauscht werden können, ohne die Summe zu ändern, was weiter unten geschehen soll. Indessen, wenn wir dieses Bedenken im Auge behalten, können wir diese Bezeichnung akzeptieren und sagen, daß die Form $(a + b)$ vorschreibt, es solle b zu a addiert werden und $(a + b)$ sei die Summe von a und b, wobei aber die Ordnung, daß b hinter a steht, zunächst festgehalten werden muß. Es mag deshalb a der *erste*, b der *zweite Summandus* genannt werden. Dementsprechend kann in folgerichtiger Anwendung dieser Bezeichnung jede Zahl $(a + 1)$ als die Summe der vorausgehenden a und der Zahl Eins bezeichnet werden.

Das angegebene Verfahren der Addition wird in der gesetzmäßigen Zahlenreihe stets ein Resultat ergeben müssen, und zwar für dieselben Zahlen a und b stets dasselbe. Denn jeder der Schritte, aus denen wir die Addition $(a + b)$ zusammengesetzt haben, ist ein Fortschritt in der Reihe der positiven ganzen Zahlen um eine Stufe, von $(a + b)$ zu $(a + b) + 1$ und von b zu $(b + 1)$. Jeder einzelne ist ausführbar, und jeder einzelne muß nach unseren Voraussetzungen über die unabänderliche Bewahrung der Zahlereihe in unserem Bewußtsein immer wieder denselben Erfolg geben.

Es wird also sicher eine Zahl geben, die der Zahl $(a + b)$ entspricht, und nur eine. Dieser Satz würde dem Inhalt des *Axiom* IV entsprechen, wenn dieses auf die reinen Zahlen und die hier vorgeschriebene Art der Addition angewendet wird.

Andererseits folgt aus der angegebenen Beschreibung des Verfahrens, daß $(a + b)$ notwendig von a verschieden, und zwar höher als a ist, wenn b eine von den ganzen positiven Zahlen ist.

Wenn c eine höhere Zahl ist als a, werde ich, von a stufenweise aufwärts zählend, notwendig c erreichen müssen und abzählen können, die wievielte Zahl c, von a aus gezählt, ist. Sie sei die b-te, dann ist

$$c = (a + b).$$

Wir wollen diesen Satz für spätere Zitation bezeichnen als *Axiom* VII. *Wenn eine Zahl c höher ist als eine andere a, so kann ich c als die Summe von a und einer zu findenden ganzen positiven Zahl b darstellen.*

Theorem I: Von der Reihenfolge der Ausführung mehrerer Additionsakte. (Assoziationsgesetz nach Grassmann.)

Wenn ich zu einer Summe $(a + b)$ *eine Zahl c addieren soll, so erhalte ich dasselbe Resultat, wenn ich zur Zahl a die Summe* $(b + c)$ *addiere.* Oder als Gleichung geschrieben:

$$(a + b) + c = a + (b + c). \tag{2}$$

Beweis:

Der Satz ist, wie Gleichung (1) ausspricht, gültig für $c = 1$. Es soll gezeigt werden, daß, wenn er für irgendeinen Wert von c richtig ist, er auch für den darauffolgenden $(c + 1)$ richtig ist.

Es ist nämlich nach Gleichung (1):

$$\begin{aligned}[(a + b) + c] + 1 &= (a + b) + (c + 1),\\ [a + (b + c)] + 1 &= a + [(b + c) + 1]\\ &= a + [b + (c + 1)].\end{aligned}$$

Letzteres nach Satz 1.

Also wenn der Satz 2 für den hier vorkommenden Wert von c gilt, so sind die links stehenden Ausdrücke der ersten beiden Gleichungen dieselben Zahlen, und es ist also auch

$$(a + b) + (c + 1) = a + [b + (c + 1)],$$

d. h., der Satz gilt auch für $(c + 1)$.

Da er nun, wie vorher bemerkt, für $c = 1$ gilt, so gilt er auch für $c = 2$. Wenn er für $c = 2$ gilt, so gilt er auch für $c = 3$ usw. ohne Grenzen.[12]

Zusatz: Da die beiden in Gleichung (2) gesetzten Formen dieselbe Bedeutung haben, können wir für beide auch mit Weglassung der Klammern die Bezeichnung einführen:

$$a + b + c = (a + b) + c = a + (b + c). \qquad (2a)$$

Nur dürfen wir zunächst die Reihenfolge von a, b, c in diesen Ausdrücken nicht verändern, ehe wir nicht die Zulässigkeit einer solchen Vertauschung erwiesen haben.

Verallgemeinerung des Assoziationsgesetzes

Wir verallgemeinern zuerst die in (2a) gegebene Bezeichnung.

$$R = a + b + c + d + \text{etc.} + k + l \qquad (2b)$$

soll eine Summe bezeichnen, in der die einzelnen Additionen in der Reihe, wie sie geschrieben sind, ausgeführt werden, und zu kürzerer Bezeichnung sei

$$m + R = m + a + b + c + d + \text{etc.} + k + l,$$

während

$$m + (R) = m + (a + b + c + d + \text{etc.} + k + l);$$

dagegen ist nach dem Sinn dieser Schreibweise

$$(R) + m = R + m.$$

Andere große lateinische Buchstaben sollen in demselben Sinne gebraucht werden wie R.

Dann ist

$$R + b + c + S = [(R) + b + c] + S,$$

weil es gleichbedeutende Ausdrücke sind. Andererseits ist nach Gleichung (2a)

$$(R) + b + c = (R) + (b + c).$$

Also:

$$\begin{aligned} R + b + c + S &= [R + (b + c)] + S \\ &= R + (b + c) + S, \end{aligned}$$

d. h., statt alle Glieder der Reihe nach zu addieren, kann man zuerst zwei beliebige mittlere in eine Summe zusammenfassen.

Nachdem dies geschehen, ist die eben gebildete Summe $(b + c)$ nur durch eine einzige Zahl vertreten, und man kann in derselben Weise weitergehen und irgendein beliebiges anderes Paar aufeinander folgender Zahlen verbinden und so fort.

Also auch bei beliebig vielen Gliedern kann die Reihenfolge, in der die durch die einzelnen + Zeichen vorgeschriebenen Additionen ausgeführt werden, geändert werden, ohne daß sich die Gesamtsumme ändert.

Theorem II (*Kommutationsgesetz* nach *H. Grassmann*): *Wenn in einer Summe aus zwei Summanden einer der Summanden eins ist, kann die Ordnung derselben vertauscht werden.* Dem entspricht die Gleichung:

$$1 + a = a + 1. \tag{3}$$

Beweis: Die Gleichung ist richtig für $a = 1$. Wiederum ist zu zeigen, daß, wenn sie für irgendeinen bestimmten Wert von a richtig ist, sie auch für $(a + 1)$ richtig ist. Denn nach Gleichung (1) ist

$$(1 + a) + 1 = 1 + (a + 1).$$

Nach der Annahme soll für a Gleichung (3) gelten, folglich

$$(1 + a) + 1 = (a + 1) + 1.$$

Aus diesen beiden Gleichungen folgt:

$$1 + (a + 1) = (a + 1) + 1, \tag{3a}$$

was zu erweisen war.

Da der Satz für $a = 1$ richtig, ist er auch für $a = 2$ richtig, und da er für $a = 2$ richtig, ist er auch für $a = 3$ richtig usw. ohne Grenzen.

Theorem III: In jeder Summe aus zwei Summanden kann die Reihenfolge der Summanden geändert werden, ohne die der Summe entsprechende Zahl zu ändern. Geschrieben:

$$a + b = b + a. \tag{4}$$

Der Satz ist nach Theorem II richtig für $b = 1$. Wenn er für einen bestimmten Wert von b richtig ist, ist er auch für $(b + 1)$ richtig. Denn nach Theorem I ist

$$(a + b) + 1 = a + (b + 1),$$

nach unserer Voraussetzung ist

$$(a + b) + 1 = (b + a) + 1 = 1 + (b + a)$$
$$= (1 + b) + a = (b + 1) + a.$$

Von den letzten drei Schritten ist der erste und letzte nach Theorem II, Gleichung (3) gemacht, der mittlere nach Theorem I, Gleichung (2). Folglich ist

$$a + (b + 1) = (b + 1) + a,$$

wie zu beweisen war.

Aus dem Satze

$$a + 1 = 1 + a$$

folgt also

$$a + 2 = 2 + a,$$

aus diesem wieder

$$a + 3 = 3 + a,$$

und so fort ohne Ende.

Beweis von Axiom V. Wenn a und f verschiedene Zahlen sind, können wir, wie in Axiom VII gezeigt ist, immer eine positive ganze Zahl b bestimmen, so daß

$$(a + b) = f.$$

Dann ist

$$c + f = c + (a + b) = (c + a) + b.$$

Danach ist $(c + a)$ dann notwendig verschieden von $(c + f)$, d. h.: *Verschiedene Zahlen zu derselben Zahl addiert, geben verschiedene Summen.*

Da aber nach Theorem III

$$c + f = f + c,$$
$$a + c = c + a,$$

so läßt sich die letzte Folgerung auch schreiben:

$$(f + c) = (a + c) + b,$$

d. h., *dieselbe Zahl zu verschiedenen Zahlen addiert, gibt verschiedene Summen.*

Daraus folgt der für die Theorie der Subtraktion und der Gleichungen wichtige Satz, daß zwei Zahlen, die bei der Addition derselben Zahl zu jeder von ihnen dieselbe Summe ergeben, identisch sein müssen.

Vertauschung der Ordnung beliebig vieler Elemente

Bei der bisher beschriebenen Art des Abzählens behufs der Addition waren zwei Reihen von Zahlen, die in ihrer normalen Reihenfolge stehengeblieben waren, miteinander paarweise kombiniert, so daß $(n + 1)$ der 1, $(n + 2)$ der 2 usw. zugeordnet wurde. Nur die Anfangspunkte beider Folgen in der Zahlenreihe waren verschieden.

Wir wollen jetzt den allgemeineren Fall einer Zuordnung der Elemente zweier Reihen betrachten, von denen die eine eine bestimmte Folge bewahren soll und daher durch die Zahlzeichen dargestellt werden kann, die andere aber veränderliche Folge habe. Für die letztere wollen wir hier als Zeichen die Buchstaben des griechischen Alphabets benutzen. Die letzteren haben allerdings auch eine unserem Gedächtnisse eingeprägte Reihenfolge, wie sie in der gewöhnlichen Aufstellung des Alphabets gegeben ist; wir wollen diese aber nur als eine unter vielen möglichen anderen durch zufällige Momente ausgezeichnete Reihe benutzen, deren festere Erinnerung uns die Übersicht erleichtert, übrigens uns vorbehalten, sie beliebig zu verändern. Andererseits aber verlangen wir, daß bei den auszuführenden Änderungen der Folge dieser Elemente keines ausgelassen und keines wiederholt werde. Das kontrollieren wir in unserem Gedächtnis am leichtesten, wenn wir festsetzen, daß die Gruppe als Elemente alle Buchstaben enthalten soll, die in der überlieferten Ordnung des Alphabets einem bestimmten, z. B. x, vorausgehen.

Umstellung zweier aufeinander folgender Elemente einer Reihe

Wenn zweien aufeinander folgenden Zahlen n und $(n + 1)$ zwei Elemente z. B. ε und ζ zugeordnet sind, so kann n entweder mit ε oder mit ζ verbunden werden; dies gibt die beiden Arten der Zuordnung:

$$\begin{matrix} n & (n+1) \\ \varepsilon & \zeta \end{matrix}$$

oder:

$$\begin{matrix} n & (n+1). \\ \zeta & \varepsilon \end{matrix}$$

Indem wir statt der ersten dieser beiden Ordnungen die andere einführen und alle übrigen zugeordneten Paare von je einer Zahl und einem Buchstaben unverändert lassen, so verliert keine Zahl den zugeordneten Buchstaben, kein Buchstabe die zugeordnete Zahl, wir wiederholen keinen Buchstaben und lassen auch keinen ausfallen. Wenn also die Reihe, welche die beiden ersten oben angeführten Paare enthielt, vor der Umstellung einer Gruppe ohne Lücken und ohne Wiederholungen war, so ist es auch die durch die Umstellung gewonnene.

Durch eine passende Wiederholung solcher Umstellungen benachbarter Elemente kann ich jedes beliebig gewählte Element der Gruppe zum ersten in der Reihe machen, ohne Wiederholungen oder Lücken in der Reihe zu erzeugen. Denn wenn das gewählte Element ζ das $n$te ist, kann ich es mit dem $(n-1)$ten, dann mit dem $(n-2)$ten usw. vertauschen, so daß seine Stellenzahl immer niedriger wird, bis ich endlich bei der niedrigsten Stellenzahl der Gruppe, nämlich 1, ankomme.

In derselben Weise kann ich jedes Element der Reihe, dessen Stellenzahl höher als m ist, zum $m$ten Gliede der Gruppe machen, ohne Lücken oder Wiederholungen zu erzeugen. Bei diesem letzteren Verfahren behalten diejenigen Glieder der Reihe, deren Stellenzahl niedriger als m ist, dieselbe unverändert bei.

Daraus folgt: *Durch fortgesetzte Vertauschung benachbarter Glieder einer Gruppe kann ich jede mögliche Reihenfolge ihrer Glieder hervorbringen, ohne Elemente ausfallen zu lassen oder solche zu wiederholen.* Denn ich kann beliebig vorschreiben, welches das erste Glied der Reihe werden soll, und dies nach dem angegebenen Verfahren ausführen. Dann kann ich vorschreiben, welches das zweite werden soll, und dies ebenso ausführen. Hierbei wird das eben zum ersten gewordene Element nicht aus seiner Stellung gebracht. Dann kann ich das dritte bestimmen usw. bis zum letzten.

Theorem IV: Attribute einer Reihe von Elementen, die sich nicht verändern, wenn beliebige benachbarte Elemente miteinander in ihrer Folge vertauscht werden, ändern sich bei keiner möglichen Änderung der Reihenfolge der Elemente.

Dies führt uns zunächst auf die *Verallgemeinerung des Kommutationsgesetzes der Addition.*

Die großen Buchstaben mögen wieder, wie bei der Verallgemeinerung des Assoziationsgesetzes, Summen von beliebig vielen Zahlen bedeuten. Dann ist nach dem verallgemeinerten Assoziationsgesetz

$$R + a + b + S = R + (a + b) + S.$$

Nach dem Kommutationsgesetz für zwei Summanden ist

$$a + b = b + a.$$

Also da hiernach $(a + b)$ dieselbe Zahl wie $(b + a)$ ist:

$$\begin{aligned} R + a + b + S &= R + (b + a) + S \\ &= R + b + a + S. \end{aligned}$$

Letzteres wieder nach dem Assoziationsgesetz.

Da man hiernach in der gegebenen Summe beliebige zwei aufeinander folgende Elemente miteinander vertauschen kann, ohne den Betrag der Summe zu ändern, so kann man nach Theorem IV sie alle miteinander vertauschen und in beliebige Reihenfolge bringen, ohne die Summe zu ändern.

Damit sind die fünf grundlegenden Axiome der Addition für den von uns zugrunde gelegten Begriff der Addition erwiesen und aus ihm hergeleitet. Nun ist noch nachzuweisen, daß dieser Begriff übereinstimmt mit demjenigen, der von der Ermittelung der Anzahl zählbarer Objekte ausgeht.

Dies führt uns zunächst zum Begriff der *Anzahl*[13] der Elemente einer Gruppe. Wenn ich die vollständige Zahlenreihe von 1 bis n brauche, um jedem Element der Gruppe eine Zahl zuzuordnen, so nenne ich n die *Anzahl* der Glieder der Gruppe. Die der Aufstellung von Theorem IV vorausgegangenen Erörterungen zeigen, daß die *Anzahl der Glieder durch Änderungen der Reihenfolge der Glieder unverändert bleibt,* wenn Auslassungen und Wiederholungen derselben vermieden werden.

Dieser Satz ist nun anwendbar auf reelle Objekte, als deren zeitweilig gegebene Namen man die α , β , γ usw. betrachten kann. Nurmüssen diese Objekte, wenigstens solange das Ergebnis einer ausgeführten Zählung gültig sein soll, gewissen Bedingungen tatsächlich genügen, damit sie zählbar seien. Sie dürfen nicht verschwinden oder mit andern verschmelzen, es darf keines sich in zwei teilen, kein neues hinzukommen, so daß jedem in Form eines griechischen Buchstaben gegebenen Namen auch dauernd ein und nur ein abgegrenztes und als einzelnes erkennbar bleibendes Objekt entspricht. Ob diese Bedingungen bei einer bestimmten Klasse von Objekten eingehalten seien, läßt sich natürlich nur durch Erfahrung bestimmen.[14]

Daß die Gesamtzahl der Glieder zweier Gruppen, denen kein Glied gemeinsam ist, nach dem vorher aufgestellten Begriff der Addition gleich der Summe der Anzahlen der Glieder beider Einzelgruppen ist, ergibt sich sogleich aus der oben beschriebenen Methode des Zählens. Man würde, um die Gesamtzahl zu finden, erst die eine Gruppe durchzählen können. Wenn sie p Glieder hat, würde die Zahl $(p + 1)$ auf das erste Glied der andern Gruppe, $(p + 2)$ auf das zweite kommen, und so fort, so daß die Gesamtzahl der Glieder beider Gruppen genau durch dasselbe Verfahren des Zählens gefunden wird, wie die oben definierte Summe der beiden Zahlen, welche die Anzahl der Elemente jeder Gruppe angeben.

Der oben beschriebene Begriff der Addition deckt sich also in der Tat mit dem Begriff derselben, der aus der Bestimmung der Gesamtanzahl mehrerer Gruppen zählbarer Objekte hervorgeht, hat aber den Vorteil, daß er ohne Beziehung auf äußere Erfahrung gewonnen werden kann.[15]

Hiermit ist die Reihe der für Begründung der Arithmetik notwendigen Axiome der Addition für den nur aus innerer Anschauung entnommenen Begriff der Zahlen und der Summe, von dem wir ausgegangen sind, erwiesen und zugleich die Übereinstimmung des Ergebnisses dieser Art der Addition mit der, welche aus dem Zählen von äußern zählbaren Objekten hergeleitet werden kann.

Die Theorie der Substraktion und Multiplikation entwickelt sich von hier aus ohne weitere Schwierigkeiten, indem die *Differenz* $(a - b)$ definiert wird als diejenige Zahl, die man zu b addieren muß, um a als Summe zu erhalten, und die Multiplikation als Addition einer Anzahl gleicher Zahlen. Hier brauche ich nur auf Herrn *Grassmann* zu verweisen, der die Multiplikation reiner Zahlen durch die beiden Gleichungen definiert:

$$1 \cdot a = a,$$
$$(b + 1) \cdot a = b \cdot a + a.$$

In bezug auf die Substraktion ist nur zu bemerken, daß man die Zahlen als Zeichen einer Reihenfolge auch in absteigender Richtung in das Unbegrenzte fortsetzen kann, indem man von der 1 rückwärts zur 0, von da zu (-1), (-2) usw. übergeht und diese neuen Zeichen ebenso wie die früher allein gebrauchten positiven ganzen Zahlen behandelt. Dann hat die Differenz zweier Zahlen immer eine Bedeutung, und zwar nur eine; sie ist also eindeutig bestimmt.

Die Übereinstimmung wie der Unterschied zwischen den Gesetzen der Addition und Multiplikation ist wegen des folgenden hier noch zu besprechen.

Das Assoziationsgesetz und Kommutationsgesetz gelten für beide Operationen. Es ist, wie wir gesehen:

$$(a + b) + c = a + (b + c)$$
$$a + b = b + a.$$

Aber auch ebenso

$$(a \cdot b) \cdot c = a \cdot (b \cdot c)$$
$$a \cdot b = b \cdot a.$$

Ein Unterschied zwischen den Grundeigenschaften beider Operationen zeigt sich erst, wenn man durch jede derselben eine Anzahl n gleicher Zahlen a verknüpft. Durch Addition verbunden, geben diese das Produkt $n \cdot a$, welches selbst wieder dem Kommutationsgesetz unterliegt:

$$n \cdot a = a \cdot n.$$

Durch Multiplikation von n gleichen Faktoren dagegen erhält man die Potenz a^n, in welcher a und n, besondere Fälle ausgenommen, nicht miteinander vertauscht werden können, ohne den Wert der Potenz zu ändern.

Ebenso zeigt sich für das Verhältnis jeder dieser Operationen in ihrer Verbindung mit der nächsthöheren in einem Falle eine Analogie:

$$(a + b) \cdot c = (a \cdot c) + (b \cdot c)$$
$$c^{a+b} = c^a \cdot c^b$$

Aber die Analogie fehlt bei der Kommutation; denn es gilt nicht die gleiche Beziehung mehr für $(a + b)^c$ einerseits und $a^c \cdot b^c$ andererseits.

Benannte Zahlen

Zählung ungleicher Stücke, wie wir sie oben besprochen haben, brauchen wir der Regel nach nur zur Feststellung ihrer Vollzähligkeit.

Von viel größerer Bedeutung und ausgedehnterer Anwendung ist das Zählen gleicher Objekte. Solche Objekte, die in irgendeiner bestimmten Beziehung gleich sind und gezählt werden, nennen wir die *Einheiten* der Zählung, die Anzahl derselben bezeichnen wir als eine *benannte Zahl*, die besondere Art der Einheiten, die sie zusammenfaßt, die *Benennung der Zahl.*

Eine Anzahl ist, wie wir oben gesehen haben, zerlegbar in Teile, welche im ganzen *additiv* zusammengefaßt sind. Die Summe zweier benannten Zahlen von gleicher Benennung ist die Gesamtzahl aller ihrer Einheiten, also notwendig wieder eine benannte Zahl derselben Benennung. Wenn wir zwei verschiedene Gruppen von verschiedener Anzahl zu vergleichen haben, so bezeichnen wir die, welcher die höhere Anzahl zukommt, als die *größere,* die von niederer Anzahl als die *kleinere.* Haben beide dieselbe Anzahl, so bezeichnen wir sie als *gleich.*

Objekte oder Attribute von Objekten, die, mit ähnlichen verglichen, den Unterschied des größer, gleich oder kleiner zulassen, nennen wir *Größen.* Können wir sie durch eine benannte Zahl ausdrücken, so nennen wir diese den *Wert* der Größe, das Verfahren, wodurch wir die benannte Zahl finden, *Messung* der Größe. Übrigens gelangen wir in vielen tatsächlich ausgeführten Untersuchungen nur dazu, die Messung auf willkürlich gewählte oder durch das gebrauchte Instrument gegebene Einheiten zurückzuführen; dann haben die Zahlen, die wir finden, nur den Wert von *Verhältniszahlen,* bis jene Einheiten auf allgemein bekannte (*absolute Einheiten der Physik*) zurückgeführt sind. Diese allgemein bekannten Einheiten sind aber nicht etwa durch ihren Begriff zu definieren, sondern nur an bestimmten Naturkörpern (Gewichten, Maßstäben) oder bestimmten Naturvorgängen (Tag, Pendelschlag) aufzuweisen. Daß sie allgemeiner bekannt sind durch Überlieferung unter den Menschen, ändert das Geschäft und den Begriff des Messens nicht und erscheint diesem gegenüber nur als eine Zufälligkeit.

Im folgenden werden wir zu untersuchen haben, unter welchen Umständen wir Größen durch benannte Zahlen ausdrücken, d. h. ihren Wert finden können, und was wir damit an tatsächlichem Wissen erreichen.

Dazu müssen wir aber vorher den Begriff der Gleichheit und der Größe nach ihrer objektiven Bedeutung erörtern.

Das besondere Verhältnis, welches zwischen den Attributen zweier Objekte bestehen kann und welches von uns durch den Namen „Gleichheit“ bezeichnet wird, ist durch das schon oben angeführte Axiom I charakterisiert: *Wenn zwei Größen einer dritten gleich sind, sind sie unter sich gleich.* Darin liegt gleichzeitig, daß das Verhältnis der Gleichheit ein wechselseitiges ist. Denn aus

$$a = c,$$
$$b = c$$

folgt ebensogut $a = b$ wie $b = a$.

Gleichheit zwischen den vergleichbaren Attributen zweier Objekte ist ein ausnahmsweise eintretender Fall, und wird also in tatsächlicher Beobachtung nur dadurch angezeigt werden können, daß die zwei gleichen Objekte unter geeigneten Bedingungen zusammentreffend oder zusammenwirkend einen besonderen Erfolg beobachten lassen, der in der Regel zwischen anderen Paaren ähnlicher Objekte nicht eintritt.

Wir wollen das Verfahren, durch welches wir die beiden Objekte unter geeignete Bedingungen versetzen, um den genannten Erfolg beobachten und sein Eintreffen oder Nichteintreffen feststellen zu können, als die *Methode der Vergleichung* bezeichnen.

Wenn dieses Verfahren der Vergleichung sicheren Aufschluß geben soll über Gleichheit oder Verschiedenheit eines bestimmten Attributs der beiden Objekte, so wird der Erfolg desselben ausschließlich und allein von der Bedingung abhängen müssen, daß beide Objekte das betreffende Attribut in dem bestimmten Maße besitzen, immer vorausgesetzt, daß das Verfahren der Vergleichung regelrecht ausgeführt ist.

Aus dem oben angeführten Axiom folgt zunächst, daß der Erfolg *der Vergleichung ungeändert bleiben muß, wenn die beiden Objekte miteinander vertauscht werden.*

Ferner folgt, daß, wenn die beiden Objekte a und b sich als gleich erweisen und durch frühere Beobachtung mittels derselben Methode der Vergleichung gefunden ist, daß a

auch gleich einem dritten Objekte *c* sei, nun auch die entsprechende Vergleichung von *b* und *c* beide als gleich ergeben muß.

Das sind Forderungen, die wir an die betreffende Methode der Vergleichung zu stellen haben. *Nur solche Verfahrungsweisen sind imstande, Gleichheit zu erweisen, welche die genannten Forderungen erfüllen.*

Daß „gleiche Größen füreinander gesetzt werden können", folgt zunächst aus diesen Voraussetzungen für denjenigen Erfolg, auf dessen Beobachtung wir die Feststellung ihrer Gleichheit stützen.

Aber mit der Gleichheit in dem bisher besprochenen Falle kann naturgesetzlich die Gleichheit auch anderweitiger Wirkungen oder Verhältnisse der betreffenden Objekte zusammenhängen, so daß auch in diesen letzteren Beziehungen die betreffenden Objekte füreinander gesetzt werden können. Wir pflegen dies sprachlich dann so auszudrücken, daß wir die Fähigkeit der Objekte, den bei der ersten Art der Vergleichung entscheidenden Erfolg hervorzubringen, als ein Attribut derselben objektivieren, den gleichbefundenen Objekten gleiche Größe dieses Attributs zuschreiben, und die anderweitigen Wirkungen, in denen sich die Gleichheit bewährt, als Wirkungen jenes Attributs, oder als erfahrungsgemäß nur von jenem Attribut abhängend bezeichnen. Der Sinn einer solchen Behauptung ist immer nur der, daß Objekte, die sich bei derjenigen Art der Vergleichung als gleich erwiesen haben, die über die Gleichheit dieses besonderen Attributs entscheidet, sich auch in den bezeichneten anderweitigen Fällen gegenseitig ohne Änderung des Erfolges ersetzen können.

Größen, über deren Gleichheit und Ungleichheit durch dieselbe Methode der Vergleichung zu entscheiden ist, bezeichnen wir als *„gleichartig"*. Indem wir das Attribut, dessen Gleichheit oder Ungleichheit hierbei bestimmt wird, durch Abstraktion loslösen von allem, was sonst an den Objekten verschieden ist, bleibt für die entsprechenden Attribute verschiedener Objekte nur der Unterschied der Größe übrig[16].

Ich erlaube mir, den Sinn dieser abstrakten Sätze an einigen bekannten Beispielen zu erläutern.

Gewichte. Wenn ich zwei beliebige Körper auf beide Schalen einer richtigen Waage lege, wird im allgemeinen die Waage nicht im Gleichgewichte sein, sondern eine Schale wird sinken.

Ausnahmsweise werde ich gewisse Paare von Körpern *a* und *b* finden, welche, auf die Waage gelegt, deren Gleichgewicht nicht stören.

Wenn ich alsdann *a* mit *b* vertausche, muß die Waage im Gleichgewicht bleiben. Das ist die bekannte Probe darauf, ob die Waage richtig ist, d. h. ob das Gleichgewicht an dieser Waage Gleichheit der Gewichte anzeigt.

Endlich bestätigt sich, daß, wenn das Gewicht von *a* nicht bloß dem Gewichte von *b*, sondern auch dem von *c* gleich ist, dann auch $b = c$ ist. Das Gleichgewicht der Gewichte an einer richtigen Waage begründet also in der Tat eine Methode, eine Art der Gleichheit zu bestimmen.

Die Körper, deren Gewicht wir vergleichen, können übrigens aus den verschiedensten Stoffen bestehen, von verschiedenster Form und Volumen sein. Das Gewicht, das wir gleichsetzen, ist nur ein durch Abstraktion ausgeschiedenes Attribut derselben. Wenn wir die Körper selbst als Gewichte und diese Gewichte als Größen bezeichnen, so dürfen wir dies nur, wo wir von allen anderen Eigenschaften derselben absehen können. Das hat seinen praktischen Sinn, so oft wir Vorgänge beobachten oder herbeiführen, bei deren Verlauf nur dies eine Attribut der mitwirkenden Körper in Betracht kommt, d. h. bei denen Körper sich gegenseitig ersetzen können, die sich an der Waage im Gleichgewicht halten. Dies ist z. B. der Fall, wenn wir das Beharrungsvermögen der betreffenden Körper messen. Daß aber Körper von gleichem Gewicht auch gleiches Beharrungsvermögen haben und sich auch in letzterer Beziehung einander ersetzen können, folgt nicht aus dem Begriff der Gleichheit, sondern nur aus unserer Kenntnis dieses besonderen Naturgesetzes für diese besondere Beziehung[17].

Das einfachste geometrische Gebilde, welches einer Größenbestimmung fähig ist, ist der Abstand eines Paares von Punkten. Um aber dem Abstand wenigstens für die Zeit der messenden Vergleichung einen bestimmten Wert zu geben, müssen die Punkte feste Verbindung haben, wie z. B. zwei Zirkelspitzen. Die bekannte Methode der Vergleichung des Abstandes zweier Paare besteht darin, daß wir untersuchen, ob sie zu kongruenter Deckung gebracht werden können oder nicht. Daß diese Methode, Gleichheit festzustellen, geeignet ist, daß die Kongruenz in jeder Lage, bei Vertauschung der beiden Punktpaare in jeder beliebigen Weise immer wieder stattfindet, daß zwei Punktpaare, die einem dritten kongruent sind, auch unter sich kongruent sind, bestätigt die Erfahrung. So können wir den Begriff gleicher Abstände oder Entfernungen bilden.[18]

Von da aus kann man zum Begriff der geraden Linie und deren Länge fortschreiten. Man denke sich zwei festliegende Punkte, durch die die Linie gehen soll. Eine *gerade Linie* ist eine solche, in der kein Punkt seine Lage ändern kann, ohne mindestens einen seiner Abstände von den festliegenden Punkten zu ändern. Eine *krumme* Linie dagegen können wir um zwei ihrer Punkte drehen, wobei sich wohl die Lage, aber nicht der Abstand der übrigen Punkte von jenen beiden ändert. Die *Länge* zweier begrenzter gerader Linien setzen wir gleich, wenn ihre Endpunkte gleichen Abstand haben, also kongruent gelagert werden können, wobei auch die Linien kongruent zusammenfallen. Der Begriff der Länge gibt insofern etwas mehr, als der Begriff des Abstandes. Wenn wir zwei Punktpaare von verschiedenem Abstand a, b und a, c in a zusammenfallend und in gerader Linie gelagert denken, so daß ein Stück dieser Linie beiden gemeinsam ist, so fällt entweder b in die Linie $a\,c$ oder c in die Linie $a\,b$. Dies gibt einen Gegensatz, der dem des größer und kleiner entspricht; während der Begriff des Abstandes unmittelbar nur den des gleich oder ungleich gibt.

Zeitmessung setzt voraus, daß physische Vorgänge gefunden seien, die, in unverändert gleicher Weise und unter gleichen Bedingungen sich wiederholend, wenn sie in demselben Moment begonnen haben, auch wieder gleichzeitig enden, wie z. B. Tage, Pendelschläge, Ablaufen von Sand- und Wasseruhren. Die Berechtigung für die Annahme der unveränderten Dauer bei der Wiederholung liegt hierbei nur in dem Umstande, daß alle verschiedenen Methoden der Zeitmessung, sorgfältig ausgeführt, immer wieder übereinstimmende Resultate liefern. Wenn zwei solche Vorgänge *a* und *b* gleichzeitig beginnen und gleichzeitig enden, so gehen sie nicht nur in der gleichen, sondern in derselben Zeit vor sich. In bezug auf die Zeit ist zwischen beiden kein Unterschied und deshalb auch keine Vertauschung möglich. Und wenn ein dritter Vorgang *c*, mit *a* gleichzeitig beginnend, in derselben Zeit sich beendet, tut er es auch mit dem gleichzeitig vorgehenden *b*.[19]

Wir vergleichen *Helligkeiten* zweier sichtbarer Felder, indem wir sie aneinander rücken, so daß jede andere Abgrenzung zwischen ihnen wegfällt außer dem Unterschiede der Helligkeit, und nachsehen, ob noch eine erkennbare Grenze zwischen ihnen bleibt[20].

Wir vergleichen *Tonhöhen*, wenn es sich um kleine Unterschiede handelt, durch das Phänomen der Schwebungen, welche fehlen müssen, wenn die Höhen gleich sind. Wir vergleichen die *Intensitäten elektrischer Ströme* am Differentialgalvanometer, welches sie in Ruhe lassen müssen, wenn sie gleich sind[21], usw.

Es müssen also für die Aufgabe, Gleichheit in verschiedenen Beziehungen zu konstatieren, höchst verschiedene physische Mittel aufgesucht werden, die aber alle den oben gestellten Forderungen genügen müssen, wenn sie eine Gleichheit beweisen sollen.

Das erste Axiom: „Wenn zwei Größen einer dritten gleich sind, sind sie unter sich gleich“, ist also nicht ein Gesetz von objektiver Bedeutung, sondern es bestimmt nur, welche physische Beziehungen wir als Gleichheit anerkennen dürfen.

Um Beispiele zu zitieren, wo der Satz von der Gleichheit des Dritten geradezu einer mechanischen Ausführung zugrunde liegt, erinnere ich an das Schleifen ebener Glasflächen. Wenn zwei solche unter fortdauernder

Rotation der einen gegeneinander abgeschliffen werden, können beide kugelig werden, die eine konkav und die andere konvex. Wenn drei abwechselnd gegeneinander abgeschliffen werden, müssen sie schließlich eben werden. Ebenso macht man die Kanten genauer metallener Lineale gerade, indem man je drei gegeneinander abschleift.

Über additive physische Verknüpfung[22] gleichartiger Größen

Die Vergleichung von Größen, so weit wir sie bisher behandelt, gibt Aufschluß über die Frage, ob sie gleich oder ungleich sind, aber noch kein Maß für die Größe ihres Unterschiedes, falls sie verschieden sein sollten. Sollen aber die betreffenden Größen durch benannte Zahlen vollständig bestimmt werden können, so muß die größere der beiden Zahlen als Summe der kleineren und ihres Unterschiedes darstellbar sein. Zu untersuchen ist also, unter welchen Bedingungen wir eine physische Verknüpfung gleichartiger Größen als Addition ausdrücken dürfen.

Die Verknüpfungsweise, um die es sich hierbei handelt, wird im allgemeinen von der Art der Größen, die verknüpft werden sollen, abhängen. Wir addieren z. B. Gewichte, indem wir sie einfach in dieselbe Waagschale legen. Wir addieren Zeitperioden, indem wir die zweite genau in dem Augenblick beginnen lassen, wo die erste aufhört; wir addieren Längen, indem wir sie in bestimmter Weise, nämlich *in gerader Linie,* aneinandersetzen usw.

1. *Gleichartigkeit der Summe und der Summanden.* Da die besprochene Verknüpfung *Größen einer bestimmten Art* betreffen soll, so wird ihr Resultat nicht geändert werden dürfen, wenn ich eine oder mehrere der Größen mit gleichgroßen gleichartigen Größen vertausche. Denn diese werden dann nur durch dieselbe Zahl mit derselben Benennung ersetzt, die sie schon selbst hatten. Aber auch das Ergebnis der Verknüpfung muß, wenn es die Summe der verknüpften Größen darstellen soll, gleichartig den Teilen sein, da die Summe zweier benannten Zahlen wieder eine Zahl derselben Benennung ist, wie schon oben bemerkt. *Also über*

das Gleichbleiben des Ergebnisses der Verknüpfung bei Vertauschung der Teile muß durch dieselbe Methode der Vergleichung entschieden werden, mit der wir die Gleichheit der zu vertauschenden Teile festgestellt haben. Das ist der tatsächliche Sinn der Forderung, daß die Summe gleichartiger Größen den Summanden gleichartig sein muß.

So kann ich z. B. in einer Summe von Gewichten die einzelnen Stücke durch solche von anderem Material, aber gleichem Gewicht ersetzen. Die Summe behält dann gleiches Gewicht; ihre übrigen physikalischen Attribute aber können sich ändern.

2. *Kommutationsgesetz.* Das Resultat der Addition ist unabhängig von der Reihenfolge, in der die Summanden verknüpft werden. Dasselbe muß gelten von physischen Verknüpfungen, die als Addition zu betrachten sein sollen.

3. *Assoziationsgesetz.* Die Verbindung zweier gleichartiger Größen kann auch physisch geschehen, indem statt beider eine ungeteilte Größe derselben Art eingesetzt wird, die ihrer Summe gleich ist. Dadurch sind jene beiden dann vor allen andern additiv vereinigt.

So kann z. B. beim Wägen ein Fünfgrammstück statt fünf einzelner Grammstücke gesetzt werden.

Das Ergebnis der Verknüpfung also darf dadurch nicht geändert werden, daß ich statt einiger der zu verknüpfenden Größen andere einführe, die der Summe derselben gleich sind.

Übrigens läßt sich zeigen, daß, wenn die beiden ersten Forderungen allgemein erfüllt sind, auch die dritte erfüllt ist.

Man denke sich die Elemente in der Reihenfolge hintereinander geordnet, wie sie in einem ersten Falle miteinander verknüpft werden sollen, so daß jedes einzelne dem Ergebnis der Verknüpfung der ihm vorausgehenden angefügt wird, in derselben Weise, wie wir es oben für die Addition von $[a + b + c + etc.]$ vorgeschrieben haben. Wenn nun in einem zweiten Falle verlangt wird, irgendwelche von diesen Größen vor den andern zu verknüpfen, so können wir diese nach dem Kommutationsgesetz, welches der Voraussetzung nach gelten soll, in erste und zweite Stelle setzen, wo sie dann vor den andern zu verknüpfen sind, ohne daß wir das Resultat ändern. Alsdann können wir nach der ersten unserer obigen Bedingungen das Ergebnis dieser Verknüpfung auch ersetzen durch ein anderes ungeteiltes Objekt, welches als Größe gleicher Art betrachtet, gleich groß ist.

Nachdem dies geschehen, können wir wiederum die beiden nächst zu verknüpfenden Größen oder Summen von Größen an die beiden ersten Stellen bringen usf., bis alle in vorgeschriebener Reihenfolge verknüpft sind. Bei keiner dieser Operationen ändern wir die Größe des endlichen Ergebnisses der Verknüpfungen.

Eine physische Verknüpfungsweise von Größen gleicher Art kann als Addition angesehen werden, wenn das Ergebnis der Verknüpfung, als Größe derselben Art verglichen, nicht geändert wird, weder durch Vertauschung der einzelnen Elemente unter sich noch durch Vertauschung von Gliedern der Verknüpfung mit gleichen Größen gleicher Art.

Wenn wir in eben beschriebener Weise die Verknüpfungsmethode der betreffenden Größen gefunden haben, so ergibt sich nun auch, welche größer, welcher kleiner sind. Das Produkt der additiven Verknüpfung, das Ganze, ist größer als die Teile, aus denen es hergestellt ist. Bei den einfachsten Größen, mit denen wir von frühester Jugend her zu tun hatten, wie Zeiten, Längen, Gewichten, haben wir nie gezweifelt, was größer und was kleiner sei, weil wir eben von jeher additive Verknüpfungsmethoden derselben kannten. Hier ist aber zu überlegen, daß die Methode der Vergleichung, wie wir sie oben beschrieben haben, uns im allgemeinen nur belehrt, ob die Größen gleich oder ungleich seien. Wenn zwei Größen x einander gleich sind, sind auch alle in gleicher Weise durch Rechnung gebildete Funktionen derselben gleich. Von diesen werden einige bei steigendem x zunehmen, andere abnehmen. Welche von diesen Funktionen eine additive physische Verknüpfung zulassen, ist erst durch besondere Erfahrung zu entscheiden. Lehrreich sind dann solche Fälle, wo zweierlei Arten der additiven Verknüpfung möglich sind. So bestimmen wir genau durch dieselbe Methode der Vergleichung, ob zwei Drähte gleichen galvanischen Widerstand w, beziehlich gleiches Leistungsvermögen λ haben, denn es ist

$$w = \frac{1}{\lambda}.$$

Widerstände addieren wir, wenn wir die Drähte hintereinander verbinden, so daß die durchgeleitete Elektrizität nacheinander jeden einzelnen durchströmen muß. Das Leistungsvermögen der Drähte addieren wir, wenn wir die Drähte nebeneinanderlegen und alle ihre Anfänge untereinander, alle ihre Enden auch untereinander verbinden. So objektivieren wir hier als physikalische Größen zwei verschiedene Funktionen derselben Variablen. Hat ein Draht größeren Widerstand, so hat er geringeres Leitungsvermögen und umgekehrt. Die Frage, was größer, was kleiner sei, wird also bei beiden in entgegengesetztem Sinne beantwortet. Ebenso lassen sich elektrische Kondensatoren (Leidener Flaschen) nebeneinander und hintereinander verbinden. Im ersteren Falle addieren sie die Kapazität, im letzteren Falle die Spannung (Potential) für gleiche Ladung. Erstere wächst, wenn letztere abnimmt.[23]

Wiederum dürfen wir uns nicht wundern, wenn die Axiome der Addition sich im Naturlaufe bewahrheiten, da wir als Addition nur solche physische Verknüpfungen anerkennen, die den Axiomen der Addition genügen.

Teilbarkeit der Größen und Einheiten

Bisher haben wir die Größen noch nicht in Einheiten zu zerlegen gebraucht. Der Begriff der Größe sowie ihrer Gleichheit und ihrer Addition konnte ohne eine solche Zerlegung gewonnen werde. Die höchste Vereinfachung der Darstellung der Größen erhalten wir aber in der Tat erst, wenn wir sie in Einheiten auflösen und als benannte Zahlen ausdrücken.

Größen, welche addiert werden können, sind im allgemeinen auch zu teilen. Kann eine jede der vorkommenden Größen als additiv nach dem für Größen dieser Art gültigen Additionsverfahren aus einer Anzahl gleicher Teile zusammengesetzt angesehen werden, so kann jede von ihnen nach dem Assoziationsgesetz der Addition überall, wo nur der Wert dieser Größe entscheidet, durch die Summe ihrer Teile vertreten werden. So wird sie dann durch eine benannte Zahl ersetzt, andre Größen der gleichen Art durch andere Anzahlen derselben Teile. Die Beschreibung der einzelnen Größen gleicher Art kann dann einem Zuhörer, der die als Einheit gewählten gleichen Teile kennt, durch bloße Angabe der Zahlen überliefert werden.

Sind die vorkommenden Größen nicht ohne Rest durch die gewählten Einheiten auszudrücken, so teilt man die Einheiten wieder in bekannter Weise und kann auf diese Art eine Wertbestimmung jeder der vorkommenden Größen bis zu beliebiger Genauigkeit geben. Vollkommene Genauigkeit ist allerdings nur für rationale Verhältnisse zu erreichen.

Irrationale Verhältnisse können an den reellen Objekten vorkommen[24]; in Zahlen aber können sie nie vollständig genau dargestellt, sondern ihr Wert nur zwischen beliebig zu verengernde Grenzen eingeschlossen werden[25]. Diese Einengung zwischen Grenzen genügt für alle Berechnungen solcher Funktionen, deren Werte bei immer kleiner werdenden Änderungen der Größen, von denen sie abhängen, ebenfalls immer kleinere Änderungen erleiden, welche schließlich unter jeden angebbaren Betrag fallen können. Namentlich gilt dies für die Berechnung aller differentiierbaren Funktionen der irrationalen Größen. Dagegen lassen sich allerdings auch diskontinuierliche Funktionen bilden, zu deren Berechnung die Kenntnis der noch so eng gezogenen Grenzen, zwischen denen der irrationale Wert liegt, nicht genügt. Diesen gegenüber bleibt die Darstellung irrationaler Größen durch unser Zahlensystem immer ungenügend. In der Geometrie und Physik aber sind wir solchen Arten der Diskontinuität noch nicht begegnet.

Wertbestimmungen von Eigenschaften. (Physikalische Konstanten, Koeffizienten.) Außer den bisher besprochenen Größen, welche direkt als solche zu erkennen sind, weil sie additive Verbindung zulassen, gibt es aber noch eine Reihe von anderen, auch durch benannte oder unbenannte

Zahlen ausdrückbaren Verhältnissen, für welche noch keine additive Verbindung mit gleichartigen bekannt ist. Sie werden gefunden, so oft sich ein naturgesetzlicher Zusammenhang zwischen additiven Größen bei Vorgängen zeigt, die durch die Besonderheiten irgendeiner bestimmten Substanz oder eines bestimmten Körpers oder die vorausgegangene Art der Einleitung des betreffenden Vorgangs beeinflußt werden.

So z. B. zeigt das Brechungsgesetz des Lichtes an, daß zwischen dem Sinus des Einfalls- und Brechungswinkels eines Lichtstrahls bestimmter Wellenlänge, der aus dem Leeren in eine gegebene durchsichtige Substanz eintritt, ein bestimmtes Verhältnis bestehe. Die Zahl, welche dieses Verhältnis ausdrückt, ist aber verschieden für verschiedene durchsichtige Stoffe, bezeichnet also eine Eigenschaft derselben, ihr Brechungsvermögen. Ähnliche Größen sind das spezifische Gewicht, Wärmeleitungsvermögen, elektrische Leitungsvermögen, Wärmekapazität usw. Daran schließen sich diejenigen Werte (Integrationskonstanten der Dynamik), die während des ungestörten Ablaufs einer einmal eingeleiteten Bewegung eines begrenzten Körpersystems unverändert bleiben.

Es ist der Physik nach und nach gelungen, alle diese Werte auf Einheiten zurückzuführen, die aus den drei fundamentalen Maßeinheiten der Zeit, der Länge und der Masse durch Multiplikation, Potenzierung und ihren inversen Operationen zusammenzusetzen sind.

Der Unterschied zwischen diesen Werten und den additiven Größen wird in der Sprache der Physiker und Mathematiker nicht streng festgehalten. Auch die ersteren werden oft Größen genannt, da sie durch benannte Zahlen auszudrücken sind; der Terminus *Koeffizient* bezeichnet ihre physikalische Natur verhältnismäßig besser. Der Unterschied ist aber nicht wesentlich; denn gelegentlich können neue Entdeckungen auf additive Verbindungen solcher Koeffizienten führen, wodurch sie in die Reihe der direkt bestimmbaren Größen einrücken würden. Einigermaßen entspricht der genannte Unterschied wohl dem, den ältere Metaphysiker in dem Gegensatz der *extensiven* und *intensiven Größen* anzuzeigen wünschten. Herr

P. du Bois Reymond nennt die ersteren *lineäre Größen,* die letzteren *nichtlineäre.*

Andererseits geht aber aus der gegebenen Ableitung hervor, daß man erst additive Größen gebildet haben muß, ehe man Koeffizienten bestimmen kann. Denn die Gleichung, welche ein Naturgesetz ausdrückt, kann die Wertbestimmung eines Koeffizienten nur geben, wenn alle andern darin vorkommenden Größen schon als Größen bestimmt sind. Die Bestimmung von additiven Größen muß also stets vorangehen, ehe man die Werte nichtadditiver finden kann.

Addition ungleichartiger Größen

Eine große Rolle in der Physik spielen solche Objekte, die bei verschiedenen Methoden der Vergleichung gleichzeitig zwei oder drei, auch mehrere verschiedenartige Größen darstellen, welche alle bei derselben Art physischer Verknüpfung der Objekte addiert werden. Dahin gehört zunächst die sehr große Zahl der im Raume gerichteten Größen, die in der Physik vorkommen, d. h. Größen, die einen bestimmten Wert und zugleich eine bestimmte Richtung anzeigen, die man aber aus mehreren Komponenten von fester Richtung (zwei in der Ebene, drei im Raume) zusammengesetzt sich vorstellen kann. Am einfachsten wird im allgemeinen die Übersicht der Verhältnisse, wenn man die Komponenten, die in derselben Weise zur Resultante zu verknüpfen sind, wie das im Gesetz vom Parallelogramm der Kräfte vorgeschrieben ist, drei rechtwinkeligen Koordinatenachsen parallel wählt. In diese Klasse gehören Verschiebungen eines Punktes im Raume, seine Geschwindigkeit, Beschleunigung, dieser entsprechend die ihn bewegende Kraft, ferner Rotationsgeschwindigkeiten und verschwindend kleine Drehungen, Strömungsgeschwindigkeiten von schweren Flüssigkeiten, Elektrizität und Wärme, magnetische Momente usw.

Bei additiven Verbindungen summieren sich die gleichgerichteten Komponenten; diese Summen können wieder in eine Resultante zusammengefaßt werden. Alle physischen

Verknüpfungen solcher Größen, bei denen der Erfolg nur von der Größe und Richtung der endlichen Resultante abhängt, können als beruhend auf solchen additiven Verknüpfungen angesehen werden, wie dies für zwei Dimensionen *Gauß* in der geometrischen Deutung der imaginären Größen, für mehrere *H. Grassmann*[26] als Addition geometrischer Strecken und *R. Hamilton* in der Lehre von den Quaternionen durchgeführt hat. Dabei muß wieder das Kommutationsgesetz erfüllt sein; so können wir unendlich kleine Drehungen eines festen Körpers um zwei verschiedene Achsen in eine resultierende Drehung zusammensetzen, ebenso Rotationsgeschwindigkeiten, aber nicht endliche Drehungen, weil bei solchen es nicht mehr gleichgültig ist, ob man erst um die Achse a und dann um die Achse b dreht oder umgekehrt.

Aber auch in der Mischung farbigen Lichtes kommt ein ähnliches Verhältnis vor. Jede Quantität farbigen Lichtes kann in Beziehung auf ihren sinnlichen Eindruck dargestellt werden als die Vereinigung dreier Lichtquanta von passend gewählten Grundfarben. Mischung mehrerer Farben wirkt dann auf das Auge, wie drei Lichtquanta der drei Grundfarben vereinigt wirken würden, welche man für jede einzelne Grundfarbe erhält, wenn man die entsprechenden Quanta, die in sämtlichen vereinigten Einzelfarben vorkommen, addiert. Hierauf beruht die Möglichkeit der geometrischen Darstellung der Gesetze der Farbenmischung durch Schwerpunktskonstruktionen, wie sie *Newton* zuerst vorgeschlagen hat[27].

Multiplikation benannter Zahlen

Eine benannte Zahl $(a \cdot x)$, worin x die Art der Einheiten bezeichnen soll, a deren Anzahl, kann man mit einer reinen Zahl n multiplizieren. Dies fällt einfach unter die oben angeführte Definition des Produktes als der Summe von n gleichen Summanden a. Da die Summe gleichartiger Summanden eine ihnen gleichartige Größe ist, so ist auch das Produkt $(n \cdot a)$ eine Größe von derselben Benennung wie a. Das Kommutationsgesetz paßt auf dieses Produkt, insofern

$$n \cdot (a \cdot x) = a \cdot (n \cdot x),$$

d. h., man kann auch a als reine Zahl betrachten und neue benannte Summanden $(n \cdot x)$ bilden.

Ebenso ist das Gesetz der Multiplikation einer Summe unmittelbar gegeben:

$$(m + n) \cdot (a \cdot x) = m \cdot (a \cdot x) + n(a \cdot x),$$
$$n \cdot (a \cdot x + b \cdot x) = n \cdot (a \cdot x) + n(b \cdot x).$$

Die Multiplikation benannter Zahlen mit reinen Zahlen bleibt also ganz in dem Rahmen der Definitionen und Sätze, die oben für die Multiplikation reiner Zahlen unter sich abgeleitet sind.

Anders ist es mit der Multiplikation zweier oder mehrerer benannter Zahlen. Diese hat nur in bestimmten Fällen einen Sinn, wenn besondere physische Verknüpfungen unter den betreffenden Einheiten möglich sind, die den drei Gesetzen der Multiplikation unterworfen sind:

$$a \cdot b = b \cdot a,$$
$$a \cdot (b \cdot c) = (a \cdot b) \cdot c,$$
$$a \cdot (b + c) = a \cdot b + a \cdot c.$$

Das bekannteste Beispiel solcher multiplikativer Verbindungen aus der Geometrie ist der Wert des Inhalts von Parallelogrammen und Parallelepipeden, ausgedrückt durch das Produkt zweier und dreier Längen, nämlich einer Seite und einer oder zweier Höhen. Die Physik bildet aber eine große Anzahl solcher Produkte verschiedener Einheiten und dementsprechend auch Beispiele von Quotienten, Potenzen und Wurzeln derselben. Bezeichnen wir eine Länge mit l, eine Zeit mit t, eine Masse mit m, so ist die Benennung

einer Fläche	l^2,
eines Volumens	l^3,
einer Geschwindigkeit	$\frac{l}{t}$,
einer Bewegungskraft	$\frac{m \cdot l}{t^2}$,
einer Arbeit	$\frac{m \cdot l^2}{t^2}$,

des Drucks auf eine Fläche $\frac{m}{l \cdot t^2}$,

der Spannung in einer Fläche $\frac{m}{t^2}$,

einer Dichtigkeit $\frac{m}{l^3}$,

eines magnetischen Quantum $\frac{l}{t}\sqrt{m \cdot l}$,

einer magnetischen Kraft $\frac{l}{t}\sqrt{\frac{m}{l}}$,

usw.

Die meisten dieser Verbindungen beruhen auf der Bestimmung von Koeffizienten; aber viele dieser Größen können doch auch additive physische Verknüpfungen liefern, wie Geschwindigkeiten, Strömungen, Kräfte, Drukke, Dichtigkeiten usw.

Alle diese multiplikativ definierten Einheiten sind aber ungleichartig denen, aus denen sie erzeugt sind, und bekommen einen Sinn nur durch die Kenntnis besonderer geometrischer oder physikalischer Gesetze.

Zu erwähnen ist hier die besondere Abart der Multiplikation, welche *H. Grassmann* in seiner Ausdehnungslehre für gerichtete Größen aufgestellt hat und die auch in der Theorie der Quaternions zugrunde gelegt ist. Diese stellt ein anderes Kommutationsgesetz auf, nämlich

$$a \cdot b = - b \cdot a$$

und gibt in der Tat eine so große Vereinfachung in der Bezeichnung, wenn auch nicht in der Berechnung der Werte, welche durch Zusammenwirken verschieden gerichteter Größen erzeugt werden.

Das Produkt zweier Strecken ist in dieser Rechnungsart der Inhalt des Parallelogramms, was beide als Seiten hat; aber die parallelogrammatische Fläche wird auf der einen Seite als positiv, auf der andern als negativ angesehen. Die eine Seite der Fläche ansehend, muß ich, um von der Seite *a* durch den Winkel zur Seite *b* überzugehen, den Winkel rechtsdrehend durchlaufen; die andere Seite ansehend, komme ich umgekehrt linksdrehend von *b* nach *a*. Darauf beruht der Unterschied in der Folge ($b \cdot a$) und ($a \cdot b$).

Es genügt hier, diese Rechnungsformen erwähnt zu haben und ihre Stellung zu den Rechnungsformen der reinen Zahlenlehre bezeichnet zu haben, da die Aufgabe der vorliegenden Arbeit nur erfordert, die Bedeutung und Berechtigung der Rechnung mit reinen Zahlen und die Möglichkeit von deren Anwendung auf physische Größen zu zeigen.

Daß wir irgendein physisches Verhältnis als Größe hinstellen, kann also immer nur auf empirischer Kenntnis gewisser Seiten seines physischen Verhaltens beim Zusammentreffen und Zusammenwirken mit andern beruhen. Ich fasse dabei die Kongruenz zweier Raumgrößen, die an Körpern vorkommen oder durch Körper abgegrenzt sind, im Sinne meiner früheren Arbeiten über die Axiome der Geometrie ebenfalls als ein physisches Verhältnis auf, welches empirisch zu konstatieren ist. Wir müssen *erstens* die Methode der Vergleichung der betreffenden Größen, wodurch ihre Art charakterisiert ist, und *zweitens* entweder die Methoden der additiven Verknüpfung oder die Naturgesetze kennen, in denen sie als Koeffizienten vorkommen, um sie durch benannte Zahlen ausdrücken zu können.

Die große Vereinfachung und Übersichtlichkeit der Auffassung, die wir durch Rückführung der bunten Mannigfaltigkeit der uns vorliegenden Dinge und Veränderungen auf quantitative Verhältnisse erreichen, ist tief im Wesen unserer Begriffsbildung begründet. Wenn wir den Begriff einer Klasse bilden, fassen wir in ihm alles zusammen, was bei den Objekten, die in die Klasse gehören, gleich ist. Wenn wir ein physisches Verhältnis als benannte Zahl auffassen, haben wir aus dem Begriff ihrer Einheiten auch alles entfernt, was ihnen als verschieden in der Wirklichkeit anhaftet. Sie sind Objekte, die wir nur noch als Exemplare ihrer Klasse betrachten und deren Wirksamkeit nach der untersuchten Richtung hin auch nur davon abhängt, daß sie solche Exemplare sind. In den aus ihnen gebildeten Größen bleibt dann nur der zufälligste der Unterschiede, der der Anzahl, stehen.

Goethes Vorahnungen kommender naturwissenschaftlicher Ideen[1]

Es ist eine schöne Sitte der Goethe-Gesellschaft, daß sie den Vertretern der verschiedensten Richtungen wissenschaftlicher und literarischer Tätigkeit Gelegenheit gibt, die Beziehungen ihrer eigenen Gedankenkreise zu denen des unvergleichlichen Mannes darzulegen, dessen zurückgebliebene Spuren sie aufzusuchen und treu zu bewahren bestrebt ist. Männer, die gleich ihm die ganze Fülle der Bildungselemente ihrer Zeit in sich aufgenommen hatten, ohne dadurch in der Frische und natürlichen Selbständigkeit ihres Empfindens eingeengt zu werden, die als sittliche Freie im edelsten Sinne des Wortes nur ihrer warmen, angeborenen Teilnahme für alle Regungen des menschlichen Gemütes zu folgen brauchten, um den rechten Weg zwischen den Klippen des Lebens zu finden, sind in unseren Zeiten schon sehr selten geworden und werden wahrscheinlich noch immer seltener werden. Die Unbefangenheit und Gesundheit des *Goethe*schen Geistes tritt um so bewunderungswürdiger hervor, als er einer tief verkünstelten Zeit entsprang, in der selbst die Sehnsucht zur Rückkehr in die Natur die unnatürlichsten Formen annahm. Sein Beispiel hat uns daher einen Maßstab von unschätzbarem Werte für das Echte und Ursprüngliche in der geistigen Natur des Menschen zurückgelasssen, an dem wir unsere eigenen Bestrebungen mit ihren beschränkteren Zielen zu messen nicht versäumen sollten.

Ich selbst habe schon einmal im Anfange meiner wissenschaftlichen Laufbahn unternommen, einen Bericht über *Goethes* naturwissenschaftliche Arbeiten zu geben, bei dem es sich überwiegend um eine Verteidigung des wissenschaftlichen Standpunktes der Physiker gegen die Vorwürfe, die der Dichter ihnen gemacht hatte, handelte.[2] Er fand damals bei den Gebildeten der Nation viel mehr Glauben als die junge Naturwissenschaft, deren Berechtigung zum Eintritt in den Kreis der übrigen, durch alte Überlieferung ehrwürdig gewordenen Wissenschaften man nicht ganz ohne Mißtrauen ansah.

Seitdem sind vierzig Jahre einer fruchtbaren, wissenschaftlichen Entwickelung über Europa dahingezogen; die Naturwissenschaften haben durch die von ihnen ausgegangene Umgestaltung aller praktischen Verhältnisse des Lebens die Zuverlässigkeit und Fruchtbarkeit ihrer Grundsätze erwiesen und daneben doch auch weit umblickende Gesichtspunkte gewonnen, von denen aus gesehen das Gesamtbild der Natur, der lebenden wie der leblosen, sich tief verändert zeigt; man denke nur an *Darwins* Ursprung der Arten und an das Gesetz von der Konstanz der Energie. Schon das würde einen genügenden Antrieb gegeben haben, um die alten Überlegungen zu wiederholen und sie einer neuen Prüfung zu unterwerfen.

Für mich gesellte sich dazu aber noch ein besonderes Interesse. Mein Studiengang hatte sich früh physiologischen Problemen zugewendet, namentlich den Gesetzen der Nerventätigkeit, wobei die Frage nach dem Ursprunge der Sinneswahrnehmungen nicht zu übergehen war. Wie der Chemiker vor dem Beginn seiner eigentlichen Berufsarbeiten die Richtigkeit und Zuverlässigkeit seiner Waage, der Astronom die seines Fernrohrs untersuchen muß, so bedurfte auch die Naturwissenschaft als Ganzes einer Prüfung der Wirkungsweise derjenigen Instrumente, die die Quelle alles ihres Wissens sind, nämlich der menschlichen Sinnesorgane. Daß sogenannte Sinnestäuschungen vorkamen, wußte man; man mußte suchen, über die Art ihres Ursprungs so viel zu erfahren, als nötig war, um sie sicher vermeiden zu können. Die bisherige Philosophie leistete dabei so gut wie keine Hilfe. Denn selbst noch *Kant*, der für uns Nachkommende das Fazit aus den früheren Bemühungen der Erkenntnistheorie gezogen hatte, faßte noch alle Zwischenglieder zwischen der reinen Sinnesempfindung und der Bildung der Vorstellung des zur Zeit wahrgenommenen, räumlich ausgedehnten Gegenstandes in einen Akt zusammen, den er die *Anschauung* nannte. Diese spielt bei ihm und seinen Nachfolgern eine Rolle, als wäre sie durchaus nur Wirkung eines natürlichen Mechanismus, der nicht weiter Gegenstand philosophischer und psychologischer Untersuchungen werden könnte, abgesehen von seinem Endergebnis, welches eben eine Vorstellung ist und also auch unter gewissen formalen Bedingungen alles Vorstellens stehen kann, die *Kant* aufsuchte.

Sobald man annehmen durfte, daß richtige Wahrnehmungen durch unsere Sinne gewonnen seien, war in der induktiven Methode der Naturwissenschaften der weitere Weg der Untersuchung im wesentlichen vorgeschrieben. Der Hauptnachdruck fällt dabei darauf, daß die natürlichen Gesetze der Erscheinungen gefunden werden müssen und daß es gelinge, diese in scharf definierten Worten auszusprechen. Die ersten, noch nicht ausreichend geprüften Versuche, ein Naturgesetz aufzustellen, kann man nur als *Hypothesen* bezeichnen. Die der Beobachtung zugänglichen Folgerungen solcher Hypothese werden aufgesucht und unter möglichst mannigfach abgeänderten Bedingungen mit den Tatsachen verglichen. Die Möglichkeit, das vermutete Gesetz in Worte zu fassen, hat den großen und entscheidenden Vorteil, daß es vielen mitgeteilt wird und viele an der Prüfung teilnehmen; daß dies unbeschränkt lange Zeit und in einer unbeschränkten Zahl von Fällen vorgenommen werden kann, daß mit der Zahl der Bestätigungen auch die Aufmerksamkeit auf die wahren oder scheinbaren Ausnahmen wächst, bis schließlich ein so überwältigendes Beobachtungsmaterial zusammengekommen ist, daß kein Zweifel an der Richtigkeit des Gesetzes sich mehr geltend macht, wenigstens nicht in dem Umkreise der durchgeprüften Bedingungen.

Es ist dies ein langer und mühsamer Weg, dessen Erfolg, wie ich nochmals hervorhebe, wesentlich an der Möglichkeit hängt, das betreffende Gesetz in Worten von genau definiertem Sinne auszusprechen. Indessen können wir jetzt in der Tat schon große Gebiete von Naturvorgängen, namentlich innerhalb der einfacheren Verhältnisse der anorganischen Natur, auf wohlbekannte und scharf definierte Gesetze vollständig zurückführen.

Wer aber das Gesetz der Phänomene kennt, gewinnt dadurch nicht nur Kenntnis, er gewinnt auch die Macht, bei geeigneter Gelegenheit in den Lauf der Natur einzugreifen und sie nach seinem Willen und zu seinem Nutzen weiterarbeiten zu lassen. Er gewinnt die Einsicht in den zukünftigen Verlauf dieser selben Phänomene. Er gewinnt in Wahrheit Fähigkeiten, wie sie abergläubische Zeiten einst bei Propheten und Magiern suchten.

Indessen finden wir, daß auch noch auf einem anderen Wege als auf dem der Wissenschaft Einsicht in das verwickelte Getriebe der Natur und des Menschengeistes gewonnen und anderen so mitgeteilt werden kann, daß diese auch volle Überzeugung von der Wahrheit des Mitgeteilten erhalten. Ein solcher Weg ist gegeben in der künstlerischen Darstellung. Es wird Ihnen nicht schwer werden, sich zu überzeugen, daß wenigstens in einzelnen Richtungen der Kunst so etwas geleistet wird. Wir werden späterhin die Frage zu erörtern haben, ob solche Wirkungen auf einzelne Zweige der Kunst beschränkt sind oder ob ähnliches in allen vorkommt.

Denken Sie an irgendein Meisterwerk der Tragik. Sie sehen menschliche Gefühle und Leidenschaften sich entwickeln, sich steigern, schließlich erhabene oder schreckliche Taten daraus hervorgehen. Sie verstehen durchaus, daß unter den gegebenen Bedingungen und Ereignissen der Erfolg so eintreten muß, wie er vom Dichter Ihnen vorgeführt wird. Sie fühlen, daß Sie selbst in gleicher Lage den gleichen Trieb empfinden würden, so zu handeln. Sie lernen die Tiefe und die Macht von Empfindungen kennen, die im ruhigen Alltagsleben nie erweckt worden sind, und scheiden mit einer tiefen Überzeugung von der Wahrheit und Richtigkeit der dargestellten Seelenbewegungen, obgleich Sie gleichzeitig keinen Augenblick darüber im Zweifel waren, daß alles, was sie gesehen, nur bildlicher Schein war.

Diese *Wahrheit,* die Sie anerkennen, ist also nur die *innere Wahrheit* der dargestellten Seelenvorgänge, ihre Folgerichtigkeit, ihre Übereinstimmung mit dem, was sie selbst bisher von der Entwickelung solcher Stimmungen kennengelernt haben, d. h. es ist die Richtigkeit in der Darstellung des naturgemäßen Ablaufes dieser Zustände. Der Künstler muß diese Kenntnis gehabt haben, der Hörer ebenfalls, wenigstens so weit, daß er sie wiedererkennt, wenn sie ihm vorgeführt wird.

Wo kommt nun solche Kenntnis her, die sich gerade in solchen Gebieten vorzugsweise zeigt, an denen bisher noch die Bestrebungen der Wissenschaft den wenigsten Erfolg gehabt haben, nämlich im Gebiete der Seelenbewegungen, Charaktereigenschaften, Entschlüsse von Individuen. Auf dem mühsamen Wege der Wissenschaft, durch reflektierendes Denken ist sie sicher nicht gewonnen worden; im Gegenteil, wo der Autor anfängt zu reflektieren und mit philosophischen Einsichten nachhelfen will, wird der Hörer fast augenblicklich ernüchtert und kritisch gestimmt; er fühlt, daß ein Surrogat eintritt statt der lebensvollen Phantasie des Künstlers.

Die Künstler selbst wissen wenig darüber zu sagen, wo ihnen diese Bilder herkommen; ja gerade die fähigsten unter ihnen werden nur langsam durch den Erfolg ihrer Werke davon belehrt, daß sie etwas leisten, das die Mehrzahl der anderen Menschenkinder ihnen nicht nachzutun imstande ist. Offenbar wird ihnen die Art der Tätigkeit, in welcher sie das Unbegreiflichste leisten, meistens so leicht, daß sie weniger Gewicht darauf legen als auf Nebensachen, die ihnen Mühe gemacht haben. *Goethe* hat in dieser Weise einmal gegen *Eckermann* geäußert, daß er glaube, in der Farbenlehre Bedeutsameres geleistet zu haben als in seinen Gedichten, und *Richard Wagner* hörte ich selbst einmal äußern, daß er seine Verse viel höher schätze als seine Musik.

Wir wissen nun diese Art geistiger Tätigkeit, die so mühelos, schnell und ohne Nachdenken zustande kommt, nicht anders zu bezeichnen als mit dem Namen einer *Anschauung*, speziell *künstlerischer* Anschauung. Der Begriff der Anschauung ist aber in seinen Merkmalen fast nur negativ. Nach der philosophischen Terminologie bildet er den Gegensatz gegen *Denken*, d. h. gegen die bewußte Vergleichung der schon gewonnenen Vorstellungen unter Zusammenfassung des Gleichartigen zu Begriffen. Die sinnliche Anschauung ist da ohne Besinnen, ohne geistige Anstrengung, augenblicklich, sowie der entsprechende sinnliche Eindruck auf uns wirkt. Ihr gegenüber findet keine Willkür statt, die

Wahrnehmung des ihr entsprechenden Objekts ist, wie uns scheint, vollständig durch den sinnlichen Eindruck bestimmt, so daß gleicher Eindruck auch immer gleiche Vorstellung erregt.

Die künstlerische Einbildungskraft operiert allerdings nicht immer mit gegenwärtigen Sinneseindrücken, sondern vielfach auch, namentlich in der Dichtkunst, mit Erinnerungsbildern von solchen, die sich aber in den eben besprochenen Beziehungen nicht von den unmittelbar gegenwärtigen Sinnesbildern unterscheiden.

Die bisherige Begriffsbestimmung der sinnlichen Anschauung hat, wie ich schon bemerkte, gar keine Analyse derselben versucht, hilft uns also auch nicht die künstlerische Anschauung zu verstehen.

Indessen haben wir ausreichende Gründe, gegen die Auffassung Einsprache zu erheben, als ob beide Arten der Anschauung vollständig frei seien von dem Einflusse der Erfahrung; Erfahrung aber ist ein Ergebnis von Prozessen, die in das Gebiet des Denkens hineinfallen.

Zunächst ist nämlich zu bedenken, daß uns oft genug, namentlich bei plötzlich eintretenden Gefahren, aber auch bei schnell zu ergreifenden günstigen Gelegenheiten blitzschnelle Entschlüsse durch den Kopf schießen, die aber durchaus nicht allein durch die Natur des gegenwärtigen Sinneseindrucks gegeben sind. Überhaupt gehören hierher alle Fälle, wo wir die *Geistesgegenwart* des Handelnden rühmen; die Kenntnis der Gefahr beruht dabei der Regel nach nicht auf besonders erschütternden Sinnesempfindungen, sondern nur auf einem Urteil, das sich auf frühere Erfahrungen gründet. Es kann also nicht zweifelhaft sein, daß die Schnelligkeit, mit der eine Vorstellung auftritt, nichts für den physiologisch mechanischen Ursprung derselben und ihre Unabhängigkeit von Ergebnissen früheren Denkens entscheidet.

Das andere oben angeführte Kennzeichen der sinnlichen Anschauung, daß die Vorstellung des Gegenstandes, die durch Anschauung entsteht, nur von der Art des gegenwärtigen sinnlichen Eindrucks abhängen soll, schließt allerdings die Mitwirkung von Erfahrungen über veränderte Verhältnisse der Außenwelt aus, aber nicht solche Erfahrungen, die sich auf unveränderliche Verhältnisse beziehen, sich deshalb immer und immer wieder in gleicher Weise wiederholen und also, falls sie sich in einem neu eintretenden Sinnesausdruck zugesellen, diesen immer wieder nur in derselben Weise vervollständigen können wie alle seine Vorgänger. – Hierher gehören offenbar alle durch ein festes Naturgesetz geregelten Verhältnisse.

Um ein Beispiel anzuführen: Ein Schlagschatten kann auf eine beleuchtete Fläche nur fallen, wenn der Schatten werfende Körper vor derjenigen Seite der Fläche liegt, auf welche das Licht fällt. Eben deshalb ist es in jeder malerischen Darstellung eines der wichtigsten Hilfsmittel, um die gegenseitige Lage undurchsichtiger Körper im Raume verständlich zu machen, daß man die Schlagschatten richtig angibt. Ja, stereoskopische Bilder können uns den Fall vorführen, daß die auf aktiven Sinneseindrücken beruhenden Vorstellungen von der Lage der gesehenen Umrißlinien in der Tiefe des Bildes und in verschiedenem Abstande vom Auge durch einen falsch gelegten Schlagschatten unterdrückt werden können, so daß die richtige räumliche Anschauung nicht dagegen aufkommen kann.

Überhaupt ist der Einfluß, den die Gesetze der Perspektive, der Beschattung, des Verdeckens der Umrisse entfernterer Körper, der Luftperspektive usw. auf die räumliche Deutung unserer Gesichtsbilder haben, außerordentlich groß, und doch läßt sich dieser Einfluß nur auf die Mitwirkung gewonnener Erfahrungen zurückführen, obgleich er ebenso sicher und ohne Zögern im Bilde sich geltend macht wie dessen Farben und Umrißlinien.

Daß also aus der Erfahrung hergeleitete Momente auch bei den unmittelbaren Wahrnehmungen durch unsere Sinne zur Ausbildung unserer Vorstellung vom Gegenstande mitwirken, kann meines Erachtens nicht zweifelhaft sein. Die spezielle physiologische Untersuchung über die Abhängigkeit unserer Wahrnehmungen von den ihnen zugrunde liegenden Empfindungen gibt Hunderte von Beispielen dafür. Freilich ist es im einzelnen oft schwer, sicher zu trennen, was dem physiologischen Mechanismus der Nerven angehört, was ausgebildete Erfahrung über unveränderliche Gesetze des Raumes und der Natur dazu gegeben hat. Ich selbst bin geneigt dazu, der letzteren den möglichst größten Spielraum zuzuerkennen.

Übrigens läßt das Wenige, was wir bisher über die Gesetze unseres Gedächtnisses wissen, uns schon vermuten, wie solche Wirkungen zustande kommen dürften.

Es ist uns allen wohlbekannt, wie Wiederholung gleicher Folgen von gleichen Eindrücken die im Gedächtnis zurückbleibende Spur derselben verstärkt; es war dies schon in der Schule das von uns vielgeübte Mittel beim Auswendiglernen von Gedichten, Sprüchen, grammatischen Regeln. Absichtliche Wiederholung wirkt sicherer, aber auch wenn die Wiederholung ohne unser Zutun ausgeführt wird, tritt Verstärkung des Erinnerungsbildes ein. Wir haben schon erörtert, daß das, was sich notwendig, ausnahmslos in gleicher Weise wiederholen und also durch Wiederholung fixieren muß, die durch ein Naturgesetz, durch die notwendige Verkettung von Ursache und Wirkung miteinander verbundenen Folgen von Ereignissen sind. Daneben dürfen wir erwarten, daß alle diejenigen Züge eines solchen Vorgangs, die durch zufällig mitwirkende, wechselnde Nebenumstände bedingt sind, sich in ihrer Gedächtniswirkung gegenseitig stören und meist erlöschen werden. Gerade diese Zufälligkeiten sind es aber, wodurch sich die einzelnen Beispiele eines gesetzmäßigen Vorgangs, die uns vorgekommen sind, voneinander individuell unterscheiden. Wenn deren Erinnerung schwindet, so verlieren wir dadurch auch das Mittel, in unserem Gedächtnis die einzelnen Fälle noch voneinander zu sondern und sie uns einzeln wieder aufzuzählen. Wir behalten dann die Kenntnis des Gesetzmäßigen, verlieren aber das Einzelmaterial der Fälle aus dem Auge, aus denen sich unsere Kenntnis des Gesetzes herleitet, und wissen darum schließlich nicht mehr uns selbst oder anderen Rechenschaft davon zu geben, wie wir zu einer solchen Kenntnis gekommen sind. Wir wissen schließlich nur, daß das immer so ist und wir es nie anders gesehen haben.

Solche Kenntnis nun werden wir von den verschiedensten Dingen und Verhältnissen gewinnen können, in der Kindheit beginnend mit den einfachsten Raumverhältnissen und Schwerewirkungen, deutlich zunehmend bei Erwachsenen, aber für aufmerksame Beobachter mit feinen Sinnen ohne

Grenze ausdehnbar, so weit in der Natur und in den Seelenregungen Gesetz und Ordnung herrscht.

Dieselben Überlegungen, die ich hier zunächst an dem Beispiel der sinnlichen Anschauungen angestellt habe, lassen sich vollständig auch auf die künstlerischen Anschauungen übertragen. Daraus, daß sie mühelos kommen, plötzlich aufblitzen, daß der Besitzer nicht weiß, woher sie ihm gekommen sind, folgt durchaus nicht, daß sie keine Ergebnisse enthalten sollten, die aus der Erfahrung entnommen sind und gesammelte Erinnerungen an deren Gesetzmäßigkeit umfassen. Hierdurch werden wir auf eine positive Quelle der künstlerischen Einbildungskraft hingewiesen, welche auch vollständig geeignet ist, die strenge Folgerichtigkeit der großen Kunstwerke zu rechtfertigen, im Gegensatze zu dem einst von den Dichtern der romantischen Schule so gefeierten freien Spiele der Phantasie.

Da die künstlerischen Anschauungen nicht auf dem Wege des begrifflichen Denkens gefunden sind, lassen sie sich auch nicht in Worten definieren, und man bezeichnet eine solche aus Anschauungen zusammengewachsene Kenntnis des regelmäßigen Verhaltens, wo man diesen Gegensatz betonen will, als eine Kenntnis des *Typus* der betreffenden Erscheinung.

Um soviel reicher die Mannigfaltigkeit der sinnlichen Empfindungen ist, verglichen mit den Wortbeschreibungen, die man von ihren Objekten geben kann, um so viel reicher, feiner und lebensvoller kann natürlich die künstlerische Darstellung der wissenschaftlichen gegenüber ausfallen. Dazu kommt dann noch das schnelle Auftauchen der Gedächtnisbilder, die bei geschickt gegebenen Anknüpfungen sich hinzugesellen, so daß es dem Künstler dadurch möglich wird, dem Hörer oder Beschauer außerordentlich viel Inhalt in kurzer Zeit oder in einem wenig ausgedehnten Bilde zu überliefern.

Als ich Ihnen anfänglich in Erinnerung bringen wollte, daß die Kunst, wie die Wissenschaft, Wahrheit darstellen und überliefern kann, beschränkte ich mich zunächst auf das hervorragendste Beispiel der tragischen Kunst. Sie werden vielleicht fragen, ob dies auch für andere Zweige der Kunst gelten soll. Daß dem Künstler sein Werk nur gelingen kann, wenn er eine feine Kenntnis des gesetzlichen Verhaltens der dargestellten Erscheinungen und auch ihrer Wirkung auf den Hörer oder Beschauer in sich trägt, scheint mir in der Tat unzweifelhaft. Wer die feineren Wirkungen der Kunst noch nicht kennengelernt hat, läßt sich leicht, namentlich den Werken der bildenden Kunst gegenüber, verleiten, absolute Naturtreue als den wesentlichen Maßstab für ein Bild oder eine Büste anzusehen. In dieser Beziehung würde offenbar jede gut gemachte Photographie allen Handzeichnungen, Radierungen, Kupferstichen der ersten Meister überlegen sein, und doch lernen wir bald erkennen, wieviel ausdrucksvoller diese sind.

Auch diese Tatsache ist ein deutliches Kennzeichen dafür, daß die künstlerische Darstellung nicht eine Kopie des einzelnen Falls sein darf, sondern eine Darstellung des Typus der betreffenden Erscheinungen.

Wir nähern uns hier der viel umstrittenen Frage nach dem Wesen, nach dem Geheimnis der Schönheit der Kunst. Diese vollständig zu beantworten, wollen wir heute nicht unternehmen, wir wollen sie nur so weit berühren, als es mit unserem Thema zusammenhängt, welches nur die Darstellung des Wahren in der Kunst betrifft.

Zunächst ist klar, daß, wenn durch die Rücksicht auf die Schönheit und Ausdruckstiefe noch andere Forderungen an den Künstler herantreten, als die Kopierung des individuellen Falls ihm erfüllen würde: so wird er diese Forderungen nur dadurch erfüllen können, daß er den individuellen Fall umformt, aber ohne aus der Gesetzlichkeit des Typus herauszutreten. Je genauer also sein Anschauungsbild des letzteren ist, desto freier wird er sich den Forderungen der Schönheit und des Ausdrucks gegenüber bewegen können.

Diese Umbildung der künstlerischen Form geht oft so weit, daß absichtlich in Nebendingen die Naturtreue fallengelassen wird, wenn dafür eine Erhöhung der Schönheit oder des Ausdrucks in wichtigeren Momenten erreicht werden kann.

Als Beispiele will ich nur anführen Metrum und Reim in der Poesie und die Zufügung der Musik zum Text des Dramas oder des Liedes.

Die gegebenen Wortformen der Sprache sind dem Inhalte der Poesie gegenüber ein äußerliches, gleichgültiges oder selbst unschönes Beiwerk, willkürliches Menschenwerk; sie wechseln schon bei der Übersetzung in eine andere Sprache. Rhythmus und Reim geben ihnen eine Art äußerlicher Ordnung, aber auch etwas von musikalischer Bewegung, deren Verzögerung, Beschleunigung oder Unterbrechung Eindruck machen kann. Wenn wir auf der Bühne die Sprache zum Gesang erheben, zerstören wir noch mehr die Naturtreue, gewinnen aber dafür den Vorteil, die Seelenbewegungen der handelnden Personen durch die viel reicheren, feineren und ausdrucksvolleren Bewegungen der Töne auszudrücken.

Wie die Rücksicht auf die Ausdrucksfähigkeit der Darstellung in weitesten Kreisen der Kunst mit den Forderungen der Schönheit und denen der reinsten Darstellung des Typus zusammenfällt, ist schon so oft und eingehend erörtert worden, daß ich glaube hier nur daran erinnern zu brauchen.

In meinem Buche über die Tonempfindungen[3] habe ich mich bemüht nachzuweisen, daß auch in der Musik die mehr oder weniger harmonische Wirkung der Intervalle in Melodie und Harmonie mit besonderen sinnlich wahrnehmbaren Phänomenen, den Obertönen, zusammenhängt, welche die harmonischen Intervalle um so deutlicher und genauer abgrenzen, je einfacher und reiner diese sind.

Die Untersuchungen über die Empfindungen des Gesichtssinnes lehren, daß gewisse mittlere Helligkeiten, die uns die angenehmsten zum Sehen sind, gleichzeitig die feinste Unterscheidung der Modellierung der Raumformen und der kleinsten Objekte begünstigen und daß auch ein gewisses Gleichgewicht der Farben nötig ist, wenn das Auge nicht durch farbige Nachbilder gestört werden soll.

Überhaupt dürfen wir die sinnlich angenehmen Empfindungen als Element der Schönheit nicht verachten; denn Natur hat unseren Leib in langer Arbeit der Generationen so ausgebildet, daß wir Wohlgefallen finden in einer solchen Umgebung, wo die perzipierenden Tätigkeiten unserer Seele sich in freiester und sicherster Tätigkeit entfalten können.

Als ein äußeres Zeichen dessen, was ich hier als leicht verständlich oder leicht auffaßbar bezeichnet habe, betrachte ich auch den hervorragenden Einfluß des Schönen auf das Gedächtnis des Menschen. Poesie behält sich viel leichter als Prosa. Offenbar haben deshalb die Völker, welche noch nicht oder unter denen nur wenige schreiben konnten, ihre Geschichten, ihre Sagen, ihre Gesetze, ihre Moralregeln in Versen aufbewahrt. Ein schönes Gebäude oder Bild oder Lied kann man nicht wieder vergessen, eine Melodie kann sich so festnisten, daß man Mühe hat, sie wieder loszuwerden.

Ich meine nun, daß ein wesentlicher Teil von der Wirkung des Schönen in dieser seiner Wirkung auf das Gedächtnis beruht. Auch wenn wir es erst anzuschauen *beginnen*, kommen wir schnell zu einer festen Vorstellung von dem Ganzen, welche uns in den Stand setzt, die Überschau und Betrachtung des Einzelnen in ruhiger und behaglicher Weise fortzusetzen, indem wir uns fortdauernd über den Zusammenhang mit dem Ganzen wohlorientiert fühlen.

Jetzt sind wir zu dem Punkte gelangt, wo die Wege des Forschers und des Künstlers sich zu trennen beginnen. Daß das Gedächtnis des Künstlers für diejenigen Erscheinungen, die ihn interessieren, namentlich auch in Bezug auf die Einzelheiten der Erscheinung, feiner und treuer ist, als bei der Mehrzahl anderer Menschen, zeigt sich in unzähligen Beispielen. Ein Landschaftsmaler muß das Bild schnell schwindender Beleuchtungen, vorübergehender Witterungserscheinungen in treuer Erinnerung festhalten können; ebenso die Mondbeleuchtung, bei der er nicht malen kann, die rollenden Wogen des Meeres, die keinen Augenblick stillhalten, um uns deren Bild mit unzähligen Einzelheiten auf die Leinwand hinzuzaubern. Was er im Moment durch flüchtige Skizzen einiger Einzelheiten festhalten kann, ist doch sehr dürftig. Der Hauptsache nach wird er sich durchaus auf sein Erinnerungsbild von dem Gesehenen verlassen müssen.

Am staunenswertesten erscheint uns das Gedächtnis der Musiker, die, ohne Noten vor sich zu haben, zahllose Kompositionen auf ihrem Intrumente vorzutragen wissen; noch staunenswerter das der Dirigenten, die ohne Partitur zahllose Symphonien zu dirigieren imstande sind, deren einzelne Notenköpfe nach Millionen zählen würden. Aber ich glaube nicht zu irren, wenn ich annehme, daß, was sie im Kopfe haben, durchaus nicht die Noten und die Zahlen der Pausen sind, sondern ganz allein die musikalischen Phrasen des Musikstückes, deren Folge und Verkettung mit Einschluß des Wechsels der Klangfarben, und daß sie nur imstande sind, mit großer Sicherheit und Schnelligkeit das, was sie hören wollen, soweit in das Bild der Partitur zurückzuübersetzen, als nötig ist, um ihren Musikern die richtigen Winke zu geben.

Für wissenschaftliche Arbeit hat ein weitreichendes treues Gedächtnis nicht dieselbe Wichtigkeit wie für die künstlerische. Denn was wir in Worte fassen können, das können wir auch durch die Schrift fixieren. Nur der erste erfinderische Gedanke, der der Wortfassung vorausgehen muß, wird bei beiden Arten der Tätigkeit immer in derselben Weise sich bilden und auftauchen müssen; und zwar kann das zunächst immer nur in einer der künstlerischen Anschauung analogen Weise, als Ahnung neuer Gesetzmäßigkeit geschehen. Eine solche besteht in der Auffindung bisher unbekannter Ähnlichkeit in der Art, wie gewisse Phänomene in einer Gruppe von typisch übereinstimmenden Fällen sich folgen. Das Vermögen, bisher ungeahnte Ähnlichkeiten zu entdecken, nennen wir *Witz*. Unsere Altvordern brauchten dieses Wort auch im ernsten Sinne. Immer bezeichnet es eine plötzlich auftauchende Einsicht, die man nicht methodisch durch Nachdenken erreichen kann, sondern die wie ein plötzliches Glück erscheint.

In ältester lateinischer Bezeichnung ist deshalb der Name des Dichters mit dem des Sehers identisch. Die plötzlich auftauchende Einsicht wird als *Divination*, als eine Art göttlicher Eingebung bezeichnet.

Gelegentlich kann auch ein günstiger Zufall zu Hilfe kommen und eine unbekannte Beziehung enthüllen; aber der Zufall wird schwerlich benutzt werden, wenn der, der ihm begegnet, in seinem Kopfe nicht schon hinreichendes Material von Anschauungen gesammelt hat, um ihm die Überzeugung von der Richtigkeit des Geahnten zu geben. *Goethes* Erzählung von der Entdeckung der Wirbelstruktur des Schädels bei Gelegenheit des zerfallenen Schafschädels, den er im Sande des Lido von Venedig fand, scheint mir typisch für diese Art von Entdeckungen. Auch erwähnt er sie in der einen Version seiner Erzählung als erste Entdeckung, in der anderen nur als Bestätigung früher erkannter Wahrheit[4].

Übrigens habe ich Ihnen nun die Gründe für meine Überzeugung von der Verwandtschaft zwischen Wissenschaft und Kunst dargelegt, und wir wollen uns der besonderen Tätigkeit *Goethes* zuwenden.

Goethe war nicht der einzige Künstler, der gleichzeitig wissenschaftliche Forschungen betrieb; um nur einen anderen anzuführen, nenne ich Ihnen *Leonardo da Vinci*, der sich aber mehr praktischen Fragen der Ingenieurwissenschaft und der Optik zuwandte und darin weit vorausschauende Einsicht entfaltete.

Dasjenige Gebiet, in welchem sich *Goethe* den größten Ruhm erworben hat und wo seine Verdienste am leichtesten und deutlichsten einzusehen sind, ist das der tierischen und pflanzlichen Morphologie. Hier gelang es ihm, die feste Überzeugung zu gewinnen, daß der Körperbildung der verschiedenen Tier- und Pflanzenformen ein gemeinsamer Bauplan, bis in scheinbar unbedeutende Einzelheiten hinein folgerichtig durchgeführt, zugrunde liege. Es war dies eine Aufgabe, die der künstlerischen Auffassung besonders nahelag und bei der es schon ein Gewinn war, wenn auch nur dieser Standpunkt, der dem der künstlerischen Anschauung entspricht, zunächst erreicht und festgehalten wurde. Die wissenschaftlichen Anatomen und Zoologen jener Zeit waren durch ein Vorurteil, nämlich durch den Glauben an die Unabänderlichkeit der organischen Arten, verhindert in der von *Goethe* eingeschlagenen Richtung zu suchen und auf seine Anschauungen, als er sie ihnen vortrug, einzugehen. Übrigens weiß er selbst ebensowenig zu sagen, welche Bedeutung oder welchen Ursprung diese Übereinstimmung der Formen haben könnte. Bezeichnend sagt er darüber[5]:

„Alle Gestalten sind ähnlich und keine gleichet der andern
Und so deutet das Chor auf ein geheimes Gesetz,

Auf ein heiliges Rätsel. O, könnt ich Dir, liebliche Freundin,
Überliefern zugleich glücklich das lösende Wort!"

Erst *Darwin* hat das lösende Wort gefunden, indem er sich von dem erwähnten Vorurteil seiner Vorgänger frei machte und auf die schon längst an zahlreichen Beispielen bekannte Umbildungsfähigkeit der Arten unter der Hand des Menschen, wenn er Rassen züchtet, hinwies und dann zeigte, daß auch auf die wildlebenden Tiere Bedingungen ähnlicher Art, wie sie absichtlich der Züchter setzt, einwirken und eine erhebliche Umformung der Tierformen in der Reihe der Generationen bewirken können. Ich glaube, daß ich dieses Thema in dieser Versammlung nicht weiter auszuführen brauche; es hängt mit einer der größten Umwälzungen der Biologie zusammen, die die allgemeinste Aufmerksamkeit erregt hat und eben deshalb in den Kreisen aller Gebildeten viel und eingehend besprochen worden ist. Ich stehe um so mehr davon ab, als an der Universität dieses Landes einer der tätigsten und ideenreichsten Vertreter der Entwicklungslehre wirksam ist.[6] Auch *Goethes* Tätigkeit in dieser Richtung ist vielfach und ins Einzelne gehend besprochen worden; zuletzt noch hat uns in dem jüngst erschienenen Bande des Goethe-Jahrbuchs Herr Prof. K. *Bardeleben* eine Schilderung von der Arbeitsamkeit des Dichters in dieser Richtung gegeben.[7]

Nach einer anderen Seite naturwissenschaftlicher Forschung hin waren seine Bestrebungen weniger glücklich, nämlich in der *Farblehre*. Ausführlichen Bericht über die Gründe seines Scheiterns habe ich schon in meinem älteren Aufsatz über *Goethes* naturwissenschaftliche Arbeiten gegeben. Sie lagen wesentlich darin, daß er mit den verhältnismäßig unvollkommenen Apparaten, die er in Händen hatte, die entscheidenden Tatsachen nicht hat beobachten können. Er hat niemals vollständig gereinigtes, einfaches, farbiges Licht vor Augen gehabt und wollte deshalb nicht an dessen Existenz glauben. An dieser Schwierigkeit der vollständigen Reinigung der einfachen spektralen Farben sind Männer, wie Sir *David Brewster*, gescheitert, der in optischen Versuchen viel erfahrener und gewandter als *Goethe* und mit den besten Instrumenten ausgerüstet war.

Auch dieser hat eine falsche Farbentheorie aufgestellt, in der er wie *Goethe* behauptete, daß nicht die verschiedene Brechbarkeit der Lichtstrahlen die Farben des prismatischen Bildes bestimme, sondern, daß es drei verschiedene Arten von Licht gäbe: rotes, gelbes, blaues, deren jedes aber mit allen Graden der Brechbarkeit vorkäme. *Brewster* wurde getäuscht dadurch, daß er die in der Tat nie fehlende Trübung der durchsichtigen Körper, auf welche *Goethe* seine ganze Theorie gebaut hatte, nicht kannte und das durch diese Trübung über das Gesichtsfeld des Beobachters ausgegossene falsche Licht übersah.

Gerade dadurch, daß ich den von *Brewster* beschriebenen Erscheinungen nachspürte, die mit *Newtons* Theorie in Widerspruch zu stehen schienen, wurde ich veranlaßt, eine noch sorgfältigere Reinigung des farbigen Lichtes zu verwenden, als sie *Newton, Goethe* und *Brewster* je gekannt hatten. Ich erreichte schließlich mein Ziel, aber nicht ohne Mühe, und weiß daher aus eigener Erfahrung, wie wenig es sich ziemen würde, wollte ich Ihnen hier eine ausführliche Auseinandersetzung der Mangelhaftigkeit von *Goethes* Experimenten, den übersehenen Fehlerquellen, den Mißverständnissen *Newton*scher Sätze usw. geben, um so weniger, als ein höchst bedeutsamer Kern neuer Einsicht auch in diesem verunglückten Bestreben des Dichters verborgen liegt.

Er erklärt es für seine feste Überzeugung, daß man in jedem Zweige der Physik ein „Urphänomen" zu suchen habe, um darauf alle übrige Mannigfaltigkeit der Erscheinungen zurückzuleiten. Der Gegensatz, der ihn abstößt, ist gegen die Abstraktionen anschauungsleerer Begriffe gerichtet, mit denen die theoretische Physik damals zu rechnen gewohnt war. Materien – ihrem reinen Begriff nach ohne Kräfte, also auch ohne Eigenschaften – und doch wieder in jedem speziellen Beispiele Träger von ihnen innewohnenden Kräften. Die Kräfte selbst aber, wenn man sie sich losgelöst denken will von der Materie – eine vorgestellte Fähigkeit zu wirken, und doch ohne Angriffspunkte für irgendeine Wirkung. Mit solchen übersinnlichen, unausdenkbaren Abstraktionen wollte er nichts zu tun haben, und man muß zugeben, daß sein Widerspruch nicht unberechtigt war und daß diese Abstraktionen, wenn sie auch von den großen theoretischen Physikern des 17. und 18. Jahrhunderts durchaus widerspruchslos und sinngemäß gebraucht wurden, doch den Keim zu den wüstesten Mißverständnissen enthielten, die auch gelegentlich bei verwirrten und abergläubischen Köpfen sich laut machten. Namentlich bei den Anhängern des tierischen Magnetismus und auch in der Lehre von der Lebenskraft haben die von der Materie losgelösten Kräfte eine verhängnisvolle Rolle gespielt.

In dieser Beziehung aber hat gegenwärtig die Physik schon ganz die Wege eingeschlagen, auf die *Goethe* sie führen wollte. Der unmittelbare historische Zusammenhang mit dem von ihm ausgegangenen Anstoße ist leider durch seine unrichtige Interpretation des von ihm gewählten Beispiels und die darauf folgende erbitterte Polemik gegen die Physiker unterbrochen worden. Es ist sehr zu bedauern, daß er zu jener Zeit die von *Huygens* schon aufgestellte Undulationstheorie des Lichtes nicht gekannt hat; diese würde ihm ein viel richtigeres und anschaulicheres „Urphänomen“ an die Hand gegeben haben als der dazu kaum geeignete und sehr verwickelte Vorgang, den er sich in den Farben trüber Medien zu diesem Ende wählte. In der äußeren Natur freilich nehmen diese einen großen Raum ein, da zu ihnen das Blau des Himmels und das Abendrot gehören.

Newtons Korpuskulartheorie des Lichtes hatte in der Tat manche schwerfällige und künstliche Voraussetzung zu machen, namentlich für die Erklärung der eben entdeckten Polarisation und Interferenz des Lichtes, und ist deshalb auch von den Physikern jetzt ganz verlassen worden, die sich vielmehr der Undulationstheorie von *Huygens* zuwandten.

Die mathematische Physik empfing den Anstoß zu dem besprochenen Fortschritt ohne erkennbaren Einfluß von *Goethe* hauptsächlich von *Faraday*, der ein ungelehrter Autodidakt war und wie *Goethe* ein Feind der abstrakten Begriffe, mit denen er nicht umzugehen wußte. Seine ganze Auffassung der Physik beruhte auf Anschauung der Phänomene, und auch er suchte aus den Erklärungen derselben alles fernzuhalten, was nicht unmittelbarer Ausdruck beobachteter Tatsachen war. Vielleicht hing *Faradays* wunderbare Spürkraft in der Auffindung neuer Phänomene mit dieser Unbefangenheit und Freiheit von theoretischen Vorurteilen der bisherigen Wissenschaft zusammen. Jedenfalls war die Zahl und Wichtigkeit seiner Entdeckungen wohl geeignet, auch andere, zunächst die fähigsten unter seinen Landsleuten, in dieselbe Bahn zu lenken; bald folgten auch deutsche Forscher derselben Richtung. *Gustav Kirchhoff* beginnt sein Lehrbuch der Mechanik mit der Erklärung: Die Aufgabe der Mechanik ist: „die in der Natur vor sich gehenden Bewegungen *vollständig* und auf die *einfachste* Weise zu beschreiben". Was *Kirchhoff* hier unter der „einfachsten Weise" der Beschreibung versteht, dürfte meines Erachtens nicht weit von dem *Goetheschen* Urphänomen abliegen.

Übrigens waren auch gerade die hervorragendsten unter den älteren mathematischen Physikern nicht so entfernt von derselben Auffassung. *Newton* und seine Zeitgenossen fanden große Schwierigkeiten darin, sich Fernkräfte vorzustellen, welche durch den leeren Raum wirkten, gerade so wie neuerdings *Faraday* und seine Schüler gegen dieselbe Vorstellung Widerspruch erhoben und die elektrisch-magnetischen Fernkräfte wirklich aus der Physik entfernt haben.

Andererseits ist es gar nicht schwer, das Grundgesetz für die Bewegung der Himmelskörper in der von *Goethe* verlangten Weise als Urphänomen auszusprechen, so daß darin nur von beobachtbaren Tatsachen die Rede ist, nämlich so: „Wenn schwere Massen gleichzeitig im Raume vorhanden sind, erleidet jede einzelne von ihnen fortdauernd eine Beschleunigung ihrer Bewegung nach jeder anderen hin, deren Größe in der von *Newton* angegebenen Weise von den Massen und ihren gegenseitigen Entfernungen abhängt." Dabei ist vorausgesetzt, daß der Begriff der Beschleunigung schon erklärt ist und auch welchen Sinn man dem gleichzeitigen Bestehen mehrerer Beschleunigungen und Geschwindigkeiten von verschiedener Richtung beizulegen habe. Massen, ihre Geschwindigkeiten und Beschleunigungen sind beobachtbare und meßbare Erscheinungen. Nur von solchen ist in dem ausgesprochenen Satze die Rede. Und doch enthält derselbe in sich den Keim, aus welchem der ganze Teil der Astronomie, der die Bewegungen der Gestirne berechnet, sich vollständig entwickeln läßt. Sie sehen aber auch gleich, wie schwerfällig und weitläufig eine solche Form meistens ausfällt.

Newton selbst sprach seine fundamentale Konzeption des Gravitationsgesetzes in einer Form aus, die das, was über die Phänomene hinausgeht, nur als „Gleichnis" einführt. Die Himmelskörper bewegen sich nach ihm so, *als ob* sie durch eine Anziehungskraft der angeführten Größe gegeneinander hingezogen würden. *Goethe* braucht das Wort „Gleichnis" ebenfalls in ähnlicher Weise, und zwar in lobendem Sinne, wo er in der Geschichte der Farbenlehre die Meinungen des englischen Mönches *Roger Baco* auseinandersetzt[8]; dabei fällt allerdings noch einiges Gewicht auf die alte scholastische Voraussetzung einer gewissen Gleichartigkeit zwischen Ursache und Wirkung, welche die neuere Naturwissenschaft nicht mehr anerkennt.
Bei *Schiller* liegt die Einsicht, daß es sich um das Gesetz handle, klar vor:

Der Weise
Sieht das vertraute Gesetz in des Zufalls grausenden Wundern,
Suchet den ruhenden Pol in der Erscheinungen Flucht.[9]

Das Naturgesetz hat nun freilich noch eine andere Bedeutung uns Menschen gegenüber; es ist *nicht nur* ein Leitfaden für unseren beobachtenden Verstand; es beherrscht auch den Ablauf aller Vorgänge in der Natur, ohne daß wir darauf zu achten, es zu wünschen oder zu wollen brauchen, ja leider oft genug auch gegen unser Wünschen und Wollen. Wir müssen es also als Äußerungsweise einer Macht anerkennen, die in jedem Augenblicke, wo die Bedingungen für ihre Wirksamkeit eintreten, zu wirken bereit ist. In diesem Sinne bezeichnen wir es als *Kraft*, und da diese *Kraft* eben in jedem Augenblicke als wirkungsbereit und wirkungsfähig sich bewährt, schreiben wir ihr dauernde Existenz zu. Darauf beruht meines Erachtens auch die Bezeichnung der Kraft als *Ursache* der Veränderungen, die unter ihrem Einfluß vorgehen; sie ist das hinter dem Wechsel der Erscheinungen verborgene Bleibende. Die Bezeichnung *Sache* entspricht ihrem Sinne nach dem lateinischen res, von dem die Termini „real“ und „Realität“ abgeleitet sind; sie bezeichnet hier das Dauernde, Wirksame.

Alle diese Umbildungen des Begriffs haben ihre volle Berechtigung, insoweit sie bestimmte, der Beobachtung zugängliche Verhältnisse von Tatsachen bezeichnen; und, richtig gebraucht, den großen Vorzug, daß die abstrakte Bezeichnungsform einen viel kürzeren sprachlichen Ausdruck zuläßt, als die in Bedingungssätzen entwickelte Beschreibung des Urphänomens. Daß übrigens der Gebrauch abstrakter Begriffe im Munde unverständiger Leute, die den ursprünglichen Sinn nicht mehr kennen, zum abenteuerlichsten Unsinn auswachsen kann, ist ja nicht nur der theoretischen Physik eigentümlich.

Natürlich wäre es eine Täuschung, zu glauben, daß durch diese abstrakten Umformungen eine tiefere Einsicht in das Wesen der Sache gewonnen sei. *Goethe* sagt in seinen Sprüchen in Prosa: „Wenn ich mich beim Urphänomen zuletzt beruhige, so ist es doch auch nur Resignation; aber es ist ein großer Unterschied, ob ich mich an die Grenzen der Menschheit resigniere, oder innerhalb einer hypothetischen Beschränktheit meines bornierten Individuums.“

Und weiter:

„Das unmittelbare Gewahrwerden von Urphänomenen versetzt uns in eine Art von Angst. Wir fühlen unsere Unzulänglichkeit; nur durch das ewige Spiel der Empirie belebt, erfreuen sie uns.“

Indem wir in diesem Punkte dem gesunden Gefühl des Dichters und seiner tiefen Einsicht die höchste Anerkennung schenken müssen, dürfen wir doch andererseits nicht übergehen, wie das, was der Dichter in der Farbenlehre zu erreichen gesucht hat, gewisse Lücken zeigt, die die wissenschaftliche Behandlung dieses Gebietes nicht hätte stehenlassen dürfen. Er setzt in seiner Farbenlehre vielfach und ausführlich auseinander, wie nach seiner Meinung blaues oder gelbes Licht entstehe. Dabei sind es immer die Bilder heller oder dunkler Flächen, mit denen er operiert. Diese Bilder haben sich seiner Meinung nach gegeneinander verschoben, das Licht des einen soll durch das andere hindurchgehen, letzteres als trübes Medium auf das durchgehende Licht wirken (was, nebenbei gesagt, eine harte Zumutung an die Phantasie des Lesers ist). Aber er setzt nirgends auseinander, wie denn nun blaues und gelbes Licht nach seiner Vorstellung voneinander unterschieden sein sollen. Ihm genügt die Angabe, daß beide etwas Schattiges bei ihrem Durchgang durch die Körper erhalten hätten, aber er hält sich offenbar nicht für verpflichtet, anzugeben, wodurch das Schattige im Blau sich von dem im Gelb, und beide von dem in der Mischung beider, die er als Grün betrachtet, unterscheide. Und gerade in dieser Beziehung gibt *Newtons* und noch mehr *Huygens* Undulationstheorie die bestimmten Definitionen, die durch die schärfsten Messungen in jeder Weise bestätigt worden sind und schließlich zu astronomischen Bestimmungen der Bahnelemente fernster Doppelsterne geführt haben, auf die man nie hoffen zu dürfen geglaubt hatte. Es ist die Anzahl der Lichtschwingungen in gleicher Zeit, welche die Farbe bestimmt, so wie andererseits die Anzahl der Tonschwingungen in gleicher Zeit die Tonhöhe bestimmt.

Offenbar ist ihm das optische Bild, was ihm die Anschauung eines bestimmt geformten körperlichen Gegenstandes oder Feldes hervorruft, das letzte anschaulich Vorstellbare und damit die Grenze seines Interesses gewesen. Die Mittel, durch welche eine solche sinnliche Anschauung gewonnen wird, traten dagegen zurück; ebensowenig spricht er sich bestimmt darüber aus, wie er sich das Verhältnis der Empfindungen, die in dem sehenden Auge hervorgerufen werden, zu dem objektiven Agens denkt, dem Lichte, dessen Anwesenheit und Art durch die Empfindung angezeigt wird.

Doch sind ihm diese Fragen durch seine Freunde nahegelegt worden. Er berichtet[10], daß er auf deren Drängen *Kant* studiert und in der *Kritik der Urteilskraft* in der Tat viel Anregendes gefunden habe, wo er mit *Schiller* sich eng berührte, während er sich mit der *Kritik der reinen Vernunft* offenbar nicht recht befreunden konnte. „Ich gab allen Freunden vollkommen Beifall, die mit *Kant* behaupteten, wenn gleich alle unsere Erkenntnis mit der Erfahrung angehe, so entspringe sie darum doch nicht alle aus der Erfahrung.“ „Der Eingang war es, der mir gefiel, ins

Labyrinth konnte ich mich nicht wagen; bald hinderte mich die Dichtungsgabe, bald der Menschenverstand, und ich fühlte mich nirgends gebessert."[11] Den ästhetischen Eindruck, den ihm „*Kants* Welt der Dinge an sich" machte, hat er unverkennbar bei Gelegenheit von *Fausts* Reise zu den „Müttern" geschildert mit leiser Ironie:

„Um sie kein Ort, noch weniger eine Zeit,
Von ihnen sprechen ist Verlegenheit."
„Nichts wirst du seh'n in ewig leerer Ferne,
Den Schritt nicht hören, den du tust,
Nichts Festes finden, wo du ruhst."[12]

Nun hat die physiologische Untersuchung der Sinnesorgane und ihrer Tätigkeit schließlich Ergebnisse gezeitigt, die in den wesentlichsten Punkten (so weit ich selbst wenigstens sie für wesentlich halte) mit *Kant* zusammenstimmen, ja die greifbarsten Analogien mit *Kants* transzendentaler Ästhetik schon im physiologischen Gebiete geben. Aber auch von naturwissenschaftlichem Standpunkte aus mußte Widerspruch erhoben werden gegen die Grenzlinie, welche *Kant* zwischen den Tatsachen der Erfahrung und den a priori gegebenen Formen der Anschauung gezogen hat, und bei der geforderten neuen Absteckung der Grenze, wobei namentlich die fundamentalen Sätze der Raumlehre unter die Erfahrungstatsachen rücken, dürften wir vielleicht erwarten, daß auch *Goethe* sich nicht mehr durch das, was er den „Menschenverstand" nennt, gehindert fühlen würde, sich anzuschließen.

Solche Formen der Anschauung, wie sie *Kant* für den ganzen Umfang unseres Vorstellungsgebietes nachzuweisen sucht, gibt es auch für die Wahrnehmungen der einzelnen Sinne.

Der Sehnerv empfindet alles, was er überhaupt empfindet, in der Form von Lichterscheinungen im Sehfelde. Es braucht nicht äußeres Licht zu sein, was ihn erregt. Auch ein Stoß oder Druck auf das Auge, eine Zerrung der Netzhaut bei schneller Bewegung des Auges, Elektrizität, die den Kopf durchfließt, veränderter Blutdruck erregen in ihm Empfindung; aber in allen diesen Fällen ist die erregte Empfindung immer nur Lichtempfindung und macht im

Gesichtsfeld ganz denselben Eindruck, als rührte sie von einem äußeren Lichte her. Stoß, Druck, Zerrung, elektrische Strömung können aber auch die Haut erregen, wir fühlen sie dann als Tastempfindungen; ja dieselben Sonnenstrahlen, welche dem Auge als Licht erscheinen, erregen in der Haut die Empfindung von Wärmestrahlung. Durch elektrische Ströme erregen wir auch Geschmack oder Gehörempfindungen, je nachdem sie die Zunge oder das Ohr treffen.

Daraus also folgt der in neuerer Zeit viel besprochene Satz, daß gerade die eingreifendsten Unterschiede unserer Empfindungen *gar nicht* von dem Erregungsmittel, sondern nur von dem Sinnesorgan, welches erregt worden ist, abhängen. Wir erkennen die tief einschneidende Natur der bezeichneten Unterschiede an, indem wir von fünf verschiedenen Sinnen des Menschen reden. Zwischen Empfindungen verschiedener Sinne ist nicht einmal eine Vergleichung möglich, nicht einmal ein Verhältnis der Ähnlichkeit oder Unähnlichkeit. Daß wir ein Objekt als farbiges Gesichtsbild sehen, hängt nur vom Auge ab; in welcher besonderen Farbe wir es aber sehen, allerdings auch von der Art des Lichtes, das es uns zusendet. Dies Gesetz ist von *Johannes Müller*, dem Physiologen, nachgewiesen worden und als das *Gesetz der spezifischen Sinnesenergien* bezeichnet. Aber auch die im Einzelnen weitergeführten Vergleiche der Qualitäten der Empfindungen je eines Sinnes mit den Qualitäten der einwirkenden Reizmittel lassen erkennen, daß Gleichheit des Farbeneindrucks bei den verschiedensten Lichtmischungen vorkommen kann und gar nicht mit der Gleichheit irgendwelcher anderen physikalischen Wirkung des Lichtes zusammenfällt.

Ich habe deshalb die Beziehung zwischen der Empfindung und ihrem Objekte so formulieren zu müssen geglaubt, daß ich die Empfindung nur für ein *Zeichen* von der Einwirkung des Objektes erklärte. Zum Wesen eines Zeichens gehört nur, daß für das gleiche Objekt immer dasselbe Zeichen gegeben werde. Übrigens ist gar keine Art von Ähnlichkeit zwischen ihm und seinem Objekt nötig, ebensowenig wie zwischen dem gesprochenen Worte und dem Gegenstand, den wir dadurch bezeichnen.

Wir können die Sinneseindrücke nicht einmal Bilder nennen; denn ein Bild bildet Gleiches durch Gleiches ab. In einer Statur geben wir Körperform durch Körperform, in einer Zeichnung den perspektivischen Anblick des Objekts durch den gleichen des Bildes, in einem Gemälde Farbe durch Farbe wieder.

Nur in Bezug auf den zeitlichen Verlauf können die Empfindungen Bilder des Verlaufs der Ereignisse sein (Korrektionen vorbehalten). Unter die Bestimmungen des zeitlichen Verlaufs fällt die Zahl. In diesen Beziehungen leisten sie also in der Tat mehr, als bloße Zeichen tun würden.

Von den subjektiven Empfindungen des Auges hat *Goethe* ziemlich viel gewußt, einige selbst entdeckt, die Lehre von den spezifischen Energien der Sinne hat er höchstens in unvollkommener Entwickelung durch *Schopenhauer* kennengelernt. Was bei *Kant* oder dem älteren *Fichte* darauf hinführen konnte, hat er abgelehnt, weil es mit anderen, für ihn unannehmbaren Behauptungen zusammenhing. Wie müssen wir nun staunen, wenn wir am Schluß des *Faust* den Zustand der seligen Geister, die die ewige Wahrheit von Angesicht zu Angesicht schauen, in den Worten des Chorus mysticus also geschildert finden:

„Alles Vergängliche ist nur ein Gleichnis",

d. h., was in der Zeit geschieht und was wir durch die Sinne wahrnehmen, das kennen wir nur im Gleichnis. Ich wüßte das Schlußergebnis unserer physiologischen Erkenntnislehre kaum prägnanter auszusprechen.

„Das Unzulängliche, hier wird's Ereignis".

Alle Kenntnis der Naturgesetze ist induktiv, keine Induktion ist je absolut fertig. Wir fühlen nach dem oben angeführten Bekenntnis des Dichters unsere Unzulänglichkeit zu tieferem Eindringen in einer Art von Angst. Das eintretende Ereignis erst berechtigt die Ergebnisse irdischen Denkens.

„Das Unbeschreibliche, hier ist's getan".

Das Unbeschreibliche, d. h. das, was nicht in Worte zu fassen ist, kennen wir nur in der Form der künstlerischen

Darstellung, nur im Bilde. Für die Seligen wird es Wirklichkeit.

Damit sind unsere erkenntnistheoretischen Gesichtspunkte zu Ende. Die Schlußstrophe wendet sich in ein höheres Gebiet. Sie zielt auf die Erhebung aller geistigen Tätigkeit im Dienste der Menschheit und des sittlichen Ideals, welches durch das Ewig-Weibliche symbolisiert ist.

Je tiefer wir in die innerste Werkstatt der Gedanken des Dichters einzudringen suchen, desto schwächer werden die von ihm selbst gegebenen Spuren, denen wir zu folgen haben. Indessen, wenn uns unser eigener Weg schließlich zu demselben Ziel geführt hat wie ihn, so müssen wir es doch wohl anmerken, auch wo die Zwischenglieder fehlen und der Zusammenhang zweifelhaft erscheinen kann.

Faust rettet sich aus dem unbefriedigten Zustande des in sich selbst gewendeten Wissens und Grübelns, wo er nicht zum sicheren Besitz der Wahrheit zu kommen hoffen darf und die Wirklichkeit nicht zu erfassen weiß, zur Tat. Ehe er noch den Pakt mit Mephistopheles gemacht hat, führt ihn *Goethe* vor, offenbar mit der Absicht, die spätere Entwickelung des zweiten Teils vorzubereiten, in der (später hinzugefügten) Szene, wo er das Johannes-Evangelium zu übersetzen unternimmt. Er stößt auf den viel erörterten Begriff des Logos: „Im Anfang war das Wort." Das Wort ist nur *Zeichen* seines *Sinnes*, dieser muß gemeint sein; der Sinn eines Wortes ist ein *Begriff*, oder wenn es sich auf Geschehendes bezieht, ein *Naturgesetz*, welches, wie wir gesehen, wenn es als Dauerndes, Wirksames aufgefaßt wird, als *Kraft* zu bezeichnen ist. So liegt in diesem Übergange vom Wort zum Sinn und zur Kraft, den *Faust* in seinen Übersetzungsversuchen macht, zunächst eine zusammenhängende Weiterbildung des Begriffes. Aber auch die Kraft genügt ihm nicht, er macht nun einen entschiedenen Gedankensprung:

„Mir hilft der Geist, auf einmal seh ich Rat
Und schreib getrost: Im Anfang war die Tat."[13]

Die Stelle des Evangelium bezieht sich allerdings auf die Urzustände des schöpferischen Geistes, aber *Faust* sucht nach eigener Beruhigung und findet eine Hoffnung dafür in diesem Gedanken, der den teuflischen Pudel mit gesteigertem Mißbehagen füllt, weil er sein Opfer eine rettende Spur finden sieht. Ich glaube also nicht, daß Goethe uns *Faust*, hier nur durch das theoretische Interesse an dem Akt der Weltschöpfung bewegt, vorführen wollte, sondern mehr noch durch seinen subjektiven Durst nach den Wegen zur Wahrheit.

Das erkenntnistheoretische Gegenbild dieser Szene liegt nun darin, daß die Bemühungen der philosophischen Schulen, die Überzeugung von der Existenz der Wirklichkeit zu begründen, erfolglos bleiben mußten, solange sie nur vom passiven Beobachten der Außenwelt ausgingen. Sie kamen nicht heraus aus ihrer Welt von Gleichnissen; sie erkannten nicht, daß die durch den Willen gesetzten Handlungen des Menschen einen unentbehrlichen Teil unserer Erkenntnisquellen bildeten. Wir haben gesehen, unsere Sinneseindrücke sind nur eine Zeichensprache, die uns von der Außenwelt berichtet. Wir Menschen müssen erst lernen, dieses Zeichensystem zu verstehen, und das geschieht, indem wir den Erfolg unserer Handlungen beobachten und dadurch unterscheiden lernen, welche Änderungen in unseren Sinneseindrücken unseren Willensakten folgen, welche andere unabhängig vom Willen eintreten.

Daß und wie wir dadurch zur Kenntnis der Wirklichkeit gelangen, habe ich anderwärts auseinandergesetzt[14]. Hier würde es zu weit in abstrakteste Gedankenkreise führen; es genüge das Faktum, daß auch die auf die Physiologie der Sinne gestützte Erkenntnislehre den Menschen anweisen, muß, zur Tat zu schreiten, um der Wirklichkeit sicher zu werden.

Erwähnen muß ich noch eine andere allegorische Figur *Goethes*, nämlich den Erdgeist im Faust, auf den ich schon bei früherer Gelegenheit hingewiesen habe. Seine Worte, in denen er sein eigenes Wesen schildert, passen so vollständig auf eine andere neueste Konzeption der Naturwissenschaft, daß man sich schwer von dem Gedanken losreißen kann, sie sei gemeint, Der Geist sagt:

> In Lebensfluten, im Tatensturm
> Wall' ich auf und ab,

Wehe hin und her!
Geburt und Grab,
Ein ewiges Meer,
Ein wechselnd Weben,
Ein glühend Leben,
So schaff' ich am sausenden Webstuhl der Zeit
Und wirke der Gottheit lebendiges Kleid.[15]

Nun wissen wir jetzt, daß der Welt ein unzerstörbarer und unvermehrbarer Vorrat an *Energie* oder wirkungsfähiger Triebkraft innewohnt, der in den mannigfachsten, immer wechselnden Formen erscheinen kann, bald als gehobenes Gewicht, bald im Schwunge bewegter Massen, bald als Wärme oder chemische Verwandtschaft usw., der in diesem Wechsel das Wirkende in jeder Wirkung bildet sowohl im Reiche der lebenden Wesen wie der leblosen Körper.

Die Keime zu dieser Einsicht in die Konstanz des Wertes der Energie waren schon im vorigen Jahrhundert vorhanden und konnten *Goethe* wohl bekannt sein. Die Vergleichung mit gleichzeitigen Aufsätzen von ihm (Die Natur, 1780) legt vielleicht den Gedanken näher, daß der Erdgeist Vertreter des organischen Lebens auf der Erde sein solle, wozu freilich die Worte „Ein glühend Leben" schlecht passen. Beide Auffassungen widersprechen sich nicht notwendig, da sowohl *Robert Mayer* als ich selbst zu der Verallgemeinerung des Gesetzes von der Konstanz der Energie gerade durch Betrachtungen über den allgemeinen Charakter der Lebensvorgänge geführt worden sind.

Freilich können wir den konstanten Energievorrat jetzt nicht mehr auf die Erde beschränken, sondern müßten wenigstens die Sonne hinzunehmen. Indessen braucht eine Ahnung des Dichters nicht in allen Einzelheiten genau zu sein.

Als Schlußresultat dürfen wir wohl das Ergebnis unserer Betrachtungen dahin zusammenfassen: Wo es sich um Aufgaben handelt, die durch die in Anschauungsbildern sich ergehenden dichterischen Divinationen gelöst werden können, hat sich der Dichter der höchsten Leistungen fähig gezeigt; wo nur die bewußt durchgeführte induktive

Methode hätte helfen können, ist er gescheitert. Aber wiederum, wo es sich um die höchsten Fragen über das Verhältnis der Vernunft zur Wirklichkeit handelt, schützt ihn sein gesundes Festhalten an der Wirklichkeit vor Irrgängen und leitet ihn sicher zu Einsichten, die bis an die Grenzen menschlicher Vernunft reichen.

Über das Streben nach Popularisierung der Wissenschaft [1]

Wenn auch mein Name auf dem Titel des Bandes übersetzter *Tyndall*scher Schriften[2] nicht mehr als der des Herausgebers erscheint, so habe ich doch dieselbe Hilfe wie bei früheren Bänden zu leisten mich bemüht; das heißt, ich habe die Übersetzung betreffs der sachlich richtigen Wiedergabe des naturwissenschaftlichen Inhalts durchgesehen und, wo es notwendig erschien, zu bessern gesucht. Ich habe meine Mitwirkung trotz großer Überhäufung mit anderen amtlichen und wissenschaftlichen Arbeiten nicht zurückgezogen, weil ich die Verbreitung gelungener populärer Darstellungen der wichtigeren und durchgebildeteren Teile der Naturwissenschaft für ein nützliches Werk halte.

Das auch in Deutschlands gebildeteren Kreisen erwachende und sich immer lebhafter äußernde Verlangen nach naturwissenschaftlicher Belehrung halte ich nicht bloß für ein Haschen nach einer neuen Art von Unterhaltung oder für leere und fruchtlose Neugier, sondern für ein wohlberechtigtes geistiges Bedürfnis, welches mit den wichtigsten Triebfedern der gegenwärtigen geistigen Entwicklungsvorgänge eng zusammenhängt. Nicht dadurch allein, daß sie gewaltige Naturkräfte den Zwecken des Menschen unterworfen und uns eine Fülle neuer Hilfsmittel zu Gebote gestellt haben, sind die Naturwissenschaften von dem allererheblichsten Einfluß auf die Gestaltung des gesellschaftlichen, industriellen und politischen Lebens der zivilisierten Nationen geworden; und doch wäre schon diese Art ihrer Wirkungen wichtig genug, daß der Staatsmann, Historiker und Philosoph ebensogut wie der Techniker und Kaufmann wenigstens an den praktisch gewordenen Ergebnissen derselben nicht teilnahmlos vorübergehen kann. Viel tiefergehend noch und weiter tragend, wenn auch viel langsamer sich entfaltend, ist eine andere Seite ihrer Wirkungen, nämlich ihr Einfluß auf die Richtung des geistigen Fortschreitens der Menschheit. Es ist schon oft gesagt und auch wohl den Naturwissenschaften als Schuld angerechnet worden, daß durch sie ein Zwiespalt in die Geistesbildung der modernen Menschheit gekommen sei, der früher nicht bestand. In der Tat ist Wahrheit in dieser Aussage. Ein Zwiespalt macht sich fühlbar; ein solcher wird aber durch jeden großen neuen Fortschritt der geistigen Entwickelung hervorgerufen werden müssen, sobald das Neue eine Macht geworden ist und es sich darum handelt, seine Ansprüche gegen die des Alten abzugrenzen.

Der bisherige Bildungsgang der zivilisierten Nationen hat seinen Mittelpunkt im Studium der Sprache gehabt. Die Sprache ist das große Werkzeug, durch dessen Besitz sich der Mensch von den Tieren am wesentlichsten unterscheidet, durch dessen Gebrauch es ihm möglich wird, die Erfahrungen und Kenntnisse der gleichzeitig lebenden Individuen, wie die der vergangenen Generationen, jedem Einzelnen zur Verfügung zu stellen, ohne welches ein jeder, wie das Tier, auf seinen Instinkt und seine eigene einzelne Erfahrung beschränkt bleiben würde. Daß Ausbildung der Sprache einst die erste und notwendigste Arbeit der heranwachsenden Volksstämme war, so wie noch jetzt die möglichst verfeinerte Ausbildung ihres Verständnisses und ihres Gebrauchs die Hauptaufgabe der Erziehung jedes einzelnen Individuums ist und immer bleiben wird, versteht sich von selbst. Ganz besonders eng knüpft sich die Kultur der modernen europäischen Nationen geschichtlich an das Studium der klassischen Überlieferungen und dadurch unmittelbar an das Sprachstudium an. Mit dem Sprachstudium hing zusammen das Studium der Denkformen, die sich in der Sprache ausprägen. Logik und Grammatik, daß heißt nach der ursprünglichen Bedeutung dieser Worte, die Kunst zu sprechen und die Kunst zu schreiben, beide im höchsten Sinne genommen, waren daher die natürlichen Angelpunkte der bisherigen geistigen Bildung.

Wenn nun auch die Sprache das Mittel ist, die einmal erkannte Wahrheit zu überliefern und zu bewahren, so dürfen wir doch nicht vergessen, daß ihr Studium nichts davon lehrt, wie neue Wahrheit zu finden sei. Dementsprechend zeigt die Logik wohl, wie aus dem allgemeinen Satze, der den Major eines Schlusses bildet, Folgerungen zu ziehen seien; wo aber ein solcher Satz herkomme, darüber weiß sie nichts zu berichten. Wer sich von seiner Wahrheit selbständig überzeugen will, der muß umgekehrt mit der Kenntnis der Einzelfälle beginnen, die unter das Gesetz gehören und die später, wenn dieses festgestellt ist, freilich auch als Folgerungen aus dem Gesetze aufgefaßt werden können. Nur wenn die Kenntnis des Gesetzes eine überlieferte ist, geht sie wirklich der der Kenntnis der Folgerungen voraus, und in solchem Falle gewinnen dann die Vorschriften der alten formalen Logik ihre unverkennbare praktische Bedeutung.

Alle diese Studien führen uns also nicht selbst an die eigentliche Quelle des Wissens, stellen uns nicht der Wirklichkeit gegenüber, von der wir zu wissen verlangen. Es liegt sogar eine unverkennbare Gefahr darin, daß dem Einzelnen vorzugsweise solches Wissen überliefert wird, von dessen Ursprung er keine eigene Anschauung hat. Die vergleichende Mythologie und die Kritik der metaphysischen Systeme wissen viel davon zu erzählen, wie bildlicher Wortausdruck später in eigentlicher Bedeutung genommen und als uranfängliche geheimnisvolle Weisheit gepriesen worden ist.

Also bei aller Anerkennung der hohen Bedeutung, welche die fein durchgearbeitete Kunst, das erworbene Wissen anderen zu überliefern und wiederum von anderen solche Überlieferung zu empfangen, für die geistige Entwickelung des Menschengeschlechts hat, und bei aller Anerkennung der Wichtigkeit, welche der Inhalt der klassischen Schriften, für die Ausbildung des sittlichen und ästhetischen Gefühls, für die Entwickelung einer anschaulichen Kenntnis menschlicher Empfindungen, Vorstellungskreise, Kulturzustände hat, müssen wir doch hervorheben, daß ein wichtiges Moment dem ausschließlich literarisch-logischen Bildungswege abgeht. Dies ist die methodische Schulung derjenigen Tätigkeit, durch welche wir das ungeordnete, vom wilden Zufall scheinbar mehr als von Vernunft beherrschte Material, das in der wirklichen Welt uns entgegentritt, dem ordnenden Begriffe unterwerfen und dadurch auch zum sprachlichen Ausdrucke fähig machen. Eine solche Kunst der Beobachtung und des Versuchs finden wir bis jetzt fast nur in den Naturwissenschaften methodisch entwickelt; die Hoffnung, daß auch die Psychologie der Individuen und der Völker, nebst den auf sie zu basierenden praktischen Wissenschaften der Erziehung, der gesellschaftlichen und staatlichen Ordnung zum gleichen Ziele gelangen werde, scheint sich vorläufig nur auf eine ferne Zukunft richten zu dürfen.

Diese neue Aufgabe, von der naturwissenschaftlichen Forschung auf neuen Wegen verfolgt, hat schnell genug neue, in ihrer Art unerhörte Erfolge gehabt, ein Beweis dafür, welcher Leistungen das menschliche Denken fähig ist, wo dasselbe den ganzen Weg von den Tatsachen bis zur vollendeten Kenntnis des Gesetzes unter günstigen Bedingungen seiner selbst bewußt und selbst alles prüfend zurücklegen kann. Die einfacheren Verhältnisse namentlich der unorganischen Natur erlauben, eine so eindringende und genaue Kenntnis ihrer Gesetze zu erlangen, eine so weit reichende Deduktion der aus diesen fließenden Folgerungen auszuführen und diese wiederum durch so genaue Vergleichung mit der Wirklichkeit zu prüfen und zu bewahrheiten, daß mit der systematischen Entfaltung solcher Begriffsbildungen (zum Beispiel mit der Herleitung der astronomischen Erscheinungen aus dem Gesetze der Gravitation) kaum ein anderes menschliches Gedankengebäude in bezug auf Folgerichtigkeit, Sicherheit, Genauigkeit und Fruchtbarkeit zugleich möchte verglichen werden können.

Ich erinnere an diese Verhältnisse hier nur, um hervorzuheben, in welchem Sinne die Naturwissenschaften ein neues und wesentliches Element der menschlichen Bildung von unzerstörbarer Bedeutung auch für alle weitere Entwickelung derselben in der Zukunft sind und daß eine volle Bildung des einzelnen Menschen, wie der Nationen, nicht mehr ohne eine Vereinigung der bisherigen literarisch-logischen und der neuen naturwissenschaftlichen Richtung möglich sein wird.

Nun ist die Mehrzahl der Gebildeten bisher nur auf dem alten Wege unterrichtet worden und ist fast gar nicht in Berührung mit der naturwissenschaftlichen Gedankenarbeit gekommen, höchstens ein wenig mit der Mathematik. Männer von diesem Bildungsgange sind es vorzugsweise, die unsere Staaten lenken, unsere Kinder erziehen, Ehrfurcht vor der sittlichen Ordnung aufrecht halten und die Schätze des Wissens und der Weisheit unserer Vorfahren aufbewahren. Dieselben sind es nun auch, welche die Änderungen im Gange der Bildung der neu aufwachsenden Generationen organisieren müssen, wo solche Änderungen nötig sind. Sie müssen dazu ermutigt oder gedrängt werden durch die öffentliche Meinung der urteilsfähigen Klassen des ganzen Volkes, der Männer wie der Frauen.

Abgesehen also vom natürlichen Drange jedes warmherzigen Menschen, auch andere zu dem, was er als wahr und richtig erkannt hat, hinzuleiten, wird für jeden Freund der Naturwissenschaften ein mächtiges Motiv, sich an solcher Arbeit zu beteiligen, in der Überlegung liegen, daß die Weiterentwickelung dieser Wissenschaften selbst, die Entfaltung ihres Einflusses auf die menschliche Bildung, und, insofern sie ein notwendiges Element dieser Bildung sind, sogar die Gesundheit der weiteren geistigen Entwickelung des Volkes davon abhängt, daß den gebildeten Klassen Einsicht in die Art und die Erfolge der naturwissenschaftlichen Forschung so weit gegeben wird, als es ohne eigene eingehende Beschäftigung mit diesen Fächern überhaupt möglich ist.

Daß übrigens das Bedürfnis nach einer solchen Einsicht auch von denen gefühlt wird, welche unter überwiegend sprachlichem und literarischem Unterricht aufgewachsen sind, zeigt die große Menge populärer naturwissenschaftlicher Bücher, welche alljährlich erscheinen, und der Eifer, mit dem allgemeinverständliche Vorlesungen naturwissenschaftlichen Inhalts besucht werden.

Es liegt aber in der Natur der Sache, daß der wesentliche Teil dieses Bedürfnisses, der tiefen Lage seiner Wurzeln entsprechend, nicht leicht zu befriedigen ist. Zwar, was die Wissenschaft als feststehendes Resultat einmal abgesetzt und fertig durchgearbeitet hat, das kann auch von verständigen Kompilatoren zusammengestellt und in die passende Form gebracht werden, so daß es ohne weitere Vorkenntnisse des Lesers bei einiger Ausdauer und Geduld von diesem verstanden werden mag. Aber eine solche auf die tatsächlichen Ergebnisse beschränkte Kenntnis ist es nicht eigentlich, um was es sich handelt. Ja, solche Bücher lenken bei bester Absicht leicht in falsche Bahnen. Sollen sie nicht ermüden, so müssen sie die Aufmerksamkeit des Lesers meist durch Anhäufung von Kuriositäten festzuhalten suchen, wodurch das Bild von der Wissenschaft ein ganz falsches wird; man fühlt das oft heraus, wenn man die Leser von dem erzählen hört, was ihnen wichtig erschien. Dazu tritt noch die Schwierigkeit, daß das Buch nur Wortbeschreibungen, höchstens mehr oder weniger unvollkommene Abbildungen von den Dingen und Vorgängen, die es behandelt, geben kann. Die Einbildungskraft des Lesers wird dadurch einer viel stärkeren Anstrengung bei viel ungenügenderen Resultaten unterworfen als die des Forschers oder Schülers, der in Sammlungen und Laboratorien die lebendige Wirklichkeit der Dinge vor sich sieht.

Mir scheint aber, daß nicht sowohl Kenntnisse der Ergebnisse naturwissenschaftlicher Forschungen an sich dasjenige ist, was die verständigsten und gebildetsten unter den Laien suchen, als vielmehr eine Anschauung von der geistigen Tätigkeit des Naturforschers, von der Eigentümlichkeit seines wissenschaftlichen Verfahrens, von den Zielen, denen er zustrebt, von den neuen Aussichten, welche seine Arbeit für die großen Rätselfragen der menlichen Existenz bietet. Von diesem allem ist in den rein wissenschaftlichen Abhandlungen unseres Gebietes kaum je die Rede; im Gegenteil, die strenge Disziplin der exakten Methode bringt es mit sich, daß in den mustergültigen Arbeiten nur von sicher Ermitteltem gesprochen wird oder höchstens von Hypothesen, gleichsam Fragestellungen an die weitere Forschung. Ob ein Mann der Wissenschaft sagt: „Ich weiß" oder „Ich vermute", gilt dem größeren Teile selbst der unterrichteteren Leser ziemlich gleich; sie fragen nur nach dem Resultat und der Autorität, von der es gestützt wird, nicht nach der Begründung oder den Zweifeln. Darum gebietet natürliche Vorsicht dem ernsten Forscher in dieser Beziehung die größte Strenge.

Auch ist nicht zu verkennen, daß die besondere Disziplin des wissenschaftlichen Denkens, welche zur möglichst abstrakten und scharfen Fassung der neugefundenen Begriffe und Gesetze, zur Läuterung von allen Zufälligkeiten der sinnlichen Erscheinungsweise nötig ist, so wie das damit verbundene Verweilen und Einleben in einen dem allgemeinen Interesse fernliegenden Gedankenkreis keine günstigen Vorbereitungen für eine allgemein faßliche Darlegung der gewonnenen Einsichten vor Zuhörern sind, die einer ähnlichen Disziplin nicht unterlegen haben. Für diese Aufgabe ist vielmehr ein gewisses künstlerisches Talent der Darstellung, eine gewisse Art von Beredsamkeit notwendig. Der Vortragende oder Schreibende muß allgemein zugängliche Anschauungen finden, mittelst deren er neue Vorstellungen in möglichst sinnlicher Lebendigkeit hervorruft und an diesen dann auch die abstrakten Sätze, die er verständlich machen will, konkretes Leben gewinnen läßt. Es ist dies eine fast entgegengesetzte Behandlungsweise des Stoffs als in den wissenschaftlichen Abhandlungen, und es ist leicht erklärlich, daß sich selten Männer finden, die zu beiderlei Art geistiger Arbeit gleich geschickt sind.

Durch alle diese Verhältnisse wird eine Art von Schranke aufgerichtet zwischen den Männern der Wissenschaft und den Laien, welche von ihnen Belehrung und Führung gewinnen möchten. Um so mehr ist es, wie ich meine, bei dieser Sachlage ein Glück, wenn sich unter denen, welche die volle Befähigung zu selbständiger wissenschaftlicher Arbeit erwiesen haben, ein Mann wie *Tyndall* findet, voll Enthusiasmus für die Aufgabe, die neu errungenen Einsichten und Anschauungen seiner Wissenschaft auf breite Kreise des Volkes wirken zu lassen, und dabei ausgerüstet mit den anderen Eigenschaften, welche die Tätigkeit für jenen Zweck erfordert, mit Beredsamkeit und der Gabe anschaulicher Darstellung.

In England besteht die Sitte der populären naturwissenschaftlichen Vorlesungen seit viel längerer Zeit als in

Deutschland. Bei der von der unserigen ganz abweichenden Einrichtung der englischen Universitäten sind dort viel wenigere imstande, wissenschaftliche Arbeiten und wissenschaftlichen Unterricht für regelrecht vorbereitete Schüler als einzigen Lebenslauf zu betreiben. Das macht meistens für den Einzelnen die Vertiefung in einen besonderen Studienkreis viel schwieriger; das Genie freilich bricht überall durch diese und andere Hindernisse. Dasselbe Verhältnis hat aber auch andererseits eine engere Berührung der Arbeiter für die Wissenschaft mit allen anderen Kreisen ihres Volkes unterhalten und dazu getrieben, für die Möglichkeit des Unterrichts der nicht regelrecht vorgebildeten Schüler ausgiebiger zu sorgen. Während dies in Deutschland bisher nur ganz vereinzelt geschah, sind für den gleichen Zweck in England längst feste, gut ausgestattete Institute gegründet worden. Unter diesen steht in erster Linie die Royal Institution in London. „Königlich" heißt sie nur, weil König Georg III. das Patronat derselben übernahm, übrigens ist sie durch Privatmittel gegründet und wird durch solche unterhalten.[3] Dieses Institut hat ein eigenes Gebäude mit einer großen naturwissenschaftlichen Bibliothek, Hörsaal, Sammlung physikalischer und chemischer Instrumente, Laboratorium usw. Ein Professor der Physik und einer der Chemie (zur Zeit *Tyndall* und *Frankland*) sind regelmäßig dort angestellt. Die Vorlesungen sind teils einzelne, welche (freitags abends) nur vor Mitgliedern der Gesellschaft oder eingeführten Gästen gehalten werden und meist die Mitteilung neuer wissenschaftlicher Ergebnisse zum Zwecke haben, teils werden Kurse von 6 bis 12 Vorträgen über einzelne Kapitel der Wissenschaft, hauptsächlich, doch nicht ausschließlich, der Naturwissenschaft gehalten. Zu letzteren hat jeder Zutritt, der das Eintrittsgeld erlegt. Die Vortragenden sind teils die Professoren der Anstalt, die verpflichtet sind, jährlich einen solchen Kursus zu halten, teils englische oder auch auswärtige Gelehrte, welche dazu eingeladen werden. Namentlich in den beiden Umständen, daß dort Kurse von einer mäßigen Anzahl zusammenhängender Vorlesungen gehalten werden können und daß dies in einem zu Demonstrationen und Versuchen jeder Art wohl eingerichteten Lokale geschieht, liegt ein außerordentlich großer Vorzug vor der in Deutschland überwiegenden Gewohnheit, daß jeder Vortragende nur eine Vorlesung hält.

Nun ist begreiflich, daß während der 70 Jahre, wo dies besteht, und unter soviel günstigeren äußeren Bedingungen sich das Publikum seine Vortragenden und die Vortragenden ihr Publikum viel besser ausgebildet haben, als dies bisher in Deutschland der Fall sein konnte. Die Royal Institution hat unter ihren Professoren zwei Männer ersten Ranges gehabt, *Humphrey Davy* und *Faraday*, welche hieran mitgearbeitet haben. Ihr Nachfolger *Tyndall* wird in England, wie in den Vereinigten Staaten, wegen seines Talents zur populären Darstellung wissenschaftlicher Themata besonders hoch geschätzt. Wer, wie er, in sich die Begabung und die Kraft fühlt, in einer bestimmten Richtung an der geistigen Entwicklung der Menschheit mitzuarbeiten, pflegt auch Freude an einer solchen Tätigkeit und an ihrem Erfolge zu haben und ist bereit, ihr einen guten Teil seiner Zeit und seiner Arbeitskraft zu widmen. Deshalb ist *Tyndall* seiner Stelle an der Royal Institution treu geblieben, obgleich ihm andere ehrenvolle Stellen angeboten wurden. Aber es wäre eine ganz falsche Vorstellung, wollte man ihn nur als geschickten populären Redner betrachten, denn der größere Teil seiner Tätigkeit ist immer der wissenschaftlichen Forschung gewidmet geblieben, und wir verdanken ihm eine Reihe, zum Teil höchst origineller und bedeutsamer physikalischer und physikalisch-chemischer Untersuchungen und Entdeckungen.

Dies sind im wesentlichen die Gründe, welche mich urteilen ließen, daß die Verbreitung der *Tyndall*schen populären Schriften in Deutschland zur Befriedigung eines wirklichen geistigen Bedürfnisses der gegenwärtigen Entwickelungsepoche beitragen würde. Der Erfolg, namentlich des Buches über die Wärme, scheint mir diese Erwartungen durchaus bestätigt zu haben. Von Männern sehr verschiedener Lebensberufe habe ich unaufgefordert den Nutzen rühmen hören, den ihnen das Buch gebracht habe.

Der vorliegende neue Band enthält mannigfaltigere Vorlesungen, die bei verschiedenen Veranlassungen entstanden sind; teils eigene neue Entdeckungen des Verfassers darstellend, teils seine Ideen über Methode der naturwissenschaftlichen Forschungen auseinandersetzend oder an Beispielen erläuternd, teils die Beziehungen des naturwissenschaftlichen Wissens zu anderen Gebieten menschlicher Geistestätigkeit besprechend. Für die Eigenart des Verfassers ist der Aufsatz über wissenschaftlichen Gebrauch der Einbildungskraft besonders bezeichnend[4]. Es gibt zwei Wege, den gesetzlichen Zusammenhang der Natur aufzusuchen, den der abstrakten Begriffe und den einer reichen experimentierenden Erfahrung. Der erstere Weg führt schließlich mittels der mathematischen Analyse zur genauen quantitativen Kenntnis der Phänomene; aber er läßt sich nur beschreiten, wo der zweite schon das Gebiet einigermaßen aufgeschlossen, d. h. eine induktive Kenntnis der Gesetze mindestens für einige Gruppen der dahin gehörigen Erscheinungen gegeben hat und es sich nur noch um Prüfung und Reinigung der schon gefundenen Gesetze, um den Übergang von ihnen zu den letzten und allgemeinsten Gesetzen des betreffenden Gebietes und um die vollständige Entfaltung von deren Konsequenzen handelt. Der andere Weg führt zu einer reichen Kenntnis des Verhaltens der Naturkörper und Naturkräfte, bei welcher zunächst das Gesetzliche nur in der Form, wie es die Künstler auffassen, in sinnlich lebendiger Anschauung des Typus seiner Wirksamkeit erkannt wird, um sich dann später in die reine Form des Begriffs herauszuarbeiten. Ganz voneinander lösen kann man beide Seiten der Tätigkeit des Physikers niemals, wenn auch die Verschiedenheit der individuellen Begabung den einen geschickter zur mathematischen Deduktion, den andern zur induktiven Tätigkeit des Experimentierens macht. Löst sich aber der erstere ganz von der sinnlichen Anschauung ab, so gerät er in Gefahr, mit großer Mühe Luftschlösser auf unhaltbare Fundamente zu bauen und die Stellen nicht zu finden, an denen er die Übereinstimmung seiner Deduktionen mit der Wirklichkeit bewahrheiten kann; dagegen würde der letztere das eigentliche Ziel der Wissenschaft aus den Augen verlieren, wenn er nicht darauf hinarbeitete, seine Anschauungen schließlich in die präzise Form des Begriffs überzuführen.

Die erste Entdeckung bisher unbekannter Naturgesetze, das heißt also neuer Gleichförmigkeiten in dem Ablaufe anscheinend unzusammenhängender Vorgänge, ist eine Sache des *Witzes* (dies Wort in seiner weitesten Bedeutung genommen) und wird fast immer nur durch die Vergleichung reicher sinnlicher Anschauungen gelingen; die Vervollständigung und Reinigung des Gefundenen fällt nachher der deduktiven Arbeit der *begrifflichen*, und zwar vorzugsweise *mathematischen Analyse* anheim, da es sich schließlich immer um Gleichheit von Quantis handelt.

Tyndall ist überwiegend Experimentator; er bildet sich seine Verallgemeinerungen auf dem Wege der auf reiche Erfahrung gestützten Anschauung des Spiels der Naturkräfte und überträgt, was er gesehen, hier auf die größten, dort auf die kleinsten Raumverhältnisse, wie er dies in der vorhergenannten Vorlesung beschreibt. Es ist eine falsche Unterstellung, wenn man das, was er mit Einbildungskraft (Imagination) bezeichnet, als Phantasterei auslegen will. Es ist ganz das Gegenteil gemeint, reiche erfahrungsmäßige Anschauung. In dieser Art zu arbeiten liegt auch offenbar der Grund für die Anschaulichkeit seiner Vorträge über physikalische Vorgänge, so wie für seine Erfolge als populärer Redner.

Uns Deutschen steht *Tyndall* überdies dadurch nahe, daß er einen Teil seiner Studien in Deutschland (hauptsächlich in Marburg) vollendet hat. Seine Liebe für die deutsche Literatur und Wissenschaft bekundet sich immer wieder in seinen Büchern. Seine Dankbarkeit hat er auch dadurch betätigt, daß er manche Lanze gebrochen hat, um den Leistungen kontinentaler Forscher, wie *Robert Mayer* und *Kirchhoff*, die gebührende Anerkennung in seinem Vaterlande zu verschaffen. Er kämpft im Augenblick wieder für die Gletscheruntersuchungen der Schweizer *Rendu, Agassiz, Desor*. Dieselbe Dankbarkeit dokumentiert sich in der Stiftung, die er am Schlusse seiner in Amerika mit dem ungeheuersten Beifalle gehaltenen Vorlesungskurse aus dem Überschuß seiner Einnahmen gemacht hat. Er bestimmt diesen dazu, daß davon „zwei amerikanische Studierende, welche entschiedenes Talent für Physik zeigen und ihren Entschluß erklären, der Arbeit für diese Wissenschaft ihr

Leben zu widmen, unterhalten oder unterstützt werden an solchen europäischen Universitäten, welche nach Ansicht der Verwalter der Stiftung am geeignetsten für diesen Zweck erscheinen".

„Mein Wunsch würde sein, daß jeder dieser Studierenden vier Jahre an einer deutschen Universität zubrächte, von denen drei für seinen Unterricht, eines für selbständige Untersuchungen verwendet würde."[5]

Um so mehr finde ich es zu bedauern, daß gerade *Tyndall* in Deutschland von einem Angriffe getroffen worden ist, der gleichsam im Namen des deutschen Nationalgefühls gegen das Eindringen fremdländischer wissenschaftlicher Richtungen vollführt wird. Dieser Angriff ist in *J. C. F. Zöllners* Buch über die Natur der Kometen enthalten. Seine Quelle, soweit diese aus wissenschaftlichen Differenzen sich herleitet, ist eine philosophische, der Gegensatz gegen die induktive Methode der Naturwissenschaften, die von *Baco* zuerst methodisch formuliert und von seinen Landsleuten am frühesten und konsequentesten befolgt worden ist. Übrigens ist dies ein alter Streitpunkt, aus dem schon manche Bäche bitterer Polemik geflossen sind.

Die Naturwissenschaften haben genau in dem Maße reichere und schnellere Fortschritte gemacht, als sie sich dem Einflusse der angeblichen Deduktionen a priori entzogen haben. In unserem Vaterlande ist dies am spätesten, dann aber auch am entschiedensten geschehen, und namentlich die deutsche Physiologie kann Zeugnis für die Tragweite und Bedeutung dieser Entscheidung geben. Es ist dies aber geschehen im Kampf gegen die letzten großen Systeme metaphysischer Spekulation, die die Erwartungen und das Interesse des gebildeten Teils der Nation auf das Höchste gespannt und gefesselt hatten, im Kampfe gegen die Auffassung, als ob nur das reine Denken die einer hohen Sinnesweise entsprechende Arbeit sei, das Sammeln der Erfahrungstatsachen dagegen niedrig und gemein.

Indem ich den Namen der Metaphysik hier auf diejenige vermeintliche Wissenschaft beschränkte, deren Zweck es ist, durch reines Denken Aufschlüsse über die letzten Prinzipien des Zusammenhanges der Welt zu gewinnen, möchte ich mich nur dagegen verwahren, daß das, was ich gegen die Metaphysik sage, auf die Philosophie überhaupt bezogen werde. Mir scheint, daß nichts der Philosophie so verhängnisvoll geworden ist, als ihre immer wiederholte Verwechselung mit der Metaphysik. Letztere hat der ersteren gegenüber etwa dieselbe Rolle gespielt wie die Astrologie neben der Astronomie. Die Metaphysik war es, welche hauptsächlich die Augen des großen Haufens der wissenschaftlichen Dilettanten auf die Philosophie gerichtet und ihr Scharen von Schülern und Anhängern zugeführt hat, freilich vielfach solche, die ihr mehr schadeten, als die erbittertsten Gegner hätten tun können. Es war die täuschende Hoffnung, auf einem verhältnismäßig schnellen und mühelosen Wege Einsicht in den tiefsten Zusammenhang der Dinge und das Wesen des menschlichen Geistes, in die Vergangenheit und Zukunft der Welt erlangen zu können, worin das aufregende Interesse beruhte, das so viele dem Studium der Philosophie zuführte, ebenso wie die Hoffnung, Vorhersagungen für die Zukunft zu gewinnen, ehemals der Astronomie Ansehen und Unterstützung verschaffte. Was die Philosophie uns bisher lehren kann oder bei fortgesetztem Studium der einschlagenden Tatsachen uns einst wird lehren können, ist zwar vom höchsten Interesse für den wissenschaftlichen Denker, der das Instrument, mit dem er arbeitet, nämlich das menschliche Erkenntnisvermögen, nach seiner Leistungsfähigkeit genau kennenlernen muß. Aber zur Befriedigung dilettantischer Wißbegier oder, was noch mehr in Betracht kommt, menschlicher Eigenliebe werden diese strengen und abstrakten Studien wohl auch in Zukunft nur geringe und schwer zu hebende Ausbeute liefern, gerade so, wie die mathematische Mechanik des Planetensystems und die Störungsrechnungen trotz ihrer bewunderungswürdigen systematischen Vollendung viel weniger populär sind, als es die astrologische Afterweisheit alter Zeit gewesen ist.

Zwar hat die neuere Metaphysik die kühnen und durch ihre Kühnheit imponierenden Pläne, das System alles Wissenswerten aus dem reinen Denken zu entwickeln, aufgegeben. Man ist bereit, große Massen von Material aus den Erfahrungswissenschaften aufzunehmen und Hypothesen zu machen, deren Natur als solche anerkannt wird. Dagegen soll freilich eine gewisse Reihe von apriorischen Sätzen stehenbleiben, zu denen *Zöllner* zum Beispiel das Gesetz der Gravitation und das Bestehen der Generatio aequivoca rechnet[6].

Vielleicht mag mancher der Leser, welcher den Naturwissenschaften fremd gegenüber steht und in seinem Herzen einen Rest von Hoffnung auf die einstige Erfüllung der kühnen Ideale eines großen spekulativen Systems bewahrt hat, deshalb geneigt sein, *Zöllners* Darstellungen der Prinzipien naturwissenschaftlicher Methode und der Geschichte naturwissenschaftlicher Entdeckungen Glauben zu schenken.

Das würde die Hoffnung auf eine endliche Versöhnung des Zwiespalts in unserer jetzigen Bildung nur hinausrücken. Auf das Einzelne einzugehen, fehlt hier der Platz; ich muß mich auf die Bitte beschränken, jenen Darstellungen nicht ohne Kritik vertrauen zu wollen, und hoffe, daß Männer, welche an wissenschaftliche Strenge gewöhnt sind, auch wo sie mit dem sachlichen Inhalt nicht vertraut sind, zu unterscheiden wissen werden, wo solche Strenge vorhanden ist und wo sie mangelt.

Anmerkungen

Erinnerungen

1 Tischrede, gehalten bei der Feier des 70. Geburtstages von H. v. Helmholtz am 2. November 1892 im „Kaiserhof" zu Berlin als Antwort auf die Rede von E. Zeller.

2 Die Helmholtz-Stiftung wurde anläßlich des 70. Geburtstages H. v. Helmholtz' von der Berliner Akademie der Wissenschaften begründet, um Gelehrte, die sich auf einem der zahlreichen Arbeitsgebiete H. v. Helmholtz' große Verdienste erworben haben, durch die Verleihung einer goldenen Medaille zu ehren. Die ersten Träger dieser Auszeichnung waren neben Helmholtz selbst der englische Wissenschaftler W. Thomson, der deutsche Naturforscher R. Bunsen, E. du Bois-Reymond und der Mathematiker K. Weierstraß. Das Statut der Helmholtz-Medaille wurde in der Sitzung der Deutschen Akademie der Wissenschaften vom 30. 9. 1954 neu gefaßt. Danach wird die Helmholtz-Medaille jedes zweite Jahr an wissenschaftliche Forscher aller Länder für hervorragende wissenschaftliche Leistungen im Dienste der Menschheit verliehen. Diese Leistungen sind auf dem Gebiet der theoretischen Naturwissenschaften, der Mathematik und der Erkenntnislehre zu erbringen. (Text der Neufassung in: Wissenschaftliche Annalen, 4. Jhrsg., 1955, S. 782f.)

Nach 1954 wurde die Helmholtz-Medaille u. a. an Niels Bohr, Gustav Hertz und Max von Laue verliehen.

3 Der Bildhauer A. v. Hildebrand (1847–1921) schuf 1891 die Marmorbüste Hermann von Helmholtz'.

4 L. Jacoby (1828–1917), Kupferstecher, seit 1863 Professor an der Akademie von Wien, seit 1893 in Berlin.

5 Dieser Jugendfreund scheint sein Schulkamerad C. G. A. Klotz gewesen zu sein, mit dem zusammen er das Abitur

abgelegt hat. Klotz war später Arzt in Potsdam und starb 1875. Vgl. E. Kusch, C. G. J. Jacobi und Helmholtz auf dem Gymnasium. Beitrag zur Geschichte des Victoria-Gymnasiums (Programm des Victoria-Gymnasiums zu Potsdam 1896), Potsdam 1896, S. 29

6 Chr. Mursinna (1744–1823) war preußischer Generalchirurgus und dirigierender Wundarzt an der Charité. Er gehörte zu den bedeutendsten Chirurgen des 18. Jahrhunderts, die mit der Lehre als Bader begannen, durch eigene Studien ihr Wissen vervollkommnet hatten und durch ihre Erfolge zu angesehenen Stellungen in der Wissenschaft gelangt waren. Mursinna war ein Onkel des Vaters von H. von Helmholtz. (Vgl. L. Königsberger, Hermann von Helmholtz, Bd. I, Braunschweig 1902, S. 14f.)
Goethe schrieb anläßlich des Ablebens von Mursinna eine Anzeige, in der es heißt: „Mögen junge heranstrebende Männer mit gleichem Ernst und reiner kräftiger Tätigkeit sich in gleichem Falle an so edlen Beispielen ermutigen." (Anzeige für Mursinna, in: Goethe, Die Schriften zur Naturwissenschaft, 10. Band, Weimar 1964, S. 214.) Vgl. auch: J, Scheibe, Ch. L. Mursinna – Entwicklungsweg und Leistung, Med. Diss. Berlin 1964.

7 In dem medizinisch-chirurgischen Friedrich-Wilhelm-Institut zu Berlin, der sogenannten Pépinière, das die militärmedizinische Ausbildungsstätte Preußens war, wurde den jungen Medizinern das Studium dadurch erleichtert, daß sie für die Ausbildung außer einem geringen väterlichen Zuschuß von 6 Talern monatlich keine finanziellen Mittel aufbringen mußten und ihnen auch freier Lebensunterhalt gewährt wurde. Dafür mußten sich die Studierenden verpflichten, nach der fünfjährigen Ausbildung acht Jahre als Militärarzt oder, wie es damals hieß, als Compagnie- oder Escadron-Chirurgus zu dienen.

8 Die sogenannte Lebenskraft war ein allgemein anerkannter Begriff zu jener Zeit, der zur Erklärung des Unterschiedes zwischen toter und lebendiger Materie herangezogen wurde. Die idealistischen Philosophen und die romantische Naturphilosophie benutzten diesen Begriff, um die lebendigen Naturerscheinungen aus einer übersinnlichen Quelle heraus erklären zu können. Nach ihrer Ansicht hat die Lebenskraft

die Fähigkeit, die chemischen und physikalischen Prozesse in dem Organismus zu lenken.

9 Helmholtz meint seine Arbeit „Über die Erhaltung der Kraft", die 1847 bei G. A. Reimer in Berlin erschien. Am 23. 6. 1847 hatte H. v. Helmholtz seinen gleichnamigen Vortrag vor der physikalischen Gesellschaft gehalten. Die gedruckte Arbeit ist – bis auf Änderungen der Einleitung – mit dem Vortrag identisch.

D. Bernoulli, d'Alembert und andere Mathematiker des 18. Jahrhunderts hatten bereits nachgewiesen, daß ein Perpetuum mobile durch mechanische Kräfte nicht verwirklicht werden könne. 1755 hatte die Akadémie des Sciences zu Paris den Beschluß gefaßt, keine weiteren Arbeiten über ein Perpetuum mobile anzunehmen. (Vgl. Histoire des l'Akadémie Royal des Sciences, Anné 1775, p. 61 et 65)

10 C. G. J. Jakobi (1804–1851) hielt als Mitglied der Akademie der Wissenschaften von 1845–1850 mathematische Vorlesungen an der Berliner Universität.

11 Im Jahre 1845 war die Physikalische Gesellschaft gegründet worden. Sie war aus dem Kolloquium bei Gustav Magnus, Professor für Physik und Technologie, hervorgegangen. Seine und die Schüler Johannes Müllers fanden sich in ihr zusammen. In diese Gesellschaft wurde H. v. Helmholtz von seinem Freunde E. Du Bois Reymond eingeführt.

12 H. v. Helmholtz wurde 1885 als erster mit der von der ophthalmologischen Gesellschaft gestifteten, dem Andenken an Albrecht von Graefe gewidmeten, Graefe-Medaille ausgezeichnet. Bei der Überreichung dieser Auszeichnung am 9. August 1886 in Heidelberg hielt H. v. Helmholtz eine Antwortrede auf die Laudatio von Prof. F. C. Donders. Sie ist abgedruckt in: H. v. Helmholtz, Vorträge und Reden, 2. Bd., 5. Aufl., Braunschweig 1903, S. 311 bis 320

13 Für seine Entdeckung des Augenspiegels, deren Bedeutung H. v. Helmholtz sehr wohl erkannte, nahm er kein Patent oder Schutzrecht an.

14 Aus dem Gedicht J. W. von Goethes „An den Mond", 2. Fassung, 1788, zit, nach: Goethe's Werke, 1. illustrierte Ausgabe, 1. Band, Berlin 1879, S. 58

15 Gauß, Werke, Bd. V, S. 609: Das Induktionsgesetz gefun-

den, 1835, am 23. Januar, morgens 7 Uhr v. d. Aufstehen. (*Anm. von H. von Helmholtz*)

[16] J. W. Goethe, Gesammelte Werke, Bd. 2, Faust, 1. Teil, Leipzig 1925, S. 58f.

[17] Helmholtz war im Laboratorium den Studenten ein guter Lehrer und jedem strebsamen Schüler ein wissenschaftlicher Freund. Täglich ging er durch das Laboratorium und gab seinen Schülern immer wieder gute Ratschläge und eine Fülle von Vorschlägen für die Überwindung von experimentellen Schwierigkeiten. Was er während seines Studiums in Berlin an Gustav Magnus so rühmend hervorgehoben hatte, machte Helmholtz sich auch selbst zu eigen: frei zu sein von wissenschaftlicher Eifersucht und selbst auch Grundgedanken für ausgezeichnete wissenschaftliche Arbeiten seinen Schülern zu geben. Sein langjähriger Assistent am physiologischen Institut in Heidelberg, Julius Bernstein, der nach der Berufung Helmholtz' nach Berlin den Heidelberger Lehrstuhl für Physiologie erhielt, sagte von seinem Lehrer: „Wer das Glück gehabt hat, Helmholtz experimentieren zu sehen, wird den Eindruck nicht vergessen, welchen das zielbewußte Handeln eines überlegenen Geistes bei der Überwindung mannigfacher Schwierigkeiten hervorruft. Mit den einfachsten Hülfsmittel, aus Kork, Glasstäben, Holzbrettern, Pappschachteln und dergl. entstanden Modelle sinnreicher Vorstellungen, bevor sie den Händen des Mechanikers anvertraut wurden. Kein Missgeschick war im Stande, die bewundernswerthe Ruhe und Gelassenheit, welche dem Temperament von Helmholtz eigen war, zu erschüttern; auch das Ungeschick eines Anderen konnte sie nie aus ihrem Gleichgewicht bringen. Diejenigen, welche Jahre lang unter seiner Leitung thätig waren, haben ihn bei solchen Anlässen niemals in Erregung gesehen." (L. Königsberger, Hermann von Helmholtz, Bd. II, Braunschweig 1903, S. 16f.) Ähnliche Ausführungen macht E. Goldstein. (Helmholtz. Erinnerungen eines Laboratoriumspraktikanten, in: Die Naturwissenschaften, 9. Jhrg., Heft 35/1921, S. 708ff.)

Besonders zeigt sich die Förderung junger Wissenschaftler durch Helmholtz an Heinrich Hertz dessen ungewöhnliche Begabung Helmholtz schon während dessen elementaren Übungsarbeiten im physikalischen Institut erkannte.

1 H. v. Helmholtz hielt diesen Vortrag am 18. Januar 1853 in der Deutschen Gesellschaft zu Königsberg.

2 Vgl. J. W. v. Goethe, Dem Menschen wie den Tieren ist ein Zwischenknochen der obern Kinnlade zuzuschreiben, Jena 1786, in: Goethe, Die Schriften zur Naturwissenschaft 9. Band, Morphologische Hefte, Weimar 1954, S. 154–186

3 Der niederländische Anatom P. Camper (1722–1789) wurde von Goethe sehr geschätzt. Helmholtz gibt hier Ausführungen aus Goethes „Vorträgen über die drei ersten Kapitel des Entwurfs einer allgemeinen Einleitung in die vergleichende Anatomie, ausgehend von der Osteologie" aus dem Jahre 1796 wieder. (Vgl. Goethe, Die Schriften zur Naturwissenschaft, 9. Band, a. a. O., S. 198)

4 Vgl. J. W. v. Goethe, Erster Entwurf einer allgemeinen Einleitung in die vergleichende Anatomie ausgehend von der Osteologie, Jena, im Januar 1795, in: Goethe, Die Schriften zur Naturwissenschaft, 9. Band, a. a. O., S. 119 bis 153

5 Vgl. J. W. v. Goethe, Nacharbeiten und Sammlungen, in: Goethe, Die Schriften zur Naturwissenschaft, 9. Band, a. a. O., S. 115

6 Vgl. J. W. v. Goethe, Die Metamorphose der Pflanzen, in: Goethe, Die Schriften zur Naturwissenschaft, 9. Band, a. a. O., S. 23–61

7 „Ebenso war es mit dem Begriff, daß der Schädel aus Wirbelknochen bestehe. Die drei hintersten erkannt' ich bald, aber erst im Jahre 1791 als ich, aus dem Sande des dünenhaften Judenkirchhofs von Venedig, einen zerschlagenen Schöpsenkopf aufhob, gewahrt' ich augenblicklich, daß die Gesichtsknochen gleichfalls aus Wirbeln abzuleiten seien, indem ich den Übergang vom ersten Flügelbeine zum Siebbeine und den Muscheln ganz deutlich vor Augen sah; da hatt' ich denn das Ganze im Allgemeinsten beisammen." (J. W. v. Goethe, Bedeutende Fördernis durch ein einziges geistreiches Wort, in: Goethe, Die Schriften zur Naturwissenschaft, 9. Band, a. a. O., S. 309)

8 Oken, durch Förderung Goethes 1807 an die Universität Jena berufen, sandte Goethe im gleichen Jahre sein Antrittsprogramm „Über die Bedeutung der Schädelknochen" zu.

Mehrfach kamen beide Männer in den nächsten Jahren zusammen. Bald stellten sich Verstimmungen ein. Okens Zeitschrift „Isis" (erstmalig 1816 erschienen) erregte Goethes Mißfallen, er sah ihr Erscheinen als Mißbrauch der Pressefreiheit an und forderte das Verbot. Oken nahm am Wartburgfest teil, was zu Verfolgungen führte. 1819 wurde er entlassen.

Der Prioritätsstreit um die Wirbeltheorie des Schädels flammte besonders nach Goethes Tod auf. Goethe wahrte auch zu Lebzeiten sein Recht, schon 1790 die anatomische Entdeckung gemacht zu haben, und traute Oken ein Plagiat zu. So z. B. in einem Gespräch vom 20. Sept. 1815 gegenüber Sulpiz Boisserée (vgl. E. Firmenich-Richartz, Die Brüder Boisserée, Bd. 1, Jena 1916, S. 420). Auch Schopenhauer gegenüber hat sich Goethe ähnlich geäußert (vgl. Brief vom 11. 11. 1815, in: Arthur Schopenhauers sämtliche Werke, hrsg. v. P. Deussen, Bd. 14, München 1929, S. 200). Tatsächlich hat Goethe die Entdeckung zuerst gemacht. Sie wurde unabhängig von Goethe von Oken nachentdeckt. Oken erklärte, Goethe habe ihm die Entdeckung unverschämter Weise rauben wollen (vgl. H. Wohlbold, Die Wirbelmetamorphose des Schädels von J. W. v. Goethe und L. Oken, München 1924; R. Zaunick, Oken, Carus, Goethe, in: Historische Studien und Skizzen zur Natur-und Heilwissenschaft, Festgabe Georg Sticker dargeboten, 1930, S. 118–129; R. Zaunick, L. Oken und J. W. v. Goethe, dargestellt auf Grund neu erschlossener Quellenerzeugnisse, Leipzig 1941). Eine zusammenfassende Darstellung des Verhältnisses von Goethe und Oken gibt H. Bräuning – Oktavio. (Oken und Goethe im Lichte neuer Quellen, Weimar 1959)

9 Vgl. J. W. v. Goethe, Zur Farbenlehre, Zweyter Band, zweyte Abteilung, Wien 1812, S. 284ff.

10 Vgl. den Brief Lichtenbergs an Goethe aus Göttingen vom 7. 10. 1793 und Goethes Antwort an Lichtenberg etwa vom 20. 10. 1793, beide in: Goethe, Die Schriften zur Naturwissenschaft, I. Abt.: Texte, Bd. 3, Weimar o. J., S. 82ff., vgl. auch: Fußnote 9

11 J. W. v. Goethe, Beiträge zur Optik, Erstes Stück mit 27 Karten auf 13 Tafeln, in: Goethe, Die Schriften zur Naturwissenschaft, a. a. O., S. 6–37; J. W. v. Goethe, Bei-

träge zur Optik, Zweites Stück mit zwei farbigen Tafeln, ebenda, S. 38–63

12 In der Erklärung der neunten Kupfertafel zur Farbenlehre, welche gegen Green gerichtet ist *(Anm. von H. von Helmholtz)*. Vgl. Goethe, Die Schriften zur Naturwissenschaft, 7. Band, Zur Farbenlehre, Anzeige und Übersicht, statt des supplementaren Teils und Erklärung der Tafeln, Weimar 1957, S. 79ff.

13 „Unter den Gelehrten, die mir von ihrer Seite Beystand leisteten, zähle ich Anatomen, Chemiker, Literatoren, Philosophen, wie Loder, Sömmering, Göttling, Wolf, Forster, Schelling; hingegen keinen Phisiker."

„In gelehrten Zeitungen, Journalen, Wörterbüchern und Compendien sah man stolzmitleidig auf mich herab, und keiner von der Gilde trug Bedenken, den Unsinn nochmals abdrucken zu lassen, den man nun fast hundert Jahre als Glaubensbekenntniß wiederholte. Mit mehr oder weniger dünkelhafter Selbstgefälligkeit betrugen sich Green in Halle, die gothaischen gelehrten Zeitungen, die allgemeine jenaische Literaturzeitung, Gehler und besonders Fischer, in ihren physikalischen Wörterbüchern. Die göttingischen gelehrten Anzeigen, ihrer Aufschrift getreu, zeigten meine Bemühungen auf eine Weise an, um sie sogleich auf ewig vergessen zu machen . . ." (J. W. v. Goethe, Zur Farbenlehre, Zweyter Band, zweyte Abtheilung, a. a. O., S. 293, S. 296

14 S. Eckermanns Gespräche *(Anm. von H. von Helmholtz)* Helmholtz bezieht sich auf folgende Äußerung, die Eckermann unter dem 19. Februar 1829 aufzeichnet: „Auf alles, was ich als Poet geleistet habe, bilde ich mir gar nichts ein. Es haben treffliche Dichter mit mir gelebt, es lebten noch Trefflichere vor mir, und es werden ihrer nach mir seyn, daß ich aber in meinem Jahrhundert in der schwierigen Wissenschaft der Farbenlehre der Einzige bin, der das Rechte weiß, darauf thue ich mir etwas zu gute, und ich habe daher ein Bewußtsein der Superiorität über Viele." (J. P. Eckermann, Gespräche mit Goethe in den letzten Jahren seines Lebens, 23. Originalausgabe, Leipzig 1948, S. 261)

15 Goethe schildert dieses Gespräch vom Jahre 1794 in Jena in seinem kleinen Aufsatz „glückliches Ereignis". (Vgl.

Goethe, Die Schriften zur Naturwissenschaft, 9. Band, a. a. O. ,S. 79ff).

16 In seiner „Physiologischen Optik" (2. umgearbeitete Aufl., Hamburg und Leipzig 1896, S. 307) schätzt Helmholtz das Verhältnis von Hegel und Goethe wie folgt ein: „Das große Aufsehen, welches *Goethe's* Farbenlehre in Deutschland machte, beruhte zum Theil darauf, daß das große Publicum, ungeübt in der Strenge wissenschaftlicher Untersuchungen, natürlich mehr geneigt war einer künstlerisch-anschaulichen Darstellung des Gegenstandes zu folgen, als mathematisch physikalischen Abstractionen. Dann bemächtigte sich auch die *Hegel*'sche Naturphilosophie der *Goethe*'schen Farbenlehre für ihre Zwecke. *Hegel* wollte ähnlich wie *Goethe* in den Naturerscheinungen den unmittelbaren Ausdruck gewisser Ideen oder gewisser Stufen des dialectisch sich entwickelnden Denkens sehen, darin liegt seine Verwandtschaft mit *Goethe* und sein principieller Gegensatz gegen die theoretische Physik."

17 W. Ostwald meint u. E. mit einem großen Anflug des Rechts, daß Goethe „auf die Zusammenhanglosigkeit, die Spontanität seines 'Apercu' das allergrößte Gewicht" lege und immer wieder dessen nicht reduzierbare Beschaffenheit betone. „Es zeigt sich auch hier wieder, daß ihm der lebendige Begriff der realen Entwicklung im zeitlichen und genetischen Sinne noch fehlte. Er besaß nur den unzureichenden Gedanken *Platons*, nach welchem von den Dingen Modelle oder Ideen in Ewigkeit bestehen, von denen die wirklichen Dinge nur annähernde und unvollkommene Ausführungsversuche sind, die man nach dem Grad der erreichten Vollkommenheit wohl auch in eine Stufenreihe ordnen kann. Der zeitgenössischen Biologie gegenüber war bereits diese Auffassung ein großer Fortschritt, da sie die *vergleichende* Methode begründete und somit über kurz oder lang mit Notwendigkeit zur *genetischen* führen mußte. Aber für die Einordnung der eigenen Arbeit, namentlich zur Farbenlehre ... erwies sich dieser Mangel als ein unübersteigliches Hindernis. "(W. Ostwald, Goethe, Schopenhauer und die Farbenlehre, Leipzig 1918, S. 6)

18 Dies ist vor Darwins Buche über den Ursprung der Arten geschrieben, *(Anm. von H. von Helmholtz)*

19 Konfession am Schluß der Geschichte der Farbenlehre *(Anm. von H. von Helmholtz)*. Goethe schreibt: „Mit Lichtenberg correspondirte ich eine Zeit lang und sendete ihm ein paar auf Gestellen bewegliche Schirme, woran die sämmtlichen subjectiven Erscheinungen auf eine bequeme Weise dargestellt werden konnten, ingleichen einige Aufsätze, freylich noch roh und ungeschlacht genug. Eine Zeit lang antwortete er mir; als ich aber zuletzt dringender ward und das ekelhafte Newtonische Weiß mit Gewalt verfolgte, brach er ab über diese Dinge zu schreiben und zu antworten ..." (J. W. v. Goethe, Zur Farbenlehre, Zweyter Band, zweyte Abtheilung, a. a. O., S. 293)

20 Polemischer Teil § 47 u. 169 *(Anm. von H. v. Helmholtz)*. Vgl. Goethe, Die Schriften zur Naturwissenschaft, 5. Band, Zur Farbenlehre, polemischer Teil, Weimar 1958, S. 19f. (§ 47–51), S. 66

21 Ich erlaube mir hier noch zu bemerken, daß ich die Unzerlegbarkeit und Unveränderlichkeit des einfachen farbigen Lichtes, diese beiden Grundlagen von Newtons Theorie, nicht bloß vom Hörensagen, sondern durch eigenen Augenschein kenne, indem ich in einer meiner eigenen Untersuchungen (über D. *Brewsters* neue Analyse des Sonnenlichts in Poggendorfs Annalen Bd. 86, S. 501) gezwungen war, die Reinigung des farbigen Lichtes bis zur letzten erreichbaren Vollendung zu treiben. *(Anm. von H. von Helmholtz)*

22 Vgl. Goethe, Die Schriften zur Naturwissenschaft, 5. Band, Zur Farbenlehre, polemischer Teil, a. a. O., §§ 148, 360, 645, 647, 654, 658. Helmholtz gibt nur einige wenige gegen Newton gerichtete Ausdrücke Goethes wieder. Liest man den polemischen Teil der Farbenlehre, so finden wir noch weitaus härtere Urteile. Wir lesen etwa § 635: „Denn das ganze Newtonische Farbenwesen ist nur ein Wortkram, mit dem sich deshalb so gut kramen läßt, weil man vor lauter Kram die Natur nicht mehr sieht."

23 Liest man die bekannte Stelle aus Goethes „Dichtung und Wahrheit" aufmerksam und unvoreingenommen, so muß man zu dem Schluß kommen, daß J. W. v. Goethe den französischen Materialismus nicht ablehnte, weil er *Materialismus*, sondern weil er *abstrakt* und dogmatisch war.

Speziell gegen Holbach gerichtet, schreibt er: „Eine Materie sollte sein von Ewigkeit, und von Ewigkeit her bewegt, und sollte nun mit dieser Bewegung rechts und links nach allen Seiten, ohne weiteres die unendlichen Phänomene des Daseins hervorbringen. Dies alles wären wir sogar zufrieden gewesen, wenn der Verfasser wirklich aus seiner bewegten Materie die Welt vor unseren Augen aufgebaut hätte. Aber er mochte von der Natur sowenig wissen als wir: denn indem er einige allgemeine Begriffe hinausgepfahlt, verläßt er sie sogleich, um dasjenige, was höher als die Natur, oder als höhere Natur in der Natur erscheint, zur materiellen, schweren, zwar bewegten aber doch richtungs- und gestaltungslosen Natur zu verwandeln, und glaubt dadurch recht viel gewonnen zu haben." (J. W. v. Goethe, Dichtung und Wahrheit, 3. Teil, Berlin und Weimar 1964, S. 528) Vgl. zur Interpretation: A. W. Gulyga, Der deutsche Materialismus am Ausgang des 18. Jahrhunderts, Berlin 1966, S. 140ff.

24 Im Jahre 1875 verfaßt H. Helmholtz die folgende „Nachschrift zu vorstehendem Artikel":

„Hier ist zu konstatieren, daß in dem seit der ersten Abfassung dieses Aufsatzes verflossenen Vierteljahrhundert die Gedankenkeime, welche *Goethe* im Gebiete der Naturwissenschaften ausgesät hat, zu voller und zum Teil reicher Entwickelung gelangt sind. Unverkennbar stützt sich *Darwins* Theorie von der Umbildung der organischen Formen vorzugsweise auf dieselben Analogien und Homologien im Baue der Tiere und Pflanzen, welche der Dichter, als der erste Entdecker, zunächst nur in der Form ahnender Anschauung, seinen ungläubigen Zeitgenossen darzulegen versucht hatte. *Darwins* Verdienst ist es, daß er mit großem Scharfsinne und aufmerksamer Beobachtung den ursächlichen Zusammenhang, dessen Wirkungen diese Übereinstimmungen in dem Typus der verschiedensten Organismen sind oder doch sein könnten, aufgespürt und so die dichterische Ahnung zur Reife des klaren Begriffes entwickelt hat. Ich brauche nicht hervorzuheben, welche Umwälzung in der ganzen Auffassung der Lebenserscheinungen diese Erkenntnisse hervorgerufen haben.

Aber auch den Ideen, welche sich *Goethe* gebildet hatte über die Wege, die die Naturforscher einschlagen, und die Ziele, denen sie nachstreben müssen, ist man in naturwissenschaftlichen Kreisen unverkennbar näher gekommen.

In dieser Beziehung möchte ich hinweisen auf meine Rede zum Gedächtnis von *Gustav Magnus*. Was *Goethe* suchte, war das Gesetzliche in den Phänomenen; das war ihm die Hauptsache, welche er sich nicht durch metaphysische Gedankengebilde verwirren lassen wollte. Wenn die Naturforscher ihrerseits nun dazu gelangen, die Kraft aufzufassen als das Gesetz, das von aller Zufälligkeit der Erscheinung gereinigt und, in seiner Herrschaft über die Wirklichkeit, als objektiv gültig anerkannt ist, so besteht über die letzten Ziele wohl kaum noch eine erhebliche Divergenz der Meinungen. Den entschiedensten Ausdruck hat diese Auffassung in *Kirchhoffs* Vorlesungen über mathematische Physik empfangen, wo er die Mechanik geradezu unter die beschreibenden Naturwissenschaften einreiht. *Goethes* Versuch, seine Anschauungen an dem Beispiel der Farbenlehre praktisch durchzuführen, können wir freilich nicht als gelungen betrachten, aber das Gewicht, was er selbst auf diese Richtung seiner Arbeiten legte, wird verständlich. Er sah auch da ein hohes Ziel vor sich, zu dem er uns führen wollte; sein Versuch, einen Anfang des Weges zu entdecken, war jedoch nicht glücklich und leitete ihn leider in unentwirrbares Gestrüpp."

(Zitiert nach: H. v. Helmholtz, Vorträge und Reden, 5. Aufl., Bd. 1, Braunschweig 1903, S. 46–47)

Über das Sehen des Menschen

1 Dieser Vortrag wurde am 27. 2. 1855 zum Besten von Kants Denkmal in Königsberg gehalten.

2 Schon Kants erste Schrift „Gedanken von der wahren Schätzung der lebendigen Kräfte" (1747) befaßte sich mit einem naturwissenschaftlichen Problem. Er schaltete sich damit in die Diskussion um die Berechnung der Kraft ein, in der Leibniz und Descartes samt ihren Schülern entgegengesetzte Auffassungen vertraten. Kant bekennt sich in

dieser Schrift zu einer im Prinzip materialistischen Naturerklärung und zu den Grundsätzen einer dynamischen Naturbetrachtung. In seiner „Allgemeinen Naturgeschichte und Theorie des Himmels“ (1755) unternimmt Kant eine Erklärung der Weltentstehung nach mechanischen Gesetzen. Kant deckte hier die materielle Ursache der Weltentstehung auf und begriff sie als historischen Prozeß. Dieser unendliche Entwicklungsprozeß der Materie vollzieht sich auf der Grundlage des Kampfes entgegengesetzter materieller Kräfte – der Attraktion und Repulsion. Kant hat den Gesamtzusammenhang aller Naturerscheinungen im Auge. Thematisch mit der „Allgemeinen Naturgeschichte und Theorie des Himmels“ eng verbunden sind eine Reihe von Aufsätzen, die Kant unmittelbar vor oder kurz nach der Himmelsmechanik veröffentlichte. Hierin ging es ihm um die Erde. Kant spielte überhaupt mit dem Gedanken, eine Naturgeschichte der Erde sowie eine Naturgeschichte der Menschheit zu schreiben. Wenn auch sein Vorhaben keine Verwirklichung fand, so hat er seine Gedanken zu einer Naturgeschichte der Menschheit doch in einer Rezension zu Moscatis Schrift „Von den körperlichen Unterschieden zwischen der Struktur der Tiere und Menschen“ (1771) und in der kleinen Schrift „Von den verschiedenen Rassen der Menschen“ (1775) niedergelegt. Noch in seiner späten Schaffensperiode schrieb Kant die Abhandlungen „Über die Vulkane im Monde“ (1785) und „Etwas über den Einfluß des Mondes auf die Witterung“ (1794). Kant geht es auch um die Fruchtbarmachung der Ergebnisse der Mathematik innerhalb der Philosophie. Davon zeugt u. a. seine Schrift „Versuch, den Begriff der negativen Größen in die Weltweisheit einzuführen.“ (1763)

3 Vgl. Fußnote 8 zum Aufsatz „Über das Verhältnis der Naturwissenschaften zur Gesamtheit der Wissenschaften“, S. 405f.

4 A. v. Humboldt war ein Anhänger des Entwicklungsgedankens. Wenn er sich gegen Naturphilosophie aussprach, so gegen eine spekulative von der Art Hegels. Daß Alexander von Humboldt kein grundsätzlicher Gegner der Naturphilosophie war, bezeugt u. a. folgende Stelle aus einem Brief an Christian Gottfried Ehrenberg, vom

Januar 1838: „Hier, mein theurer Freund, das letzte Heft von Agassiz, das schöner als die vorigen ist. Gerade die Blätter, die man wahrscheinlich Ihnen hat mit Gehässigkeit bezeichnen wollen ... haben mir von dem größten Interesse geschienen, und das seit Aristoteles gebrauchte Wort Naturphilosophie, das man auf alle Aufsuchung des Gesetzlichen in den Organismen anwenden kann, hat mich ... nicht erschreckt. Wenn man vorher eine Masse isolierter Beobachtungen über das allmähliche Erscheinen der Organismen nüchtern gegeben, kann man sich ja wohl eine allgemeine Vermuthung erlauben ... Ich glaube nicht, daß man den Gebrauch der Vernunft oder gar das Wort Naturphilosophie verpönen darf, man muß nur dem Worte durch bessere Anwendung der Vernunft zu Ehren helfen. Das Anordnen des Empirischen nach Ideen ist eine erlaubte Naturphilosophie, das Schaffen aus bloßen Ideen, ohne empirisches Substrat, ist eine verderbliche". (Zit. nach dem im Literaturarchiv der Deutschen Akademie der Wissenschaften zu Berlin befindlichen Original bei: I. Jahn, Dem Leben auf der Spur. Die biologischen Forschungen Alexander von Humboldts, Leipzig-Jena-Berlin 1969, S. 147f.)

Vom entschiedenen Kampf der Mehrheit der Naturwissenschaftler gegen die *spekulative* Naturphilosophie zeugen auch die Arbeiten des Mathematikers Johann Friedrich Pfaff und des Physikers und späteren Akademiemitglieds Paul Ermann. Letzterer wandte sich gegen die Versuche Johann Wilhelm Ritters, gab den Antrieb zur Einsetzung einer Kommision zur Prüfung des tierischen Magnetismus und schrieb gegen Ritter ein pseudonymes Flugblatt, in dem er die angeblichen Erfolge des tierischen Magnetismus auf die Seele eines weiblichen Orang-Utang schilderte.

5 Vgl. dazu Helmholtz' Ausführungen in seinen „Erinnerungen" (hier S. 11f.)

6 Siehe meinen Vortrag über Goethes naturwissenschaftliche Arbeiten. *(Anm. von H. v. Helmholtz)*

Im Gefolge der sich in der Naturwissenschaft des 18. und 19. Jahrhunderts in steigendem Maße durchsetzenden Entwicklungsgedanken wird das metaphysisch interpretierte

Identitätsprinzip (z. B. bei Christian Wolff) auch in der Philosophie, vor allem in den objektiv-idealistischen Systemen Schellings und Hegels der Kritik unterzogen. Schelling entwickelt in seiner Würzburger Periode (1803–1806) seine „Identitätsphilosophie“. Er behauptete, der Urgrund alles Seienden ist die absolute Identität von Sein und Denken, Materie und Geist, Objekt und Subjekt. Seiner Auffassung nach kann „jenes Höhere selbst weder Subjekt noch Objekt, auch nicht beides zugleich, sondern nur die *absolute Identität sein* ...“ (F. W. J. Schelling, System des transcendentalen Idealismus, in: F. W. J. Schelling, Sämtliche Werke, I. Abt., Bd. 3, Stuttgart und Augsburg 1858, S. 600). Diese absolute Identität stellt nun nicht etwas in der Mitte zwischen Materie und Geist Stehendes, sondern nur einen besonderen, unbewußten Zustand des Weltgeistes dar. Schelling sieht letztlich seine Aufgabe darin, das Materielle aus dem Geistigen abzuleiten. Die empirischen Phänomene werden auf logisch-spekulative Weise aus der absoluten Identität abgeleitet, wobei Konstruktionsmodell Magnetismus, Elektrizität und chemischer Prozeß sind. Das führt zu abstrusen, widersinnigen Resultaten. Hegel lehnt das Identitätsprinzip in der Form A = A als „Ausdruck der leeren *Tautologie*“ ab. Das sich in der äußeren Reflexion haltende metaphysische Denken habe „immer nur die abstrakte Identität vor sich und außer und neben derselben den Unterschied“, wogegen „*die Wahrheit nur in der Identität mit der Verschiedenheit vollständig*“ sei und „somit die Identität als der mit sich identische Unterschied“ aufgefaßt werden müsse. (G. W. F: Hegel, Wissenschaft der Logik, Leipzig 1951, Teil II., S. 26ff.)

7 S. Dove, Repertorium der Physik, Bd. V, S. 384, Jahrg. 1844. *(Anm. von H. v. Helmholtz)*

8 Der Leser wird den Versuch an der beistehenden Figur leicht ausführen können:

+

Er schließe das linke Auge, blicke mit dem rechten nach dem Kreuzchen und entferne das Papierblatt etwa 7 Zoll vom Auge, so wird ihm die schwarze Kreisfläche verschwinden. Nähert er das Papier dem Auge oder entfernt es mehr, so kommt sie wieder zum Vorschein. Man achte aber ja darauf, stets das Kreuzchen zu fixieren. *(Anm. v. H. von Helmholtz)*

9 Diese Stelle findet sich in Platos Dialog „Timaios", 45 St.

10 Der tierische Magnetismus (Lebens-, Zoo- oder Bio-, Heilmagnetismus, Mesmerismus) galt als eine Kraft, die dem physikalischen Magnetismus gleich oder ähnlich sei, weil sie, wie dieser, durch Bestreichen geweckt würde und ohne unmittelbare Berührung wirken sollte. Die Lehre vom tierischen Magnetismus wurde von Mesmer in ein System gebracht. Er studierte um 1779 die Wirkung des Magneten auf den menschlichen Körper, bemerkte aber, daß man auch ohne Anwendung des Magneten, durch bloßes Streichen mit den Händen, eigentümliche Wirkungen hervorbrachte, die eine rätselhafte auf den menschlichen Organismus wirkende Kraft zu bekunden schienen. Er wandte dies zur Heilung von Krankheiten an und erzielte durch seine sogenannten Kurven gewisse Erfolge. Man nahm an, daß den Fingern, den Augen, dem Hauch des Magnetiseurs ein ätherisches Fluidum ausströme, das durch den bloßen Willen in weite Ferne wirken könne und in der magnetisierten Person merkwürdige Nervenzustände erzeuge. Die vermeintlichen übernatürlichen Leistungen des tierischen Magnetismus haben weitgehend ihre Erklärung durch das Studium des Hypnothismus gefunden.

11 Um eine Vorstellung von Helmholtz' Argumentation über das Verhältnis von erlernten und angeborenen Verknüpfungen zu geben, die er im Verlaufe seines Lebens zur Lehre von der Priorität des Empirismus gegenüber dem Nativismus ausbaute, folgt nachstehender gekürzter Auszug aus: H. von Helmholtz, Handbuch der physiologischen Optik, Leipzig 1867, S. 435ff. Veränderungen gegenüber der zweiten umgearbeiteten Auflage sind vermerkt. Die Rechtschreibung wurde hier modernisiert.

„Es kann unter diesen Umständen oft recht schwer werden, zu beurteilen, was in unseren durch den Gesichtssinn gewonnenen Anschauungen unmittelbar durch die Empfindung und was im Gegenteil durch Erfahrung und Einübung bedingt ist. An diese Schwierigkeit knüpft sich auch der hauptsächlichste prinzipielle Gegensatz, welcher zwischen verschiedenen Forschern in diesem Gebiete besteht. Die einen sind geneigt, dem Einfluß der Erfahrung einen möglichst breiten Spielraum einzuräumen, namentlich alle Raumanschauung daraus herzuleiten; wir können diese Ansicht als die *empiristische Theorie* bezeichnen. Die andern müssen allerdings den Einfluß der Erfahrung für eine gewisse Reihe von Wahrnehmungen zugeben, glauben aber für gewisse bei allen Beobachtern gleichförmig eintretende elementare Anschauungen ein System von angeborenen und nicht auf Erfahrung begründeten Anschauungen, namentlich der Raumverhältnisse, voraussetzen zu müssen. Wir dürfen diese letztere Ansicht im Gegensatz zur ersteren wohl als die *nativistische Theorie* der Sinneswahrnehmungen bezeichnen.

In diesem Streite sind, wie ich glaube, folgende Grundsätze festzuhalten.

Wenn wir den Namen der *Vorstellung* beschränken auf das Erinnerungsbild von Gesichtsobjekten, welches von keinen gegenwärtigen sinnlichen Empfindungen begleitet ist, den der *Anschauung* auf die von den bezüglichen sinnlichen Empfindungen begleitete Wahrnehmung, den der *Perzeption* auf eine solche Anschauung, in der nichts enthalten ist, was nicht aus den unmittelbar gegenwärtigen sinnlichen Empfindungen hervorgeht, also eine Anschauung, wie sie auch ohne alle Erinnerung an früher Erfahrenes sich bilden könnte, so ist zunächst klar, daß ein und dieselbe Anschauung in sehr verschiedenem Maße von den entsprechenden sinnlichen Empfindungen begleitet sein kann, daß also Vorstellung und Perzeption in den verschiedensten Verhältnissen sich zur Anschauung verbinden können.

Wenn ich mich in einem bekannten Zimmer befinde bei hellem Sonnenschein, so habe ich eine von sehr energischen Empfindungen reichlich begleitete Anschauung. In demselben Raum werde ich abends in der Dämmerung nur die helleren Objekte erkennen können, namentlich die Fenster, aber was ich wirklich noch erkenne, schmilzt mit meinen Gedächtnisbildern, die das Zimmer betreffen, so zusammen, daß ich immer noch imstande sein werde, mich in demselben sicher umherzubewegen und Gegenstände, die ich suche, zu finden, selbst wenn ich von ihnen nur ein schattenhaftes Bild erhaschen kann, was ohne meine vorgängige Kenntnis durchaus ungenügend wäre, sie zu erkennen. Endlich kann ich mich in demselben Raume in absolutem Dunkel befinden und mich doch vermöge der Erinnerung an die früher von ihm erhaltenen Gesichtsbilder in ihm zurechtfinden, so daß das Anschauungsbild durch immer weitere Beschränkung des sinnlichen Materials endlich auf das reine Vorstellungsbild zurückgeführt werden und in dieses allmählich übergehen kann. Meine Bewegungen werden allerdings um so unsicherer, meine Anschauung um so ungenauer werden, je mehr das sinnliche Material entzogen wird, indessen wird kein eigentlicher Sprung stattfinden, sondern Empfindung und Erinnerung werden sich fortdauernd ergänzen, nur in verschiedenem Maße.

Aber selbst, wenn wir ein solches Zimmer bei vollem Sonnenschein beschauen, so zeigt eine leichte Überlegung, daß auch dann ein großer Teil unseres Anschauungsbildes auf Momenten der Erinnerung und Erfahrung beruhen mag. Unsere Gewöhnung an die perspektivischen Verziehungen der Bilder parallelepipedischer Körper und an die Form der Schlagschatten ist bei der Beurteilung seiner Form und Größe von beträchtlichem Einflusse, wie wir später sehen werden. Schließen wir, während wir das Zimmer betrachten, ein Auge, so glauben wir es nicht weniger deutlich und bestimmt vor uns zu sehen, als mit zwei Augen, und doch würde uns nun genau dasselbe Gesichtsbild gegeben werden, wenn alle Punkte des Zimmers so verschoben würden, daß sie ihre Entfernung vom Auge beliebig änderten, aber auf denselben Visierlinien blieben.

Während wir also in Wahrheit in einem solchen Falle eine äußerst vieldeutige sinnliche Erscheinung vor uns haben, geben wir ihr doch eine ganz bestimmte Auslegung, und es ist gar nicht leicht, sich dessen bewußt zu werden, daß das einäugige Bild eines solchen wohlbekannten Gegenstandes eine viel mangelhaftere Wahrnehmung bedingt als das der beiden Augen. So ist es auch, wenn ungeübte Beobachter stereoskopische Fotografien betrachten, oft genug schwer herauszubringen, ob sie die eigentümliche Täuschung, die das Instrument gibt, erkennen oder nicht.

Wir sehen also, wie hierbei die Erinnerungsbilder aus früheren Erfahrungen zusammenwirken mit gegenwärtigen

Sinnesempfindungen, um ein Anschauungsbild hervorzubringen, welches sich unserem Wahrnehmungsvermögen mit zwingender Kraft aufdrängt, ohne daß darin für das Bewußtsein sich (in der 2. Auflage ist „deutlich" eingefügt – die Hrsg.) trennt, was durch Erinnerung, was durch gegenwärtige Wahrnehmung gegeben ist.

... Dergleichen Erfahrungen, die jeder Leser gelegentlich gemacht haben wird, beweisen, daß die aus der Erfahrung hergeleiteten Momente in den Sinneswahrnehmungen sich mit ebensolcher zwingenden Kraft geltend machen können, wie die aus gegenwärtigen Empfindungen hergeleiteten, und es ist dies auch von allen den Beobachtern, die sich eingehend mit der Theorie der Sinneswahrnehmungen beschäftigt haben, immer eingeräumt (in der 2. Auflage „zugegeben" – die Hrsg.) worden, selbst von denen, welche geneigt sind, der Erfahrung so wenig Spielraum als möglich einzuräumen.

Daher muß jedenfalls die Möglichkeit zugegeben werden, daß auch in dem, was dem Erwachsenen als unmittelbare sinnliche Anschauung erscheint, noch eine Menge von einzelnen Momenten stecken, die in der Tat Produkt der Erfahrung sind, obgleich es vorläufig schwer ist, hier die Grenze zu ziehen.

Ich glaube nun, daß unsere bisherigen Erfahrungen uns berechtigen, den Satz aufzustellen, daß keine unzweifelhaft gegenwärtige Empfindung durch einen Akt des Verständnisses beseitigt und überwunden werden kann (in der 2. Auflage ist dieser Nebensatz hervorgehoben – die Hrsg.), sondern wenn wir auch noch so gut erkennen, daß dieselbe auf irgendeine anomale Weise zustande gekommen sei, so schwindet doch die Sinnestäuschung nicht durch das Verständnis des Vorgangs. Wir können die Aufmerksamkeit von Empfindungen ablenken, namentlich, wenn es schwache und gewohnte Empfindungen sind, aber so wie wir auf diejenigen Verhältnisse der Außenwelt merken, die mit diesen Empfindungen in Verbindung stehen, werden wir gezwungen sein, dieselben zu bemerken. So können wir die Temperaturempfindung unserer Haut, wenn sie nicht sehr lebhaft ist, und die Berührungsempfindungen, welche unsere Kleider verursachen, vergessen, solange wir uns mit ganz anderen

Dingen beschäftigen. So wie wir aber unsere Aufmerksamkeit darauf lenken, ob es warm oder kalt sei, werden wir nicht imstande sein, das Gefühl von Wärme in das von Kälte zu verwandeln, etwa, weil wir wissen, daß es herrührt von anstrengender Bewegung und nicht von der Temperatur der uns umgebenden Luft. Ebenso wenig schwindet der Lichtschein beim Druck auf das Auge durch bessere Einsicht in das Wesen des Prozesses, vorausgesetzt, daß wir unsere Aufmerksamkeit dem Gesichtsfelde zugewendet haben, und nicht etwa dem Ohre oder der Haut.

Andererseits können wir auch vielleicht nicht imstande sein, einen Empfindungseindruck zu isolieren, weil er eingeht in das zusammengesetzte sinnliche Zeichen eines äußeren Objekts. Dann zeigt aber die richtige Auffassung des Objekts, daß die betreffende Empfindung perzipiert und vom Bewußtsein verwendet worden ist.

Ich schließe daraus, daß *nichts in unseren Sinneswahrnehmungen als Empfindung anerkannt werden kann, was durch Momente, die nachweisbar die Erfahrung gegeben hat, im Anschauungsbilde überwunden und in sein Gegenteil verkehrt werden kann.*

Was also durch Erfahrungsmomente überwunden werden kann, werden wir selbst als Produkt der Erfahrung und Einübung zu betrachten haben. Es wird sich zeigen, daß, wenn wir dieser Regel folgen, nur die Qualitäten der Empfindung als wirkliche reine Empfindung zu betrachten sind, bei weitem die meisten Raumanschauungen aber als Produkt der Erfahrung und Einübung.

Dagegen folgt nicht, daß Anschauungen, die gegen unsere bessere bewußte Einsicht standhalten und uns als Sinnestäuschungen stehenbleiben, nicht doch auf Erfahrung und Einübung beruhen könnten. Unsere Kenntnis der Farbenveränderungen, welche die Trübung der Luft an fernen Gegenständen hervorbringt, der perspektivischen Verziehungen und des Schlagschattens beruht unzweifelhaft auf Erfahrung, und doch werden wir vor einem guten Landschaftsbilde den vollkommenen sinnlichen Eindruck der Ferne und der körperlichen Gestalt darauf befindlicher Gebäude haben, trotzdem wir wissen, daß alles auf die Leinwand gezeichnet ist.

Ebenso ist unsere Kenntnis des zusammengesetzten Klangs der Vokale jedenfalls aus der Erfahrung entnommen, und doch bekommen wir den sinnlichen Eindruck des Vokalklangs durch Zusammensetzung von einzelnen Stimmgabeltönen, wie ich dies gezeigt habe, und fassen den Klang als ein Ganzes, obgleich wir wissen, daß er in diesem Falle wirklich zusammengesetzt ist.

(Die folgenden Ausführungen finden sich in der 2. Aufl. nicht als Fortsetzung – die Hrsg.).

Hier ist nun noch zu erläutern, wie Erfahrung gegen Erfahrung auftreten und wie Täuschung hervorgebracht werden könne durch Momente, die aus der Erfahrung hergeleitet sind, da es scheinen möchte, als könnte die Erfahrung uns nur Wahres lehren. In dieser Beziehung müssen wir näher begrenzen, was oben schon angedeutet wurde, daß wir nämlich die Sinnesempfindungen so auslegen, wie sie bei ihrer normalen Erregungsweise und beim normalen Gebrauche der Sinnesorgane entstehen.

Wir überlassen uns nämlich nicht nur passiv den auf uns eindringenden Eindrücken, sondern wir *beobachten*, das heißt, wir bringen unsere Organe in diejenigen Bedingungen, unter denen sie die Eindrücke am genauesten unterscheiden können. Bei der Betrachtung eines komplizierten Objekts zum Beispiel richten wir nacheinander unsere beiden möglichst gut akkommodierten Augen so, daß beide stets denjenigen Punkt, der unsere Aufmerksamkeit gerade auf sich lenkt, fixieren, das heißt auf der Stelle des deutlichsten Sehens abbilden, und lassen die Augen nacheinander über alle bemerkenswerten Punkte des Objekts wandern. Kommt es uns auch noch darauf an, die Gesamtgestalt des Objekts und die Verhältnisse seiner Dimensionen möglichst gut aufzufassen, so stellen wir uns so auf, daß wir ohne Bewegung des Kopfes mit den Blicken die ganze Fläche überlaufen können und daß außerdem diejenigen Dimensionen, welche wir vergleichen wollen, möglichst symmetrisch gesehen werden. Wenn wir also ein Objekt, welches, wie zum Beispiel ein Gebäude, überwiegend horizontale und vertikale Linien darbietet, betrachten wollen, so stellen wir uns ihm nicht leicht anders als so gegenüber, daß die Verbindungslinie der Drehungspunkte unserer Augäpfel horizontal liegt. Diese

Stellung unserer Augen können wir jeden Augenblick kontrollieren, indem wir Doppelbilder auseinanderschieben; diese liegen in dem genannten Falle horizontal nebeneinander.

Wir wählen solche bestimmte Art zu sehen, unzweifelhaft, weil wir in dieser Weise am genausten beobachten und vergleichen können, und lernen demnach bei dieser Anwendung der Augen, die wir die *normale* nennen können, am besten unsere Sinnesempfindungen mit der Wirklichkeit vergleichen, und erhalten durch diese Methode also auch die richtigsten und genauesten Wahrnehmungen.

Wenn wir nun einmal aus Zwang oder Absicht eine andere Art des Betrachtens der Objekte anwenden, sie also entweder nur indirekt erblicken mit den Seitenteilen der Netzhaut oder nicht mit beiden Augen fixieren oder mit dem Blicke nicht wandern, oder eine ungewöhnliche Kopfhaltung anwenden, so sind wir nicht imstande, ebenso genaue Anschauungen zu bilden wie beim normalen Gebrauche der Augen, und wir sind in solchem Falle in der Auslegung des Gesehenen nicht so geübt wie in dem früheren Falle. Dadurch entsteht ein größerer Spielraum in der Deutung, während wir doch in der Regel uns diese Unsicherheit in der Auslegung unserer Sinneswahrnehmungen nicht klarmachen. Wenn wir ein Gesichtsobjekt vor uns sehen, so müssen wir es an irgendeine bestimmte Stelle des Raums versetzen, wir können es nicht so anschauen, daß seine Lage zwischen verschiedenen Stellen des Raums zweifelhaft bliebe. Wenn nun keine Erinnerungen uns zu Hilfe kommen, so pflegen wir die Erscheinung so zu deuten, wie sie gedeutet werden müßte, wenn wir bei der normalen und genausten Art des Beobachtens denselben Eindruck erhalten hätten. So treten also gewisse Täuschungen in der Wahrnehmung ein, wenn wir den Blick den beachteten Gegenständen nicht zuwenden, sondern sie im seitlichen Teile des Gesichtsfeldes haben, oder wenn wir den Kopf sehr schief halten, oder wenn wir das Objekt nicht mit beiden Augen zugleich fixieren. Es ist ferner die Übereinstimmung der Bilder auf beiden Netzhäuten am konstantesten und regelmäßigsten, wenn wir ferne Objekte betrachten, und der Umstand, daß wir dabei in der Regel den horizontalen Fußboden im untern Teile des Gesichtsfeldes haben, scheint die Vergleichung der Sehfelder beider Augen in eigentümlicher Weise zu beeinflussen. So beurteilen wir die Lage naher Objekte nicht ganz richtig, wenn wir sie mit merklich nach oben und unten geneigten Blicken betrachten, sondern deuten die dargebotenen Netzhautbilder dann gerade so, als wären sie bei geradeaus gerichteten Blicken entstanden, und so fort. Beispiele dieser Art werden wir viele finden. Wir sind eben auf die Deutung der Perzeptionen nicht bei jeder Richtung der Augen gleich gut eingeübt, sondern nur für diejenigen, welche die genauesten und in sich am besten übereinstimmenden Wahrnehmungen erlauben, und übertragen auf alle Fälle, was wir in den letztgenannten Fällen gelernt haben.

Nun ist nicht selten die Ähnlichkeit eines solchen Gesichtseindruckes mit einem der möglichen Eindrücke des normalen Beobachtens nicht so überwiegend und schlagend, daß nicht mehrfache andere Vergleichungen und dementsprechende Deutungen jenes Eindrucks möglich wären. In solchen Fällen schwankt die Auslegung entweder so, daß derselbe Beobachter nacheinander bei unveränderten Netzhautbildern verschiedene Anschauungsbilder vor sich sieht, in welchem Falle das Schwanken leicht zu erkennen ist, oder so, daß der eine Beobachter mehr der einen Vergleichung und Deutung zuneigt, ein anderer der anderen. Durch diesen Umstand ist viel Streit entstanden in der physiologischen Optik, weil jeder Beobachter geneigt war, seine Anschauung, die er bei möglichst sorgfältiger Beobachtung erhielt, für die allein gültige zu halten. Wenn wir aber zu den Beobachtern das Vertrauen haben dürfen, daß sie sorgfältig und ohne Voreingenommenheit beobachtet haben und zu beobachten verstanden, so müssen wir in solchen Fällen nicht eine von den sich entgegenstehenden Deutungen der Gesichtserscheinung als die allein richtige festhalten, wozu namentlich diejenigen geneigt sind, welche die Entstehung der Anschauungsbilder hauptsächlich aus angeborenen Momenten herzuleiten suchen. Man muß vielmehr als Tatsache anerkennen, daß verschiedene Anschauungsbilder in einem solchen Falle entwickelt werden können, und vielmehr nach den Umständen suchen, die die Entscheidung für das eine oder andere geben.

Freilich stoßen wir hier auf eine Schwierigkeit, die in den anderen Teilen der Naturwissenschaften nicht besteht; wir sind nämlich in vielen solchen Fällen durchaus auf die Aussagen der einzelnen Beobachter beschränkt, ohne imstande zu sein, sie durch eigne Beobachtung zu kontrollieren. Es zeigen sich in diesem Gebiete eine Menge Eigentümlichkeiten, vielleicht zum Teil durch den Bau der Augen, zum Teil durch die gewöhnte Art, die Augen zu gebrauchen, zum Teil auch wohl durch frühere Eindrücke und Anschauungen bedingt. Solche Eigentümlichkeiten und ihre Folgen kann natürlich nur der beobachten, der sie besitzt, und kein anderer kann darüber absprechen. Andererseits ist das Beobachten in diesem Gebiete gar nicht so leicht, wie man zunächst meinen möchte. Selbst nur das feste Fixieren eines Punktes für längere Zeit, während man im indirekten Sehen beobachtet, die Beherrschung der Aufmerksamkeit, die Abstraktion von den gewöhnlichen objektiven Deutungen des Sinneseindrucks, die Schätzung der Farbenunterschiede und der räumlichen Unterschiede im Gesichtsfelde, alles dies erfordert große Übung, und eine Menge der hierher gehörigen Tatsachen können deshalb nicht einmal ohne vorgängige lange Übung in physiologisch-optischen Beobachtungen beobachtet werden, selbst nicht von Männern, die in anderen Arten von Beobachtungen wohl geübt sind. In vielen Punkten ist man also auf die Beobachtungen sehr weniger Individuen reduziert, und es wird deshalb bei abweichenden Beobachtungsresultaten eines andern in diesem Gebiete viel schwerer als in irgendeinem andern, richtig zu beurteilen, ob bei einer solchen Beobachtung nicht Nebeneinflüsse mitgewirkt haben. Ich muß deshalb den Leser von vorn herein darauf aufmerksam machen, daß möglicherweise vieles, was er in den folgenden Kapiteln etwa Neues finden wird, auf individuellen Eigentümlichkeiten meiner eigenen Augen beruhen mag, und ich konnte unter diesen Umständen eben nichts tun, als die Tatsachen, wie sie meine eigenen Augen mir zeigen, möglichst sorgfältig beobachten und ihren Zusammenhang zu ermitteln suchen. Wo andere Beobachter Abweichendes gefunden haben, habe ich es bemerkt. Wie weit verbreitet aber die eine oder andere Art des Sehens sei, wird erst die Zukunft lehren können.

Je weniger ähnlich übrigens die Gesichtseindrücke den normal vorkommenden sind, desto schwankender wird der Regel nach ihre Deutung, was bei der von mir durchgeführten Ansicht sich als eine natürliche Konsequenz ergibt und wesentlich charakteristisch für die Wirksamkeit psychischer Einflüsse ist. (Der folgende Teil ist im Original in Kleindruck gegeben – die Hrsg.)

Da wir überhaupt bisher von der Natur der psychischen Vorgänge so gut wie nichts wissen, sondern nur eine Reihe von Tatsachen kennen, wird es nicht auffallen, wenn wir auch von der Entstehung der Sinneswahrnehmungen keine wirkliche Erklärung geben können. Die *empiristische Theorie* sucht nachzuweisen, daß zu ihrer Entstehung wenigstens keine andern Kräfte nötig sind, als die bekannten Fähigkeiten unserer Seele, wenn auch diese selbst dabei ganz unerklärt bleiben. Da es im Allgemeinen eine zweckmäßige Regel für die naturwissenschaftliche Forschung ist, keine neuen Hypothesen zu machen, solange die bekannten Tatsachen zur Erklärung ausreichend erscheinen und die Notwendigkeit neuer Annahmen nicht erwiesen ist, so habe ich geglaubt die empiristische Ansicht im wesentlichen bevorzugen zu müssen. Die *nativistische Theorie* gibt noch weniger eine Erklärung für die Entstehung unserer Anschauungsbilder, indem sie mitten hineinspringt in die Sache mit der Annahme, daß gewisse räumliche Anschauungsbilder direkt erzeugt würden durch einen angeborenen Mechanismus, wenn gewisse Nervenfasern gereizt würden. In den älteren Formen dieser Theorie wurde eine Selbstbeobachtung der Netzhaut vorausgesetzt, indem wir von der Form dieser Membran und der Lage der einzelnen Nervenenden in ihr angeborene Kenntnis haben sollten. In der neueren, namentlich von *E. Hering* durchgeführten Form dieser Ansicht ist es ein vorgestellter subjektiver Sehraum, in welchen die Empfindungen der einzelnen Netzhautfaser nach gewissen angeborenen Gesetzen eingetragen werden sollen. In dieser Theorie ist also nicht bloß die *Kants*'sche Behauptung festgehalten, daß die allgemeine Raumanschauung eine ursprüngliche Form unseres Vorstellens sei, sondern es sind gewisse spezielle Raumanschauungen als angeboren vorausgesetzt.

Die naturalistische Ansicht ist auch wohl spezielle *Identitätstheorie* genannt worden, weil in ihr die vollständige Verschmelzung der Eindrücke der korrespondierenden Stellen beider Netzhäute behauptet werden muß. Die *empiristische* Theorie dagegen ist als *Projektionstheorie* bezeichnet, weil nach derselben die Anschauungsbilder der Objekte mittels psychischer Vorgänge in den Raum projiziert werden. Ich möchte den Namen vermeiden, weil vielfach sowohl von Anhängern als Gegnern ungebührliche Wichtigkeit darauf gelegt worden ist, daß diese Projektion in Richtung der Richtungslinien geschehen sollte, was jedenfalls nicht die richtige Bezeichnung des psychischen Vorgangs war, und auch, wenn man diese Konstruktion nur für die physiologische Beschreibung des Vorgangs gelten lassen wollte, in sehr vielen Fällen unrichtig sein würde.

Ich erkenne an, daß bei dem gegenwärtigen Stande der Wissenschaft eine Widerlegung der nativistischen Theorie nicht möglich ist; ich selbst bevorzuge die entgegengesetzte Ansicht, weil die nativistische Theorie meines Erachtens

1. eine nicht notwendige Hypothese einführt,
2. ihre Konsequenzen bisher noch immer räumliche Anschauungsbilder ergeben, die nur in den wenigsten Fällen mit der Wirklichkeit und unseren unzweifelhaft vorhandenen richtigen Gesichtsbildern von derselben übereinstimmen, wie sich dies später im Einzelnen zeigen wird. Die Anhänger dieser Theorie sind deshalb gezwungen, die sehr mißliche Annahme zu machen, daß die nach ihnen vorhandenen ursprünglichen *Raumempfindungen* fortdauernd durch unsere aus der Erfahrung gesammelten Kenntnisse verbessert und überwunden werden. Nach der Analogie aller anderen Erfahrungen müßten wir aber erwarten, daß die überwundenen Empfindungen dann wenigstens der Anschauung gegenwärtig blieben, wenn auch als anerkannte Trugbilder. Das ist aber nicht der Fall.
3. ist nicht einzusehen, was die Annahme solcher ursprünglicher ‚*Raumempfindungen*' helfen solle zur Erklärung unserer Gesichtswahrnehmungen, wenn schließlich von den Anhängern dieser Theorie für die ungeheure Mehrzahl der Fälle angenommen werden muß, daß dieselben überwunden werden müssen durch unsere aus der Erfahrung

entnommene bessere Kenntnis. Dann ist es doch, wie mir scheint, viel leichter und einfacher zu begreifen, daß sämtliche räumliche Anschauungen bloß durch die Erfahrung zustande kommen, ohne daß diese gegen angeborene, der Regel nach falsche, Anschauungsbilder zu kämpfen hat. Dies zur Rechtfertigung meines Standpunktes. Da ein solcher doch gewählt werden mußte, um wenigsten übersichtliche Ordnung in das Chaos der Erscheinungen bringen zu können, glaubte ich den gewählten bevorzugen zu müssen, ich hoffe jedoch, daß derselbe keinen Einfluß auf die treue Beobachtung und Beschreibung der Tatsachen gehabt hat."

12 Zur späteren Erörterung des Sinnes dieses Satzes verweist Helmholtz auf seine Rede „die Tatsachen in der Wahrnehmung".

13 J. W. v. Goethe, Gesammelte Werke, Bd. 2, Faust, I. Teil, Leipzig 1925, S. 61

Über das Verhältnis der Naturwissenschaften zur Gesamtheit der Wissenschaften

1 Akademische Festrede, gehalten zu Heidelberg beim Antritt des Prorektorats am 22. November 1862

2 Die Universität Heidelberg wurde 1386 als erste Universität in Deutschland gegründet. Sie verfiel im 17. und 18. Jahrhundert und war der Auflösung nahe. Von Großherzog Karl Friedrich von Baden (1728–1811) wurde sie 1803 neu gegründet.

3 Mit dem seitdem entdeckten Indium jetzt 65, 1883. (*Anm. von H. v. Helmholtz*) Heute kennen wir über 100 Elemente

4 Gemeint ist die Spektralanalyse. Der theoretische und Experimentalphysiker Gustav Kirchhoff und der Experimentalchemiker Robert Bunsen beendeten April 1860 ihre Arbeit „Chemische Analyse durch Spectralbeobachtungen." Sie erschien am 16. 6. 1860 in „Poggendorfs Annalen". Kirchhoff und Bunsen zogen hier das Fazit aus umfangreichen Forschungsarbeiten, die zur Entdeckung der Spektralanalyse führten. Bunsen entdeckte 1860 mittels der Spektralanalyse das Cäsium und 1861 das Rubidium, im gleichen

Jahre entdeckte W. Crookes das Thallium, das 1862 auch der französische Chemiker A. Lamy fand. Im Jahre 1863 entdeckten F. Reich und H. Richter in den sächsischen Zinnerzen das Indium.

5 „Ebenderselbe nie genug gefeierte Hipparchos, welcher, wie kein Anderer, die Verwandtschaft der Sterne mit dem Menschen glaubwürdig gemacht und nachgewiesen hat, daß unsere Seelen dem Himmel angehören, fand einen neuen und anderen zu seiner Zeit entstandenen Stern und wurde durch dessen Bewegung an dem Tage, wo er sichtbar war, zu der Vermuthung geführt, daß dies vielleicht öfter vorkomme und sich auch wohl die bewegten, die wir für Fixsterne halten. Er wagte sogar etwas selbst für einen Gott Unziemliches, nämlich die Sterne für die Nachwelt zu zählen und die Gestirne einzeln zu benennen, wozu er Werkzeuge erfand, womit er ihre Oerter und ihre Größen bezeichnete, so daß man leicht daraus sehen konnte, nicht nur ob sie unter- oder aufgingen, sondern auch ob überhaupt die übrigen an ihnen vorbei rückten und sich bewegten, deßgleichen ob sie zu- oder abnähmen, so daß er den Himmel gleichsam als Erbschaft hinterließ für den Fall, daß sich Jemand fände, der dieselbe antreten könnte." (Gajus Plinius Secundus, Naturgeschichte, übersetzt und mit erläuternden Registern versehen von Ch. F. L. Strack, überarb. u. hrsg. v. M. E. D. L. Strack, Erster Theil, Bremen 1853, S. 88f.)

6 Am 11. Mai 1883 ist schon der 233ste der kleinen Planeten entdeckt worden. Die Zahl derselben wächst alljährlich. (*Anm. von H. v. Helmholtz*)

7 Vgl. Fußnote 6 in der Rede „Über das Sehen des Menschen" (S. 391f.)

8 In Hegels „Vorlesungen über die Geschichte der Philosophie" lesen wir u. a.: „. . .er (d. h. Newton – *d. Herausg.*) sowohl als alle physikalischen Wissenschaften bis auf diesen Tag haben treulich darauf gehalten, indem sie sich nicht auf eine Untersuchung ihrer Begriffe, das Denken der Gedanken, eingelassen haben. Die Physik kann aber doch ohne Denken nichts machen; ihre Kategorien, Gesetze hat sie nur durch das Denken, und ohne dasselbe geht es nicht . . . in Physik und Farbenlehre hat er schlechte Beobachtungen und noch schlechtere Schlüsse gemacht . . . dabei ist nun Newton ein

so vollkommener Barbar an Begriffen, daß es ihm wie einem anderen gegangen ist, der sich höchstlich verwunderte und freute, als er erfuhr, daß er in seinem ganzen Leben Prosa gesprochen hatte, indem er sich nicht bewußt gewesen, daß er so geschickt sei. Dieses erfuhr Newton wie die Physiker nie, wußte nicht, daß er dachte und mit Begriffen zu tun hatte, während er mit physikalischen Dingen zu tun haben meinte. . . Daher sind in Newton's Optik z. B. die Schlüsse aus seinen Erfahrungen etwas so Unwahres, Begriffloses, daß während sie als das erhabenste Beispiel aufgestellt werden, wie man die Natur durch Experimente und Schlüsse aus den Experimenten soll kennen lernen, es als ein Beispiel gelten kann, wie weder experimentiert noch geschlossen werden müsse, wie überhaupt gar nicht zu erkennen sei. Solche Elendigkeit des 'Erfahrens' widerlegt sich durch die Natur. . . So ist auch von den 'herrlichen' Newton'schen Entdeckungen der Optik keine einzige mehr übrig als eine, – die Teilung des Lichts in sieben Farben. . ." (Georg Wilh. Friedr. Hegel's, Vorlesungen über die Geschichte der Philosophie, für den akademischen Gebrauch hrsg. von G. J. P. J. Bolland, Leiden 1908, S. 919f.)

9 Die mittelalterliche Einteilung in vier Fakultäten war im 13. und 14. Jahrhundert bereits herkömmlich. Danach gab es die artistische Fakultät, die medizinische, juristische und theologische Fakultät. Die Artistenfakultät hatte gegenüber den Spezialstudien gewidmeten übrigen drei Fakultäten die anderen, die allgemeinen Wissenschaften zu vertreten. So wurden neben der Philosophie schon im 15. und 16. Jahrhundert Berufungen und Besoldungen innerhalb der Artistenfakultät für einzelne Fächer vorgenommen, so für Mathematik, für griechische Sprache, für Geschichte, für philosophia politica usw. Aus der Artistenfakultät hat sich die philosophische Fakultät herausgebildet.

10 Seine Auffassung von dem Terminus major und Terminus minor in der Syllogistik stellt H. v. Helmholtz u. a. in seiner „physiologischen Optik" dar. (2. umgearbeitete Auflage, Hamburg und Leipzig 1896, S. 581f.)

11 Vgl. S. 21 ff.

12 Bekanntlich ist eine Fülle interessanter Entdeckungen in dieser Beziehung schon gemacht worden, seit der ersten im

April 1864 veröffentlichten Arbeit von *W. Huggins* und *W. A. Miller*, in der die Analyse der Atmosphären des *Aldebaran* und *α Orions* gegeben und leuchtender Wasserstoff in den Nebelflecken nachgewiesen wurde. (*Anm. von H. v. Helmholtz*)

13 Bei aller Kritik, die an den von John Stuart Mill entwickelten Prinzipien der Induktion geübt wurden, stellen sie dennoch noch immer einen wesentlichen Bestandteil der heutigen Induktionstheorie dar. Sie gehören zu den Methoden der ausschaltenden Induktion und dienen insbesondere dazu, Kausalzusammenhänge zu erforschen, die Ursachen bestimmter Erscheinungen festzustellen. Sie sind insofern Methoden der ausschaltenden Induktion, als sie aus der Menge der Erscheinungen, die im jeweiligen Zusammenhang als Ursache in Frage kommen, im günstigsten Falle alle bis auf eine ausschalten. Voraussetzung für die Millschen Methoden (Methode der Übereinstimmung, Methode des Unterschieds, Methode der begleitenden Veränderungen usw.) ist also, daß die möglichen Ursachen bereits bekannt sind und vollständig aufgezählt werden. Diese Methoden dienen nicht dazu, die jeweilige Ursache zu finden bzw. zu entdecken. Kausalzusammenhänge sind natürlich nur eine besondere Art der objektiv realen Zusammenhänge, insbesondere nur eine Seite der umfassenderen Wechselwirkung. Weiter ist nicht jeder kausale Zusammenhang zugleich ein gesetzmäßiger, denn auch zufällige Zusammenhänge sind kausal bedingt. Daraus ergibt sich für den Anwendungsbereich der Millschen Methoden eine gewisse Einschränkung. Andererseits ist das Auffinden von Kausalzusammenhängen in Natur und Gesellschaft eine wichtige Voraussetzung für die Erkenntnis von Gesetzen.

14 Es wurde nicht festgestellt, woher H. v. Helmholtz diese Angabe entnimmt. Dannemann schränkt sie merklich ein: „Es wird erzählt, *Galilei* habe, als er eine an einer langen Kette schwankende Lampe im Dom seiner Vaterstadt beobachtete, die Schwingungszeit aus der Zahl seiner Pulsschläge ermittelt und auf diese Weise den Isochronismus der Pendelschwingungen entdeckt, d. die Tatsache, daß Schwingungen von kleinerem und größerem Ausschlag bei unveränderter Länge des Pendels die gleiche Zeit beanspruchen"

(F. Dannemann, Die Naturwissenschaften in ihrer Entwicklung und ihrem Zusammenhange, 2. Aufl., II. Bd., Leipzig 1921, S. 522)

15 E. Brücke entwickelt in seiner Arbeit „Grundzüge der Physiologie und Systematik der Sprachlaute für Linguisten und Taubstummenlehrer" (1856) einen Plan für ein sogenanntes allgemeines Alphabet, für eine neue Methode der phonetischen Transskription. Der dort entworfene Plan wird von ihm in einem Vortrag „Über eine neue Methode der phonetischen Transskription", ausgeführt, den er am 7. Januar 1862 in der Sitzung der Kaiserlichen Akademie der Wissenschaften zu Wien hielt. (Vgl. Sitzungsberichte der philosophisch-historischen Classe der Kaiserlichen Akademie der Wissenschaften, 41. Band, Jahrgang 1863, Wien 1863, S. 223–285)

Auf letzteren Artikel seines Freundes Brücke bezieht sich Helmholtz hier offenbar. Brücke setzt sich zum Ziel „. . .eine Sprache. . . transportabel zu machen, d. h. Jemanden, der nie etwas von jener Sprache gehört hat, in Stand zu setzen, dieselbe mit richtiger Aussprache zu lesen, wie ein Virtuose die Musik nach den Noten spielt, die ihm vorgelegt werden". Brücke sagt, er könne dabei „. . . nur für solche Laute Zeichen aufstellen, welche vollständig physiologisch analysiert sind, d. h. bei denen die Stellung aller Teile der Sprachorgane genau bekannt ist, oder für deren Hervorbringung sich doch solche Vorschriften geben lassen, daß sie, wenn man nach denselben handelt, nicht wohl verfehlt werden können" (Ebenda, S. 227). Unter Berufung auf Helmholtz' „Lehre von den Tonempfindungen" sagt Brücke eine Zeit voraus, „in der man für streng wissenschaftliche Zwecke einem Vokalzeichen als Erklärung nicht mehr ein Beispiel aus irgend einer bekannten Sprache beigeben wird, sondern vielmehr Symbole für die Höhe und Intensität der charakteristisch verstärkten Obertöne". (Ebenda, S. 228)

1 Einleitungsvorlesung zu einem Zyklus von Vorlesungen, gehalten in Karlsruhe im Winter 1862–1863. Der Vorlesungszyklus wurde auf Einladung der Royal Institution im April 1864 in englischer Sprache wiederholt.

2 Die Vorlesung über die Entstehung des Planetensystems ist eine Ausarbeitung des wesentlichen Inhalts einer dieser Vorlesungen. (Vgl. H. von Helmholtz, Vorträge und Reden, 2. Bd., 5. Aufl., Braunschweig 1903, S. 53–91)

3 H. v. Helmholtz verweist in einer Fußnote auf seine Vorlesung „Über das Verhältnis der Naturwissenschaft zur Gesamtheit der Wissenschaft".

4 Bemerkungen über die Kräfte der unbelebten Natur in *Liebigs* Annalen XLII; weiter ausgeführt in: Die organische Bewegung in ihrem Zusammenhange mit dem Stoffwechsel, Heilbronn 1845; Beiträge zur Dynamik des Himmels, Ebenda 1848. (*Anm. von H. v. Helmholtz*)

5 Das oben genannte ist das technische Maß der Arbeit; um es in das wissenschaftliche Maß zu verwandeln, müssen wir es noch mit der Intensität der Schwere multiplizieren. (*Anm. von H. v. Helmholtz*)

6 Für die Stadt Kabeira, den Königssitz des Mithridates erwähnt Strabo kurz die Existenz einer Wassermühle. Es ist die älteste in unserer Literatur erwähnte. Vgl. Strabon, Erdbeschreibung in siebenzehn Büchern. . ., verdeutscht von Ch. G. Groskurd, 2. Theil, Berlin – Stettin 1831, S. 490

7 Das Maß der lebendigen Kraft im Sinne der theoretischen Mechanik ist das halbe Produkt aus dem Gewichte mit dem Quadrate der Geschwindigkeit. Um es auf das technische Maß der Arbeit zu reduzieren, müssen wir es noch durch die Intensität der Schwere (Fallgeschwindigkeit nach Ablauf der ersten Sekunde des freien Falles) dividieren. (*Anm. von H. v. Helmholtz*)

8 Sadi Carnot hat (1824) erkannt und Rudolf Clausius (1850) theoretisch begründet, daß zwar Arbeit beliebig in Wärme, diese jedoch nur unter gewissen einschränkenden Bedingungen in jene zurückverwandelt werden kann. Soll dies nämlich mittels irgendeines periodischen Vorganges, wie z. B. in einer Dampfmaschine oder einem Explosionsmotor, wo

sich solche in dem Hin- und Hergang des Kolbens vollziehen, durchgeführt werden, so ergibt die genauere mathematische Untersuchung, daß von der gesamten im heißeren Körper enthaltenen Wärmemenge im günstigsten Falle – bei Ausschluß aller sonstigen Verluste – gerade ein Bruchteil in Arbeit umgesetzt wird, der durch den Ausdruck $(T_2 - T_1) : T_2$ angegeben wird, unter T_2 die absolute Temperatur des heißeren, unter T_1 die des kälteren Körpers verstanden.

9 Joule zeigt diese Versuchsreihen an in seinem Artikel: „Über das mechanische Äquivalent der Wärme", der erstmalig 1850 in den „Philosophical Transactions" (S. 61ff.) veröffentlicht wurde. Vgl. die deutsche Übersetzung, in: J. P. Joule, Das mechanische Wärmeäquivalent. Gesammelte Abhandlungen, Braunschweig 1872, S. 87–119

10 Vgl. B. G. Kuznecov, Von Galilei bis Einstein. Entwicklung der physikalischen Ideen, Herausgeber der deutschen Ausgabe: G. Buchheim/S. Wollgast, Berlin 1970, S. 208ff.

Über das Ziel und die Fortschritte der Naturwissenschaft

1 Eröffnungsrede für die Naturforscherversammlung zu Innsbruck im Jahre 1869

2 Im Jahre 1966 waren 104 chemische Elemente bekannt.

3 Dieser Gedanke Helmholtz' ist in der Folgezeit einseitig interpretiert worden, indem er aus dem historischen Zusammenhang und den Gesamtauffassungen von H. v. Helmholtz herausgelöst wurde. So schreibt Adolf Meyer-Abich: „Für die Physik kann man nun feststellen, daß das Erkenntnisideal der mechanistischen Naturforschung in den physikalischen Wissenschaften unangefochten bis zum Ende des vorigen Jahrhunderts, genauer gesagt bis zum Ausgang der durch *Helmholtz* bestimmten Epoche in Geltung gewesen ist. Wir haben dafür gerade im vergangenen Jahrhundert aus der Mitte seiner ersten und aus der Mitte seiner zweiten Hälfte eindrucksvolle Zeugnisse. Das erste ist die berühmte 'Weltformel' oder der sogenante 'Dämon' von *Laplace*... Es ändert nicht am Prinzip dieses Denkens, wenn *Planck* später einmal die Laplacesche Konzeption dahin verbessert hat, daß es erforderlich sei, die Lage und den Impuls der

Atome in *zwei* voneinander verschiedenen Weltaugenblikken zu kennen, worauf man imstande sein würde, das zwischen diesen Augenblicken abgelaufene Geschehen genauestens zu berechnen. *Planck* selber hat durch die Schöpfung der Quantentheorie diese vollendetste Formulierung der mechanistischen Idee auf das gründlichste zerstört... Im Jahre 1869 ist sie jedoch noch einmal in neuer und endgültiger Form vorgetragen worden, in der berühmten Eröffnungsrede nämlich, die *Helmholtz* auf der Innsbrucker Naturforscherversammlung gehalten hat. Hier verkündete er als das letzte und höchste 'Ziel der Naturwissenschaft' das folgende: 'Ist aber Bewegung die Urveränderung, welche allen anderen Veränderungen in der Welt zugrunde liegt, so sind alle elementaren Kräfte Bewegungskräfte, und das Endziel der Naturwissenschaften ist, die allen anderen Veränderungen zugrunde liegenden Bewegungen und deren Triebkräfte zu finden, also *sich in Mechanik aufzulösen*' (Von mir gesperrt. M.-A.)." Adolf-Meyer-Abich, Naturphilosophie auf neuen Wegen, Stuttgart 1948, S. 83

4 Bei Paracelsus ist der archaeus eine dem Organismus zugeschriebene ordnende Kraft, der die Veränderungen der aufgenommenen Stoffe und die im Leben zustande kommenden Umgestaltungen im Körper obliegen sollen. Eine besonders enge Beziehung wird zu den Verdauungsorganen, vor allem zum Magen, vorausgesetzt.

Georg E. Stahl ist bis heute mit seiner „Animia"-Doktrin bekannt geblieben. Er schuf mit der Rückkehr zur These von einem einzigen das Leben gewährleistenden Substrat in den Organismen das Fundament für die vitalistischen Konjekturen, die im 18., 19. und in unserem Jahrhundert in einer Anzahl von Varianten das Dogma etlicher vorübergehend einflußreicher Schulen werden konnten.

5 Eozoon (griech. Morgenrottier) – angeblich versteinerte Einzeller, zuerst in der Gneisformation von Kanada entdeckt und unter dem Namen Eozoon canadense Dawson als ältestes Tier beschrieben. Es handelt sich dabei um mineralische Ausscheidungen, die überall auftreten können, wo Serpentinkörnchen in Kalken eingelagert sind, Der Zoologe K. A. Möbius wies 1878 bereits nach, daß das Eozoon ein anorganisches Gebilde ist.

6 Eine weitere Ausführung über diese Verhältnisse findet sich in meinen drei Vorlesungen über die neueren Fortschritte in der Theorie des Sehens (*Anm. von H. v. Helmholtz*). Diese Vorträge wurden 1868 in den „Preußischen Jahrbüchern" erstmalig veröffentlicht.

Über den Ursprung und die Bedeutung der geometrischen Axiome

1 In der Vorrede zum 2. Band seiner „Vorträge und Reden" schreibt H. v. Helmholtz zu diesem Vortrag, er sei „ein Versuch, den Inhalt einer in den 'Göttinger gelehrten Anzeigen' vom 3. Juni 1868 veröffentlichten Untersuchung einem Kreise von Nicht-Mathematikern zugänglich zu machen". Er gebe „in stark überarbeiteter Form einen Vortrag wieder, den ich in diesem Sinne im Docentenverein zu Heidelberg 1869 gehalten hatte. Die zweite Hälfte namentlich wurde erst für die Veröffentlichung in den 'Populären wissenschaftlichen Vorträgen', Heft III hinzugefügt, und ist durch die unglaublichen Mißverständnisse und Entstellungen veranlaßt worden, denen *Riemann's* und meine Arbeit in der philosophischen Polemik begegnet war."

2 Nach Kant vermögen nur synthetische Urteile unsere Kenntnisse zu erweitern. Synthetische Urteile geben mehr als die analytischen Urteile, die eine bloße Analysis des Subjektbegriffes geben. Synthetische Urteile geben eine Aussage über den Zusammenhang, die Beziehung von S und P. Wahrhaft echte Erkenntnis ist nur von solchen Urteilen zu erwarten, die strenge Allgemeingültigkeit und Notwendigkeit bei sich führen und zugleich unsere Erkenntnisse erweitern. Dies sind Urteile, die a priori (wie alle analytischen Urteile) und zugleich synthetisch sind: synthetische Urteile a priori. Im synthetischen Urteil a priori glaubt Kant das Ideal wahrhaft echter Erkenntnis gefunden zu haben. Die Urteile dieser Art entbehren völlig das Hilfsmittel der Erfahrung. In der Forderung nach dem allgemeingültigen und notwendigen Charakter der synthetischen Urteile liegt zweifellos ein rationalistisches Element der Kantischen Philosophie.

3 In seinem Buche „Über die Grenzen der Philosophie" be-

hauptet Herr *W. Tobias*, Sätze ähnlichen Sinnes, die ich früher ausgesprochen hatte, seien ein Mißverständnis von Kants Meinung. Aber *Kant* führt speziell die Sätze, daß die gerade Linie die kürzeste sei (Kritik der reinen Vernunft. Einleitung V, 2. Aufl., S. 16), daß der Raum drei Dimensionen habe (ebenda, Teil I, Abschn. 1, § 3, S. 41), daß nur eine gerade Linie zwischen zwei Punkten möglich sei (ebenda, Teil II, Abtl. I, von den Axiomen der Anschauung, S. 204) als Sätze an, „Welche die Bedingungen der sinnlichen Anschauung a priori ausdrücken". Ob diese Sätze aber ursprünglich in der Raumanschauung gegeben sind, oder diese nur die Anhaltspunkte gibt, aus denen der Verstand solche Sätze a priori entwickeln kann, worauf mein Kritiker Gewicht legt, darauf kommt es hier gar nicht an (*Anm. von H. v. Helmholtz*).

Die von H. v. Helmholtz zurückgewiesene Auffassung von W. Tobias findet sich in dessen Buch „Grenzen der Philosophie, constatirt gegen Riemann und Helmholtz, vertheidigt gegen von Hartmann und Lasker", Berlin 1875, S. 54ff. Die Fußnote H. v. Helmholtz' ist offenbar erst später hinzugefügt worden.

4 Vgl. C. F. Gauß, Disquisitiones generales circa superficies curvas, in: Carl Friedrich Gauß, Werke, IV. Band, Göttingen 1873, S. 217–258

5 Saggio di Interpretazione della Geometria Non – Euclidea. Napoli 1848. – Teoria fondamentale degli Spazij di Curvatura costante. Annali di Matematica. Ser. II. Tomo II, p. 232–255. (*Anm. von H. v. Helmholtz*)

6 Prinzipien der Geometrie, Kasan 1829–1830. (*Anm. von H. v. Helmholtz*)

7 „Über die Hypothesen, welche der Geometrie zu Grunde liegen", Habilitationsschrift vom 10. Juni 1854. Veröffentlicht in Bd. XIII der Abhandlungen der Königl. Gesellschaft zu Göttingen. (*Anm. von H. v. Helmholtz*)

8 Siehe Bd. I, S. 307 (*Verweis von H. v. Helmholtz*). An dieser Stelle aus seinem Aufsatz „Die neueren Fortschritte in der Theorie des Sehens" führt Helmholtz aus: „Während *Newton* die räumliche Darstellung des Farbensystems, in etwas anderer Weise geordnet, als wir die hier beschrieben haben, nur als ein Mittel gebrauchte, eine sinnlich anschauliche

Übersicht der zusammengesetzten Thatsachen dieses Gebietes zu geben, ist es neuerdings *Maxwell* gelungen, die strenge Richtigkeit der in diesem Anschauungsbilde niedergelegten Sätze auch in quantitativer Beziehung zu erweisen. Es gelang dies mittels der Farbenmischungen auf schnell rotierenden Kreisscheiben, deren Sectoren mit verschiedenen Farben gefärbt sind. Wenn eine solche Scheibe sehr schnell umläuft, so daß das Auge den einzelnen farbigen Sectoren nicht mehr folgen kann, verschmelzen deren Farben in eine gleichmäßige Mischfarbe, und es läßt sich die Menge des Lichts, welches jeder Farbe angehört, direct durch die Breite des von ihr bedeckten Kreisausschnittes messen. Die Mischfarben aber, welche auf solche Weise zu Stande kommen, sind genau dieselben, welche bei continuirlicher Beleuchtung derselben Fläche durch die entsprechenden Farben entstehen würden, wie sich experimentell erweisen läßt. So ist Maass und Zahl auch in das scheinbar dafür so unzugängliche Gebiet der Farben hineingetragen, und es sind dessen qualitative Unterschiede auf quantitative Verhältnisse zurückgeführt worden.

Alle Unterschiede der Farbe reduciren sich hernach auf drei, die wir bezeichnen können als die Unterschiede des *Farbentons*, der *Sättigung* und der *Helligkeit.*"

9 Siehe Bd. I, S. 141 (*Anm. von H. v. Helmholtz*). An der bezeichneten Stelle, die in seiner Arbeit „über die physiologischen Ursachen der musikalischen Harmonie" enthalten ist, schreibt H. v. Helmholtz:

„Ich erwähnte vorher der Wellenform mit sanft abgerundeten Thälern und Bergen, welche ich die einfache oder reine nannte. In Bezug auf diese hat der französische Mathematiker *Fourier* einen berühmten und wichtigen Satz erwiesen, den man aus der mathematischen Sprache ins Deutsche ungefähr so übersetzen kann: *Jede beliebige Wellenform kann aus einer Anzahl einfacher Wellen von verschiedener Länge zusammengesetzt werden.* Die längste dieser einfachen Wellen hat dieselbe Länge wie die gegebene Wellenform, die anderen die Hälfte, ein Drittel, ein Viertel usw. dieser Länge.

Man kann durch das verschiedene Zusammentreffen der Thäler und Berge dieser einfachen Wellen eine unendliche Mannigfaltigkeit der Formen hervorbringen.

So stellen zum Beispiel die Wellencurven *A* und *B*, Fig. 9, Wellen einfacher Töne vor, von denen *B* in der gleichen Zeit doppelt so viel Schwingungen ausführt als *A*, also der höheren Octave von *A* entspricht. Dagegen stellen *G* und *D* Wellen dar, die durch Uebereinanderlagerung von *A* und *B* entstehen. Die punktirte Curve im Anfange beider Figuren

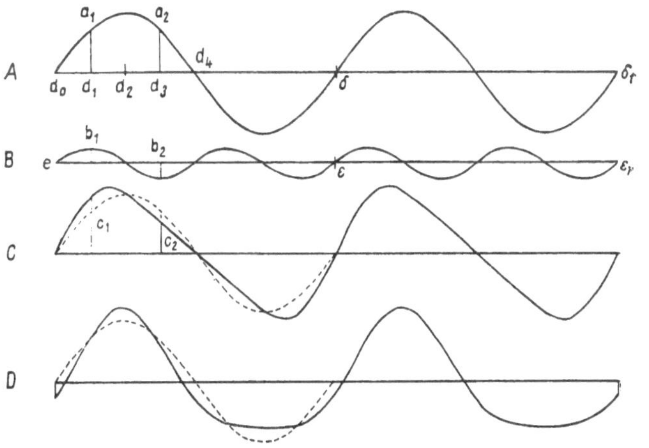

Fig. 9

ist eine Wiederholung des Anfangs von *A*. In *C* ist *e*, der Anfang der Curve *B*, auf den Anfang von *A* gelegt, in *D* dagegen das erste Thal b_2 der Curve *B* auf den Anfang von *A*. Dadurch entstehen nun zwei verschiedene zusammengesetzte Curven, von denen die obere steil ansteigende und flache abfallende Berge hat, deren Gipfel, umgekehrt, gerade in die Thäler passen würden, während *D* spitze Berge und flache Thäler hat, die aber nach vorn und hinten symmetrisch abfallen."

10 Nämlich für das Quadrat des Abstandes zweier unendlich naher Punkte eine homogene Funktion zweiten Grades der Differentiale ihrer Koordinaten. (*Anm. von H. v. Helmholtz*)

11 Es ist ein algebraischer Ausdruck, zusammengesetzt aus den Koeffizienten der einzelnen Glieder in dem Ausdruck, für das

Quadrat der Entfernung zweier benachbarter Punkte und deren Differentialquotienten. (*Anm. von H. v. Helmholtz*)

12 Teoria fondamentale degli Spazii di Curvatura costante. Annali di Matematica, Ser. II, Tom. II, Fasc. III, p. 232–255. (*Anm. von H. v. Helmholtz*)

13 Untersuchungen über die ganzen homogenen Funktionen von „Differentialen''. Borchardt's Journal für Mathematik, Bd. LXX, S. 71 und Bd. LXXII, S. 1. – Untersuchung eines Problems der Variationsrechnung, ebenda, Bd. LXXIV (*Anm. von H. v. Helmholtz*)

14 H. v. Helmholtz verweist an dieser Stelle auf einige mathematische Erläuterungen im Anhang. In die vorliegende Ausgabe wurden sie nicht aufgenommen.

15 Das reziproke, negative Quadrat dieser Entfernung wäre das Krümmungsmaß des pseudosphärischen Raumes (*Anm. von H. v. Helmholtz*).

Das Denken in der Medizin

1 Rede, gehalten zur Feier des Stiftungstages der militärischen Bildungsanstalten am 2. August 1877. Am 24. Juli 1877 war Helmholtz an der „medicinisch-chirurgischen Akademie für das Militär" zu Berlin zum Professor für Physik ernannt worden.

2 Obwohl Helmholtz, wie er selbst feststellt, nie eine Blutadergeschwulst hatte operieren sehen, war sein Vortrag so geschickt aus Büchern kompiliert, daß er am 2. August 1842 beim 48. Stiftungsfest der Pepinière mit einer aus zwei Werken bestehenden Prämie ausgezeichnet wurde. Den Vortrag selbst hatte er bereits am 3. Mai 1842 gehalten.

3 Heute wie zur Zeit Newtons versteht man in England unter „Naturphilosophie" auch die theoretische Naturwissenschaft. In diesem Gebrauch des Terminus „Philosophie" wird eine von Newton und Bacon herkommende Tradition sichtbar. I. Newton gab seinem bahnbrechenden naturwissenschaftlichen Werk z. B. den Titel „The Mathematical Principles of Natural Philosophy".

4 Schon in seiner Einleitung schreibt Lotze: „Seit ihrem An-

fang durch *Gaubius* bis tief auf unsere Zeiten herab bestand die allgemeine Pathologie nur in einer regellosen Anhäufung unnützer Nomenclatur, einer Sammlung von Titeln, zu denen die Gegenstände nicht gefunden werden konnten, einem Fachwerke systematischer Klassification, in dessen weiten Maschen sich die so außerordentlich wenigen strengen Facta, denen wir hier begegnen, gänzlich verloren haben würden, wenn sie nicht durch weitrankende philosophisch aussehende Gewebe von Worten, mit denen uns der übelangebrachte Tiefsinn undisciplinirter Geister reichlich beschenkt hat, auseinandergerückt und in der Schwebe gehalten worden wären. Je mehr daher der fehlende Inhalt durch sich von selbst verstehende Dinge ersetzt werden mußte, um so ängstlicher hat sich die ihre Aufgabe suchende Lehre theils an detaillirte Traditionen angeklammert, theils hat sie die wenigen einfachen Wahrnehmungen, die wirklich einen Theil ihres Inhalts bilden mußten, dadurch in eine schiefe Stellung gebracht, daß sie nothgedrungen einen unverhältnismässigen Werth darauf legte. Die anregendsten Arbeiten sind hier immer diejenigen gewesen, die durch irgend eine individuelle Combination der Ideen hervorgerufen, ein einziges und einseitiges Princip durch die gesammte Masse der Erscheinungen hindurch verfolgt haben. Sie genossen wenigstens den Vorzug, zu wissen, wohin sie strebten, und schwammen nicht, wie die meisten übrigen, in einem ganzen Meere untereinander sich widerstreitender Principien und angeblicher Gesetze der Krankheit, von denen nie angegeben werden konnte, warum im einzelnen wirklichen Falle dieses und nicht irgend ein anderes das befolgte war. Bei dieser betrübenden Lage der Sachen, die wir weit entfernt sind, nur dem Ungeschick der Bearbeiter zur Last zu legen, indem außerordentliche Schwierigkeiten allerdings jeder Bemühung entgegenstehen, kommt es zuerst darauf an, jene etwas wüste Forderung nach allgemeinen Sätzen in bestimmte Bahnen einzulenken."
(R. H. Lotze, Allgemeine Pathologie und Therapie als mechanische Naturwissenschaften, 2. verbesserte Auflage, S. 1 f.)
Die hier zitierte Einleitung des Buches von Lotze, dessen Titel für sein Vorhaben programmatisch ist, wird in der zweiten Auflage unverändert nach der ersten gegeben. In

seinem Vorwort zur 2. Auflage (S. VI) verweist Lotze auf mannigfaltige Anregungen, die ihm der zweite Teil von dessen „Handbuch der rationellen Pathologie" (1846ff.) vermittelt habe.

5 A. Vesalius gab 1543 sein Werk „De humani corporis fabrica" heraus. Er brach darin mit den bis dahin gültigen Auffassungen Galens und lieferte eine grundlegende umfassende eigene Darstellung der Anatomie des Menschen, die sich auf Beobachtungen an der menschlichen Leiche stützten. Er entfesselte eine Flut von begeisternden, aber auch von ablehnenden und den Verfasser z. T. heftig schmähenden Äußerungen. Die Bezichtigungen, die von so vielen Seiten gegen Vesal erhoben wurden, veranlaßten Kaiser Karl V. die Theologische Fakultät von Salamanca mit einer Stellungnahme zu der Frage zu beauftragen, ob Vesals Lehre und seine Forschungen mit der Haltung eines Christen in Einklang stünden. Die Entscheidung fiel für den großen Arzt und Wissenschaftler günstig aus.

6 M. Serveto (1509–1553) fand den Schlüssel zum Verständnis des kleinen Blutkreislaufes. Er legte den Weg, den das Blut von der rechten Herzkammer über die Lunge zur linken zurücklegt, in einem Abschnitt seines Werkes „Christianismi restitutio" (1553) dar. Wegen der häretischen Ideen dieses Werkes (Antitrinitarismus usw.) ließ ihn der Genfer Reformator Johannes Calvin hinrichten. Entgegen einem weitverbreiteten Irrtum wird also Servet nicht wegen seiner Entdeckungen, sondern als angeblicher Widersacher des christlichen Glaubens verbrannt.

7 Ein theoretischer Hauptgegner W. Harveys war J. Riolan (1580–1657). Riolan war königlicher Professor der Anatomie und Pharmakologie sowie Dekan der medizinischen Fakultät der Pariser Sorbonne. In mehreren auf Harvey abzielenden Schriften verteidigte Riolan hartnäckig überholte Auffassungen von der Blutbewegung und vertrat die Meinung, wegen des Blutkreislaufes brauche man Galens Heilmethode nicht aufzugeben.

8 Vgl. R. Löther, Medizin in der Entscheidung, Berlin 1967, S. 64 f.

9 Im Schrifttum zur Zeit des Hippokrates (460–375 v. u. Z.) findet sich die erste Darstellung der Humoralpathologie:

entsprechend der Lehre des Empedokles von den vier Elementen (Feuer, Wasser, Luft und Erde) sollte auch der Körper vier ebenso geartete Kardinalsäfte (Humore) enthalten: Blut, Schleim, gelbe und schwarze Galle, durch deren richtige Mischung (Eukrasie) seine Gesundheit erhalten werde, während eine fehlerhafte Mischung die Krankheiten hervorriefe. Diese Lehre war auch noch im Mittelalter lange gültig (Schule von Salerno).

10 R. Mayer, Die organische Bewegung in ihrem Zusammenhange mit dem Stoffwechsel, Heilbronn 1845; Die Mechanik der Wärme, Stuttgart 1867. (*Anm. von H. v. Helmholtz*)

11 H. Helmholtz, Die Erhaltung der Kraft, Berlin 1847; siehe den Anhang zu dieser Rede am Schluß dieses Bandes. (*Anm. von H. v. Helmholtz*)

12 Charles Bell (1774–1842) entdeckte (Bellsches Gesetz), daß von den mit zwei Wurzeln aus dem Rückenmark entspringenden Spiralnerven die vordere Wurzel aus motorischen, die hintere aus sensiblen Nerven besteht. Vgl. sein 1830 in London erschienenes Werk „The nervous system of the human body" (deutsch, 1832).

13 E. H. Weber (1795–1878), in Leipzig 1818 Professor der vergleichenden und 1821 der menschlichen Anatomie, 1840 auch Professor der Physiologie. Er gehört neben Purkinje und Magendie zu den Begründern der exakten Physiologie und war besonders bahnbrechend in seinen Untersuchungen über die Mechanik des Blutkreislaufes und über die Hautsinne.

Der Physiker W. Weber (1804–1891) wurde 1828 Professor in Halle, 1831 in Göttingen. Er gehört zu den „Göttinger Sieben", die 1837 ihres Amtes entsetzt wurden. Von 1843 bis 1849 war er Professor in Leipzig. W. Weber arbeitete in Göttingen mit Gauß über Erdmagnetismus, führte erstmals das absolute elektromagnetische Strommaß ein und gab dessen Vergleichung mit dem gebräuchlichen chemischen Strommaß. Er konstruierte mit Gauß gemeinsam den ersten 1833 ausgeführten Telegrafen; in seinen „Elektrodynamischen Maßbestimmungen" prüfte er das Fundamentalgesetz der Elektrodynamik, stellte sein elektrisches Grundgesetz auf (Webersches Gesetz) und leitete aus diesem die Gesetze der Induktion ab. Weiter führte er an gleicher Stelle das System der absoluten Maße der Stromstärke, der elektromotorischen Kraft durch, gab Methoden zur Messung des Widerstandes im absoluten Maß an und führte eine Reihe weiterer wichtiger Untersuchungen durch.

Der Physiologe E. F. Weber (1806–1871) war seit 1835 Prosektor in Leipzig. Er entdeckte gemeinsam mit seinem Bruder Ernst Heinrich die hemmende Wirkung des Nervus vagus auf die Herztätigkeit. Mit seinem Bruder Wilhelm schrieb er „Die Mechanik der menschlichen Gehwerkzeuge".

14 Xenophon Memorabil. I, 1, 11. (*Anm. von H. v. Helmholtz*)

15 Arthur Schopenhauer, von ihm, über ihn, von Frauenstädt u. Lindner, Berlin 1883, S. 653. (*Anm. von H. v. Helmholtz*) Schopenhauer schreibt am 15. 7. 1855 an J. Frauenstädt, der Helmholtz' Schrift „Über das Sehen des Menschen" rezensiert hatte: „Sagen, 'er (Helmholtz – die Hrsg.) und ich ständen auf dem selben Boden' ist wie sagen, der Montblanc und ein Maulwurfshaufen neben ihm ständen auf dem selben Boden." (zit. nach: Schopenhauer, Briefe, hrsg. v. E. Grisebach, Leipzig o. J., S. 299)

16 In einer Fußnote verweist H. v. Helmholtz hier auf seine Arbeit „Über das Streben nach Popularisierung der Wissenschaft". Vgl. S. 365 unserer Ausgabe

17 F. A. Lange, Logische Studien. Ein Beitrag zur Neubegründung der formalen Logik und der Erkenntnistheorie, Iserlohn 1877, S. 6. Das Zitat aus dieser Schrift bei Helmholtz zeigt u. E. erneut sein Interesse für Philosophie und sein aufmerksames Verfolgen philosophischer Neuerscheinungen. Denn Langes nachgelassene Schrift war ja gerade erschienen, das Vorwort H. Cohens ist „Dezember 1876" datiert.

Die Tatsachen in der Wahrnehmung

1 Rektoratsrede, gehalten zur Stiftungsfeier der damaligen Friedrich Wilhelm-Universität zu Berlin am 3. August 1878

2 Die heutige Berliner Humboldt-Universität wurde lange Zeit nach Friedrich Wilhelm III. „Friedrich-Wilhelm-Universität" genannt. Sie trägt ihren heutigen Namen zu Recht. Denn Wilhelm von Humboldts Verdienst war es, alle bereits bestehenden Ansätze und Bestrebungen zur Gründung einer

Universität in Berlin vereinigt, mit eiserner Energie zum Ziele geführt und trotz der Not der Zeit die Universität wirklich gegründet zu haben. Äußerer Anlaß war die Abtretung einer preußischen Universität an das Königreich Westfalen, wobei es aber überhaupt typisch ist, daß erst die Notlage im preußischen Staat zur Gründung einer Universität in seiner Hauptstadt Berlin führte. Mit der Gründung dieser Universität begann ein neuer Abschnitt in der deutschen Universitätsgeschichte. Ziel der Universität wurde nicht nur „Hohe Schule“, sondern vor allem Stätte wissenschaftlicher Arbeit zu sein. Die neue Universität wurde zu einem Sammelpunkt der bedeutendsten, humanistisch, freiheitlich und patriotisch gesinnten Wissenschaftler. W. v. Humboldt wählte selbst die Lehrkräfte aus. Zu den ersten gehörten Fichte und Schleiermacher, die Mediziner Hufeland, Reil, Rudolphi und Graefe, die Chemiker Hermbstädt und Klaproth, der Landwirt A. Thaer, die Philologen F. A. Wolf und W. Boeckh, die Physiker D. Turte (Tourte) und P. Erman, der Mineraloge Ch. Weiss, der Botaniker Wildenow, die Astronomen Bode und Oltmanns u. a.

Wie W. v. Humboldt die Universität zu Berlin gegründet, so hat sie sein Bruder A. v. Humboldt zeitlebens gefördert.

3 Helmholtz' Vater gehörte zu diesen Männern, er hatte als freiwilliger Jäger an den Befreiungskriegen teilgenommen. Als er seinen Schülern später auf deren Bitten hin in drei Stunden des Deutschunterrichts, den er in der Secunda gab, von der Erhebung Preußens gegen Napoleon erzählte, erhielt er einen Verweis und die Androhung sofortiger Entlassung im Wiederholungsfall. (Vgl. L. Königsberger, Hermann von Helmholtz, a. a. O., Bd. I, S. 5f.)

4 Am 11. Mai 1878 gab der 20jährige Klempnergeselle M. Hödel, ein verkommenes Subjekt, mit einem schadhaften Revolver auf Kaiser Wilhelm I. zwei Schüsse ab, als der Kaiser unter den Linden vorbeifuhr. Obwohl Hödel schon zuvor aus der Leipziger Sozialdemokratischen Partei ausgeschlossen worden war und in Berlin in Kreisen der Christlich-Sozialen Partei des Hofpredigers Stoecker verkehrt hatte, nahm Bismarck das Attentat zum Anlaß, ein Ausnahmegesetz gegen die Sozialdemokratie in Vorschlag

zu bringen, das der Reichstag aber am 24. 5. 1878 ablehnte. Am 2. Juni 1878 feuerte ein Dr. K. Nobeling zwei Schrotschüsse auf Kaiser Wilhelm I. ab und verletzte ihn. Bismarck löste daraufhin den Reichstag auf. Die Wahl zum neuen Reichstag erfolgte unter verstärkter Hetze gegen die Sozialdemokratie, der neue Reichstag nahm am 19. Oktober 1878 das Sozialistengesetz an.

[5] H. v. Helmholtz unterliegt hier einem Irrtum, der nur aus seiner Klassenlage verständlich wird. Wohl brachte die Reichsverfassung von 1871 das allgemeine und gleiche Wahlrecht. Das Dreiklassenwahlrecht in Preußen blieb aber bis 1918 bestehen. Mit der Begründung des Deutschen Reiches im Jahre 1871 wurde das System der Arbeitsgesetzgebung in Deutschland vielfach vereinheitlicht, was insgesamt einen gewissen Fortschritt brachte. Sonntagsarbeit, das Trucksystem, regelmäßige Lohnzahlung u. ä. wurden durch Gesetzgebung in den Jahren 1869 und 1878 reguliert. Kinderarbeit wurde in Fabriken und Bergwerken durch Gesetz von 1878 formell abgeschafft. Jugendliche durften nach dem gleichen Gesetz ab 12 Jahren nur arbeiten, wenn sie die Schule beendet hatten. Jugendliche unter 14 Jahren durften nur noch 6 Stunden, solche im Alter von 14 bis 16 Jahren nur noch 10 Stunden arbeiten. So sah es jedenfalls das Gesetz von 1878 vor. Zu enthusiastischen Äußerungen über die Lage der Werktätigen in Deutschland können diese Gesetze nicht Anlaß geben, zumal sie nur zu oft übertreten wurden. Zum Gesamtkomplex vgl. J. Kuczynski, Darstellung der Lage der Arbeiter in Deutschland von 1871–1900, Berlin 1962.

[6] Fichtes Werke, VII, S. 40. *(Anm. von H. v. Helmholtz)*

[7] „Vieles Richtige (zur Lehre von den Gesichtsempfindungen – die Hrsg.) scharf ausgesprochen, findet sich auch bei J. G. *Fichte* in den 'Thatsachen des Bewußtseins', namentlich die Zusammenfassung der Empfindungen in Qualitätenkreise, den fünf Sinnen entsprechend. Was in *Schopenhauer*'s einschlägigen Erläuterungen richtig ist, wird meist auf diese Quelle zurückzuführen sein." (H. v. Helmholtz, Handbuch der Physiologischen Optik, 2. umgearbeitete Aufl., Hamburg und Leipzig 1896, S. 249)

[8] Auf diesen u. ä. Sätzen fußen M. Schlick u. a., wenn sie

Helmholtz als einen Ahnherrn des Positivismus zu reklamieren suchen. So lesen wir zu dieser Stelle bei Schlick: „Daß eine solche Abbildung der Gesetzmäßigkeit des Wirklichen mit Hilfe eines Zeichensystems überhaupt das Wesen aller Erkenntnis ausmacht, daß also unser Erkennen nur auf diese Weise seine Aufgabe erfüllen kann und keiner anderen Methode dazu bedarf, wird zu zeigen versucht in *Schlick*, Allgemeine Erkenntnislehre, I. Teil." (H. v. Helmholtz, Schriften zur Erkenntnistheorie, herausgeg. und erläutert von P. Hertz und M. Schlick, Berlin 1921, S. 156)

9 Über die Lokalisation der Empfindungen innerer Organe, siehe Beilage I., Anhang. (*Anm. von H. v. Helmholtz*) Diese Beilage wird in dieser Ausgabe nicht gegeben.

10 Vgl. z. B. J. G. Fichte, Grundlage der gesammten Wissenschaftslehre, in: Johann Gottlieb Fichte's sämmtliche Werke, hrsg. v. J. H. Fichte, 1. Abtheilung, 1. Bd., Leipzig 1844, S. 104 (§ 2, Nr. 9)

11 Helmholtz verweist hier auf die Beilage III zu seinem Artikel mit der Überschrift „Die Anwendbarkeit der Axiome auf die physische Welt". Vgl. S. 287 ff.

12 Siehe meinen Vortrag über die Axiome der Geometrie. (*Anm. von H. v. Helmholtz*)

13 Verhältnismäßig ausführlich geht F. Conrat (Hermann von Helmholtz' psychologische Auffassungen, Halle/S., 1904) auf das Verhältnis von Helmholtz und Schopenhauer ein. Hier findet sich auch eine Vergleichung der Benutzung der „unbewußten Schlüsse" bei Schopenhauer und H. v. Helmholtz.

14 H. v. Helmholtz verweist hier erneut auf die Beilage III, die wir S. 287 ff. geben.

15 Handbuch der physiologischen Optik – Vorträge über das Sehen des Menschen, Bd. I, S. 85 und 265 dieser Sammlung (*Anm. von H. v. Helmholtz*). Die genannten Seiten, auf die Helmholtz hier verweist, finden sich in unserer Ausgabe. S. 45 ff.

16 Dufour (Lausanne) im Bulletin de la Societé médicale de la Suisse Romande, 1876. (*Anm. von H. v. Helmholtz*) Offenbar meint H. von Helmholtz Dufours Arbeit: „Guérison d'un aveugle – né. Observation pour servir àl' ètude des théories de la vision."

[17] Siehe mein Handbuch der *Physiologischen* Optik, 3. Abteilung, Leipzig 1867. *(Anm. von H. v. Helmholtz)*

[18] Diesen Einwand erhob z. B. E. Du Bois-Reymond. Er schrieb am 25. 4. 1868 an Helmholtz: „Gegen die streng empiristische Anschauung scheint mir immer zu sprechen, daß sie eben durchaus consequent müßte durchführbar sein, was, wie Du selbst zugiebst, nicht der Fall ist; denn wenn dem Kälbchen angeboren ist, dem Euter des Geruchs halber nachzugehen, was kann ihm dann nicht noch alles angeboren sein? Mir scheint immer noch so viel Nativismus übrig zu bleiben, den man nicht los werden kann, daß es auf eine Hand voll mehr oder weniger nicht ankommt." (Zit. nach L. Königsberger, Hermann von Helmholtz, Bd. II, a. a. O.)

[19] Vgl. z. B. J. G. Fichte, Die Bestimmung des Menschen, in: Johann Gottlieb Fichte's sämmtliche Werke, hrsg. v. J. H. Fichte, 1. Abtheilung, 2. Bd., Leipzig o. J.,

[20] J. W. von Goethe, Gesammelte Werke, Bd. 2, Faust, II. Teil, Leipzig 1925, S. 369

[21] „Die Mechanik ist die Wissenschaft von der Bewegung; als ihre Aufgabe bezeichnen wir: die in der Natur vor sich gehenden Bewegungen *vollständig* und *auf die einfachste Weise* zu beschreiben." (G. Kirchhoff, Vorlesungen über mathematische Physik, Leipzig 1883, 3. Aufl., S. 1)

[22] J. W. von Goethe, Faust, II. Teil, 5. Akt, Vers 12107–08, (bei Goethe: „Hier wird's Ereignis").

[23] J. W. von Goethe, Grenzen der Menschheit, in: Goethe's Werke. Erste illustrirte Ausgabe, 1. und 2. Band, Berlin 1879, S. 286

[24] J. W. Goethe, Gesammelte Werke, Bd. 2, Faust,I. Teil, Leipzig 1925, S. 22

[25] J. W. von Goethe, Faust, Prolog im Himmel, ebenda, S. 14

Beilage II Der Raum kann transzendental sein, ohne daß es die Axiome sind

[1] Die Beilage wurde nach Überarbeitung des Vortrages „Über die Tatsachen in der Wahrnehmung" angefügt.

[2] Die Axiome der Geometrie, Leipzig 1877, Kapitel III. *(Anm. von H. v. Helmholtz)*

3 Mind, a Quarterly Review. London und Edinburgh. Vol. III, p. 212 (April 1878). *(Anm. von H. v. Helmholtz)*

4 „Kant und Helmholtz" von A. Krause. Lahr 1878. *(Anm. von H. v. Helmholtz)*

5 Siehe S. 187 ff.

6 So hatte ich die kürzesten oder geodätischen Linien benannt. *(Anm. v. H. von Helmholtz)*

7 Z. B. bei A. Krause, 1. c., S. 84 *(Anm. von H. v. Helmholtz)*

Beilage III Die Anwendbarkeit der Axiome auf die physische Welt

1 Die hier von Helmholtz als III. Beilage angefügten Betrachtungen wurden zuerst (in englischer Übersetzung) in der englischen Zeitschrift „Mind", April 1878, Nr. 10, veröffentlicht; sie waren eine Antwort auf eine Kritik, die Prof. Land in der Nr. 5 der gleichen Zeitschrift an H. v. Helmholtz' Abhandlung „Über den Ursprung und die Bedeutung der geometrischen Axiome" geübt hatte.

2 Also, um neue Mißverständnisse zu verhüten, wie sie bei Herrn A. Krause, l. c., S. 84, vorkommen: nicht ich bin es, „der einen transzendentalen Raum mit ihm eigenen Gesetzen kennt", sondern ich suche hier die Konsequenzen aus der von mir für unerwiesen und unrichtig betrachteten Hypothese Kants zu ziehen, wonach die Axiome durch transzendentale Anschauung gegebene Sätze sein sollen, um nachzuweisen, daß eine auf solcher Anschauung beruhende Geometrie gänzlich unnütz für objektive Erkenntnis sein würde. *(Anm. von H. v. Helmholtz)*

3 Land in Mind, II., p. 41 – A. Krause, 1. c., S. 62. *(Anm. von H. v. Helmholtz)*

4 In einer Anmerkung verweist H. v. Helmholtz hier auf seinen Vortrag „Über die Axiome in der Geometrie".

5 Hier verweist H. v. Helmholtz erneut auf seinen Vortrag „Über die Axiome in der Geometrie".

6 Fundatur igitur Geometria in praxi Mechanica, et nihil aliud est quam Mechanicae universalis pars illa, quae artem mensurandi accurate proponit ac demonstrat. *(Anm. von H. v. Helmholtz)*

1 Aus: Philosophische Aufsätze, E. Zeller zu seinem fünfzigjährigen Doktorjubiläum gewidmet, Leipzig 1887, S. 17 bis 52

2 Der hier von Helmholtz vorgetragene Grundgedanke, den Ursprung der arithmetischen Axiome zu untersuchen, zeigt deutlich seine Abkehr von Kants Apriorismus. Er geht folgerichtig von der Auffassung Kants über die Zeit als Anschauungsform aus, die er schon in anderen Arbeiten kritisierte, und analysiert die nach Kant damit verbundenen arithmetischen Axiome. Helmholtz benutzt in seiner Argumentation das zeitliche Nacheinander im Denken, um die Aufeinanderfolge der Zahlen zu begründen. Insofern stellt er einen engen Zusammenhang zwischen der Zeit und dem Zählen her. Philosophisch wäre nur der empirische Ursprung der Zeit zu erklären. Wie die Relativitätstheorie zeigt, kann das nicht unabhängig vom Raum geschehen. Die raumzeitlichen Strukturen erweisen sich als objektiv. Sie werden in Raum-Zeit-Theorien widergespiegelt.

3 H. Graßmann, Die Ausdehnungslehre, 1. Aufl., Leipzig 1844, Zweite Aufl. 1878; R. Graßmann, Die Formenlehre oder Mathematik, Stettin 1872 *(Anm. von H. v. Helmholtz)*

4 Lehrbuch der Arithmetik und Algebra, Leipzig 1873 *(Anm. von H. v. Helmholtz)*

5 Man kann das Herangehen von Helmholtz an die Klärung des Ursprungs der Axiome im Sinne von Lenin verstehen, der bei seiner Kritik des Hegelschen Idealismus die Auffassung vertrat: *„Die praktische Tätigkeit mußte das Bewußtsein des Menschen milliardenmal zur Wiederholung der verschiedenen logischen Figuren führen, damit diese Figuren die Bedeutung von Axiomen erhalten konnten."* (W. I. Lenin, Konspekt zu Hegels „Wissenschaft der Logik", in: W. I. Lenin, Werke, Bd. 38, Berlin 1964, S. 181) Die von Helmholtz untersuchten psychologischen Tatsachen betreffen gerade die durch die praktische Tätigkeit hervorgerufene Tätigkeit des Bewußtseins.

6 Helmholtz wendet sich in dieser Arbeit insgesamt gegen den Apriorismus Kants und versucht, seine empiristische Auffassung auch für den Ursprung der arithmetischen Axiome

zu rechtfertigen. Die Begründung dieser Axiome gehört zu den viel diskutierten Problemen in Philosophie und Mathematik. Um die Eigenschaften der natürlichen Zahlen ableiten zu können, reichen die fünf Peano-Axiome aus, die G. Peano 1891 aufstellte. Das führt zur Frage nach dem Ursprung der Axiome. Helmholtz möchte diese Frage beantworten. Er kommt zu der hier formulierten materialistischen Einsicht. Sein Versuch, mit psychologischen Methoden die Arithmetik zu begründen, muß in dem Sinne verstanden werden, daß „die innere Folgerichtigkeit unseres Denkens" zur Widerspiegelung der objektiven Realität ausgezeichnet geeignet ist. Das entspricht der marxistisch-philosophischen Auffassung von der Mathematik als einer Wissenschaft, die sich mit Systemen von Relationen zwischen ideellen Objekten befaßt, um die Voraussetzung für die Widerspiegelung aller Erkenntnisobjekte, seien sie materiell oder ideell, zu schaffen.

Die von Helmholtz geäußerten Gedanken spielen mit den Überlegungen von Einstein und Poincaré eine große Rolle für die philosophische Durchdringung der heute schon hochentwickelten physikalischen Meßtheorien. Ebenso wie Helmholtz eine inhaltliche Deutung des Zählens und Messens geben wollte, geht es heute um die durch meßtheoretische Überlegungen durchgeführte Relativierung von physikalischen Absolutbegriffen, wie das Einstein schon bei der Kritik der Auffassung von der Gleichzeitigkeit demonstrierte.

7 Die von Helmholtz gestellte Frage nach den Beziehungen des Zählens und Messens ist eine der Grundfragen moderner Meßtheorien. Besonders die Diskussion um die Quantentheorie führte zur Diskussion um das Verhältnis von Subjekt–Meßgerät–Objekt. In der nun schon klassischen Arbeit zur Meßtheorie von J. v. Neumann „Mathematische Grundlagen der Quantenmechanik" (Berlin 1932) wurde das Verhältnis von beobachtetem System und Beobachter untersucht (Kap. VI). Dabei geht es um die Bedingungen für exakte Aussagen, bei denen der Einfluß des Meßgeräts auf das Objekt berücksichtigt wird. Die Kritik der damit verbundenen philosophischen Deutung in der Kopenhagener Interpretation der Quantentheorie und die dialektisch-materialistische Auffassung zu diesem Problem wird dar-

gelegt in: H. Hörz, Atome, Kausalität, Quantensprünge, Berlin 1964.

[8] Die hier vertretene Auffassung entspricht der dialektisch-materialistischen Philosophie in zweifacher Hinsicht: Erstens wird die Zahlenreihe an die wirklich durchzuführende Operation des Zählens gebunden. Damit werden Bewußtseinsprodukte und Bewußtseinsakte mit der praktischen Tätigkeit verknüpft. Zweitens wird auf die durch die Entwicklung der Sprache gesetzte Norm für unseren Sprachgebrauch verwiesen. Lenin schreibt dazu: „Die Praxis des Menschen, milliardenmal wiederholt, prägt sich dem Bewußtsein des Menschen als Figuren der Logik ein. Diese Figuren haben die Festigkeit eines Vorurteils, ihren axiomatischen Charakter gerade (und nur) kraft dieser milliardenfachen Wiederholung." (W. I. Lenin, Werke, a. a. O., S. 208) Damit unterliegen solche Vorurteile der ständigen philosophischen Kritik, die zu ihrer Aufhebung, wie im Falle der Gleichzeitigkeit, des absoluten Raums usw. führen kann. Helmholtz leistete mit seinen Artikeln Vorarbeit für solche philosophischen Analysen.

[9] Hier wird die Umkehrbarkeit der Zeit als Argument genutzt. Während in der Physik in der Regel die Zeit als umkehrbar in die Gleichungen eingeht, verbinden wir die Umkehrbarkeit mit unserer praktischen Tätigkeit. Bedingungen für zukünftige Ereignisse können wir verändern, auf vergangene Ereignisse können wir nicht einwirken. Bisher gibt es in der Physik nur Ansätze in der Diskussion um die Entropie und die Expansion des Weltalls, sich mit der Umkehrbarkeit der Zeit und ihrer Bedeutung für physikalische Theorien genauer zu befassen.

[10] Die „Zahlentheorie" untersucht Zahlenreihen, in denen nach einer bestimmten Zahl immer wieder die Eins folgt, die sich also periodisch wiederholen. *(Anm. von H. v. Helmholtz)*

[11] Ich vermeide hier noch *größer* und *kleiner*; dieser Unterschied schließt sich passender an den Begriff der Anzahl; davon später. *(Anm. von H. v. Helmholtz)*

[12] Hier ist Gebrauch gemacht von dem Prinzip der „vollständigen Induktion", das jedoch durchaus des Beweises bedarf. Ein solcher wurde z. B. von R. *Dedekind* in seiner Schrift „Was sind und was sollen die Zahlen", 3. Aufl.,

Braunschweig 1911, gegeben für die von ihm durch eine Definition aus einer beliebigen unendlichen Menge ausgesonderte Menge der natürlichen Zahlen. E. *Zermelo* gibt eine Definition der endlichen Menge und kann den Induktionssatz für die Menge aller endlichen Mengen (Zahlen) beweisen. Vgl. E. Zermelo, Atti del IV Congresso dei Matematici, Rom 1908, Bd. 2, S. 8

13 Man sieht, Helmholtz führt den Begriff der Kardinalzahl auf den Begriff der Ordinalzahl zurück. Eine Definition der endlichen Menge ist in seiner Darstellung nicht enthalten, im Sinne eines Kriteriums, das zu entscheiden gestattete, ob etwas endliche Menge sei oder nicht.

14 Während des Druckes erfahre ich, daß Herr Professor L. Kronecker die Begriffe der Zahl und Anzahl in einer Vorlesung des letzten Wintersemesters ähnlich entwickelt hat. *(Anm. von H. v. Helmholtz)*

15 Es geht um zwei Schritte in der Beweisführung von Helmholtz. Einerseits wird von der Bewußtseinstätigkeit ausgegangen und der Begriff der Addition ohne äußere Erfahrung bestimmt. Andererseits wird die Beziehung zum praktischen Zählen hergestellt. Dazu muß beachtet werden, daß die Bewußtseinstätigkeit nicht unabhängig von der Erfahrung ist, sondern sich erst durch sie in dieser Art und Weise herausgebildet hat. Das erklärt auch die immer wieder bewunderte Übereinstimmung der Mathematik und der Wirklichkeit, die zu vielen philosophischen Meinungsverschiedenheiten Anlaß gegeben hat. Vgl. S. Körner, Philosophie der Mathematik, München 1968; G. Schulz/ W. Heitsch, Philosophische Probleme der Mathematik, in: Naturforschung und Weltbild, hrsg. von M. Guntau und H. Wendt, 2. umgearbeitete und erweiterte Aufl., Berlin 1967, S. 287–309.

Man kann die Berufung von Helmholtz auf die Psychologie nur richtig verstehen, wenn man seinen empiristischen Standpunkt dabei berücksichtigt, der psychologische Tatsachen aus der Erfahrung erklärt.

16 Hrn. H. Grassmanns Bestimmung der Gleichheit: „Gleich ist dasjenige, von dem man stets dasselbe aussagen kann, oder allgemeiner, was in jedem Urteile sich gegenseitig substituiert werden kann", würde verlangen, daß in jedem

einzelnen Falle, wo man auf Gleichheit schließt, diese höchst allgemeine Forderung, die mißverständlicher Deutung ausgesetzt ist, angelegt werde. *(Anm. von H. v. Helmholtz)*

17 Es erweist sich, daß die Methoden das Bewußtsein über die Art und Weise der Selbstbewegung des Inhalts ist, wie Lenin und Hegel bemerken. (W. I. Lenin, Werke a. a. O., S. 88) Das ist ein wichtiger materialistischer Grundsatz für die Methodenanalyse und gilt auch für die modernen Meßtheorien. Die Methodenkritik muß mit der Kenntnis der objektiven Gesetze für den Bereich verbunden werden, der mit der zu analysierenden Methode untersucht wurde oder werden soll. Damit wird keinesfalls die relative Selbständigkeit einer Methodologie bestritten. Sie erweist ihren Wert jedoch nur in der Verbindung von Methoden und Gesetzen eines Erkenntnisbereiches. Es ist jedoch zu beachten, daß zur Darlegung der erkannten objektiven Gesetze in wissenschaftlichen Theorien auch eine Darstellung der Methoden gehört, mit denen sie erkannt wurden.

18 Die Bildung von Begriffen ist stets mit bestimmten Operationen verbunden. Der dialektische Materialismus wendet sich gegen die Existenz von a priori Wahrheiten und fordert die prinzipielle Überprüfbarkeit von Aussagen. Um das Weiterbestehen von Vorurteilen zu vermeiden, ist deshalb die Begriffskritik stets mit der Überprüfung der Operationen zu verbinden, die zum Begriff geführt haben.

19 Für die Bestimmung der Gleichzeitigkeit ist, wie Einstein betonte, der räumliche Abstand der Vorgänge entscheidend. Die Vertauschung wäre also zwischen Vorgängen möglich, die entweder weit entfernt voneinander sind oder sich mit ändernder Lichtgeschwindigkeit voneinander weg oder zueinander hin bewegen. Der prinzipielle Gedanke, die Zeitmessung an physische Vorgänge unter gleichen Bedingungen, die unverändert in gleicher Weise stattfinden, ist richtig.

20 Die Flächen werden nicht selbst aneinandergerückt, sondern die von ihnen ausgehenden Strahlen werden im Photometer so geleitet, daß sie als benachbarte das Auge treffen. (Vgl. *H. v. Helmholtz,* Handbuch der physiologischen Optik, 2. umgearbeitete Aufl., Hamburg–Leipzig 1896, S. 419ff.)

21 Das Differentialgalvanometer enthält zwei entgegengesetzt gewickelte Spulen, so daß die sie durchfließenden Ströme

auf dieselbe Magnetnadel wirken. Haben die beiden Ströme gleiche Intensität, so heben sich ihre Wirkungen auf.

22 „Verknüpfung" ist ein *Graßmann*scher Terminus, dort freilich überwiegend subjektiv gewendet, hier nur objektiv. *(Anm. von H. v. Helmholtz)*

23 Die von Helmholtz betrachtete Darstellung logischer Verknüpfungen mit Hilfe physikalischer Prozesse hat mit dem Bau elektronischer Datenverarbeitungsanlagen ihre Entwicklung erfahren. Komplizierte Rechenverfahren und logische Operationen können so mit Hilfe von Maschinen durchgeführt werden.

24 Unter irrationalen Zahlen verstehen wir solche, die nicht als Bruch geschrieben werden können, bei dem Zähler und Nenner ganze, teilerfremde Zahlen sind. Dazu gehören beispielsweise $\sqrt{2}$ und π. Beide haben für die Bestimmung von realen Verhältnissen große Bedeutung. So kann die Diagonale eines Quadrats als Produkt der Seitenlänge mit $\sqrt{2}$ bestimmt werden. Der Umfang eines Kreises ergibt sich aus $2\pi r$, wobei r der Radius des Kreises ist. Ihre Bestimmung erfolgt mit Hilfe von Logarithmen.

25 Die Theorien von *Weierstraß*, *Cantor* und *Dedekind* sehen in einer solchen Einengung nicht eine *Bestimmung* der an sich vorhandenen irrationalen Größe, sondern auch ihre *Definition*. Aussagen über Irrationalzahlen sind danach schließlich Aussagen über unendliche Folgen der Menge ganzer Zahlen.

26 Die Ausdehnungslehre von H. Graßmann erschien 1844 und blieb 23 Jahre unbeachtet, bis im Jahre 1867 *H. Hankel* die Aufmerksamkeit der Mathematiker auf sie zog. Sie enthielt die Prinzipien der heute dem Physiker unentbehrlichen Vektorrechnung.

27 Newton, optice, lib., I, prop., VI probl., II; vgl. auch H. v. Helmholtz, Handbuch der physiologischen Optik, a. a. O., S. 326ff.

[1] Rede, gehalten am 11. Juni 1892 in der Generalversammlung der Goethe-Gesellschaft zu Weimar. Albert Einstein schreibt zu dieser Arbeit, sie werde „von jedem mit Entzücken gelesen werden, der an wissenschaftlicher Weltbetrachtung Freude haben kann. Da zeigt der alte *Helmholtz* am Ende seines im Kampfe um wissenschaftliche Einsicht hingebrachten Lebens, wie sich *Goethe* in seinem Weltbilde ausnimmt. *Helmholtz'* Stellung zur Erkenntnistheorie, im besonderen auch zu *Kant*, kommt wunderbar klar zum Ausdruck. Lieber Leser! Resümiert wäre profaniert. Selber lesen!" (A. Einstein, in: Die Naturwissenschaften, Bd. 5, Berlin 1917, S. 675)

[2] Vgl., S. 21 ff.

[3] H. v. Helmholtz' Buch „Die Lehre von den Tonempfindungen als physiologische Grundlage für die Theorie der Musik", ist 1863 im Verlag F. Vieweg und Sohn, Braunschweig erschienen.

[4] Die eine in: Morphologie II, Heft 1, 1823, S. 50. Die andere in den Annalen zu 1790. *(Anm. von H. v. Helmholtz)*

[5] Gedicht: die Metamorphose der Pflanzen *(Anm. von H. v. Helmholtz)*. Vgl. Goethe, Die Schriften zur Naturwissenschaft, 9. Band, Morphologische Hefte, Weimar 1954, S. 67.

[6] Gemeint ist E. Haeckel (1834–1919), seit 1865 Professor der Zoologie an der Jenaer Universität.

[7] H. v. Helmholtz meint den Artikel „Goethe als Anatom" von K. v. Bardeleben, der im 13. Band des „Goethe Jahrbuchs", Berlin 1892, S. 163–180, zu finden ist. Bardeleben wendet sich hier gegen die damals weit verbreitete Auffassung, Goethe habe sich nur gelegentlich und nebenbei mit Anatomie beschäftigt und den Zwischenkieferknochen gleichsam durch einen glücklichen Zufall entdeckt. Er zeigt, daß sich Goethe vielmehr viele Jahre lang mit der Anatomie des Menschen und der Säugetiere planmäßig beschäftigt hat.

[8] Goethe zitiert R. Bacon ausführlich, darunter auch folgenden Absatz: „Alle natürlichen Dinge werden zum Dasein gebracht durch ein Wirksames und durch eine Materie, auf welche jenes seine Tätigkeit ausübt: denn diese beyden

treffen zu allererst zusammen. Denn das Handelnde durch seine Tugend bewegt und verwandelt die Materie, daß sie eine Sache werde; aber die Wahrheit des Wirksamen und der Materie können wir nicht einsehen, ohne große Gewalt der Mathematik, ja nicht einmal die hervorgebrachten Wirkungen. Diese drey sind also zu beachten, das Wirkende, die Materie und das Gewirkte.

Alles Wirksame handelt durch seine Tugend, die es in der untergelegten Materie zur Wirklichkeit bringt. Eine solche (abgeleitete) Tugend wird ein Gleichniß, ein Bild, ein Artiges genannt und sonst noch auf mancherley Weise bezeichnet. Dieses aber wird sowohl durch die Wesenheit als durch das Zufällige, durch das Geistige wie durch das Körperliche hervorgebracht, durch die Wesenheit aber mehr, als durch das Zufällige, durch das Geistige mehr als durch das Körperliche; und dieses Gleichartige macht alle Wirkungen dieser Welt: denn es wirkt auf den Sinn, auf den Geist und auf die ganze Materie der Welt durch Erzeugung der Dinge. Und so bringt ein natürlich Wirksames immer Ein- und dasselbe hervor, es mag wirken, worauf es will; weil es hier nicht etwa überlegen und wählen kann, sondern was ihm vorkommt macht es zu seiner gleichen. Wirkt es auf Sinne und Verstandeskräfte, so entsteht das Bild, das Gleichartige, wie ein jeder weiß, aber auch in der Materie wird dieses Gleichniß gewirkt und diejenigen wirksamen Wesen, welche Vernunft und Verstand haben, wenn sie gleich vieles aus Überlegung und Wahl des Wissens tun, so ist doch diese Wirkung, die Erzeugung des Gleichnisses, ihnen so gut natürlich als andern Wesen, und so vervielfältigt die Wesenheit der Seele ihre Tugend im Körper und außerhalb des Körpers, und ein jeder Körper schafft auch außer sich seine Tugenden, und die Engel bewegen die Welt durch dergleichen Tugenden. . ."
„Das Licht ist eine der ursprünglichen, von Gott erschaffenen Kräfte und Tugenden, welches sein Gleichniß in der Materie darzustellen sich bestrebt," zieht Goethe weiter aus R. Bacon aus. (J. W. v. Goethe, Zur Farbenlehre, Zweyter Band, erste Abtheilung, Wien 1812, S. 151–152, S. 154)

9 Im Gedicht: „Der Spaziergang". Die mittlere Strophe bezieht sich unzweifelhaft auf Loders Sammlung von Mißgeburten in der Anatomie zu Jena. Loder wies deren Zusam-

menhang mit dem normalen Typus nach. (*Anm. von. H. v. Helmholtz*)

10 Zur Naturwissenschaft im Allgemeinen. Einwirkung der neueren Philosophie. (*Anm. von H. v. Helmholtz*)

11 In seinem Aufsatz „Einwirkung der neuern Philosophie" schreibt Goethe: „*Kants Kritik der reinen Vernunft* war schon längst erschienen, sie lag aber völlig außerhalb meines Kreises. Ich wohnte jedoch manchem Gespräch darüber bei, und mit einiger Aufmerksamkeit konnte ich bemerken, daß die alte Hauptfrage sich erneuere, wie viel unser Selbst und wie viel die Außenwelt zu unserm geistigen Dasein beitrage. Ich hatte beide niemals gesondert, und wenn ich nach meiner Weise über Gegenstände philosophierte, so tat ich es mit unbewußter Naivität und glaubte wirklich, ich sähe meine Meinungen vor Augen. Sobald aber jener Streit zur Sprache kam, mocht ich mich gern auf diejenige Seite stellen, welche dem Menschen am meisten Ehre macht, und gab allen Freunden vollkommen Beifall, die mit Kant behaupteten: wenngleich alle unsere Erkenntnis mit der Erfahrung angehe, so entspringe sie darum doch nicht eben alle aus der Erfahrung. Die Erkenntnisse *a priori* ließ ich mir auch gefallen, so wie die synthetischen Urteile *a priori*: denn hatte ich doch in meinem ganzen Leben, dichtend und beobachtend, synthetisch, und dann wieder analytisch erfahren, die Systole und Diastole des menschlichen Geistes war mir, wie ein zweites Atem holen, niemals getrennt, immer pulsierend. Für alles dieses jedoch hatte ich keine Worte, noch weniger Phrasen, nun aber schien zum ersten Mal eine Theorie mich anzulächeln. Der Eingang war es der mir gefiel, ins Labyrinth selbst konnt' ich mich nicht wagen: bald hinderte mich die Dichtungsgabe, bald der Menschenverstand, und ich fühlte mich nirgend gebessert." (Goethe, Die Schriften zur Naturwissenschaft, 9. Band, Morphologische Hefte, Weimar 1954, S. 90f.

12 J. W. von Goethe, Gesammelte Werke, Bd. 2, Faust, II. Teil, 1. Akt, Leipzig 1925, S. 194

13 J. W. von Goethe, Gesammelte Werke, Bd. 2, Faust, I. Teil, Leipzig 1925, S. 42

14 In einer Fußnote verweist H. v. Helmholtz hier auf seinen Vortrag „Die Tatsachen in der Wahrnehmung".

15 J. W. von Goethe, Gesammelte Werke, Bd. 2, Faust, I. Teil, Leipzig 1925, S. 22

Über das Streben nach Popularisierung der Wissenschaft

1 Vorrede zu der Übersetzung von Tyndalls „Fragments of Science", 1874. Die Übersetzung wurde von Anna v. Helmholtz und E. Du Bois-Reymond angefertigt.

2 Wissenschaftliche Fragmente, Braunschweig 1874. (*Anm. von H. v. Helmholtz*)

3 Die „Royal Institution of Great Britain" wurde 1799 von Benjamin Thompson (Count Rumford) mit Unterstützung von Sir Joseph Banks für die „promotion, diffusion, and extension of science and useful knowledge" gegründet. Sie besaß eine große Bibliothek, ein Museum und ein Laboratorium, in dem Young, Davy, Faraday, Tyndall, Dewar u. a. ihre Forschungen durchführten. Die öffentlichen Vorlesungen der „Royal Institution" waren von großem Einfluß auf die öffentliche Meinung.

4 Vgl. J. Tyndall, Über den wissenschaftlichen Nutzen der Einbildungskraft, in: J. Tyndall, Fragmente aus den Naturwissenschaften. Vorlesungen und Aufsätze in 2 Bänden, Bd. II., Braunschweig 1899, S. 123–162

5 The Popular Science Monthly, 1873. (*Anm. von H. v. Helmholtz*)

6 Von einer anderen Seite her wendet sich F. Engels gegen Zöllner, und zwar, weil dieser die „vierte Dimension" entdeckt haben wollte und daraus spiritistische Schlüsse zog. (Vgl. F. Engels, Dialektik der Natur, in: Marx/Engels, Werke, Bd. 20, S. 344f.)

Auswahlliteratur zu Hermann von Helmholtz

Die nachstehende Literaturauswahl beschränkt sich auf solche Arbeiten, die sich primär auf den Lebensweg H. v. Helmholtz' sowie sein gesellschaftliches und philosophisches Schaffen beziehen. Ein Verzeichnis der wissenschaftlichen Arbeiten Helmholtz' gibt L. Königsberger in seiner bekannten Biographie.

Ansprachen und Reden, gehalten bei der am 2. November 1891 zu Ehren von Hermann v. Helmholtz veranstalteten Feier. Nebst einem Verzeichnis der überreichten Diplome und Ernennungen, sowie der Adressen und Glückwunschschreiben, Berlin 1892

Bezold, Wilhelm, Hermann von Helmholtz, Gedächtnisrede, gehalten in der Singakademie zu Berlin am 14. Dezember 1894, Leipzig 1895

Classen, Johannes, Vorlesungen über moderne Naturphilosophen, 6. Vorlesung: Moderne Physik; Helmholtz, Boltzmann, Poincaré, Hamburg 1908, S. 108–128

Conrat, Friedrich, Hermann von Helmholtz' psychologische Auffassungen (Abhandlungen zur Philosophie und ihrer Geschichte), hrsg. v. B. Erdmann, Bd. XVIII, Halle/Saale 1904

Du Bois-Reymond, Emil, Gedächtnisrede auf Hermann von Helmholtz, in: Reden von Emil du Bois-Reymond, II. Band Leipzig 1912, S. 516–570

Ebert, Hermann, Hermann von Helmholtz, Stuttgart 1949

Engels, Friedrich, Anti-Dühring, in: Marx/Engels, Werke, Bd. 20, Berlin 1962

Engels, Friedrich, Dialektik der Natur, in: Marx/Engels, Werke, Bd. 20, Berlin 1962

Epstein, S. S., Hermann von Helmholtz als Mensch und Gelehrter, in: Deutsche Revue, 21. Jahrgang, 1896, S. 31ff., S. 192ff., S. 328ff.
Erdmann, Benno, Die philosophischen Grundlagen von Helmholtz' Wahrnehmungstheorie kritisch erläutert, in: Abhandlungen der preußischen Akademie der Wissenschaften, Jahrgang 1921, Philosophisch-historische Klasse, Nr. 1, Berlin 1921, S. 1–45
Frauenstädt, Julius, Der Materialismus. Seine Wahrheit und sein Irrtum. Eine Erwiderung auf Dr. Louis Büchners „Kraft und Stoff", Leipzig 1856
Goetz, Dorothea, Herausgeber von: Hermann von Helmholtz über sich selbst. Rede zu seinem 70. Geburtstag, Eingeleitet und mit Anmerkungen versehen von D. Goetz, Leipzig 1966
Goldschmidt, Ludwig, Kant und Helmholtz, populärwissenschaftliche Studie, Hamburg-Leipzig 1898
Goldstein, E., Helmholtz. Erinnerungen eines Laboratoriumspraktikanten, in: Die Naturwissenschaften, 9. Jahrgang, Heft 35, Berlin 1921, S. 708ff.
Gross, Th., Robert Mayer und Hermann v. Helmholtz, eine kritische Studie, Berlin 1898
Hall, Stanley, L. F. von Helmholtz (1821–1894), in: St. Hall, Die Begründer der modernen Psychologie (Lotze, Fechner, Helmholtz, Wundt), Leipzig 1914, S. 123–191
Hamm, Josef, Das philosophische Weltbild von Helmholtz, Phil. Diss., Bonn 1937
Harig, Gerhard, Hermann von Helmholtz, 1821–1894, in: Von Adam Ries bis Max Planck, 25 große deutsche Mathematiker und Naturwissenschaftler, hrsg. von G. Harig, Leipzig 1961, S. 84ff.
Helmholtz, Anna von, Ein Lebensbild in Briefen, hrsg. von E. von Siemens-Helmholtz, Bd. I und II, Berlin 1929
Hertz, Paul, Mitherausgeber von: H. von Helmholtz, Schriften zur Erkenntnistheorie, hrsg. und erläutert von P. Hertz und M. Schlick, Berlin 1921
Heyfelder, Victor, Über den Begriff der Erfahrung bei Helmholtz, Berlin 1897
Höller, Hubert, Der Gegenstand der Sinneswahrnehmung bei Aristoteles und Helmholtz (Zur Geschichte und Erläuterung des Wahrnehmungsproblems), Phil. Diss., Gießen 1925

Hörz, Herbert, Hermann von Helmholtz, in: Von Liebig zu Laue, hrsg. von Otto Finger und Friedrich Herneck, 1. und 2. Aufl., Berlin 1963, S. 111–134

Konen, Heinrich/Pütter, August, Hermann von Helmholtz. Rede, gehalten am 17. Dezember 1921 zum 100. Geburtstag, in: Gedenkfeiern der Universität Bonn für einstige Mitglieder, Bonn 1922

Königsberger, Leo, Hermann von Helmholtz, Band I–III, Braunschweig 1902–1903

Krause, Albrecht, Kant und Helmholtz über den Ursprung und die Bedeutung der Raumanschauung und der geometrischen Axiome, Lahr 1878

Kusch, Ernst, C. G. J. Jacobi und Helmholtz auf dem Gymnasium. Beitrag zur Geschichte des Victoria-Gymnasiums (Programm des Victoria-Gymnasiums zu Potsdam Ostern 1896), Potsdam 1896

Laue, Max von, Über Hermann von Helmholtz, in: Forschen und Wirken. Festschrift zur 150-Jahr-Feier der Humboldt-Universität zu Berlin 1810–1960, Band I, Berlin 1960, S. 359ff.

Лебединский, А. В./Франкфурт, У. М./Френк, А. М., Гельмгольц (1821–1894), Moskau 1966 (russ.)

Lenin, W. I., Materialismus und Empiriokritizismus, in: Werke, Bd. 14, Berlin 1962

Ostwald, Wilhelm, Hermann von Helmholtz, in: Studien zur Biologie des Genies, 1. Bd.: Große Männer, 3. und 4. Aufl., Leipzig 1910, S. 256–310

Rau, Albrecht, Empfinden und Denken. Eine physiologische Untersuchung über die Natur des menschlichen Verstandes, Gießen 1896, S. 241–332

Reiner, Julius, Hermann von Helmholtz, Leipzig o. J.

Riehl, Alois, Helmholtz als Erkenntnistheoretiker, in: Die Naturwissenschaften, 9. Jahrgang, Heft 35/1921, S. 702ff.

Riehl, Alois, Helmholtz in seinem Verhältnis zu Kant, in: Kant-Studien, Bd. IX, Berlin 1904, S. 261–285

Schlick, Moritz, Mitherausgeber von: H. von Helmholtz, Schriften zur Erkenntnistheorie, herausgeg. und erläutert von P. Hertz und M. Schlick, a. a. O.

Schlick, Moritz, Helmholtz als Erkenntnistheoretiker, in: Helmholtz als Physiker, Physiologe und Philosoph. Drei

Vorträge, gehalten zur Feier seines 100. Geburtstages. . ., Karlsruhe/i. Br. 1922
Schwertschlager, Joseph, Kant und Helmholtz erkenntnistheoretisch verglichen, Freiburg i. Br. 1883
Stumpf, Carl, Hermann von Helmholtz und die neuere Psychologie, in: Archiv für Geschichte der Philosophie, Bd. VIII N. F., 1. Band, Berlin 1895, S. 303–314
Tobias, Wilhelm, Grenzen der Philosophie, constatirt gegen Riemann und Helmholtz, vertheidigt gegen von Hartmann und Lasker, Berlin 1875
Unna, P. G., Prof. Dr., Helmholtz und unsere heutige Weltanschauung. 2 Vorträge, gehalten am 27. März und am 10. April 1908 (Flugschriften des Deutschen Monistenbundes 13. und 14. Flugschriften, 3 und 4 der Ortsgruppe Hamburg) Hamburg 1908
Wagner, Kurt, Zur richtigen Deutung der Helmholtzschen Zeichentheorie, in: Deutsche Zeitschrift für Philosophie, 13. Jahrgang, Heft 2/1965, S. 162ff.
Warren, Richard, M., Warren, Roslyn P., Helmholtz on perception; its Physiology and Development, New York-London-Sidney 1968
Wollgast, Siegfried, H. v. Helmholtz in der Sicht M. Schlicks, in: Joachim Jungius und Moritz Schlick, Rostocker philosophische Manuskripte, Heft 7, Rostock 1971 (im Druck)

Namenregister

Aufgenommen wurden nur in den Helmholtz-Texten und in seinen Anmerkungen zu den Texten explizit genannte Namen. Im Vorwort und in den Anmerkungen der Herausgeber genannte Personen wurden nicht berücksichtigt.

Inhalt

Kolibri 360 GmbH
Ferdinand-Jühlke-Straße 7
99095 Erfurt, Deutschland
produktsicherheit@kolibri360.de